木质素
改性材料的制备及应用

MUZHISU GAIXING CAILIAO
DE ZHIBEI JI YINGYONG

刘明华 刘以凡 著

化学工业出版社

·北京·

本书对木质素改性材料的制备及应用做了较全面的介绍，全书共7章，内容主要包括绪论、木质素的改性、木质素表面活性剂（包括木质素水煤浆添加剂、木质素混凝土减水剂、木质素染料分散剂、木质素油田化学品、木质素陶瓷添加剂、木质素类沥青乳化剂）、木质素吸附剂、木质素絮凝剂、木质素合成树脂及其他木质素改性材料（如橡胶补强剂、肥料、土壤改良剂、植物生长调节剂、合成鞣剂及饲料添加剂）等。

本书内容全面、丰富，具有较强的针对性和实用性，可供材料、化工、环境等领域的研究人员、工程技术人员参考，也可供高等学校资源循环科学与工程、环境工程、高分子化学与物理、材料科学、化学工程及相关专业师生参阅。

图书在版编目（CIP）数据

木质素改性材料的制备及应用/刘明华，刘以凡著．—北京：化学工业出版社，2019.4（2022.1重印）

ISBN 978-7-122-33962-1

Ⅰ.①木… Ⅱ.①刘…②刘… Ⅲ.①木质素-改性-材料制备 Ⅳ.①O636.2②TB3

中国版本图书馆CIP数据核字（2019）第033388号

责任编辑：刘兴春 刘 婧　　文字编辑：李 玥
责任校对：张雨彤　　装帧设计：史利平

出版发行：化学工业出版社（北京市东城区青年湖南街13号 邮政编码100011）
印 装：北京盛通数码印刷有限公司
787mm×1092mm 1/16 印张 20¾ 字数 478 千字 2022年1月北京第1版第2次印刷

购书咨询：010-64518888　　售后服务：010-64518899
网 址：http://www.cip.com.cn
凡购买本书，如有缺损质量问题，本社销售中心负责调换。

定 价：98.00元

前言

PREFACE

作为地球上最丰富的农林可再生资源之一，木质素广泛存在于种子植物中，与纤维素和半纤维素构成植物的基本骨架。木质素在自然界中存在的数量非常庞大，占地球上所有非石化有机碳资源的 30%，其供给量超过 3.0×10^{11} t，并以每年 2.0×10^{10} t 的速度持续增长。然而，全世界每年产生(1.5~1.8)$\times10^{8}$ t 工业木质素，却只有不到 2% 被利用，且主要以木质素磺酸盐的形式用作化工行业的添加剂，绝大部分作为廉价燃料烧掉或任意排放，不仅造成了资源的浪费，在一定程度上也造成了巨大的环境压力。

木质素的分子结构中存在芳香基、酚羟基、醇羟基、羰基、甲氧基、羧基、共轭双键等活性基团，可以进行氧化、还原、水解、醇解、酸解、光解、酰化、磺化、烷基化、卤化、硝化、缩聚或接枝共聚等许多化学反应。因此，对木质素进行改性，制备具有高附加值的木质素改性材料，并应用于农业、轻工、机电、建材、采矿、石油和环保等领域，已成为目前的研究热点。

《木质素改性材料的制备及应用》由刘明华、刘以凡在木质素改性材料方面多年的研究心得整理而成，对木质素改性材料的制备及应用做了较全面的介绍。全书共 7 章，包括绪论、木质素的改性、木质素表面活性剂（包括木质素水煤浆添加剂、木质素混凝土减水剂、木质素染料分散剂、木质素油田化学品、木质素陶瓷添加剂、木质素类沥青乳化剂）、木质素吸附剂、木质素絮凝剂、木质素合成树脂及其他木质素改性材料（如橡胶补强剂、肥料、土壤改良剂、植物生长调节剂、合成鞣剂及饲料添加剂）等。本书内容全面、丰富，具有较强的针对性和实用性，可供材料、化工、环境等领域的研究人员、工程技术人员和管理人员参考，也可供高等学校资源循环科学与工程、环境工程、高分子化学与物理、材料科学、化学工程及相关专业师生参阅。

由于著者的专业水平和知识储备有限，虽已尽力，但书中不足和疏漏之处仍在所难免，恳请广大读者和同仁不吝指正。

著者

2019 年 5 月

目录

CONTENTS

第1章 绪论

Chapter 01

木质素（lignin）是植物世界中仅次于纤维素的最丰富的天然有机高分子聚合物，是构成植物细胞壁的成分之一，具有使细胞相连的作用，在植物组织中具有增强细胞壁及黏合纤维的作用。木质素是一种含许多负电基团的多环高分子有机物，完全取材于植物，无任何化学添加剂，对环境无副作用。木质素的组成与性质比较复杂，并具有极强的活性，不能被动物消化，在土壤中能转化成腐殖质。

如果简单定义木质素的话，可以认为木质素是对羟基肉桂醇类的酶脱氢聚合物，且含有一定量的甲氧基，并有某些特性反应。1838 年，法国农学家 P. Payen 从木材中分离出了纤维素，同时还发现了一种含碳量更高的化合物，他称之为“lamatrere hgncusc veritable”。后来，F. Schulze 仔细分离出了这种化合物，并称之为“lignin”，从木材的拉丁文“lignum”衍生而来，中文译为“木质素”，也叫“木素”[1]。

由于木质素结构中既有酚羟基，又有醛基、羧基等，因此可用来制备吸附剂、絮凝剂等水处理剂及水煤浆添加剂、混凝土外加剂、染料分散剂等表面活性剂，还可用于合成酚醛树脂、聚氨酯树脂、环氧树脂等。同时，还可作为橡胶补强剂、化学灌浆材料、黏结剂、肥料、植物生长调节剂等的合成原料。

1.1 木质素的存在

木质素是一种存在于大部分陆地植物木质部中复杂的天然高分子有机化合物，大约占陆生植物生物量的 33%。裸子植物（针叶木类）和被子植物（阔叶木类和草类）中含有木质素 15%～36%。木质素存在于所有的维管植物中，但热带的椤除外[1]。木质素的分布可以分为在自然界中的分布、在植物中的分布及在植物细胞壁中的分布几个层次。

1.1.1 木质素在自然界中的分布

在自然界，植物分为种子植物、藻类植物、苔藓植物和蕨类植物四大门类。种子植物分为裸子植物和被子植物，其中裸子植物又分为松科和衫科，被子植物又分为单子叶植物（乔本科）和双子叶植物（木本科）。木质素存在于各种种子植物中，一般认为藻类植物中不存在木质素。过去认为苔藓植物中不存在木质素，但现在一些证据表明，苔藓植物的节状体中含有一种与木质素结构相近的聚合物（羟基苯聚合物），因此苔藓植物是否具有木质素目前尚有疑问[2]。

在成熟植物的根、茎、叶、皮、果实、壳及种子里存在着结构和分子量不同的木质素。粟、谷类、麦麸、豆类、卷心菜、李子、花生、可可、梨、草莓及山莓等的可食部分也含有木质素，植物越成熟，其木质素的含量越高。它们被食用之后，可清洗人体肠道中的胆汁酸及降低胆固醇，也能预防直肠癌及胆结石的形成。

在土壤和江河湖海的沉积物中也普遍存在木质素，甚至有些天然水体中也有木质素。由于木质素的特殊结构，使之具有较高的化学稳定性和抗微生物降解的能力，死亡的植物、掉落到土壤中的树叶或果实腐烂后，木质素残留于土壤中，经雨水或流水冲刷，成为江河湖海中沉积物的有机组分。沉积物中的木质素是海洋环境中陆源有机物的一种良好的生物标志物，在研究陆源有机物对海洋的输入、其在海洋价值中的循环和归宿以及陆源有机物在海洋生物地球化学中的应用时具有很高的科学价值。

1.1.2 木质素在植物中的分布

植物的种属不同，其化学组成有很大的差别。木质素含量在树种间存在着差异，如裸子植物和被子植物木质素含量存在着明显差异，裸子植物的木质素含量比被子植物高，阔叶木平均含木质素21%，针叶木平均含木质素29%。我国的阔叶木木质素含量较低，一般为17%～25%，如桦木24%、杨木17%、旱柳20%、榲树24%、大关杨25%；针叶木的木质素含量较高，一般为27%～32.5%，如云杉Ⅰ28%、云杉Ⅱ29%、柳杉32%、马尾松Ⅰ28%、马尾松Ⅱ28%、云南松25%、落叶松27%、红松28%、柏木32%[1]。热带产木材的木质素比温带产木材的木质素含量要略高。树干与树枝的化学组成差别较大，无论是针叶木还是阔叶木，树枝的纤维素含量比树干的低，而树枝的木质素含量要比树干的高，如：云杉的树干含木质素28%、树枝中含量达34%；青杨树干含木质素21%、树枝中含量达26%。树皮分为外皮和内皮（韧皮），其化学组成也不同，松的韧皮含木质素17%，外皮含木质素44%；云杉的韧皮含木质素16%、外皮含木质素27%；桦木的韧皮含木质素25%，青杨含木质素28%[1]。

天然林和人工林及不同树木年龄，木质素含量也不同，针叶树人工林的木质素含量要比阔叶树人工林的木质素含量高。木质素含量在群体间的差异很小，而且木质素含量差异与种源所处的纬度、经度、霜期、年均温度及年降雨量关系不密切，同时与胸径及年轮宽度无关。

作为禾本科植物的竹子，其木质素含量有的与针叶木接近，如安徽竹为19%、四川西风竹为23%；有的与阔叶木接近，如福建毛竹为31%、四川慈竹为31%、淡竹为33%、四川黄竹为24%。稻草的茎秆部木质素含量很低，如浙江泥田稻草茎秆仅含木质素12%，浙江沙田稻草茎秆木质素含量更低，只有8%；然而稻草穗部的木质素含量却很高，达到33%；节部达到27%及鞘达到30%。其他禾本科植物的木质素含量则接近阔叶木，如河北小麦茎秆 22%，新疆芦苇 20%，湖北芦苇 20%，湖北芒草 20%，湖北的荻 19%，广东甘蔗渣 20%，四川甘蔗渣 19%、蔗髓21%，湖北龙须草 14%，内蒙古芨芨草 17%，四川玉米秆 18%，河北高粱秆 23%。麻类中的大麻和苎麻木质素含量极低，分别为 4%和 2%，青麻和黄麻则要高一些，分别为 15%和 12%；安徽檀皮含木质素 10%，贵州构皮含木质素 14%、河北桑皮含木质素 9%、棉秆皮含木质素 15%～19%、棉秆芯含木质素 17%～23%、秆皮混合料含木质素 22%、棉绒中含木质素 3%[1]。

植物的不同生长发育阶段，其化学组成有很大的差别，木质素填充于细胞壁内的纤维框架内的过程有可能导致个体内的非均匀分布，树干越高，木质素含量越低，即垂直分布上的不均一性。个体内木质素含量除了在垂直分布上的变化外，还在径向分布上出现差异，就像上面列举的心材和边材、春材和秋材都有不同，大多数针叶木心材木质素含量比边材少，在阔叶木中则无明显差异。树干的下部，春材的木质素含量较多，中间部分大致相同；相反，在树干的上部，秋材的木质素含量多。

裸子植物和被子植物之间木质素的组成不同，裸子植物（如针叶木）中的木质素主要是愈创木基型（G）的，被子植物的双子叶植物（如阔叶木）中的木质素主要是愈创木基(G)-紫丁香基（S）型的，被子植物的单子叶植物（如禾草）中的木质素则是愈创木基(G)-紫丁香基（S)-对羟基苯（H）型的。

1.1.3 木质素在植物细胞壁中的分布

植物细胞的基本结构包括细胞壁和原生质体两大部分。其中植物细胞壁（cell wall）是植物细胞外围的一层壁，具有一定的弹性和硬度，它界定了细胞的形状和大小。

木质素主要分布在木质部的管状分子和纤维、厚壁细胞、后角细胞、特定类型表皮细胞的次生细胞壁中。一般说来，木质素在植物结构中的分布是有一定规律的，胞间层的木质素浓度最高，细胞内部浓度则降低，次生壁内层又增高。如用紫外显微分光法测定花旗松的胞间层木质素含量为 60%～90%，细胞腔附近为 10%～20%。必须指出，胞间层的木质素浓度虽高，但宽度窄而容积小，因而胞间层的木质素对全部木质素的比例，春材为 28%，秋材为 18%。木质素和半纤维素一起作为细胞间质时，填充在细胞壁的微纤维之间，加固木化组织的细胞壁；当木质素存在于细胞间层，把相邻的细胞粘接在一起[1]。

1.2 木质素的结构

作为天然高分子的多糖（如纤维素、甲壳素、淀粉）和蛋白质，由于它们的结构单位之间的结合都具有一定的规律性，因此它们的化学结构早已被阐明，而作为重要的天然高分子木质素，一百多年来科学工作者利用各种手段和方法对木质素的化学结构进行了艰苦卓绝的研究，至今还有部分细节内容需进一步深入研究。

1.2.1 木质素的结构主体

天然木质素一般分为硬木木质素、软木木质素和草本木质素，它们在结构和分子量等方面有微小的差别，如软木木质素较硬木木质素具有更多的醇羟基。目前尚未找到有效的分析手段对木质素的结构进行真实的表征，通过生物合成或化学降解并结合核磁共振波谱以及红外光谱和拉曼光谱等可以推导出一些天然木质素的结构模型。图 1-1 为木质素的基本结构单元，由图可以看出，木质素主要是由苯丙烷基以醚键或 C—C 键结合形成杂支链的网络结构，其基本结构单元是愈创木基丙烷、紫丁香基丙烷和对羟苯基丙烷[3]。

苯丙基单元

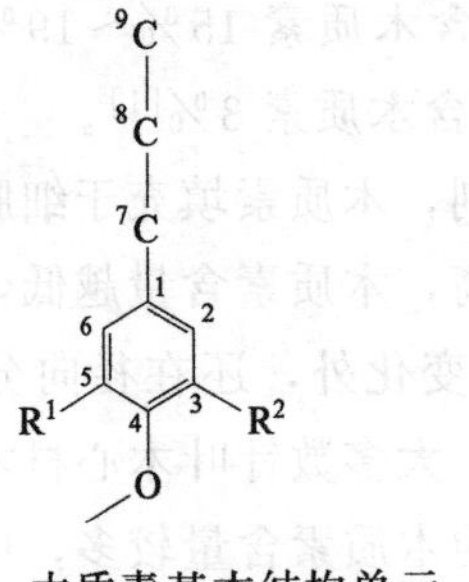

图 1-1　木质素基本结构单元

$R^1=R^2=H$—对羟苯基丙烷(H)单元；
$R^1=H, R^2=OCH_3$—愈创木基丙烷(G)单位；
$R^1=R^2=OCH_3$—紫丁香基丙烷(S)单元

从生物合成过程研究得知，这 3 种基本结构单元首先都是由葡萄糖发生芳环化反应而形成莽草酸(shikimic acid)，然后由莽草酸合成上述 3 种木质素的基本结构。

针叶树木质素以愈创木基结构单元为主，紫丁香基结构单元和对羟苯基结构单元极少或没有。

由以上基本结构单元形成了一些基本部件，如图 1-2 所示[4]。

结构主体之间的连接方式主要是醚键，占 2/3～3/4；还有 C—C 键，占 1/4～1/3。各种键型如图 1-3 所示[4]。

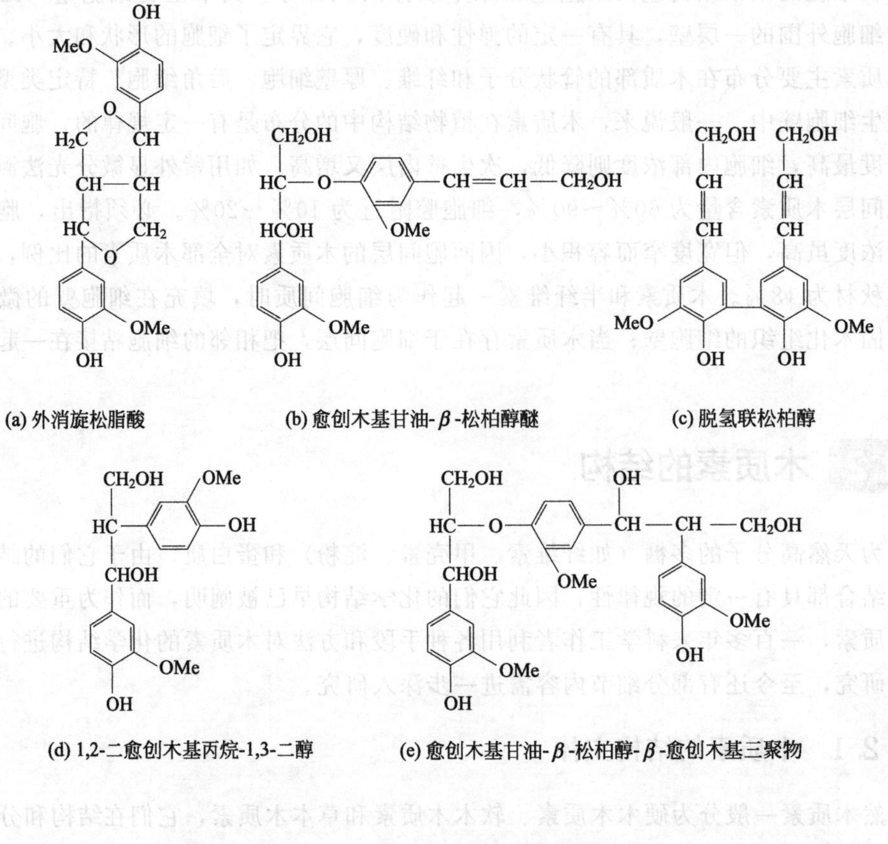

(a) 外消旋松脂酸　(b) 愈创木基甘油-β-松柏醇醚　(c) 脱氢联松柏醇

(d) 1,2-二愈创木基丙烷-1,3-二醇　(e) 愈创木基甘油-β-松柏醇-β-愈创木基三聚物

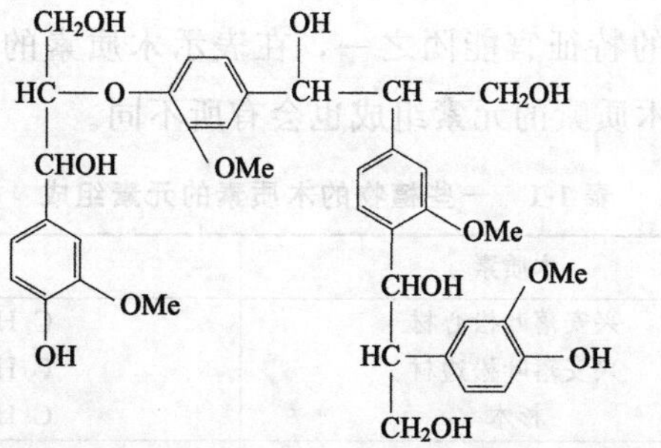

(f) 愈创木基甘油-β-松柏醇-β-苯基-β-愈创木基丙三醇四聚物

图 1-2 基本结构单元形成的基本部件

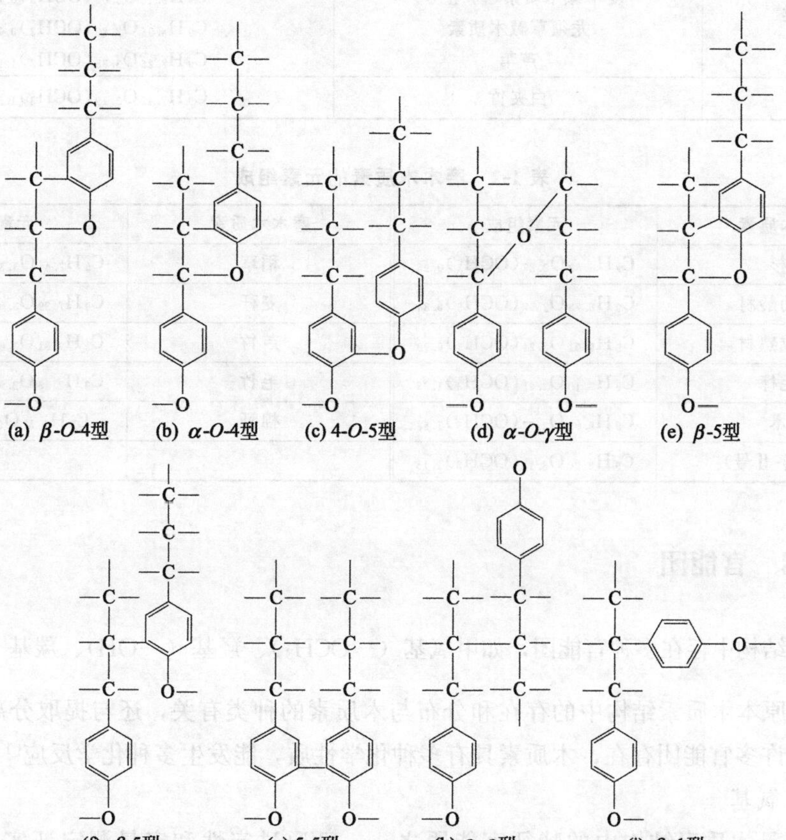

(a) β-O-4型 (b) α-O-4型 (c) 4-O-5型 (d) α-O-γ型 (e) β-5型

(f) β-5型 (g) 5-5型 (h) β-β型 (i) β-1型

图 1-3 结构主体之间的键型

1.2.2 元素组成

一般认为木质素主要含碳、氢、氧三种元素，其质量分数分别为 60%、6%、30%，此外还含有 0.67%左右的氮元素。木质素的元素组成随着植物品种、产地和分离方法的不同而不同，如表 1-1、表 1-2 所列[1]。表 1-1、表 1-2 列出的元素分析结果都是以结构主体苯丙烷结构单元的碳架 $C_6—C_3$（即 C_9）标准经典式表达的，这是通常的表达方式。由于甲氧基是木质素结构中的特征官能团之一，在表示木质素的元素组成时往往也将它列出，不同的文献中同一种木质素的元素组成也会有所不同。

表 1-1 一些植物的木质素的元素组成

植物种类	木质素	元素组成
针叶林	兴安落叶松心材	$C_9H_{8.82}O_{3.14}(OCH_3)_{0.93}$
	兴安落叶松边材	$C_9H_{8.80}O_{3.06}(OCH_3)_{0.98}$
	杉木	$C_9H_{8.08}O_{2.46}(OCH_3)_{0.94}$
阔叶林	杨树心材	$C_9H_{7.16}O_{2.38}(OCH_3)_{1.99}$
	杨树边材	$C_9H_{8.16}O_{2.73}(OCH_3)_{1.33}$
	“三北”一号杨	$C_9H_{7.86}O_{2.33}(OCH_3)_{1.41}$
禾草类	麦草碱木质素	$C_9H_{9.84}O_{3.41}(OCH_3)_{0.86}$
	麦草碱木质素(杨-Ⅱ号)	$C_9H_{8.12}O_{3.00}(OCH_3)_{0.76}$
	龙须草碱木质素	$C_9H_{8.96}O_{2.88}(OCH_3)_{0.77}$
	芦苇	$C_9H_{8.26}O_{3.33}(OCH_3)_{1.20}$
竹类	白夹竹	$C_9H_{7.42}O_{3.19}(OCH_3)_{1.53}$

表 1-2 磨木木质素的元素组成

磨木木质素	元素组成	磨木木质素	元素组成
云杉	$C_9H_{8.83}O_{2.27}(OCH_3)_{0.95}$	稻草	$C_9H_{7.44}O_{3.38}(OCH_3)_{1.03}$
杉木幼龄材	$C_9H_{8.73}O_{2.57}(OCH_3)_{0.84}$	麦秆	$C_9H_{7.39}O_{3.00}(OCH_3)_{1.09}$
杉木成熟材	$C_9H_{9.01}O_{2.24}(OCH_3)_{0.90}$	芦竹	$C_9H_{7.81}O_{3.62}(OCH_3)_{1.18}$
山毛榉	$C_9H_{7.10}O_{2.41}(OCH_3)_{1.36}$	毛竹	$C_9H_{2.43}O_{2.96}(OCH_3)_{1.21}$
桦木	$C_9H_{9.05}O_{2.77}(OCH_3)_{1.58}$	棉秆	$C_9H_{7.71}O_{2.53}(OCH_3)$
麦草(杨-Ⅱ号)	$C_9H_{8.20}O_{3.18}(OCH_3)_{1.18}$		

1.2.3 官能团

木质素结构中存在多种官能团，如甲氧基（$—OCH_3$）、羟基（—OH）、羰基（$>C=O$）等，它们在原本木质素结构中的存在和分布与木质素的种类有关，还与提取分离方法有关。正是由于有许多官能团存在，木质素具有多种化学性质，能发生多种化学反应[1]。

（1）甲氧基

甲氧基是木质素结构中的特征官能团之一，已通过定性和定量测定证实甲氧基的存在。一般来说，针叶木木质素中含甲氧基 14%～16%，阔叶木木质素中含甲氧基 19%～22%，竹类木质素中甲氧基的含量与阔叶木木质素相近，草本类木质素含甲氧基 14%～15%。阔叶木木质素含甲氧基比针叶木木质素高，这是因为阔叶木木质素中除含愈创木基外，还含有较多的紫丁香基。

麦草碱木质素含甲氧基 11.10%，芦苇木质素含甲氧基 18.01%，龙须草碱木质素含甲氧基 12.54%，棉秆碱木质素含甲氧基 13.60%，花生壳高沸醇木质素含甲氧基 10.07%，核桃壳木质素含甲氧基 18.19%。幼龄材与成熟材木质素中甲氧基含量也不一样，例如杉木幼龄材木质素含甲氧基13.63%，杉木成熟材木质素含甲氧基14.44%。

甲氧基有连接在苯环上或连接在脂肪族侧链上两种可能性，通过氢碘酸特异性的氧化去甲基化反应，与模型物（如香草醛、3-甲基葡萄糖、6-甲基葡萄糖）比较，即可推断甲氧基的连接部位，其反应通式为：

$$ROCH_3 + HI \longrightarrow CH_3I\uparrow + ROH$$

木质素苯环上的甲氧基是相当稳定的，只有较强的氧化剂才能将其裂解下来，在高温和一定压力的条件下，在强碱中蒸煮也能裂解下来形成甲醇，例如芦苇硫酸盐浆残余木质素含甲氧基只有11.28%，比芦苇磨木木质素的18.01%要低得多，其余如麦草碱木质素、棉秆碱木质素、龙须草碱木质素的甲氧基含量都比其磨木木质素的甲氧基含量低。

(2) 羟基

木质素结构中存在较多的羟基，是木质素的重要官能团之一，对木质素的物理性质和化学性质都有很大的影响。

木质素结构单元中的羟基有两种类型：一种是存在于木质素结构单元苯环上的酚羟基(phenolic hydroxyl group)；另一种是存在于木质素结构单元侧链上的脂肪族醇羟基（aliphatic hydroxyl group）。木质素结构单元中的酚羟基是一个十分重要的结构参数，酚羟基的多少会直接影响到木质素的物理性质和化学性质，如能反映出木质素的醚化和缩合程度，同时也能衡量木质素的溶解性能及反应能力。

磨木木质素中的羟基总数是1.00～1.25个/—OCH_3，其中酚羟基是0.24～0.33个/—OCH_3。这些酚羟基又大体可分为缩合型和非缩合型两种类型。非缩合型即为游离酚羟基，在木质素中只有一小部分，大部分是缩合型，即与其他木质素结构单元连接成醚化的形式，正是这种醚化形式的存在，使得木质素结构单元之间经缩合而形成大分子。不言而喻，如果磨木木质素的酚羟基量为0.3个/—OCH_3，则醚的酚羟基就是0.7个/—OCH_3。

木质素结构单元侧链上的醇羟基，可以分布在α-碳原子、β-碳原子和γ-碳原子上。醇羟基存在的方式有两种：一种是游离羟基；另一种是与其他烷基或芳基连接成醚。用甲基化的方法可以判断木质素结构单元中的羟基是酚羟基还是醇羟基。用重氮甲烷只能使木质素中游离的酸性酚羟基进行甲基化，不能使位于侧链上的醇羟基甲基化，而用硫酸二甲酯，则可使木质素中几乎全部的游离羟基甲基化。因此，木质素通过甲基化反应，不仅可以证明羟基的存在，还可通过不同的甲基化试剂区别两种羟基各自的含量。

(3) 羰基

木质素结构中的羰基位于侧链上，分为两类：一类是共轭的羰基；另一类是非共轭的羰基。其中，羰基的共轭有羰基、苯环共轭和羰基、双键共轭两种。

(4) 羧基

一般认为在木质素中是不存在羧基的，但在磨木木质素中发现有羧基，如麦草磨木木质素有0.14个/C_9，芦竹磨木木质素有0.13个/C_9，毛竹磨木木质素有0.21个/C_9。经强碱蒸煮而形成的碱木质素由于侧链发生了氧化，产生了较多的羧基，如杨木碱木质素含羧基0.186个/C_9，麦草碱木质素含羧基0.224个/C_9，棉秆碱木质素则更多，达 0.285 个/C_9。酸性基团含量的增加，能使木质素更好地溶于碱溶液中，且有更好的表面活性。

(5) 甲基

木质素中可能存在甲基，但含量甚微。

1.2.4 芳香环结构

对木质素控制性氧化分解的产物进行定性和定量研究，揭示了木质素结构中存在芳香环，这些芳香环可分成非缩合型结构和缩合型结构两类[1]。

(1) 非缩合型结构

非缩合型芳香环由对羟基苯基、愈创木酚基、紫丁香基构成。针叶木木质素主要含有愈创木酚基，但也有少量的紫丁香基和对羟基苯基存在；阔叶木木质素主要含有愈创木酚基和紫丁香基，但也有少量的对羟基苯基存在。事实上，无论是针叶木木质素，还是阔叶木木质素，都含有这 3 种芳香环结构，它们之间的差别，仅仅是 3 种芳香环结构含量上的不同而已。

(2) 缩合型结构

缩合型芳香环分三种，第一种是 C5 或 C6 的连接结构，第二种是联苯型结构，第三种是二苯醚型结构，如图 1-4 所示。对羟基苯基的 C2、C3、C5、C6 位也会形成一些缩合型结构，但是非常复杂。

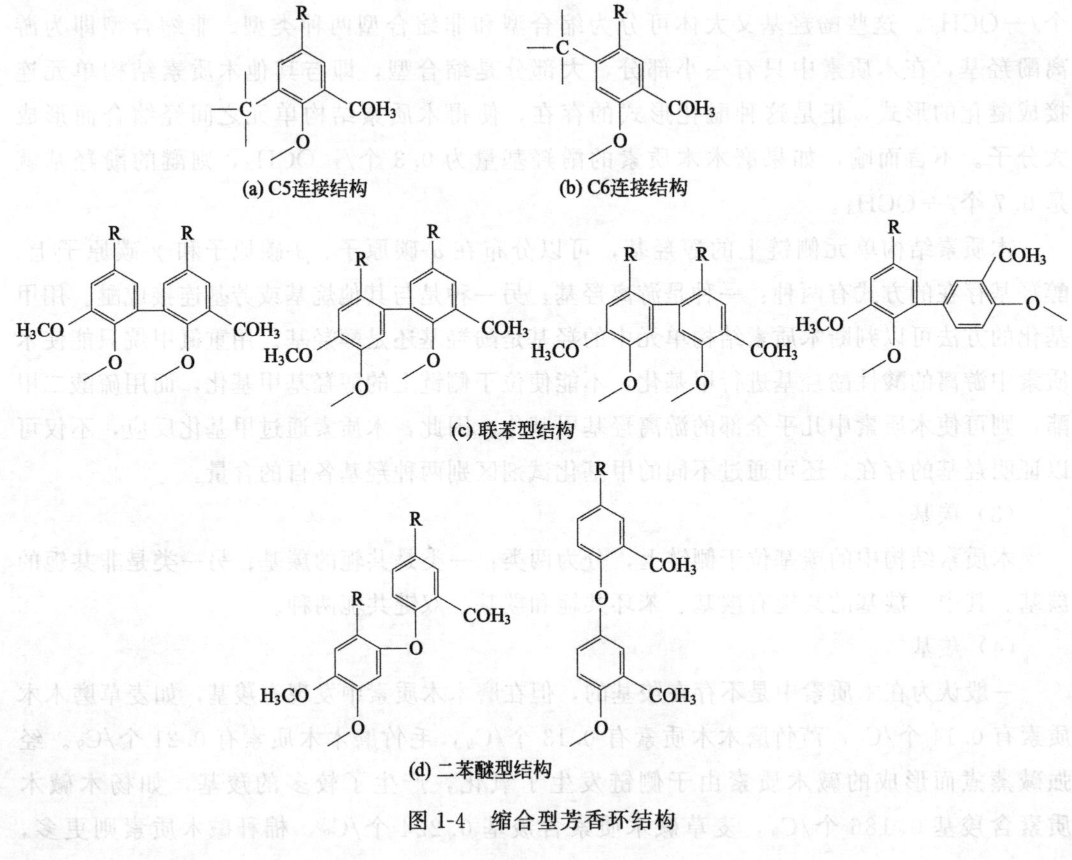

(a) C5连接结构 (b) C6连接结构

(c) 联苯型结构

(d) 二苯醚型结构

图 1-4 缩合型芳香环结构

1.3 木质素的物理性质

木质素的物理性质包括一般物理性质（如颜色、相对密度、光学性质、热性质、溶解性及电化学性质等）、高分子性质（如分子量、多分散性、热塑性等）和波谱性质。

1.3.1 一般物理性质

木质素的一般物理性质，不但与植物的种类、构造、部位、生长期等因素有关，而且与分离提取的方法有关。植物中的原本木质素主要部分与糖类紧密连接并形成巨大的空间网状结构，这种木质素-糖类复合物在所有的溶剂中都不溶解，所以所谓木质素的一般物理性质，通常都是用某种方法分离提取出来的低分子量的木质素的物理性质，并非是原本木质素的物理性质[1]。

（1）颜色

原本木质素是一种白色或接近无色的物质，我们见到的木质素颜色是在分离、制备过程中形成的。随着分离、制备方法的不同，木质素呈现出深浅不同的颜色。由 Brauns 分离并以其名字命名的云杉木质素是浅奶油色，酸木质素、铜铵木质素、过碘酸盐木质素的颜色较深，在浅黄褐色到深褐色之间。用重氮甲烷甲基化，可使木质素的颜色变浅，将木质素变成白色，可扩大木质素的应用范围。

由于木质素结构中具有羰基、乙烯基等不饱和双键，可与苯环形成共轭体系，基于共轭体系的π电子活性大，所需激发能很小，易吸收较长的光波，使吸收光谱从紫外区移至可见光区而出现颜色，这种共轭体系即为发色基团，加上一些如—OH（羟基）、—NR（氨基）、—OR（醚键）、—COOH（羧基）、—X（卤素）的助色基团，能使木质素的色泽加深。我们见到的树木外皮颜色都较深，就是因为其中的木质素较易受到太阳光的照射而变色，越是到树心内部，光线照射不到，木质素越不易变色，所以树心的颜色极浅。

此外，木质素结构单元中的酚羟基，极易被空气中的氧气（植物内部也有过氧化物酶）氧化，变成醌类等有色物质，从而使木质素变色。

（2）相对密度

木质素的相对密度为1.35～1.50，因制备方法和测定方法的不同有一定差异。如松木乙二醇木质素的相对密度为1.362，而松木盐酸木质素的相对密度为1.348。测定时所用溶液密度不同，得到的数值略有不同，如用水测定，松木硫酸木质素的相对密度为1.451，若换用苯测定，其相对密度则为1.436；在20℃用水测定云杉二氧六环木质素，其相对密度为1.33，换用二氧六环测定，其相对密度则为1.391。

（3）光学性质

木质素结构单元中没有不对称碳，所以没有光学活性。云杉中铜铵木质素的折射率为1.61，这也证明了木质素的芳香族性质。

（4）热性质

木质素碳含量比纤维素约高50%，因此燃烧热值是比较高的，这正是造纸黑液木质素浓缩回收可作为燃料的依据，如无灰分的云杉盐酸木质素的燃烧热是110kJ/g，硫酸木质素的燃烧热是109.6kJ/g。

（5）溶解性

木质素是一种聚集体，结构中存在许多极性基团，尤其是较多的羟基，形成较强的分子内和分子间的氢键，因此木质素不溶于水和任何溶剂。

分离木质素时因发生了缩合和降解，许多物理性质改变了，溶解度性质也随之有所改变，从而有可溶性木质素和不可溶性木质素之分，前者是无定形结构，后者则是原料纤维的形态结构。木质素中酚羟基和羧基的存在，使木质素能在浓的强碱溶液中溶解。以96%乙醇分离出云杉木材中10%的云杉木质素，称为Brauns木质素，这种木质素和其他有机溶剂木质素可溶于二氧六环、吡啶、甲醇、乙醇、丙酮和稀碱中，但有趣的是必须在这些溶剂中加几滴水，否则木质素几乎不溶，因此在用乙醇提取木质素时，都是将乙醇配成50%的水溶液。碱木质素和硫木质素在二氧六环中溶解后的溶液像是胶体溶液。碱木质素可溶于稀碱水、碱性或中性的极性溶剂中，木质素磺酸盐可溶于水中，它们的溶液是真正的胶体溶液。Brauns木质素、酚木质素和许多有机溶剂木质素在二氧六环中溶解后是澄清的，是真溶液，酸木质素则不溶于所有的溶剂。分离大多数木质素，最好的溶剂是乙酸中添加乙酰溴和六氟丙醇的溶液。

化学制浆法的原理，就是用碱使原本木质素水解产生大量的酚羟基，并形成酚羟基钠盐，从而溶于水，或在木质素大分子中导入磺酸基，形成可溶性的木质素磺酸盐，达到木质素与纤维素分离的目的。

（6）电化学性质

木质素是一种高分子阴离子电解质，在电场中向阳极移动。利用这一特点，可用玻璃纤维滤纸的电泳来研究木质素与糖类之间的连接或断开，可用电泳法来分离木质素和糖类。此外，也可用电泳法和电渗析法来分离造纸黑液中的木质素及木质素磺酸盐。

1.3.2 高分子性质

木质素的高分子性质包括热塑性、分子量、多分散性、分子形状等。

（1）热塑性

木质素是无定形的热塑性高聚物，室温下稍显脆性，溶液中不成膜，无确定的熔点，具有软化点和玻璃化温度（T_g），而且玻璃化温度较高。在玻璃化温度以下，木质素高分子被冻结成为玻璃状固态；当温度上升到其玻璃化温度以上时，木质素高分子开始进行布朗运动而软化，其固态表面积减小，同时产生黏着力，木质素软化变黏。木质素的玻璃化温度与植物种类、分离方法、分子量有关，分子量越大，软化点和玻璃化温度越高。水分对玻璃化温度也有很大影响（表1-3），可以认为，水对木质素起到了增塑作用，因而能降低木质素的玻璃化温度[1]。

表1-3 各种分离木质素的玻璃化温度

分离木质素	水分/%	玻璃化温度/℃
高碘酸木质素	0	193
	12.6	115
	27.1	90

续表

分离木质素	水分/%	玻璃化温度/℃
桦木高碘酸木质素	0 12.2	179 128
云杉二氧六环木质素(低分子量)	0 7.1	127 72
云杉二氧六环木质素	0 7.2	146 92
针叶木木质素磺酸钠	0 21.2	235 118

(2) 分子量和多分散性

原本木质素的分子量达几十万到几百万，分子量的分布很宽，但分离木质素的分子量要低得多，一般是几千到几万，高一些的也能达到二三十万。各种分离木质素的分子量随分离的方法和分离条件而异。所有的分离木质素，不论是用作结构研究的磨木木质素、纤维素分解酶木质素还是各种工业木质素，都具有多分散性。分离木质素分子量的多分散性是由于原本木质素在分离过程中受到机械作用和酶的作用，通常是由于化学试剂的作用引起三维网络结构的任意破裂而降解成大小不同的木质素碎片。

分离木质素的分子量变化范围很大，以磨木木质素（MWL）为例，同种来源的MWL（如云杉 MWL），由于磨碎时间及提取方法的不同，其重均分子量（$\overline{M}_w$）有2100、7100、11000 等以及云杉 MWL 的高分子级分，$\overline{M}_w$ 为 40000；阔叶木材 MWL 的 $\overline{M}_w$，低的有 3700～5000，高的在 18000 以上；木质素磺酸盐分子量为 10^3～10^5，最高的可达 10^6 以上；硫酸盐木质素的分子量较低。有关工业木质素分子量及分子量分布的数据大多根据针叶木材样品而来。据报道，针叶木材分离木质素的物理和化学性质如 UV 吸收、折射率、甲氧基含量等，在不同样品中的多分散性变化较小，而阔叶木材木质素的多分散性与其化学结构有一定关系，如不同级分的阔叶木材木质素，硝基苯氧化产生的香草醛和紫丁香醛的比例有明显的差别。

木质素分子量的测定方法除可采用渗透压法、光散射法和超级离心法外，近些年来还采用凝胶渗透色谱法（GPC）、高压（或高效）液相色谱（HPLC）法结合适当的标准样品（如不同分子量的聚苯乙烯）。对于不溶性的木质素如酸水解木质素的分子量可根据 $\lg \overline{M}_w$ 和热软化温度之间的线性关系来测定。

(3) 分子形状

在电子显微镜中看到的原本木质素是以球状质点状态或块状质点状态聚集存在的。块状木质素主要是 β-5 型连接，由于其中游离酚羟基数量较多，故易结合成“块状”。球状木质素实际上是由链状木质素折叠而成，其结构特征是主要由 β-O-4 型连接。

木质素分子具有明显的多分散性，其多分散系数均大于 2，表明内部存在三维网络结构。低分子量木质素在材料中能起到增塑的作用，并与其他聚合物组分相容性较好。木质素粒子的形状用电子显微镜观测呈球形或块状，利用 X 射线散射、动态光散射、脉冲梯度自旋-回波核磁共振波谱等方法可以精确测量木质素分子的形状、构象以及流体力学半径（R_h）和均方根旋转半径（R_g）等分子参数，表 1-4 列出不同木质素溶液中的尺寸和形状[5]。可以看出，木质素分子在溶液中一般呈现球形构象，其流体力学半径较小。牛皮纸木质素在重均分子量（$\overline{M}_w$）为 $1.6\times10^3\sim1.2\times10^4$ 时，其 R_h 为 1.0～2.2nm。而且，木质素分子在水溶液中容易聚集形成聚集体，呈现数十纳米甚至更大尺寸的粒子。用光散射测定由碱木质素硝化制得的硝化木质素的 $\overline{M}_w$ 为 2.06×10^5，同时用黏度法得到其特性黏度为 4.42mL/g。如此低的黏度值反映出单位质量的分子体积很小，由此表明，该木质素衍生物分子链在溶液中呈 Einstein 球形构象。木质素的形状对木质素基材料的微观结构的性能有着重要的影响。

表 1-4　不同木质素溶液中的尺寸和形状

木质素类型	溶剂	尺寸和形状	表征方法
牛皮纸木质素	不同 pH 值的水溶液	100nm～2μm 紧缩胶粒状	准弹性光散射；自扩散脉冲梯度自旋-回波核磁共振；冷冻透射电镜
牛皮纸木质素	不同离子强度的碱性水溶液	1～3nm 厚、5～9nm 长；表面分形维数 $D_s=2.7\pm0.1$；伸展的形状	小角 X 射线散射；超小角 X 射线散射
甲醇-HCl 和 NaOH-乙醇提取枫木木质素	不同有机溶剂	3nm×16nm×10nm；椭圆粒子；形貌因子=7.5	黏度法；铺展和斜槽技术
磨木、二氧六环、牛皮纸木质素	在水中铺展	1.7nm 厚的膜；每个牛皮纸木质素分子面积为 2.1～2.4nm²	铺展和斜槽技术
适度溶解的碱木质素	$NaHCO_3$-NaOH 缓冲液，pH=9.5	R_g=44～170nm；微凝胶粒子，其外层为疏松线团链；流体力学性质介于无规线团和刚性球之间	超离心沉降；黏度法
云杉木质素、二氧六环木质素	吡啶、0.2～4mol/L NaOH 水溶液	$\overline{M}_w$ 为 7500 时，R_h=2nm；R_h=2.2～3.3nm；　球形粒子	黏度法、特性黏度；超离心沉降；电势反滴定
松木二氧六环木质素	稀释有机溶剂：DMSO、DMF、二氧六环、吡啶	因分子量和溶剂不同，分子尺寸范围为 110～157nm 或 9～23nm	黏度法；光子相关光谱
百里香羟基乙酸木质素	吡啶-DMS-水	表观 R_h=0.97～2.09nm 和 0.78～2.09nm；固定紧密网络为核且表面较疏松的 Einstein 球	自旋标记；黏度法
有机溶胶木质素	pH=3～10 水溶液	pH=10 时分子尺寸为 40nm；pH=3 时则为 150nm；70%的粒子尺寸为 2～50nm，粒子在纳米尺度；团聚体尺寸为 65nm	凝胶过滤法；光子相关光谱
牛皮纸木质素	0.1mol/L 碱性溶液	扩张因子为 2.5～3.7；伸展的无规线团构象；无长支链影响	尺寸排除色谱；超离心法
牛皮纸木质素	1.0mol/L NaOD 缓冲溶液	在 pH=6.5 的 D_2O 中 R_h=2.05～2.28nm，团聚体 R_h=38nm	自扩散脉冲梯度自旋-回波核磁共振
牛皮纸木质素	0.1mol/L NaOH/NaOD	$\overline{M}_w$ 在 1600～12100 范围内，R_h=1.0～2.2nm	自扩散脉冲梯度自旋-回波核磁共振
乙酰化牛皮纸木质素	1.0mol/L $CHCl_3$	R_h=0.5～1.31nm；扁平椭球，长短轴比≤18	自扩散脉冲梯度自旋-回波核磁共振
硬木牛皮纸木质素	DMSO、DMF、甲基纤维素、吡啶	因分子量的差别，分子尺寸为 2.4～2.7nm 或 120～350nm	光子相关光谱

1.3.3 波谱性质

物质有4种运动状态，即平动、转动、振动和分子内的电子运动。每种运动状态都具有本身特有的能级，当分子或电子接收外界给予的能量恰好是两个能级差时，物质运动的状态就由所处的能级向高一能级跃迁，而物质的每一种能级状态只有在接受某种特定波长的电磁波照射并吸收能量，才能够克服能级间的差量从而发生跃迁，这种能级间的差量的大小是由该物质的结构决定的，因此这种最大的吸收波长就反映出该物质的结构特点[1]。

由于构成木质素的原子或原子团具有特定的运动状态，因而能吸收具有各种不同能量的电磁波，表现出特定的波谱性质。对于木质素来说，红外吸收光谱（IR）、紫外吸收光谱（UV）和核磁共振谱（NMR）能提供许多结构信息，是进行木质素结构分析的基础。

1.3.3.1 红外吸收光谱

从20世纪50年代初开始，红外光谱（IR）就被广泛应用于木质素的研究。进入80年代，傅里叶变换红外光谱（FTIR）用于研究木质素，与过去的散射型红外光谱比较，具有分析时间短、灵敏度高、稳定性好、使用方便和数据处理方便等优点，可有效地用于定性分析和定量分析[1]。

木质素分子结构特别复杂，其红外光谱受到试样来源和分离方法及红外测定方法的影响很大，所以其分析结果往往不可靠，要反复做几次才能给出一些可靠的信息。也正因为木质素分子结构复杂，又是高分子化合物，其他的分析鉴定手段可用的不多，红外光谱反而成了研究木质素的一种常用的方法。木质素分子结构中的特征基团，在红外光谱上有明确的特征峰，主要是1610～1600cm^{-1}和1520～1500cm^{-1}，属芳香环骨架振动；在1670～1665cm^{-1}有共轭羰基；在1470～1460cm^{-1}有甲基和亚甲基的C—H弯曲振动。在这些光谱的波数范围内，很少有其他的光带，因此可用来证明在未知样品中木质素的存在，而1510cm^{-1}和1600cm^{-1}的芳香环振动可用来定量测定木质素。表1-5列出了木质素分子结构中的特征基团的红外吸收谱带[1]。

表1-5 木质素的红外吸收谱带

波数/cm^{-1}	特征基团	波数/cm^{-1}	特征基团
3425	羟基	1370～1365	芳香环(C—H环)
2920	甲基、亚甲基、次甲基	1326～1325	紫丁香环(C—O)
1715～1710	非共轭羰基、酯基	1270	愈创木环(C—O)
1675～1660	共轭羰基	1275～1220	紫丁香环(C—O)
1605～1595	芳香环(骨架振动)	1120	紫丁香环(C—O)
1510～1505	芳香环(骨架振动)	1085	伯醇、醚(C—H弯曲振动)
1470～1460	C—H弯曲振动	1030	仲醇、醚(C—O弯曲振动)
1430～1425	芳香环(骨架振动)	830	芳香环(C—H弯曲振动)

注：表中吸收带的归属栏内没有注明的为伸缩振动。

1.3.3.2 紫外和可见光吸收光谱

木质素具有芳香环结构，还有一些共轭羰基，对紫外线和可见光有强烈吸收，而糖类对其则几乎不吸收，所以可以在糖类存在的情况下选择适当的条件，用紫外吸收光谱来鉴定木质素的结构。通常采用波长在200～700nm的紫外线及可见光范围来研究木质素对光的吸收，获得木质素的紫外吸收光谱及可见光吸收光谱（通称为电子光谱）。

木质素紫外吸收光谱的吸光系数ε值较高，重复性好，很适合于木质素的定量分析。此外，可利用紫外吸收光谱和可见光吸收光谱研究制浆的蒸煮和漂白过程中发色基团的变化，以及用于原位测定木质素的发色基团等。木质素的紫外吸收光谱的特征吸收峰，首先是波长280nm附近很强的吸收峰，其次是波长210nm附近的吸收峰，另外在波长230nm及310～350nm附近有弱的吸收峰。波长210nm附近的吸收为共轭烯键的吸收带，280nm附近的吸收为芳香环的吸收带，愈创木环的吸收较紫丁香环的吸收向长波方向位移，即深色化，吸光系数ε也大，即浓色化[1]。

针叶木木质素在波长280nm或稍低处有极大吸收值，阔叶木木质素的极大吸收值却在波长275～277nm处，这种略向短波长方向移动的现象，是由阔叶木木质素中含有较多的对称性较高的紫丁香基引起的。

木质素的以上两种波长的吸收带，都可以用于微量木质素的定量测定，具有简单、快捷、直接等优点。对于不溶性木质素，可用固体试样压片法测定（试样先磨碎，与KBr充分混合、研细，压制成厚度为0.01～0.1mm的半透明薄片）；对于可溶性木质素，可选择适当的溶剂配制成适当浓度的溶液在比色皿中测定。

1.3.3.3 核磁共振谱

除了红外光谱和紫外光谱，核磁共振法（NMR）也是研究木质素结构的重要手段。常用的为核磁共振氢谱（^{1}H NMR）和碳谱（^{13}C NMR），近年来已开始使用^{29}Si NMR、^{31}P NMR和^{19}F NMR等方法[1]。

(1) ^{1}H NMR

根据H质子的化学位移（δ）、自旋耦合，从木质素的^{1}H NMR测定结果，可以深入进行木质素化学结构的研究，可以对甲氧基、酚羟基及缩合型愈创木基进行定量分析。^{1}H NMR仅用于分析低分子量的木质素，常用溶剂溶解成溶液进行。常用的溶剂是重水（D_2O）或所有氘代氯仿（$CDCl_3$），用四甲基硅烷（TMS）作内标。为了使木质素在溶剂中溶解，使H质子的信号加强，常用吡啶和乙酸酐（体积比为1∶2）试剂使木质素乙酰化，使其所有的—OH都转变成CH_3CO—，由1个H质子变成3个H质子。

(2) ^{13}C NMR

^{13}C NMR在天然有机化合物的分子结构测定、异构体判别、构象分析、反应机理研究以及生物合成等方面都显示出巨大优势，已成为天然有机化合物研究领域中不可缺少的工具。^{13}C NMR较^{1}H NMR的优点是，不同^{13}C的化学位移（δ）变化范围大（0～220），化学环境稍有不同的^{13}C核都有不同的化学位移值，可以很方便地直接解析碳原子骨架结构，因此是木质素结构研究不可缺少的手段。

(3) ^{29}Si NMR

在气相色谱中，常将带羟基、氨基或羧基的有机化合物硅烷化，以便降低其汽化温度。现在，这一硅烷化技术也引进到了核磁共振谱的研究中。木质素结构中有羟基、羧基和可以烯醇化的羰基等可以硅烷化的基团，引进Si原子，即可用^{29}Si NMR对木质素进行结构分析。

(4) ^{31}P NMR

^{31}P NMR 技术已被用于测定木质素的羟基、羧基、羰基和醌基等，测定的灵敏度很高。木质素的这些基团都可与磷试剂反应从而被标记，常用的磷试剂有 1,3-二氧磷基氯化物、四甲基-1,3-二氧磷基氯化物和三甲基磷酸盐，后者能与醌型结构反应转变为环状磷酸酯，$\delta=10$ 左右。这种方法的特点是芳香环上的邻位取代基对 ^{31}P 化学位移有显著的影响，而对位和间位取代基的影响极小，从而可以鉴别愈创木基、紫丁香基和无取代的酚羟基。

(5) ^{19}F NMR

^{19}F NMR 用于木质素结构的研究有许多优势：a. 木质素的氟衍生物很稳定；b. 氟原子在芳香环上的位置对化学位移非常灵敏，因而容易得到各种羟基的信号，尤其是可以对羧基进行定量，这是其他一些方法很难做到的。

1.4 木质素的化学性质

木质素的分子结构中存在芳香基、酚羟基、醇羟基、羰基、甲氧基、羧基、共轭双键等活性基团，可以进行氧化、还原、水解、醇解、酸解、光解、酰化、磺化、烷基化、卤化、硝化、缩聚或接枝共聚等许多化学反应，其中，又以氧化、酰化、磺化、缩聚和接枝共聚等反应性能为主。磺化反应又是木质素应用的基础和前提，到目前为止，木质素大都以木质素磺酸盐的形式加以利用。木质素除了具有化学反应特征外，还具有显色反应、黏结性、螯合性、迟效性和吸附性等。

1.4.1 木质素结构单元的化学反应性能

在几乎所有的脱木质素工艺中，都包含天然木质素共价键的断裂，不同分离方法及分离条件得到的木质素，结构单元之间的连接键型、功能基团组成都有差异，从而使得木质素大分子各部位的化学反应性能很不均一。在木质素大分子中醚键易于裂开和参加化学反应，同时这些醚键的反应性能又受到木质素结构单元侧链对位上的游离酚羟基的极大影响，这些结构单元主要是酚型结构和非酚型结构。木质素酚型结构的苯环上存在游离羟基，它能通过诱导效应使其对位侧链上的 α-碳原子活化，因而 α 位上的反应性能特别强。非酚型结构中木质素结构上的酚羟基存在取代基，从而不能使 α-碳原子得到活化，所以比较稳定且反应活力较弱，即使 α 位上是醇羟基也比酚型结构的醇羟基反应性能低得多。因而，通过化学反应在木质素大分子上析出更多的酚羟基或尽量保护其游离酚羟基免于缩合作用，将有助于提高木质素的反应活性[6]。

1.4.2 显色反应

显色反应是木质素的一类特征反应。显色反应对于木质素的鉴别、分类、结构分析、木质化过程的研究都具有重要意义。常用的显色剂有脂肪醇或酮、酚、芳香胺、杂环化合物和一些无机物。

脂肪醇或酮在酸性条件下反应，使木质素显色。用甲醇/盐酸或丙酮/盐酸处理木质素，体系显红色。用戊醇/硫酸处理，体系显蓝色。

木质素与不同的酚和胺反应，显示各种不同的特征颜色，如表 1-6 所列。木质素与酚类化合物反应，视酚结构的不同，分别显蓝色、绿色和紫色。如果酚羟基对位有取代基，显色减弱。木质素与芳香胺反应，如果芳香胺中氨基的对位有硝基或氨基取代，则显色增强。木质素与杂环化合物在酸性条件下发生显色反应，如与呋喃反应显绿色，与吡咯反应显红色，与吲哚反应也显红色[7]。

表 1-6　木质素与酚和胺类显色剂的显色反应

显色剂	特征颜色	显色剂	特征颜色
苯酚	蓝绿	α-萘酚	蓝绿
邻甲基苯酚、间甲基苯酚	蓝	苯胺	黄
对甲基苯酚	橙绿	邻硝基苯胺	黄
邻硝基苯酚、间硝基苯酚	黄	间硝基苯胺、对硝基苯胺	橙
对硝基苯酚	橙黄	磺胺酸	黄橙
对苯二酚	橙	对苯二胺	橙红
间苯二酚	紫红	联苯胺	橙
均苯三酚	红紫	喹啉	黄

木质素与无机显色剂作用，显示特征颜色。主要无机显色剂及其相应的颜色变化见表 1-7[7]。

表 1-7　木质素与无机试剂的显色反应

显色剂	特征颜色	显色剂	特征颜色
浓盐酸、浓硫酸	绿	五氧化二钒、磷酸	黄褐
硫酸铁-赤血盐	深蓝	硫代氰酸钴	深蓝
氯-亚硫酸钠	黄褐、红紫	硫化氢、浓硫酸	红
高锰酸钾-盐酸-氨	黄褐、红紫		

1.4.3　黏结性

木质素具有芳香环以及高度交联的三维网络结构，在木质素的结构中含有酚羟基和甲氧基等，并且苯环上的第五位碳都没有取代基，即苯环上有可交联的游离空位（酚羟基的邻、对位），可以进一步交联固化，这是木质素可以制胶的依据。利用木质素的制胶特性，目前已得到了木质素树脂、木质素-脲醛树脂、木质素-酚醛树脂、木质素-环氧树脂及木质素-聚氨酯等，广泛地运用于胶合板、刨花板、纤维板及各种人造板的生产中。但是木质素芳环上取代基较多，酚羟基和可交联的游离空位较少，因此制得的木质素胶不如酚醛胶，它需要较高的温度和较长的固化时间。为了生产出优良的黏合剂，通常可以对木质素进行改性[8]。

1.4.4　螯合性和迟效性

木质素结构中含有一定量的酚羟基和羧基等，它们使木质素具有较强的螯合性和胶体性能，从而为木质素制备螯合微肥提供了可能性。同时，木质素是一种可以缓慢达到完全降解的天然高分子材料，因此通过在木质素结构中引入氮元素，然后利用木质素的缓慢降解，制成新型的缓释氮肥[8]。但是，由于木质素本身含氮量较低，通常需要对木质素进行改性来提高其含氮量，其中主要采用的是氧化氨解法。目前，利用其螯合性和迟效性，木质素已作为螯合铁微肥、土壤改良剂、农药缓释剂等被广泛用于农业生产中[9]。

1.4.5 吸附性

大量的酚羟基、羧基以及羰基，相对较低的溶解性，以及不同含氧基团的存在使得木质素成为一种吸附剂[10]。水解木质素已被广泛用作合成染料、重金属氨化物以及酚醛树脂生产废水中微量酚类物质的吸附剂。为了提高木质素的吸附位点，必须对木质素进行改性，如引入碱性氨基等。水解木质素的亲水性使得木质素对水溶液中有机污染物的吸附能力大大降低，可以通过与含有季铵基的低分子表面活性剂进行反应，在木质素结构中引入疏水阳离子，所得到的改性木质素对有机污染物的吸附能力大大增强。

1.4.6 表面活性

木质素分子上缺乏亲水亲油性都较为理想的官能团，且在有机相和水相中的溶解度均不高，表面活性也很差，必须通过一定的结构改造使木质素的表面活性提高。木质素结构中具有含活泼氢的羟基和可以被加成的双键，因此可以通过磺化、氧化降解等反应以增强其亲水性能，从而有利于合成阴离子表面活性剂；也可以在高温高压和催化剂存在下，将木质素进行还原降解并经过烷氧基化或胺化等来增强其亲油性（如与环氧氯丙烷及三甲胺等反应），以利于合成阳离子表面活性剂[8]。

目前利用表面活性的特点，木质素及其改性产物已经广泛应用于工农业生产中，如：利用木质素磺酸盐作为水泥减水剂、水煤浆添加剂等，木质素可以与橡胶胶乳共凝，并以极细的颗粒存在于橡胶中，从而可以用作橡胶补强剂；木质素磺酸钠被用作染料分散剂；木质素还可与农药进行化学结合或次级键结合，作为农药缓释剂等。

1.5 木质素的分离提取

在植物体内的木质素与分离后的木质素，在结构上是有差别的，而且分离方法不同，其结构也有变化，因此将未分离的木质素称作原本木质素。不同分离方法得到的木质素，其性质有很大的差别。

作为科学研究来说，木质素的分离是要获得比较纯的木质素样品，或者是要获得特定结构、特定性质的样品，所以有许多分离方法。在工业上，一般是在利用纤维素时将木质素分离提取出来。

1.5.1 木质素的分离方法

木质素的分离方法，按其基本原理可分为两类：一类是将植物中木质素以外的成分溶解除去，木质素作为不溶性成分被过滤分离出来；另一类是将木质素作为可溶性成分溶解，纤维素等其他成分不溶解而进行分离。木质素的分离方法及特征见表 1-8[11]。

表 1-8 木质素的分离方法及特征

分离方法		分离木质素的名称	化学变化程度
木质素作为残渣而分离的方法(不溶木质素)		硫酸木质素(Klason 木质素)	伴随着化学变化
		盐酸木质素 铜氨木质素 过碘酸盐木质素	化学变化少
木质素被溶解，再沉淀精制而分离的方法(可溶性木质素)	使用有机溶剂在中性条件下溶出	布劳斯(Brauns)天然木质素(BNL) 诺德(Nard)木质素 贝克曼(Björkman)木质素(MWL) 纤维素分解酶木质素(CEL)	化学变化极少
	使用有机溶剂在酸性条件下溶出	乙醇木质素 二氧六环木质素 巯基乙酸木质素 酚木质素 水溶助溶木质素	伴随着化学变化
	使用无机试剂分离	木质素磺酸 碱木质素 硫代木质素 氯化木质素	伴随着化学变化

1.5.2 植物中木质素的提取

植物中木质素的提取原料是植物或农林废弃物。因采用的溶剂不同，生产方法有很多种，常见的是酒精提取法和水溶助溶提取法[12]。

1.5.2.1 酒精提取法

农林废弃物粉碎后，被中压蒸汽加热到 230℃左右，蒸爆 1～5min，然后迅速泄压，爆碎后的农林废弃物用水抽提，可溶物主要为半纤维素，可用于进一步提取木糖或糖醛。水抽提的不溶物为木质素或纤维素。再用酒精进行抽提，可溶物为木质素，不溶物为纤维素。粗提的木质素经提纯精制后，得商品木质素。

该工艺的关键设备是水蒸气蒸爆机，它由加料部分、蒸馏部分、物料输送部分和泄压部分组成。

1.5.2.2 水溶助溶提取法

粉碎的植物原料用 40%～50%的苯磺酸盐蒸煮，使植物的木质素溶出，过滤，滤液注入水中，溶解木质素又沉淀出来，经提纯精制后得商品木质素。该方法适用于阔叶木及一年生植物。

1.5.3 纸浆中木质素的分离

对化学浆，尤其是可漂级的化学浆，残余木质素比较难分离，这是因为浆中的残余木质素的含量相对较低，而且可能与糖类化合物有化学连接。在20世纪80年代初期，随着结构研究的发展，出现了一种在化学浆中定量分离残余木质素的方法。这个过程建立在浆中糖类化合物的选择性水解和溶解上，采用商品化的易得到的纤维素酶将浆中的木质素变为不溶的残渣。这个过程由木材中分离木质素的酶催化方法改变而来，这种酶催化方法由Pew和Weyna最先报道，后来又经过Chang等修改。这两个过程的主要区别是化学浆不像木材，即使不用球磨研磨，它也易于通过纤维素水解酶进行水解，因此对化学浆来说这种方法不会发生结构改变，是理想的分离残余木质素的方法。

酶催化过程可以用来分离各种得率化学浆中的残余木质素，从而进行结构特性的研究。然而，对于高得率的化学浆，如挂面纸板级别的化学浆，纤维素水解酶处理后回收的残余木质素只有部分溶解在普通的木质素溶剂中，如在二氧六环水溶液、二甲基甲酰胺、二甲基亚砜和1mol/L NaOH中。这些限制使得在高得率浆中难以完全研究清楚残余木质素的特性。而且可漂浆中的残余木质素几乎可以完全溶解在上述溶剂中。酶催化过程也可以用来从半漂浆中分离残余木质素，如氧漂浆和氯化并用碱抽提的浆。在这些例子中，一部分残余木质素在酶处理过程中的溶解能力增大，必须用酸化作用从滤液中将这部分残余木质素沉淀出来。而且，纤维素水解酶容易吸附到半漂浆中的残余木质素上，因此也必须从半漂浆中除去纤维素水解酶[13]。

1.5.4 造纸黑液中木质素的提取

制浆造纸产生的黑液或红液中含有大量的木质素，采用一些特定的技术可以大量地生产木质素，或者说，想要大量地生产木质素，最能商业化的方法便是从造纸黑液中提取木质素[1]。

1.5.4.1 从硫酸盐法木浆黑液中提取木质素

先将硫酸盐法木浆黑液蒸发浓缩至浓度为25%～35%，相对密度为1.10～1.20，除去液面的粗松香皂，再将压缩空气鼓入液体内部，不断鼓气，使液体内部的粗松香皂随气泡上浮，随之除去泡沫及纤维杂质，然后通入经水洗涤过的烟道气，使黑液的pH值由11～12降至9左右，此时即有部分分子量较大的碱木质素沉淀出来，收率为黑液中含固量的25%～27%或为黑液中碱木质素的50%～54%，如果将滤液浓缩到原体积的1/3，则可得一些沉淀物，总收率可达60%。其余的木质素，通过向滤液中加入硫酸至pH值为5～6，木质素大多沉淀出来，总收率可达90%～95%，或为黑液中全部固形物的45%。如果不用烟道气，或全部使用硫酸沉淀木质素，这样的话，相对密度为1.12的黑液，每立方米需用工业硫酸约30kg，沉淀出1t绝干粗木质素，需用250kg工业硫酸，若先用烟道气中和黑液，则硫酸用量可节省2/3。

进行沉淀操作时，可把黑液的温度升到90℃左右，但不能沸腾，否则沉淀出来的木质素易结块上浮，造成其中包含黑液，且后期洗涤和精制困难。据研究，为了降低能耗，沉淀操作也可以在常温下进行。木质素的过滤是比较困难的，离心机或真空过滤机虽然也可以使用，但效率低，脱水率不高，只有板框或厢式压滤机才比较好用，而厢式压滤机又比板框压滤机好用，但厢式压滤机也要做一些改进才能更好用。

用于合成树脂的木质素须脱去灰分：将碱木质素在1%硫酸中煮沸，充分搅拌，一次脱灰可使灰分降至2%～4%，经2～3次脱灰后灰分可降至0.5%。

膜分离技术用于木质素的分离，国外于20世纪70年代开始工业化试验，对硫酸盐木浆和亚硫酸盐木浆提取木质素的超滤技术进行了系统研究。1986年，我国开山屯纸浆厂从丹麦DDS公司引进超滤设备进行了工业性试验，已经取得了经验，随着国产膜分离设备制造技术的不断进步，现在已有一些单位在进行深入的研究，并取得了较好的进展。

日本一家日产纸3000t的硫酸盐木浆厂，建成了一个超滤膜分离车间，共有两条生产线，每条有6段，共有322个膜分离组件，每个组件内装18根12.5mm直径的管式聚砜膜，每件膜面积共$2.3m^2$，每条生产线的膜面积达$740.6m^2$，在40～50℃、pH值为10.5的条件下已运行两年以上的膜分离性能无明显下降。

1.5.4.2 从硫酸盐法稻草浆黑液中提取木质素

草浆碱木质素的分离提取比木浆困难一些，轻工部造纸研究所总结了如下一些经验可供参考。

① 加酸前黑液不宜加热，这样可得木质素21%，如果加热则只能得4.5%。

② 黑液存放1～2天后，易于沉淀。

③ 加酸适当多一点，pH值略低一些，有利于沉淀。加盐酸比硫酸好些。例如同样是加酸至pH值为4，煮沸15min，加硫酸可得木质素21%，而加盐酸则得木质素27%，加硫酸至pH值为0.5，煮沸15min，也可得木质素27%。

④ 煮沸时间加长，可多得沉淀物，因细小颗粒木质素经延长加热时间而积聚，故而得率增加。

⑤ 硫化度小，对沉淀有好处。废液中糖含量对木质素无影响。

⑥ 用二阶段沉淀法较好。先加酸使pH=4，通蒸汽加热至70℃，使木质素沉淀。倾去上层废水，再向沉淀中加入硫酸，其量等于第一次所加入的酸量，使pH<1.0，再通入蒸汽加热至90℃，让木质素沉淀。倾出上层酸液，加水洗木质素3～4次，最初一次上层的酸液及第一次水洗的稀酸液留作下一次第一级沉淀木质素之用。

⑦ 稻草浆黑液沉淀碱木质素的收率一般都很低，约为8%。每沉淀1kg木质素需用硫酸0.57kg，比木浆碱木质素多1倍。

潘学军等[14]研究了稻草硫酸盐黑液和亚硫酸镁盐法荻苇蒸煮废液的超滤浓缩，他们用HMP型平板超滤器、磺化聚砜膜（SPS100），纯水通量为30～50L/(m^2·h)，截留分子量（MWCO）为10000，压力为0.34MPa，温度为41℃，膜面流速为1.2m/s。他们发现，超滤浓缩有一个上限浓度，稻草硫酸盐黑液的固形物浓度上限是31.52%，获苇亚硫酸氢镁红液的上限是26.12%。不言而喻，超滤可以用来进行预浓缩，从而显著地降低蒸发浓缩的能耗，同时可获得分子量较大的木质素。

1.5.4.3 从碱法草浆黑液中提取木质素

我国以碱法草浆造纸为主，所以大量的木质素存在于碱法草浆造纸黑液中，几十年来已发展出许多分离、提取木质素的方法。

木质素在碱性溶液中是以可溶性酚钠盐的形式存在的，加酸时逐渐转变成不溶性的游离酚从黑液中析出。木质素具有胶体性质，木质素分子在黑液中带负电荷，当加入 H^+ 时，发现它有等电点，在等电点时，木质素可较完全地凝聚而析出。黑液在不同的温度下，其 pH 值也有一些变化，温度升高时，pH 值略有降低。仔细沉淀的碱木质素，当 pH 值为 8～9 时，析出的木质素中大约每个木质素分子中含有 2 个以上的 Na 原子，这种木质素具有较大的溶解度。在室温时加酸沉出的木质素颗粒直径大部分为 1～2μm。提高沉淀温度，能促使木质素颗粒凝聚，80℃时能集合成大块[1]。

分离的基本工艺是在滤去纤维浆后的黑液中加入助凝剂（也可不加），以稀酸调节其 pH 值至 3～4，温度控制在 60～70℃，黑液即絮凝分层，通过压滤，以热水洗涤，即得碱木质素。无锡市从造纸厂碱法草浆黑液中提取碱木质素，工艺流程如图 1-5 所示[15]。

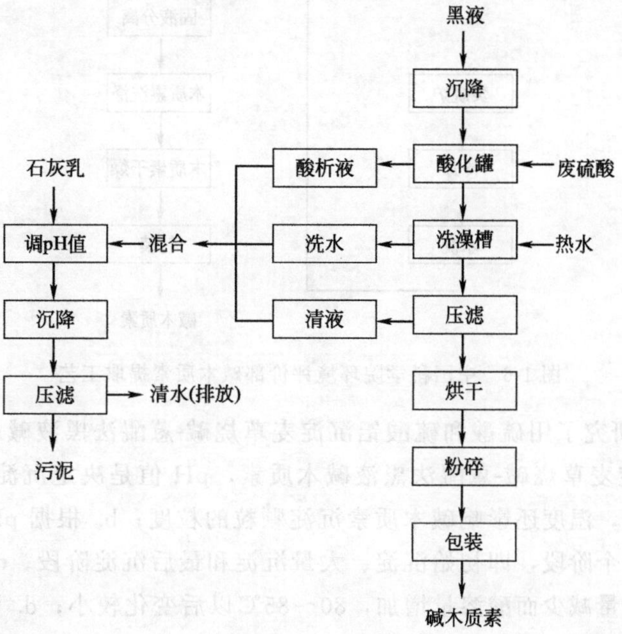

图 1-5 无锡市从造纸厂碱法草浆黑液中提取碱木质素工艺流程

无锡市某造纸厂日产 18t 纸浆，日产 3t 碱木质素，1988 年即已通过技术鉴定。该厂提出的碱木质素产品的技术指标：水分≤10%，灰分≤5%，木质素含量≥80%，棕褐色粉末，粒度>40 目。

酸化法提取碱木质素是目前普遍采用的方法，但其工艺路线长，设备和设施多，运行成本高，分离操作困难。杨卫明等[16]在常规酸析木质素工艺的基础上，优化了各种工艺条件，提高了木质素的沉降和过滤效率，减少了过滤负荷，增加了均化的预处理功能，并研制出了一种具有酸化、预热、絮凝、升温、沉降分层和固液分离等多种功能的反应器，提高了热效率，减少了搅拌装置。他们在三门峡市造纸厂原来工艺的基础上进行了技术改造，确定了最佳工艺参数：酸化终点 pH 值为 2.5，反应温度为 55℃，沉淀时间为 30min。

黑液在加酸酸化的同时升温，而且同时加聚丙烯酰胺絮凝剂，这样可使木质素在酸析的同时进行凝聚，析出木质素的颗粒增大，有利于过滤。

孙连超等[17]提出用二氧化硫作为酸化剂沉淀析出碱法草浆黑液中的木质素，其工艺流程如图 1-6 所示。此工艺的特点是木质素产品含量高，已经除掉了二氧化硅，同时，用二氧化硫（由硫黄燃烧而来）代替废硫酸，既不提高成本，又避免了废酸可能带入的杂质(甚至是有毒有害的)，提高了木质素的纯度。

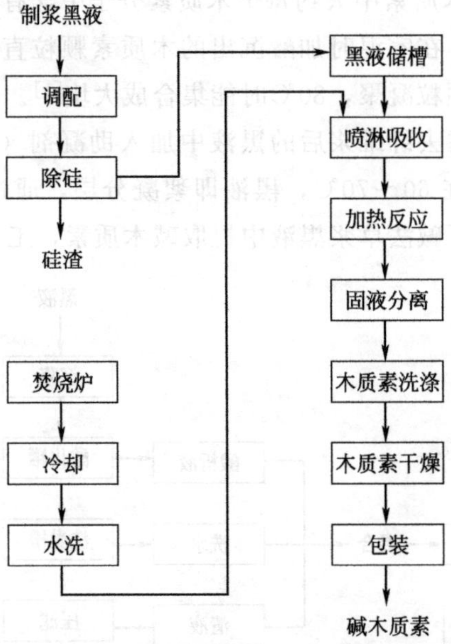

图 1-6 中国科学院环境评价部碱木质素提取工艺

邹文中等[18]研究了用硫酸和硫酸铝沉淀麦草烧碱-蒽醌法黑液碱木质素的条件，指出：a. 用硫酸沉淀麦草烧碱-蒽醌法黑液碱木质素，pH 值是决定沉淀量的最主要因素，沉淀温度也有影响，温度还影响碱木质素沉淀颗粒的粒度；b. 根据 pH 值的变化，沉淀过程大致可分为三个阶段，即初始沉淀、大量沉淀和最后沉淀阶段；c. 随沉淀温度的升高，碱木质素沉淀量减少而酸溶量增加，80～85℃以后变化较小；d. 酸化沉淀后添加硫酸铝，几乎无明显的作用；e. 用硫酸调 pH＝3，在 80～85℃沉淀的碱木质素经二氧六环抽提法测定，其纯度为 88%。

蒋挺大等[19]系统地研究了硫酸、硫酸铝及 pH 值三者之间的关系，并于 1972 年在北京建成一个喷雾干燥的碱木质素生产厂。

用超滤法从黑液中分离木质素也有不少单位进行了研究，如曹德身等[20]先将黑液经过筛网去除悬浮物，然后进入管状聚砜超滤器超滤。超滤的条件是：压力为 0.25～0.4MPa，温度为 40～60℃，通量为 26～35L/(m^2·h)。超滤法可回收黑液中 80%左右的木质素，其特点是不需投加任何化学药剂，流程简单，设备占地面积小，便于管理，但目前国内生产的超滤设备质量不稳定，超滤膜截留分子量小，超滤速度慢，且在如此强的碱性条件下，有多长的使用寿命还没有可参考的数据，所以还难下结论。不过，由于这是一种可实现双回收（回收木质素和碱）的方法，可减少投资，应该说是一种极有前途的方法。

华南理工大学纤维素与木质素化学研究室[21]研究出了一种木质素分离机，可以从甘蔗渣、龙须草、稻草、麦草等碱法制浆或硫酸盐法、氢氧化钠-亚硫酸钠-蒽醌等多种制浆法的黑液中有效地分离出木质素，纯度达到80%～92%，适合进行磺化、硝化、氧化、还原和聚合等多种反应，生产系列高等级、高附加值的产品。

20世纪60年代末，蒋挺大等[1]研制了一台隔膜电解槽，从碱法制浆黑液中分别回收木质素和碱，当时因电力紧张而被迫停止了研究。20年后，西安冶金建筑学院环境工程研究所又进行了这方面的研究，其主要工艺参数为：电流密度0.8～1.0A/dm^2，电解时间50min，碱回收率为70%，回收1t碱耗电3000kW·h（与目前化工制碱电耗水平相当）。在工艺和隔膜的选择方面再做些研究，一定能降低电耗，使这一技术可以在中小型碱法造纸厂推广。

电渗析法在国内外都有研究，我国从1958年开始就有人研究，20世纪80年代开始中试。这种技术的好处是明显的，既可回收木质素又可回收碱，但技术上还有较大的问题。

张陶芸等[22]研究成功了一种沉淀剂，可从碱法制浆黑液中提取出84.85%的木质素。孔涛等[23]也发明了一种LB-1沉淀剂，这种沉淀剂的特点是碱性组分、针对性强，仅对黑液有作用，反应和絮凝合为一体。采用此法可回收木质素和碱，对于一个年产5000t的纸浆厂，一年可回收900t木质素以及900t碱。

雷中方等[24]提出的方法是先将碱法稻草制浆黑液通过厌氧折流板反应器处理，去除糖类、半纤维素等可生物降解的物质，产生沼气，回收能源，然后将出水酸化沉淀，提取木质素，回收率达到进水木质素的95%以上，用酸量为0.15～0.2kg/kg(木质素)。这种方法可实现木质素与半纤维素的分离。

1.6 木质素的测定

1.6.1 木质素总量的测定

木质素总量的测定方法主要有硫酸法、酸性洗涤纤维法、乙酰溴法、改进Van Soest法、巯基乙酸法、紫外吸收光谱法等。

1.6.1.1 硫酸法（Klason法）

测定植物中的木质素含量，直观的方法是硫酸法（Klason法），又称重量分析法(gravinetric method)，测定原理是利用浓硫酸水解样品中的非木质素部分，剩下的残渣即为木质素。硫酸法的操作为：准确称取1g木粉，用滤纸包好，在索氏抽提器中用乙醇-苯（1∶2）混合液脱脂6～8h，含单宁多的样品先用95%的乙醇抽提4h，再脱脂。脱脂后的样品风干，移入100mL的烧杯中，在约20℃下加入72%的硫酸15mL，搅拌4h，然后移入1000mL的锥形瓶中，用560mL蒸馏水稀释到硫酸浓度为3%，装上回流冷凝管加热回流2h，冷却后在已恒重的玻璃砂芯漏斗（G4）中真空滤出木质素，用热水洗涤至中性，于(150±3)℃下干燥至恒重，称量，即可计算出木质素的含量。这种方法已被制浆和造纸工业技术协会所接受和认可。也有人用该测定方法来校正其他方法，以准确测定木质素的含量。

这种方法具有一定的局限性，因为有少量的木质素溶解于硫酸。此外，这种方法只适于硬木木质素的测定，不适于软木木质素、草本木质素以及一年生植物木质素含量的测定，因为这些植物体内不明确的蛋白质和矿物质会对木质素测定产生干扰。如果将干燥恒重后的木质素放入高温电炉中于550℃下灼烧灰化并恒重，按下式计算，则可获得比较准确的测定结果[1]：

$$木质素=\frac{[(G_1-G)-G_2]\times 100\%}{G_3(100\%-W)}\times 100\%$$

式中 G——滤纸的质量，g；

G_1——烘干后的滤纸连同残渣质量，g；

G_2——风干样品质量，g；

G_3——灰分质量，g；

W——样品水分，%。

1.6.1.2 酸性洗涤纤维法（ADF法）

ADF法也是一种常见的木质素的测定方法，一般用于草本植物或一年生植物木质素的测定，其操作方法是：先将样品洗净、烘干、粉碎、称重（质量为 W_1），再用蛋白酶对植物样品进行预处理，水解掉其中的蛋白质，然后加入硫酸至72%回流2h，冷却、过滤、洗涤、干燥至恒重，得到酸不溶的木质素，称重（质量为 W_2），接着灼烧，称量灰烬的质量（W_3），按如下公式计算木质素的含量[1]：

$$木质素=\frac{W_2-W_3}{W_1}\times 100\%$$

这种方法的缺点是蛋白质不一定完全被除去，因此，这种方法要求用氮分析计算的校正数值来校正酸不溶性木质素的数值，该方法已被农业化学家协会所接受和认可。Goering 等[25]对这一方法进行改进：首先用中性的洗涤剂处理，然后再用酸洗涤剂处理，这样就可以除去植物体内许多木质素的干扰物，只是这种方法不能除去角质和软木质等。一般说来，ADF法的特点是可以得到样品中50%或者更高的木质素[26]。

1.6.1.3 乙酰溴法（AB法）

乙酰溴法借助于紫外吸收，可以方便地进行木质素的测定。最早 Rodrigues 等[27]将紫外吸收（UV）的方法用于测定木质素的含量，其基础是根据比尔定律（Beer's law）：

$$A=\varepsilon cd$$

式中 A——吸光度（absorbance）；

ε——吸光系数；

c——质量浓度；

d——光程或者样品溶液的厚度。

称取10～25mg 80目的脱脂木粉，装入150mm×19mm的带栓试管中，试管栓上有可通气的小孔，加入10mL新蒸馏的乙酰溴（加入冰醋酸使其质量分数为25%）后加盖，充分振摇，在（70±0.1)℃恒温槽中放置30min，并每隔10min振摇1次，然后立即将试管放入15℃水中冷却。另外，在200mL的容量瓶中加入2mol/L NaOH溶液9mL，冰醋酸 50mL，并将试管中的反应物倒入容量瓶中，并用少量冰醋酸冲洗，再加 1mL 7.5mol/L 的盐酸羟胺溶液，边冷却边摇动，用冰醋酸稀释到刻度，5min 内在紫外-可见分光光度计上波长 280nm 处测定吸光度，按下式计算木质素的含量[1]：

$$木质素=\frac{100(A_a-A_b)V}{aWb}\times100\%$$

式中 A_a——样品吸光度；

A_b——参比吸光度（参比吸光度必须在 0.01 以下）；

V——溶液体积，L；

W——样品质量，g；

a——木质素的吸光系数，L/(g·cm)；

b——比色皿厚度，cm。

在反应中会有木聚糖降解，降解产物在波长 280nm 处也有吸收，会干扰测定结果。Fukushima 等[28]提出，在样品加入乙酰溴的冰醋酸溶液中后，再加入盐酸和二氧六环的混合溶液，这样可以更好地提取木质素，同时避免了干扰，测定结果比较理想，因此此法有可能代替硫酸法用来测定木质素。

1.6.1.4 改进 Van Soest 法

取风干样品 2～5g（粉碎，通过 1mm 筛孔）于锥形瓶中，加入 100mL 酸性洗涤剂（20g 十六烷基三甲基溴化铵溶于 1000mL 1.00mol/L 硫酸中），在 5～10min 内加热至沸腾，回流 1h，用套有尼龙绢纱的玻璃砂芯漏斗抽滤，然后转入已称量的坩埚内，加入 72%硫酸浸没内容物，搅拌成糊，在 15℃下消化 3h，真空抽滤至干，热水多次洗涤至中性，置坩埚于 100℃烘箱内烘至恒重，放在干燥器中冷却，称重。称重后将其于 550℃高温电炉中灰化，称重，二者质量之差即烘干沉淀量与灰化之差为酸不溶木质素的含量[29]。此法可测定各种植物中的木质素。

1.6.1.5 巯基乙酸法（TGA 法）

TGA 法主要的理论依据是在碱性条件下木质素会发生降解。该方法最初是将样品放入巯基乙酸和 HCl 的混合物中加热，将不溶物过滤、风干，然后放入乙醇溶液存放一段时间，再转入 NaOH 溶液里，随后用比较浓的盐酸溶液酸化沉淀出木质素，然后将其放在二氧六环中纯化，经沉淀、过滤、干燥，可得木质素。后来这种方法经过改进，将样品的使用量减少到 10～15mg[26]。一般来说，TGA 法测定得到的木质素含量要比用其他方法如 ADF 法、AB 法等低一些[30]，同时由于没有合适的木质素标准来校正测得的数值，因此这种方法的应用推广受到很大的限制。

1.6.1.6 紫外吸收光谱法

用紫外吸收光谱法对木质素进行定量测定，现在已被普遍采用，操作简单，数据较为精确。

一般用木质素的特征吸收波长 280nm 来定量测定样品中木质素的含量。杨梓搁[31]采用波长 275nm 处的吸光度和 XAD-2 吸附树脂预处理的方法来测定水中的木质素，其操作如下。

① 取水样过滤，去除泥沙和悬浮物。

② 用盐酸调节水样 pH 值至 2.2，以 4mL/min 的流速流经 XAD-2 填充的玻璃柱（10cm×0.8cm），分离除去黄腐酸。

③ 用磷酸调节水样 pH 值至 4，同样以 4mL/min 的流速流经 XAD-2 填充的玻璃柱，分离除去酚类化合物。

④ 收集分离后的水样 50mL，加入 7.5mL 碳酸钠-酒石酸钠溶液（200g 碳酸钠和 12g 酒石酸钠，溶于 750mL 热的蒸馏水中，冷却至室温，用蒸馏水稀释至 1L），然后用蒸馏水定容至 100mL，在波长 275nm 下测定吸光度，最后由标准曲线求出水样中木质素的含量。

⑤ 上述②和③中吸附的黄腐酸和酚类，可分别用 0.02mol/L NaOH 和二氯甲烷脱附，然后可分别用于测定水样中的黄腐酸和酚类。

紫外吸收光谱法用于木质素磺酸盐的定量方法介绍如下[32]。

（1）测定波长的选择

配制一定浓度的木质素磺酸盐水溶液，在紫外分光光度计或 751G 分光光度计上进行扫描，得到有两个吸收峰的紫外光谱，第一个峰在波长 200～240nm，第二个峰在波长 280nm 附近，由于第一个峰的测定要在极稀的溶液中进行，不易得到准确的结果，而第二个峰不会受到糖类的干扰，因此选择波长 280nm 作为测定吸收峰。

（2）标准曲线的绘制

① 配制木质素磺酸钙标准品浓度分别为 5mg/L、10mg/L、15mg/L、20mg/L、25mg/L、30mg/L、35mg/L、40mg/L、45mg/L、50mg/L 的一组溶液。

② 用石英比色皿，以蒸馏水为参比溶液，在波长 280nm 处分别测出各种浓度的光密度 A。

③ 以木质素磺酸钙浓度（Y）为纵坐标，以光密度（A）为横坐标，作出标准曲线，并回归成直线方程：

$$Y=77.6051A-0.419$$

（3）样品的测定

① 待测样品在 102～105℃下干燥至恒重，准确称取不超过 5g 的样品（称准至小数点后第四位），溶于去离子水中，在 1000mL 的容量瓶中定容至刻度，然后用移液管准确吸取 10mL，转移到另一个 1000mL 的容量瓶中，并定容至刻度，配制成含木质素磺酸钙量 25～50mg/L 的水溶液，与标准曲线同样操作测定其光密度。

② 由样品溶液的光密度在标准曲线上查出相应的木质素磺酸钙含量，计算出样品中木质素磺酸钙的含量。

也可通过在波长 390nm 下测定其荧光光谱而进行定量。

需要指出的是，木质素试样在波长 280nm 处的吸收率会受到多糖的降解产物干扰，例如糖醛或羟甲基呋喃，它们在波长 280nm 左右也有吸收极大值。另外，波长 200～208nm 的第二个吸收峰有高消光系数，因此与测定的溶剂关系较大，容易造成误差。

1.6.2 木质素中羟基和羧基的测定

现在可用许多方法来测定木质素结构中的游离羟基。常用的乙酰化方法是将等物质的量的乙酸酐与吡啶混合，在50℃下与木质素反应24h（如有叔羟基，需反应48h或72h)，反应结束后加丙酮和水，然后用标准NaOH溶液滴定反应中产生的乙酸：

$$R—OH+(CH_3CO)_2O \longrightarrow R—OOCCH_3+CH_3COOH$$

式中，R表示木质素本体。

以酚酞作指示剂确定终点或用电位滴定。同时需进行空白试验，以NaOH消耗量之差计算木质素中的总游离羟基量。

酚羟基有多种测定方法，早期的方法大多误差较大或有一定的局限性，尤其是不适用于同时含有愈创木基、紫丁香基和对羟基苯基三种结构单元的草类木质素。1983年，Mansson[33]提出的选择性氨解法（PGC）则较好地解决了这些不足。此法是先将木质素的羟基乙酰化，然后用吡咯烷（pyrrolidine）作为氨解试剂氨解乙酰基，酚羟基的乙酰基氨解速度很快，而醇羟基的乙酰基氨解速度很慢，这样就可用气相色谱测定反应初期生成的*N*-乙酰吡咯烷的量，从而精确计算出酚羟基的含量，具体操作如下[34]。

(1) 内标和标样的合成

将2g乙酰氯和2g丙酰氯分别溶解于2份5mL二氯甲烷中，2g吡咯烷溶解于8mL二氯甲烷中。将乙酰氯或丙酰氯的二氯甲烷溶液逐滴加入吡咯烷的二氯甲烷溶液中，在分液漏斗中用少量蒸馏水洗涤一次，再分别用0.5mol/L的盐酸和饱和碳酸钾溶液洗涤2～3次，最后用10mL蒸馏水洗涤2次，减压浓缩至干。

(2) 木质素样品的乙酰化

将0.2g木质素样品加到2mL乙酰化试剂（1mL乙酸酐、1mL吡啶）中，在氮气保护下室温搅拌48h，然后滴入冷水中析出，过滤，水洗至无吡啶气味，用P_2O_5真空干燥，接着再如此反复操作几次，以保证乙酰化完全，最后将制得的干燥样品用氯仿溶解，再滴入乙醚中沉淀，过滤，用P_2O_5干燥。

(3) 氨解法测定酚羟基

将15～25mg乙酰化木质素样品溶解在0.5mL二氧六环中，加入含有已知量的内标*N*-丙酰吡咯烷（0.1mmol）的吡咯烷溶液中进行氨解，每8min取一次样，进气相色谱分析。色谱条件：DB-5毛细管柱，30m；柱温110℃；汽化温度240℃。

(4) 标准曲线的制作

以*N*-乙酰吡咯烷作标样，以*N*-丙酰吡咯烷作内标，在上述色谱条件下作标准曲线(图1-7)。然后以反应时间和反应产物*N*-乙酰吡咯烷的量作氨解反应动力学曲线(图1-8)，用外推法求得$t=0$时样品和内标的面积比值，再在标准曲线上查出相应的重量比，根据下式计算出酚羟基含量：

$$\text{酚羟基}/C_9=\frac{C_9\text{ 分子量}+42\times(\text{总羟基数}/C_9)}{17\times\text{样品质量}}$$

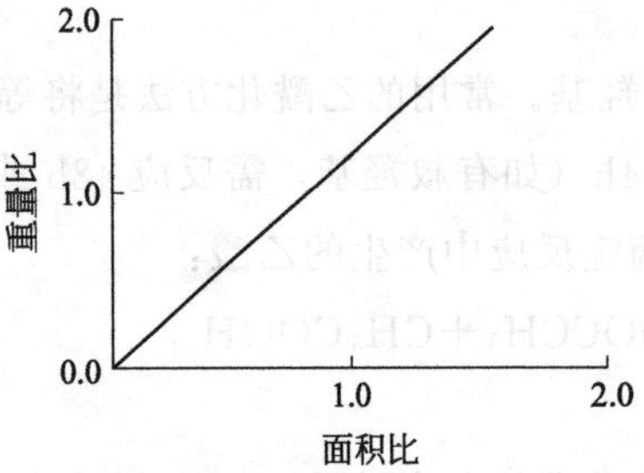

图 1-7 标准曲线

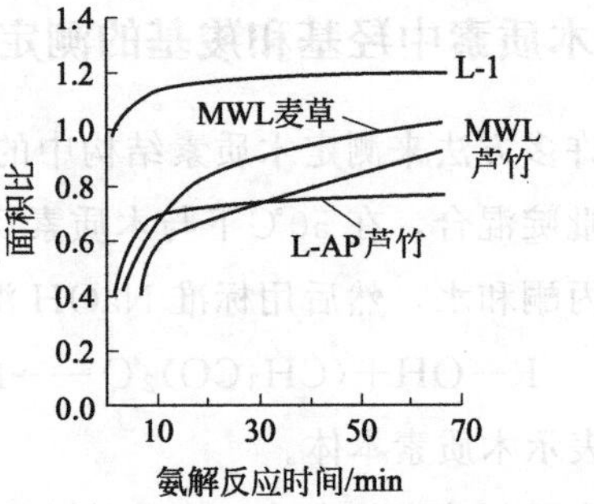

图 1-8 氨解反应动力学曲线

(5) 总羟基测定

上述公式中有总羟基数，所以还得测定总羟基数。其测定方法是，将 20mg 乙酰化木质素溶解在 0.5mL 二氧六环中，加入 0.5mL 1mol/L 甲醇钠/甲醇溶液，30min 后加入已知量的内标物丙酸（0.1mmol）以及 2mL 蒸馏水，室温下反应 30min，在此同时装一根 1g 强酸性 H^+ 型阳离子交换树脂柱（6mm×8mm），用二氧六环：甲醇：水=1：1：4 的溶液作洗脱剂反复洗脱，至流出液为无色为止。将反应好的样品溶液上柱，用 20mL 洗脱剂洗脱，以 0.15mol/L 四丁基氢氧化铵溶液调节洗脱液 pH 值至 8，减压浓缩至糖浆状，再用 1mL 丙酮溶解，再加入 50μL 苄基溴，混合均匀后室温下放置 20min，然后取 0.05μL 进样，色谱柱温为 130℃，其他色谱条件同上，最后按下式计算：

$$总羟基/C_9=\frac{C_9\ 分子量\times 总羟基质量}{17\times 样品质量-42\times 总羟基质量}$$

非水电导滴定法可以测定有机弱酸。木质素结构中有酚羟基和羧基，也可看作有机弱酸，故该法可以同时测定木质素的酚羟基和羧基[35]。

1.6.3 木质素中甲氧基的测定

甲氧基是木质素的主要官能团之一，其含量测定对木质素结构的分析具有重要的意义。木质素的愈创木基结构、紫丁香基结构和对羟基苯基结构中，对羟基苯基结构不含甲氧基，不同原料的木质素，这三种结构的比例不同，甲氧基含量不同。根据甲氧基含量的大小可以初步了解不同原料中木质素的三种基本结构形式的相对比率。

采用改进的 Vieböck 甲氧基测定仪测定木质素甲氧基含量[36]，方法如下。

① 在铂或铝制器皿中准确称量 10mg 样品，加入洗气瓶中，然后加入 5mL 45%氢碘酸和少量红磷。瓶中通入 N_2（气流速度控制在每秒钟逸出 1～2 个气泡），洗气瓶用油浴加热。在洗气瓶中加入半瓶 25%（重量比）乙酸钠溶液。在接收器中加入乙酸-乙酸钾-溴试剂。冷凝管中通冷却水。

② 加热回流一定时间后，放掉冷凝管中的冷却水，再加热 30min，用水冲洗导出管，使洗涤液流入接收器。

③ 用水将接收器内的物质冲洗到盛有 5mL 25%乙酸钠溶液的锥形瓶中，滴加甲酸以破坏过剩的溴。加入 5mL 10%的硫酸、0.5g 碘化钾，塞住瓶口，用手摇荡。用准确配制

的 0.05mol/L 的 $Na_2S_2O_3$ 滴定游离的碘，记录消耗的体积；再测定空白试验 2 次，取平均值。最大允许误差为±0.5%。按下式计算甲氧基含量：

$$甲氧基=\frac{(V_1-V_0)\times N\times 31.035}{6M}\times 100\%$$

式中 V_1，V_0——样品和空白样滴定消耗 $Na_2S_2O_3$ 的体积，mL；

N——$Na_2S_2O_3$ 的摩尔浓度，mol/L；

M——加入的样品质量，mg；

31.035——甲氧基的摩尔质量，g/mol。

用标准 $K_2Cr_2O_7$ 溶液标定 $Na_2S_2O_3$ 浓度。

相对误差计算：

$$\delta=\frac{G_1-G_0}{G_0}\times 100\%$$

式中，G_1，G_0——甲氧基含量测定值和理论值。

测定原理：

$$ROCH \xrightarrow{+HI} ROH+CH_3I$$

在乙酸钠和乙酸的存在下，碘烷与溴的水溶液反应，生成碘酸。在酸性溶液中，用过量的碘化钾处理碘酸，产生的碘用硫代硫酸钠测定：

$$CH_3I+3Br_2+3H_2O \longrightarrow HIO_3+5HBr+CH_3Br$$

$$HIO_3+5KI+5H^+ \longrightarrow 3I_2+3H_2O+5K^+$$

$$I_2+2Na_2S_2O_3 \longrightarrow 2NaI+Na_2S_4O_6$$

参 考 文 献

[1] 蒋挺大．木质素．2版．北京：化学工业出版社，2009.

[2] 刘明华．生物质的开发与利用．北京：化学工业出版社，2012.

[3] 黄进，夏涛，郑化．生物质化工与生物质材料．北京：化学工业出版社，2009.

[4] 张瑞芹．生物质衍生的燃料和化学物质．郑州：郑州大学出版社，2004.

[5] 罗学刚．高纯木质素提取与热塑改型．北京：化学工业出版社，2008.

[6] 陆强，赵雪冰．液体生物燃料技术与工程．上海：上海科学技术出版社，2013.

[7] 朱清时，阎立峰，郭庆祥．生物质洁净能源．北京：化学工业出版社，2002.

[8] 何小维．碳水化合物功能材料．北京：中国轻工业出版社，2007.

[9] 邱卫华，陈洪章．木质素的结构、功能及高值化利用．纤维素科学与技术，2006，14 (1)：52-59.

[10] 陈克复．中国造纸工业绿色进展及其工程技术．北京：中国轻工业出版社，2016.

[11] 刘一星，赵广杰．木质资源材料学．北京：中国林业出版社，2004.

[12] 刘自力．林产化工产品生产技术．南昌：江西科学技术出版社，2005.

[13] 陈嘉川，谢益民，李彦春，等．天然高分子科学．北京：科学出版社，2008.

[14] 潘学军，谢来苏，隆言泉．草浆废液的超滤浓缩．中国造纸，1995 (3)：27-30.

[15] 张珂，周思毅．造纸工业蒸煮废液的综合利用与污染防治技术．北京：中国轻工业出版社，1992.

[16] 杨卫明，石颐．酸析木素法处理造纸黑液的改进与应用．环境工程，1997，15 (2)：3-6.

[17] 孙连超，穆环珍．碱法草浆厂蒸煮废液资源化回收治理技术．环境科学，1993，14 (S1)：17-20.

[18] 邹文中，谢来苏，隆言泉．麦草烧碱-AQ法黑液碱木素的特性和酸化沉淀过程．中国造纸，1993，12 (4)：

40-44.

[19] 蒋挺大，黄文海，张春萍．造纸黑液中木质素的提取和用作橡胶补强剂的研究．环境科学，1997，18（4）：81-84.

[20] 曹德身，蒋志贤，汪永辉．造纸黑液高效低能耗的新处理技术及黑液中木素的分离与利用技术．环境科学，1993，14（S1）：25-27.

[21] 华南理工大学纤维素与木质素化学研究室．黑液木质素的提取及其工业利用．环境科学，1993，14（S1）：28-30.

[22] 张陶芸．小纸厂废水污染防治技术．环境科学，1993，14（S1）：62-64.

[23] 孔涛，何新胜．利用 LB-1 絮凝剂治理碱法造纸黑液并回收碱与木素双回收技术．环境科学，1993，14（S1）：67-68.

[24] 雷中方，陆雍森．碱法草浆黑液的综合利用和处理．环境科学，1993，14（S1）：64-66.

[25] Goering H K，Van Soest P J. Forage fiber analyses (apparatus，reagents，procedures and some applications). Usda Agr Handb，1970，3：379.

[26] 苏同福，高玉珍，刘霞，等．木质素的测定方法研究进展．河南农业大学学报，2007，41（3）：356-362.

[27] Rodrigues J，Faix O，Pereira H. Improvement of the acetylbromide method for lignin determination within large scale screening programmes. Holzals Roh und Werkstoff，1999，57（5）：341-345.

[28] Fukushima R S，Hatfield R D. Extraction and isolation of lignin for utilization as a standard to determine lignin concentration using the acetylbromide spectrophotometricmethod. J Agric Food Chem，2001，49（7）：3133-3139.

[29] 冯继华，曾静芬，陈茂椿．应用 Van Soest 法和常规法测定纤维素及木质素的比较．西南民族大学学报（自然科学版），1994，20（1）：55-56.

[30] Hatfield R，Fukushima R S. Can lignin be accurately measured. Crop Science，2005，45（3）：832-839.

[31] 杨梓掬．松花江上、中游水有机物分析．北京：中国环境科学出版社，1982.

[32] 潘福荣，马蝶桂．用紫外分光光度计测定 MG 中木质磺酸钙含量的探讨．广东造纸，1991（4）：24，32-34.

[33] Mansson P. Quantitative determination of phenolic and total hydroxyl groups in lignins. Holzforschung，1983，37：143-146.

[34] 刘小安，李忠正．测定草类原料木素中酚羟基及总羟基的新方法．中国造纸，1987（5）：34-37.

[35] 刘华武，余家鸾，陈嘉翔．木素中酚羟基和羧基测定新方法——非水电导滴定法．中国造纸，1990（1）：56-59.

[36] 陈云平，陈婷，陈为健，等．高沸醇木质素甲氧基含量测定．闽江学院学报，2005，25（2）：66-69.

第 2 章 木质素的改性

Chapter 02

木质素的分子结构中存在芳香基、酚羟基、醇羟基、羰基、甲氧基、羧基、共轭双键等活性基团，可以进行多种类型的化学反应。木质素的化学反应可以大致分为芳香核选择性反应和侧链反应两大类。在芳香核上优先发生的是卤化和硝化反应，此外还有羧甲基化、酚甲基化、接枝共聚等反应。侧链官能团的反应主要是烷基化和去烷基化、氧烷基化、甲硅烷基化、磺甲基化、氮化、酰化、酯化（羧酸化、磺酸化、磷酸化、异氰酸酯化）等反应[1]。此外，木质素通常还能进行氢解、氧化、还原和聚合等反应。这些反应是修饰木质素结构并加强官能化的基础，是制备木质素基高分子材料的基本途径。木质素能够直接反应合成酚醛树脂、聚氨酯、聚酯、聚酰亚胺等高聚物，并广泛用作工程塑料、胶黏剂、树脂、泡沫、薄膜等化工材料。

2.1 氧化改性

木质素结构中，有许多部位可发生氧化反应，且反应产物十分复杂。过氧乙酸（CH_3COOOH）、高碘酸钾（KIO_4）、二氧化氯（ClO_2）、次氯酸盐、过氧化氢、臭氧及空气中的氧气均能与木质素进行氧化反应[2]。氧化反应对于木质素的结构研究曾起过很大的作用。

2.1.1 硝基苯氧化

在木粉或木质素试料中加入 2mol/L NaOH 以及硝基苯，在 180℃下反应 2h，发现生成大量的香草醛和其他的芳香族化合物，由此而确立了木质素的芳香族特性。表 2-1 列出了云杉木质素的碱性硝基苯氧化产物[2]。

表 2-1 云杉木质素的碱性硝基苯氧化产物

氧化产物	得率(对克拉桑木质素)/%	氧化产物	得率(对克拉桑木质素)/%
香草醛	27.5	紫丁香酸	0.02
紫丁香醛	0.06	5-甲酰香草酸	0.1
对羟基苯甲醛	0.25	5-羧基香草酸	0.8
5-甲酰香草醛	0.23	乙酰愈创木酮	0.03
5-羧基香草醛	1.2	脱氢二香草醛	—
香草酸	4.8	脱氢二香草酸	0.05

硝基苯氧化的机理大致如图 2-1 所示[2]：β-O-4 结构（a）在碱的作用下脱去甲醛，接着醚键断裂（b），再发生侧链氧化，形成香草醛（c）；苯基香豆满型结构（d）脱去甲醛，经过生成芪型结构（e）而氧化。在对位醚化的情况下，其侧链的氧化很难进行，在碱性介质中醚键断裂形成游离酚羟基后，产生亚甲基醌中间体，侧链才易于氧化，形成香草醛和紫丁香醛（f）。

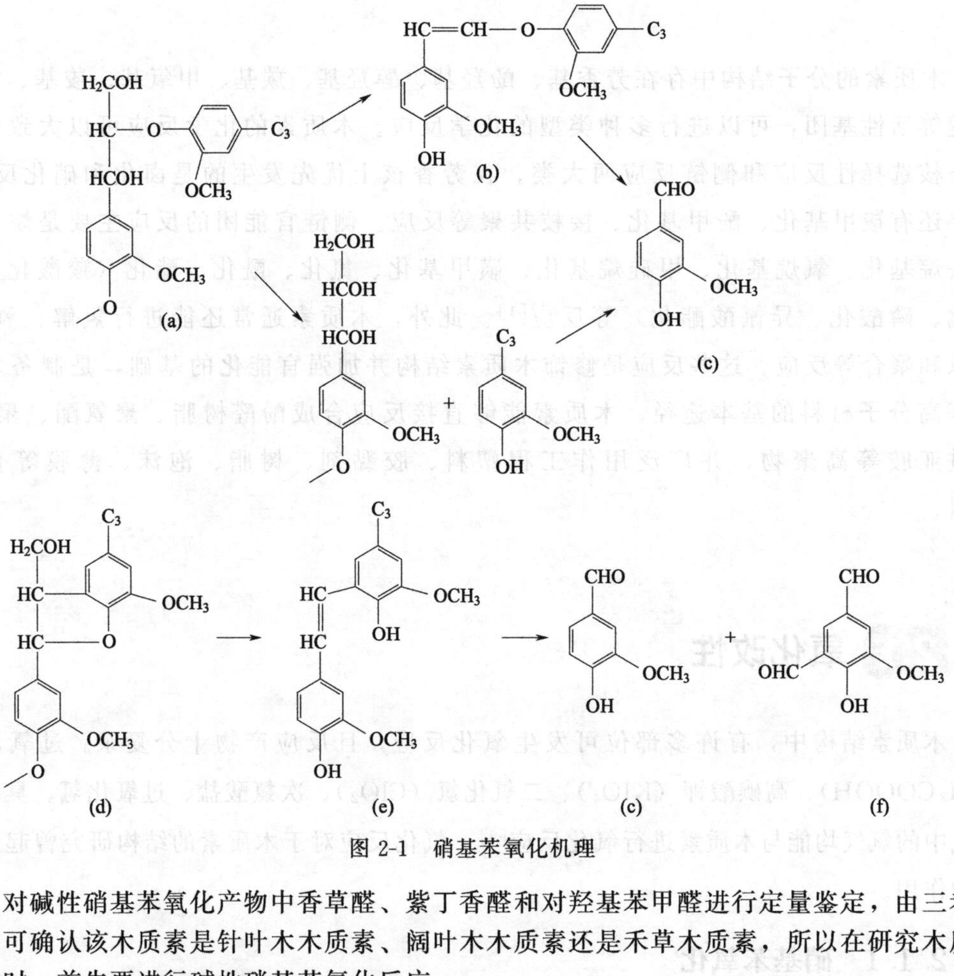

图 2-1 硝基苯氧化机理

对碱性硝基苯氧化产物中香草醛、紫丁香醛和对羟基苯甲醛进行定量鉴定，由三者之比即可确认该木质素是针叶木木质素、阔叶木木质素还是禾草木质素，所以在研究木质素结构时，首先要进行碱性硝基苯氧化反应。

2.1.2 高锰酸钾氧化

木质素被高锰酸钾氧化，生成一系列的芳香酸。当在碱液中以金属氧化物为催化剂氧化木质素时，得到的产物更复杂，除了上述碱性硝基苯氧化的产物外，还有多种二聚的酮和酸。

对木质素各种氧化条件下的产物进行分离和鉴定，即可根据这些产物的结构来推测木质素的结构。冯建豪[3]在研究甘蔗渣木质素中对羟基苯基、愈创木基与紫丁香基间的比例以及它们之间的连接方式时，即采用了先用碱性氧化铜降解接着用高锰酸钾氧化的方法，这种方法温和，能最大限度地避免二次缩合，而且产物的产率高，重现性好[4]。这种方法的具体操作是先将木粉样品用 CuO/NaOH 在 180℃降解 2h，然后以硫酸二甲酯甲基化，再以高锰酸钾-过碘酸钠氧化，再经过氧化氢氧化分解，此时木质素降解为芳香酸，以重氮甲烷甲基化后转变为甲基酯，最后利用模型化合物和气相色谱-质谱联用仪来定性和定量分析各种分解产物。根据分解产物不但可以知道木质素的愈创木基、紫丁香基或对羟基苯基构成的信息，还可以了解芳香核之间的结合形式，如图 2-2 所示，生成物（a）表示有 5-5 位结合的二芳基结构存在，由（b）、（c）可知有二芳基醚结构存在，由（d）～（f）可知在芳核之间存在5-6位、6-6 位、1-5 位的结构形式，由（g）、（h）可知有 1-*O*-4 结构存在。

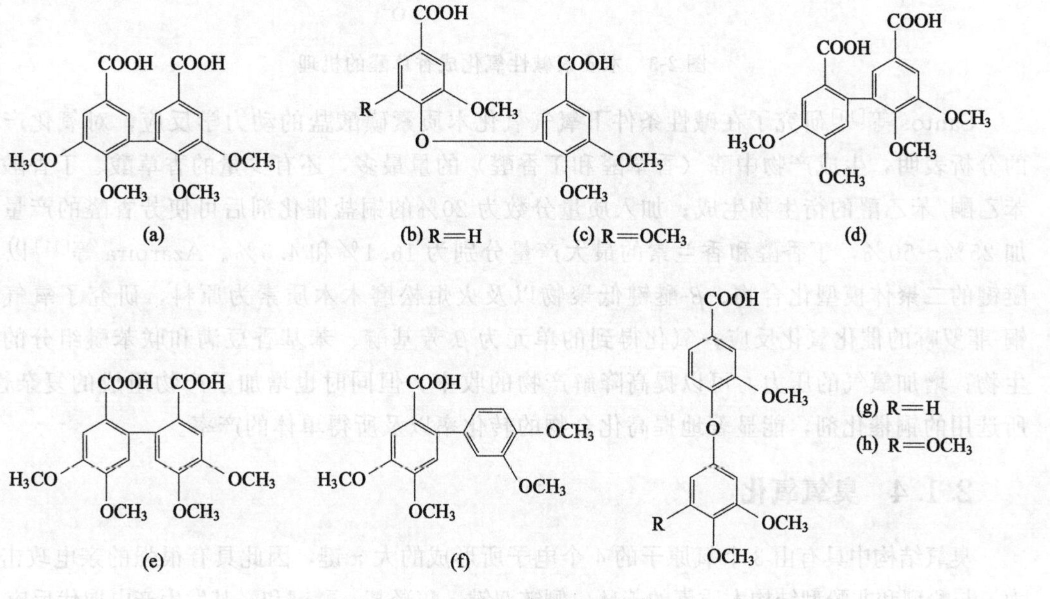

图 2-2　木质素经降解后的产物

2.1.3　氧的氧化

使用分子氧作为氧化剂，可以从水解的木质素、碱木质素和硫酸盐木质素中分别得到 14.4%、8.0%和 3.5%的醛结构[5]，同时随着氧气压力的增加，水解木质素的催化氧化可得到更多的醛结构。然而，在酸性条件下利用分子氧进行木质素的氧化是不合理的，如 Goncalves 等[6]在酸性条件下进行了有机溶剂中木质素的催化氧化反应，结果发现醛的得率较低，因此目前研究较多的为木质素的碱性氧化[7]。在碱性条件下（O_2-NaOH），木质素酚型结构的酚羟基解离，可以给出电子而使 O_2 生成自由基 OO·，从而可与木质素发生自由基反应[8]，这就是说，O_2-NaOH 只能氧化酚型木质素结构，生成醌型结构或将苯环打开形成黏糠酸，这就是氧碱漂白反应，具有无氯漂白和无污染漂白的特点。Tarabanko 等[9]提出了木质素碱性氧化成香草醛的机理（图 2-3）：

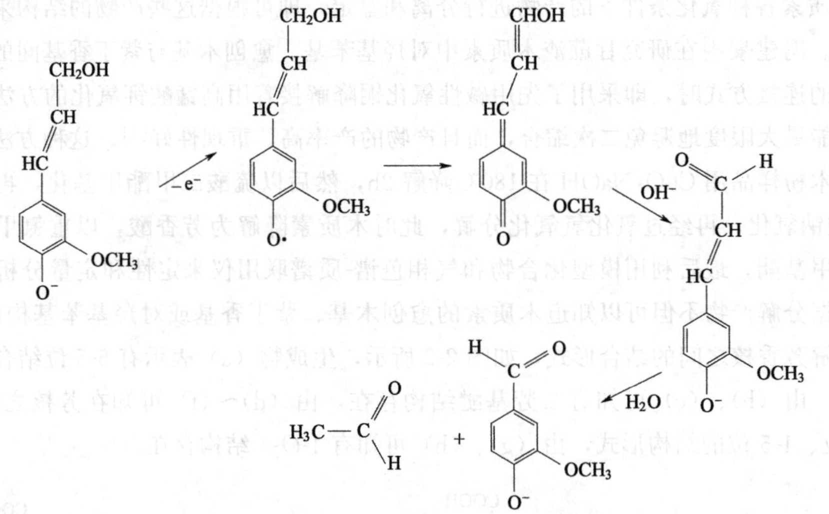

图 2-3　木质素碱性氧化成香草醛的机理

Santos 等[10]研究了在碱性条件下氧气氧化木质素磺酸盐的动力学反应，对氧化产物的分析表明，生成产物中醛（香草醛和丁香醛）的量最多，还有少量的香草酸、丁香酸和苯乙酮/苯乙醛的衍生物生成；加入质量分数为 20%的铜盐催化剂后可使芳香醛的产量增加 25%～50%，丁香醛和香兰素的最大产量分别为 16.1%和 4.5%。Azarpira 等[11]以 β-醚键的二聚体模型化合物、β-醚键低聚物以及火炬松磨木木质素为原料，研究了氧气和铜-菲罗啉的催化氧化反应，氧化得到的单元为 β-芳基醚、苯基香豆满和联苯醚组分的衍生物；增加氧气的压力，可以提高降解产物的收率，但同时也增加了产物组成的复杂性；所选用的铜催化剂，能显著地提高化合物的转化率以及所得单体的产率。

2.1.4　臭氧氧化

臭氧结构中具有由 3 个氧原子的 4 个电子所形成的大 π 键，因此具有很强的亲电攻击能力，与酚型和非酚型结构木质素的苯环、侧链双键、醇羟基、醚键和醛基发生亲电取代反应。

沈鹏[12]研究了工艺条件对臭氧氧化降解木质素的影响，结果发现：在常温常压下臭氧就能使木质素发生氧化降解；反应时间、催化剂种类对氧化降解的影响较大，而加入超声波与否、改变温度等条件对反应影响很小；加入 $CuSO_4$ 或 $TiO_2/\alpha\text{-}Al_2O_3$ 催化剂均能有效提高木质素的降解率；木质素氧化降解与反应时间有关，随着反应时间延长，木质素降解率逐渐提高，至 80%左右达到平衡；臭氧氧化降解木质素可转化生成香草醛，加入 $CuSO_4$ 催化剂使反应中间物氢过氧化物的键选择性断裂而提高了产物中香草醛的含量。

李辉勇[13]针对稻草秸秆，研究了 $O_3/NaOH$ 预处理对木质素的碱性臭氧降解，并对反应机理进行了分析，结果表明：NaOH 使以醚键相连的木质素结构单元断开，高分子量的木质素分解为小分子量的木质素而溶解在溶液中。同时，NaOH 使连接木质素分子与半纤维素分子间的酯键因皂化作用断开，半纤维素分子与纤维素分子间的氢键强度减小，从而使稻草秸秆发生膨胀，体积增大。臭氧的作用在于使木质素及除纤维素以外的其他物质氧化降解，促进了木质素与其他物质的溶出，进一步增加了稻草秸秆的比表面积，从而使稻草秸秆酶水解效率增加。木质素在碱性条件下的臭氧氧化降解可能经过如下历程[14]。

（1）碱性条件下臭氧在水中的分解反应

碱性条件下，臭氧在水中的分解机理可用以下反应方程式表示：

$$O_3 + OH^- \longrightarrow HO_2^- + O_2$$

$$O_3 + HO_2^- \longrightarrow HO\cdot + O_2^- + O_2$$

$$O_3 + O_2^- \longrightarrow O_3^- + O_2$$

$$H^+ + O_3^- \rightleftharpoons HO_3\cdot$$

$$HO_3\cdot \longrightarrow HO\cdot + O_2$$

$$HO\cdot + O_3 \longrightarrow HO_2\cdot + O_2$$

$$HO\cdot + HO\cdot \longrightarrow H_2O_2$$

$$2H_2O_2 \longrightarrow 2H_2O + O_2$$

臭氧分解产生的羟基自由基氧化能力非常强，标准电极电势达到 2.8eV，很多物质可被其氧化，木质素分子也不例外。

（2）碱性条件下木质素的氧化降解

在碱性条件下，木质素的氧化降解反应大概分为 4 个步骤（图 2-4）：a. 高分子量的木质素分子在碱性条件下断开成为小分子量的基本结构单元，主要为紫丁香基丙烷单元、愈创木基丙烷单元、对羟基苯丙烷单元；b. 苯丙烷的结构单元侧链氧化为苯甲酸；c. 苯环被开环氧化为羧酸和醛，例如甲酸、乙酸、草酸、顺丁烯二酸、甲醛、乙醛、乙二醛等；d. 醛和羧酸被进一步氧化为乙酸、二氧化碳、水。其反应方程式如下：

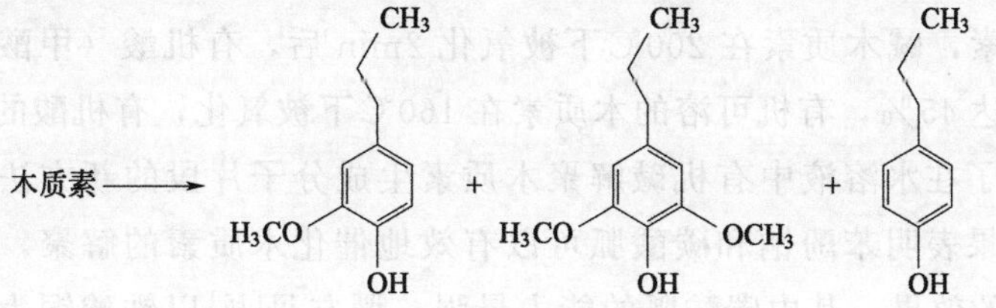

(a)

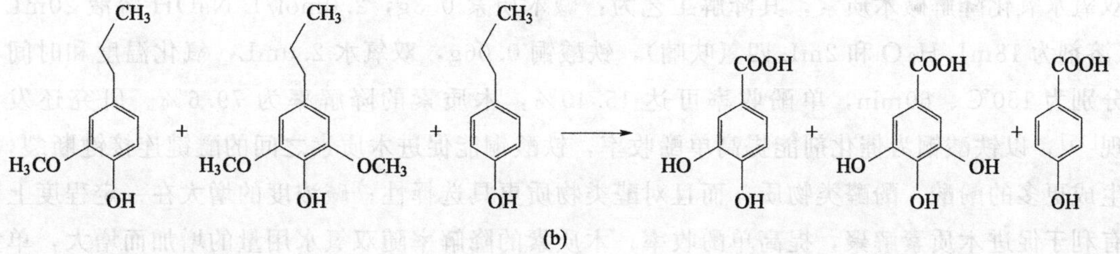

(b)

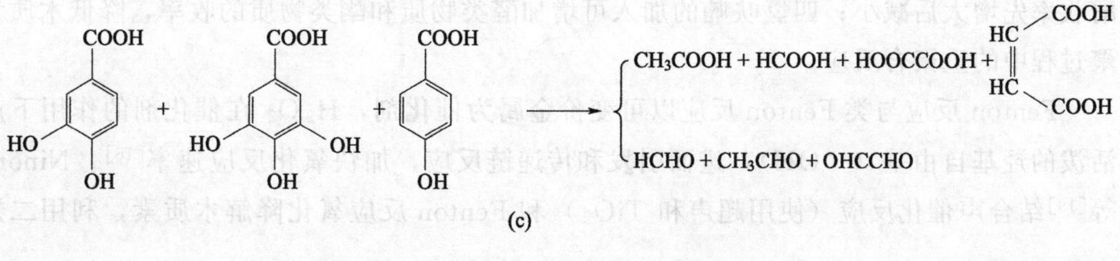

(c)

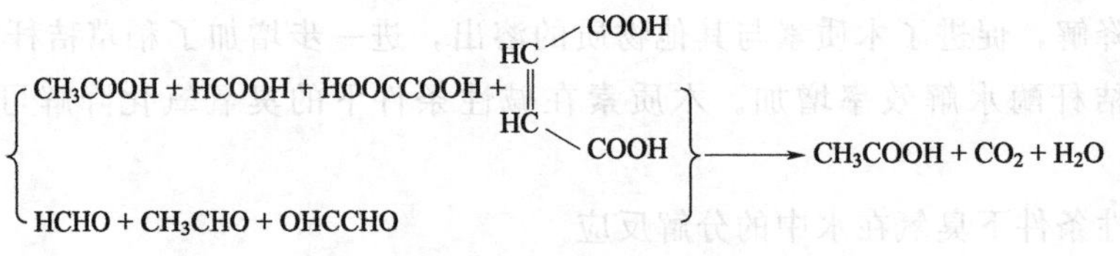

(d)

图 2-4　碱性条件下，木质素的氧化降解反应方程式

2.1.5　过氧化氢氧化

在碱性介质中，H_2O_2 能使木质素的苯环和侧链碎解并溶出，从而破坏木质素中的发色基团，实现漂白的目的。过氧化氢（包括过氧化钠）是纸浆漂白的优良漂白剂，在溶液中的解离反应式为[2]：

$$H_2O_2 \rightleftharpoons H^+ + HOO^-$$

随着溶液 pH 值增加，HOO^- 含量增加，漂白能力增强，所以过氧化氢对纸浆的漂白是在碱性条件下进行的。

H_2O_2 对过渡金属离子特别灵敏，尤其是铁离子、铜离子、锰离子，分解 H_2O_2 还可得到分子氧和其他自由基（如·OH 和·OOH）[15]。Xiang 等[16]研究了 H_2O_2 对硬木木质素的氧化反应，发现溶液 pH 值是影响反应最主要的因素，在强碱性条件下，H_2O_2 氧化木质素可以在 80～90℃的低温下进行，而在酸性条件下，则需在更高的温度（130～160℃）才能达到相同的降解程度，主要得到一元及二元羧酸（得率为 30%～50%），芳香醛和芳香酸是氧化降解木质素的中间产品，但是产量很低。Hasegawa 等[17]使用流动式反应器开发出一种从木质素中回收化学品的新方法，在 150～200℃下用 0.1% H_2O_2 溶液加热氧化降解木质素，碱木质素在 200℃下被氧化 2min 后，有机酸（甲酸、乙酸、琥珀酸等）的总收率可达 45%，有机可溶的木质素在 160℃下被氧化，有机酸的总产率约为 20%。Xia 等[18]研究了在水溶液中有机碱解聚木质素生成分子片段的新方法，以无机碱 NaOH 作为参考，结果表明苯酚钠和碳酸胍可以有效地催化木质素的解聚，有机碱可以增强过氧化氢裂解氧的效果，其中碳酸胍的能力最强。谭友丹[15]以铁酸铜为催化剂催化双氧水氧化降解碱木质素，其降解工艺为：碱木质素 0.3g，2.0mol/L NaOH 溶液 20mL（溶剂为 18mL H_2O 和 2mL 四氢呋喃），铁酸铜 0.06g，双氧水 2.0mL，氧化温度和时间分别为 150℃、60min，单酚收率可达 15.40%，木质素的降解率为 79.6%。研究还发现[15]，以铁酸铜为催化剂能提高单酚收率，铁酸铜能促进木质素之间的醚键连接键断裂，生成更多的酚酸、酚醛类物质，而且对醛类物质更具选择性；碱浓度的增大在一定程度上有利于促进木质素解聚，提高单酚收率；木质素的降解率随双氧水用量的增加而增大，单酚收率先增大后减小；四氢呋喃的加入可增加醛类物质和酮类物质的收率，降低木质素解聚过程中的重聚合反应。

Fenton 反应与类 Fenton 反应以可变价金属为催化剂，H_2O_2 在催化剂的作用下产生活泼的羟基自由基（·OH），进而引发和传递链反应，加快氧化反应速率[15]。Ninomiya 等[19]结合声催化反应（使用超声和 TiO_2）和 Fenton 反应氧化降解木质素，利用二羟基苯甲酸（DHBA）的浓度来衡量生成的·OH的量，结果发现，声催化-Fenton反应表现出增加·OH产生的协同效应。180min后，木质素降解率在声催化反应、Fenton反应、声催化-Fenton反应中分别为1.8%、49.9%和60.0%。Contreras等[20]研究发现，邻苯二酚（CAT）可以将Fe^{3+}转化为Fe^{2+}，从而与H_2O_2反应，构成Fenton体系，以藜芦醇为木质素模型物，对邻苯二酚（CAT）驱动的Fe^{3+}-Fenton体系进行了研究，在最优反应条件下，藜芦醇的降解率和矿化率分别是Fe^{2+}-Fenton反应的3.8倍和近40倍。同样，Valenzuela等[21]研究了邻苯二酚驱动的Cu^{2+}-Fenton体系降解藜芦醇，发现在相同实验条件下，Fe^{3+}-CAT的Fenton体系对藜芦醇的降解比Cu^{2+}-CAT的Fenton体系更有效。

2.1.6 二氧化氯氧化

二氧化氯（ClO_2）是一种高效、安全、无毒的氧化剂，由于其较强的选择性氧化作用，而被广泛应用于食品、水处理和造纸等领域。ClO_2是无氯漂白工艺的主要漂白剂之一，研究表明，在相同量的有效氯作用下，ClO_2作用产生的可吸收有机卤化物（AOX）仅为Cl_2漂白的1/5，并且脱木质素的程度不受影响。在纸浆漂白过程中，ClO_2能够选择性地氧化木质素结构中的芳香基团，而对纤维素没有影响，从而有效地保护纸浆的机械强度[22]。当ClO_2作用于木质素时，可以断开木质素的苯环结构，这对造纸废液中主要废弃物的改性、再利用和环境保护都有重要意义。

ClO_2易攻击木质素的酚羟基使之成为自由基，然后进行一系列的氧化反应。酚型木质素的愈创木基结构和紫丁香基结构被ClO_2氧化后形成黏糠酸衍生物和邻苯醌或多苯醌结构产物，木质素侧链存在双键时，连接在双键上的甲基或亚甲基被氧化成羰基，木质素的苯环和侧链最终可被氧化成草酸、氯乙酸、反丁烯二酸等[2]。

2.1.7 次氯酸盐氧化

次氯酸盐与木质素的反应属于亲核反应，但次氯酸盐与次氯酸分解时会产生自由基和氯，从而与木质素发生自由基反应，以及氯与木质素的亲电反应。次氯酸盐主要攻击木质素苯环的苯醌结构和侧链的共轭双键，先是酚型结构单元的亲电取代反应，生成氯代木质素，然后是脱甲基，形成邻苯二酚，继而被氧化成邻苯醌，在碱性介质中转变成羟醌，进一步被次氯酸盐氧化，芳香环破裂，生成低分子量的有机酸和二氧化碳。目前我国还在使用次氯酸盐作漂白剂，但因为污染严重而面临淘汰[2]。

2.1.8 电化学氧化

电化学氧化法是一种环境友好的降解有机物的有效途径，在电化学反应过程中，有机物可以被活性氧类物质吸附或被羟基自由基氧化。早在20世纪70年代，就已经有人对木质素及其模型化合物的电化学特性进行了研究。由于电极性质的不同，木质素氧化得到的单体化合物的产率有所不同。2000年，在木质素磺酸钠化合物降解过程中首次使用了二维稳定的阳极材料，之后，各种新开发的电极材料（如PbO_2膜电极、混合金属氧化电极、负载TiO_2纳米管阵列的金属氧化物电极等）被应用于木质素的电化学氧化，并且在木质素改性和氧化降解方面表现出了一定的有效性[23]。在不同的电化学氧化反应条件下，木质素聚合物能够有效降解为小分子芳香物质，这些小分子片段的量随着电力消耗的增加而增加。

邓国华等[24]发现用 PbO_2 作阳极氧化木质素磺酸钠，—COOH 含量升高，—SO_3H 含量降低，苯环结构被破坏，氧化过程中有聚合反应和降解反应发生，分子量随着电解电量增大而有一个从上升到降低的过程，氧化可改善木质素磺酸钠作为水泥添加剂的分散性能（表 2-2）。

表 2-2 用 PbO_2 作阳极电解氧化木质素磺酸钠的结果

电解时间/h	pH 值	电导率/(mS/cm)	表面张力/(mN/m)	—SO_3H 含量/(mmol/g)	—COOH 含量/(mmol/g)
0	7.0	18.2	49	1.30	0.63
6	6.8	13.5	52	1.24	0.69
12	5.1	18.5	54	1.20	0.74
18	4.3	18.6	55	0.95	0.80
24	4.1	18.7	55	0.85	0.85
30	3.5	19.2	56	0.75	0.88
36	3.5	19.8	57	0.75	0.88
42	3.4	19.8	57	0.73	0.89

注：电解槽电压为 5V；电流密度约为 8.37mA/cm。

离子液体因具有良好的导电性、难挥发性、对生物质的溶解性以及与其他电解质相比有较宽的电化学稳定窗口等特点而被用作木质素电化学氧化的电解质溶液。以特殊的质子化三乙胺甲基磺酸盐离子液体作为电解质溶液，氧化性稳定的钌-钒-钛混合氧化物作为氧化电极，在一定的电压范围内对溶解在电解质中的木质素进行电催化氧化裂解，结果表明[25]：该质子化离子液体对木质素有很好的溶解性，能够保证电解反应的正常进行；混合氧化物电极有很好的稳定性，并对木质素氧化表现出了显著的催化活性；所施加的电位对产品的分子量有强烈的影响，电位较高时，能够得到较小分子量的物质。

与一般的氧化反应相比，电化学氧化技术具有较强的氧化能力，且不产生二次污染，但是，该技术需要大量的电力能源消耗，特别是在高浓度的木质素氧化降解过程中，因此，电化学氧化木质素并不是一种经济的方法，还不能在工业上大规模应用[23]。

2.1.9 光催化氧化

在有光参与的条件下，催化剂及其表面吸附物（如氧气、被分解物质等）多相之间发生的一种光化学反应即为光催化氧化，它是光和催化剂同时作用下的反应，具有反应条件温和、成本低、工艺简单、洁净和无二次污染等特点[23]。自 Kobayakawa 等[26]首次利用 TiO_2 光催化剂成功降解木质素之后，木质素的光催化研究有了较大发展。目前，TiO_2 和 ZnO 是木质素降解中常用的光催化剂，其中 ZnO 的催化效果优于 TiO_2。此外，在光催化剂中掺杂其他物质（如 Ag、Pt、C、S 等）或是将光催化剂与某些氧化物（如 CeO_2、La_2O_3 等）混合制成复合材料均有助于提高光催化剂的催化效率。在光催化氧化反应中，木质素首先形成酚类二聚体、醇及一系列有机酸等中间产物，经过进一步氧化，最终生成 CO_2 和 H_2O[26]。

2.2 还原改性

研究木质素的还原反应有两个目的[2]：一是通过对还原产物进行分离和鉴定，可推断木质素的结构；二是通过控制还原条件，生产苯酚或环己基丙烷等有价值的化工产品。根据加氢反应类型的不同，木质素的还原反应可分为氢解反应、加氢脱氧、加氢反应以及综合加氢工艺等，这些反应中分别使用重金属离子基配体催化剂、ⅥB族金属催化剂、铂族金属催化剂以及铀金属催化剂和双功能催化剂[27]。

2.2.1 氢解反应

氢解反应是一类通过加氢将碳碳键或者碳杂原子键断裂的化学反应。由于木质素中含有大量的醚键，因此理论上氢解能够有效地降解木质素。木质素的氢解反应需在Pt、Ru、Ni、Pd和Cu等载体金属催化剂催化下才能进行。木质素中芳基醚键与脂肪醚键相比，其活性更弱，因此需要在高温高氢压下反应，在这种剧烈氢解条件下，木质素中的芳环氢化副反应也随之发生。

Song等[28]采用Ni/C等系列Ni基催化剂结合具有原位制氢的甲醇、乙醇和乙二醇对木质素的降解进行系统研究，发现镍基异相催化剂不仅能高选择性地使*β*-*O*-4′裂解，其中单酚（丙基愈创木酚和丙基紫丁香酚）的选择性达到90%以上，且苯环并未被氢化。该研究显示木质素首先醇解为木质素片段，再在Ni的催化作用下转化成单酚。此外，引入Cu、Fe、Al等金属对Ni催化剂进行修饰，能阻止NiO活性相的迁移，使活性相更加稳定，并有利于提高Ni在载体表面的分散度、降低Ni催化剂的还原温度，且组合成分间的协同效应能提高催化剂的催化转化性能，这在一定程度上克服了传统Ni基催化剂需以H_2S进行硫化稳定的缺点[27]。Ferrini等[29]采用异丙醇供氢溶剂和含有9% Al的雷尼镍两步催化降解杨木木质素，结果发现在极低温度（160℃）下反应18h后得到环己醇类的无色产物。相比Ni催化剂，铂族金属（Pd、Pt、Ru、Rh和Ir）在氢还原反应中具有更好的催化活性，被广泛用于木质素的氢解。Van等[30]直接以桦木木质纤维为原料，在250℃下，H_2压力为3MPa的甲醇溶液中采用Ru/C催化氢解，发现木质纤维的脱木质素率达90%以上，且这部分中50%的木质素转化为酚类单体，20%的木质素转化为以5-5′、4-*O*-5′、*β*-1′和*β*-5′的连接键形式存在的二聚体。

2.2.2 加氢脱氧

木质素醚键断裂后，由于中间体不稳定，会发生缩合反应生成稳定的聚合产物，因此对降解中间产物进行精炼至关重要，而加氢脱氧则是一类非常高效的生物油精炼手段。木质素及生物油的加氢脱氧常用到单金属催化剂、双金属催化剂及双功能催化剂。

（1）单金属催化剂

20世纪80年代早期，研究人员开始研究Mo基催化剂对木质素及其模型物的催化加氢脱氧，发现MoO_3对芳基-*O*-甲基醚键裂解催化效果非常好，而Mo_2C能很好地氢化苯甲醚的苯环。随后许多研究者采用不同载体负载 Mo，结果发现载体经过氮化改性分散后可以提高对加氢脱氧产物的选择性[27]。Ma 等[31]采用 α-MoC 在 280℃惰性气氛下醇解硫代木质素，发现催化剂与溶剂对木质素生物油的得率以及产物分布是至关重要的，而氢气对醇解起抑制作用。相比于过渡金属，过渡金属磷化物能显著提高加氢脱氧产物的选择性，而相比于商业催化剂 CoMoS，其磷化物在气相加氢脱氧过程中性质更稳定。此外，在金属中掺杂其他金属也能明显促进其对木质素油的加氢脱氧能力，如 Cu 掺杂有利于 NiO 在低温下催化还原，降低积炭生成速率，而 Cu 亦能促进凝胶 Ni 催化剂对愈创木酚的加氢脱氧[27]。

(2) 双金属催化剂

相比于单金属催化剂，双金属催化剂能显著提高木质素加氢脱氧反应产物的选择性。Co-Mo、Ni-Mo、Pt-Sn、Pt-Rh、Ni-Re、Pt-Re、Zn-Pd 等双金属催化剂被广泛应用于木质素的加氢脱氧中。一般来说，木质素的加氢脱氧催化降解主要有两条路径，即加氢脱氧或者直接脱氧。有研究表明 Mo 催化剂掺杂 Co 或者 Ni 能显著提高直接脱氧能力，而其他报道称其加氢脱氧能力的提高是由于脱甲氧基增多。在木质素加氢脱氧反应中，Co-Mo 催化剂由于较低的加氢能力，可以较好地保持木质素中的芳香环，因此优于 Ni 催化剂[27]。Jongerius 等[32]发现，在硫化 Co-Mo 催化剂催化木质素加氢脱氧过程中，*β-O*-4′醚键和*β*-5′键的裂解速率高于 5-5′连接键的裂解速率，而降解产物只有脱氧不完全的苯酚和甲酚。尽管双金属催化剂能显著促进木质素及其模型物的加氢脱氧，但在加氢脱氧过程中，产生的积炭会附着于催化剂上，阻止加氢脱氧反应进行，且积炭附着量随着催化剂酸性的增强而增加，而在加氢脱氧过程中则需要酸性位点，因此，尽管双金属催化剂的催化活性相比于单金属催化剂有明显的增强，但仍缺少木质素降解反应的酸碱活性位点。

(3) 双功能催化剂

为了解决传统硫化加氢脱氧催化剂的失活问题，开发出含有单金属以及酸性位点的双功能催化剂。Zhao 等[33]报道了一系列贵金属催化剂（Pd/C、Pt/C、Ru/C、Rh/C）和磷酸组成的双功能催化剂催化酚类加氢脱氧生成环烷烃和甲醇。尽管双功能催化剂避免了失活这一重要问题，但是反应工艺中加入酸，要求反应釜耐酸腐蚀，且反应后酸液对环境会造成负面影响，而采用固化质子酸取代无机酸能显著提高对木质素及其生物油的催化效果，并能减少对环境的影响[27]。Laskar 等[34]采用贵金属催化剂与酸性沸石组成的双功能催化剂对蒸汽爆破木质素进行加氢脱氧，转化率达到 35%～60%，甲苯的选择转化率达到 65%～70%。

由于木质素复杂的结构和官能团的多样化，在木质素催化氢解过程中使用双功能催化剂往往比只用一种催化剂的效果更好。一般而言，一种催化剂只对特定类型的反应具有催化作用，而木质素结构中包含各种不同类型的连接键和官能团，需要协同催化剂才能对木质素进行高效降解。

2.2.3 加氢反应

加氢反应是采用氢气对有机化合物进行还原或者饱和的一种有机化学反应，反应过程中由于催化特性和反应条件的不同，对苯环以及 C═C、C═O 和 C≡C 的选择性加氢也完全不同[27]。一些零价金属（如 Al、Fe、Mg 和 Zn 等）能够在室温下对生物油中的 C═O 催化加氢，而传统贵金属一直被认为是理想的加氢催化剂[35]。根据不同贵金属的催化特性控制反应方向，Vispute 等[36]设计了一个串联催化工艺以将热裂解油转化为工业化学品原料，在此串联催化工艺中，Ru/C、Pt/C 将热裂解生物油分别加氢转化为多元醇和一元醇，而这些加氢产物进一步在沸石的催化作用下转化为低级烯烃和芳香烃。还有研究发现，催化剂、载体、金属分散性、溶剂的选择以及木质素结构对木质素以及模型物的加氢反应影响很大。此外，木质素中强极性基团能够与水相互作用，这在一定程度上促进了木质素与金属表面的相互作用，从而提高了芳香环的选择性加氢率[27]。

与传统的催化加氢相比，电催化加氢是一种生物质催化转化的新兴技术，它能使生物油更加稳定。Li 和 Lam 等[37, 38]分别采用 Ru/C 和雷尼镍进行阴极电催化对酚类加氢以及部分加氢脱氧。与其他传统方法相比，电催化加氢能在更加温和的条件（≤80℃和 1.01325×10^5Pa）下获得更好的结果。加氢反应在木质素降解工艺中相当于生物油品质精炼，能促进木质素降解的工业化应用，但是木质素加氢过程应同时与木质素降解过程协同进行，才能提高木质素平台化合物的转化效率[27]。

2.2.4 综合加氢工艺

由于木质素结构复杂，催化转化很难得到单一产物，因此，集木质素的降解和木质素生物油精炼为一体的综合加氢工艺应运而生，该工艺直接将木质素催化转化为化学品，不仅减少了木质素转化过程中的复杂产物，降低了转化工艺的成本，而且使得木质素精炼工艺大规模化成为可能。木质素以及模型物的综合加氢工艺中，高温有利于加氢脱氧、烷基转移和脱水反应的进行，而氢解以及加氢反应则在相对低温下进行[27]。Runnebaum 等[39]通过多种金属催化剂催化加氢木质素以及模型物，发现反应进程中氢解、加氢脱氧、加氢以及单分子/双分子烷基转移是主要反应，其中，烷基转移主要在酸（γ-Al_2O_3）催化下进行，而其他三个主要反应则更容易在金属催化剂和氢气存在的条件下进行。

木质素催化还原降解可直接将木质素含氧官能团脱除，将木质素进一步转化为低氧甚至无氧平台化合物，有利于其作为高热值生物燃油被利用；反应中将木质素结构中含氧官能团全部转化为羟基以及碳碳双键，因此最终产物的选择性好。此外，反应过程中不产生自由基以及醛等易缩合的中间体，能显著抑制焦炭的产生，因此木质素还原降解技术适合工业化制备及生产芳环化合物[27]。

2.3 磺化改性

目前，国内外利用的木质素产物绝大多数为亚硫酸盐法造纸制浆废液回收的木质素磺酸盐。与碱法造纸制浆黑液回收的木质素相比，其水溶性、分散性、表面活性等较好，可用于混凝土减水、油田处理、染料分散、制造木材黏结剂等。直接回收的磺化木质素存在某些难以克服的缺陷，其性能不能满足高质量产品的要求，如木质素磺酸钙混凝土减水剂会产生沉淀，从而影响使用效果等[40]，通过进一步改性提高其产品的性能或制得其他类型产品是扩大其应用的有效途径。因此，对木质素的磺化改性是具有实用价值的一种方法。木质素的磺化改性主要包括对木质素的磺化和磺甲基化反应两种。

2.3.1 磺化

木质素磺化改性，一般采用的是高温磺化法，即将木质素与 Na_2SO_3 在 150～200℃条件下进行反应，在木质素侧链上引入磺酸基，得到水溶性好的产品[40]。马涛等[41]在 1.0～6.0mmol/g Na_2SO_3、NaOH 与 Na_2SO_3 质量比为 1∶9、固体含量与水的质量比为 1∶4、反应最高温度为 165℃的条件下，对碱木质素进行磺化 5h，反应产物在 pH 值为 14、温度为 80℃的条件下，与适量的 Zn^{2+} 反应 5h，制得 Zn 含量为 18.60mg/g 的木质素磺酸锌的螯合微肥。何伟等[42]对麦草碱木质素和松木硫酸盐木质素高温磺化反应进行了比较，结果表明两者的反应速率和磺化度的差异不大。

Sokolova 等[43]提出在氧化剂作用下，碱木质素的自由基磺化反应可在较低温度下进行。穆环珍等[44]对蔗渣碱木质素的磺化条件进行了较为系统的研究，提出磺化反应的适宜条件为：Na_2SO_3 浓度为 5mmol/g，pH 值为 10.5，温度为 90℃，时间为 5h。在反应体系中加入适量 $FeCl_3$ 或 $CuSO_4$ 溶液作为接触催化剂，能提高木质素磺化反应的效果。周勇等[45]在反应中按摩尔比加入 Na_2SO_3、氧化剂（$FeCl_3$），调节 pH 值为 9～12，反应温度与反应时间分别为 95～98℃、2h，制得木质素磺酸盐，然后在碱性条件下，用空气氧化、水解，用丁醇或者苯萃取方法制得香兰素产品。

2.3.2 磺甲基化

木质素溶于碱性介质，其苯环上的游离酚羟基能与甲醛反应引入羟甲基。木质素经羟甲基化以后，在一定反应温度条件下与 Na_2SO_3、$NaHSO_3$ 或者 SO_2 发生苯环的磺甲基化反应。此时，侧链的磺化反应则较少发生[40]。

木质素磺甲基化反应可分为 2 种方法[40]：a. 一步法，即在一定反应条件下，木质素与甲醛和 Na_2SO_3 反应；b. 两步法，即木质素先羟甲基化，然后再与 Na_2SO_3 发生反应。何伟等[42]对麦草碱木质素和松木硫酸盐木质素磺甲基化反应进行了比较。木质素与 3mol 甲醛在 pH 值为 11.0、温度为 70℃下反应，加酸沉淀出木质素后，再在 pH 值为 7.0、温度为 100℃的条件下与 3mol Na_2SO_3 反应，得到工业木质素磺甲基化产物。在磺甲基化反应中，松木硫酸盐木质素的反应速率和可达到的最大磺化度均大于麦草碱木质素。木质素经磺甲基化改性后，具有良好的水溶性和表面活性。麦草碱木质素在 pH≥11.0、温度为 70℃左右与甲醛进行甲基化反应 2h，然后再加入 Na_2SO_3，控制温度、压力和反应时间等参数，能制得混凝土减水剂，其减水率达到 10%，28 天后，混凝土的抗压强度提高了 5%左右[46]。

2.4 酚化改性

亚硫酸盐制浆过程中产生的大量木质素磺酸盐，其利用率极低，而通过木质素磺酸盐的酚化改性可提高其酚羟基含量。酚羟基体积小、活性大，从而可有效地提高木质素磺酸盐的反应活性。

木质素磺酸盐的酚化主要采用甲酚-硫酸法，此法简单、温和、易控制、改性效果良好，磺酸基可几乎被全部脱去，生成酚木质素。该反应属于选择性酚化反应，在木质素苯环的 α-碳原子上引入酚基，使木质素结构及反应的复杂性得到简化（图 2-5）。采用间甲酚-硫酸法改性木质素磺酸钠，可使木质素的磺酸基被间甲酚完全取代，甲氧基几乎全部断裂，主链上的醚键亦有部分断裂。酚化改性反应显示，酚羟基含量提高了约 2 倍[47]。

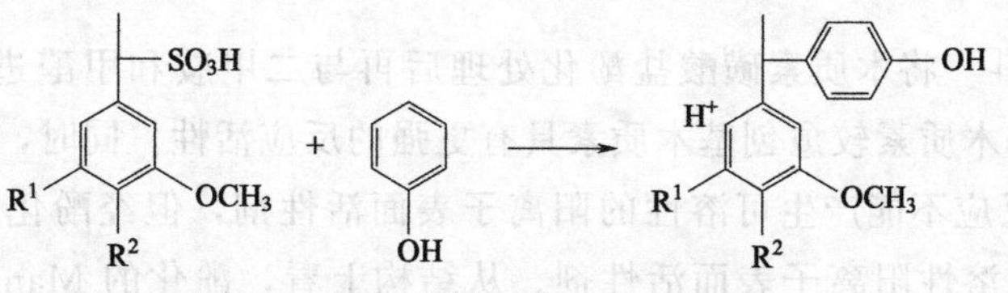

(R^1: H—O—, OCH_3; R^2: OH, —O—)

图 2-5　木质素的酚化反应

木质素的酚化改性为其进一步改性提供了良好的反应活性，如木质素在进行环氧化改性时，为了提高反应效率往往需先进行酚化改性以增加木质素的酚羟基含量。

2.5 胺化改性

胺化改性木质素时，是通过自由基型衍生化在其大分子结构中引进活性伯胺、仲胺或叔胺基团，它们以醚键接枝到木质素分子上。通过改性，提高木质素的活性，可使之成为具有多种用途的工业用表面活性剂。

木质素分子中游离的醛基、酮基、磺酸基附近的氢比较活泼，可以进行曼尼希 (Mannich) 反应。Mannich 反应是指胺类化合物与醛类和含有活泼氢原子的化合物进行缩合时，活泼氢原子被氨甲基取代的反应，可以用图 2-6 中 (Ⅰ) 表示，式中 Z 为吸电子基[48]。

木质素进行 Mannich 反应时，其苯环上酚羟基的邻位和对位以及侧链上的羰基 α-位上木质素的氢原子较活泼，容易与醛和胺发生反应，从而生成木质素胺［图 2-6 中 (Ⅱ)］。按参与反应的氨基的不同可分为伯胺型木质素胺、仲胺型木质素胺、叔胺型木质素胺、季铵型木质素胺和多胺型木质素胺。利用木质素分子中的酚羟基对丙烯腈的亲核加成反应，碱木质素与丙烯腈反应能生成氰乙基木质素，然后再还原成伯胺型木质素胺。合成季铵型木质素胺的代表性反应是利用二甲胺、二乙胺、三甲胺、三乙胺或类似的胺反应生成叔胺中间体，而后再与木质素在碱性条件下反应制成叔胺型或季铵型木质素胺。多胺型木质素胺是木质素中的醇羟基与多胺中的氨基通过亲核取代，高压脱水而形成木质素胺[49]。

在木质素进行胺化改性时，参与反应的醛类和胺类物质的投料量取决于木质素中酚羟基的含量，一般是原料木质素量的 1～3 倍，醛类与胺类投料比的增加会导致木质素的交联，而胺甲基化的反应程度则取决于胺的 pK_a 值，pK_a 值越接近 7，取代程度越大，产物的氮含量越高[49]。

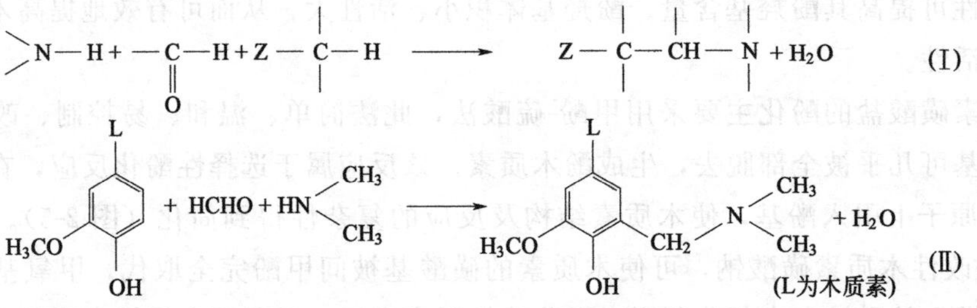

图 2-6 木质素的胺化反应式

Matsushita 等[50]将木质素磺酸盐酚化处理后再与二甲胺和甲醛进行 Mannich 反应，结果表明，羟丙基木质素较愈创基木质素具有更强的反应活性。同时，木质素磺酸盐与二甲胺的 Mannich 反应不能产生可溶性的阳离子表面活性剂，但经酚化后的木质素磺酸盐却能定量地产生水溶性阳离子表面活性剂。从结构上看，酚化的 Mannich 反应产物具有1,3-二甲胺。酚化后的 Mannich 反应产物的表面张力的降低较作为商业表面活性剂的木质素磺酸盐多。

2.6 环氧化改性

木质素与环氧乙烷的共聚反应，早在 20 世纪 60 年代就已有报道。Glasser 将硫酸盐木质素与环氧丙烷共聚，生成的新产物可用作热固性工程塑料的预聚物。木质素与环氧丙烷在有催化剂存在的条件下加热可以直接反应得到环氧化木质素（图 2-7）[49]。

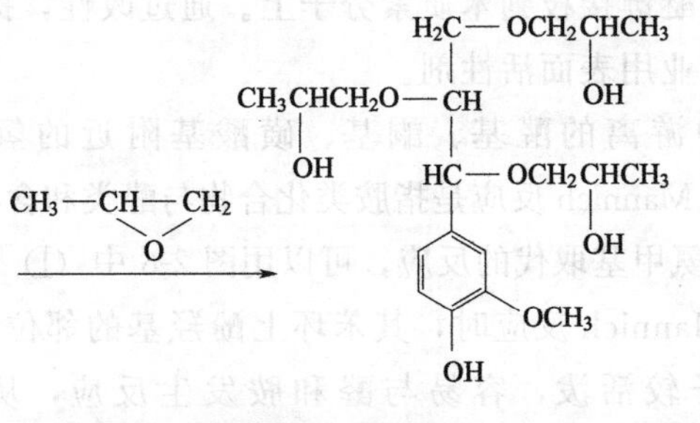

图 2-7 木质素的环氧化反应

在木质素磺酸与环氧氯丙烷发生环氧化反应的过程中，木质素磺酸的酚羟基与环氧氯丙烷反应，造成酚羟基含量降低的同时烷基醚键的含量增加，而磺酸基团被酚环取代。木质素的环氧化反应主要发生在木质素的酚羟基上，小分子碱木质素比大分子碱木质素更容易与环氧乙烷反应。采用分步法比一步法能获得更高产率和更高分子量的共聚物，但反应的速率却较低。如将木质素经过氢解，提高其酚羟基的含量，再与双酚作用改性，得到的改性产物也可与环氧氯丙烷发生环氧化作用。木质素经氢解反应处理后，可以提高羟基的含量（约为未氢解木质素的 2 倍），增加了木质素的活性，易于进行环氧化反应，改性后的木质素可作为酚类替代物合成环氧树脂。

将木质素溶解于乙二醇中，并和丁二酸酐反应以生成羧酸衍生物（即生成酯）。在二甲基苄胺存在下，酯与二环氧甘油醚反应形成环氧树脂。随着交联点处酯链重复单元的增加，其玻璃化温度呈下降趋势，进而说明在交联点处的酯链长度影响环氧树脂网链中酯链的移动性[51]。木质素经环氧化改性后得到的木质素环氧树脂具有较好的绝缘性、力学性能以及黏合效果等，可以应用于电气工业。

2.7 接枝共聚

木质素的接枝共聚物合成多为自由基聚合。自由基聚合根据引发方式及活性物种产生方式的不同，又可分为引发剂引发聚合、热聚合、光聚合、辐射引发聚合、电化学聚合、酶催化聚合等多种类型，而木质素的接枝共聚以引发剂引发聚合、辐射引发聚合及酶催化聚合 3 种类型居多[52]。人们从多个角度研究了木质素接枝共聚反应的影响因素，包括木质素的原料来源、制备方法、所用溶剂、引发剂种类和用量、单体种类和用量等。

2.7.1 引发剂引发聚合

木质素或木质素磺酸盐可在 Cl^--H_2O_2、Fe^{2+}-H_2O_2、Ce^{4+} 等引发剂引发下与丙烯酰胺、丙烯酸、苯乙烯、甲基丙烯酸甲酯等烯类单体发生接枝共聚反应，其中研究最多的是木质素与丙烯酰胺的接枝共聚合[52]。

Meister 等[53, 54]对木质素与丙烯酰胺的接枝共聚反应中的各种影响因素进行了较深入的研究。这些因素包括木质素的树种来源、制备方法、溶剂效应、协同引发效应等。在同样的合成条件下，丙烯酰胺与阔叶木、针叶木和草类木质素的接枝产率大小为阔叶木>针叶木>草类。他们认为这是因为 3 种木质素的甲氧基含量不同，甲氧基含量越高，接枝反应产率越高。相对于其他因素而言，制备方法对接枝产率的影响要小一些。Cl^- 是控制反应产物极限黏度、产率的重要反应物，在一定浓度范围内，Cl^- 浓度越高，产率越高，但极限黏度随之下降。在 Cl^- 浓度相同的情况下，增大丙烯酰胺用量对提高产率和极限黏度都有利。以上过程所得到的共聚物具有良好的水溶性和表面活性。他们的研究还证明，木质素还可与多种阳离子型单体接枝，生成阳离子型接枝共聚物，在反应时间为 30min 内，产率均超过 80%。

雷中方等[55]在木质素与丙烯酰胺的接枝共聚方面也做了一些工作。他们将木质素溶解于 1mol/L NaOH 中，用 5% H_2SO_4 调节其 pH≈8，浓度为 1g/L，以硝酸铈铵为引发剂，可使木质素与丙烯酰胺发生接枝改性，改性产物有明显的—$CONH_2$ 红外吸收谱带，其大分子量部分显著增多，小分子量部分明显减少，几乎没有分子量小于 5000 的部分；反应中只能生成接枝短链，各分子量段的分子数也变化不一；通过扫描电镜观察发现接枝产物表面的网孔结构虽然存在，但与木质素比，已基本上没有较大的网孔，而且网孔比较模糊。

Chen 等[56]以 Fe^{2+}-H_2O_2 为引发剂研究了木质素磺酸盐与丙烯酰胺及丙烯酸的接枝共聚反应，研究表明：接枝反应介质，对于不同的单体情况有所不同，带正电荷的单体

(如苯乙烯)，用甲醇比用水好，而带负电荷的单体（如丙烯腈和甲基丙烯酸甲酯)，水较甲醇能得到更好的接枝效果。对于丙烯酰胺和丙烯酸，水是较好的反应介质。木质素磺酸盐与丙烯酸的用量比越小，木质素磺酸盐参与反应的量越少，接枝共聚物的极限黏度越小。不同磺酸盐种类对单体转化率、参与反应的木质素磺酸盐量、接枝产物分子大小的影响具有一致的规律，含有二价阳离子的木质素磺酸盐较一价阳离子更易接枝，即木质素磺酸钙＞木质素磺酸钠＞木质素磺酸铵。

2.7.2 辐射引发聚合

以高能辐射引发的聚合称为辐射聚合。用于自由基聚合的高能辐射类型主要有α射线（快速氦核)、β射线（高能电子流）和X射线、γ射线（电磁波）等。辐射引发由于条件限制，一般只用于实验室研究[52]。

20世纪60～70年代Philips等[57,58]研究了辐射引发的盐酸木质素、硫酸盐木质素与苯乙烯的接枝聚合，所用辐射源为γ射线，接枝过程为：将装有木质素和苯乙烯单体的容器去氧，于低压、水浴中在辐射源下照射一定时间完成反应。得出了如下结论：木质素中酚羟基先经甲基化后再与苯乙烯接枝，接枝率可从25%提高到40%；接枝反应中若加入可沉淀聚苯乙烯的介质（如甲醇)，可大幅提高甲基化盐酸木质素及硫酸盐木质素的接枝效率；小分子量硫酸盐木质素与苯乙烯接枝可得到溶于苯的接枝共聚物。

Meister等[59]将二氧六环经氙灯照射一定时间后，加入木质素、$CaCl_2$、少量Ce^{4+}搅拌20min，再与丙烯酸胺接枝，可以得到与引发剂（$CaCl_2$、H_2O_2和少量Ce^{4+}）引发同样的效果，在照射时间为3h、$CaCl_2$含量为2%时，产率可达98.4%。

2.7.3 酶催化聚合

与强烈的化学引发接枝相比，用生物技术改性木质素则要温和得多，酶催化下木质素的接枝反应研究是近年来才发展起来的。与木质素降解有关的酶系有木质素过氧化物酶(LiP)、锰过氧化物酶（MnP）和酚氧化酶（即漆酶）三种，其中研究较多的是漆酶催化下木质素的接枝反应[52]。

2.8 酰化改性

木质素的结构中含有醇羟基和酚羟基，可与酰化试剂发生酰化反应。酰化反应主要用来研究木质素结构中所含羟基的类型和数量。使用最多的是乙酰化反应，常用的乙酰化试剂主要有乙酸酐-吡啶、乙酸酐-硫酸、乙酰溴等[2]。例如云杉材的Brauns天然木质素(BNL）用乙酸酐-吡啶进行乙酰化时，乙酰基含量达到20.2%，若木质素的分子量以840计，则相当于每个木质素分子中引入了5个乙酰基，说明木质素分子中原来有5个羟基[2]。李浩等[60]以乙酰溴与冰醋酸（体积比为8∶92）为乙酰化试剂对碱木质素进行乙酰化改性，其制备工艺为：将0.1g碱木质素加入含有10mL乙酰化试剂的圆底烧瓶中，密封，在 50℃下加热搅拌 2h，反应结束后将溶剂在旋转蒸发器中迅速蒸干，即得固体乙酰化碱木质素。刘成[61]以磺化木质素和碱木质素为底物，以乙酸酐为乙酰化试剂，采用液相法进行木质素乙酰化的改性，发现在乙酰化温度为 90℃、反应时间为 3h 时，乙酰化效果最好，此次磺化木质素乙酰化率达到 47.71%，碱木质素乙酰化率达到 53.56%，二者乙酰化率都随着反应温度的升高和反应时间的增加而逐步提高，到达最高稳定值后略有下降。

2.9 烷基化改性

木质素的羟基、羧基和羰基可进行烷基化，选择不同的烷基化方法，可分别与羟基、羧基或羰基进行烷基化反应，从而也可确定羟基的种类和数量。研究较多的烷基化反应是甲基化，常用的甲基化试剂有甲醇-盐酸、重氮甲烷、甲基碘-氧化银、硫酸二甲酯-氢氧化钠等[2]。

所用的试剂不同，甲基化反应的种类也就不同，例如：用甲醇-盐酸，木质素侧链 α 位的苯甲醇型羟基、羰基、羧基都被甲基化；用重氮甲烷时，则羧基、酚羟基、烯醇性羟基被甲基化；甲基碘和硫酸二甲酯则使各种羟基全部甲基化。根据甲氧基的增加可测出木质素分子中的羟基数。例如云杉材的 Brauns 天然木质素，分子量按 840 计，原来含有 14.8%的甲氧基，即每分子含 4 个甲氧基；当木质素先在乙醚中用重氮甲烷甲基化后，甲氧基含量上升到 18.3%，每分子含 5 个甲氧基，即增加了一个甲氧基；当进一步在二氧六环中再用重氮甲烷甲基化后，甲氧基含量又上升到 21.4%，每分子含 6 个甲氧基，即又增加了一个甲氧基；再用硫酸二甲酯与之作用，甲氧基含量上升到 30.3%，每分子含 9 个甲氧基[2, 62]。

2.9.1 羟甲基化改性

在碱催化作用下，木质素能与甲醛进行加成反应，使木质素羟甲基化，形成羟甲基化木质素。以愈创木基结构单元与甲醛在碱性条件下反应为例，其反应如图 2-8 所示[49, 63]。

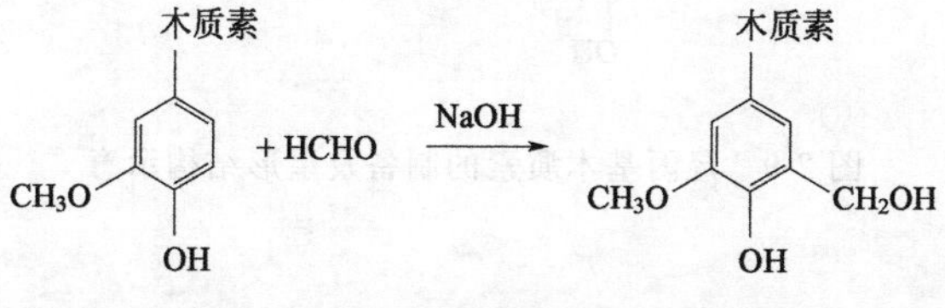

图 2-8　木质素的羟甲基化反应

不同的木质素有不同的羟甲基化反应条件。硫化木质素羟甲基化反应的最佳 pH 值为 8.0，温度为 40℃。硫酸盐木质素羟甲基化的最佳 pH 值为 12.0～12.5，室温下反应 3 天。当然，提高反应温度可缩短反应时间。

长期以来，碱木质素的催化羟甲基化都是在均相催化体系中进行的。这种体系首先夺去酚羟基的氢，促使氧上的富电子离域到苯环上，形成共轭体系，从而达到活化酚羟基邻位、对位的目的。但此种体系不仅存在产物难以分离的缺陷，而且由于碱液难以处理而存在对环境二次污染的问题。周强等[64]在实验室合成了既能催化反应又能促使碱木质素在特定位置断键的复合型固相催化剂，并以四氢呋喃为溶剂溶解碱木质素，随后加入羟甲基化试剂（甲醛），建立多相催化反应体系；通过对不同催化反应体系、不同原料反应结果的对比，证明了多相催化反应体系的有效性，例如从多相改性产品的熔程来看，复合型固体催化剂更具有催化及诱导断键的双重功能。

2.9.2 羟丙基化改性

大多数木质素材料都与羟基的反应相关，但是酚羟基容易形成分子内氢键，且反应活性较低，通常利用羟烷基化反应转化为醇羟基并形成星形结构的分子，以提高反应的活性和效率。为利用羟丙基化反应得到星形木质素分子（图 2-9），将木质素进行羟丙基化，木质素上任意一个羟基均可实现链增长，星形分子的臂数可以通过硫酸二乙酯（Et_2SO_4）醚化反应控制[63]。通过检测发现，星形化合物平均有 2～6 个辐射臂，每个臂上有 1～4 个氧化丙烯单元[65]。该反应不仅改变了许多羟基的类型（即从酚羟基变为醇羟基），还使羟基远离木质素球形核，使其化学反应活性或氢键化能力得到提高。星形结构对木质素应用于工程塑料和多相材料起到了重要的作用。

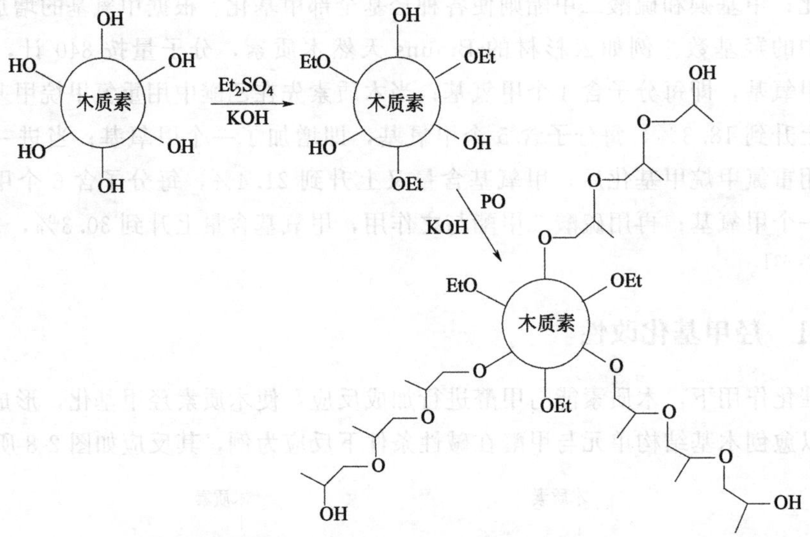

图 2-9 羟丙基木质素的制备及星形结构示意

2.10 聚酯化改性

木质素含有酚羟基和醇羟基，它们可以与异氰酸酯进行反应，因此可用木质素替代聚合多元醇用于生产聚氨酯。Glasser[66]利用木质素与马来酸酐反应生成共聚物，再与环氧丙烷进行烷氧基化，生成多元醇结构的共聚物，这种产物进一步与二异氰酸酯反应，便合成出性能良好的聚氨酯甲酸酯，可用于制造黏合剂、泡沫塑料以及涂料等。木质素与环氧丙烷反应后，增加了醇羟基的数量，而且提高了带羟基侧链的柔软性。以木质素为原料制备聚氨酯，关键在于提高木质素与异氰酸酯之间的反应程度，而提高木质素在聚氨酯中的反应活性，主要是提高醇羟基的数量[49]。用甲醛改性木质素（羟甲基化），可以明显改善木质素与聚氨酯之间的接枝反应。刘育红等[67]用环氧丙烷对木质素进行改性，然后将羟丙基化木质素和二异氰酸酯溶于四氢呋喃中，加入一定量的催化剂，然后浇注成膜，在室温下放置 15min，挥发掉部分溶剂，再在真空烘箱中熟化 3h，可以得到聚氨酯薄膜。

以硫酸盐木质素和醇解木质素为原料制得的聚氨酯的结构决定了其力学性能、物理性质和热性能。木质素聚氨酯的热分解温度随木质素含量的增加而略有降低，这是由于木质素分子中酚羟基生成氨基甲酸酯，而后者的热稳定性较差。在氮气、氧气等不同条件下，研究不同种类木质素制备聚氨酯的热解行为，发现降解产物中特征官能团的数量均随聚氨酯中木质素含量的变化而变化[68]。

2.11 缩合改性

缩合反应是木质素的重要化学性质之一，也是研究其应用的一条重要途径。以下主要介绍木质素在碱法制浆和亚硫酸盐法制浆过程中的缩合反应，以及木质素与甲醛、酚类和异氰酸酯类物质的缩合反应[2]。

2.11.1 木质素在碱法制浆过程中的缩合反应

木质素在碱法制浆的蒸煮过程中，发生分解反应，产生一些结构单元，这些结构单元中的酚型结构在碱的催化下，可能会发生缩合反应，这种缩合反应大体有以下两种类型。

(1) C_α—Ar 的缩合

一般以亚甲基醌结构也就是共轭羰基结构作为烯酮，各种碳负离子作为亲核试剂，进行加成反应，在此反应过程中，也包括缩合产物的重排过程。

(2) C_β—C_γ的缩合

由松柏醇开始，通过亚甲基醌结构可进行 C_β—C_γ缩合反应。

2.11.2 亚硫酸盐法制浆过程中的缩合反应

酸性亚硫酸盐法蒸煮制浆过程中，在磺化反应进行的同时，也会在发生磺化反应的部位发生各种 C_α—Ar 缩合反应，在中性亚硫酸盐法蒸煮制浆过程中则不会有这种缩合反应。

C_α—Ar 缩合反应的结果，一方面是抑制了磺化反应，使木质素结构中磺酸基的数量变少了，也就降低了磺化木质素的可溶性；另一方面是使木质素的分子量增大了，更是造成了木质素溶出的困难，因此这是对制浆有害的反应，要设法避免。

2.11.3 木质素的酚型结构单元与甲醛的缩合反应

除了在制浆过程中发生的缩合反应外，木质素与甲醛在碱性催化下也能进行缩合反应，这个反应发生在木质素的愈创木酚环的C5位：

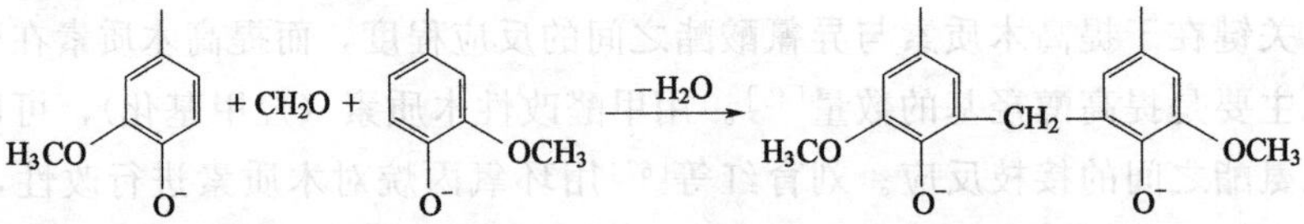

部分甲醛与羰基邻接的活性氢反应。除了碱能催化这个缩合反应外，酸也能催化这个缩合反应，但甲醛的结合发生在环的C6位。木质素与甲醛的缩合，是木质素应用的一个重要反应。

2.11.4 木质素与酚类的酸性催化缩合反应

在木质素与甲醛的反应中，木质素作为酚类使用，若用酸作催化剂，木质素又可作为醛类与酚类发生缩合反应，此反应是在木质素侧链 α 位上发生的碳碳连接。这一缩合反应也是开发木质素实际应用的基础。

2.11.5 木质素与异氰酸酯类的缩合反应

木质素结构中的醇羟基可与异氰酸酯类进行缩合反应，生成木质素聚氨酯，这也为木质素的实际应用提供了一条途径。

2.12 硝化改性

木质素可与硝酸反应，生成硝化木质素。在木质素的硝化反应中，除了亲电的取代反应外，还发生甲氧基的脱落和氧化开裂反应[2]。用稀硝酸处理时，木质素发生的反应很复杂，一方面是芳香环的硝基化和侧链的断裂；另一方面是水解、还原和氧化等反应。在这些反应中，断裂反应是主要的，除了产生硝基愈创木酚类外，还有 *α-O-*(2-甲氧基苯基) 甘油醛[2]。

杨乃旺[69]利用硝酸对木质素磺酸盐进行硝化改性，以提高木质素磺酸盐在钻井液中的抗温稀释或降滤失性能。其制备工艺为：称取1.0g木质素磺酸盐，搅拌使其充分溶解于装有一定量去离子水的100mL烧瓶中，逐滴加入0.25mL 20%的硝酸后，调节一定的反应温度，恒温反应2～4h，反应结束后用碱性溶液调节pH至中性，60℃下真空干燥即得产物硝化木质素。

2.13 其他改性方法

2.13.1 卤化反应

木质素的卤化反应主要发生在其芳环上，在室温或室温以下就可进行。在温和的条件下，氯主要在芳环上发生取代反应，如 C5 和 C6 位的氯取代，C2 的取代较少，在 C1 位也会发生氯取代，但同时伴随侧链的断裂。在较强烈的条件下，侧链上也将发生取代反应，而且反应条件越激烈，在侧链上结合氯的比例越高[2]。在木质素发生氯化反应的同时，也可能发生醚键的水解，即脱甲基反应、酚醚键的断裂等，还会发生芳香环的氧化等反应，甚至在芳香环之间还发生微量脱氢缩合反应。木质素磺酸盐在进行氯化时，可脱去 75%的甲基，硫木质素则会被脱去 90%的甲基[2]。

木质素的溴化和碘化反应与氯化类似，但反应较氯化要弱一些，溴化要在酸性介质中进行，酸性越强，则溴化反应越快。此外，在减压条件下也能提高溴化反应速率。

2.13.2　水解反应

木质素在热水中回流，也能发生部分水解，并从这些水解产物中鉴定出多种二聚物和一些三聚物及四聚物。50%的二氧六环水溶液在 180℃下回流，也能使木质素水解，鉴定出来的产物有松柏醇、香豆醇及它们的醛类，还有香草醛、香草酸、紫丁香基衍生物，此外还有二聚物和一些三聚物。这些产物与木质素的生物合成过程中鉴定出的中间物基本上一致[2]。

在制浆造纸的过程中，木质素的水解是一个重要的反应，通过各种方式的碱性水解，使木质素结构单元断裂并溶解出来，从而可以实现与纤维素的分离[2]。

(1) 酚型 α-芳基醚的水解

酚型 α-芳基醚最易发生碱性水解，这是因为 NaOH 促进了酚型结构的重排而消去了 α-芳基取代物，形成了亚甲基醌结构。

(2) 非酚型 α-芳基醚的水解

对于非酚型结构，由于酚羟基的醚化作用阻止了亚甲基醌结构的形成，α-芳香醚键对碱是稳定的，也就阻止了碱性水解作用的发生。非酚型 α-芳基醚键对酸是不稳定的，在酸性条件下发生水解反应。

(3) 酚型 β-芳基醚的水解

酚型 β-芳基醚的碱性水解多数不能发生，因为要进行 β-质子消除反应和 β-甲醛消除反应，只有少量这种连接在通过 OH^- 对 α-碳原子的亲核进攻形成环氧化物时才能发生水解。但在硫酸盐法制浆时，由于 HS^- 的亲核攻击能力较 OH^- 强，所以能较顺利地形成环硫化物，从而促使 β-芳基醚发生水解。这一点是很重要的，说明同一种造纸原料，特别是针叶木硫酸盐法蒸煮比苛性钠法蒸煮有较快的脱木质素速率，是消除反应与亲核进攻这两方面竞争的结果。

(4) 非酚型 β-芳基醚的水解

非酚型 β-芳基醚连接的水解只在两种情况下发生：一种是具有 α-羟基的非酚型 β-芳基醚可以发生碱性水解；另一种是具有 α-羰基的非酚型 β-芳基醚可以发生硫酸盐水解，其实质是必须能在 α-C 与 β-C 之间或 β-C 与 γ-C 之间形成环氧化物或环硫化物。

(5) 烷基与烷基之间和烷基与芳基之间的 C—C 键的断裂

烷基与烷基之间和烷基与芳基之间的 C—C 键是十分稳定的，但是，在长时间和一定压力的制浆蒸煮条件下，酚型木质素也能发生 α-C 与 β-C 之间和 α-C 与—Ar 之间的键的断裂。

2.13.3 乙醇解

将针叶材或阔叶材的木粉或木质素用含 2.5% HCl 的乙醇溶液回流，得到一系列具有酮基的苯丙烷结构的酚类，称为 Hibbert 酮，结构如图 2-10 所示[70]。

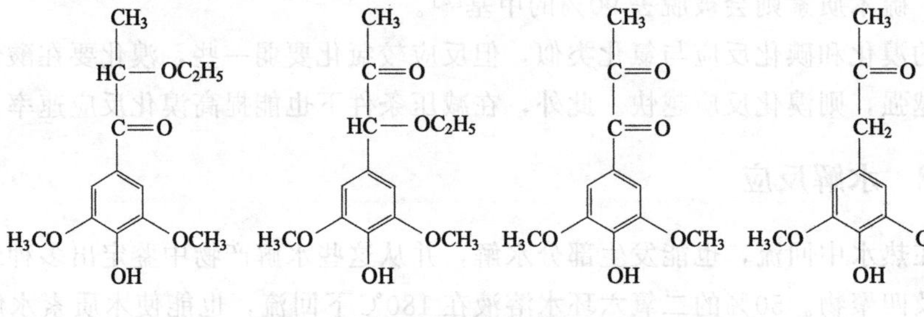

图 2-10 木质素乙醇解产物 Hibbert 酮

2.13.4 酸解

将木质素（或木粉）与含有 0.2mol/L HCl 的二氧六环水溶液（9：1）加热回流，得到醚可溶的油状产物和高分子量的木质素产物。用愈创木基甘油-β-愈创木基醚为试样进行酸解，经过 4h 反应，β-芳醚键断裂，可分离出占产物 53% 的 ω-羟基愈创木基丙酮。认为 β-芳基醚是经过苯甲醇鎓离子和对酸水解敏感的烯醇芳醚而断裂的。生成的主要产物 ω-羟基愈创木基丙酮再转变成类似 Hibbert 酮的产物[70]。

2.13.5 光解

木质素中含有羰基等光敏性基团，对光不稳定。当用波长小于 385nm 的光线照射时，木质素的颜色会变深；若光的波长大于 480nm，则木质素的颜色变浅；而光线的波长在 385～480nm 之间时，颜色开始变浅，继而变深。自然界中木材颜色会随时间变化而发生变化，主要就是木质素在光照的作用下发生变化引起的[2]。

木质素在空气中的光解是一个自由基反应，先是生成苯氧自由基，接着产生过氧自由基，第三步是生成氢过氧化物及木质素自由基，氢过氧化物可能是木质素氧化分解产生的[71]：

$$L \xrightarrow{h\nu} L\cdot\text{(激发态)} \longrightarrow L\cdot$$

$$L\cdot + O_2 \longrightarrow L{-}OO\cdot$$

$$L{-}OO\cdot + L{-}H \longrightarrow L{-}OOH + L\cdot$$

式中 L——木质素。

必须指出，木质素的光解既然是自由基反应，那么木质素在光照下不但会发生降解，也有可能发生聚合而形成新的高分子化合物。

2.13.6 生物降解

木质素在植物中的功能之一就是保护植物细胞不受外界微生物的侵蚀。木质素的结构复杂，单元结构之间多为醚键和 C—C 键，十分稳定，降解缓慢。木质素的微生物降解与生物制浆、生物漂白、生物处理制浆废液及木材的糖化处理密切相关。参与木质素生物降解的微生物种类有真菌、放线菌和细菌，其中真菌能把木质素彻底降解为 CO_2 和水，真菌中的白腐菌在木质素的生物降解中占有十分重要的地位。在已知能降解木质素的微生物中，研究得最多的是白腐菌对木质素的降解。

白腐菌对木质素的降解主要有以下几种反应[72]：a. C_α—C_β 氧化断裂，生成芳香酸，如香草酸、紫丁香酸等十种芳香酸及包括含芳香酸的木质素碎片，这是最重要的木质素生物降解的产物；b. 侧链 C_β—C_γ 断裂生成图 2-11(a) 的产物；c. β-芳醚键断裂，侧链结构发生变化；d. 芳香环氧化开裂，生成具有芳氧乙酸［图 2-11(b)］和烷氧乙酸［图 2-11(c)］的碎片；e. 苯环上 C3 和 C5 的脱氧甲基反应以及 C4 上的甲基化反应，生成图 2-12 中的化合物。

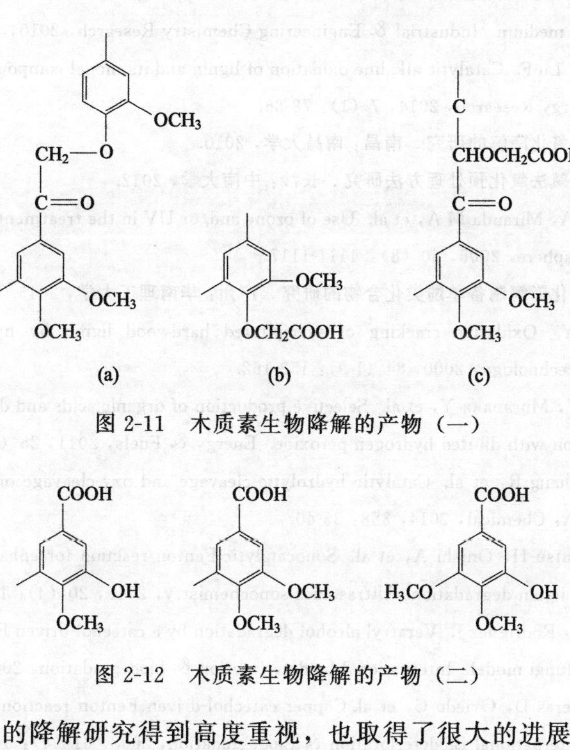

图 2-11　木质素生物降解的产物（一）

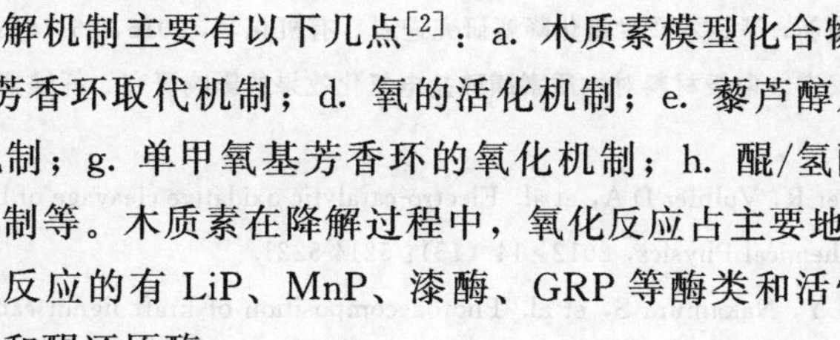

图 2-12　木质素生物降解的产物（二）

近年来，木质素的降解研究得到高度重视，也取得了很大的进展。木质素降解研究的主要动力在于木质素是储量巨大、可再生的高分子材料，且木质素中碳含量比纤维素高 50%。木质素生物降解机制主要有以下几点[2]：a. 木质素模型化合物的 C—C_β 断裂机制；b. C_α 氧化机制；c. 芳香环取代机制；d. 氧的活化机制；e. 藜芦醇及其衍生物的氧化机制；f. 芳香环开裂机制；g. 单甲氧基芳香环的氧化机制；h. 醌/氢醌的形成机制；i. 漆酶催化木质素氧化机制等。木质素在降解过程中，氧化反应占主要地位，同时需要还原反应的辅助。参与氧化反应的有 LiP、MnP、漆酶、GRP 等酶类和活性氧；参与还原反应的有芳香醛酸还原酶和醌还原酶。

参 考 文 献

［1］ 高振华，邸明伟．生物质材料及应用．北京：化学工业出版社，2008.

[2] 蒋挺大．木质素．2版．北京：化学工业出版社，2009.
[3] 冯建豪．甘蔗渣木素的化学结构．广东造纸，1983 (2)：1-16.
[4] Morohoshi N, Glasser W G. The structure of lignins in pulps. Part 4: Comparative evaluation of five lignin depolymefization techniques. Wood Sci Technol, 1979, 13: 165-178.
[5] Xiang Q, Lee Y Y. Production of oxychemicals from precipitated hardwood lignin. Applied Biochemistry and Biotechnology, 2001, 91-93 (1-9): 71-80.
[6] Goncalves A R, Schuchardt U. Oxidation of organosolv lignins in acetic acid// Twentieth Symposium on Biotechnology for Fuels and Chemicals. Clifton, New Jersey: Humana Press, 1999: 127-132.
[7] 张学铭，吴苗，许凤．木质素化学催化解聚研究新进展．林业工程学报，2017，2 (4)：1-9.
[8] Gierer J. Basic principles of bleaching-part 1: Cationic and radical processes. Holzforschung, 1990, 44 (5): 387.
[9] Tarabanko V E, Petukhov D V, Selyutin G E. New mechanism for the catalytic oxidation of lignin to vanillin. Kinetics and Catalysis, 2004, 45 (4): 569-577.
[10] Santos S G, Marques A P, Lima D L D, et al. Kinetics of eucalypt lignosulfonate oxidation to aromatic aldehydes by oxygen in alkaline medium. Industrial & Engineering Chemistry Research, 2010, 50 (1): 291-298.
[11] Azarpira A, Ralph J, Lu F. Catalytic alkaline oxidation of lignin and its model compounds: a pathway to aromatic biochemicals. BioEnergy Research, 2014, 7 (1): 78-86.
[12] 沈鹏．木质素磺酸盐氧化降解的研究．南昌：南昌大学，2010.
[13] 李辉勇．稻草秸秆的碱法氧化预处理方法研究．长沙：中南大学，2012.
[14] Amat A M, Arques A, Miranda M A, et al. Use of ozone and/or UV in the treatment of effluents from board paper industry. Chemosphere, 2005, 60 (8): 1111-1117.
[15] 谭友丹．碱木质素氧化降解制备单酚类化合物的研究．广州：华南理工大学，2015.
[16] Xiang Q, Lee Y Y. Oxidative cracking of precipitated hardwood lignin by hydrogen peroxide. Applied biochemistry and biotechnology, 2000, 84 (1-9): 153-162.
[17] Hasegawa I, Inoue Y, Muranaka Y, et al. Selective production of organic acids and depolymerization of lignin by hydrothermal oxidation with diluted hydrogen peroxide. Energy & Fuels, 2011, 25 (2): 791-796.
[18] Xia G G, Chen B, Zhang R, et al. Catalytic hydrolytic cleavage and oxy-cleavage of lignin linkages. Journal of Molecular Catalysis A: Chemical, 2014, 388: 35-40.
[19] Ninomiya K, Takamatsu H, Onishi A, et al. Sonocatalytic-Fenton reaction for enhanced OH radical generation and its application to lignin degradation. Ultrasonics sonochemistry, 2013, 20 (4): 1092-1097.
[20] Contreras D, Freer J, Rodríguez J. Veratryl alcohol degradation by a catechol-driven Fenton reaction as lignin oxidation by brown-rot fungi model. International biodeterioration & biodegradation, 2006, 57 (1): 63-68.
[21] Valenzuela R, Contreras D, Oviedo C, et al. Copper catechol-driven Fenton reactions and their potential role in wood degradation. International Biodeterioration & Biodegradation, 2008, 61 (4): 345-350.
[22] 孙勇，张金平，杨刚，等．二氧化氯氧化云杉木质素的光谱研究．光谱学与光谱分析，2007，8 (27)：1551-1554.
[23] 张海峰，杨军艳，吴建新，等．木质素氧化降解研究进展．有机化学，2016，36 (6)：1266-1286.
[24] 邓国华，黄焕琼，韦汉道．电极材料对木质素磺酸盐电氧化效果的影响研究．纤维素科学与技术，1995，3 (2)：26-32.
[25] Reichert E, Wintringer R, Volmer D A, et al. Electro-catalytic oxidative cleavage of lignin in a protic ionic liquid. Physical Chemistry Chemical Physics, 2012, 14 (15): 5214-5221.
[26] Kobayakawa K, Sato Y, Nakamura S, et al. Photodecomposition of kraft lignin catalyzed by titanium dioxide. Bulletin of the Chemical Society of Japan, 1989, 62 (11): 3433-3436.
[27] 沈晓骏，黄攀丽，文甲龙，等．木质素氧化还原解聚研究现状．化学进展，2017，29 (1)：162-178.
[28] Song Q, Wang F, Cai J, et al. Lignin depolymerization (LDP) in alcohol over nickel-based catalysts via a fragmentation-hydrogenolysis process. Energy & Environmental Science, 2013, 6 (3): 994-1007.

[29] Ferrini P, Rinaldi R. Catalytic biorefining of plant biomass to non-pyrolytic lignin bio-oil and carbohydrates through hydrogen transfer reactions. Angewandte Chemie-International Edition, 2014, 53 (33): 8634-8639.

[30] Van D B S, Schutyser W, Vanholme R, et al. Reductive lignocellulose fractionation into soluble lignin-derived phenolic monomers and dimers and processable carbohydrate pulps. Energy and Environmental Science, 2015, 8 (6): 1748-1763.

[31] Ma R, Hao W, Ma X, et al. Catalytic ethanolysis of kraft lignin into high-value small-molecular chemicals over a nanostructured alpha-molybdenum carbide catalyst. Angewandte Chemie-International Edition, 2014, 53 (28): 7310-7315.

[32] Jongerius A L, Jastrzebski R, Bruijnincx P C, et al. CoMo sulfide-catalyzed hydrodeoxygenation of lignin model compounds: An extended reaction network for the conversion of monomeric and dimeric substrates. Journal of Catalysis, 2012, 285 (1): 315-323.

[33] Zhao C, Kou Y, Lemonidou A A, et al. Highly selective catalytic conversion of phenolic bio-oil to alkanes. Angew Chem Int Ed, 2009, 48: 3987-3990.

[34] Laskar D D, Tucker M P, Chen X, et al. Noble-metal catalyzed hydrodeoxygenation of biomass-derived lignin to aromatic hydrocarbons. Green Chemistry, 2014, 16 (2): 897-910.

[35] Liu W J, Zhang X S, Qv Y C, et al. Bio-oil upgrading at ambient pressure and temperature using zero valent metals. Green Chemistry, 2012, 14 (8): 2226-2233.

[36] Vispute T P, Zhang H, Sanna A, et al. Renewable chemical commodity feedstocks from integrated catalytic processing of pyrolysis oils. Science, 2010, 330 (6008): 1222-1227.

[37] Li Z L, Garedew M, Lam C H, et al. Mild electrocatalytic hydrogenation and hydrodeoxygenation of bio-oil derived phenolic compounds using ruthenium supported on activated carbon cloth. Green Chemistry, 2012, 14 (9): 2540-2549.

[38] Lam C H, Lowe C B, Li Z L, et al. Electrocatalytic upgrading of model lignin monomers with earth abundant metal electrodes. Green Chemistry, 2015, 17 (1): 601-609.

[39] Runnebaum R C, Nimmanwudipong Tarit, Block D E, et al. Catalytic conversion of compounds representative of lignin-derived bio-oils: a reaction network for guaiacol, anisole, 4-methylanisole, and cyclohexanone conversion catalysed by Pt/gamma-Al_2O_3. Catalysis Science & Technology, 2012, 2 (1): 113-118.

[40] 穆环珍，刘晨，郑涛，等．木质素的化学改性方法及其应用．农业环境科学学报，2006，25 (1)：14-18.

[41] 马涛，詹怀宇，王德汉，等．木质素锌肥的研制及生物试验．广东造纸，1999，3：9-13.

[42] 何伟，邰飏生，林耀瑞．麦草碱木素和松木硫酸盐木素磺化反应的比较研究．中国造纸，1991 (6)：10-15.

[43] Sokolova I V. Paramononva L L, Chudakov M L. Sulfonate of lignin and its model compounds by sulfite in the presence of oxygen. Khim Drev, 1976, 4: 117-118.

[44] 穆环珍，黄衍初，杨问波，等．碱法蔗渣制浆黑液木质素磺化反应研究．环境化学，2003，2 (24)：377-379.

[45] 周勇，高德发．碱法造纸废液合成香兰素的研究．化学工程师，2000 (2)：29-30.

[46] 樊耀波，穆环珍，徐良才，等．麦草木质素水泥混凝土减水剂研究．环境科学，1995，16 (4)：46-48.

[47] 王哲．亚铵法草浆废液固氮技术及木质素磺酸盐结构与性能的规律．南京：南京林业大学，2008.

[48] 岳萱，乔卫红，申凯华，等．曼希尼反应与木质素的改性．精细化工，2001，18 (11)：670-673.

[49] 周建，曾荣，罗学刚．木质素化学改性的研究现状．纤维素科学与技术，2006，14 (3)：59-66.

[50] Matsushita Y, Yasuda S. Reactivity of a condensed-type lignin model compound in the Mannich reaction and preparation of cationic surfactant from sulfuric acid lignin. Journal of Wood Science, 2003, 49 (2): 166-171.

[51] Hirose S, Hatakeyama T, Hatakeyama H. Curing and glass transition of epoxy resins from ester-carboxylic acid derivatives of mono-and disaccharides, and alcoholysis lignin. Macromolecular Symposia, 2005, 224 (1): 343-354.

[52] 任以伟．造纸黑液木质素的接枝改性及性能研究．武汉：华中科技大学，2007.

[53] Meister J J, Patil D R. Solvent effect and initiation mechanism for graft polymerization on pine lignin. Macromolecules, 1985, 18 (8): 1559-1564.
[54] Meister J J, Lathia A, Chang F F. Solvent effects, species and extraction method effects, and coinitiator effects in the grafting of lignin. Journal of Polymer Science: Polymer Chemistry Edition, 1991, 29 (10): 1465-1473.
[55] 雷中方，陆雍森．木质素与丙烯酰胺的接枝改性及产物水处理性能．化学世界，1998，39 (11)：585-589.
[56] Chen R B, Kokta B V, Daneault C, et al. Some water-soluble copolymers from lignin. Journal of Applied Polymer Science, 1986, 32 (5): 4815-4826.
[57] Philips R B, Brown W. The graft copolymerization of styrene and Hydrochloric acid lignin. Journal of Applied Polymer Science, 1971, 15 (11): 2929-2940.
[58] Philips R B, Brown W, Stannett V T. The graft copolymerization of styrene and kraft softwood lignin. Journal of Applied Polymer Science, 1972, 16 (1): 1-14.
[59] Meister J J, Patil D R, Field L R. Synthesis and characterization of graft copolymers from lignin and 2-Propenamide. Journal of Polymer Science: Polymer Chemistry Edition, 1984, 22 (9): 1963-1980.
[60] 李浩，邓永红，邱学青．乙酰化处理对碱木质素在四氢呋喃中微结构的影响．物理化学学报，2015，31 (1)：128-136.
[61] 刘成．木质素热重红外动力学分析与乙酰化改性研究．南京：南京林业大学，2015.
[62] 陈嘉翔．木素的化学结构及其在蒸煮过程中的化学反应-兼论我国碱法制浆的蒸煮曲线．广东造纸，1983 (1)：1-28.
[63] 康永超．木质素基热塑性材料的制备．上海：东华大学，2014.
[64] 周强，陈昌华，陈中豪．碱木素的多相催化羟甲基化．中国造纸学报，2000，15 (1)：120-122.
[65] 崔国娟．木质素衍生物改性水性聚氨酯材料的结构与性能研究．武汉：武汉理工大学，2008.
[66] Glasser W G, Hsu H H. Polyurethane intermediates and products and methods of producing same from lignin. US 4017474, 1977-04-12.
[67] 刘育红，席丹．以木质素为原料合成聚氨酯的研究进展．聚氨酯工业，2003，18 (3)：5-7.
[68] 刘全校，杨淑蕙，李建华，等．改性麦草氧碱木素在聚氨酯合成中的应用．中国造纸学报，2003，18 (1)：11-14.
[69] 杨乃旺．木质素衍生物在钻井液中的作用效能研究．西安：西安石油大学，2011.
[70] 南京林业大学．木材化学．北京：中国林业出版社，1990.
[71] Claesson S, Olson E, Wennerblom A. The yellowing and bleaching by light of lignin-rich papers and the re-yellowing in darkness. Svensk Papperstidning, 1968, 71 (8): 335-340.
[72] 陶杨，廖俊和，罗学刚．生物制浆技术最新应用研究进展．纤维素科学与技术，2007，15 (1)：70-74，78.

第 3 章 木质素表面活性剂

表面活性剂是一类用量少但能显著影响体系行为的物质，它通常能够显著降低液体的表面张力和油-水之间的界面张力，但其作用效应并不局限于此，而是包括润湿、乳化、增溶、起泡、消泡、分散、凝聚、洗涤和润滑等多个方面[1]。目前，表面活性剂的应用涉及轻工、机电、建材、采矿、石油和环保等多个领域。在许多国家，表面活性剂的生产在国民经济中占有重要地位。表面活性剂主要由石油产品制成，但是，由于石油价格的波动，加上人们对环境问题的日益关注，以可再生资源为主要原料生产的表面活性剂产量有了明显的增长，木质素表面活性剂即为其中的一类。

3.1 表面活性剂

表面活性剂按亲水基团和结构分类，可分为阳离子、阴离子、非离子和两性表面活性剂四大类型[2]。木质素在碱法制浆或亚硫酸盐法制浆过程中生成的碱木质素或木质素磺酸盐，其分子结构中既有苯丙烷骨架的疏水性基团，又有酚氧负离子或磺酸基等亲水性基团，因而其分子具有一定的表面活性，可以作为表面活性剂应用。但由于其表面活性较差，直接使用效果不理想，且由于碱木质素不溶于酸性和中性水溶液，其聚集成的胶团又带负电，这使其在实际应用中受到很大的限制。因此，一般需要对木质素进行化学改性，如改变其电荷性质、调节木质素分子量或在其分子结构中引入典型亲水基团与亲油基团，才能得到水溶性良好、性能优良的表面活性剂[3]，如通过羟甲基化、磺甲基化、烷基化、氧化、胺化、羰基化等反应在木质素分子结构中引入其他亲水、亲油基团，然后再制备成钠盐、钾盐、铵盐、铬盐和非离子化合物，可开发出水煤浆添加剂、混凝土外加剂、染料分散剂、油田化学品、沥青乳化剂等多种表面活性剂产品[4-6]。

3.1.1 阳离子型表面活性剂

木质素阳离子型表面活性剂是应用最为广泛也是研究报道最多的木质素类表面活性

剂。这类表面活性剂主要是指木质素胺类和木质素铵盐类，木质素胺类通常是通过Mannich反应制备，木质素铵盐类通常通过木质素与季铵盐反应制备[3]。

3.1.1.1 胺类

王晓红等[7]以造纸黑液中提取的木质素为原料，通过Mannich反应使木质素胺化改性以合成阳离子木质素胺。影响木质素胺化改性率的主要因素为温度和甲醛用量。改性后的木质素黏度增大，分子量增大。改性后的木质素胺在pH值为4时表面张力最小，表面活性最好，且表面活性较木质素明显增强。木质素胺可作为阳离子絮凝剂。

Matsushita等[8]以硫酸水解的木质素为主要原料，与甲醛及二甲胺通过Mannich反应合成改性木质素胺。在硫酸水解木质素的过程中，木质素在硫酸的存在下发生了自身的缩聚反应，出现了一些分子量增大的副反应，从而导致木质素反应活性的下降。基于以上原因，先对经硫酸水解的木质素进行酚化反应，使得酚羟基含量有所增加，反应活性得到了提高。将该酚化产物与甲醛及二甲胺进行Mannich反应，制备得到水溶性良好的目标产物。

刘祖广等[9]用脱氢枞酸和乙二胺制备了*N*-(2-氨乙基）脱氢枞酸酰胺（ADRA)，再将ADRA与硫酸盐木质素（KL)、甲醛反应合成*N*-(2-氨乙基）脱氢枞酸酰胺/甲醛改性木质素胺（ADRA-F-KL）中间体，并将其与二乙烯三胺（DETA)、甲醛反应，合成了*N*-(2-氨乙基）脱氢枞酸酰胺-木质素复合阳离子乳化剂（ADRA-DETA-F-KL)。实验表明：KL、甲醛与ADRA或DETA经过Mannich反应，在硫酸盐木质素分子结构中引入了相应的氨甲基；目标产物在pH值为2.0的稀盐酸溶液中最低表面张力为48.5mN/m，与未引入*N*-(2-氨乙基）脱氢枞酸酰氨甲基基团的硫酸盐木质素胺的最低表面张力57.8mN/m相比较，表面活性得到了较大改善。

安兰芝[10]以硫酸盐木质素、脱氢枞酸单己二酰胺、二乙烯三胺、甲醛为原料，通过Mannich反应合成了木质素胺阳离子表面活性剂。木质素胺在没有引入脱氢枞酸基团时，溶液的表面张力为44.09mN/m，引入脱氢枞酸基亲油基团后为36.25mN/m，表面活性明显提高。木质素胺阳离子表面活性剂在甲苯溶液中水相分离出20mL的时间是58.3min；起始的泡沫体积为9.8mL，5min后的泡沫体积为6.9mL。

3.1.1.2 铵盐类

杨益琴等[11]以纯化的碱木质素和季铵盐［3-氯-2-羟丙基三甲基氯化铵（CHPTMAC)］为原料，通过醚化反应合成木质素阳离子表面活性剂。通过对产品表面张力、氮含量和溶解性能的分析得出：合成阳离子表面活性剂的适宜条件为CHPTMAC的质量摩尔浓度为4mol/kg，碱与阳离子醚化剂的摩尔比为1.3∶1，反应温度为50℃，反应时间为4h。在此条件下合成的产品的表面张力为42.9mN/m，氮含量为2.53%。在不同pH值时阳离子表面活性剂均具有较好的溶解性能。

王晓红等[12]以水为溶剂，利用环氧氯丙烷与三甲胺盐酸盐在碱性条件下反应［最佳工艺条件：n（环氧氯丙烷）∶n(三甲胺盐酸盐)＝1.0∶1.2，反应时间为3h，反应温度为50℃］，合成环氧值较高的环氧丙基三甲基氯化铵中间体，再以此中间体合成出木质素季铵盐表面活性剂［最佳工艺条件：m(中间体)：m(木质素)=1：2，反应时间为 6h，反应温度为 72℃］。通过红外光谱分析及黏度和表面张力的测定，表明合成的木质素季铵盐表面活性剂样品黏度大，表面张力小，表面活性明显提高。

徐永建等[13]以十二烷基二甲基叔胺、环氧氯丙烷为原料，合成中间体（2,3-环氧丙基）十二烷基二甲基氯化铵，中间体在丙酮介质中与氧化磺化木质素发生 O-烷基化反应，生成木质素表面活性剂。实验结果表明，O-烷基化反应在丙酮均相介质中进行，改善了反应物的溶解性，提高了反应效率；反应温度为 55℃，反应时间为 3h，n(木质素)：n(中间体)=1：1.1 时，产物中氮含量达 2.28%。基本表面物化性能测试表明，高级脂肪胺改性木质素产物的表面活性较好，表面张力为 17mN/m，较木质素（43mN/m）明显降低。

3.1.2 阴离子型表面活性剂

3.1.2.1 磺酸盐型

木质素磺酸盐主要来源于造纸制浆厂，可以直接由酸性亚硫酸盐产生（亚硫酸盐制浆过程中所获废液内的木质素经磺化即获得木质素磺酸盐产品），也可以通过碱法制浆和草类制浆获得。木质素磺酸盐因有磺酸基存在，具有较强的亲水性，而苯丙烷结构单元具有一定的亲油性，这使得木质素磺酸盐具有一定的表面活性，因此可以当作阴离子表面活性剂来使用。另外，由于木质素磺酸盐的高分子空间稳定作用和电荷稳定作用，其还具有良好的分散和稳定性能，可以用作水煤浆、颜料等固体颗粒的分散剂[10]。

敖先权等[14]利用硫酸盐木质素改性制备了水煤浆添加剂，指出其可以降低煤粒固-液界面自由能和水化膜厚度，从而起到分散作用。李道山[15]用木质素磺酸盐预冲洗降低表面活性剂吸附的矿场，证明了木质素磺酸盐预冲洗有利于表面活性剂作用的发挥。Morrow[16]对碱木质素进行烷基化、磺化、氧化等一系列的改性制成一种硫酸盐木质素作为三次驱油剂，添加 3%该溶液，油水的界面张力降低至 0.1mN/m，原油收率可达 82%。王文平等[17]采用自由基共聚法用聚乙二醇单甲醚丙烯酸甲酯、木质素磺酸钠、丙烯酸和甲基丙烯酸磺酸钠进行共聚合成木质素改性的减水剂，当其掺量为 0.4%时，砂浆的减水率达 30%。刘青等[18]以酸析木质素为原料，通过接枝、磺化和缩合制得接枝磺化酸析木质素（GSAL），并将 GSAL 与木质素磺酸盐及其改性产品复配，制得减水剂 GSAL1 和 GSAL2。当水灰比为 0.29、GSAL1 掺量为 0.6%时，水泥净浆流动度达 243mm；GSAL2 掺量为 0.8%时，水泥净浆初凝时间延长 110min，终凝时间延长约 7h；GSAL1 掺量为 0.8%时，水泥净浆减水率为 21.4%，砂浆 3 天和 7 天的抗压强度比分别为 163%和 143%，其对水泥的减水增强作用超过了萘系高效减水剂 FDN。除复配外，还通过优化改性竹浆黑液的反应工艺制得了高效减水剂 GCL1-J，也起到一定的缓凝和保水作用，其抗折强度、抗压强度远优于掺萘系高效减水剂 FDN 的砂浆[19]。

3.1.2.2 羧酸盐型

羧酸盐型木质素高分子是由苯丙烷结构单元组成的疏水骨架和亲水性的羧酸基组成的木质素衍生物，目前国内外有关羧酸盐型木质素衍生物的文献和专利报道很少。在木质素分子中接入羧酸基的传统方法都具有很大的局限性，难以使木质素的羧酸基含量有较大的提高，产物水溶性差，并且木质素的分子结构被严重降解，改性工艺复杂，成本高，从而制约了羧酸盐型木质素水溶性高分子的研究和应用进程[20]。

李建法等[21]以硫酸铵为引发剂，将丙烯酸、马来酸酐与木质素磺酸盐通过共聚反应制备木质素-丙烯酸和木质素-丙烯酸-马来酸共聚物用作混凝土减水剂，但其应用性能未能得到有效的提高。邱学青等[20]将碱木质素溶解于碱性溶液中，并对反应活性较低的碱木质素分子进行催化活化，打破反应液中碱木质素分子的团聚结构，提高碱木质素分子中酚羟基和醇羟基的反应活性，然后加入羧酸化试剂与活化碱木质素分子中的酚羟基和醇羟基进行亲电取代反应，从而接入羧酸基团。该碱木质素羧酸盐的羧酸基团含量高，具有良好的水溶性和螯合性能，对固-液表面具有强烈的吸附作用，同时还具有优良的表面活性，能显著降低气-液界面的界面张力，因此可以同时在无机分散体系如陶瓷、碳酸钙、黏土等颗粒和有机分散体系如农药、颜料等颗粒分散体系中发挥独特的分散作用。

3.1.2.3 醇醚羧酸盐型

醇醚羧酸盐活性剂具有非离子和阴离子表面活性的特性，因此能够克服羧酸型表面活性剂应用时沉淀和非离子表面活性剂的亲水性无法调节的问题，而且对皮肤非常温和，属于无刺激、温和型的表面活性剂。

刘欣等[22]以木质素醇醚、氢氧化钠与3-氯丙酸反应制备木质素醇醚羧酸盐阴离子表面活性剂。最佳反应条件：n(NaOH)∶n(木质素醇醚)=2.5，n(3-氯丙酸)∶n(木质素醇醚)=1.2，反应温度为80℃，反应时间为4h。木质素醇醚转化率可达到94.8%。对不同聚合度的木质素醇醚羧酸盐进行性能测定，$w=2.5\%$时表面张力为41.2mN/m，钙皂分散指数为4.8%～8.4%，对松节油的乳化时间为31s，泡沫高度为30～50mm。研究还发现，随环氧丙烷聚合度的增加，产物的表面张力先下降后逐渐升高，临界胶束浓度增大，钙皂分散指数减小，乳化力与泡沫高度改变不明显。

3.1.3 两性型表面活性剂

二甲胺、二乙烯三胺、三甲胺等改善了木质素在酸、碱性条件下的溶解性，且产物具有良好的乳化效果，但改性产物的表面活性较低；在高温条件下，通过烷氧化反应，分子中引入了直链烷烃，显著增强木质素的油溶性和表面活性，但产物溶解性较差。若同时在木质素分子中引入烷基和胺类化合物，改善木质素表面活性和溶解性，能够克服上述不足之处。

徐永建等[23]以十二烷基二甲基叔胺、环氧氯丙烷为原料，合成了中间体（2,3-环氧丙基）十二烷基二甲基氯化铵（DMAC），再与磺化木质素（SL）酚羟基反应，合成了木质素两性表面活性剂LAS。通过正交实验确定了最佳合成条件：以丙酮为溶剂，n(SL)∶n(DMAC)=1∶1.1，反应时间为3h，pH=12，反应温度为55℃，产物中氮的质量分数达2.25%。产物的临界胶束质量浓度为3g/L，γ_{cmc}为21.11mN/m，HLB值为10，表明所合成的木质素两性表面活性剂具有较高的表面活性。

3.1.4　非离子型表面活性剂

非离子型表面活性剂在水中不电离，以多羟基和醚键表现亲水性，使其可与其他类型的表面活性剂复配，使用性能稳定而不产生沉淀，具有良好的耐硬水能力、低起泡性等特点，使非离子型表面活性剂在众多领域都表现出应用潜力。

刘欣等[24]以造纸废液中回收的碱木质素为原料，通过与环氧丙烷和环氧乙烷进行烷氧化反应，合成了木质素聚醚非离子型表面活性剂。研究发现，当 n(木质素羟基)：n(环氧丙烷)为 1：10，产物对苯的增容性能为 0.75mL/g，泡沫高度为 110mm，HLB 值为 14.7，浊点为 42.7℃，木质素聚醚质量分数为 2.5%时，表面张力可达到 37.0mN/m。测试数据证明，合成的木质素非离子型表面活性剂具有良好的表面活性。

艾青等[25]依据酸沉淀法对碱木质素进行分级，分级后 pH 值为 4～6 的木质素与环氧氯丙烷、二乙醇胺反应，制备了木质素非离子表面活性剂。研究表明，木质素非离子表面活性剂固含量为 32.6%，氮含量为 1.99%，红外光谱分析可确定在木质素上引入了环氧氯丙烷和二乙醇胺，水溶液表面张力降低到 53.27mN/m，即二乙醇胺木质素非离子型表面活性剂（DLNS）有良好的表面活性。另外通过与十二烷基磺酸钠（SDS）复配后的测定，表明产品在 SDS 与 DLNS 的体积比为 20：(20～3) 范围与 SDS 复配，浊度较低，复配效果较好。

张浩月等[26]用盐酸为预处理剂，并将不同聚合度的纤维素溶解于氯化锂/N,N-二甲基乙酰胺（LiCl/DMAc）体系中合成木质纤维-丙烯酰胺接枝共聚物，制备高分子表面活性剂。结果表明，聚合物能够均匀地悬浮在水相中，逐渐降低水的表面张力。木质纤维的聚合度越低，对水的表面张力的降低作用越明显，与丙烯酰胺形成的接枝共聚产物的流变性越好，其接枝共聚物的水溶液呈假塑性流体，与丙烯酸的接枝共聚反应符合稳态假定理论规律。

3.2 木质素水煤浆添加剂

3.2.1　水煤浆添加剂概述

水煤浆是一种新型的煤基流体洁净环保燃料，既保留了煤的燃烧特性，又具备了类似重油的液态燃烧应用特点，是目前中国一项可行的洁净煤技术。它是一种将一定粒度分布的煤粉分散于水介质中制成的高浓度煤/水分散体系（65%～70%的煤、29%～34%的水和小于 1%的化学添加剂），经过一定的加工工艺制成。它外观像油，流动性好，储存稳定（一般 3～6 个月不沉淀），运输方便（火车或汽车罐车、管道、船舶），燃烧效率高，污染物（SO_2、NO_x）排放低。约 2t 水煤浆可以替代 1t 燃油，可在工业锅炉、电站锅炉和工业窑炉等中代替油或煤、气。水煤浆技术是适合我国现阶段情况的代油、环保及节能技术[27]，因此，在国家洁净煤计划中被列为重点高科技发展技术，在中国能源发展计划中具有十分重要的战略意义。

煤炭为疏水性物质，不易被水所润湿，且煤浆中的煤粒很细，具有很大的比表面积，容易自发地聚结，因而煤粒与水不能密切结合成为一种浆体。水煤浆属粗分散体系，很容易发生煤水分离，因此，低黏度、高质量浓度和良好的稳定性是水煤浆最为重要的性能。要改善这些性能，在制浆时必须加入少量的化学添加剂，其中包括分散剂与稳定剂等。因此，添加剂的种类和性能是影响水煤浆的黏度、稳定性、含煤量、雾化、燃烧和成本等重要参数的主要因素。

3.2.1.1 水煤浆添加剂的分类

水煤浆添加剂在水煤浆制备中起着重要作用，其作用主要表现在改变煤粒的表面性质，使煤颗粒间形成较大的阻力，不会凝聚成团，从而能够在水中分散，使水煤浆呈现均匀状态，同时还具有良好的流动性和稳定性。按功能不同，水煤浆添加剂可分为分散剂、稳定剂及其他一些辅助添加剂，如消泡剂、杀菌剂、乳化剂等，其中不可缺少的是分散剂与稳定剂，以及表面活性剂、无机电解质和高分子聚合物等[28]。

(1) 分散剂

水煤浆分散剂根据其性质与原料来源的不同，可分为合成高分子分散剂和天然高分子分散剂两大类。水煤浆分散剂根据其分子链上所带电荷的性质，可分为非离子型、阴离子型和阳离子型等。阳离子型分散剂，一方面因其成本高，另一方面由于煤表面带负电性，少量阳离子分散剂不足以改善煤表面润湿性，故并不常用。因此，常用的分散剂有阴离子型和非离子型两大类。

阴离子型分散剂可分为合成有机高分子分散剂和天然高分子改性分散剂两大类，其中天然高分子改性分散剂主要有木质素系分散剂和腐殖酸系分散剂等，合成有机高分子分散剂主要有煤焦油系、三聚氰胺系、氨基磺酸盐系、聚烯烃磺酸盐系、聚羧酸盐系和脂肪族系等[29]。

① 聚烯烃系　如以马来酸与各类环戊二烯为原料聚合而成的钠盐、聚环烯磺酸盐、聚苯乙烯磺酸盐、聚二烯磺酸盐、异丁烯和顺丁烯二酸酐聚合物钠盐等。该系列分散剂对低灰水煤浆具有较好的分散稳定性，但需要严格控制分子量及其分布，而且价格较高，对煤种要求较严格。

② 聚丙烯酸酯系　如丙烯酸与丙烯酰胺聚合物钠盐、丙烯酸与苯乙烯聚合物钠盐、聚丙烯磺酸盐等。

③ 木质素磺酸盐　木质素磺酸盐是造纸工业主要副产物之一，该系列分散剂的优点是原料来源较广泛，而且原料便宜，成本较低，易于产业化，同时产品的性能较稳定；缺点是以该种添加剂制备水煤浆时，浆体黏度较大，浆体流动性不好，常需要进行复配使用。

④ 腐殖酸盐及磺化腐殖酸盐系　该系的特点是产品的分散性能强，可单独使用，无需进行复配提高分散性，但又因其所制备的水煤浆的稳定性差，需额外添加稳定剂，制浆成本较高。

⑤ 亲水基团所取代的聚萘磺酸盐系　其特点是适用的煤种范围广，分散性好，减黏作用强，浆流动性好，浆稳定性差，需要添加稳定剂，因而制浆成本偏高。

⑥ 羧酸盐系及磷酸盐系　如多环多元羧酸、多聚磷酸盐、聚羧酸盐、羟基苯甲酸聚合物钠盐等。该类分散剂有分散和稳定双重作用，但所制得的浆体流动性不好，往往也需要进行复配，而且煤种适应范围较窄，制浆成本偏高。

非离子型分散剂主要有聚氧乙烯系列和聚氧乙烷系列等，这类分散剂不属于电解质类，在水中并不电离产生阴离子或阳离子。非离子型分散剂里含有氧官能团，具有亲水性，如磺酸基、聚氧乙烯等；其疏水性则往往是由烷基苯等结构构成，可用通式 $R(CH_2CH_2O)_nH$ 来表示，n 值在 50～100 时分散效果才比较明显[30]。该类分散剂与阴离子型分散剂相比，具有分子量易调控，产品的分散性不易受煤质中的部分可溶性物质影响，而且无需添加稳定剂的优点，然而其价格不菲，制浆浓度不高，只有复配消泡剂使用，才能提高水煤浆的制浆浓度[31]。

(2) 稳定剂

水煤浆稳定剂大多数是有机高分子聚合物，如 Guar 胶、黄原胶、阿拉伯胶、羟乙基纤维素、聚丙烯酰胺、聚乙烯醇（PVA）、羧甲基纤维素（CMC）等。高聚物的特点是线性长度长，而且每个分子都有许多极性基团通过氢键或其他键合作用（如共价键），在煤粒间架桥，形成结构。结构形成后，水被包裹在结构的空隙内，浆的黏度升高，尤其有高的剪切应力，有利于稳定。由于水煤浆为粗粒悬浮体，属动力学不稳定体系，主要方法是使它成为假塑性触变体。稳定剂的用量因煤种、稳定剂类型、要求的稳定期而异。

3.2.1.2　水煤浆添加剂的作用机理

属于粗分散体系的水煤浆，在正常情况下比较容易出现煤水分离现象，煤作为疏水性物质，其内部仍含有部分亲水性基团，在制浆过程中要加入少量亲水亲油性添加剂，稳定煤和水组成的体系，使之不易发生分离现象。研究学者基于对分散剂的结构特征和分散剂的物性的了解，以及其与煤质间的关系，提出分散剂能有效改变煤颗粒的表面性质，增强煤粒间的静电排斥力，使煤粒能够均匀分散于整个体系中，减缓煤粒聚结的发生，使浆体达到良好流变性和稳定性的效果，同时具有触变性，以便制备出具有良好成浆性的高浓度、易传输的水煤浆[32]。

(1) 水煤浆分散剂的作用机理

水煤浆分散剂在水煤浆体系中能改变煤表面的性质。煤以疏水性物质为主，在水相中因为其热力学不稳定性，煤粒间容易发生团聚，使水煤浆体系中有限的水分被包裹在煤粒内部，使煤粒间的可流动水分减少，从而使体系黏度增大，无流动性[33]。当分散剂存在于煤水两相中时，煤粒表面因为疏水效应，使煤表面与分散剂分子的疏水基结合，分散剂的亲水基则朝向水，分散剂的两端吸附着煤和水并以一定的方式排列开来，以分散剂为媒介，使煤颗粒表面形成了一层水化膜，煤粒表面性质发生改变，由疏水性变为亲水性，减小煤粒间阻力，从而达到降低黏度的作用[34]。

DLVO 理论从范德华引力和带电粒子扩散双电层重叠产生的静电斥力两方面阐述了煤水体系的稳定性。要提高胶体颗粒间的稳定性，首要条件便是使颗粒间的静电斥力超过颗粒间的范德华引力[35]。通过对煤质的分析研究可知，从电性上看，煤表面既有正电荷区域，亦有负电荷区域，正电荷和负电荷的强弱综合作用形成了煤的表面电性。Funk

等[36]通过研究提出，分散剂在水煤浆体系中的作用主要是使煤粒的表面电性发生变化，并且他们认为ζ电位小于50mV时，煤粒分散悬浮体系可以达到一定的流动性和稳定性。然而有大量的研究表明，提高ζ电位值在一定程度上有利于改善水煤浆的流动性，而ζ电位值的减小有益于稳定性的提高，但是对水煤浆的流动性和稳定性都起不了决定性的作用[35]。相关研究报告说明不同煤种所制备的水煤浆的最高成浆浓度主要取决于分散剂在煤表面的Langmuir饱和吸附量Γ_s和相应动电位ζ_s的乘积$\Gamma_s\zeta_s$，而其中水煤浆浆体的流变性则依赖于两者比值的大小Γ_s/ζ_s。此研究结果表明，水煤浆分散体系中煤颗粒的分散一方面是靠静电分散作用来实现，另一方面分散剂在煤表面的吸附所产生的非静电分散作用也起了重要作用[37]。

空间隔离位阻效应对水煤浆的流动性和稳定性的提高有着实际性的意义。当分散剂为大分子时，同时含有长亲水链，此时分散剂吸附在煤粒表面同时带有水分子，形成三维水化膜。当含有三维水化膜的煤颗粒相互接近时，有较强的排斥力产生，可机械地阻挡聚结，使煤粒分散悬浮，称该斥力为空间隔离位阻或立体障碍[38]。与此同时，体系的熵总是会越来越大，当含有三维水化膜的煤颗粒相互接近时，由于吸附层中的高分子物质运动的自由度受到妨碍，分散剂中的熵减少，颗粒有再次分开的倾向，这就是熵斥力的作用结果[34]。

Tadros等[39]研究表明非离子表面活性剂的吸附行为不同，加入少量非离子表面活性剂时，表面活性的亲水端被煤粒表面所吸附，其疏水端则朝向溶液，如此带有表面活性剂的煤粒间已发生团聚，产生絮凝；而当增加非离子表面活性剂的量使其超过一个临界浓度后，表面活性剂的吸附发生转向，其中表面活性剂的疏水端与煤粒相连接，而亲水端朝向溶液，使煤粒间发生分散且不易絮凝，达到分散效果。

水煤浆分散剂的分子结构特征有主结构、聚合度、取代基性质和类型、磺化度和羧基等，水煤浆分散剂对水煤浆的适用性主要取决于分散剂的结构特征与煤质及煤表面物理化学性质之间的匹配性，这种匹配性影响着水煤浆的成浆性、浆体稳定性和流变性等[40]。

(2) 水煤浆稳定剂的作用机理

水煤浆体系中，稳定剂主要是防止水煤浆体系发生硬沉淀。由于水煤浆属于动力学不稳定体系，要使其稳定，主要是使该体系具有触变性。稳定剂的作用机理主要有：无机电解质中含高价阳离子盐，通过压缩双电层，降低煤颗粒之间的静电排斥力，煤颗粒间的聚结较频繁地发生，同时稳定剂对在煤颗粒表面的表面活性剂起到桥联作用，从而形成更加稳定的结构[41]。还有一种观点认为，高聚物稳定剂因为其分子上的极性基团含量较多，同时分子烷基链长，通过氢键或其他键合作用，使其能够在煤颗粒之间形成一种架桥的作用，水煤浆体系具有稳定的空间网络结构[42]。

水煤浆添加剂的分散性和稳定性的作用不但与自身的结构有关，还与添加剂与煤质及煤表面物理化学性质有关。其用量也随煤种和添加剂类型而发生改变。

3.2.1.3 水煤浆添加剂的研究现状

在20世纪70年代，国内外学者已致力于对水煤浆添加剂的研究，并且取得了丰硕的成果，各种各样高性能的水煤浆添加剂已面世，部分已实现产业化生产。国内外对水煤浆添加剂的研究工作有较大贡献的公司有 Nippon 油脂公司、Kao 公司、Lion 公司和 Com 公司等。Lion 公司研发出以聚苯乙烯磺酸钠为基本构体的水煤浆添加剂，该类分散剂用量少，分散降黏性强，同时其稳定性又比萘系等传统分散剂好。美国 Oxce Fuel 公司公布了一种水煤浆添加剂，该类分散剂既能改善浆体在剪切后的稳定性，又能降低水煤浆的黏度。从组分上讲，该添加剂由各种具有协同效应的表面活性剂复配而来，每一种表面活性剂具有不同的分子量，对煤颗粒的润湿较充分，能较好地实现煤颗粒的分散。含有氧乙烯基的高分子表面活性剂，与前一种添加剂进行复配时，制浆的浓度可以达到 70% 以上[28]。

我国对水煤浆添加剂的研究与制备水煤浆同步。在前期，主要侧重研究添加剂与煤粒间吸附特性及其电特性关系，就水煤浆添加剂的制备工作研究相对较少。过去对水煤浆添加剂的研发及其在制浆过程中对水煤浆添加剂的选择均是经验性和半经验性的，直到国内的两个添加剂厂（北京京西、淮南矿业集团）在水煤浆添加剂研制方面做出了巨大的贡献，开创先河，许多国产添加剂才陆续面世。

冉宁庆等[43]开发出能适应较多煤种的添加剂——亚甲基萘磺酸钠-苯乙烯磺酸钠-马来酸钠（NDF），该类分散剂分散降黏性强，目前已在国内得到较为广泛的应用。

戴财胜等[44]以木质素为主要原料生产具有成本低、煤种适应性广、制备工艺简单、成浆性优良等特点的高性能水煤浆添加剂——复合型水煤浆添加剂（DCS）。这种添加剂与萘系水煤浆添加剂 NSF 相比，不仅添加剂用量少，而且稳定性远超过萘系添加剂。

孙成功等[45]提出，对于褐煤等低变质程度煤，阴离子分散剂分子能以疏松方式排列在含氧官能团的外围而很难紧密吸附于低变质程度煤表面上，只有少数分散剂分子能够克服煤表面含氧官能团的阻碍作用而紧密吸附在煤表面上。

周明松等[46]研究分散剂的吸附规律，进而揭示水煤浆体系的分散机理，并指导分散剂和煤种的匹配以及分散剂的分子设计。

随着广大科学工作者的研究，揭示了水煤浆添加剂分子结构特征与煤质表面物化性质间有着密切的相关性，即匹配性问题，水煤浆添加剂的研究与制备进入了一个全新的阶段。

李永昕等[47]研究不同添加剂与灵武煤间的匹配规律，结果表明添加剂的主结构特征、取代基的性质、磺化度及聚合度与灵武煤浆体各性质间存在明显的匹配规律。

国内的不少企业也对分散剂的研究与产业化生产做了大量的工作，开发出可替代国外水煤浆添加剂的新型高效水煤浆添加剂，如江苏省迪昆精细化工有限公司成功研制出了 CWF 型的高浓度、高稳定性的水煤浆添加剂，该种分散剂的分散性、稳定性及润湿性等均可与日本产的添加剂比拟，某些性能甚至优于日本该类产品。

3.2.1.4　水煤浆添加剂的发展趋势

目前对添加剂的研究侧重于药剂对煤粒的影响，就水煤浆添加剂本身的研究工作做得相对较少。而水煤浆添加剂的消耗在煤浆制备成本中举足轻重，因此水煤浆添加剂的发展趋势可归纳为以下 4 个方面[48]。

（1）开发出高性能、低成本的添加剂

提高分散剂的利用效率，即保持阴离子型分散剂现有的成本，提高其性能，减少用量；在保持非离子型分散剂用量少与性能好的前提下降低其成本。目前性能优异的水煤浆添加剂多采用石油产品合成，其生产成本维持在较高水平。作为地球上最丰富的可再生资源之一，木质素广泛存在于种子植物中，与纤维素和半纤维素构成植物的基本骨架。木质素在自然界中存在的数量非常庞大，估计每年全世界由植物生长可产生 1.5×10^{11} t 木质素，其中制浆造纸工业的蒸煮废液中产生的工业木质素有 3.0×10^{7} t。人类利用纤维素已有几千年的历史，而真正开始研究木质素则是 1930 年以后的事了，而且至今木质素还没有得到很好的利用，我国仅约 6%的木质素得到利用。木质素作为木材水解工业和造纸工业的副产物，若得不到充分利用，便成了造纸工业中的主要污染源之一，不仅造成严重的环境污染，而且也造成资源的重大浪费。有些造纸厂主要将造纸黑液燃烧后回收碱，从而造成木质素这种可再生资源的巨大浪费，而且碱回收仅能维持基本费用，无法从经济上带来很好的效益。因此，如何有效地利用好木质素这种可再生资源，通过化学改性来制备水煤浆添加剂，提高其附加值，不仅可有效解决环境污染问题，而且可以大大降低水煤浆添加剂的生产成本。

(2) 开发相应性价比高、适应性广的添加剂

中国水煤浆技术在制浆工艺方面研究得比较多，技术基本成熟，但对添加剂，尤其是对分散剂的研究相对较少。目前中国水煤浆技术普遍存在着分散剂与煤种匹配性差的问题，而且制浆时对制浆水质要求较高、对煤要求较高，所得水煤浆的稳定性偏低，黏度普遍偏大。中国国产分散剂主要以萘系、木质素系和腐殖酸系为主，萘系分散剂、腐殖酸系分散剂存在制浆黏度大、投加量多的问题，而其他非离子型分散剂和聚羧酸类分散剂虽高效但价格昂贵，制浆成本高。因此，结合今后建设大规模制浆厂原料的煤性质以及不同添加剂的物化性质，开发相应性价比高、适应性广的添加剂是今后的重点。

(3) 开发出多功能的复合型高效水煤浆添加剂

近年来，国外水煤浆添加剂的发展方向有：采用较高聚合度萘磺酸甲醛缩合物与有机磷酸盐和有机羧酸盐复配；控制一定的分子量，使丙烯酸和丙烯酸酯进行共聚；用马来酸、衣康酸等与苯乙烯进行共聚并磺化等。因此，通过分子设计，研究开发出对水的硬度要求低，并兼具分散和稳定等多种功能的复合型高效添加剂。

(4) 开发出新型多功能非离子型添加剂

非离子型添加剂是一种比较理想的水煤浆添加剂，虽然其价格稍高，但用量少，而且可降低对水质的要求，制得高浓度、高稳定性的水煤浆。国外已开发出一种以高分子聚合物为亲水端，以芳烷基为憎水端的非离子型水煤浆添加剂，这种添加剂集分散性和稳定性于一身，制浆浓度高，稳定性好，黏度低，并且对煤种适应性强，对水质要求低。要开发出高效的非离子型添加剂，必须着重加强对非离子型添加剂的分子结构、合成路线以及和煤种的匹配性的研究，并且要敢于创新，敢于撇开传统的非离子表面活性剂的生产工艺，对绿色可再生资源进行接枝和分子设计。

3.2.2 木质素磺酸盐

木质素系水煤浆添加剂的作用机理主要可归纳为以下 3 个方面[49]：a. 提高煤颗粒表

面的亲水性；b. 增强颗粒间的静电斥力；c. 增强空间位阻效应。对于阴离子型的木质素系水煤浆添加剂，主要靠双电层效应和吸附膜空间位阻效应实现浆体的流变稳定性。

对煤的成浆性、煤浆的流动性和稳定性起作用的木质素系水煤浆添加剂主要是木质素磺酸盐及其改性产品，这可能与木质素磺酸盐及其改性产品的自身特点有关。木质素磺酸盐及其改性产品的分子链上既含有非极性的芳香基团，如烷基苯，又含有极性的磺酸基、甲氧基和羟基，有些还含有羧酸基团等，因此木质素磺酸盐及其改性产品兼具分散和稳定等多种功能。

来源于造纸制浆工业蒸煮废水的工业木质素主要分为以下 3 类[49]。

① 碱木质素　来自硫酸盐法、烧碱法、烧碱蒽醌法等制浆过程，可溶于碱性介质，具有较低的硫含量（<1.5%），平均分子量较低，有明显的分子多分散性，有大量的紫丁香基和少量的愈创木基及羟苯基，有含量较高的甲氧基、酚羟基和含量较低的醇羟基等，有较高的反应活性。

② 木质素磺酸盐（LS）　主要来自传统的亚硫酸盐法制浆和其他改性的亚硫酸盐制浆过程，由于存在磺酸基团，其含硫量高达 10%左右，有很好的水溶性和广泛的应用途径。

③ 近年来，为了减少木质素与纤维素分离过程中的化学变化，大规模地利用这一资源，许多新型的制浆方法得到了研究和发展。如有机溶胶木质素（有机溶剂蒸煮而得）、ALCELL 木质素（硬木有机可溶木质素，酒精/水蒸煮而得）、MILOX 木质素（过甲酸蒸煮而得）、ACETOSOLOV 木质素（乙酸蒸煮而得），还有酯类蒸煮而得的木质素和蒸汽爆破木质素等。

3.2.2.1　木质素磺酸盐的物化性能

木质素磺酸盐的物化性能主要包括以下 5 个方面[49]。

(1) 表面活性

木质素磺酸盐分子上亲水基团较多，又无线型的烷链，故其油溶性很弱，亲水性很强，疏水骨架呈球形，不能像一般的低分子表面活性剂那样具有整齐的相界面排列状态，因此虽然可降低溶液的表面张力，但对表面张力的抑制作用不大，也不会构成胶束。

(2) 吸附分散作用

将少量的木质素磺酸盐加入黏性浆液中，可以降低浆体黏度；加入较稀的悬浮液中，可以使悬浮颗粒的沉降速度降低。这是因为木质素磺酸盐具有强的亲液性和负电性，在水溶液中形成阴离子基团，当它被吸附到各种有机或无机颗粒上时，由于阴离子基团之间的相互排斥作用，使质点保持稳定的分散状态。也有进一步的研究结果表明，木质素磺酸盐的吸附分散作用是因为静电排斥力和微小气泡的润滑作用，而微小气泡的润滑作用是其产生分散作用的主要原因。木质素磺酸盐的分散效果因分子量和悬浮体系不同而异，一般分子量范围为 5000～40000 的级分具有较好的分散效果。

(3) 螯合作用

木质素磺酸盐中含有较多的酚羟基、醇羟基、羧基和羰基，其中氧原子上的未共用电子对能与金属离子形成配位键，产生螯合作用，生成木质素的金属螯合物，从而具有新的特性。如木质素磺酸盐与铁离子、铬离子等的螯合可制备石油钻井泥浆稀释剂。螯合作用还使其具有一定的缓蚀和阻垢作用，可以作为水处理剂。

(4) 黏结作用

在天然植物中，木质素就像黏合剂一样，分布在纤维的周围以及纤维内部的小纤维之间，镶嵌着纤维和小纤维，使之成为强有力的骨架结构。树木之所以能够高几十米甚至上百米不倒，就是因为木质素的黏结力。从黑液中分离出来的木质素磺酸盐，经过改性加工，可恢复其原来的黏结力，而且废液中的糖及其衍生物，通过相互间的协同效应，有助于增强其黏结作用。

(5) 起泡性能

木质素磺酸盐的起泡性能与一般高分子表面活性剂相似，具有起泡能力较小，但泡沫稳定性较好的特点，且木质素磺酸盐的起泡性能对其应用性能会产生一定的影响，如当它作为混凝土减水剂使用时，一方面由于木质素磺酸盐产生气泡的润滑作用，会使混凝土的流动性增大，和易性变好，另一方面起泡性会使混凝土的引气量增大，强度降低。而作为引气性减水剂使用时，则有利于提高混凝土的抗冻性和耐久性。

3.2.2.2 木质素磺酸盐制备机理[49]

木质素分子结构复杂，再加上木质素分子的多样性，木质素磺化过程中不可能只发生单一的反应。因此，木质素磺化反应实际上是一个复杂的有机反应，讨论木质素磺化机理实际上只能讨论木质素磺化过程中主要的磺化反应。反应条件不同，木质素的磺化机理不一样。木质素的主要反应位置见图 3-1。

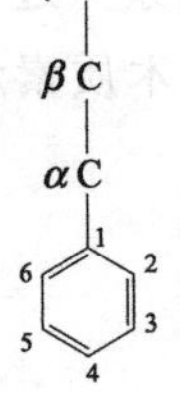

图 3-1 在木质素苯丙烷单元中反应的主要位置

(1) 酸性条件下亚硫酸盐和亚硫酸氢盐的磺化机理

在酸性亚硫酸盐条件下，磺化剂是水溶的 $SO_2 \cdot H_2O$，其磺化机理如图 3-2 所示。

另外，木质素中的松柏醛末端基和含 α-羰基的 β-取代结构也可进行磺化作用，如图 3-3 所示。

(2) 中性和碱性条件下亚硫酸盐的磺化机理

在中性亚硫酸盐中，木质素最重要的反应仅限于酚型木质素单元。反应开始时脱出 α-羟基和 α-醚基，形成亚甲基醌化物中间体。亲核试剂进一步对 β-芳醚结构中 β-取代基进行亲核置换，如图 3-4 和图 3-5 所示。

3.2.2.3 木质素磺酸盐制备

木质素磺酸盐的制备有以下 2 种途径[49]。

① 利用传统的亚硫酸盐法制浆和其他改性的亚硫酸盐制浆红液，通过浓缩、发酵脱糖以及喷雾干燥等工序制备出木质素磺酸盐。根据制浆过程中所使用的硫酸盐或亚硫酸盐原材料的不同，可分为木质素磺酸铵、木质素磺酸钠、木质素磺酸镁、木质素磺酸钙等。

② 利用碱法制浆黑液，通过羟甲基化、磺化等化学改性过程，制备出木质素磺酸盐。

(1) 从亚硫酸盐法制浆红液中制备

在亚硫酸盐制浆情况下，把木材或非木材原料与亚硫酸盐蒸煮，木质素发生磺化反

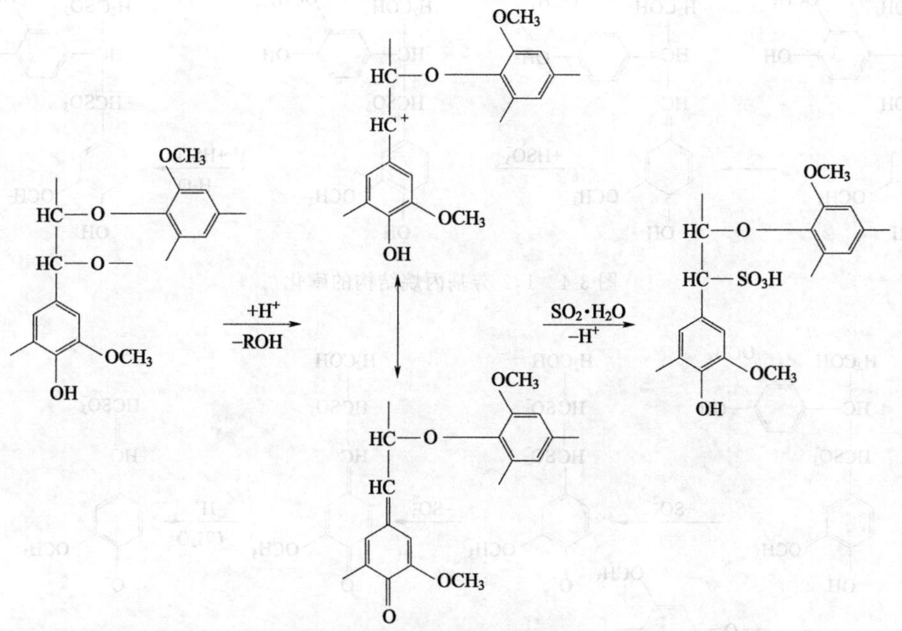

图 3-2　木质素单元在酸性亚硫酸盐制浆中的磺化作用

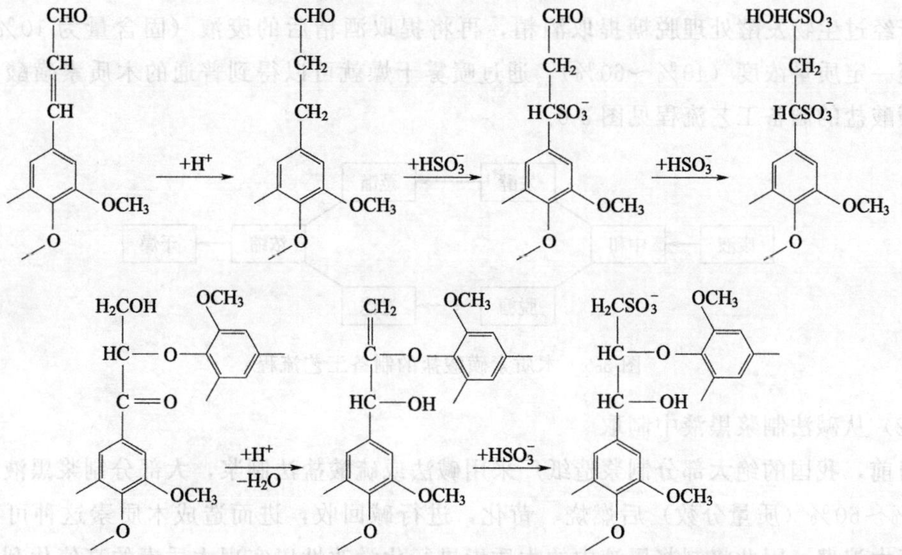

图 3-3　木质素的松柏醛末端基和含 α-羰基的 β-取代结构的磺化作用

应，转化为水溶性的木质素磺酸盐。按照亚硫酸制浆蒸煮液的酸碱度，采用亚硫酸盐法制备纸浆可分为碱法、中性法和酸性法。酸性亚硫酸盐制浆法所生产的木质素磺酸盐比中性法的分子量高，木质素磺酸盐质量好，而碱性法生产的木质素磺酸盐分子量最小。一般亚硫酸盐制浆法均采用酸性亚硫酸盐制浆，如挪威的 Borregaard 公司，我国的开山屯化纤厂、石岘造纸厂和广州造纸厂等。废液中通常含有木质素 40%～50%，还原糖（己糖＋戊糖）14%～20%。若不经发酵或脱糖直接浓缩，得到的木质素磺酸盐为高糖木质素磺酸

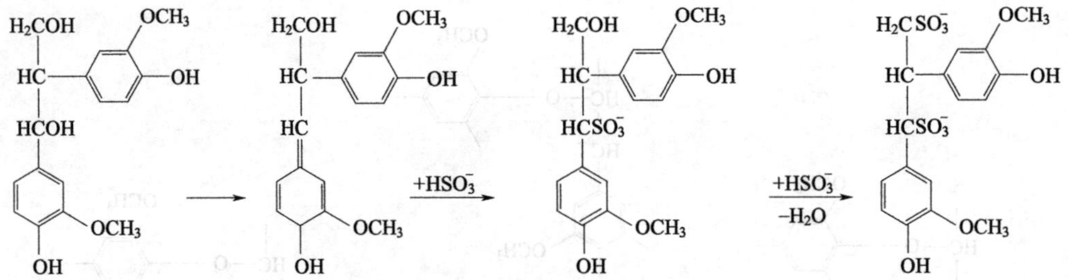

图 3-4 1,2-芳基丙烷结构的磺化

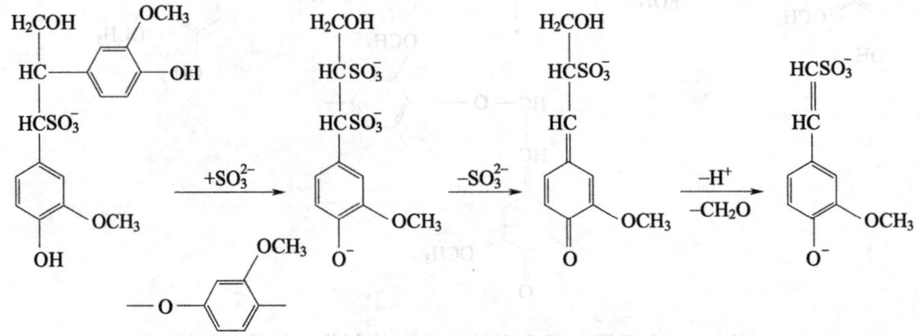

图 3-5 β-芳基醚裂解后 α-磺酸基的消除

盐。若经过生物发酵处理脱糖提取酒精，再将提取酒精后的废液（固含量为 10%左右）浓缩至一定质量浓度（40%～60%），通过喷雾干燥就可以得到普通的木质素磺酸盐。木质素磺酸盐的制备工艺流程见图 3-6。

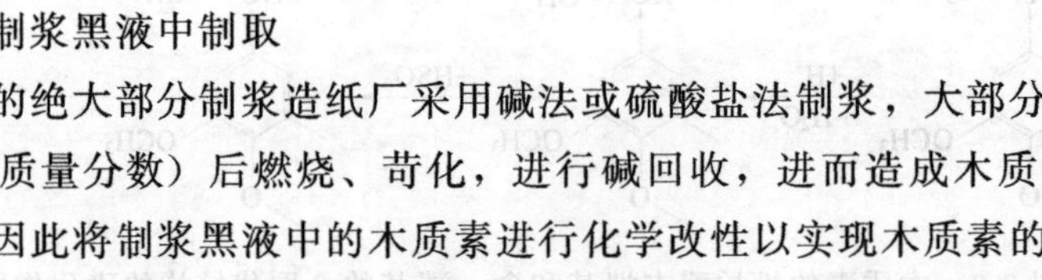

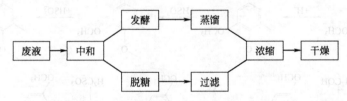

图 3-6 木质素磺酸盐的制备工艺流程

（2）从碱法制浆黑液中制取

目前，我国的绝大部分制浆造纸厂采用碱法或硫酸盐法制浆，大部分制浆黑液经浓缩至 45%～60%（质量分数）后燃烧、苛化，进行碱回收，进而造成木质素这种可再生资源的巨大浪费，因此将制浆黑液中的木质素进行化学改性以实现木质素的高值化利用势在必行。利用制浆黑液中的碱木质素进行磺化改性是木质素实现高值化利用的途径之一。利用制浆黑液为原料进行磺化改性制备木质素磺酸盐的方式有以下 2 种。

1）将黑液浓缩后直接磺化

实例一：马廷云等[50]从蒸球原浆中提取浓度为 32%～37%的碱法制浆黑液为原料，在常温常压下进行磺化反应，加入占黑液固形物质量 4%～6%的甲醛，加热到 55～65℃，反应 80～100min；然后加入占黑液固形物质量 14%～16%的亚硫酸盐，加热到 95～100℃，反应 80～100min；最后送入干燥塔中进行喷雾干燥，使水分≥2%，即制成产品木质素磺酸钠粉末，pH 值为 7～8，根据用户需要可调至 9～11 或者 5～6，水不溶物≥0.2%，还原物含量≤4%，分散力（与标准品比）≥100，耐热稳定性为 4～5 级(130℃)，水分≤2%，细度为 80 目，通过率≥95%。与市场上的木质素磺酸钠和木材木质素磺酸钠相比，本产品含有较多的磺酸基和羧基等活性基团，具有较好的溶解性能、较高的表面活性和分散性能。本产品主要用于分散燃料和还原燃料以及水煤浆的分散与填充，具有助磨效果好，表面活性、分散性、热稳定性、高分散稳定性好等优点。

实例二：笔者和课题组成员用浓缩器将 4345kg 制浆稀黑液浓缩至 790kg 固含量为 55%的浓黑液后，将浓黑液送入反应器中，加入 3.8kg 氨基磺酸等酸性调节剂将反应体系的 pH 值调至 11.0，然后加入 4.2kg 过氧化氢/焦亚硫酸钠混合物和 130kg 10% α-羟甲基磺酸钠溶液，在 85℃的反应温度下反应 6h 后，加入 72kg 40%废糖蜜，反应 1h 后降温出料，产品为棕褐色液体，通过喷雾干燥后即得固体粉剂。其中，制浆黑液主要来自竹子、蔗渣、芒秆、稻麦秆、芦苇、桉木、桦木等原材料及按一定配比组成的两种或两种以上的混合原材料的碱法或硫酸盐法制浆废液，稀黑液的固含量为 5%～10%，密度为 1.02～1.08g/mL。

2）从黑液中提取木质素后，再将木质素磺化

① 从黑液中提取木质素　黑液中木质素的提取通常采用酸析法，即往黑液中慢慢加入 H_2SO_4 溶液调节 pH 值，使木质素完全沉淀，过滤后即可回收碱木质素。

② 木质素磺化　工业碱木质素可溶于碱性介质中，当 pH 值大于 9 时，苯环上游离的酚羟基可以发生离子化，同时酚羟基邻、对位反应点被活化，可与甲醛反应，引入羟甲基，因碱木质素苯环上的酚羟基对位有侧链，只能在邻位发生反应，但是草类碱木质素中含有紫丁香基型木质素结构单元，两个邻位均有甲氧基存在，不能进行羟甲基化。

羟甲基化的碱木质素还可以进一步与 Na_2SO_3、$NaHSO_3$ 或 SO_2 发生磺化反应（即二步磺化），磺化后的碱木质素有很好的亲水性，可用作染料分散剂、石油钻井泥浆稀释剂、水处理剂、水煤浆添加剂、水泥减水剂、增强剂等。

碱木质素的磺化包括侧链的磺化和苯环的磺化。不加甲醛时，碱木质素在一定的温度下和 Na_2SO_3 作用发生侧链的磺化。在甲醛和 Na_2SO_3 存在下发生苯环的磺化，即一步磺化，此时，侧链的磺化很少发生。碱木质素在 60～70℃低温下，在氧化剂的作用下可以发生自由基磺化反应，在碱木质素酚羟基的邻位引入磺酸基。

3）木质素的磺化工艺[49]

实例一：笔者和课题组成员曾以四川某纸厂用竹子为原料采用碱法制浆的制浆厂黑液为原料，通过使用自制的羟甲基磺酸盐系列磺化剂，对碱木质素进行磺化改性。称取 200g 的碱木质素加入高压反应釜中，搅拌升温到 60℃，加入 2g 过氧化氢反应 20min 后用质量分数为 20%的稀硫酸调节黑液至一定 pH 值，再加热至一定温度后加入一定量自制的羟甲基磺酸盐系列磺化剂，磺化反应 2～5h，即得木质素磺酸钠。

实例二：笔者和课题组成员还以四川某纸厂用竹子为原料采用碱法制浆的制浆厂黑液为原料利用亚硫酸盐和甲醛改性剂，通过羟甲基化和磺化反应制备出木质素磺酸钠。称取 200g 黑液加入高压反应锅中，搅拌升温至 60℃，加入 2g 过氧化氢反应 20min，升温到 90℃后加入 37%甲醛 10g，羟甲基化 60min，继续升温到 150℃后加入 20g 亚硫酸钠磺

化 3h。

实例三：在装有回流冷凝管、搅拌器和温度计的三颈瓶中，依次加入一定量的木质素、37%甲醛和水，控制溶液 pH 值为 13.5，温度为 90℃，以 $Ni(OH)_2$ 为催化剂搅拌加热 2h，得到具有水溶性高分子骨架的木质素溶液。接着在上述已经反应好的三颈瓶中加入一定量的 Na_2SO_3 固体、10% $FeCl_3$ 和 20% $Na_2S_2O_3$，控制反应温度为 80℃、反应时间为 2.5h。待反应完毕后将产物溶液装入试剂瓶中即得产品。产品中絮凝剂有效浓度约为 2.5%，30℃时黏度为 1.062mPa·s。

实例四：取 20g 木质素，加入烧杯中，再加入 10% NaOH 使木质素溶解，再用 10% Na_2SO_3 调溶液 pH 值为 7.8，用培养皿盖好，放入反应罐进行磺化。木质素磺化的最佳工艺条件为：木质素用量 20g，Na_2SO_3 用量 15g，反应时间 4h，工作压力 0.6MPa。

实例五：称取提取后的木质素 10g 于适量水中，加入 7mL 10% NaOH 使之溶解，再加入 Na_2SO_3 和 0.1g $FeCl_3$，用 10% NaOH 或 10% H_2SO_4 调节 pH 值至 10.5，控制反应液体积＜150mL，转移至 250mL 三颈瓶中，于搅拌下加热升温至 80～90℃后反应 4h。将产物倒出，于 50℃以下烘干，得木质素磺酸盐。

实例六：a. 羟甲基化，将从制浆黑液中提取的木质素配制成 25%水溶液，并用 50% NaOH 溶液调 pH 值至 11.0，升温至 65～70℃后，加入甲醛，反应 2h 后，用 20% H_2SO_4 溶液将体系 pH 值调至 5.0，过滤，即得羟甲基化木质素固体产品。b. 将羟甲基化木质素、亚硫酸铵和水放入反应体系中，搅拌均匀，必要时用氢氧化铵将反应体系的 pH 值调至 7.0～7.5，升温至 90～100℃后，反应 16h，体系溶液的最终 pH 值为 8.4，冷却、干燥，即得木质素磺酸铵。

3.2.2.4 木质素磺酸盐改性

为了进一步提高木质素磺酸盐的分散效果，必须对木质素磺酸盐进行改性。改性方法可归纳为物理法和化学法两大类。物理法主要以膜分离技术为主，通过超滤等膜分离技术将木质素磺酸盐分离、分级和提纯。化学法包括化学提纯和化学改性。化学提纯主要是通过化学沉淀来去除木质素磺酸盐中的杂质，进而提高木质素磺酸盐的物化性能。化学改性主要是以木质素磺酸盐为骨架，通过引入其他官能团来改变木质素自身的性质。化学改性包括化学氧化、缩合、烷基化和接枝共聚等。

(1) 超滤

超滤法是按物质分子量大小范围进行分离、浓缩和提纯的一种膜分离技术，在发达国家中被广泛应用于制浆造纸废液的处理。超滤技术能将工业木质素按分子量大小加以分离提纯，便于综合利用。早在 20 世纪 70 年代初，美国和瑞典就使用纯低分子量木质素磺酸钠作为水煤浆添加剂。华南理工大学研究团队发现木质素磺酸盐经超滤得到的不同级分，由于分子量、空间构型及关键性官能团的含量都存在差异，表面物化性能有明显区别。笔者在水煤浆成浆实验中发现，分子量大于 50000 的级分和分子量为 5000～10000 的级分与其他分子量级分相比，煤浆定黏浓度要高 1%～2%，成浆能力与目前广泛使用的萘系添加剂相当，且煤浆稳定性好。因此，超滤技术处理制浆造纸废水，制取水煤浆添加剂有良好的前景。

实例一：配制一定质量浓度的待分级试样溶液，由储液槽通过输送泵在一定压力下送入双工位平板超滤器（工作压力为 0.1～0.2MPa，工作 pH 值为 1～13，工作温度为 5～60℃）中，作为溶剂水和小分子量的溶质，透过超滤膜微孔成为超滤液，而大分子量的分子回流到储液槽中。经过反复循环超滤，由于水和小分子溶质不断减少，截流下来的分子量大的分子浓度逐渐增大。此时，向储液槽浓缩液中添加纯水，稀释后继续循环超滤，可以将滞留在浓缩液中分子量较小的分子进一步分离出来，提高分子量大的分子的纯度。这种固体掺水精制提纯的方法为渗析超滤法。选用不同规格截留分子量的超滤膜，可以将木质素磺酸钠按分子量大小进行分级或提纯。在本实验中，先用截留分子量 50000 的超滤膜，将分子量大于 50000 的级分分离出来，再将超滤液作为原料液进一步逐级超滤，最终将木质素磺酸钠分离成大于 50000、10000～50000、5000～10000 和小于 5000 四种不同分子量范围的木质素磺酸钠级分。

实例二：Forss[51] 利用超滤法来分级木质素磺酸盐，并研究不同级分分子量的木质素磺酸盐的分散效果。称取一定量的亚硫酸盐制浆蒸煮废液，往里边加入适量的酒精酵母或其他酵母产品进行发酵以去除纸浆废液中的糖类物质后，调节其 pH 值至 4.5。然后通过超滤分级，将脱糖后的木质素磺酸盐按分子量分为 4 个级分，测定 4 个级分的木质素磺酸盐所占的比例，如表 3-1 所列。由表 3-1 可知，经过超滤分级后的各级分木质素磺酸盐的比例都显著提高。而且还对超滤后的木质素磺酸盐进行了磺化度测定，可得 0.3、0.37、0.45 和 0.60 四种磺化度的木质素磺酸盐。而且通过试验可知，其分散性能均良好。

表 3-1　超滤分级前后木质素磺酸盐分子量比较

项目	分子量			
	10000	20000	30000	40000
原木质素磺酸盐	>28%	>20%	>16%	>13%
超滤后的木质素磺酸盐	>50%	>35%	>26%	>20%

(2) 化学沉淀

Haars 等[52] 利用聚丙烯亚胺沉淀不同的木质素磺酸盐来分离和回收木质素磺酸盐。该工序分两个步骤：用聚丙烯亚胺沉淀不同的木质素磺酸盐及沉淀物中沉淀剂（聚丙烯亚胺）的回收。

步骤一：将质量分数为 5% 的木质素磺酸盐溶液用 HCl 调节 pH 值至 3.0，然后在室温下用 3.6% 的水溶性聚丙烯亚胺（聚阳离子型聚合物）沉淀木质素磺酸盐。沉淀物沉积 60min 后进行离心分离。沉淀物烘干至恒重，测其含水率为 60%。实验发现，在不同温度下，木质素磺酸盐与聚丙烯亚胺形成沉淀物时所用的聚丙烯亚胺量不一样，温度越高，用聚丙烯亚胺的量就越少，然而温度越高对沉淀物的形成越不利。

步骤二：沉淀物在碱性条件下可溶，因此室温下将木质素磺酸盐和聚丙烯亚胺沉淀物与 NaOH 以质量比 1∶2.5 混合搅拌均匀，再加入同样体积的二氯苯或二氯甲烷提取已溶解的聚丙烯亚胺，剩下的经过烘干蒸发即得纯净的木质素磺酸盐。

(3) 化学氧化

木质素磺酸盐具有较强的还原性，可与许多氧化剂如过氧乙酸、过氧化氢、氧气、亚硝酸、高锰酸钾、重铬酸钾、过硫酸铵等发生化学反应。氧化改性也能改变木质素的结构，使木质素磺酸盐发生降解反应、低分子化反应或缩合反应，可使分子量增大。氧化改性还能增加木质素磺酸盐的羰基和羧基含量。廖斌把碱木质素氧化降解为有疏水性的木质素苯丙烷单链和亲水性的聚糖链低分子物质，用作水煤浆稳定剂，与其他表面活性剂复配使用，能使煤浆具有良好的动态稳定性，煤浆在2个月内能保持流动性。同时也可采用电化学氧化的方法，电化学氧化一般采用Ru、石墨、Ni、Pt以及PbO_2等作为阳极来氧化木质素磺酸盐。此外，在碱性溶液中，用Pt电极氧化木质素磺酸盐，可脱除芳环上的甲氧基并形成酚羟基，引入—COOH，使酸度提高。

实例一：李凤起等[53]对木质素磺酸钠进行了改性，在木质素磺酸钙中加入碳酸钠溶液，控制体系的pH值为8.5～9.0，于85～90℃反应一定时间后过滤，除去其中的沉淀$CaSO_4$和$CaCO_3$，再加入Fenton试剂，在一定温度下反应一定时间即得产品。经傅里叶红外光谱分析，改性后的木质素磺酸钠官能团和分子结构有明显变化，亲水的极性基团和亲固体的愈疮木酚基增多，平均分子量有所下降。

同时对其性能进行了研究，经过改性后的木质素磺酸钠，改变了其分子结构，调整了亲水-亲油分布和比例，从而改善了木质素的表面活性，使其分散稳定性能明显提高。改性后的木质素磺酸钠用于大同煤制浆，使煤浆流变性和稳定性有明显改善。

实例二：广州造纸厂与交通部四航局科研所[54]合作研制的MY型改性木质素磺酸钠比较独特，他们采用亚硫酸钙木浆废液为原料，先选好酵母，利用糖分生产酒精，糖分被除去60%左右，同时去除大部分杂质。接着将发酵酒精后的废液用Na_2CO_3把其中的木质素磺酸钙转换为木质素磺酸钠，沉淀后过滤除去$CaCO_3$，蒸发浓缩至密度为1.08～1.10g/cm³，然后以空气为氧化剂进行碱性氧化，反应条件如下：

反应液含NaOH量/mol	1.9～2.0
反应温度/℃	160～165
反应时间/min	90～100
通气时间/min	80～90
总压强/MPa	0.686～0.735

氧化液经冷却后，用50% H_2SO_4酸化至pH=5～5.5。再用苯在萃取塔中逆流萃取，可溶于苯的有机物（包括香兰醛）得到分离。萃取后的酸性氧化液经压滤机分离固相的木质素衍生物，这样可去除由滤液带来的杂质，滤饼的含水率约60%。滤饼在打浆机中加碱和水，使之再度溶解，溶液浓度控制在22%～25%，温度控制在70℃，终点pH=8～9。溶液停放一段时间，自然澄清后过滤，除去水中不溶物和机械杂质，以降低产品的灰分。滤液减压浓缩至浓度为28%左右，然后喷雾干燥，喷雾干燥的条件如下：

进料温度/℃	90～95
压缩空气压强/MPa	0.245～0.294
喷雾塔塔底温度/℃	160～170
喷雾塔塔中温度/℃	82～85
喷雾塔塔顶温度/℃	75～80

塔顶出口热风风压/Pa	1274～1372
旋风分离器出口风压/Pa	3332～3528
布袋除尘器出口风压/Pa	4704～4900

经这样改性后的木质素磺酸钙，脱去大部分磺酸基，发生降解和断键，从而变成分子量较低、各种基团发生了较大变化的产品（表3-2）。

表3-2 木质素磺酸钙在高温高压下碱性氧化后的变化

木质素官能团	木质素磺酸钙/%	碱性氧化后的产品/%
磺酸基	0.45	0.13
羧基	0.08	0.26
醇羟基	0.39	0.28
酚羟基	0.39	0.42

木质素磺酸钙在pH=5.5以下具有溶解性，而这种MY型改性木质素磺酸钠却不能溶解，可是它的分散性反而变得更好了，表3-3列出了这种对比。

表3-3 MY型减水剂与木质素磺酸盐的比较

性能	MY型减水剂	木质素磺酸钙	木质素磺酸钠
外观	棕褐色粉状	棕褐色粉状	棕褐色粉状
水分/%	<7	<7	<5
水不溶物/%	<1	<12	<1
还原物/%	2～3(非糖分)	<12(糖分)	<1(糖分)
pH值	8～9	4.4～4.5	8.5～9.0
盐基	Na	Ca	Na
防霉性	不发霉	发霉	发霉
溶解性	酸性中沉淀	酸性中不沉淀	酸性中不沉淀
分解性能	4～5级	—	4～5级

实例三[55]：①LSS（FeLS及CrLS）的制取。向已经离心提纯处理的木质素磺酸钙溶液中加入50% H_2SO_4，过滤除去Ca^{2+}，得到木质素磺酸（LS）溶液。在LS溶液中加入一定量的Fe^{2+}($FeSO_4 \cdot 7H_2O$)或Cr^{3+} [$Cr_2(SO_4)_3 \cdot 5H_2O$]，搅拌均匀后在60～70℃下反应0.5h，再烘干、粉碎后即可。②LSS氧化处理。将LSS配成一定浓度的溶液，用10% NaOH溶液调节pH值为7～9，缓慢加入氧化剂（H_2O_2），升温至80℃，反应30～45min后再用NaOH调节溶液的pH值为9～11，再烘干、粉碎即可。

实例四[56]：取100mL浓度为60g/L的原料水溶液于无隔膜电解槽中，准确称重。分别以C、Ti合金和PbO_2电极为阳极，以不锈钢为阴极进行电解。电解温度为30℃。电解完毕后，称重，并加水至初重。电氧化45h后，通过对样品的IR谱图与氧化前样品的IR谱图分析可知：C和Ti合金电极氧化能力弱，不能氧化木质素磺酸盐；PbO_2电极氧化能力较强，能有效地氧化木质素磺酸钠，使其结构发生显著改变，苯环结构被破坏，导致$-OCH_3$含量减少，$-COOH$含量增加；木质素磺酸钠在电氧化过程中，分子量随着电解电量的增大而有一个上升到降低的过程，说明氧化过程中聚合与降解共存；氧化可显著改善木质素磺酸钠的分散性能，而且通过试验可知氧化时间越长，木质素磺酸钠的分子量越大，其分散性能越好。因此可以通过控制氧化时间来提高木质素磺酸钠的分子量，从而改善其分散性能。

(4) 缩合

木质素磺酸盐分子中含有酚型结构单元，这些酚型结构单元在酸或碱的催化下，与其他单体或活性物质发生缩合反应。

实例一[57]：木质素磺酸盐的缩合反应分两步完成：第一步是在碱性条件下的羟甲基化；第二步是木质素磺酸盐与羟甲基化木质素在酸性条件下的缩合。

在木质素磺酸盐缩合过程中，这两个过程是先后连续进行的，在pH值较高的条件下迅速发生羟甲基化，紧接着随着pH值的降低，木质素磺酸盐开始与羟甲基化木质素在酸性条件下进行聚合。其缩合条件为：pH＜6，反应温度为160～180℃，反应时间为3h，甲醛用量为5mmol/g木质素磺酸盐。通过实验发现：随着甲醛用量的增加，分散性逐渐提高，到甲醛用量为5mmol/g木质素磺酸盐时改性产品黏度最佳；反应时间对改性产品分散性影响不大。

实例二[58]：将木质素磺酸盐和粉末状KOH引发剂加入高压釜，加热至100℃并抽真空1h以排除水分，然后用N_2将环氧丙烷压入高压釜。在150℃下发生聚合反应，然后降温、放压、出料。木质素磺酸盐：环氧丙烷（质量比）＝1：5。

环氧丙烷的加入方法有两种：一种是在100℃温度下将它一次压入反应器，使反应器内压力（表压，下同）达到0.4MPa，然后密闭反应器，在30min内将温度升至150℃，并在此温度下反应至压力不再下降为止，此为一步法；另一种是在150℃下将环氧丙烷在90～100min内连续压入高压釜，同时保持釜内压力在0.5MPa左右，加料完毕后保持温度恒定，反应至压力不再下降为止，此为连续法。

反应后产物用正己烷抽提，将均聚产物除去，得到共聚物。

而且通过研究发现，木质素磺酸盐同环氧丙烷在KOH的催化下，共聚反应主要发生于芳环的酚羟基上，羧基上可能也会发生反应；增加环氧丙烷的用量，有利于提高共聚物的分子量，但共聚物产率会有所降低；催化剂KOH的用量大，有利于加快反应，但共聚物产率和平均分子量下降；一步法同连续法相比，木质素反应率、共聚物产率和共聚物的平均分子量都降低，但反应速率较快，而且制出来的木质素磺酸盐-环氧丙烷共聚物可溶于弱极性甚至非极性的溶剂，说明木质素磺酸盐经共聚后，亲油性有所改善，表面活性也有所加强。

实例三[59]：取针叶木亚硫酸盐纸浆废液，废液中包含63%的木质素磺酸钠（47%的木质素，5.5%的有机硫，7%含甲氧基组分和3.5%的钠）和20%还原糖，其余的为无机盐、多聚糖等。纸浆废液在90℃下与NaOH反应2h，使纸浆废液中的糖类充分地转变为糖酸。转变后的纸浆废液pH值为10.7，47%为固体物质，63%为水分；在47%的固体物质中有机糖类和无机盐占40%，而木质素磺酸盐占了60%。之后取反应后的纸浆废液与甲醛按体积比为50：3的比例混合并在70℃下反应10h，使纸浆废液中的木质素磺酸盐羟甲基化，在反应末期只有痕量的甲醛存在，甲醛几乎全部参加反应。最后羟甲基化木质素磺酸盐再与羟基苯甲醇（按每克木质素磺酸盐加1.9mmol的羟基苯甲醇的比例）在100℃下反应5h即得最终产品。产品的pH值和黏度在25℃下分别为10.95和43mPa·s。产品再经喷雾干燥即得粉末状产品。产品经试验测定，其热稳定性和分散性能均较好，符合生产要求。

(5) 烷基化

木质素磺酸盐的结构中含有醇羟基、酚羟基和羰基等活性基团，可与卤代烷烃发生烷基化反应，继而改善木质素磺酸盐的性能。

卢卓敏等[60]以卤代烷烃为烷基化试剂，往木质素磺酸盐分子上引入烷基链，其烷基化的方法是：将木质素磺酸盐溶解在水中，调节 pH 值至 10～12，加入占木质素磺酸盐质量20%～40%的含 6～8 个碳原子的卤代直链烷烃，密封后加热，升温至 130～170℃，反应 1～3h 后自然冷却出料。

实例一：将 10g 木质素磺酸钠溶于 50mL 水中，加入氢氧化钠，调节 pH 值至 10，加入 4g 溴代十六烷，将上述反应混合物加入高压釜中，通氮气驱走反应器中的氧气，然后密封反应器并升温至 150℃，在此温度下反应 3h 后，冷却至室温出料，产物为深棕色液体。

实例二：将 10g 木质素磺酸钠溶于 50mL 水中，加入氢氧化钠，调节 pH 值至 10，加入 4g 溴代十六烷，将上述反应混合物加入高压釜中，通氮气驱走反应器中的氧气，然后密封反应器并升温至 130℃，在此温度下反应 3h 后，冷却至室温出料，产物为深棕色液体。

实例三：将 10g 木质素磺酸钠溶于 50mL 水中，加入氢氧化钠，调节 pH 值至 10，加入 2.5g 溴代十六烷，将上述反应混合物加入高压釜中，通氮气驱走反应器中的氧气，然后密封反应器并升温至 150℃，在此温度下反应 2.5h 后，冷却至室温出料，产物为深棕色液体。

实例四：将 10g 木质素磺酸钠溶于 50mL 水中，加入氢氧化钠，调节 pH 值至 10，加入 2.5g 溴代十六烷，将上述反应混合物加入高压釜中，通氮气驱走反应器中的氧气，然后密封反应器并升温至 150℃，在此温度下反应 2h 后，冷却至室温出料，产物为深棕色液体。

(6) 接枝共聚

木质素磺酸盐通过引发剂的引发作用，产生活化的自由基，然后再与乙烯基类单体发生接枝共聚，生成接枝共聚物，反应通式为[49]：

$$\mathrm{LS}\xrightarrow{\text{引发剂}}\mathrm{LS\cdot}$$

$$\mathrm{LS\cdot}+n\mathrm{CH_2{=}CHX}\longrightarrow \mathrm{LS}\!\left[\mathrm{CH_2{-}\underset{\displaystyle X}{\underset{|}{CH}}}\right]_n$$

式中 LS——木质素磺酸盐；

X——COOH、COONa、$CONH_2$ 等。

1) 木质素磺酸盐-丙烯酰胺接枝共聚物 木质素磺酸盐与丙烯酰胺单体接枝共聚的反应式为[49]：

$$\mathrm{LS\cdot}+n\mathrm{CH_2{=}CH{-}CONH_2}\xrightarrow{\text{引发剂}}\mathrm{LS}\!\left[\mathrm{CH_2{-}\underset{\displaystyle \underset{\displaystyle \underset{|}{NH_2}}{C{=}O}}{\underset{|}{CH}}}\right]_n$$

实例一[61]：按一定比例加入木质素磺酸镁和蒸馏水，搅拌 10min，使木质素活化后加入配比量的引发剂和丙烯酰胺单体，搅拌下控制一定的反应温度，反应一定时间即得木质素磺酸镁-丙烯酰胺接枝共聚物。其中，丙烯酰胺单体浓度为 1.4mol/L，木质素和丙烯酰胺的质量比为1∶5，固液比为1∶50，引发剂 $K_2S_2O_8/Na_2S_2O_3$ 的浓度为 0.5×10^{-2} mol/L，室温下反应48h。

实例二[62]：按一定比例加入木质素磺酸钙和蒸馏水，搅拌均匀后，加入配比量的引发剂和丙烯酰胺单体，搅拌下控制一定的反应温度，反应一定时间，即得木质素磺酸钙-丙烯酰胺接枝共聚物。其中，木质素磺酸钙0.5g(7.35×10^{-4} mol/L)，丙烯酰胺单体2.5g(0.7mol/L)，引发剂为Fenton试剂，氯化亚铁18.5mg（2.95×10^{-3} mol/L)，过氧化氢20mg（1.18×10^{-2} mol/L)，反应介质水50mL，反应温度为50℃，反应时间为2h。此外，不同的木质素磺酸盐原材料，其与丙烯酰胺接枝共聚的效果相差较大，结果见表3-4。

表3-4 不同木质素磺酸盐原材料的接枝共聚反应效果

木质素磺酸盐	单体转化率/%	木质素磺酸盐反应度/%	产品特性黏度/(dL/g)
木质素磺酸钙	98.7	82.2	5.4
木质素磺酸钠	94.6	61.5	4.6
木质素磺酸铵	92.7	48.1	4.4

2）木质素磺酸盐-丙烯酸（钠）接枝共聚物　木质素磺酸盐与丙烯酸（钠）单体接枝共聚的反应式为：

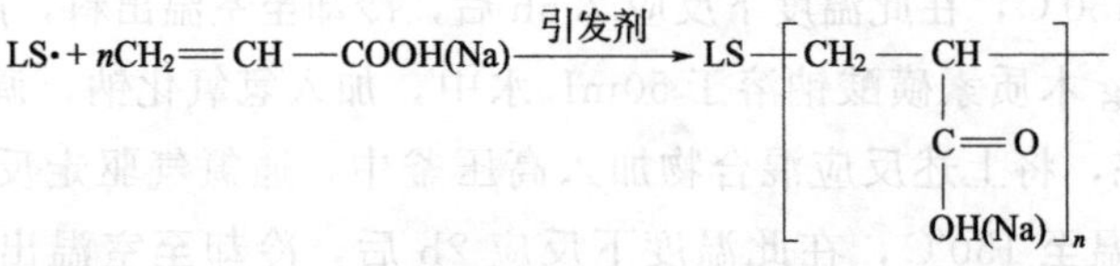

实例一[62]：按一定比例加入木质素磺酸钙和蒸馏水，搅拌均匀后，加入配比量的引发剂和丙烯酸钠单体，搅拌下控制一定的反应温度，反应一定时间，即得木质素磺酸钙-丙烯酸钠接枝共聚物。其中，木质素磺酸钙0.5g(7.35×10^{-4} mol/L)，丙烯酸单体2.5mL(0.72mol/L)，引发剂为Fenton试剂，氯化亚铁18.5mg(2.95×10^{-3} mol/L)，过氧化氢20mg（1.18×10^{-2} mol/L)，反应介质水50mL，反应温度为30℃，反应时间为2h。

实例二[63]：通过木质素磺酸钠与丙烯酸在 H_2O_2 和 Fe^{2+} 作用下，pH值为3，反应时间为3～5h，改性木质素与烯类单体的摩尔比为1∶(4～5)，进行接枝共聚反应得到接枝共聚物，然后将该接枝共聚物用于水煤浆制备中，实验证明木质素磺酸钠与丙烯酸接枝共聚后，可使水煤浆浓度提高1%～2%，同时黏度有所降低，稳定性增强。这主要是由于接枝共聚物中羧基、磺酸基等基团使水煤浆的亲水性和空间隔离位阻增强，从而达到了分散和稳定的双重效果。

实例三[64]：在装有搅拌器、滴液漏斗的三口烧瓶中，将一定量木质素磺酸盐溶于酸性水溶液后，同时滴加丙烯酸溶液和过氧化物引发剂，按自由基反应进行合成实验。溶液滴加完毕，于60℃下恒温1h后，中和得到改性产物磺化木质素-丙烯酸共聚物LSA，为深棕色溶液。LSA由于经过接枝羧基改性制备而得，使木质素磺酸盐带上较多的阴离子基团，这些阴离子基团具有较强的分散、螯合作用。

3）木质素磺酸盐-2-丙烯酰氨基-2-甲基丙磺酸钠接枝共聚物[49]　木质素磺酸盐与2-丙烯酰氨基-2-甲基丙磺酸钠接枝共聚的反应式为：

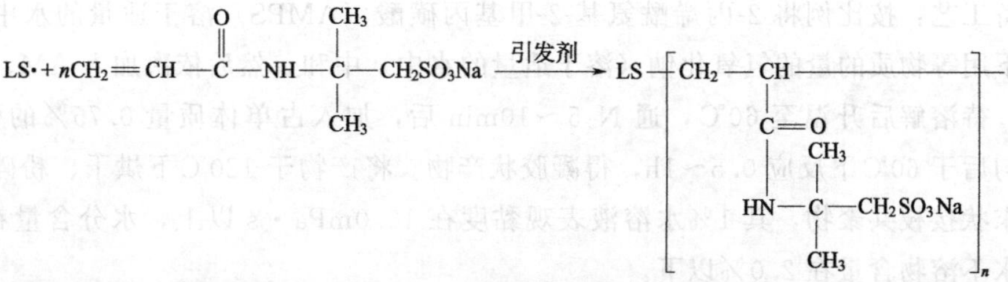

木质素磺酸盐-2-丙烯酰氨基-2-甲基丙磺酸钠接枝共聚物的制备工艺：将带有电动搅拌器、温度计、氮气进出口管的四颈玻璃反应瓶置于恒温水浴中，加入2-丙烯酰氨基-2-甲基丙磺酸钠溶液，搅拌10～20min，升温至50～65℃，然后加入准确称量的木质素磺酸盐和反应介质，通氮气保护，搅拌15min后，缓慢滴加引发剂溶液（如过硫酸钾/亚硫酸氢钠、过硫酸钾/脲/亚硫酸氢钠或过硫酸钾/亚硫酸钠等），在55～60℃下搅拌反应2～3h，即得木质素磺酸盐-2-丙烯酰氨基-2-甲基丙磺酸钠接枝共聚物。其中，木质素磺酸盐与2-丙烯酰氨基-2-甲基丙磺酸钠单体的质量比为1∶(1.5～2)，引发剂过硫酸钾浓度为$(1.5\sim10.0)\times10^{-3}$mol/L，还原剂的浓度为$(1.5\sim9.0)\times10^{-3}$mol/L。

4）木质素磺酸盐-磺甲基丙烯酰胺接枝共聚物[49] 木质素磺酸盐与磺甲基丙烯酰胺接枝共聚的反应式为：

磺甲基化反应：$CH_2{=}CH{-}CONH_2 + HCHO + NaHSO_3 \xrightarrow{OH^-} CH_2{=}CHCONHCH_2SO_3Na$

接枝共聚：$LS\cdot + nCH_2{=}CHCONHCH_2SO_3Na \xrightarrow{引发剂} LS{-}\left[CH_2{-}\underset{CONHCH_2SO_3Na}{CH}\right]_n$

木质素磺酸盐-磺甲基丙烯酰胺接枝共聚物的制备方法如下。

① 磺甲基丙烯酰胺单体的制备 丁装有温度计、电磁搅拌器和pH电极的三口烧瓶内，加入50g去离子水和36.1g亚硫酸氢钠，通N_2除氧，搅拌均匀后，控制温度低于45℃，缓慢加入27.8g质量分数为37%的甲醛溶液，反应2h后，在N_2氛围内加入47.3g质量分数为50%的丙烯酰胺水溶液和适量催化剂，在45～85℃下反应2～3h，即得磺甲基丙烯酰胺单体。

② 接枝共聚反应 将20g木质素磺酸盐和蒸馏水放入反应器中，溶解后，加入上述磺甲基丙烯酰胺单体溶液，升温至40～50℃，通N_2 15min，缓慢滴加过硫酸钾/亚硫酸钠氧化还原引发剂，反应2～5h后，冷却至室温，即得木质素磺酸盐-磺甲基丙烯酰胺接枝共聚物。

5）木质素磺酸盐-丙烯酰胺-2-丙烯酰氨基-2-甲基丙磺酸钠接枝共聚物[65] 木质素磺酸盐与丙烯酰胺（AM）和2-丙烯酰氨基-2-甲基丙磺酸钠（SAMPS）单体发生接枝共聚的反应式为：

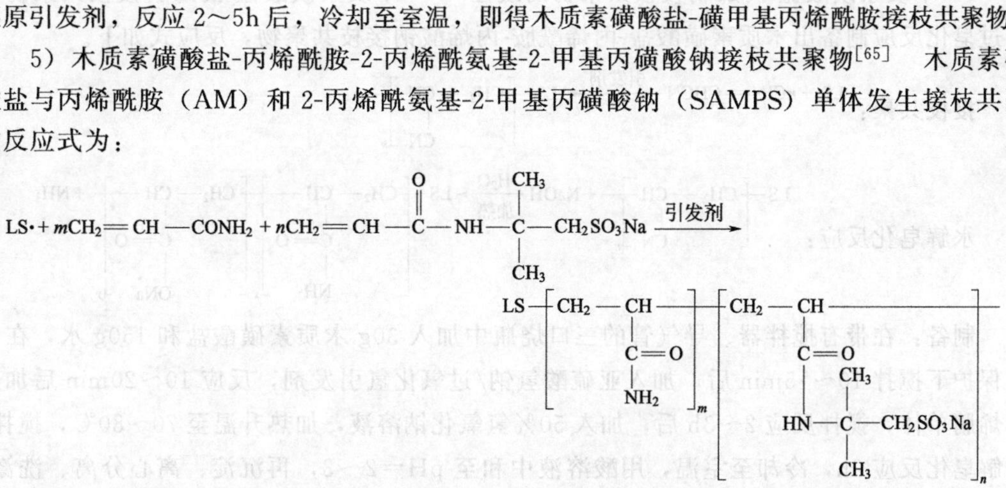

制备工艺：按比例将2-丙烯酰氨基-2-甲基丙磺酸（AMPS）溶于适量的水中，在冷却条件下用等物质的量的氢氧化钠（溶于适量的水中）中和，然后依次加入AM、木质素磺酸钙，待溶解后升温至60℃，通 N_2 5～10min后，加入占单体质量0.75%的引发剂，搅拌均匀后于60℃下反应0.5～1h，得凝胶状产物。将产物于120℃下烘干、粉碎，得棕褐色粉末状接枝共聚物，其1%水溶液表观黏度在10.0mPa·s以上，水分含量在7.0%以下，水不溶物含量在2.0%以下。

6）木质素磺酸盐-丙烯酸钠-2-丙烯酰氨基-2-甲基丙磺酸钠接枝共聚物[49] 木质素磺酸盐与丙烯酸钠（SAA）和2-丙烯酰氨基-2-甲基丙磺酸钠（SAMPS）单体发生接枝共聚的反应式为：

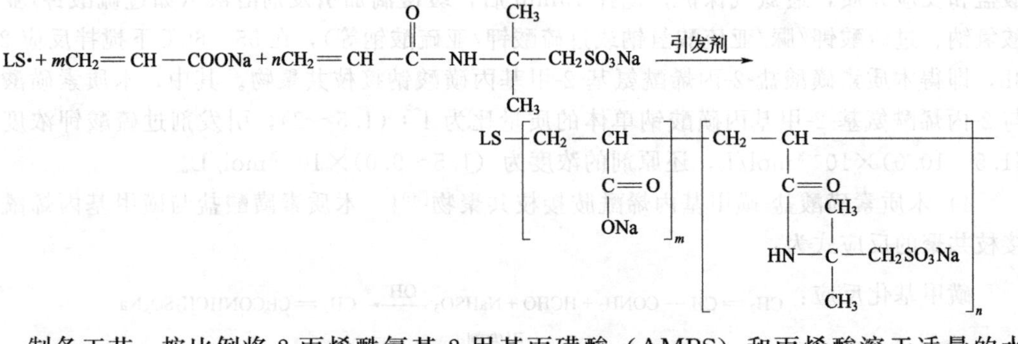

制备工艺：按比例将2-丙烯酰氨基-2-甲基丙磺酸（AMPS）和丙烯酸溶于适量的水中，在冷却条件下用等物质的量的氢氧化钠（溶于适量的水中）中和，然后加入木质素磺酸钙，待溶解后升温至50～60℃，通 N_2 15min后，加入占单体质量0.30%～0.75%的引发剂，搅拌均匀后于55℃下反应1～2h，得略黏稠的木质素磺酸盐-丙烯酸钠-2-丙烯酰氨基-2-甲基丙磺酸钠接枝共聚物。

（7）接枝共聚物改性

为了进一步提高木质素磺酸盐接枝共聚物如木质素磺酸盐-丙烯酰胺接枝共聚物等的分散性能，可以利用乙烯基类单体自身的活性基团，通过进一步的化学改性，以赋予共聚物新的物化特性。

1）木质素磺酸盐-丙烯腈接枝共聚物的改性[49] 木质素磺酸盐-丙烯腈接枝共聚物可通过皂化反应制备出木质素磺酸盐-丙烯酰胺-丙烯酸钠接枝共聚物，反应式如下。

接枝共聚：

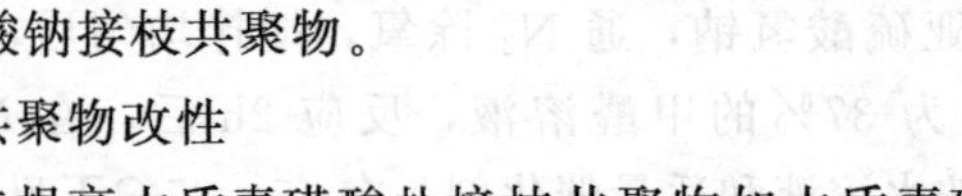

水解皂化反应：

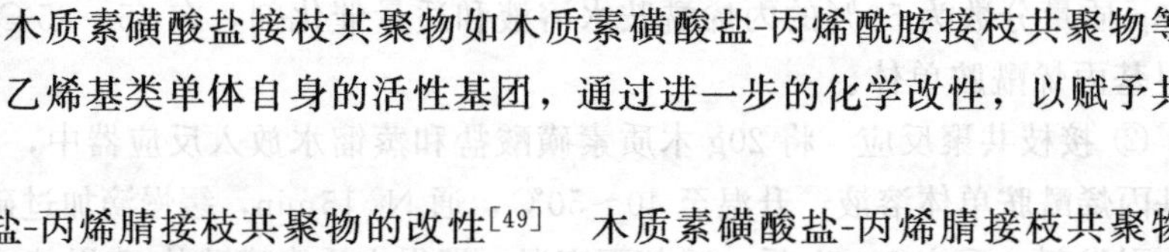

制备：在带有搅拌器、导气管的三口烧瓶中加入30g木质素磺酸盐和150g水，在氮气保护下搅拌10～15min后，加入亚硫酸氢钠/过氧化氢引发剂，反应10～20min后加入丙烯腈单体，搅拌反应2～3h后，加入50%氢氧化钠溶液，加热升温至70～80℃，搅拌、水解皂化反应2h，冷却至室温，用酸溶液中和至pH＝2～3，再沉淀、离心分离、洗涤，

再把产物用氢氧化钠溶液调至 pH＝6～7，在（110±5）℃下干燥，粉碎后得到木质素磺酸盐-丙烯酰胺-丙烯酸钠接枝共聚物。

2）木质素磺酸盐-丙烯酰胺接枝共聚物的改性　木质素磺酸盐-丙烯酰胺接枝共聚物的改性[66]主要是利用聚丙烯酰胺分子链上活性基团酰氨基，通过磺甲基化反应，制备出含磺酸基团的木质素磺酸盐-丙烯酰胺接枝共聚物，反应式如下。

接枝共聚：

$$ST \cdot + nCH_2{=}CH{-}CONH_2 \xrightarrow{\text{引发剂}} ST{-}\left[CH_2{-}CH\atop \quad\;CONH_2\right]_n$$

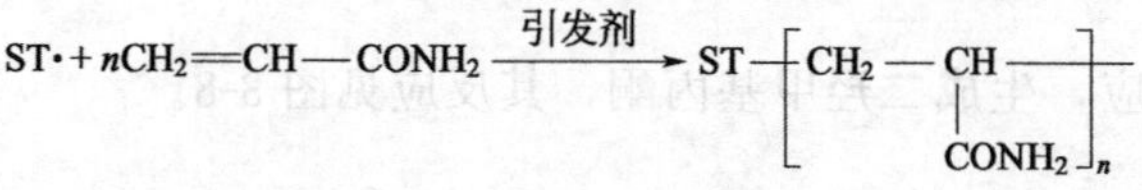

磺甲基化：

$$LS{-}\left[CH_2{-}CH\atop\quad\;\;CONH_2\right]_n + mHCHO + mNaHSO_3 \xrightarrow[pH{=}10\sim13]{\text{催化剂}} LS{-}\left[CH_2{-}CH\atop\quad\;\;CONH_2\right]_{n-m}\left[CH_2{-}CH\atop\qquad C{=}O\atop NHCH_2SO_3Na\right]_m$$

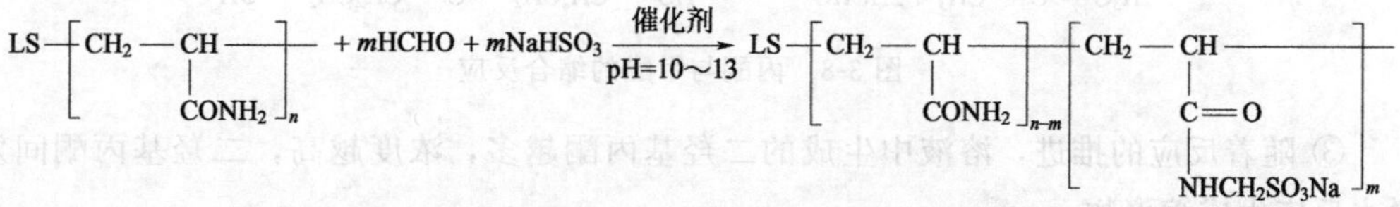

制备工艺：向 40g 已经离心提纯处理后的木质素磺酸钙溶液中加入适量甲醛后缩合反应一定时间，随后加入 5～8g 已溶解的丙烯酰胺单体溶液和 0.2～0.4g 硝酸铈铵 $[(NH_4)_2Ce(NO_3)_6]$ 引发剂搅拌均匀，将混合物转移到装有磁搅拌并通 N_2 保护的三口烧瓶中，在溶液 pH＝1～2 和反应温度为 40～50℃下反应一段时间；然后加入 10～13g 硫酸亚铁 $FeSO_4 \cdot 7H_2O$，再加入甲醛溶解的亚硫酸氢钠，亚硫酸氢钠（$NaHSO_3$）和甲醛（HCHO）的摩尔比为 1:（1～2）；封闭反应一定时间后，过滤、烘干、粉碎即可。

3.2.3　其他木质素水煤浆添加剂

3.2.3.1　碱木质素缩聚磺化丙酮甲醛水煤浆添加剂

以碱木质素为原料制备水煤浆添加剂的研究比较多，但添加剂和煤颗粒表面吸附不牢固，分散降黏性能不佳，造成水煤浆自身的稳定性差等问题。基于此，笔者和课题组成员提出以制浆造纸工业中的副产物木质素为原料，同时引入磺甲基、羟基、烷基等活性基团，增加产品的分子量，在保持良好分散降黏性能的基础上，有利于提高水煤浆制浆性能的稳定性，还可大大降低水煤浆的生产成本，为制浆造纸废液中木质素的高值化利用开辟了有效的途径。

制备工艺[28]：在装有搅拌桨和分液漏斗的三口烧瓶中，将一定质量的磺化剂溶于一定质量的蒸馏水中，水浴加热到 45～50℃，调节 pH 值，加入酮类物质，反应 0.5～1h后，加入马尾松硫酸盐浆碱木质素溶液，升温至 75～95℃，反应 0.5～1h，然后缓慢滴加醛类溶液，在 75～105℃下反应 1～3h，反应完毕后将产物碱木质素缩聚磺化丙酮甲醛水煤浆添加剂（L-SAF）溶液冷却至室温并将产品转移到磨口瓶中待后续评价。

制备机理：对于被磺化体为酮类，通过甲醛进行缩聚而言，在碱性条件下，可通过产生碳负离子而缩合得到一类脂肪族高分子聚合物；亚硫酸盐与丙酮发生加成反应，丙酮又与甲醛发生缩聚反应，如此在高分子链中引入亲水的磺酸基团，形成具有表面活性特征的高分子分散剂。合成的反应机理如下。

① 在亚硫酸钠溶液中加入丙酮，生成 α-羰基磺酸盐，反应可逆，其反应见图 3-7。

② 磺化完成后，滴加甲醛，当反应体系中的丙酮过量时，在碱性环境下，甲醛与丙

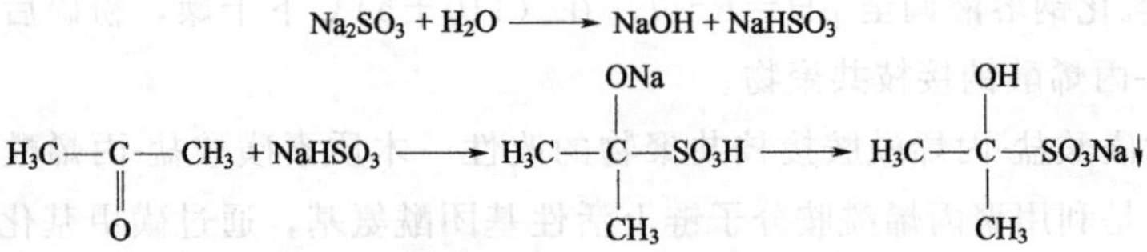

图 3-7 亚硫酸钠与丙酮的反应

酮发生交叉的羟醛缩合反应，生成二羟甲基丙酮，其反应见图 3-8。

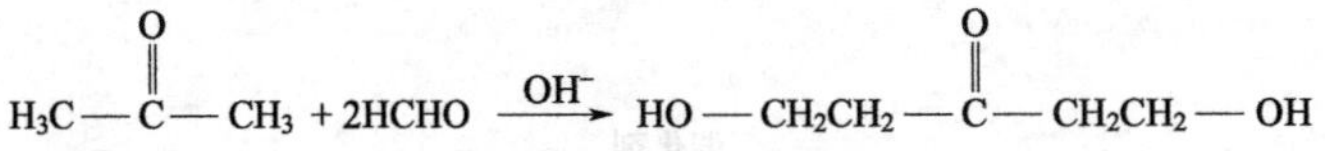

图 3-8 丙酮与甲醛的缩合反应

③ 随着反应的推进，溶液中生成的二羟基丙酮越多，浓度越高，二羟基丙酮间发生脱水反应生成缩聚物。

④ 碱木质素分子中的酚羟基与亚硫酸盐和甲醛在低温（100℃以下）下可发生磺甲基化反应。通常磺甲基化反应发生在酚羟基的邻位上，其侧链不发生反应，而当其邻位被其他基团占据时，难以发生磺甲基化反应，反应见图 3-9。

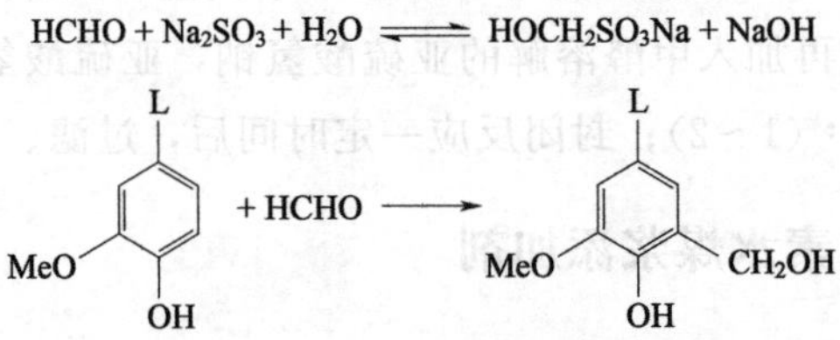

图 3-9 碱木质素磺甲基化反应

在对合成方法试验研究过程中，发现不同的磺化反应温度、磺化时间，以及不同的磺化剂用量、醛酮比对合成反应产物的分散性能均有很大的影响。

3.2.3.2 磺甲基化碱木质素缩聚磺化丙酮甲醛水煤浆添加剂

笔者和课题组成员提出以马尾松碱木质素为原料，对碱木质素进行活化改性，制备具有较高分子量和良好水溶性的磺甲基化碱木质素缩聚磺化丙酮甲醛水煤浆添加剂 ML-SAF。

制备工艺[67]：计量后将所提取的马尾松碱木质素溶解于碱性水溶液后加入三口烧瓶中，搅拌下水浴升温至 50～80℃，滴加质量分数为 20% 的硫酸溶液；反应一段时间后，滴加氧化剂 H_2O_2 对碱木质素进行活化改性；反应 1h 后，再缓慢滴加甲醛溶液；控制一定的反应时间，加入磺化剂，温度升至 90～120℃，反应 1～2h 后，所得的产物为磺甲基化碱木质素（ML）；将水、亚硫酸钠以及丙酮按顺序放置于另一三口烧瓶中，在一定的温度下反应 0.5h 后，加入一定量的 ML，同时滴加甲醛溶液，升温反应 2～3h，冷却至常温出料即得磺甲基化碱木质素缩聚磺化丙酮甲醛缩聚物 ML-SAF。

3.2.3.3 碱木质素-磺化丙酮-甲醛缩聚物水煤浆添加剂

笔者和课题组成员采用水、碱性调节剂、磺化剂、丙酮、甲醛溶液以及碱木质素混合反应制成具有高分散性和稳定性的碱木质素-磺化丙酮-甲醛缩聚物水煤浆添加剂。该产品密度（20℃）为1.18～1.37g/mL，pH值（1%溶液）为9.8～12.0，黏度为200～500mPa·s，分子量为9000～56000。

制备工艺[68]：将水和质量分数为0.1%～6.0%的碱性调节剂、6.0%～15.0%的磺化剂依次加入反应器中，搅拌均匀后加入3.0%～16.0%的丙酮，升温至40～80℃，缓慢加入甲醛溶液后将反应温度控制在70～100℃进行缩聚反应，反应1～3h后加入质量分数为5.0%～20.0%的碱木质素，反应2～6h后降温出料，所制备的产品为暗褐色或黑褐色黏稠液体。

3.2.3.4 碱木质素改性三聚氰胺系水煤浆添加剂

笔者和课题组成员将碱木质素与三聚氰胺、甲醛在特定的条件下直接进行反应制备出碱木质素改性三聚氰胺系水煤浆添加剂，该产品为黏稠状液体产品或粉末产品，重均分子量为3500～90000，数均分子量为1200～45000，密度（20℃）为1.14～1.33g/mL，pH值（1%溶液）为7.0～12.0。

制备工艺[69]：a. 羟甲基化产物的制备，将碱木质素、水、三聚氰胺、甲醛和添加剂加入反应器，搅拌均匀后，加热升温至60～95℃，反应1.5～2.5h后生成羟甲基化产物；b. 磺化产物的制备，向羟甲基化产物中加入磺化剂，升温至70～100℃后继续反应2.0～4.0h，生成磺化产物；c. 半成品的制备，向反应体系中加入催化剂和酸性调节剂，调节体系的pH值至4～6，在70～100℃的温度下进行酸性聚合，1.0～3.0h后加入链转移剂继续反应1.0～2.5h，即得半成品；d. 碱木质素改性三聚氰胺系水煤浆添加剂的制备，向反应器中加入碱性调节剂调节体系pH值为9～12，在70～100℃的反应温度下进行碱性重整1.5～3.5h，得到暗褐色黏稠状液体产品，再通过喷雾干燥后即得暗褐色粉末产品。

3.2.3.5 碱木质素-酚-对氨基苯磺酸钠-甲醛缩聚物水煤浆添加剂

笔者和课题组成员以碱法或硫酸盐法制浆黑液为原料，通过沉淀、分离、提取获得碱木质素，然后对其进行化学改性，制备碱木质素-酚-对氨基苯磺酸钠-甲醛缩聚物水煤浆添加剂。产品的重均分子量为3200～100000，数均分子量为1600～50000，密度（20℃）为1.22～1.35g/mL，pH值（1%溶液）为7.0～12.0。

制备工艺[70]：将碱木质素、碱性调节剂、酚及其衍生物和水加入反应器，缓慢升温至90～120℃，反应1.0～3.0h，得到酚化碱木质素，然后加入催化剂，反应0.5h，再加入对氨基苯磺酸钠和1/2量的甲醛溶液，在90～120℃的反应温度下继续反应2.0～4.0h，制备出碱木质素-酚-对氨基苯磺酸钠-甲醛半缩合物，再加入亚硫酸钠和另1/2量的甲醛溶液，进一步反应2.0～4.0h，得到棕褐色液体状碱木质素-酚-对氨基苯磺酸钠-甲醛缩合物，通过喷雾干燥后即得棕褐色粉末产品。

3.2.4 木质素水煤浆添加剂在水煤浆制浆中的应用

3.2.4.1 木质素磺酸盐在水煤浆制浆中的应用

(1) 木质素磺酸盐类分散剂的适用范围

木质素磺酸盐主要来自造纸废液再加工，它最大的优点是原料丰富、价格便宜，而且制浆稳定性较好，析水量少，只产生软沉淀，缺点是制浆黏度较大，流型较粗糙。邹立壮等[71]利用内蒙古平庄（NPZ）煤样、辽宁阜新（LFX）长焰煤样、甘肃靖远（GJY）不黏煤样、山西大同（SDT）弱黏煤样、山东北宿（SBS）气煤样、安徽淮南（AHN）气煤样、安徽淮北（AHB）焦煤样、山西潞安（SLA）瘦煤样，河北下花园（XHY）弱黏煤、河北唐山（HTS）1/3 焦煤样、河北孙庄（HSZ）肥煤样、河北薛村（HXC）贫煤样、河南鹤壁（HHB）贫瘦煤样、山西阳泉（SYQ）无烟煤样来考察木质素磺酸盐的分散性能，结果见表 3-5。

表 3-5 木质素磺酸盐对不同水煤浆的稳定性

项目	NPZ	LFX	GJY	SDT	SBS	AHN	AHB	SLA	XHY	HTS	HSZ	HXC	HHB	SYQ
稳定性/级	A	A	B	B−	A	B	B	B−	B	B+	A	A	B	B
黏度/mPa·s	908	3360	2784	1102	1217	1041	2520	2983	948	1752	1777	1789	3015	1481

注：A 级，表示水煤浆（CWS）稳定性最好，浆体分布均匀，无析水，无沉淀，搅拌后流动状态如初；B 级，表示 CWS 稳定性较好，无沉淀或少许软沉淀，可有极少析水和轻微的浆体密度分布不均现象发生；C 级，表示 CWS 的稳定性较差，有析水，浆体密度分布不均匀，沉淀现象严重，但被搅拌后，再生成均匀的浆体；D 级，表示 CWS 的稳定性最差，浆体密度分布明显不均，析水多，沉淀坚硬，不可再生。为了表示属于某一等级范围中稳定性的较小差别，用“+”和“−”来加以区分，“+”表示某一等级中的稳定性较好，“−”表示某一等级中的稳定性较差。

由表 3-5 可知，木质素磺酸盐对 14 种煤都表现出了较好的稳定性，对变质程度低的煤样表现出了很好的性能，但对变质程度高的煤成浆稳定性差。这主要是由于在成浆的 pH 值条件下，木质素磺酸钠分子中还保留相当数量的羟基，这些羟基能通过氢键作用使复合煤粒相互连接而产生一定的三维网络结构。这是木质素磺酸盐容易形成高屈服应力的假塑性浆体和保持良好浆体稳定性的主要原因，而且浆体具有明显的静态结构化特征和良好的触变性。另外，木质素磺酸钠与 Ca^{2+}、Mg^{2+} 有较强的络合能力，这容易使复合煤粒间通过表面的木质素磺酸盐与 Ca^{2+}、Mg^{2+} 的络合作用形成三维网络结构，使 CWS 的稳定性增加。但 14 种煤制出的水煤浆，其黏度都较高。

因此，木质素磺酸盐分散剂适用于变质程度低的煤样，对变质程度比较高的煤样，一般要通过复配或改性来提高其成浆性能，降低其黏度。

（2）分散剂的不同分子量级分对煤成浆性的影响

1）不同分子量级分的木质素磺酸钠的成浆性能 同一类分散剂用于不同煤种在不同的条件下制浆，其成浆性能有很大区别。一般来说，变质程度高的煤种成浆性好，煤燃料比越大，成浆性越好；变质程度低的煤，对分散剂聚合度有很高的选择性。

谢宝东[72]通过考察水煤浆的表观黏度与添加剂用量的关系发现，对于不同阳离子木质素磺酸盐，钠盐分散降黏性能最高，是铵盐的 1.5 倍，是钙盐和镁盐的 2 倍，但只有萘系添加剂的 1/2。水煤浆的稳定性能实验表明，木质素磺酸盐的稳定性能都比萘系添加剂好，其中铵盐、镁盐和钙盐稳定性能相当，要好于钠盐。HAAKE 流变仪测得添加木质素磺酸的钠盐和萘系添加剂的水煤浆为微屈服胀塑性流体，而添加铵盐、钙盐和镁盐的水煤浆为微屈服假塑性流体。

研究表明，分子量为 10000～50000 级分的木质素磺酸钠的分散降黏性能最好，与萘系添加剂相当，由于分子量足够大、亲水基团含量适当，能够有效地吸附在煤颗粒表面上，提高煤颗粒表面的亲水性，使煤更好地被润湿，形成水化膜，产生较大的静电斥力位能和空间位阻效应；分子量大于 50000 级分的分散降黏性能与未分级的木质素磺酸钠相当；分子量为 5000～10000 级分的分散降黏性能最差，溶液的表面张力最低，是分级前的木质素磺酸钠的 80%。稳定性能与流变性能实验表明，添加分子量 5000～10000 级分分散剂的水煤浆表现出较好的稳定性能和流变性能。

木质素磺酸盐是一种水溶性高分子聚合物，属于阴离子表面活性剂，它的分子结构直接影响着水煤浆性能，但木质素磺酸盐来源于制浆造纸废液，成分复杂，杂质多，分子量分布较宽，分子结构又复杂，这样就给研究开发工作带来很多困难。

因此，以木质素磺酸钠为例，采用分级提纯的方法提纯四种分子量为＞50000、10000～50000、5000～10000、＜5000 的级分，然后研究了不同分子量的木质素磺酸钠的成浆性能和对煤/水界面性质的影响。

① 不同分子量级分的木质素磺酸钠的分散降黏性能　在水煤浆质量分数保持一定的情况下，改变不同分子量的木质素磺酸钠、未分级木质素磺酸钠和萘系添加剂的用量，测定相应的水煤浆表观黏度，得到水煤浆表观黏度与添加剂用量的关系曲线，如图 3-10 所示。

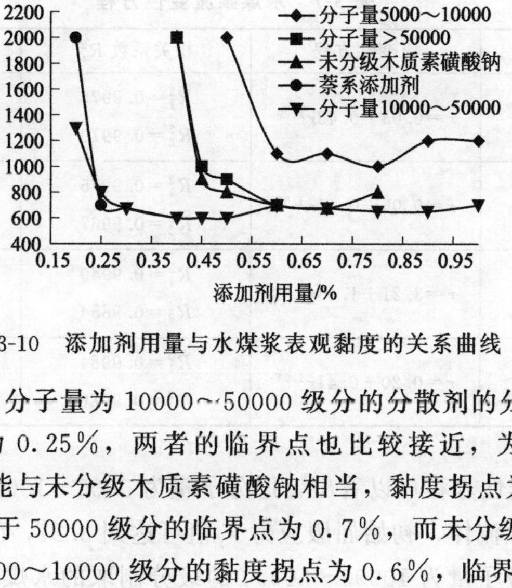

图 3-10　添加剂用量与水煤浆表观黏度的关系曲线

从图 3-10 可以看出，分子量为 10000～50000 级分的分散剂的分散降黏性能与萘系添加剂相当，黏度拐点都为 0.25%，两者的临界点也比较接近，为 0.6%；分子量大于 50000 级分的分散降黏性能与未分级木质素磺酸钠相当，黏度拐点为 0.5%，但两者的临界点相差较大，分子量大于 50000 级分的临界点为 0.7%，而未分级木质素磺酸钠的临界点为 1.0%；分子量为 5000～10000 级分的黏度拐点为 0.6%，临界点为 0.9%。

另外，分子量小于 5000 级分的分散剂用量达到 1%时，制得的水煤浆还是无流动性，这可能是因为分子量小于 5000 级分的分散剂含有大量糖类和无机盐。

② 不同分子量级分的木质素磺酸钠对水煤浆稳定性能的影响　根据图 3-10，在各分子量级分的最佳用量范围内制浆，考察各分子量级分对水煤浆稳定性能的影响，结果见表 3-6。

表 3-6　不同分子量级分的木质素磺酸钠对水煤浆稳定性能的影响

不同分子量级分	24h 后析水率/%	24h 后浆体结构	72h 后析水率/%	72h 后浆体结构
未分级木质素磺酸钠	10.0	稍碰落棒	20.0	受力落棒
分子量大于 50000	30.0	硬沉积	35.0	硬沉积
分子量为 10000～50000	30.0	硬沉积	35.0	硬沉积
分子量为 5000～10000	0	自由落棒	0	自由落棒
萘系添加剂	15.0	受力落棒	28.0	底部有硬沉积

由表 3-6 可以看出，分子量为 5000～10000 级分的稳定性能最好，在 72h 后，浆体保持均匀，对它做长期稳定性能测试，发现 1 个月后浆体结构无明显变化；而分子量大于 50000、分子量为 10000～50000 的级分与未分级木质素磺酸钠相比，稳定性能变差了，24h 后浆体析水率就达到 30%，有硬沉积生成。

在不加稳定剂的情况下，水煤浆的稳定性能受到添加剂分子量的影响。添加剂分子量的不同造成了吸附它们的煤颗粒间的相互作用有很大的差别。对于分子量为 5000～10000 的级分来说，分子中羟基和酚羟基含量较多，用于制浆时，煤颗粒间存在较强的氢键作用，能形成稳定的三维网络结构。而对于分子量大于 50000、分子量为 10000～50000 的级分，分子中羟基和酚羟基的含量相对较低，吸附了它们的煤颗粒间不能通过氢键作用形成稳定的三维网络结构，静态时受重力场的作用，易于堆积。

③ 不同分子量级分的木质素磺酸钠对水煤浆流变性能的影响　根据图 3-10，在添加剂的最佳用量范围内制浆，测定分子量大于 50000、分子量为 10000～50000、分子量为 5000～10000 的级分用于制浆时水煤浆的流变性，得流变性方程如表 3-7 所列。

表 3-7　水煤浆流变性方程

不同分子量级分	流变性方程	相关系数 R_i^2	n	屈服应力 γ_y/Pa
分子量大于 50000	$r=0.03+0.43r^{1.06}$	$R_1^2=0.9976$ $R_2^2=0.9970$	1.06	0.08
分子量为 10000～50000	$r=0.06+0.44r^{1.07}$	$R_1^2=0.9975$ $R_2^2=0.9967$	1.07	0.06
分子量为 5000～10000	$r=3.21+1.43r^{0.81}$	$R_1^2=0.9949$ $R_2^2=0.9854$	0.81	3.21
未分级木质素磺酸钠	$r=0.20+0.41r^{1.04}$	$R_1^2=0.9984$ $R_2^2=0.9986$	1.04	0.20

从表 3-7 中的流变性方程可以看出，用分子量为 5000～10000 的级分所制取的水煤浆为典型的微屈服假塑性流体，初始屈服应力 r_y 值可达到 3.21，而用未分级木质素磺酸钠、分子量大于 50000 与分子量为 10000～50000 的级分制取的水煤浆呈微屈服胀塑性，初始屈服应力 r_y 值较小。

结合上面的讨论，在不加稳定剂的情况下，水煤浆的流体类型及初始屈服应力 r_y 与水煤浆的稳定性一样，反映了由于煤颗粒吸附了具有不同分子结构的木质素磺酸钠而造成了它们之间相互作用的差别。分子量为 5000～10000 的级分中含有较多的羟基和酚羟基，煤颗粒能通过氢键作用形成稳定的三维网络结构，而分子量大于 50000、分子量为 10000～50000 的两个级分的分子中羟基含量少，煤颗粒不能通过氢键作用形成稳定的三维网络结构，静态时易于堆积，但这两个级分分子结构骨架较大，煤颗粒堆积时，结构不紧密，水煤浆具有微屈服胀塑性。

④ 不同分子量级分的木质素磺酸钠的最大成浆质量分数　为了进一步比较不同分子量木质素磺酸钠级分的成浆性能，测定了它们的最大成浆浓度，实验结果如表 3-8 所列。从表 3-8 中可以看出，当用量为 1%时，分子量大于 50000、分子量为 10000～50000 及分

子量为5000～10000的级分的最大成浆质量分数的高低与它们的分散降黏性能相对应，分别为69.8%、71.6%及66.9%。其中分子量为10000～50000级分的最高成浆质量分数与萘系添加剂比较接近。

表3-8 不同分子量级分的木质素磺酸钠的最大成浆质量分数

添加剂及用量	水煤浆质量分数/%	黏度/mPa·s
未分级木质素磺酸钠(1%)	68.9	1167
分子量大于50000(1%)	69.8	1134
分子量为10000～50000(1%)	71.6	1148
分子量为5000～10000(1%)	66.9	1290
萘系添加剂(1%)	72.1	1258

2）不同分子量级分的木质素磺酸钠对煤/水界面性质的影响

① 不同分子量级分的木质素磺酸钠溶液的表面活性　木质素磺酸钠分子中具有C_3～C_6疏水骨架和磺酸根等亲水基团，是一种典型的阴离子表面活性剂，具有降低表面张力的能力。实验测定了不同分子量级分溶液的表面张力与浓度的关系，如图3-11所示。

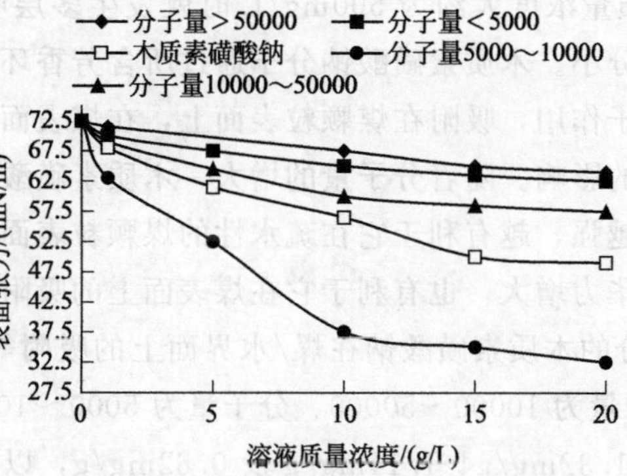

图3-11 不同分子量级分溶液表面张力与木质素磺酸钠质量浓度的关系

由图3-11可以看到，除分子量小于5000的级分外，随着分子量的降低，溶液的表面张力降低，分子量为5000～10000级分溶液的表面张力最低，为31.9mN/m。

分析认为，分子量小于5000的溶液里含有大量的无机盐和糖类，所以表面活性低，表面张力高；而对于其他几种级分，随着分子量的增高，木质素磺酸钠分子在溶液中易趋向卷曲，形成单分子胶束，表面活性降低，溶液表面张力升高。

有学者认为，分子量低的级分分子柔性较差，并且电荷密度较大。由于静电斥力，只能采取较伸展的构象，疏水基被迫朝向水相，而不能像大分子级分那样卷曲，亲水基朝外，疏水基朝内，这样分子的稳定性被降低，其结果是分子倾向于逃离溶液内部而聚集于溶液表面，从而进一步降低表面张力。

② 不同分子量级分的木质素磺酸钠在煤/水界面上的吸附特性

Ⅰ. 不同分子量级分的木质素磺酸钠在煤/水界面上的吸附量。添加剂的主要作用在于改变煤粒表面性质，从而改变煤颗粒与水的相互作用。研究添加剂在煤/水界面上的吸附性能对揭示其吸附分散作用机理有重要的意义。在相同的实验条件下，测定了分子量

＞50000、分子量为10000～50000和分子量为5000～10000级分的木质素磺酸钠在煤颗粒表面的吸附曲线，结果如图3-12所示。

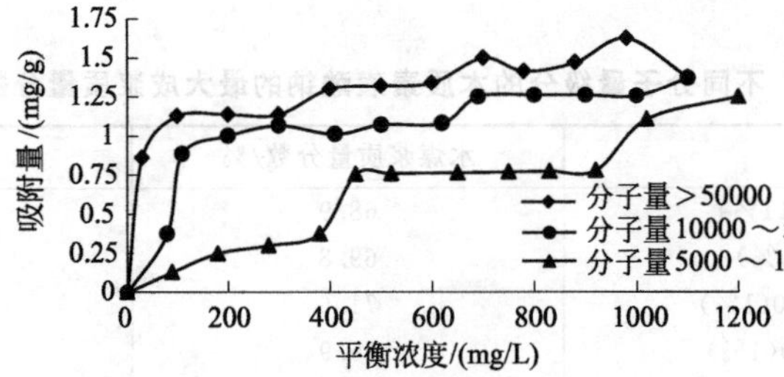

图3-12 不同分子量级分的木质素磺酸钠在煤颗粒表面的吸附曲线

由图3-12可以看到，不同分子量级分的木质素磺酸钠的吸附量随它们平衡浓度的增大而增大，且达到单分子层饱和吸附后又趋于发生多层吸附。但是单分子层吸附状态对应的浓度范围有很大的差别，对于分子量为5000～10000的级分，当平衡浓度高达900mg/L时，才发生多层吸附，这时吸附量增加比较明显；对于分子量＞50000、分子量为10000～50000的级分，当平衡质量浓度大约为500mg/L时就发生多层吸附，但增加幅度比分子量为5000～10000的级分小。木质素磺酸钠分子通过所含芳香环、烷烃等疏水性基团与煤表面的稠环芳烃间的分子作用，吸附在煤颗粒表面上，在煤表面性质一样的情况下，其吸附行为主要受分子结构的影响。随着分子量的增大，木质素磺酸钠分子中亲水基团的相对含量减小，分子亲油性越强，越有利于它在疏水性的煤颗粒表面上的吸附。同时随着分子量的增大，分子间范德华力增大，也有利于它在煤表面上的吸附。

Ⅱ.不同分子量级分的木质素磺酸钠在煤/水界面上的吸附等温线方程。从图3-12得出分子量＞50000、分子量为10000～50000、分子量为5000～10000级分在煤颗粒表面的单层饱和吸附量分别为1.32mg/g、1.14mg/g及0.82mg/g，以相对吸附Γ/Γ_∞对添加剂平衡质量浓度在单层吸附内作吸附曲线，如图3-13所示。

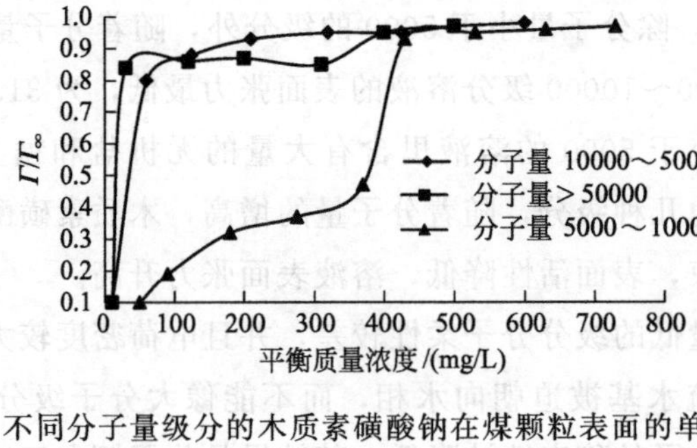

图3-13 不同分子量级分的木质素磺酸钠在煤颗粒表面的单层吸附曲线

从图3-13中可以看出分子量＞50000、分子量为10000～50000、分子量为5000～10000级分的吸附曲线都为L（Langmuir）型。Langmuir吸附方程为：

$$\Gamma=\frac{\Gamma_\infty kc}{1+kc}$$

式中 Γ——平衡浓度c时的吸附量。

对实验数据进行回归，可得出不同分子量的吸附平衡方程，并可求出饱和吸附量 Γ_∞ 和吸附常数 k，结果列于表 3-9 中。添加剂在煤颗粒表面的吸附能力可由吸附常数得到量化。从表 3-9 中的回归结果可以看出，分子量为 5000～10000、分子量为 10000～50000、分子量＞50000 级分的吸附常数 k 随着分子量的增加依次升高，分别为 1.67×10^{-3}、2.82×10^{-2}、4.85×10^{-2}。

表 3-9　吸附数据处理结果

分子量范围	吸附等温线方程	吸附常数 k	相关系数 R^2	饱和吸附量/(mg/g)
＞50000	$r=\dfrac{6.85\times10^{-2}c}{1+4.85\times10^{-2}c}$	$k=4.85\times10^{-2}$	0.9495	1.35(回归) 1.32(实验)
10000～50000	$r=\dfrac{3.33\times10^{-2}c}{1+2.82\times10^{-2}c}$	$k=2.82\times10^{-2}$	0.9984	1.19(回归) 1.14(实验)
5000～10000	$r=\dfrac{1.30\times10^{-2}c}{1+1.67\times10^{-2}c}$	$k=1.67\times10^{-3}$	0.9970	0.78(回归) 0.82(实验)

3）不同分子量级分的木质素磺酸钠对煤颗粒表面电化学性质的影响　在水煤浆这种粗颗粒悬浮体系中，煤颗粒是带电的，与胶体溶液相似，在煤/水界面上也会形成双电层。双电层的模型主要有 Gouy 与 Chapman 的平板扩散双电层模型以及 Stern 扩散双电层。

煤表面由于含有羰基和羟基等极性基团，在弱酸性到碱性很宽的 pH 值范围内表面带负电荷，本实验中测出煤颗粒表面的电位为－32.01mV。木质素磺酸钠分子通过疏水基与煤颗粒表面上的稠环芳烃之间的作用，定向吸附在煤颗粒表面上，使煤颗粒表面的双电层结构和电动电位发生了一定的变化。

采用微电泳仪测定了煤颗粒表面在分子量＞50000、分子量为 10000～50000 和分子量为 5000～10000 级分的木质素磺酸钠溶液中的 ζ 电位，结果如图 3-14 所示。图 3-14 表明，随各分子量级分的木质素磺酸钠用量的增加，煤颗粒表面的 ζ 电位绝对值迅速增大，但当用量达到一定值后，煤颗粒表面的电动电位缓慢下降。

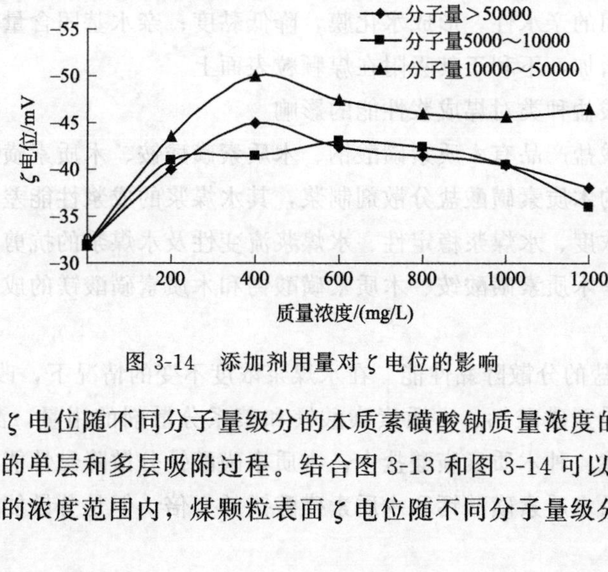

图 3-14　添加剂用量对 ζ 电位的影响

煤颗粒表面的 ζ 电位随不同分子量级分的木质素磺酸钠质量浓度的变化特征反映了各木质素磺酸钠级分的单层和多层吸附过程。结合图 3-13 和图 3-14 可以看出，在 Langmuir 单分子层吸附对应的浓度范围内，煤颗粒表面 ζ 电位随不同分子量级分浓度的增大而迅速增大，并且达到单层饱和吸附时，ζ 电位有最大值，而随后发生的多层吸附，使吸附层的厚度 d 增大，即滑动面远离 Stern 面，导致煤颗粒表面电位下降。

从图 3-14 中可以看出单层饱和吸附对应的 b 电位，分子量为 10000～50000、>50000、5000～10000 级分的木质素磺酸钠对应的 ζ 电位分别为 53.4mV、48.1mV 和 45.8mV。根据 Grahame 理论，不同分子量级分 Langmuir 单层饱和吸附时，对应的煤颗粒表面的电动电位主要受它们的饱和吸附量、分子电荷密度和分子大小的综合影响。添加剂的吸附量越高，所带电荷越大，分子越小（吸附层越小），单层饱和吸附时对应的电位就越高。对于分子量为 10000～50000 的级分来说，虽然它电荷密度不高、吸附层较厚，但它在煤颗粒表面的饱和吸附量较大；对于分子量大于 50000 的级分来说，虽然它饱和吸附量最高，但它电荷密度最低、吸附层最厚；分子量为 5000～10000 的木质素磺酸钠分子，分子电荷密度最大，吸附层最薄，但它在煤颗粒表面的饱和吸附量最小。

4) 分子量差异与分散作用机理　由以上的研究结果可以得出，木质素磺酸钠的分子量差异与木质素磺酸钠的分散作用存在如下关系：

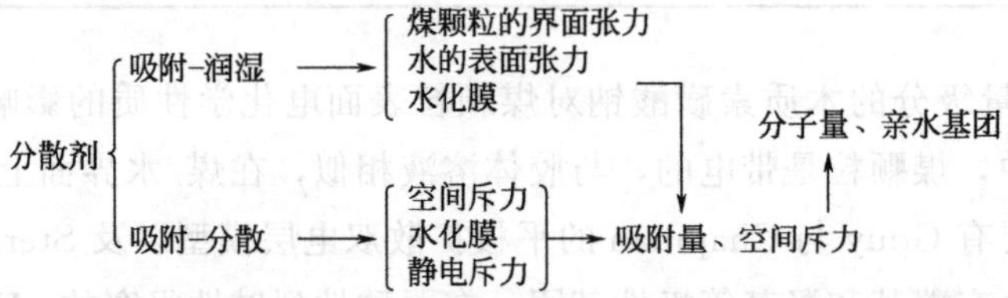

煤颗粒表面主要成分是稠环芳烃，呈疏水性，在水中具有热力学不稳定性，极易团聚，煤颗粒能否被分散的关键是分散剂分子能否吸附在煤颗粒表面，变疏水性表面为亲水性表面。木质素磺酸钠分子主要是通过其疏水基团与稠环芳烃间的分子力作用，定向吸附在煤颗粒表面上，受这种分子力大小的影响。而分子力的大小与木质素磺酸钠分子的疏水基团和分子量相关，对于疏水基团一定的木质素磺酸钠分子，分子量是影响吸附的直接因素，分子量越大，木质素磺酸钠分子越容易被吸附，吸附量也就越高，同时产生的静电斥力和空间位阻越大，煤颗粒越容易分散。

木质素磺酸钠分子中亲水基团的含量也对其分散作用影响很大。亲水基团含量太低，不易提高煤颗粒表面的亲水性，形成水化膜，降低黏度；亲水基团含量太高，会使木质素磺酸钠分子亲水性增加，不利于其吸附在煤颗粒表面上。

(3) 木质素磺酸盐种类对煤成浆性能的影响

商品木质素磺酸盐产品有木质素磺酸钠、木质素磺酸铵、木质素磺酸钙和木质素磺酸镁 4 种。利用不同的木质素磺酸盐分散剂制浆，其水煤浆的成浆性能差异很大。下面从分散降黏作用、定黏浓度、水煤浆稳定性、水煤浆流变性及水煤浆的抗剪切性能五个方面研究了木质素磺酸钠、木质素磺酸铵、木质素磺酸钙和木质素磺酸镁的成浆性能，同时与萘系添加剂做对比[72]。

① 木质素磺酸盐的分散降黏性能　在水煤浆浓度不变的情况下，改变木质素磺酸钠、木质素磺酸铵、木质素磺酸钙、木质素磺酸镁和萘系分散剂的用量，测定水煤浆表观黏度。结果发现，上述 4 种木质素磺酸盐中，木质素磺酸钠分散降黏性能最好，大约是木质素磺酸铵的 1.5 倍及木质素磺酸钙和木质素磺酸镁的 2 倍，但是分散能力最好的木质素磺

酸钠的分散降黏性能仅为萘系添加剂的 1/2。

不同木质素磺酸盐分散降黏能力的不同，主要是因为阳离子不同时，木质素磺酸盐分子在溶液中的解离度、在煤/水界面的吸附量以及煤颗粒表面的电位不同。由于钙、镁离子与木质素磺酸盐中的磺酸根和羟基有较强络合作用，溶液中有相当部分的木质素磺酸钙、木质素磺酸镁没有解离，这部分木质素磺酸钙、木质素磺酸镁的分散性能较差；而且钙、镁离子与磺酸根和羟基的强络合作用使得木质素磺酸盐在煤颗粒表面的饱和吸附量要比为一价态时小得多，并且二价钙、镁离子与钠、铵离子相比更能降低煤表面的 ζ 电位，因而煤颗粒间的空间位阻作用和静电排斥力要小，分散降黏能力要差。

② 木质素磺酸盐对水煤浆稳定性能的影响　在萘系添加剂和木质素磺酸盐的最佳用量范围内制浆，考察了萘系添加剂和木质素磺酸盐对水煤浆稳定性能的影响，结果如表 3-10 所列。

表 3-10　萘系添加剂和木质素磺酸盐对水煤浆稳定性能的影响

添加剂	24h 后析水率/%	24h 后浆体结构	72h 后析水率/%	72h 后浆体结构
木质素磺酸钠	10.0	稍碰落棒	20.0	受力落棒
木质素磺酸铵	0	自由落棒	10.0	稍碰落棒
木质素磺酸钙	0	自由落棒	10.0	稍碰落棒
木质素磺酸镁	0	自由落棒	10.0	稍碰落棒
萘系添加剂	15.0	受力落棒	28.0	底部有硬沉积

从表 3-10 中可以看出，在实验范围内，木质素磺酸铵、木质素磺酸镁和木质素磺酸钙稳定性能接近，而木质素磺酸钠稳定性能要差些。这主要是由吸附了不同木质素磺酸盐的煤颗粒间的相互作用造成的。添加木质素磺酸钙、木质素磺酸镁的水煤浆中，煤颗粒能通过磺酸根与钙离子或镁离子及煤中所含的高价金属离子的络合作用形成稳定的空间网络结构；添加木质素磺酸铵的水煤浆中，煤颗粒通过与铵离子间的氢键作用以及磺酸根与煤中所含高价金属离子的络合作用同样能形成稳定的空间网络结构；添加木质素磺酸钠的水煤浆中，煤颗粒间存在添加剂中的氢键作用及磺酸根与煤中所含高价金属离子的络合作用，但这些作用较弱，不能形成稳定的空间网络结构。从表 3-10 中可以看出木质素磺酸盐的稳定性能要比萘系添加剂好。

③ 木质素磺酸盐对水煤浆流变性能的影响　在萘系添加剂和木质素磺酸盐的最佳用量范围内制浆，做流变性实验，得到水煤浆剪切应力和表观黏度与剪切速率关系曲线，即流变图。按照上述方法对实验数据处理可得到添加各种添加剂的水煤浆流变性方程，如表 3-11 所列。

表 3-11　水煤浆流变性结果

添加剂	流变性方程	相关系数 R_i^2	n	屈服应力 γ_y/Pa
木质素磺酸钠	$r=0.20+0.41r^{1.04}$	$R_1^2=0.9984$ $R_2^2=0.9986$	1.04	0.20
木质素磺酸铵	$r=0.71+0.70r^{0.95}$	$R_1^2=0.9975$ $R_2^2=0.9967$	0.95	0.71

续表

添加剂	流变性方程	相关系数 R_i^2	n	屈服应力 γ_y/Pa
木质素磺酸镁	$r=1.88+0.75r^{0.95}$	$R_1^2=0.9908$ $R_2^2=0.9960$	0.95	1.88
木质素磺酸钙	$r=2.41+0.84r^{0.94}$	$R_1^2=0.9982$ $R_2^2=0.9977$	0.94	2.41
萘系添加剂	$r=0.15+0.41r^{1.08}$	$R_1^2=0.9989$ $R_2^2=0.9987$	1.08	0.15

从表 3-11 中可以看出，添加木质素磺酸钠和萘系添加剂的水煤浆流变性方程中 n 分别为 1.04 和 1.08，水煤浆为微屈服胀塑性流体。从表 3-11 中还可以看出，添加其他 3 种木质素磺酸盐的水煤浆的流变性方程中 $n<1$，表明水煤浆呈微屈服假塑性。

分析认为，在不加稳定剂的条件下，水煤浆流变性和水煤浆稳定性一样受水煤浆中吸附了添加剂的煤颗粒之间的相互作用影响。添加木质素磺酸钙、木质素磺酸镁及木质素磺酸铵的水煤浆，吸附了添加剂的煤颗粒通过氢键或与金属离子的络合作用，形成相对稳定的三维网络结构，而且游离水分布在这种三维网络结构的空隙中，这种浆体有高的起始黏度，当受到剪切时三维网络结构被破坏，分布在三维网络结构空隙中的游离水被释放出来，颗粒间的运动阻力明显减小，水煤浆的表观黏度显著降低；当三维网络结构完全被破坏时，浆体的表观黏度就不再降低。如果水煤浆煤颗粒间的相互作用不能形成三维网络结构，煤颗粒在静态时会形成堆积结构，这种浆体结构具有较低的起始黏度，但受到剪切时紧密堆积的煤颗粒来不及进入周围空隙，会发生煤颗粒的横向动量传递，形成了流变学上的胀流性，但继续施加剪切时，煤颗粒进入周围空隙，黏度又会随着剪切速率的增加而下降。吸附了木质素磺酸钠的煤颗粒虽然不能形成稳定的三维网络结构，但木质素磺酸钠的大分子结构骨架较为松散，空间位阻相对较大，水煤浆中煤颗粒形成的堆积结构不紧密，剪切时水煤浆呈微屈服胀塑性。

从表 3-11 中还可以看出，在实验条件下，添加萘系添加剂和木质素磺酸钠的水煤浆初始屈服应力大约是木质素磺酸铵的 1/3，木质素磺酸镁的 1/9，木质素磺酸钙的 1/12，与表 3-11 相对应，添加萘系添加剂和木质素磺酸钠的水煤浆稳定性能最差。

④ 木质素磺酸盐对水煤浆最大成浆浓度的影响　在木质素磺酸盐的分散降黏性能研究中发现，木质素磺酸盐中分散性能最好的是木质素磺酸钠，但能效只有萘系添加剂的 0.5。为了进一步了解木质素磺酸钠的成浆性能，对比了木质素磺酸钠和萘系添加剂的最大成浆浓度，结果发现，在添加量为 1%时，以木质素磺酸钠作为添加剂的水煤浆浓度可达 68.9%，黏度为 1167mPa·s，而以萘系添加剂作为添加剂的水煤浆浓度则为 72.1%，黏度为 1258mPa·s。由此可知，萘系添加剂的最大成浆浓度比木质素磺酸钠高，这表明木质素磺酸钠的成浆性能要比萘系添加剂差。

⑤ 木质素磺酸盐对水煤浆抗剪切性能的影响　通常水煤浆在不断施加剪切作用后，其黏度会迅速增大，这种现象称为水煤浆的老化，而在水煤浆的生产、储存及运输过程中都需要对其施加剪切，并且水煤浆的雾化燃烧也要求水煤浆在高速剪切作用下能保持流动

性。因此，在固定剪切速率下，对比了木质素磺酸钠和萘系添加剂所制浆的抗剪切性能，结果发现，添加两种添加剂的水煤浆的表观黏度随着剪切时间的增加而增大，并且剪切达到一定时间时，水煤浆呈胶冻状，失去流动性，黏度迅速上升，其中木质素磺酸钠的抗剪切性能比萘系添加剂要差一些。

（4）不同用量的分散剂对煤成浆性能的影响

邹立壮等[73]利用不同变质程度的 6 种制浆用煤［山西大同（SDT）弱黏煤、河北下花园（XHY）弱黏煤、河北唐山（HTS）1/3 焦煤、安徽淮北（AHB）焦煤样、山西潞安（SLA）瘦煤样和河南鹤壁（HHB）贫瘦煤样］来研究分散剂用量对煤成浆性的影响，发现如下。

① 当分散剂用量较低时，浆体表观黏度随分散剂用量的增加而迅速降低，当分散剂用量超过某一数值时，浆体表观黏度呈下列几种变化趋势：随木质素磺酸盐量的增加，唐山煤的浆体表观黏度基本上保持不变，而大同煤、淮北煤、下花园煤、鹤壁煤、潞安煤的浆体表观黏度呈增大趋势。

② 仅从分散降黏效果看，木质素磺酸盐总体分散降黏效果不理想，除了其对不同种煤表现出不同的降黏效果外，在某些情况下，有较好的分散降黏效果。如对大同煤，木质素磺酸盐则表现出较好的分散降黏效果。尽管在用量上高一些，但从性能和价格上看，木质素磺酸盐类分散剂对这些煤具有很好的经济实用性。

因此，对分散剂用量不同而产生不同的降黏效果，可以从以下几个方面考虑。

① 当分散剂用量不足以使成浆煤粒的疏水表面充分改性为亲水表面时，煤粒表面还保持部分原来的疏水区。由于改性颗粒表面亲水基团密度相对较小，所以无论从形成双电层后产生的静电排斥作用，或是形成水化膜的厚度，还是分散剂吸附在煤粒表面后所产生的空间位阻效应看，这些有利于颗粒分散的因素都难以达到最佳状态。相反，由煤粒间的疏水作用和范德华引力所产生的聚集作用还占有一定的优势，这种状态下，不仅团粒结构中包含了相当数量的自由水，而且因煤粒之间接触机会增大，必然导致运动阻力增加，这是分散剂用量低时，浆体表观黏度高的主要原因。

② 从理论上分析，水煤浆分散剂的用量仅控制在分散剂在煤粒表面达到饱和吸附即可，而饱和吸附量的多少取决于煤粒的比表面积、煤质性质，以及分散剂的结构、性质等。当分散剂用量过多时，除了经济因素外，还容易使浆体的黏度增大。首先，所用分散剂是高聚物，用量过多时，必然导致分散介质的黏度增高，这对降低 CWS 的黏度是不利的。其次，分散剂用量过多时，容易在煤粒表面上产生多层吸附，使改性煤粒产生的空间位阻过大，虽然这会增加浆体稳定性，但容易导致堆积效率减小，成浆浓度降低，表观上浆体黏度增大。最后，当分散剂溶于水时，由于较强的水化作用，必使相当数量的水分子被固定在分散剂的溶剂化层之内。所以，分散剂用量越多，能作为分散介质的自由水越少，在同样情况下，这无疑会明显增大浆体的黏度。综上所述，无论从经济因素还是浆体的性质看，分散剂用量过多都是不利的，因此对那些随着分散剂用量增加浆体黏度基本不变的情况，是对一定分散剂用量范围而言的。实验表明，任何分散剂的用量超过一定值时浆体的表观黏度都增大。

3.2.4.2 其他木质素水煤浆添加剂在水煤浆制浆中的应用

(1) 碱木质素系水煤浆添加剂的成浆性能研究

笔者和课题组成员[28]制备出碱木质素系水煤浆添加剂，如碱木质素缩聚磺化丙酮甲醛水煤浆添加剂（L-SAF）和磺甲基化碱木质素缩聚磺化丙酮甲醛缩聚物（ML-SAF），并研究其对神华煤的制浆性能。神华煤的工业分析结果见表 3-12。

表 3-12 神华煤煤质分析结果

项目	分析水分 M_{ad}/%	灰分 A_{ad}/%	挥发分 V_{ad}/%	固定碳 C_{ad}/%	硫分 S_{ad}/%	低位发热量 /(kcal/kg)	哈氏可磨 HGI
含量	5.21	19.46	3.89	76.65	1.18	5474	50

注：1cal=4.1868J。

1）棒磨时间对水煤浆表观黏度的影响　将水煤浆浓度设定在 60%，添加剂用量为 0.8%，以神华煤为煤种进行制浆实验，实验过程中控制棒磨时间，得到不同的浆体进行水煤浆表观黏度的测定，得出表观黏度随着棒磨时间的变化而变化的趋势图，结果见图 3-15，棒磨时间对应的浆体平均粒径见表 3-13。

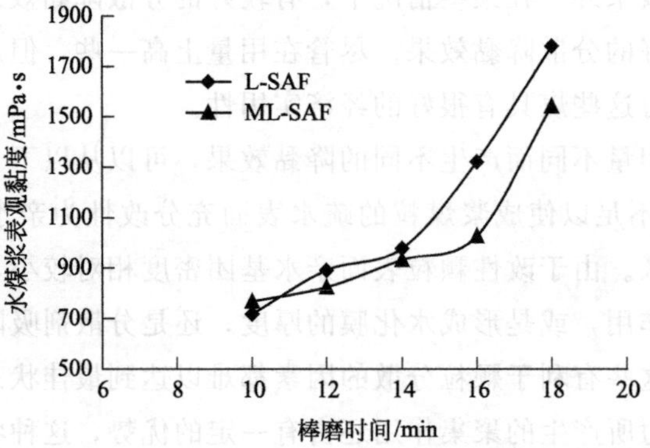

图 3-15 棒磨时间对水煤浆表观黏度的影响

表 3-13 棒磨时间对应的浆体平均粒径

添加剂	棒磨时间/min				
	10	12	14	16	18
L-SAF	114.357	106.192	88.781	75.389	67.456
ML-SAF	112.339	107.234	86.369	76.458	68.341

由图 3-15 可以看出，随着棒磨时间的增加，无论是添加剂 L-SAF 还是 ML-SAF，其制浆表观黏度均呈现上升的趋势。这是由于棒磨时间不同，浆体颗粒的平均粒径也不同，而随着棒磨时间的延长，浆体的平均粒径降低，如表 3-13 所列。鉴于本次制浆时通过粗细颗粒搭配，随着棒磨时间的延长，浆体的平均粒径减小，与所配的细浆粒径的平均差别就减小，则浆体表现出黏度增大的趋势。该结果与 Nam-Sun 所提出的“混合成分中各个成分的平均粒径差别越大，制成的水煤浆的黏度就越低”相符。但考虑到煤炭的燃烧效率，通常浆体粒径需要达到一定的细度，一般要求其中浆体的平均粒径不大于 90μm，其

中粒径小于 75μm 的颗粒含量要不少于 75%，故在棒磨时间的选择上，需要对黏度与粒径进行综合考虑，最佳棒磨时间适宜在 14min 左右，而具体棒磨时间还需要依据煤质、浓度等其他客观因素适时做出改变。

2）pH 值对水煤浆表观黏度的影响　由于生产设备基本为钢铁结构，当水煤浆的 pH 值太高或太低时，无论是在制浆过程中还是在输浆过程中都会严重腐蚀生产设备。水煤浆的自然 pH 值都在偏酸的范围内，浆体不同的酸碱性对浆体的流变性影响不同。研究表明，不同 pH 值下同种煤样的水煤浆表观黏度不同。采用自制的水煤浆添加剂 L-SAF、ML-SAF 对难制浆煤种神华煤进行制浆实验，通过添加酸碱剂来改变水煤浆的 pH 值，从而考察不同的 pH 值与神华煤制浆黏度的关系，结果如图 3-16 所示。

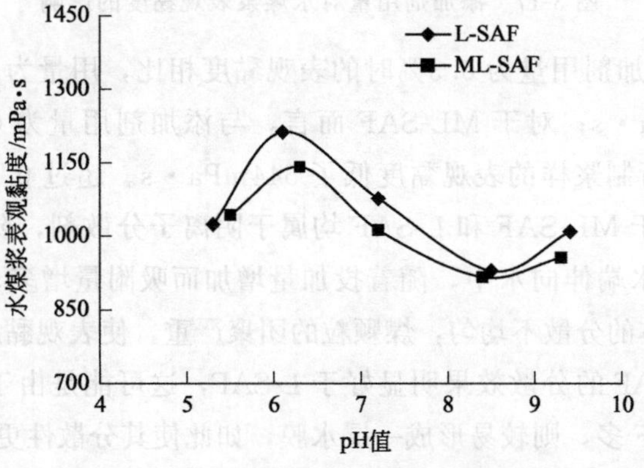

图 3-16　pH 值对水煤浆表观黏度的影响

由图 3-16 可知，水煤浆的 pH 值对水煤浆的表观黏度影响比较明显。随着 pH 值的升高，水煤浆的表观黏度先上升后下降，当达到碱性时，随着 pH 值的继续增加，表观黏度下降，随后又上升。这可能是由于对于阴离子分散剂而言，当水煤浆的制浆环境偏酸性时，pH 值越低，环境中的 H^+ 越多，与煤表面的带电官能团如—O^-、—COO^- 结合生成不带电的—OH、—COOH，减少了煤粒和分散剂之间的静电斥力，有利于分散剂分子的吸附，从而降低水煤浆的表观黏度。当水煤浆分散剂在低碱性环境下时，溶液中的金属离子降到微量，金属离子越少，水煤浆分散剂的降黏效果越好，故在 pH=8 时，水煤浆的表观黏度达到最低。由图 3-16 可以看出，当 pH 值大于或小于这个值时，浆体的黏度均有增大的趋势。这可能是由于在该 pH 值下，阴离子型分散剂的有效成分浓度达到最大。

3）添加剂用量对水煤浆表观黏度的影响　分散剂对水煤浆的分散降黏机理主要是煤粒对分散剂的吸附作用，吸附在煤粒表面的分散剂分子使煤表面动电电位 ζ 增大，使煤粒形成一定的空间位阻。静电斥力和空间位阻的双重作用导致了煤颗粒的分散。采用水煤浆添加剂 L-SAF、ML-SAF 和难制浆煤种神华煤制水煤浆，设定制浆浓度为 61%，通过改变添加剂的量来考察两种不同添加剂的添加量与神华煤制浆黏度的关系，结果如图 3-17 所示。

由图 3-17 可以看出，两种自制添加剂对神华煤都起到分散降黏作用，随着两种添加剂用量的增加，水煤浆的表观黏度先急剧下降，在用量为 0.9% 时表观黏度达到最小。对

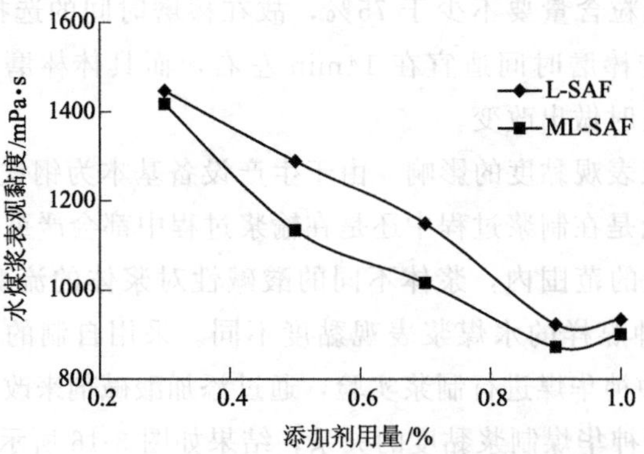

图 3-17 添加剂用量对水煤浆表观黏度的影响

于 L-SAF 而言，与添加剂用量为 0.3%时的表观黏度相比，用量为 0.9%时所制浆样的表观黏度低了约 523mPa·s；对于 ML-SAF 而言，与添加剂用量为 0.3%时的表观黏度相比，用量为 0.9%时所制浆样的表观黏度低了 544mPa·s。超过 0.9%后，表观黏度又有所回升。这主要是由于 ML-SAF 和 L-SAF 均属于阴离子分散剂，阴离子分散剂以憎水端与煤粒表面吸附，亲水端伸向水中，随着投加量增加而吸附量增多，分散效果更好。在掺量较低时，会引起浆体的分散不均匀，煤颗粒的团聚严重，使表观黏度值较大。而在添加量相同的情况下，ML-SAF 的分散效果明显好于 L-SAF，这可能是由于 ML-SAF 中含有的亲水基团磺酸基比 L-SAF 多，则较易形成一层水膜，如此使其分散性更强，制浆性能较优。

4）水煤浆浓度对水煤浆流变性的影响 水煤浆的流变性用水煤浆的表观黏度与剪切速率的关系表示，分别用自制的两种添加剂作为水煤浆添加剂，以神华煤为制浆煤种按照上述制浆方法进行成浆实验，制备不同浓度的水煤浆，其黏度随剪切速率的变化如图3-18(a) 及图 3-18(b) 所示。

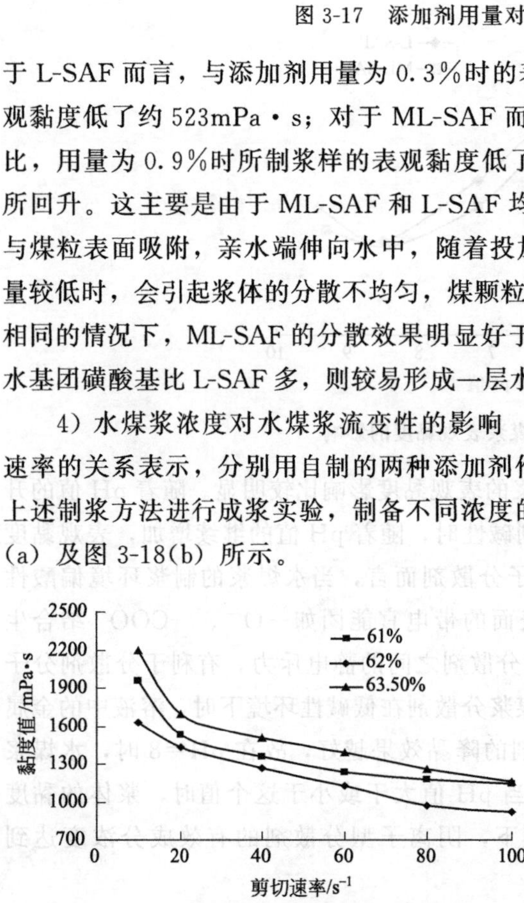

(a) 以L-SAF为添加剂所制备水煤浆浓度对水煤浆流变性的影响

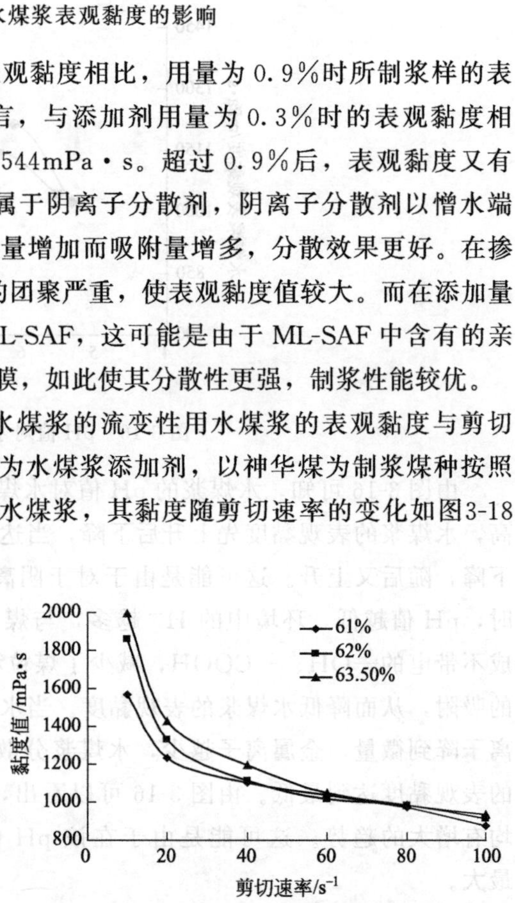

(b) 以ML-SAF为添加剂所制备水煤浆浓度对水煤浆流变性的影响

图 3-18 两种添加剂所制备水煤浆浓度对水煤浆流变性的影响

由图 3-18(a) 及图 3-18(b) 可知，水煤浆流变性不仅与添加剂的种类有关，还与煤浆的浓度有关。水煤浆的浓度对浆体的流变性具有较大的影响。当剪切速率在较小范围内时，此时浆体的黏度普遍较高，随着剪切速率的逐渐增大，水煤浆浆体的黏度明显下降，最终趋于稳定，不同水煤浆浓度下的浆体的流变曲线具有相似性，浆体均是假塑性流体，即能呈现出明显的剪切稀化现象；然而在低浓度的水煤浆体系中，水煤浆的黏度随着剪切速率增大而减小的速度明显小于高浓度的水煤浆黏度随剪切速率变化的速度。由图3-18(a) 和图3-18(b) 可知，以L-SAF为添加剂制浆，当制浆浓度为61%时，剪切速率从$10s^{-1}$增加到$100s^{-1}$，其黏度降低幅度有700mPa·s左右；而当浓度为63.50%时，剪切速率从$10s^{-1}$增加到$100s^{-1}$，其黏度降低幅度有1000mPa·s左右。以ML-SAF为添加剂制浆也呈现这样的规律，可见屈服假塑性与水煤浆的制浆浓度有紧密的关系，这可能是由于水煤浆中的煤含量增大时，煤粒间的颗粒相互作用力增大，而煤粒之间的空隙减少，尤其是当煤粒之间的堆积密度接近最大堆积密度时，此时黏度及屈服应力也急剧增加，随着剪切力的作用，浆体内自由水释放出来，黏度降低，浆体显示出屈服假塑性。

5）添加剂用量对水煤浆析水率的影响　在某一固定的制浆浓度下，将煤浆静置3天，然后观察水煤浆的稳定性，以其析水率来表征，结果见图3-19。

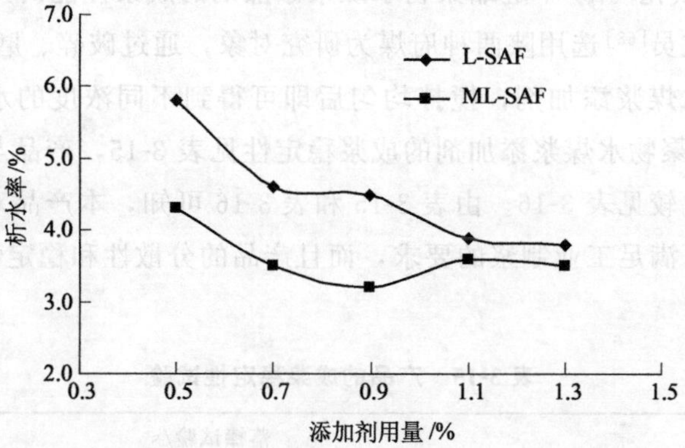

图3-19　添加剂用量对水煤浆析水率的影响

由图3-19可知，同一种煤在控制其煤粉粒度分布及制浆浓度相同的条件下，水煤浆的稳定性不仅与添加剂的种类有关，还和添加剂的用量有关。随着添加剂用量的增大，水煤浆的析水率降低，随后呈增大的趋势。这可能是由于当水煤浆添加剂的用量较低时，界面上吸附分子较少，不足以使成浆煤粒的疏水表面充分改为亲水表面，部分煤粒表面仍然保持部分疏水区的性质；也可能是由于所制备的添加剂的亲水基团如磺酸基或羟基的密度相对较小，被煤粒吸附后所形成的水化膜的厚度相对较小，同时其双电层产生的静电排斥作用也较小，相比之下，疏水作用力和范德华引力所引起的煤粒间的聚集作用仍然占上风，此时，不仅煤粒内包含着一定数量的水分子，而且煤粒之间在范德华引力和疏水作用力的影响下，相互聚集，煤浆的稳定性也差。当添加剂用量增加到一定高度时，界面膜由定向的吸附且排列较紧密的分子组成，膜的强度相应较大，煤粒聚集成团受到的阻力相应增大，因此水煤浆的稳定性较好。但由于水煤浆的稳定性还受到其他条件的影响，例如煤中金属离子的溶出随着时间的延长而增多，双电层被压缩，浆体中煤颗粒因电荷量的减少，静电斥力降低，稳定性减弱而絮沉。由于ML-SAF添加剂中碱木质素是活化碱木质素，活性位点较多，可令其分子量增大，有效官能团如酚羟基、磺酸基等含量增多，其螯合溶出的金属离子能量增大，因此，在总体趋势上表现出比L-SAF较优的稳定性。

6）碱木质素系水煤浆添加剂对所制水煤浆存储性能的影响　为了考察自制的碱木质素系水煤浆添加剂作为水煤浆稳定剂的性能，实验对添加ML-SAF和L-SAF的煤浆做了稳定性的评价，结果见表3-14。从表3-14中可以看出，ML-SAF的稳定性明显要好于L-SAF。但两者的制浆稳定性都较好，在56d后，都未形成硬沉淀，方便水煤浆的存储、运输，符合行业标准，满足产业化生产要求。

表3-14　碱木质素系水煤浆添加剂制浆成浆稳定性研究

添加剂	浓度/%	黏度/mPa·s	落棒试验/s						
			0d	1d	3d	7d	14d	28d	56d
L-SAF	63.5	1163.4	1.4	1.5	1.8	3.8	35	45	不能自然到底,无硬沉淀
ML-SAF	64.4	1043.2	1.3	1.5	1.7	3.5	33	43	不能自然到底,无硬沉淀

(2) 碱木质素-磺化丙酮-甲醛缩聚物水煤浆添加剂的成浆性能研究

笔者和课题组成员[68]选用陕西神府煤为研究对象，通过破碎、磨矿、筛选和级配后，加入计算量的水和水煤浆添加剂，搅拌均匀后即可得到不同浓度的水煤浆。产品碱木质素-磺化丙酮-甲醛缩聚物水煤浆添加剂的成浆稳定性见表3-15，产品与其他水煤浆添加剂用量与成浆性能的比较见表3-16。由表3-15和表3-16可知，本产品对水煤浆具有良好的分散性和稳定性，可满足工业制浆的要求，而且产品的分散性和稳定性明显优于其他水煤浆添加剂。

表3-15　产品的成浆稳定性试验

水煤浆浓度/%	黏度/mPa·s	落棒试验/s								
		0d	1d	3d	7d	14d	28d	47d	56d	65d
67.5	910	1.1	1.1	1.2	1.3	29	36	48	不能自然到底,无硬沉淀	不能自然到底,无硬沉淀

表3-16　产品与其他水煤浆添加剂用量与成浆性能的比较

水煤浆性能	产品	木质素磺酸钠	木质素磺酸钙	木质素磺酸铵	萘系添加剂	丙烯酸系添加剂	腐殖酸系添加剂
用量/%	0.7	1.0	1.0	1.0	0.8	1.0	1.0
浓度/%	67.5	65.1	65.7	65.3	65.9	67.2	65.5
黏度/mPa·s	910	1270	1190	1230	1000	950	1100
目测流动性	好	较好	较好	较好	好	好	好
24h后析水率/%	1.0	8.5	9.7	8.1	3.2	2.1	3.6
24h后浆体结构	无沉淀	软沉淀	软沉淀	无沉淀	无沉淀	无沉淀	无沉淀

(3) 碱木质素改性三聚氰胺系水煤浆添加剂的成浆性能研究

笔者和课题组成员[69]选用山西大同煤为研究对象，考察产品碱木质素改性三聚氰胺系水煤浆添加剂的用量与成浆浓度的关系，结果见表3-17。由表3-17可知，本产品对水煤浆具有良好的分散性和稳定性，在添加剂的用量较低时即可满足工业制浆的要求。

表 3-17 添加剂用量与成浆浓度的关系

添加剂用量/%	水煤浆浓度/%	黏度/mPa·s	目测流动性	24h 后析水率/%	落棒试验/s		
					0d	28d	56d
0.2	62.8	810	好	0.9	1.0	27	不能自然到底,无硬沉淀
0.4	64.3	770	好	0.6	1.1	29	不能自然到底,无硬沉淀
0.6	68.3	690	好	0.8	1.2	31	不能自然到底,无硬沉淀
0.8	68.8	820	好	0.9	1.4	34	不能自然到底,无硬沉淀
1.0	72.3	880	好	0.7	1.9	42	不能自然到底,少量软沉淀

3.3 木质素混凝土减水剂

3.3.1 混凝土减水剂概述

混凝土外加剂是现代混凝土不可缺少的组分之一，添加混凝土外加剂是改善混凝土性能的一种重要手段和技术方法，在混凝土配制中掺少量的外加剂就可以改善其工作性能，提高混凝土的力学性能和耐久性。同时，外加剂的研究和应用促进了混凝土的生产、施工及新型混凝土品种的发展。

20 世纪 60 年代起，随着经济和社会的发展，品种多样、性能优越的新型混凝土外加剂给混凝土的性能带来新的飞跃，为现代化的新型建筑创造了优越的条件。但是，外加剂与水泥的和易性仍存在着很大的问题，一直困扰着混凝土的发展。在我国混凝土质量事故中，70%是由外加剂与水泥的适应性问题引起的。随着混凝土行业的飞速发展，混凝土用量急剧增加，加上当代建筑的特殊要求，人们对混凝土外加剂的要求也越来越高。因此，混凝土外加剂的稳定性和高效性也越来越受到重视。

减水剂是混凝土外加剂中的一种，既可以单独使用，也可以与其他功能性组分复配使用，以改善新拌和混凝土性能。减水剂是指在混凝土的和易性及水泥用量均不变的条件下，能减少拌和用水量并提高混凝土强度，或在强度及和易性不变的条件下，节约水泥用量的外加剂。减水剂对提高混凝土的性能起着重大的作用，因此施工对混凝土的要求越来越严格，也推动减水剂朝着高性能方向发展。高效减水剂与高性能减水剂在概念上的区别主要在于，高性能减水剂是性能更好、更能满足实际需要的高效减水剂，除了具有高减水率、改善混凝土孔密实程度和结构等作用外，还可以控制混凝土的坍落度损失，更好地控制混凝土的泌水、引气、缓凝等问题。

参照国家标准《混凝土外加剂的分类、命名与定义》（GB/T 8075—2017）和《混凝土外加剂》（GB 8076—2008）中的规定，用于砂浆中的各种减水剂的定义如下。

普通减水剂：在砂浆稠度基本相同的条件下，能减少拌和用水量的添加剂。

高效减水剂：在砂浆稠度基本相同的条件下，能大幅减少拌和用水量的添加剂。

早强减水剂：兼有早强和减水功能的添加剂，通常由早强剂和减水剂复合而成。

缓凝减水剂：兼有缓凝和减水功能的添加剂，部分缓凝减水剂由缓凝剂和减水剂复合。

缓凝高效减水剂：兼有缓凝和大幅度减水功能的添加剂，通常由缓凝剂和高效减水剂复合而成。

引气减水剂：兼有缓凝和减水功能的添加剂，部分引气减水剂由引气剂和减水剂或高效减水剂复合而成。

3.3.1.1　减水剂的种类

减水剂的种类有很多种，目前使用比较普遍的是按合成减水剂的原料或按合成减水剂的主链化学结构特征来分类。根据合成减水剂原料的不同，可将减水剂分为萘系高效减水剂、三聚氰胺系高效减水剂、氨基磺酸系高效减水剂、聚羧酸系高性能减水剂及其他种类的减水剂[74, 75]。

（1）萘系高效减水剂

萘系高效减水剂的化学名称是萘磺酸甲醛缩聚物，是以工业萘或精萘为原料制成的一类非引气型高效减水剂，主要成分是萘磺酸甲醛缩聚物。萘系高效减水剂分子是一种极性分子，其中含有的磺酸基是强亲水基团，是先将萘用浓硫酸、三氧化硫或发烟硫酸磺化得到β-萘磺酸，然后再与甲醛缩合，最后用碱中和制备而成的。萘系高效减水剂的分子属于少支链的线型结构，磺酸基对水泥颗粒的吸附是一种短棒式的吸附形态，空间立体排斥力比较小，主要由静电斥力决定分散力，其特点是吸附量较多但是吸附力较弱。减水剂分子易随着水化的进行、重力、机械搅拌及布朗运动等各种因素作用脱离水泥颗粒表面，造成粒子间的凝聚加速，在宏观上表现为流动度损失大。由于萘系高效减水剂生产工艺比较成熟、原料供应稳定且产量大，因此，目前在国内外市场上仍然是主要的减水剂之一。萘系高效减水剂同时也是国内产量最多的减水剂之一，2000 年资料数据显示，萘系高效减水剂产量占全部减水剂产量的 80%以上。2009 年资料数据显示，萘系高效减水剂产量占全部减水剂产量的 55%。

（2）三聚氰胺系高效减水剂

三聚氰胺系高效减水剂俗称蜜胺减水剂，其化学名为磺化三聚氰胺甲醛树脂。它是一种水溶性的聚合树脂，无色且热稳定性好，属于早强、阴离子型、非引气型高效减水剂。其代表性的三聚氰胺减水剂主要成分是磺化三聚氰胺甲醛树脂，减水率可达 25%。1964 年，该类减水剂在德国首先研制成功，是由三聚氰胺、焦亚硫酸钠、甲醛按摩尔比为 1∶1∶3在一定条件下缩聚而成的。目前，国内外对该类减水剂的研究很多。此类减水剂的憎水主链亚甲基连接含 N 或含 O 的五元或六元杂环，而亲水官能团则是连接在杂环上带—SO_3M等官能团的取代支链。

（3）氨基磺酸系高效减水剂

氨基磺酸系高效减水剂是一类非引气树脂型高效减水剂，目前对氨基磺酸盐减水剂合成及性能研究的文献报道很多。氨基磺酸系高效减水剂生产工艺较萘系减水剂简单，一般是以苯酚、尿素、对氨基苯磺酸钠等为单体，通过甲醛的交联作用在水溶液中加热缩合而成。氨基磺酸系高效减水剂的分子结构特点是分支较多，所带的负离子基团（如—SO_3、—OH、—NH_2）多、极性强，由于氨基磺酸系高效减水剂结构支链多，而且在水泥颗粒上的吸附呈环圈和尾状吸附，因而空间位阻比较大。同时由于静电斥力和空间位阻的共同作用，使氨基磺酸系高效减水剂有优良的减水、分散性能。掺氨基磺酸盐系高效减水剂的混凝土，减水率高，坍落度损失较小，耐久性、抗渗性好。

(4) 聚羧酸系高性能减水剂

聚羧酸系高性能减水剂分子呈梳形结构，由含有羧基（—COOH)、羟基（—OH)、聚氧化乙烯基（—PEO)、磺酸盐基（—SO_3M）的烯类单体在水溶液中按一定比例共聚而成，特点是在主链上带有一种或多种极性较强的活性基团，同时侧链上带有较多分子链较长的亲水性基团。各基团对水泥浆体的作用是不同的：磺酸基的分散性好；羧基有较好的分散性和缓凝效果；聚氧化乙烯基具有保持流动性的作用；羟基不仅具有缓凝作用，还能起到浸透润湿的作用。根据相关的文献报道，与其他的减水剂相比，聚羧酸系高性能减水剂有其独特的优点，如掺量低、减水率高、对水泥粒子具有超分散性能、混凝土拌合物的保持性和流动性好、坍落度损失小、对施工环境温度要求低等。此外，聚羧酸系高性能减水剂还具有生产绿色化、产品绿色化等优点，是减水剂行业的重点发展方向之一。

(5) 其他种类的减水剂

其他种类的减水剂如改性木质素磺酸盐类高效减水剂。该类高效减水剂基于对木质素磺酸盐的改性，如化学改性、物理改性等，其结构比较复杂，憎水性的主链可以包含芳烃、脂环烃和脂肪烃等，亲水官能团的种类和分布也比较复杂。该类减水剂的原料是硫酸盐法生产纸浆的副产品。生产和大力推广应用该类减水剂具有重要的环保意义。此外，用苯酐残渣制造的新品种高效减水剂，生产成本低，性能达到相关标准，具有一定的缓凝性；聚苯乙烯类废旧塑料减水剂的开发是近年来比较热门的一个研究方向；磺化苯乙烯低聚物是一种重要的高分子表面活性剂，可用作混凝土减水剂。

3.3.1.2 减水剂的作用机理

对高效减水剂作用机理的研究理论有很多，至今被人们广为接受的理论主要有吸附分散理论、静电斥力理论和空间位阻理论三种。Uchikawa[76]的研究结果表明，静电斥力理论适用于解释分子中含有—SO_3M基团的高效减水剂，如萘系减水剂、氨基磺酸盐系减水剂、三聚氰胺系减水剂等；而空间位阻理论则适用于解释聚羧酸系高性能减水剂对混凝土的作用。

(1) 吸附分散理论

减水剂一般都为阴离子表面活性剂，其分子结构中含有很多的活性基团，可以吸附在水泥颗粒及其水化产物上，形成一定厚度的吸附层，改变水泥颗粒表面的电特征，从而改变了颗粒间的作用力。

普遍认为，水泥颗粒的表面带正电荷，随着水泥水化过程的进行，水泥颗粒的表面逐渐转化为带负电荷。在水中减水剂溶解后发生解离作用，生成金属阳离子（Na^+）和带有负电荷的有机阴离子（R—SO_3^-）。当水和水泥接触后，由减水剂解离的阴离子以一定的方式被水泥颗粒的表面所吸附，使水泥颗粒表面形成一层稳定的溶剂化水膜，这层水膜起到了立体保护作用，能阻止水泥颗粒之间的直接接触，并且在颗粒之间起润滑作用。同时随着减水剂的加入，会伴随引入一定量的微气泡，即使是非引气型减水剂也会引入少量的气泡，这些微细的气泡被减水剂定向吸附形成的分子膜包围，并带有和水泥质点吸附膜相同电性的电荷，从而使气泡与水泥颗粒之间产生静电斥力，增加了水泥颗粒之间的滑动能力，大大降低了水泥颗粒间相互凝聚并长大的作用，释放出了封闭的水分，大大增加了水泥混凝土的流动性。

(2) 静电斥力理论

静电斥力理论是以 DLVO 平衡理论、双电层理论为基础的，认为减水剂对水泥浆体的分散作用主要与 3 个物理和化学作用有关，即分散、静电斥力（ζ 电位）和吸附。

DLVO 平衡理论认为，带电胶粒间存在着两种相互作用的力，即双电层重叠时静电斥力和粒子间的范德华力，它们的相互作用决定了胶体的稳定性：当吸引力占优势时，溶胶会发生聚沉；当排斥力占优势时，达到阻碍布朗运动的效果，胶体则处于稳定状态。

双电层理论认为，减水剂在水溶液中电离后，阴离子的憎水性基团依靠与水泥颗粒间的范德华力定向吸附在水泥颗粒表面，并使表面带上负电荷，从而使亲水性基团指向液相。但由于整个体系是呈电中性的，液相分散介质中必存在等量正电荷离子，并受带电表面的影响，最终形成一种近密远疏的分布形态，即扩散双电层。

(3) 空间位阻理论

空间位阻理论的核心是最低位能峰。Christopher 等指出，具有大分子吸附层的球形粒子在相互靠近时，颗粒之间的范德华力是决定体系位能的主要因素。当水泥颗粒表面吸附层的厚度增加时，有利于水泥颗粒的分散。Collepardi 等研究表明，聚羧酸系减水剂分子中含有较多较长的支链，它们以环线状或梳状形式吸附在水泥颗粒表面，不同于氨基磺酸系、萘系和三聚氰胺系减水剂分子的棒状吸附形式。这种吸附形式使水泥颗粒表面具有较大的空间位阻，有效防止了水泥颗粒的团聚，提高了水泥颗粒的分散效果，导致聚羧酸系减水剂具有较高的减水率。这很好地解释了聚羧酸系减水剂的 ζ 电位没有氨基磺酸系、萘系和三聚氰胺系减水剂的 ζ 电位高，但其减水率却高于这三类减水剂的原因。

3.3.1.3 减水剂的发展历程

一般认为，减水剂的发展经历了三个阶段：第一阶段从 20 世纪 30 年代到 60 年代，以木质素磺酸盐为代表的第一代普通减水剂，减水率在 8%～10%；第二阶段从 20 世纪 60 年代到 80 年代末，以萘磺酸盐甲醛缩聚物为代表的高效减水剂，减水率增大到 15%～25%；第三阶段从 20 世纪 90 年代至今，以聚羧酸系为代表的高性能减水剂，减水率高达 25%～35%[77]。第一、二代减水剂因具有掺量大、减水率不够、坍落度损失大、水泥适应性差等缺点而受到制约；第三代高性能减水剂具有保坍落度性能好、掺量低、减水率高等优点，已是水泥混凝土必不可少的外加剂之一。

我国研究开发减水剂的工作开始于 20 世纪 50 年代，木质素磺酸钙、苇浆尾液浓缩物的研究成功推动了国内减水剂研究的第一次高潮[78]。1974 年，由于工程需要，交通部、水电部联合研究了以 NNO 扩散剂为主要成分，辅以其他助剂的减水剂，并在工程中进行了试用，通过了技术鉴定。1975 年，清华大学和某国防工程部进行了高强混凝土课题研究，开始了对高效减水剂的研究。1982 年，以蒽油为原料的 AF 高效减水剂研制成功。20 世纪 70 年代中后期，国内开始研究树脂型减水剂，1981 年三聚氰胺磺酸盐甲醛缩合物高效减水剂通过了技术鉴定，性能与国外同类产品相当，但因售价偏高，难以大规模推广应用。

从20世纪80年代初至今，减水剂产品的质量水平和品种都有了飞速发展，改性木质素磺酸盐减水剂与三聚氰胺系高效减水剂等都得到了广泛的开发应用。2007年的调查统计结果表明，我国普通减水剂的产量约占6.2%，高效减水剂的产量约占79.3%，高性能减水剂的产量约占4.6%[79]。

3.3.2　木质素磺酸盐减水剂

3.3.2.1　木质素磺酸盐减水剂的来源及其基本性能

木质素磺酸盐减水剂是由亚硫酸盐法生产纸浆的副产品加工而成的。木材与亚硫酸钠一起在高温高压下蒸煮后，将纤维素与木质素分离，纤维素浆用于造纸、生产人造丝等，剩下的木质素磺酸盐废液经发酵脱糖，提取酒精后浓缩喷雾干燥，即得棕色粉状的木质素磺酸盐，并常伴有糖类及其他还原物质，其分子量为2000～100000。木质素磺酸盐作为阴离子型高分子表面活性剂，由于其分子量不同，作为减水剂掺入混凝土中时，会表现出不同的宏观性能。

木质素磺酸盐的分子量在2500～10000时，表现出较强的分散减水作用；分子量在10000以上时，主要表现为吸附作用。当混凝土内掺入木质素磺酸盐时，由于其在C_3A和C_4AF上的优先吸附作用，在一定程度上减少了水泥初期水化的结合水，增加了拌合物内的自由水，达到减水效果[80]。水泥矿物成分对木质素磺酸盐的吸附作用，延缓了水泥矿物的水化作用，因此木质素磺酸盐具有一定的缓凝作用。但若超量掺加木质素磺酸盐时，由于水泥矿物成分对木质素磺酸盐的过分吸附，使水泥矿物成分与水隔绝，抑制水泥水化反应，从而导致水泥基材料数天不凝结，甚至造成工程事故。

3.3.2.2　木质素磺酸盐的减水作用机理

木质素磺酸盐是阴离子型高分子表面活性剂，具有半胶体性质，与其他减水剂一样能吸附在水泥颗粒表面上，其吸附层厚度为$(15\sim25)\times10^{-10}$m，通过离子键和范德华力来达到分散水泥及材料的目的。木质素磺酸盐掺入水泥浆中，解离成大分子阴离子和金属阳离子，阴离子吸附在水泥颗粒的表面上，使水泥颗粒带负电荷，由于相同电荷相互排斥使水泥颗粒分散。同时，由于木质素磺酸盐是亲水性的，吸附层在水泥颗粒周围也能阻碍水泥凝聚（空间阻碍），因此使水泥颗粒和二次凝聚颗粒（占10%～30%）分散开来，释放出凝胶体中所含的水和空气，这样游离水增多，使水泥浆的流动性提高。另外由于木质素磺酸盐能降低气液表面张力而具有一定的引气性，微气泡的滚动和浮托作用改善了水泥浆的和易性，同时，木质素磺酸盐中除了含有糖之外，本身的分子中含有缓凝基团羟基（—OH）和醚键（—O—），因此木质素磺酸盐有缓凝作用，这种对水泥初期水化的抑制作用使化学结合水减少，而相对的游离水增多，使水泥浆流动性提高[80]。

3.3.2.3　木质素磺酸盐减水剂与高效减水剂对水泥浆体作用的区别

由于木质素磺酸盐减水剂与高效减水剂的减水作用机理不完全相同，因而掺木质素磺酸盐与掺高效减水剂的水泥浆体所呈现的规律也不完全相同，主要有 3 个方面：a. 木质素磺酸盐具有较高的单位掺量平均减水率，掺量为 0.1%时，在砂浆和混凝土中平均减水率为 5%，比高效减水剂大，但在临界掺量时，木质素磺酸盐的最大减水效果不如高效减水剂；b. 掺木质素磺酸盐的混凝土抗压强度提高得少，其原因是木质素磺酸盐具有引气作用，使混凝土的含气量增加；c. 具有较强缓凝作用，一般认为木质素磺酸盐含有糖和其他还原物质，由于这些多羟基糖类化合物的亲水性强，吸附后使矿物质表面的溶剂化水膜增厚，增加了扩散层的电动电位，降低了扩散离子的浓度，产生了缓凝作用。

3.3.2.4 木质素磺酸盐减水剂的应用现状

早在 1935 年，美国就开始使用木质素磺酸盐作混凝土减水剂，之后许多国家也开始了研究和推广，我国从 20 世纪 70 年代开始生产使用这类产品[81]。该减水剂适用于水利、港口、交通、工业与民用建筑的现浇和预制的混凝土和钢筋混凝土、大体积混凝土、大坝混凝土、泵送混凝土、大模板施工用混凝土、滑模施工用混凝土及防水混凝土等。目前广泛使用的木质素磺酸盐类减水剂主要有以木质素磺酸钙为成分的 M 型减水剂、碱木质素经磺化得到的 MZ 型减水剂、太原造纸厂用浓缩黑液生产的 CS-1 减水剂及广州造纸厂与交通部四航局合作研制的 MY 型减水剂等。

木质素磺酸盐作为减水剂既有其优越性同时又有缺点，这就限制了木质素磺酸盐在混凝土中的应用，而且也影响了其自身价值的提高。因此，到目前为止，虽然木质素磺酸盐仍然是应用广泛的混凝土减水剂，但在配制高性能混凝土时却无法达到要求，而且目前木质素磺酸盐减水剂仍主要用于夏季混凝土施工中，作为混凝土缓凝剂，或用于大体积混凝土施工，用以降低水泥的水化热，避免混凝土开裂。鉴于此种状况，目前，各国均致力于木质素磺酸盐的改性研究，并已经取得了不少成果，但总体来说效果不如萘系等减水剂。因此，木质素磺酸盐减水剂将来的发展方向仍然是对木质素磺酸盐进行改性，并且在不破坏其原有优点的基础上，使其达到高效减水剂的性能要求。

3.3.2.5 木质素磺酸盐减水剂的制备及应用

实例一[82]：笔者和课题组成员开发了一种利用制浆黑液制备木质素磺酸钠减水剂的方法，当该产品的掺量为 0.25%时，其减水率为 11%，泌水率为 0，含气量为 3.0%，初凝时间为 400min，3 天、7 天、28 天的抗压强度比分别为 115%、118%、110%，收缩率比为 111%，符合《混凝土外加剂》(GB 8076—2008) 标准中缓凝型普通减水剂的性能指标。

制备工艺：用浓缩器将制浆黑液浓缩至固含量为 30%～60%的浓缩液后，将浓缩液泵入反应器中，加入酸性调节剂将反应体系的 pH 值调至 10.5～13.5，然后加入质量分数为 0.05%～2.5%的催化剂和 1.5%～20.0%的磺化剂，在 80～120℃的反应温度下反应 1～6h，加入计算量的添加剂，反应 0.5～3h 后降温出料，产品为棕褐色液体，通过喷雾干燥后即得固体粉剂。其中，磺化剂为 α-羟甲基磺酸钠、α-羟乙基磺酸钠、α-羟丙基磺酸钠、α-羟异丙基磺酸钠、α-羟丁基磺酸钠中的一种或多种的混合物。

实例二[83]：笔者和课题组成员以制浆黑液为原料，利用高级催化氧化的方式对制浆黑液进行预处理，提高黑液中木质素的活性，再采用磺甲基化工艺，进一步提高产品的磺化效果，并有效控制产品的分子量，从而制备木质素磺酸钠分散剂。该产品是一种价廉的生物大分子分散剂，具有分散、络合、螯合等多种功能，用途广泛，可作为表面活性材料，用作矿物浮选剂、混凝土减水剂、染料分散剂、循环水缓蚀除垢剂、水煤浆分散剂、钻探泥浆稳定剂等。该产品用作混凝土减水剂，在产品的掺量为 0.25%时，其减水率为 10%，泌水率为 2.6%，含气量为 3.5%，初凝时间为 220min，3 天、7 天、28 天的抗压强度比分别为 113%、115%、105%，收缩率比为 122%。

制备工艺：a. 催化氧化，以固含量为 20%～60%的制浆黑液为原料，加入催化剂，在 30～90℃的反应温度下反应 15～120min，加入氧化剂，反应温度控制在 30～95℃，反应 15～120min；b. 磺甲基化，加入酸性调节剂将反应体系的 pH 值调至 10.5～13.5，然后加入 α-羟甲基磺酸钠，在 95～150℃的反应温度下反应 3～8h 后降温出料，制得所述木质素磺酸钠分散剂，该产品为棕黑色液体，通过喷雾干燥即得棕褐色固体粉剂。其中，氧化剂为过氧化氢、高锰酸钾、过氧乙酸、Fenton 试剂、高铁酸钾、过氧乙酸/Fe^{2+}、高锰酸钾/Fe^{2+}、氯氨、次氯酸、重铬酸钾中的一种或多种的混合物。

在混凝土减水剂的掺量为 0.25%时，对比本产品与其他同类产品对不同品种水泥的净浆流动度，结果见表 3-18。由表 3-18 可知，本产品性能优良，对不同品种水泥的适应性强，其净浆流动度与进口木质素磺酸钙的相当。

表 3-18 本产品与其他同类产品对不同品种水泥的净浆流动度对比（一） 单位：mm

减水剂	不同品种水泥的净浆流动度					
	炼石 42.5R	万年青 32.5R	豪福 42.5	武夷 42.5R	金牛 42.5	龙津 32.5
本产品	160	180	130	120	135	145
木质素磺酸钠 1（粉剂，工业级）	165	190	135	122	135	150
木质素磺酸钠 2（液体，工业级）	140	155	110	105	120	130
木质素磺酸钠 3（粉剂，工业级）	155	180	132	115	133	147
木质素磺酸钙 1（粉剂，进口）	162	183	128	125	137	140
木质素磺酸钙 2（粉剂，工业级）	150	165	120	110	125	140

实例三[84]：笔者和课题组成员首次提出以磨木浆废液制备木质素磺酸盐的工艺，该工艺是利用浓缩后的磨木浆废液依次经过醚化反应、磺化反应、缩合反应，从而得到木质素磺酸盐。所使用的原料磨木浆为磨石磨木浆、压力磨石磨木浆、高温磨石磨木浆、盘磨机械磨木浆、木片磨木浆、热磨机械浆、化学热磨机械浆、生物机械浆、磺化化学机械浆、半化学浆废液中的一种或者几种的混合物。

制备工艺：将磨木浆废液用浓缩器浓缩至固含量为 20%～65%，并用泵抽入反应器内，将体系温度升至 90～150℃，加入醚化剂进行醚化反应 1～3h 后，加入磺化剂和添加剂，进行磺化反应 2～4h，之后缓慢加入缩合剂，反应 1～5h 后出料，得到产品木质素磺酸盐。制得的木质素磺酸盐的分子量为 15000～80000，为棕黑色或褐色液体，pH 值为

7～9，经喷雾干燥后得到黄棕色或深棕色粉末状固体。其中，磺化剂为亚硫酸钠、亚硫酸氢钠、焦亚硫酸钠、亚硫酸镁、亚硫酸氢镁、亚硫酸钙、亚硫酸氢钙、亚硫酸铵、亚硫酸氢铵中的一种或者几种的混合物，相应的产品包括木质素磺酸钠、木质素磺酸镁、木质素磺酸钙、木质素磺酸铵。

按照《混凝土外加剂匀质性试验方法》（GB/T 8077—2012），在水灰比为0.35、减水剂掺量为0.25%时，测定产品木质素磺酸钠、木质素磺酸镁、木质素磺酸钙、木质素磺酸铵的水泥净浆流动度，并与市场上同类产品对比，结果如表3-19所列。由表3-19可知，几种产品对不同水泥的水泥净浆流动度效果均比较好，具有很好的水泥净浆流动度和水泥适应性；产品与市场上其他同类木质素磺酸盐产品相比较，具有较明显的优势，对水泥有更稳定的适应性。

表3-19 本产品与其他同类产品对不同品种水泥的净浆流动度对比（二） 单位：mm

减水剂	不同品种水泥的净浆流动度					
	万年青42.5R	万年青32.5R	炼石42.5R	炼石32.5R	龙津32.5	虎球42.5
产品木质素磺酸钠1#	115	161	156	155	124	148
产品木质素磺酸钙1#	110	156	154	142	131	139
产品木质素磺酸钠2#	111	157	150	148	129	143
产品木质素磺酸钠3#	117	160	155	141	120	140
产品木质素磺酸铵1#	117	166	151	137	119	145
产品木质素磺酸镁1#	113	159	147	145	130	151
山东木质素磺酸钠	84	105	110	121	91	108
南非木质素磺酸钙	103	150	142	137	98	135

实例四[85]：笔者和课题组成员以制浆黑液为原料，采用两步氧化法制备木质素磺酸盐分散剂。该分散剂为木质素磺酸钠、木质素磺酸钙、木质素磺酸镁或木质素磺酸铵分散剂，分子量为5000～100000，具有分散、络合、螯合等多种功能，可用于水煤浆添加剂、染料分散剂、混凝土减水剂、钻井液降黏剂等。

制备工艺：a. 一步氧化，以制浆黑液为原料，在30～40℃的温度下，加入酸性调节剂调节pH值至10.6～13.5，然后加入质量分数为1.0%～5.3%的氧化剂溶液，在40～80℃下反应20～90min；b. 磺甲基化，在步骤a的溶液中加入质量分数为1.7%～5.2%的甲醛溶液，在60～100℃下反应20～120min，再加入质量分数为2.0%～4.6%的磺化剂溶液，在80～120℃下反应2～5h；c. 二步氧化，将步骤b的溶液温度降至30～60℃后，加入酸性调节剂调节pH值至4～8，加入质量分数为2.5%～10%的氧化剂溶液，在30～60℃的温度下反应1～6h后降温出料，得到红褐色液体，通过喷雾干燥即得咖啡色固体粉剂，即木质素磺酸盐分散剂。其中，氧化剂为过氧化氢、硝酸、高锰酸钾、过氧乙酸、H_2O_2/Fe^{2+}、高铁酸钾、高铁酸钠、过氧乙酸/Fe^{2+}、高锰酸钾/Fe^{2+}、次氯酸、重铬酸钾中的一种或多种的混合物；磺化剂为亚硫酸钠、亚硫酸氢钠、焦亚硫酸钠、亚硫酸氢铵、亚硫酸氢钙、亚硫酸镁中的一种或多种的混合物。

以产品木质素磺酸钠为例，其对水泥炼石42.5R、龙津32.5、万年青32.5R的净浆流动度分别为168mm、160mm、185mm。该产品的掺量为0.25%时，其减水率为

10.5%，泌水率为 1.2%，含气量为 2.5%，初凝时间为 220min，3 天、7 天、28 天的抗压强度比分别为 114%、117%、108%，收缩率比为 118%。

实例五[86]：笔者和课题组成员首先利用浓缩后的溶解浆废液在催化剂的作用下提高木质素的活性，然后进行磺甲基化反应，最后发生还原反应得到棕黑色或深褐色液体，经喷雾干燥后得到深褐色或深棕色的粉末状木质素磺酸钠分散剂。产品重均分子量为6000～40000，数均分子量为 3000～20000，可广泛用作混凝土外加剂、染料分散剂及水煤浆添加剂，产品的各项性能均可达到相关质量标准要求。该产品的掺量为 0.25%时，其减水率为 11.8%，泌水率为 2.3%，含气量为 3.0%，初凝时间为 220min，3 天、7 天、28 天的抗压强度比分别为 134%、118%、105%，收缩率比为 116%，符合《混凝土外加剂》(GB 8076—2008) 标准中早强型普通减水剂的性能指标。

制备工艺：将溶解浆废液浓缩至固含量为 20%～60%，加入催化剂，在 40～130℃下反应 0.5～1.5h；加入酸性调节剂调节体系的 pH 值至 10～13，调温至 80～160℃后加入磺化剂、醛类化合物、水，反应 2～5h；然后调节体系温度至 60～130℃，加入还原剂后再反应 0.5～2h，得到产品。其中，磺化剂为亚硫酸钠、亚硫酸氢钠、对氨基苯磺酸、焦亚硫酸钠、羟乙基磺酸钠、亚硫酸铵、亚硫酸氢铵、氨基磺酸中的一种或多种的混合物；醛类化合物为甲醛、乙醛、戊二醛、丙烯醛、琥珀醛、蜜胺甲醛、三聚甲醛、多聚甲醛中的一种或多种的混合物；还原剂为连二亚硫酸钠、二氧化硫脲、氨基亚氨基磺酸、甲醛次硫酸氢钠、葡萄糖亚铁、还原糖、羟甲基亚磺酸钠、次亚磷酸钠、二羟基丙酮、硼氢化钠、环烷酮中的一种或多种的混合物。

3.3.3 改性木质素磺酸盐减水剂

目前，关于木质素磺酸盐减水剂改性的研究方法主要有 3 种：a. 通过两种外加剂复合，以克服各自的缺点，达到理想的减水、保坍和耐久的性能；b. 从分子设计的角度，通过化学方法使有害基团无害化或转变为有利基团，从根本上改变其性能，从而达到改性的目的；c. 通过物理吸附、超滤、萃取等方法，使不同分子量部分分离，除去其中小分子量部分和大分子量部分，而保留分散减水作用较好的中间分子量部分。有时，为了达到更加理想的减水效果，通常可以将 3 种方法配合使用，尤其是通过物理改性和化学改性相结合的办法，通过对分子量和功能基团的调整，既可以提高木质素磺酸盐的分散减水作用，又可以改善其超掺时引气效果不佳以及过度缓凝的弊端。

3.3.3.1 复合改性方法

目前比较常用的萘系高效减水剂会导致水泥水化热在短时间内放出，易使混凝土结构出现裂缝，同时坍落度损失大，而普通木质素磺酸盐的缓凝效果虽好，但减水增强效果不够。将两者复合使用后，可以达到与萘系高效减水剂相近的减水增强效果，同时具有价格低廉，早期水泥水化热小，坍落度损失小，混凝土保水性、黏聚性和可泵性好等优点，并且具有改善混凝土各项工作性能的优越性，是一种比较好的复合外加剂。

由于木质素磺酸盐减水剂引入的气泡质量较差且较少，不足以提高混凝土的耐久性，而单独掺加引气剂又不能达到节约水泥的目的，这时需要将木质素磺酸盐减水剂与引气剂复合使用，从而达到足够好的耐久性。通常与木质素磺酸盐减水剂复合使用的引气剂有合成高分子引气剂（如十二烷基磺酸钠等）、阴离子表面活性剂以及松香类引气剂等，而其中最常用的是松香类引气剂，两者复合使用时会得到比较好的耐久性。

笔者和课题组成员[75]分别以木质素磺酸钠和碱木质素作为制备聚羧酸减水剂的原料，在引发剂的作用下与聚羧酸减水剂单体进行接枝共聚反应，制得木质素磺酸钠聚羧酸减水剂和改性碱木质素聚羧酸减水剂，这不仅降低了聚羧酸系减水剂的生产成本，改善了聚羧酸系减水剂本身具有的缺点，还利用可再生资源部分替代不可再生资源，实现可持续发展的目的。

(1) 木质素磺酸钠聚羧酸减水剂

木质素磺酸钠聚羧酸减水剂的制备工艺：在一个装有滴液漏斗、搅拌器的三口烧瓶中，加入一定比例的聚乙二醇（PEG）、马来酸酐（MA）、对甲苯磺酸和对苯二酚，边搅拌边升温。当体系温度升至设定值时，继续反应一定时间，然后将体系温度调至所需温度，并滴加木质素磺酸钠、丙烯酰胺（AM）和丙烯酸（AA）的混合水溶液，同时滴加一定浓度的引发剂水溶液，滴加时间控制在2～3h，滴加完毕后保温反应一定时间，并调节pH值至7～9，即可得到木质素磺酸钠聚羧酸减水剂液体产品。

在酯化反应中对甲苯磺酸占聚乙二醇和马来酸酐总量的2%、对苯二酚占马来酸酐总量的2%，在接枝共聚反应中过硫酸铵引发剂占单体总量的4%、丙烯酰胺占单体总量的4%的条件下，对木质素磺酸钠用量、聚乙二醇-1000和马来酸酐摩尔比、丙烯酸与马来酸酐摩尔比、聚合时间、酯化时间、聚合温度和酯化温度进行单因素分析。

1) 木质素磺酸钠用量的影响　当 n(聚乙二醇)：n(马来酸酐)：n(丙烯酸)＝0.8：1.0：2.5、聚合时间为3h、酯化时间为3.5h、聚合温度为85℃、酯化温度为110℃时，改变木质素磺酸钠的用量，研究其用量对水泥净浆流动度的影响，结果如图3-20所示。

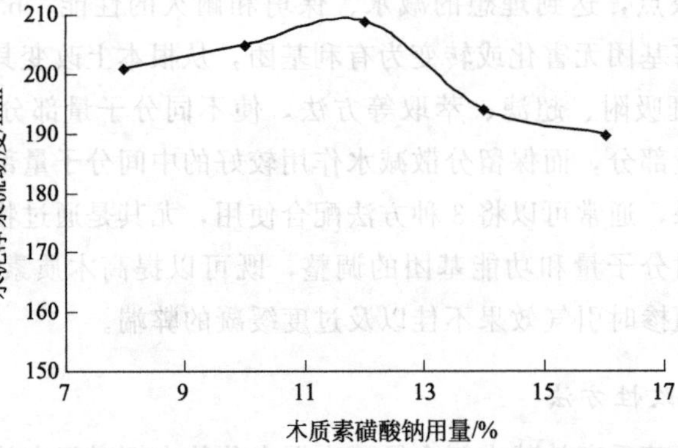

图3-20　木质素磺酸钠用量对水泥净浆流动度的影响

由图3-20可知，随着木质素磺酸钠用量的增加，水泥净浆流动度先增大后减小。这是因为当木质素磺酸钠用量较小时，聚羧酸减水剂单体可以完全与其接枝共聚，生成木质素磺酸钠聚羧酸共聚物；当木质素磺酸钠用量过大时，不能够与聚羧酸减水剂单体完全聚合，而木质素磺酸钠本身是普通减水剂，其成分复杂，且流动度较小、分散性能较差，因此剩余的木质素磺酸钠会降低该减水剂的整体性能。

但是，木质素磺酸钠来源丰富、价格低廉，把其作为合成原料，可以降低产品成本，实现更佳的经济效益。而且木质素磺酸钠本身是一种兼具缓凝和引气作用的普通减水剂，能够在一定程度上提高聚羧酸减水剂的缓凝和引气作用。又由图 3-20 可以得到，当木质素磺酸钠用量为 16%时，水泥净浆流动度比用量为 8%时降低了 19mm，而在试验过程中，当木质素磺酸钠用量为 20%时，水泥净浆流动度比用量为 8%时降低了 25～30mm。因此，选择木质素磺酸钠的最佳用量为 16%，此条件下产物的水泥净浆流动度为 190mm。

2）聚乙二醇-1000 和马来酸酐摩尔比的影响　聚乙二醇-1000（PEG-1000）和马来酸酐（MA）是合成具有活性的酯化大单体的主要单体，其酯化率是影响共聚物减水剂合成的重要因素。当木质素磺酸钠用量为 16%、其他条件均按正交最佳时，研究聚乙二醇-1000 和马来酸酐的摩尔比对水泥净浆流动度的影响，结果见图 3-21。

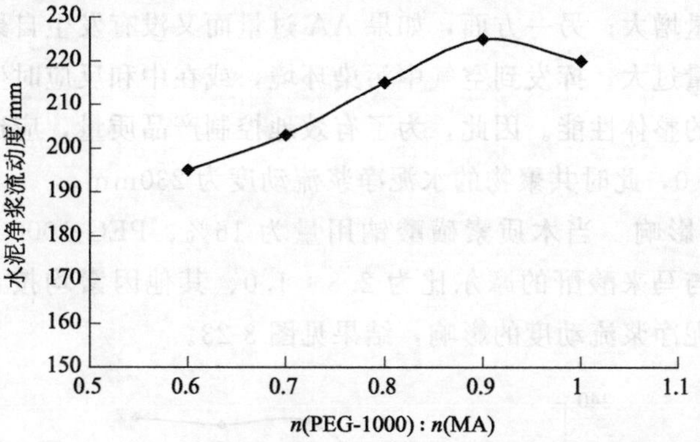

图 3-21　PEG-1000 和 MA 的摩尔比对水泥净浆流动度的影响

从图 3-21 中可以看出，随着 PEG-1000 与 MA 比例的增大，水泥净浆流动度呈先增大后减小的趋势。这是因为 MA 酸性很强，在催化剂的作用下很容易与醇发生酯化反应，当 MA 量较大时，虽然有利于酯化反应的进行，生成具有活性的酯化大单体，但是却导致 MA 在体系中均聚和共聚的难度增大，聚合度较小，从而导致共聚物的分子量偏低，水泥净浆流动度较小；当 PEG-1000 所占比例过大时，则会导致 PEG-1000 酯化反应不完全，使其过量过剩，从而不利于后面的接枝共聚反应，进而降低产品的水泥净浆流动度。因此，PEG-1000 和 MA 的摩尔比必须控制在一定的范围之内。由图 3-21 可知，当 PEG-1000 和 MA 的摩尔比为0.9：1.0时，其共聚物的水泥净浆流动度达到最大，为 222mm。

3）丙烯酸与马来酸酐摩尔比的影响　当木质素磺酸钠用量为 16%、PEG-1000 和 MA 的摩尔比为0.9：1.0、其他因素均按正交最佳的条件时，研究丙烯酸（AA）与马来酸酐的摩尔比对水泥净浆流动度的影响，结果见图 3-22。

由图 3-22 可知，当 AA 的投加比例过低时，共聚物的水泥净浆流动度较小，其主要原因是 AA 单体量过少，不能与其他单体完全聚合，使合成的共聚物分子量偏小，其水溶液也并不黏稠，而且其他单体的聚合转化率也不完全，致使很多单体因为不能聚合仍以游离单体的形式存在，进而影响减水剂的性能。

而当 AA 投加比例过高时，一方面由于在引发或高温条件下 AA 容易发生自聚或爆

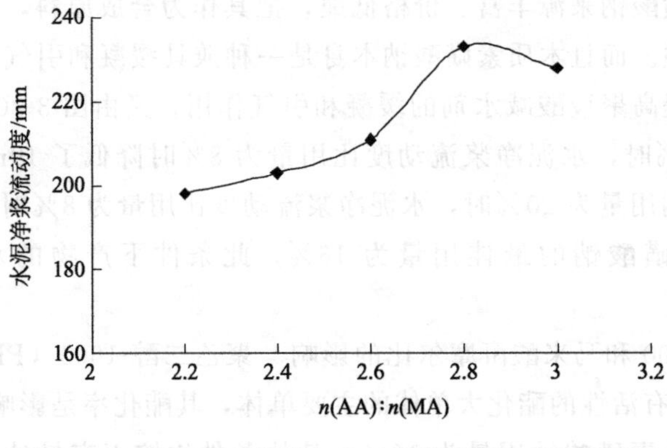

图 3-22 AA与MA的摩尔比对水泥净浆流动度的影响

聚，使过量的AA因为没有与其他单体共聚而发生自聚，这样会导致共聚物的黏度过大，而使副产品的分子量增大；另一方面，如果AA过量而又没有发生自聚或爆聚反应，也会导致AA单体残余量过大，挥发到空气中污染环境，或在中和反应时生成的丙烯酸钠也会影响共聚物减水剂的整体性能。因此，为了有效地控制产品质量，应选择丙烯酸与马来酸酐摩尔比为2.8∶1.0，此时共聚物的水泥净浆流动度为230mm。

4）聚合时间的影响　当木质素磺酸钠用量为16%、PEG-1000和MA的摩尔比为0.9∶1.0、丙烯酸与马来酸酐的摩尔比为2.8∶1.0、其他因素均按正交最佳的条件时，研究聚合时间对水泥净浆流动度的影响，结果见图3-23。

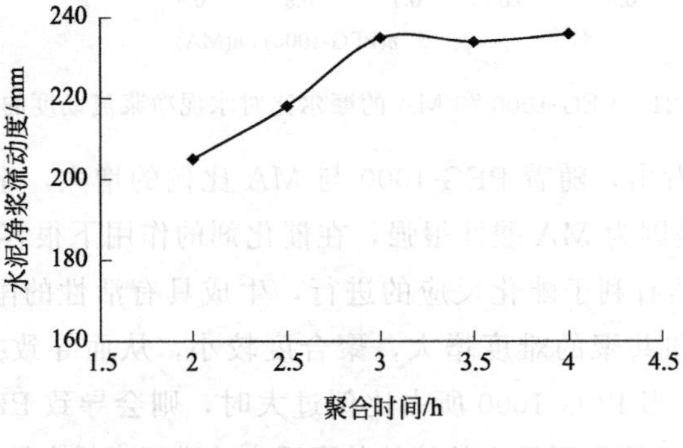

图 3-23 聚合时间对水泥净浆流动度的影响

从图3-23中可以看出，水泥净浆流动度随着聚合时间的延长而不断增大，然后趋于平衡状态，当聚合时间为3h时水泥净浆流动度达到最大，当时间超过3h后水泥净浆流动度基本保持不变。这是由于在聚合反应起始阶段，聚合单体均处于自由状态，其浓度较大，活性较高，单体聚合反应速率较快，产物的聚合度随着时间的延长而逐渐提高，因此可通过延长聚合时间达到单体共聚的目的。然而，随着聚合反应的不断进行，单体参与共聚后，其浓度逐渐降低，自由基数目减少，活性也减弱，因此其共聚物的水泥净浆流动度也趋于平衡。所以，聚合时间并不是越长越好，而应结合单体浓度的变化和产物的性能来确定。由图3-23可知，聚合时间选择3h为宜，此时产物的水泥净浆流动度为235mm。

5）酯化时间的影响　当木质素磺酸钠用量为 16%、PEG-1000 和 MA 的摩尔比为 0.9∶1.0、丙烯酸与马来酸酐的摩尔比为 2.8∶1.0、聚合时间为 3h、其他因素均按正交最佳的条件时，研究酯化时间对水泥净浆流动度的影响，结果见图 3-24。

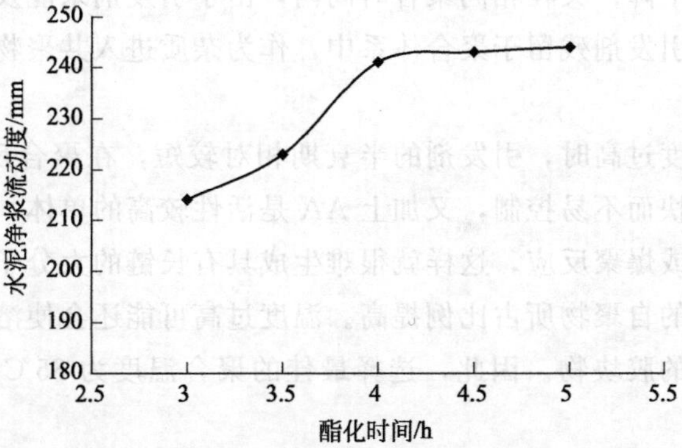

图 3-24　酯化时间对水泥净浆流动度的影响

由图 3-24 可以看出，水泥净浆流动度随着酯化时间的延长而不断增大，然后趋于平衡状态，当酯化时间为 4h 时水泥净浆流动度达到最大，随着酯化时间的延长，产物的水泥净浆流动度基本保持不变。酯化反应是一个可逆反应，其反应条件苛刻，反应速率缓慢，因此可通过延长反应时间来控制酯化产物的合成。

在一定的反应条件下，酸、醇的酯化反应朝着生成酯化产物的方向进行，但随着反应的进行，酸、醇的浓度越来越低，其分子间的作用力也越来越小，其酯化反应基本上处于平衡状态，因此延长反应时间并不能提高酯化率。PEG-1000 和 MA 的摩尔比为 0.9∶1.0，按照分子理论，假设 PEG-1000 全部酯化，那么还会有多余的 MA，而其他反应条件并没有改变，那么多余的这部分 MA 就会发生自聚反应，从而导致反应物的浓度改变，就会使酯化反应向逆方向进行，同样影响酯化产物的合成。因此，酯化时间不宜过短，也不宜过长。由图 3-24 可知，酯化时间选择 4h 为宜，此时产物的水泥净浆流动度为 241mm。

6）聚合温度的影响　当木质素磺酸钠用量为 16%、PEG-1000 和 MA 的摩尔比为 0.9∶1.0、丙烯酸与马来酸酐的摩尔比为 2.8∶1.0、聚合时间为 3h、酯化时间为 4h、其他因素均按正交最佳的条件时，研究聚合温度对水泥净浆流动度的影响，结果如图 3-25 所示。

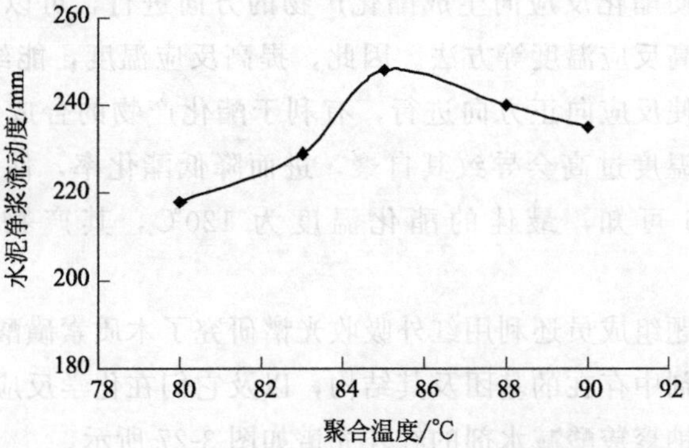

图 3-25　聚合温度对水泥净浆流动度的影响

从图 3-25 中可以看出，聚合温度对聚合反应的影响较大，产物的水泥净浆流动度随着温度的升高先增大后减小。这是由于当聚合反应温度过低时，引发剂的半衰期相对较长，引发剂未能及时分解来引发体系发生共聚反应，以致引发剂的引发效率下降，从而导致聚合产物的聚合度下降；又在相同聚合时间内，由于引发剂未能及时分解，而使其残留率比较大，未分解的引发剂残留于聚合体系中，作为杂质进入共聚物的溶液中，从而影响共聚物的整体性能。

而当聚合反应温度过高时，引发剂的半衰期相对较短，在聚合反应早期就大量分解，促使聚合反应速率加快而不易控制，又加上 AA 是活性较高的单体，在引发剂和高温的作用下很容易发生自聚或爆聚反应，这样就很难生成具有长链的大分子量聚合物，而使得小分子量聚合物或 AA 的自聚物所占比例提高。温度过高可能还会使溶液变得黏稠，或者使整个体系变成果冻状的胶块物。因此，选择最佳的聚合温度为 85℃，此时产物的水泥净浆流动度为 245mm。

7）酯化温度的影响　当木质素磺酸钠用量为 16%、PEG-1000 和 MA 的摩尔比为 0.9∶1.0、丙烯酸与马来酸酐的摩尔比为 2.8∶1.0、聚合时间为 3h、酯化时间为 4h、聚合温度为 85℃时，研究酯化温度对水泥净浆流动度的影响，结果如图 3-26 所示。

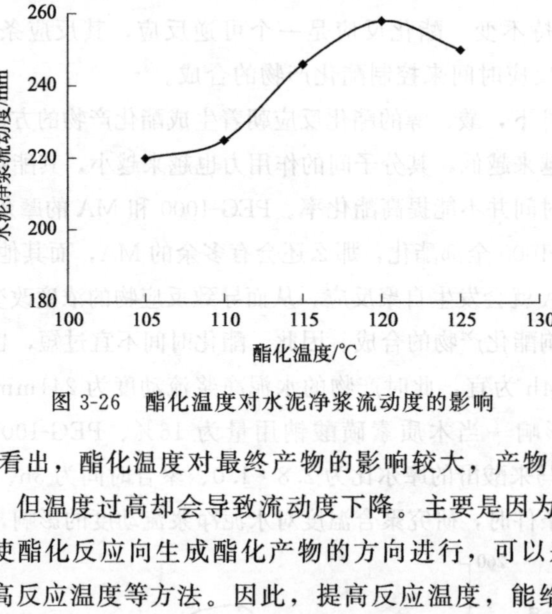

图 3-26　酯化温度对水泥净浆流动度的影响

从图 3-26 中可以看出，酯化温度对最终产物的影响较大，产物的水泥净浆流动度随着温度的升高而增大，但温度过高却会导致流动度下降。主要是因为酸和醇的酯化反应是一个可逆反应，为了使酯化反应向生成酯化产物的方向进行，可以采用提高反应物的浓度、加入催化剂或提高反应温度等方法。因此，提高反应温度，能给反应物提供活化能，提高反应物的活性，使反应向正方向进行，有利于酯化产物的合成。但因为 MA 是活性很高的不饱和羧酸，温度过高会导致其自聚，进而降低酯化率，使酯化产物的合成量下降。所以，由图 3-26 可知，最佳的酯化温度为 120℃，其产物的水泥净浆流动度为 258mm。

同时，笔者和课题组成员还利用红外吸收光谱研究了木质素磺酸钠及其接枝产品木质素磺酸钠聚羧酸减水剂中存在的基团及其结构，以及它们在化学反应中的变化等。木质素磺酸钠、木质素磺酸钠聚羧酸减水剂的红外光谱如图 3-27 所示。

由图 3-27 可知，与木质素磺酸钠的红外光谱相比，木质素磺酸钠聚羧酸减水剂的红

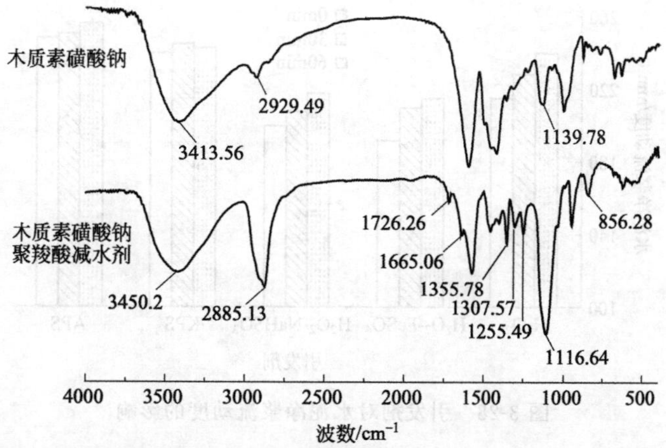

图 3-27　木质素磺酸钠、木质素磺酸钠聚羧酸减水剂的红外光谱

外光谱在 856.28cm^{-1}处出现聚乙烯[$\leftarrow CH_2CH_2 \rightarrow_n$]的吸收峰，同时在 1116.64$cm^{-1}$处又出现饱和脂肪醚（C—O—C）的吸收峰，二者叠加表明存在聚氧乙烯基团；在 1255.49cm^{-1}和 1307.57cm^{-1}处均出现饱和脂肪酯（—CO—O—C—）的吸收峰，表明了木质素磺酸钠分子结构中引进了聚乙二醇马来酸酐酯化大单体；在 2885.13cm^{-1}处出现羧酸基团中的—OH 的吸收峰，在 1726.26cm^{-1}处出现羧酸基团中的—CO 的振动峰，二者叠加说明存在羧酸基团；在 3450.2cm^{-1}处出现酰氨基团中的—N—H 的振动峰，在 1665.06cm^{-1}处出现酰氨基团中的—CO 的振动峰，同时在 1355.78cm^{-1}处出现酰氨基团中的—CO—NH 的较强吸收峰，表明木质素磺酸钠聚羧酸减水剂中含有酰氨基团。因此，以上特征峰的出现说明了木质素磺酸钠与聚羧酸减水剂单体的接枝共聚反应，使木质素磺酸钠接上了聚氧乙烯基、酯基、羧酸基及酰氨基等官能团。

（2）改性碱木质素聚羧酸减水剂

制备工艺：在一个装有滴液漏斗、搅拌器的三口烧瓶中，加入一定比例的碱木质素和聚乙二醇-1000（PEG-1000），在反应器中充分混合反应一段时间后加入对甲苯磺酸和对苯二酚，边搅拌边升温，再加入一部分甲基丙烯酸（MMA），当体系温度升至设定值时，继续反应一段时间。然后降低反应体系温度，在一定条件下滴加甲基丙烯磺酸钠、链转移剂和另一部分甲基丙烯酸的混合水溶液，同时向反应体系中滴加一定浓度的引发剂水溶液，滴加时间控制在 2～3h，滴加完毕后保温反应一段时间，并调节 pH 值至 7～9，即可得到改性碱木质素聚羧酸减水剂液体产品。

在改性碱木质素聚羧酸减水剂的制备过程中，引发剂和链转移剂的选择至关重要，影响到产品的性能。

1）引发剂的选择　引发剂是指一类容易受热分解成自由基的化合物，它能使聚合反应中单体分子的活化性能提高，并产生游离基，进而促进单体分子发生自由基聚合或共聚合反应。引发剂的选择主要考虑 3 个原则：a. 根据聚合反应热力学，应选择中高温型的引发剂；b. 水溶液聚合体系应选择水溶性引发剂；c. 按最优性价比选择。根据引发剂选择的原则，主要从材料的溶解性能、适合的引发温度及性价比方面进行综合考虑。在其他反应条件及原料配比均不改变的条件下，通过对不同引发剂所合成的共聚物测试水泥净浆

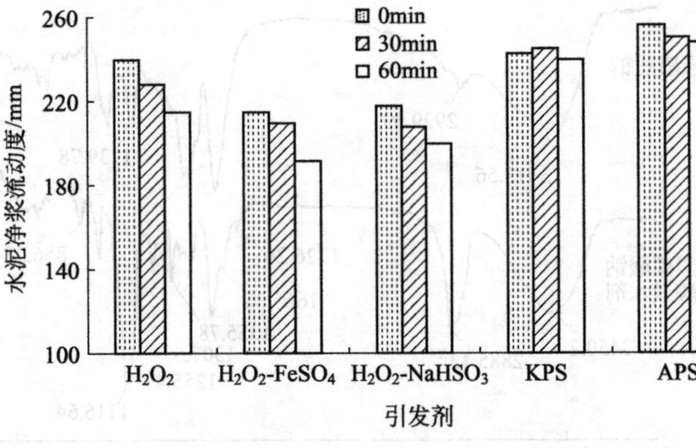

图 3-28 引发剂对水泥净浆流动度的影响

流动度，来确定本实验所需要的最佳引发剂，结果如图 3-28 所示（引发剂的用量为物料总量的 4%）。

由图 3-28 可以得到，共聚物的合成在不同种引发剂的作用下，其引发效果相差很大，水泥净浆流动度也相差很大。H_2O_2-$FeSO_4$ 和 H_2O_2-$NaHSO_3$ 都属于氧化还原体系引发剂，在升温的过程中，该类引发剂会在短时间内急剧分解，使得引发剂的引发效果下降，不利于生成长直链的聚合物，从而使聚合物的性能下降。而本实验引发的最低温度为 60℃，为中温或高温反应体系。且 H_2O_2 本身也具有一定的氧化还原性，也不利于该温度体系的引发反应。通过实验数据和上述分析，本次实验选择的引发剂为过硫酸铵（APS）。

2）链转移剂的选择　实验表明，平均分子量不同的共聚物，对水泥的分散性能和减水作用相差很大，即使平均分子量相同的共聚物，因其分子量范围分布的不同也会呈现很大的差别。因此，共聚物减水剂需要有一个适当的分子量范围，在合成过程中应通过加入链转移剂来对共聚物的分子量进行控制。选择合适的链转移剂需要考虑 2 个原则：a. 分子量要求较小，即其链转移常数应较大；b. 在反应前后均在连续相。在其他反应条件及原料配比均不改变的条件下，通过对不同链转移剂品种及其掺量所合成的共聚物测试水泥净浆流动度，来确定本实验所需要的最佳链转移剂及其掺量，结果如图 3-29 所示。

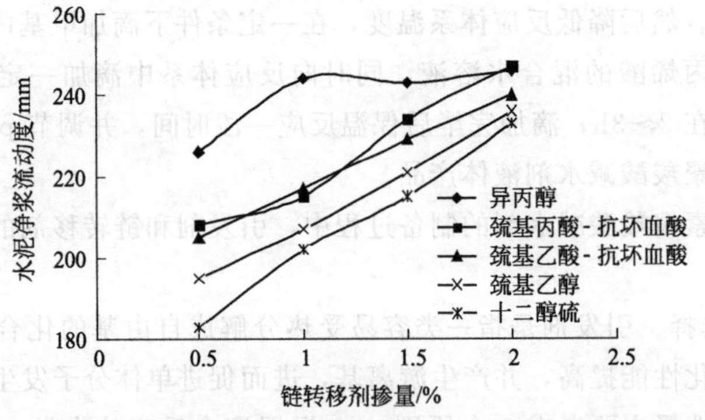

图 3-29 链转移剂品种及其掺量对水泥净浆流动度的影响

从图 3-29 中可以看出，不同种链转移剂对共聚物性能的影响较大，在选定的掺量范围内，产品的水泥净浆流动度随链转移剂掺量的增加而增大。链转移剂异丙醇在掺量为

1%时，产品的水泥净浆流动度达到最大，且随着链转移剂掺量的增加趋于稳定。而其他种类的链转移剂呈现逐渐增大的趋势，但是随着用量的增加会相应地增加产品的生产成本，像巯基乙酸-抗坏血酸、巯基丙酸-抗坏血酸等物质均具有很强的毒性，会严重影响人体的健康安全，如果掺量过大而未能全部参与反应，将残留在共聚物产物中，对产品使用者造成一定的健康伤害。因此，选择异丙醇为本实验的链转移剂，能够更有效地提高共聚物的分子量。

实验还考察了在对甲苯磺酸占聚乙二醇-1000 和甲基丙烯酸总量的 2%、对苯二酚占甲基丙烯酸的 2%及链转移剂占单体总量的 1%的条件下，碱木质素用量、引发剂用量、甲基丙烯酸与聚乙二醇-1000 的摩尔比、聚合温度和甲基丙烯磺酸钠与聚乙二醇-1000 的摩尔比对产品性能的影响。

1）碱木质素用量的影响　根据正交实验结果和极差分析，当引发剂用量为固形物总量的 5%、n(甲基丙烯酸)∶n(聚乙二醇-1000)∶n(甲基丙烯磺酸钠)=4∶1∶0.8、聚合温度为 90℃时，改变碱木质素的用量，研究其对水泥净浆流动度的影响，结果如图 3-30 所示。

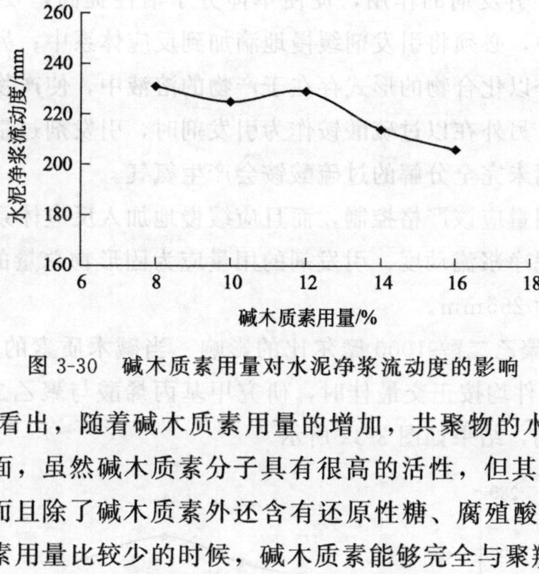

图 3-30　碱木质素用量对水泥净浆流动度的影响

从图 3-30 中可以看出，随着碱木质素用量的增加，共聚物的水泥净浆流动度呈现不断减小的趋势。一方面，虽然碱木质素分子具有很高的活性，但其本身的分子结构复杂，分子量分布范围广，而且除了碱木质素外还含有还原性糖、腐殖酸、纤维素等其他杂质；另一方面，当碱木质素用量比较少的时候，碱木质素能够完全与聚羧酸减水剂单体发生接枝共聚反应，但随着碱木质素用量的增大，就会使碱木质素不能够完全被聚合，从而使碱木质素以游离的形式存在，降低共聚物的整体性能。

但是，碱木质素原料来源丰富、容易获得、价格低廉，将其作为合成原料，可以拓宽减水剂的领域，降低产品的生产成本，实现更佳的经济效益和社会效益。由图 3-30 可知，当碱木质素用量为 8%时，水泥净浆流动度为 231mm，而当碱木质素用量为 16%时，水泥净浆流动度比用量为 8%时降低了 25mm。而在实验过程，当碱木质素用量为 20%时，水泥净浆流动度比用量为 8%时降低了 40mm。因此，选择碱木质素的最佳用量为 16%，此时产物的水泥净浆流动度为 206mm。

2）引发剂用量的影响　当碱木质素的用量为 16%、其他条件均按正交最佳时，研究引发剂用量对水泥净浆流动度的影响，结果如图 3-31 所示。

由图 3-31 可以得到，水泥净浆流动度随着引发剂用量的增加呈现先增大后减小的趋

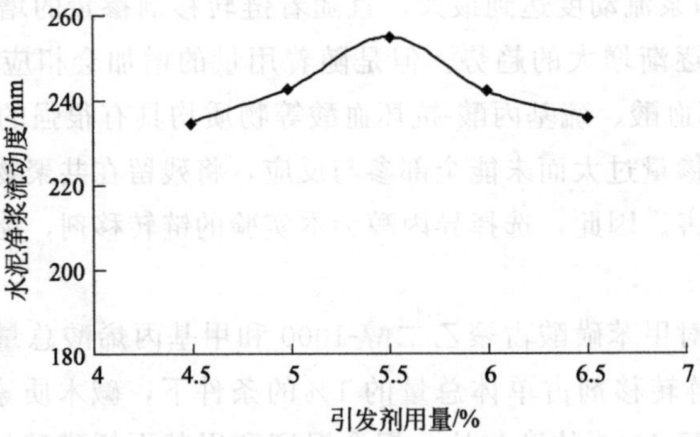

图 3-31 引发剂用量对水泥净浆流动度的影响

势。引发剂加入反应体系中，就会受热分解成自由基化合物，它能使聚合反应中单体分子的活化性能提高，进而促进单体分子发生自由基聚合或共聚合反应。当引发剂用量不够时，引发剂分解产物不能够完全使单体分子活化，进而影响单体分子的聚合反应。当引发剂过量时，一方面由于引发剂的作用，促使单体分子活性提高，发生突发性的爆聚，因此，在实验操作过程中，必须将引发剂缓慢地滴加到反应体系中；另一方面由于引发剂过量，从而使过量的部分以化合物的形式存在于产物的溶液中，使产物中存在杂质，进而影响共聚物的整体性能。另外在以过硫酸铵作为引发剂时，引发剂过量会使产物溶液中含有大量的刺鼻氨味，说明未完全分解的过硫酸铵会产生氨气。

因此，引发剂的用量应该严格控制，而且应缓慢地加入反应体系中，以免发生局部爆聚，结合共聚物的水泥净浆流动度，引发剂的用量应为固形物总量的 5.5%，此条件下产物的水泥净浆流动度为 255mm。

3）甲基丙烯酸与聚乙二醇-1000 摩尔比的影响　当碱木质素的用量为 16%、引发剂用量为 5.5%、其他条件均按正交最佳时，研究甲基丙烯酸与聚乙二醇-1000 的摩尔比对水泥净浆流动度的影响，结果如图 3-32 所示。

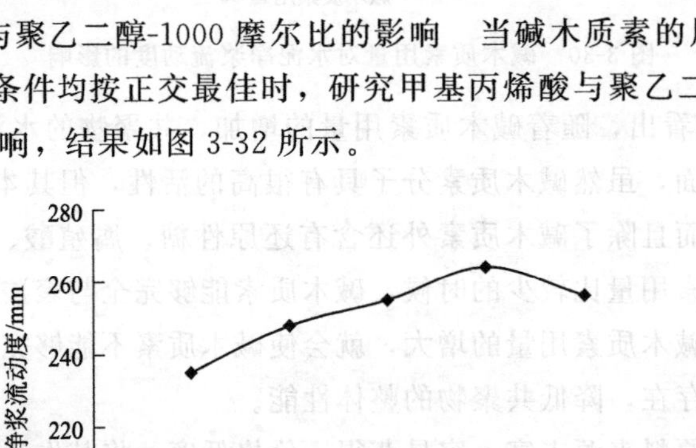

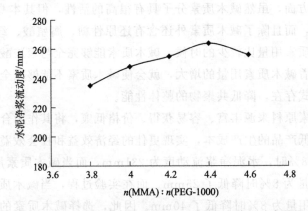

图 3-32 MMA 与 PEG-1000 的摩尔比对水泥净浆流动度的影响

由图 3-32 可以看出，水泥净浆流动度随着 MMA 与 PEG-1000 的摩尔比的增大而呈现先增大后减小的趋势。MMA 分子结构中含有不饱和双键和羧基，是一种反应活性很大的不饱和羧酸，可作为酯化反应的单体，也可作为聚合反应的单体。先使部分 MMA 与

PEG-1000发生酯化反应，再使另一部分MMA参与到接枝共聚反应中。当MMA摩尔比过小时，会导致与其他单体的共聚反应不完全，从而使其他单体仍然以游离的形态存在，故而影响共聚物的性能。当MMA摩尔比过大时，会使MMA反应不完全而以游离的形态存在，而游离的MMA在高温或引发的作用下会发生自聚反应，或是在中和反应时生成甲基丙烯钠，残留在产物溶液中，从而影响共聚物的性能。

在实验过程中，还发现当MMA与PEG-1000的摩尔比大于6∶1时，反应极容易出现凝胶状态，不管怎么改变反应条件和其他原料的配比，反应结果都会出现果冻状的物质。因此，由图3-32及上述分析得到，MMA与PEG-1000的最佳摩尔比为4.4∶1，此时水泥净浆流动度为264mm。

4）聚合温度的影响　当碱木质素的用量为16%、引发剂用量为5.5%、MMA与PEG-1000的摩尔比为4.4∶1、其他条件均按正交最佳时，研究聚合温度对水泥净浆流动度的影响，结果如图3-33所示。

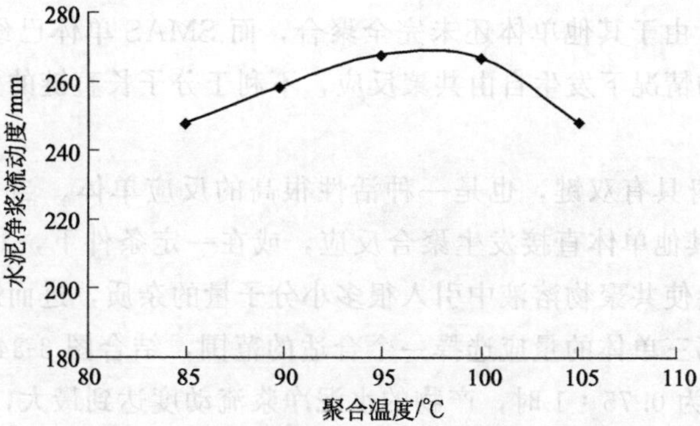

图3-33　聚合温度对水泥净浆流动度的影响

由图3-33可以得到，聚合温度是影响共聚物合成的一个重要因素，水泥净浆流动度随着聚合温度的升高呈现先增大后减小的趋势。这是由于当聚合反应温度过低时，引发剂的半衰期相对较长，引发剂未能及时分解来引发体系发生共聚反应，以致引发剂的引发效率下降，从而导致聚合产物的聚合度下降；在相同聚合时间内，由于引发剂未能及时分解，而使其残留率比较大，未分解的引发剂残留于聚合体系中，作为杂质进入共聚物的溶液中，从而影响共聚物的整体性能。

而当聚合反应温度过高时，引发剂的半衰期相对较短，在聚合反应早期就有大量分解，促使聚合反应速率加快而不易控制，再加上MMA是活性较高的单体，在引发剂和高温的作用下很容易发生自聚或爆聚反应，这样就很难生成具有长链的大分子量聚合物，而致使生成小分子量聚合物或MMA的自聚物所占比例提高，温度过高可能还会使溶液变得黏稠，或者使整个体系变成果冻状的胶块物。因此，选择最佳的聚合温度为95℃，此条件下产物的水泥净浆流动度为268mm。

5）甲基丙烯磺酸钠与聚乙二醇-1000摩尔比的影响　当碱木质素的用量为16%、引发剂用量为5.5%、MMA与PEG-1000的摩尔比为4.4∶1、聚合温度为95℃时，研究甲基丙烯磺酸钠（SMAS）与聚乙二醇-1000的摩尔比对水泥净浆流动度的影响，结果如图 3-34 所示。

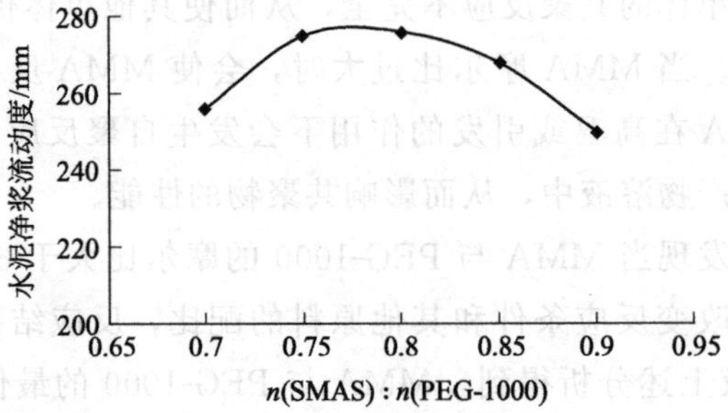

图 3-34 SMAS 与 PEG-1000 的摩尔比对水泥净浆流动度的影响

由图 3-34 可以得到，水泥净浆流动度随着 SMAS 与 PEG-1000 摩尔比的增大呈现先增大后减小的趋势，由此可见，第三单体的量并不是越多越好，应该与其他的单体控制在一定的摩尔比之内。第三单体的主要作用是使分子生成长直链，提高产物的分子量。当 SMAS 的量太少时，由于其他单体还未完全聚合，而 SMAS 单体已经耗完，导致其他单体在失去第三单体的情况下发生自由共聚反应，不利于分子长直链的生成，也影响产物的分子量。

由于 SMAS 本身具有双键，也是一种活性很高的反应单体。当 SMAS 的量太大时，过剩的 SMAS 会与其他单体直接发生聚合反应，或在一定条件下，其本身也会发生自由聚合反应，这样就会使共聚物溶液中引入很多小分子量的杂质，进而影响共聚物减水剂的整体性能。因此，第三单体的量应选择一个合适的范围，结合图 3-34 可知，当 SMAS 与 PEG-1000 的摩尔比为 0.75∶1 时，产物的水泥净浆流动度达到最大，为 275mm。

利用红外吸收光谱可以研究碱木质素及其接枝产品改性碱木质素聚羧酸减水剂中存在的基团及其结构，以及它们在化学反应中的变化等。碱木质素、改性碱木质素聚羧酸减水剂的红外光谱如图 3-35 所示。

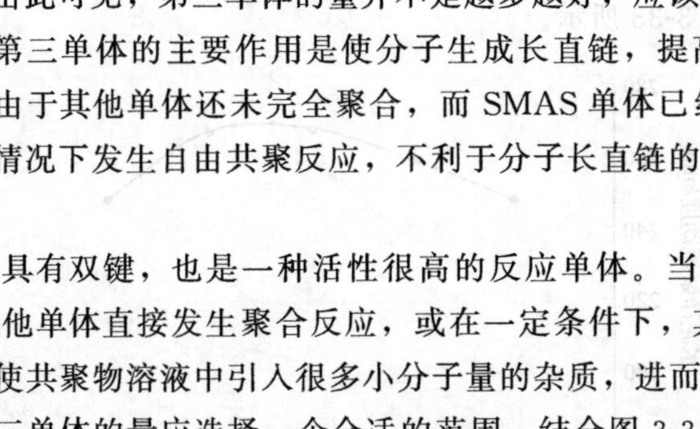

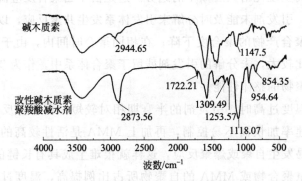

图 3-35 碱木质素、改性碱木质素聚羧酸减水剂的红外光谱

由图 3-35 可知，与碱木质素的红外光谱相比，改性碱木质素聚羧酸减水剂的红外光谱在 954.64cm^{-1}处出现—S═O 的吸收峰，表明碱木质素结构中引进了磺酸基团；在 854.35cm^{-1}处出现聚乙烯[$\leftarrow CH_2CH_2 \rightarrow_n$]的吸收峰，同时在 1118.07$cm^{-1}$处又出现饱和脂肪醚（C—O—C）的吸收峰，二者叠加表明存在聚氧乙烯基团；在 1253.57cm^{-1}和

$1309.49cm^{-1}$处均出现饱和脂肪酯（—CO—O—C—）的吸收峰，表明了碱木质素分子结构中引进了聚乙二醇甲基丙烯酸酯化大单体；在$2873.56cm^{-1}$处出现羧酸基团中的—OH的吸收峰，在$1722.21cm^{-1}$处出现羧酸基团中的—CO的吸收峰，二者叠加说明存在羧酸基团。因此，以上特征峰的出现说明了碱木质素与聚羧酸减水剂单体的接枝共聚反应，使碱木质素成功接上了磺酸基、聚氧乙烯基、酯基及羧基等官能团。

3.3.3.2　化学改性方法

目前，对于木质素磺酸盐进行化学改性以提高其表面活性的方法主要可以分为两类，即功能化化学改性和接枝共聚化学改性。功能化化学改性就是对木质素磺酸盐进行化学反应从而赋予其要求的性能，常用的功能化化学改性方法有缩合聚合法、烷基化法、烷氧基化法、氧化法等；而接枝共聚化学改性则是使用合成单体与木质素磺酸盐进行接枝共聚生产高分子化合物。所有这些方法都可以在一定程度上根据需要，通过增加亲水或者亲油基团提高木质素磺酸盐的表面活性。

使木质素磺酸盐中的缓凝基团（—OH）、醚链（—O—）氧化成缓凝效果较弱的羧基（—COOH），或与其他化学物质接枝共聚以改善木质素磺酸盐的应用性能。实际中可先分离木质素磺酸盐，去除分子量较大和较小的分子，得到分子量分布较窄、分子量较大的木质素磺酸盐，再对其进行复合改性以制备减水剂。改性木质素磺酸钙的活化与复合工艺流程如图 3-36 所示。

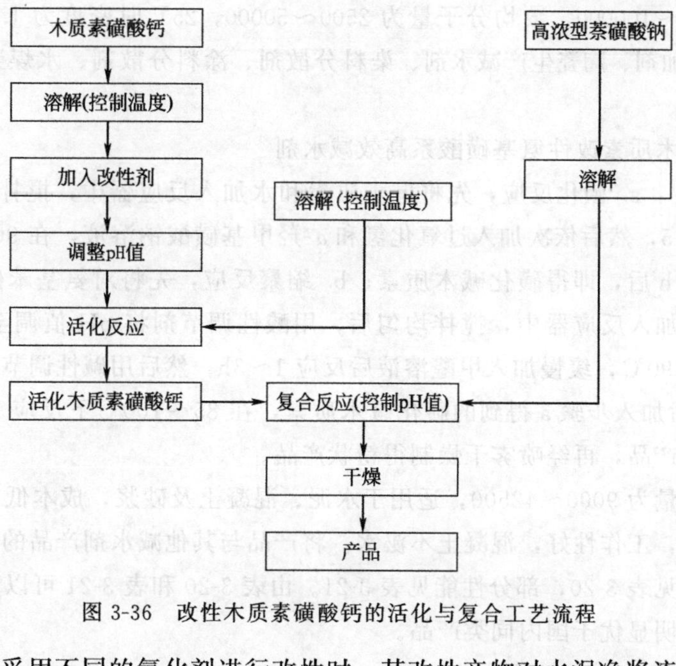

图 3-36　改性木质素磺酸钙的活化与复合工艺流程

实验证明，采用不同的氧化剂进行改性时，其改性产物对水泥净浆流动都有一定的效果。电化学氧化一般采用 Ru、石墨、Ni 等作为阳极来氧化木质素磺酸盐。缩合聚合法是通过木质素磺酸盐与甲醛、酚类、异氰酸酯类等单体发生缩聚反应来实现的。木质素磺酸盐既可以取代酚类与甲醛在碱性催化下发生反应，同时又可以作为醛类在酸性催化下与酚类发生缩聚反应。

接枝共聚法是使木质素磺酸盐与烯类单体在引发剂的作用下发生接枝共聚反应，研究结果表明，接枝反应产物中，分子量小于 50000 的部分明显减少，分子量大于 100000 的部分明显增多，几乎没有分子量小于 5000 的部分，且反应中只能生成接枝短链，各分子量段的分子数也变化不一，由此可以看出接枝共聚反应对于木质素磺酸盐分子量的变化有一定的贡献。除此之外，木质素磺酸盐还可以与丙烯酸、苯乙烯、甲基丙烯酸甲酯、丙烯腈等发生接枝共聚反应。

笔者和课题组成员[87, 88]分别以木质素磺酸盐和碱木质素为原料，通过化学改性制备木质素磺酸盐接枝共聚物分散剂和磺化碱木质素改性氨基磺酸系高效减水剂。

(1) 木质素磺酸盐接枝共聚物分散剂

制备工艺[87]：将马来酸酐和聚乙二醇同系物加入反应器内，边搅拌边将体系温度升到 85～120℃，并加入催化剂Ⅰ反应 2～4h，然后将体系温度降至 60～85℃，加入醇类溶剂，同时加入丙烯酰胺和部分不饱和羧酸及其盐反应 1～3h 后，再向反应器内通入 N_2，加入木质素磺酸盐、催化剂Ⅱ、引发剂及剩余的不饱和羧酸及其盐，在水溶液中反应 1～5h，反应完毕后制得木质素磺酸盐接枝共聚物分散剂。其中，催化剂Ⅰ选自浓硫酸、磷酸、对甲苯磺酸、对氨基苯磺酸、水杨酸、烟酸和氨基磺酸；催化剂Ⅱ选自硫酸亚铁、硫酸铁铵、硫酸铜、葡萄糖酸亚铁、二氧化硫脲、连二亚硫酸钠、硫代硫酸钠和硫化钠；引发剂选自过硫酸钾、过硫酸钠、过硫酸铵和 H_2O_2-Fe^{2+}。

木质素磺酸盐接枝共聚物分散剂产品为红棕色或黑褐色液体，pH 值为 7～10，其重均分子量为 5000～100000，数均分子量为 2500～50000，25℃时密度为 1.04～1.35g/mL，可用作混凝土外加剂、陶瓷生产减水剂、染料分散剂、涂料分散剂、水煤浆添加剂和油泥分散剂。

(2) 磺化碱木质素改性氨基磺酸系高效减水剂

制备工艺[88]：a. 磺化反应，先将碱木质素和水加入反应器中，搅拌均匀后，将 pH 值调至 9.5～13.5，然后依次加入过氧化氢和 α-羟甲基磺酸钠溶液，在 90～100℃的反应温度下反应 2～5h 后，即得磺化碱木质素；b. 缩聚反应，先将对氨基苯磺酸钠、苯酚或酚类衍生物和水加入反应器中，搅拌均匀后，用酸性调节剂将 pH 值调至 4.0～6.0，再加热升温至 50～90℃，缓慢加入甲醛溶液后反应 1～3h，然后用碱性调节剂将 pH 值调至 9.0～13.5，最后加入步骤 a 得到的磺化碱木质素，在 85～100℃下反应 2～6h 后降温出料，即制得液体产品，再经喷雾干燥制得粉状产品。

产品的分子量为 9000～42500，适用于水泥、混凝土及砂浆，成本低，能有效减小混凝土坍落度损失，工作性好，混凝土不泌水。将产品与其他减水剂产品的水泥净浆流动度进行对比，结果见表 3-20，部分性能见表 3-21。由表 3-20 和表 3-21 可以看出，产品对水泥的适用性强，明显优于国内同类产品。

3.3.3.3 物理改性方法

木质素磺酸盐物理改性方法的实质就是利用物理方法将木质素磺酸盐按照不同分子量进行分级，从而得到不同性能的产物。

通过超滤或电渗析等技术将木质素磺酸盐中的还原物分离，可减少木质素磺酸盐的过

表 3-20 产品与其他减水剂产品的水泥净浆流动度对比

减水剂	掺量/%	不同品种水泥的净浆流动度/mm					
		福建 42.5R	永安 32.5R	炼石 42.5R	瀚山 32.5R	矿业 32.5R	三德 42.5R
产品	0.30	229	230	241	230	226	247
氨基磺酸系减水剂 ZWL(浙江,固含量 28%)	1.12	190	225	200	222	205	238
蜜胺系减水剂 HM(水剂,福建,固含量 35%)	1.28	170	186	152	219	200	210
萘系高效减水剂 CSP-1(粉剂,广东)	0.75	152	210	163	220	215	226
萘系高效减水剂(水剂,福建,注浆用,固含量 40%)	1.28	110	205	146	215	213	230
氨基磺酸系减水剂 HD(福建,固含量 30%)	1.28	105	205	146	215	213	230

表 3-21 产品部分性能

掺量/%	坍落度经时间的变化/mm				减水率/%	拌合物性能		抗压强度/MPa		
	0	30min	60min	120min		泌水	和易性	3d	7d	28d
0.30	241	243	237	231	40.7	无	好	29.5	45.3	66.1

度缓凝。苏联学者提出用吸附工艺对木质素磺酸盐进行改性，使木质素磺酸盐中还原物的含量从10.8%降低到0.5%～3.0%，从而具有高塑化功能并减轻了缓凝，但存在引气性过大等问题，使此法有一定的局限性。原武汉工业大学北京研究生部采用“泡沫-吸附”分离法对木质素磺酸盐进行改性，可以除去分子量较小和较大的木质素磺酸盐，剩余分散作用强的中分子量木质素磺酸盐，可减少木质素磺酸盐的引气和缓凝作用，其掺量可提高到0.5%～0.6%，减水率达到了18%[89]。此分离提纯法成本较高，提纯木质素磺酸盐的结构没有变化，限制了其减水性能的进一步提高。

3.4 木质素染料分散剂

3.4.1 染料分散剂概述

染料分散剂是指在染料加工过程中有助于染料研磨，并能使非水溶性染料稳定分散在水溶液中的一种助剂。染料是一种能使纤维以及其他材料着色的聚合物，具有染色均匀、上染率高、不易变色、不易脱色等特点。按染料的性质以及应用，可分为酸性染料、硫化染料、不溶性偶氮染料、还原染料、直接染料、活性染料、可溶性还原染料、分散染料等，其中还原染料、偶氮染料、分散染料、硫化染料微溶于水或几乎不溶于水[90]。

所谓染料的分散是指染料颗粒在液相中均匀分布的过程，然后得到不沉淀、不絮凝、不重新凝聚的分散体系。在染色和印花的过程中，所用的多为不溶性染料，为了使染色顺利进行，需要使不溶性染料处于高度分散的状态。不溶性染料粉末在水或其他液体介质中的分散有3个不同阶段[91]：a. 染料颗粒的润湿；b. 染料颗粒的解聚；c. 染料颗粒的稳定。其中，影响整个染料分散过程的关键是第 3 阶段，染料颗粒的稳定。为防止团聚现象的发生，需要在体系中加入分散剂，阻止颗粒的聚集，使体系保持稳定悬浮的状态。染料分散剂的优劣是染料能否发挥其良好染色性能的关键，因此分散剂是极为重要的，高性能染料分散剂一直是染料和印染行业的研究热点。

3.4.1.1 染料分散剂的作用机理

染料分散剂大部分是表面活性剂，因此，其分散机理也与表面活性剂的吸附机理密不可分。染料分散剂在悬浮液中通过改变染料颗粒表面的性质，阻止染料颗粒相互团聚，提高体系的稳定性。目前，其作用机理主要有 DLVO 理论、空间稳定理论以及静电位阻稳定理论 3 种。与每种分散机理相对应的粒子间分散距离的位能曲线如图 3-37 所示[92]。

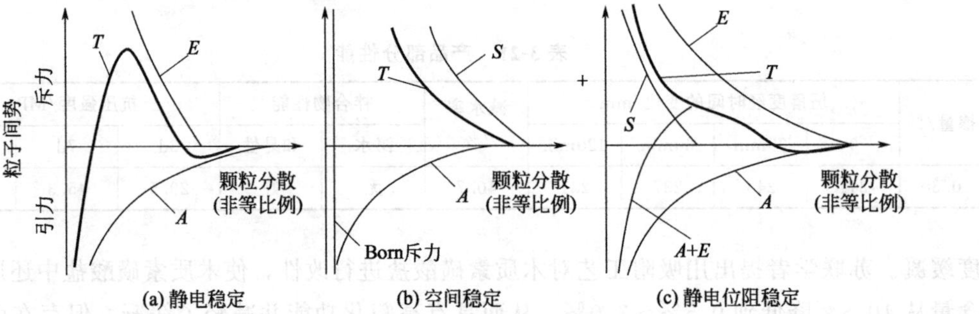

图 3-37 粒子间分散距离的位能曲线

A—范德华力；*E*—静电斥力；*S*—空间斥力；*T*—总位能

(1) DLVO 理论

DLVO 理论又称为静电稳定理论，主要研究带电胶粒的稳定性，图 3-37(a) 为静电位能曲线，该理论于 1941 年由苏联学者 Landan 与 Darjaguin 和 1948 年荷兰学者 Overbeek 与 Verwey 分别提出。DLVO 理论认为胶体的稳定性由带电胶粒间的两种相互作用力决定，即粒子间的范德华引力以及双电层重叠时的静电斥力。当带电胶粒相互接近时，双电层重叠，静电斥力增大，当静电斥力占主导地位时，胶粒难以团聚，胶体则处于稳定状态。

由图 3-37(a) 可知，总位能曲线上有一个峰值，我们把这个值称为位垒，表示胶粒之间净斥力位能的数值。只有当胶粒“越过”这个位垒，胶粒才能聚集团聚。位垒的大小是体系能否稳定分散的关键，位垒越高，胶粒在布朗运动、热运动中越容易在体系中稳定分散。在水溶液中通常采取调节 pH 值、加入反粒子的方法使悬浮液稳定。

此外，ζ 电位大小对染料颗粒的分散与聚集有重大影响。由 DLVO 理论可知，ζ 电位越大，胶粒间的静电斥力越大，胶体的分散性越好。资料表明，当 ζ 电位的绝对值在 30mV 以上时，体系的稳定性较好。

(2) 空间稳定理论

由于 DLVO 理论忽略了吸附聚合物层的作用，因此对于一些非离子型表面活性剂或者高聚物存在的体系不适用。由图 3-37(b) 可知，总位能曲线取决于范德华力位能与空间斥力位能的共同作用。

当分散剂吸附在染料颗粒表面时，颗粒表面形成一定厚度的分散剂吸附层，当染料颗粒相互接近时吸附层开始重叠，也就是在颗粒间产生斥力，随着吸附层的重叠增大，斥力也逐渐增大，这种由于分散剂吸附层相互接近重叠所产生的阻止染料颗粒接近的机械分离作用力，称为空间位阻斥力。

对于一个稳定的分散体系，分散剂不仅具有良好的空间斥力，还能牢固地吸附在染料颗粒表面。通常认为，在染料颗粒表面，分散剂的分子链的吸附形态如图 3-38 所示，主要有尾式吸附、环式吸附和平铺式吸附 3 种。吸附形态影响空间位阻效应，一般尾式吸附和环式吸附的空间位阻较大，而平铺式的吸附空间位阻较小，位阻稳定化主要依靠颗粒表面覆盖、吸附层厚度和被吸附聚合物的排列。

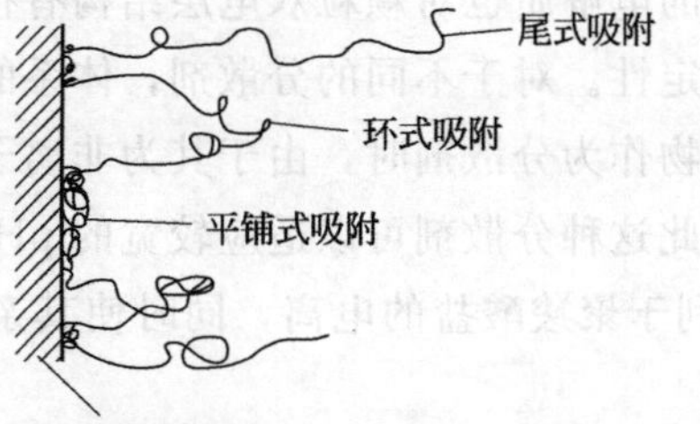

图 3-38　分散剂在颗粒表面的吸附形态

(3) 静电位阻稳定理论

静电位阻稳定理论最早由 Shaw 在 1980 年提出，该理论是静电斥力与空间位阻共同作用的稳定机理。势能曲线如图 3-37(c) 所示。当颗粒间的距离较大时，双电层产生斥力，以静电稳定机制为主；当颗粒间的距离较小时，空间位阻阻碍粒子接近，以空间位阻稳定机制为主。

染料颗粒表面由带电荷的聚合物吸附形成吸附层，吸附层的分子不仅能通过自身所带的电荷排斥周围的颗粒，还能通过空间位阻作用防止颗粒的布朗运动相互碰撞，产生复合稳定作用。

3.4.1.2　水性体系中染料分散的影响因素

(1) 分散剂结构对染料分散的影响

通常，染料分散剂由疏水基和亲水基组成，疏水基与染料颗粒表面相结合，吸附在颗粒表面，亲水基则伸展在水中，以提供位阻斥力和静电斥力阻止染料颗粒聚集。在保证分散剂充分溶解于水中的情况下，疏水基所占比例越多，分散性越好。分散剂的结构与分散性能有着密不可分的关系，下面以目前的研究热点木质素系染料分散剂为例进行说明[93]。

1) 磺酸度与分散性能的关系　当分散剂吸附在染料颗粒上时，分散剂分子上的磺酸基使颗粒带负电荷，带有同种电荷的颗粒相互排斥，从而稳定分散，随着磺化度的增大，染料颗粒间的斥力逐渐增大，分散效果好。磺化度过高时，分散力增大，对染料的疏水作用变弱，均染性变差，在涤纶织物上的不均匀性变高。因此，磺化度的选择要充分考虑分散性与均染性的关系。

2) 分子量的影响　木质素的分子量越大，吸附在染料颗粒上的能力越强，在高温时，不易解吸，使得染料分散剂在高温时有较好的热稳定性。张树彪等[94]研究了木质素分散剂与热稳定性的关系，随着木质素分散剂的分子量增大，热稳定性越来越好，但是分散性呈先增大后减小的趋势。Dilling[95]研究发现当木质素分散剂的分子量小于5000时，染料热稳定性会降低。

3）酚羟基的影响　酚羟基具有较大的极性，能使木质素和染料分子间产生范德华力，并使羟基、氨基等形成氢键作用，不仅有助于研磨，在高温时还可提高染料系统的耐热稳定性。但是当邻苯二酚过多时会使染料结构破坏。

（2）体系 pH 值及电解质对染料分散的影响

体系不同的 pH 值能够使分散剂亲水基与染料颗粒间的静电斥力改变，影响染料颗粒间的作用力。此外，体系中的电解质也对颗粒双电层结构有很大影响，从而使颗粒间的静电斥力变化，影响体系的稳定性。对于不同的分散剂，体系的最佳 pH 值是不一样的。例如，若以聚氧乙烯醚类衍生物作为分散剂时，由于其为非离子型分散剂，亲水基不需要电离就能在水中自由伸展，因此这种分散剂可以适应较宽的 pH 值范围。若以聚羧酸盐为分散剂，pH 值需大于 7 才有利于聚羧酸盐的电离，同时使其亲水基在水中自由伸展，以增强染料在水中的分散性[96]。

（3）温度对体系稳定性的影响

通常，随着温度升高，离子型分散剂的溶解度逐渐增大，从而使离子型分散剂在染料颗粒表面的吸附量下降，颗粒表面的静电斥力变弱，最终导致体系稳定性变差；而对于非离子型分散剂，则刚好相反，随着温度升高，其溶解度减小，吸附量增大，但是氢键因此被破坏，不能提供足够的位阻作用，从而导致体系的稳定性变差[97]。

3.4.1.3　常用染料分散剂的发展历程及研究现状

纵观染料分散剂发展历程，染料分散剂主要有萘及萘烷基衍生物甲醛缩合物磺酸盐、酚及其衍生物甲醛缩合物磺酸盐和木质素系分散剂 3 种[90,98]。

（1）萘及萘烷基衍生物甲醛缩合物磺酸盐

萘系染料分散剂是印染行业中历史悠久、用量最大以及用途最广的染料分散剂，也是我国染料商品化用量最多的染料分散剂。德国 BASF 公司于 1913 年申请萘磺酸甲醛缩合物作分散剂的专利，是世界上第一个申请该专利的公司，直到 1939 年才实现产业化，此后，此类产品出现各种品牌，例如 Daxal、Avolan SNS、Leukanol、Tamol 等。虽然萘系分散剂已有一百多年的历史，但人们对其结构仍无统一的认识。

我国从 20 世纪 50 年代起开始生产萘系染料分散剂，首先研制成功的是分散剂 N（β-萘磺酸甲醛缩合物）；1970 年又研究出分散剂 MF（甲基萘磺酸甲醛缩合物）和分散剂 CNF（苄基萘磺酸甲醛缩合物）；80 年代以来，以李宗石、杨联璧等为代表的一批学者致力于萘系染料分散剂的工艺研究，以获得性能更好的分散剂，例如萘烷基化或磺化时，将少量的苯并噻吩或一定量的惰性溶剂在 160℃时加入，可以避免砜化合物产生，同时可以增大染料分散剂的水溶性，提高染料分散剂的研磨效果和分散能力，减小沾污性等。

萘系染料分散剂分子量不大，合成工艺简单，可明显提高染料的润湿性，气泡量少，分散效果好。但是由于萘系染料分散剂对石油的依赖较大，生产成本较高，耐热稳定性不佳，同时生产过程中使用有毒物质使其发展受到了极大的限制，故不利于产品在还原染料中推广应用。

(2) 酚及其衍生物甲醛缩合物磺酸盐

酚醛缩合物磺酸盐类由苯酚和混合甲酚组成。由于结构中有酚羟基和甲基，增强了化学键的吸附作用，同时增强了染色助色作用。在染色过程中，染料凝聚时加入酚醛缩合物，可起高温匀染分散作用；在织物染色时，对棉基本没有沾色，是其他分散剂不可替代的。由于酚醛缩合物磺酸盐原料昂贵、有毒、产量较少以及对染料有还原性等，所以难以作为染料分散剂单独使用，主要和其他分散剂复配使用。

(3) 木质素系分散剂

在国外，木质素系分散剂是染料分散剂中使用最多、最广泛的一种。20 世纪 60 年代，染料用木质素系分散剂问世。

Westvaco 公司是生产磺化木质素染料分散剂的代表公司之一，1980 年，其公司的产品 Reax 系列进入我国。1990 年，Borregaard 公司推出的染料分散剂 DiwatexXP-9、SD-60 等在亚洲占有很大市场。目前，世界上生产和销售木质素系分散剂最大、最主要的公司有美国的 Westvaco 公司、挪威的 Borregaard 公司以及加拿大的 Reed 公司。

随着染料工业的发展，木质素分散剂的技术和生产工艺不断提高和改进，木质素分散剂仍是染料商品化加工最重要的助剂之一，不论是用量还是综合作用，都处于各类助剂之首。我国染料用木质素分散剂的研究始于 20 世纪 70 年代，发展于 80 年代和 90 年代初，1986 年，我国第一种染料用磺化木质素分散剂在邵武造纸厂研发成功。国家先后安排了“六五”“七五”“八五”攻关计划，开发了染料分散剂 M-9～M-15 等多种染料分散剂产品。

资料表明，木质素染料分散剂在国外分散染料加工助剂中占 95%以上，而在我国仅占 35%左右，其中进口木质素染料分散剂约占 50%，同时，木质素染料分散剂原料来源于制浆废液，原料丰富、成本低、析水量少。由此可见，木质素系染料分散剂在染料加工中有很大的应用潜力。

3.4.2 木质素系染料分散剂的研究现状及发展趋势

3.4.2.1 国外研究现状

有关资料表明，20 世纪 70～80 年代的十几年间，与木质素磺酸盐有关的有 100 多篇美国专利发表，其中推荐用于染料的专利多达数十个，这是木质素技术发展硕果累累的年代，可谓木质素发展的鼎盛时期[93]。

Dilling 等[99]采用胺化合物如二乙胺、三乙醇胺等通过离子交换反应改性木质素磺酸钠，使其作为偶氮染料体系的分散剂。与未改性的木质素磺酸钠对比，改性后的木质素磺酸钠能够降低偶氮染料的失色率，铵离子既能使木质素分散剂稳定，又能抑制偶氮染料体系中染料的还原。另外，由于合成的改性木质素磺酸盐中含有叔胺基团，在碱性条件下，研磨时不会影响染料分散剂的负电性，但在酸性条件下，染色时带有正电荷，能中和磺酸根离子所带的负电荷，同时增加染料分散剂在染料表面的覆盖程度，使其有效地保护染料颗粒，具备优良的扩散性能和耐热稳定性。此外，利用先超滤再磺化的工艺研究出高效木质素分散剂。同时，对木质素用连二亚硫酸钠进行预处理，再与醛类物质和亚硫酸钠反应，以提高其耐热稳定性。

Sten 等[100]利用木质素磺酸盐与 α-氯乙醇、氯甲磷酸二钠或氯甲磺酸钠的反应，制备出带有多个羟基的木质素磺酸盐，可与染料中某些基团形成氢键，提高其耐热稳定性。Lin 等[101]通过对木质素中大部分自由酚羟基的封锁，对已封闭的部分用过氧化氢或氧分子处理，以消除碱木质素或磺化木质素的颜色，使其更符合染料分散剂的要求。Wang[102]采用聚乙二醇环氧醚 EO-1、EO-2、EO-3 作为分散助剂，与木质素磺酸盐复配使用，作为染料分散剂。但复配不能改变木质素磺酸盐的表面活性，如亲油基团、亲水基团，且价格较高。因此，对木质素进行化学改性才能制备出高效的木质素系染料分散剂。

3.4.2.2 国内研究现状

与国外的产品相比，我国的木质素系染料分散剂无论是在品种还是质量上，都有一定的距离，但我国科研工作者对木质素系染料分散剂的研究从未间断过，并且已取得了较多的成果，很多科研成果已迈向产业化。

韦汉道等[103]采用物理和化学相结合的电氧化和磺甲基化方法，提供一种反应条件温和、不产生公害，而产品分散性能优良的木质素改性制备分散剂的方法，同时还利用电化学方法，通过控制耗电量使木质素发生聚合与降解，制备不同分子量的木质素，产品可用于合成性能优异的染料分散剂。郑艳民等[104]将木质素磺酸钠与甲醛和含有羟基的化合物发生缩合反应，制得木质素磺酸盐染料分散剂，单独用于 C.I 分散蓝 79 时，可以使染料组合物在 150℃时的扩散性达到 5 级，高温分散性也达到 5 级。华南理工大学的杨东杰、邱学青等[105, 106]利用先氧化再磺化的方法研制出了 GCL 系列木质素磺酸盐分散剂，该分散剂可用于水泥、染料等，具有很好的分散效果。蔡翔[107]针对扩散性、耐热稳定性等，进一步分析了木质素分散剂 REAX85A 与国产木质素系染料分散剂应用性能之间的差距，为今后国内染料分散剂的发展提供了新的方向。高政等[108]在碱性条件下，将稻草秸秆苯酚液化物与甲醛、亚硫酸钠发生反应，并优化工艺条件，制备出染料分散剂 HSC-LP，提高了染料分散剂的性能。杨益琴等[109]以松木硫酸盐木质素为原料，先将其与亚硫酸盐、甲醛磺甲基化，再与环氧氯丙烷反应制得改性木质素染料分散剂。经过工艺优化，确定最佳反应条件为甲醛与亚硫酸钠摩尔比为 0.8∶1，亚硫酸钠用量为 1.3mmol，在此条件下制得的染料分散剂效果最好。宋存雪[110]以制浆黑液为原料，采用 Mannich 反应接枝改性木质素，制得吗啉-木质素染料分散剂和阳离子咪唑啉-木质素分散剂，并对其进行工艺优化，制得的染料分散剂具有较好的扩散性能以及高温稳定性。

笔者和课题组成员[111]直接利用制浆黑液制备分散染料分散剂，染料分散剂的分散力大于 95%，涤纶、棉纶以及棉的沾色在 4 级以上，在 130℃和 150℃下耐热稳定性达到 4 级。此外还利用制浆黑液制备还原染料分散剂，该工艺能减少生产和使用过程中制浆黑液对环境的污染，同时提高染料分散剂的扩散力及耐热稳定性等性能[112]。

3.4.2.3 发展趋势

良好的染料分散剂是染料发挥其性能的关键，高性能的染料分散剂一直是印染行业的研究热点。由于木质素具有来源广、成本低、可生物降解等很多优点，成为环境、化学等相关领域科研工作者竞相研究的热点，我国科研工作者在木质素系染料分散剂产品的开发方面做了大量的研究。但是我国生产的木质素系染料分散剂还有一些不足，如适用范围窄、品种少、高温分散性不够、生产工艺复杂、产品性能不稳定等，科研工作者对染料分散剂的结构特点以及原理方面的研究不够深入。因此，对木质素系染料分散剂的研究主要集中在如何对木质素进行化学修饰，改善其缺陷，特别是改善其高温分散性不够及适用范围窄的不足[90]。

3.4.3 改性木质素染料分散剂的制备及应用

笔者和课题组成员[90, 113]以马尾松硫酸盐法制浆黑液的主要成分碱木质素为原料，通过氧化和羧甲基化改性，制备出改性木质素染料分散剂 MAL-1，并在此基础上进一步化学修饰，制备出改性木质素染料分散剂 MAL-2，并研究两种改性木质素染料分散剂的性能。同时，通过磺化、Mannich 反应、季铵化等方法改性，分别制备出胺甲基化木质素染料分散剂 QLD[114-116] 和季铵化木质素染料分散剂[117]。染料分散剂分散性能的测定参照《染料 扩散性能的测定》(GB/T 27597—2011) 进行。

3.4.3.1 改性木质素染料分散剂的制备

(1) 改性木质素染料分散剂 MAL-1

1) 制备工艺　在装有搅拌浆和分液漏斗的 500mL 三口烧瓶中，将 200g 黑液加入三口烧瓶内，开始搅拌，加入质量分数为 20% 的硫酸溶液，调节 pH 值至一固定值，搅拌 5～10min，将温度升至指定温度，用恒流泵缓慢滴加双氧水（约 15min 加完），反应一定时间后继续升温，待温度稳定后用分液漏斗加入一定量的质量分数为 20% 的一氯乙酸，冷凝回流数小时后，降温出料，得到棕褐色液体，即为改性木质素染料分散剂 MAL-1。

2) 制备原理

① 氧化反应　碱木质素主要由 3 种基本结构单元组成，如图 3-39 所示，即对羟苯丙烷基（H 型）、愈创木基（G 型）和紫丁香基（S 型）。其结构中，酚羟基的邻位反应活性最高，因此基本单元反应活性顺序为 H 型＞G 型＞S 型，马尾松碱木质素主要的结构单元中含有大量的 G 型以及 S 型，甲氧基或者侧链占据了羟基的邻位，降低了碱木质素的反应活性。

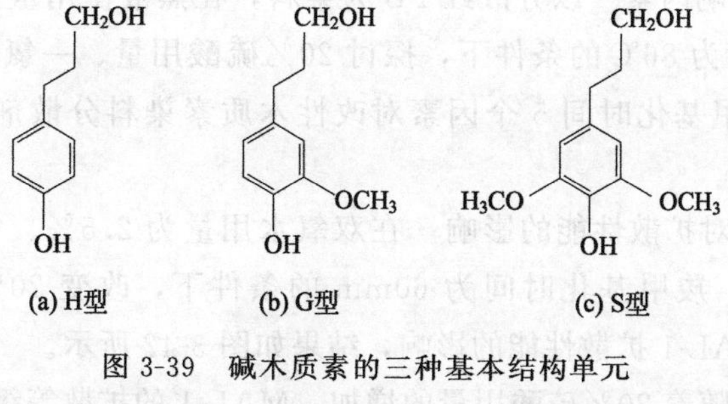

图 3-39　碱木质素的三种基本结构单元

氧化剂 H_2O_2 分解产生的 ·OH 进攻有机物分子夺取氢，使空间网状大分子有机物降解成小分子。·OH 还可以进攻碱木质素中富电子云的芳香环，发生羟基化、脱甲氧基等反应。在碱性条件下，过氧化氢在反应过程中得到电子，亲核试剂^-OOH攻击甲氧基上的碳原子，发生脱甲基反应，碱木质素的脱甲基反应如图 3-40 所示。这些反应使碱木质素的分子量降低同时发生均一化，分子中愈创木基和紫丁香基减少，对羟基苯丙烷基结构增多，提高了碱木质素的反应活性，有利于下一步反应。

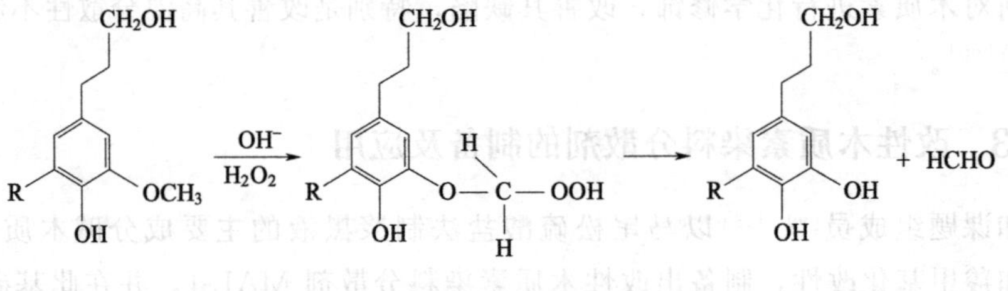

图 3-40　碱木质素的脱甲基反应

② 羧甲基化反应　在碱性条件下，碱木质素的酚羟基可以与卤代物发生羧甲基化反应，有时在侧链上也可以发生羧甲基化接枝反应。传统的羧甲基化方法，其实质为取代反应或者接枝反应，碱木质素与一氯乙酸发生接枝反应，其反应过程如图 3-41 所示。

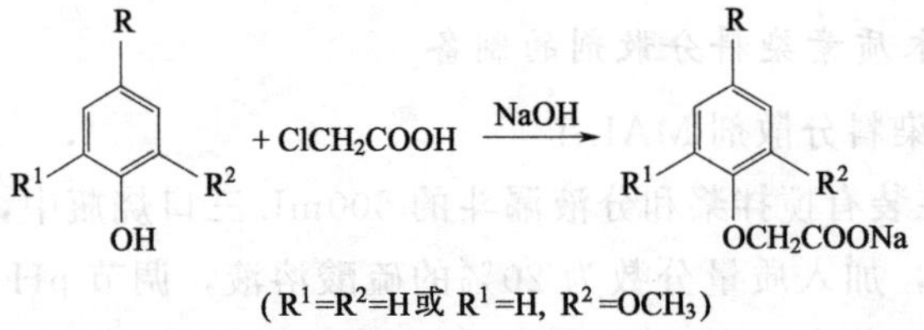

($R^1=R^2=H$ 或 $R^1=H$, $R^2=OCH_3$)

图 3-41　碱木质素的羧甲基化反应

此外，碱木质素分子上的羟基在碱性条件下与一氯乙酸发生羧甲基反应的同时，还会发生如下副反应：

$$ClCH_2COOH + 2NaOH \longrightarrow HOCH_2COONa + NaCl + H_2O$$

$$ClCH_2COOH + NaOH \longrightarrow HOCH_2COOH + NaCl$$

$$ClCH_2COONa + NaOH \longrightarrow HOCH_2COONa + NaCl$$

这些副反应也会消耗一氯乙酸，导致碱木质素羧甲基化的取代度降低，因此在羧甲基化反应中要控制好反应条件，尽量减少副反应的发生。

3）制备过程的影响因素　以分散红 FB 为染料，在黑液使用量为 200g、氧化时间为 45min、羧甲基化温度为 86℃的条件下，探讨 20%硫酸用量、一氯乙酸用量、双氧水用量、氧化温度以及羧甲基化时间 5 个因素对改性木质素染料分散剂 MAL-1 扩散性能的影响。

① 20%硫酸用量对扩散性能的影响　在双氧水用量为 2.5%、氧化温度为 70℃、一氯乙酸用量为 2.5%、羧甲基化时间为 60min 的条件下，改变 20%硫酸的用量，研究 20%硫酸的用量对 MAL-1 扩散性能的影响，结果如图 3-42 所示。

由图 3-42 可知，随着 20%硫酸用量的增加，MAL-1 的扩散等级呈先增大后减小的趋势。这是由于在一定范围内，20%硫酸用量增加，pH 值降低，可以提高后续氧化反应的

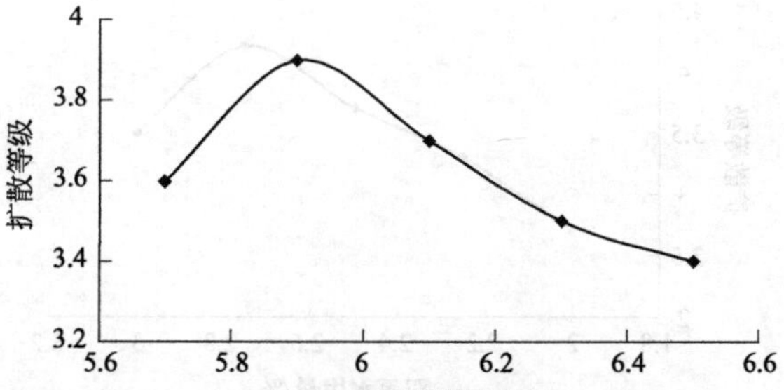

图 3-42 20%硫酸用量对 MAL-1 扩散性能的影响

活性，当 20%硫酸用量过多时，pH 值太低，碱木质素易从制浆黑液中析出，析出后的碱木质素在后续氧化反应中进行非均相反应，反应活性降低，同时析出的碱木质素呈团聚状态，使反应物分子间的接触面减小，不利于后续的氧化反应进行，最终导致分散剂的扩散性能降低。综合以上各方面的因素，同时由实验结果表明，20%硫酸用量为 5.9%时，MAL-1 的扩散性能最好。

② 一氯乙酸用量对扩散性能的影响　在 20%硫酸用量为 5.9%、双氧水用量为 2.5%、氧化温度为 70℃、羧甲基化时间为 60min 的条件下，改变一氯乙酸的用量，研究一氯乙酸的用量对 MAL-1 扩散性能的影响，结果如图 3-43 所示。

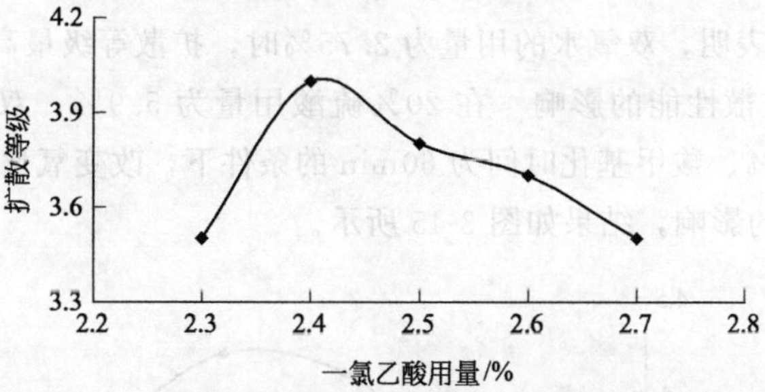

图 3-43 一氯乙酸用量对 MAL-1 扩散性能的影响

由图 3-43 可知，随着一氯乙酸用量的增加，MAL-1 的扩散等级呈先增大后减小的趋势。这是由于刚开始随着醚化剂一氯乙酸的浓度增大，一氯乙酸分子与碱木质素分子上的活性基团接触概率增大，有效碰撞的概率也增大，碱木质素分子上的羧基也随之增加，因此，染料分散剂的扩散性能呈上升趋势。当一氯乙酸用量过大时，反应环境酸性增强，不利于羧甲基化反应进行，同时，发生一系列的副反应，从而消耗大量的一氯乙酸，最终导致染料分散剂的扩散性能降低。综合以上各方面的因素，同时由实验结果表明，一氯乙酸用量为 2.4%时，MAL-1 的扩散性能最好，此时扩散等级为 3.9。

③ 双氧水用量对扩散性能的影响　在 20%硫酸用量为 5.9%、氧化温度为 70℃、一氯乙酸用量为 2.4%、羧甲基化时间为 60min 的条件下，改变双氧水的用量，研究双氧水的用量对 MAL-1 扩散性能的影响，结果如图 3-44 所示。

由图 3-44 可以看出，随着双氧水用量的增加，扩散等级呈先增大后减小的趋势。根据碱木质素的结构特性，例如甲氧基含量高、活性差等特点，需要氧化提高碱木质素的活

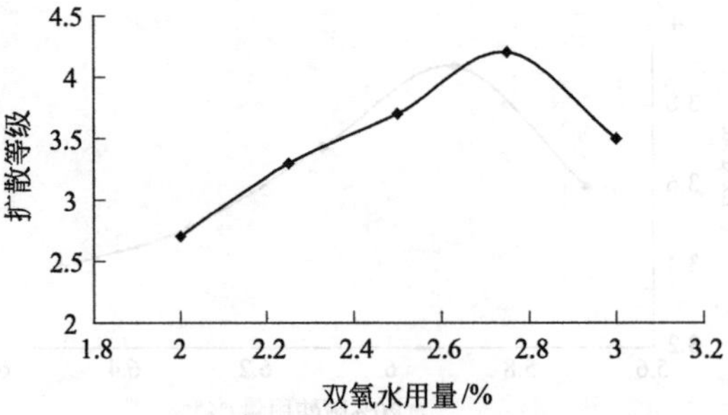

图 3-44 双氧水用量对 MAL-1 扩散性能的影响

性。双氧水用量太少，氧化不充分，甚至起不到氧化效果；随着双氧水用量的增加，高缩合度的碱木质素逐渐被降解，碱木质素与糖类化合物之间连接的键也可能发生断裂，同时碱木质素分子中酚型结构单元的 α-芳基醚键以及苯环上的芳基甲基醚键也可能断裂，碱木质素与反应物的接触面积增大，同时脱甲基化作用也可以提高碱木质素的反应活性；当双氧水用量过多时，反应物已有的官能团已被充分氧化，多余的双氧水与后续的反应物反应，使副反应增多。另外，由于黑液中含有一些还原性物质，会优先和双氧水发生氧化还原反应，因此只有当双氧水的用量增加到一定量后才会对碱木质素起活化作用。双氧水用量在 2%～2.75%的范围内，随着双氧水用量的增加，MAL-1 的扩散等级逐渐增大；当双氧水用量超过 2.75%时，MAL-1 的扩散等级开始减小。因此，综合以上各方面的因素，同时由实验结果表明，双氧水的用量为 2.75%时，扩散等级最高，为 4.2。

④ 氧化温度对扩散性能的影响　在 20%硫酸用量为 5.9%、双氧水用量为 2.75%、一氯乙酸用量为 2.4%、羧甲基化时间为 60min 的条件下，改变氧化温度，研究氧化温度对 MAL-1 扩散性能的影响，结果如图 3-45 所示。

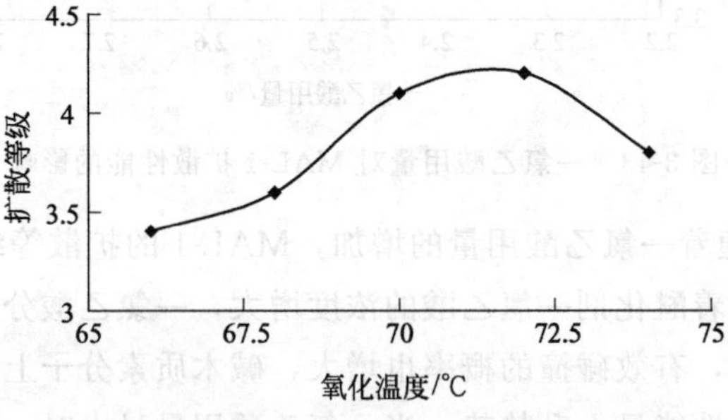

图 3-45 氧化温度对 MAL-1 扩散性能的影响

由图 3-45 可以看出，随着氧化温度从 65℃逐渐上升至 72℃，MAL-1 的扩散等级逐渐增大，当氧化温度高于 72℃时，扩散等级开始下降。温度太低时，反应物的反应速率与反应程度都较低，难以与碱木质素发生反应，在温度小于 72℃时，随着温度升高，碱木质素和双氧水的活性逐渐增大，酚羟基邻位上的甲氧基和甲基被脱除，空间位阻降低，有利于后续的反应进行；由于碱木质素的氧化反应比较复杂，若反应温度过高，碱木质素在发生氧化反应的同时还可使碱木质素生成紫丁香醛等醛类化合物，引起其他副反应发生，因此，氧化温度不能过高。综合以上各方面的因素，同时由实验结果表明，氧化温度为72℃时扩散等级最高，为4.2。

⑤ 羧甲基化时间对扩散性能的影响 在20%硫酸用量为5.9%、双氧水用量为2.75%、氧化温度为72℃、一氯乙酸用量为2.4%的条件下，改变羧甲基化时间，研究羧甲基化时间对MAL-1扩散性能的影响，结果如图3-46所示。

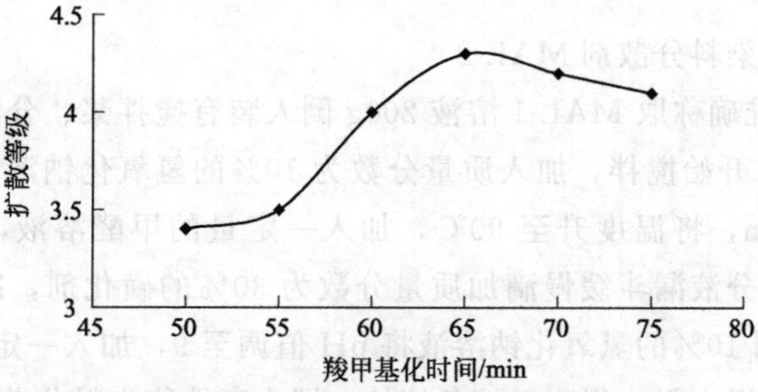

图3-46 羧甲基化时间对MAL-1扩散性能的影响

由图3-46可以看出，随着羧甲基化时间逐步延长，MAL-1的扩散等级逐渐增大，当羧甲基化时间为65min时，扩散等级达到最大值，再延长羧甲基化时间，扩散等级开始逐渐降低。这是由于反应时间过短，碱木质素上的活性基团还未与一氯乙酸充分反应，而影响扩散性，反应时间的延长有助于反应物的传质、传热以及醚化剂与羟基的充分接触，提高反应效率；反应时间过长，会导致一氯乙酸的副反应发生，从而使分散等级下降。因此，选择合适的羧甲基化时间对合成改性木质素基染料分散剂MAL-1的意义重大，既可避免反应速率慢、反应程度低、副反应多等问题，又可提高产品分散性。综合以上各方面的因素，同时由实验结果表明，羧甲基化时间选择65min为宜。

4）产品的红外光谱分析 碱木质素和改性木质素染料分散剂MAL-1经乙醇洗涤、烘至绝干后进行红外光谱分析，结果如图3-47所示。从图3-47中可以看出，碱木质素分子上没有羧基、磺酸基等亲水基团的吸收峰，说明碱木质素分子上缺乏强亲水基团，这是碱木质素水溶性差的主要原因。MAL-1和碱木质素在$3460cm^{-1}$和$3466cm^{-1}$附近的吸收峰为羟基的伸缩振动，MAL-1的吸收峰比碱木质素的吸收峰更宽更强，说明经过氧化，碱木质素的羟基含量增多，可能是酚羟基或者醇羟基。改性后，分别在$1606cm^{-1}$和$1421cm^{-1}$处出现连续的强的吸收峰，分别是—C═O和—CH_2—的特征峰。由于羧酸盐中的羧基在$1616\sim1540cm^{-1}$和$1450\sim1400cm^{-1}$之间具有两个特征吸收谱带，前者是

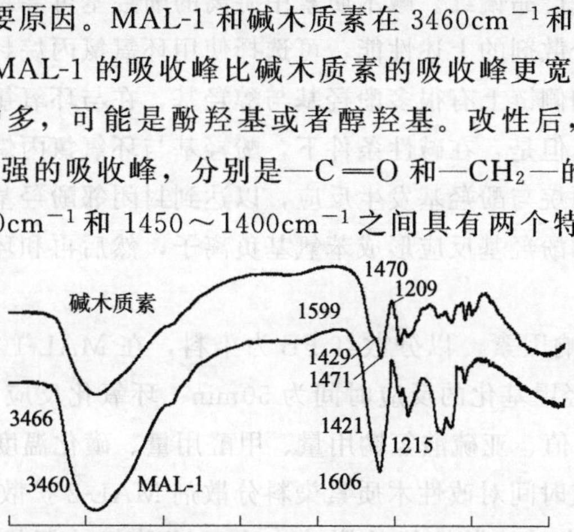

图3-47 MAL-1的红外光谱

—COO^-的反对称伸缩振动带，带形宽，很强；而后者是—COO^-的对称伸缩振动带，与前者相比带形尖锐，强度较弱；1215cm^{-1}的特征峰为酚醚键中—C—O的伸缩振动，表明羧甲基化反应成功地将羧基接枝到碱木质素分子中。碱木质素1470cm^{-1}处为甲氧基伸缩振动峰，碱木质素氧化后其峰值变小，说明经过氧化，碱木质素分子中的甲氧基含量减少。

（2）改性木质素染料分散剂MAL-2

1）制备工艺　准确称取MAL-1溶液200g倒入装有搅拌桨、分液漏斗以及回流管的500mL三口烧瓶中，开始搅拌，加入质量分数为10%的氢氧化钠溶液，调节pH值至指定值，搅拌5～10min，将温度升至90℃，加入一定量的甲醛溶液，反应50min后，升温，待温度稳定后用分液漏斗缓慢滴加质量分数为30%的磺化剂，冷凝回流数小时，将温度调至87℃，再用10%的氢氧化钠溶液将pH值调至9，加入一定质量的环氧氯丙烷，反应一段时间后，降温出料，得到黑棕色液体，即为高性能染料分散剂MAL-2。

2）制备原理

① 羟甲基化和磺化原理　在碱性条件下，甲醛可在碱木质素芳香环上酚羟基的邻位上发生羟甲基化反应，一般侧链不发生反应，同时磺化剂亚硫酸氢钠可与氢氧化钠发生反应，再与碱木质素羟甲基化产物发生磺化反应，反应见图3-48。

$$NaHSO_3 + NaOH \longrightarrow Na_2SO_3 + H_2O$$

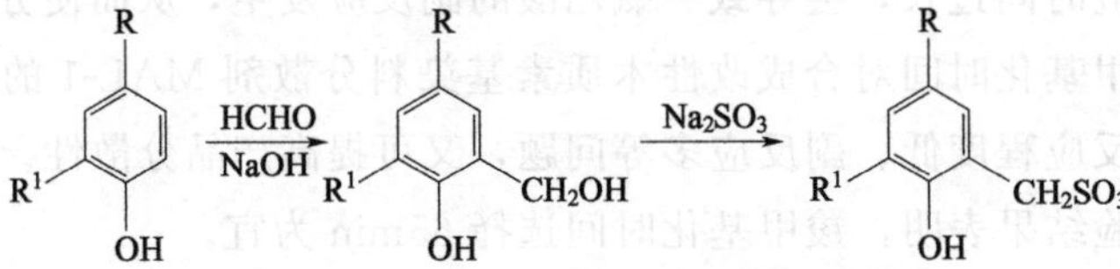

图3-48　碱木质素磺甲基化反应

② 环氧化反应改性　由于碱木质素结构中邻苯二酚结构的存在会使分散染料中的偶氮基发生断裂消色，使产品偏红。碱木质素中游离的酚羟基可导致分散剂的颜色加深。为了改变木质素系染料分散剂的上述性能，可选择使用环氧氯丙烷封闭部分酚羟基。

碱木质素的苯环和侧链上有很多酚羟基与醇羟基，在与环氧氯丙烷反应时，这两种羟基均可与其发生反应，但是，在碱性条件下，酚羟基与环氧氯丙烷的反应活性大大高于醇羟基，因此，环氧氯丙烷与酚羟基发生反应，以达到封闭邻酚羟基的目的。在氢氧化钠存在时，环氧氯丙烷先和酚羟基反应形成苯氧基负离子，然后再和环氧氯丙烷发生反应，反应式如图3-49所示。

3）制备过程的影响因素　以分散红FB为染料，在MAL-1溶液使用量为200g、羟甲基化温度为90℃、羟甲基化的反应时间为50min、环氧化反应温度为87℃的实验条件下，研究羟甲基化pH值、亚硫酸氢钠用量、甲醛用量、磺化温度、环氧氯丙烷用量、磺化时间以及环氧化反应时间对改性木质素染料分散剂MAL-2扩散性能的影响。

① 羟甲基化pH值对扩散性能的影响　在亚硫酸氢钠用量为7.5%、甲醛用量为3%、磺化温度为100℃、环氧氯丙烷用量为1%、磺化时间为180min、环氧化反应时间为120min的条件下，改变羟甲基化pH值，研究体系pH值对MAL-2扩散性能的影

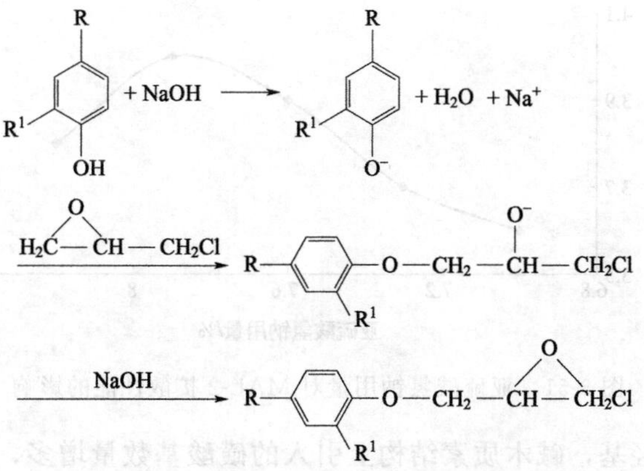

图 3-49　碱木质素的环氧化反应

响，结果如图 3-50 所示。

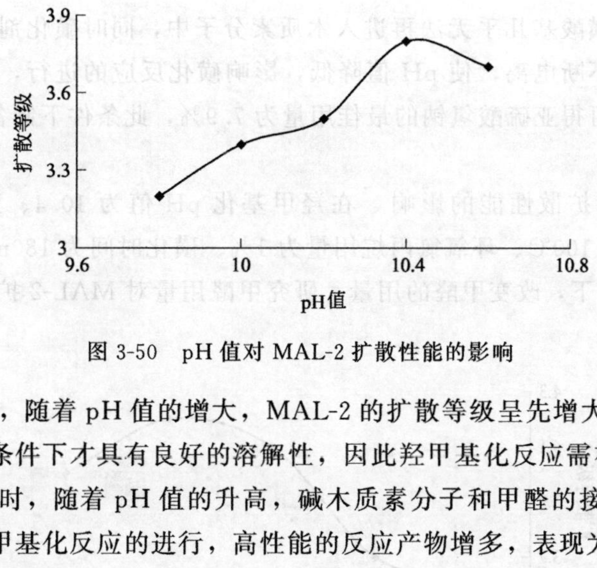

图 3-50　pH 值对 MAL-2 扩散性能的影响

由图 3-50 可知，随着 pH 值的增大，MAL-2 的扩散等级呈先增大后减小的趋势。由于碱木质素在碱性条件下才具有良好的溶解性，因此羟甲基化反应需在碱性条件下进行。当 pH 值小于 10.4 时，随着 pH 值的升高，碱木质素分子和甲醛的接触面增大、反应活性增加，有利于羟甲基化反应的进行，高性能的反应产物增多，表现为产物的扩散等级逐渐增大；当 pH 值过大时，一方面会使甲醛发生歧化反应，即醛类本身可发生分子内氧化还原反应，使甲醛的消耗量大于羟甲基的生成量，从而减少了羟甲基碱木质素的量；另一方面不利于亚硫酸氢钠的水解，导致反应速率和效率降低，使反应活性降低，不利于磺甲基化反应的进行，最终影响反应结果。综上所述，且由实验表明，羟甲基化的 pH 值为 10.4 时，MAL-2 的扩散等级最高为 3.8。

② 亚硫酸氢钠用量对扩散性能的影响　在羟甲基化的 pH 值为 10.4、甲醛用量为 3%、磺化温度为 100℃、环氧氯丙烷用量为 1%、磺化时间为 180min、环氧化反应时间为 120min 的条件下，改变亚硫酸氢钠的用量，研究亚硫酸氢钠的用量对 MAL-2 扩散性能的影响，结果如图 3-51 所示。

由图 3-51 可知，随着亚硫酸氢钠用量的增加，MAL-2 的扩散等级先增大后减小。在亚硫酸氢钠的用量小于 7.9%时，扩散等级随着亚硫酸氢钠用量的增加而增大，这可能是由于随着磺化剂亚硫酸氢钠用量的增加，磺酸基取代羟甲基化的产物羟甲基和苯烷侧链

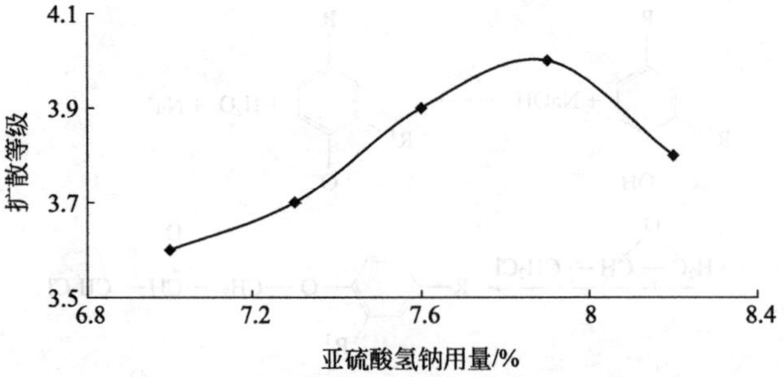

图 3-51 亚硫酸氢钠用量对 MAL-2 扩散性能的影响

α-C原子上的醚基或羟基，碱木质素结构上引入的磺酸基数量增多，使得碱木质素的磺化度增加，大量的磺酸基能提高染料颗粒的亲水性，同时使染料颗粒表面带有更多的电荷，形成较强的静电作用，使体系稳定，防止染料颗粒聚集，从而提高了扩散性能。在亚硫酸氢钠的用量大于7.9%时，扩散等级开始下降，这可能是由于醚基或羟基及羟甲基等反应位点趋于饱和后，磺酸基几乎无法再进入木质素分子中，同时磺化剂亚硫酸氢钠为弱酸性，在碱性条件下不断电离，使 pH 值降低，影响磺化反应的进行，从而使扩散等级下降。综合上述分析可得亚硫酸氢钠的最佳用量为 7.9%，此条件下制备的 MAL-2 扩散等级最高，可达 4.0。

③ 甲醛用量对扩散性能的影响　在羟甲基化 pH 值为 10.4、亚硫酸氢钠用量为 7.9%、磺化温度为 100℃、环氧氯丙烷用量为 1%、磺化时间为 180min、环氧化反应时间为 120min 的条件下，改变甲醛的用量，研究甲醛用量对 MAL-2 扩散性能的影响，结果如图 3-52 所示。

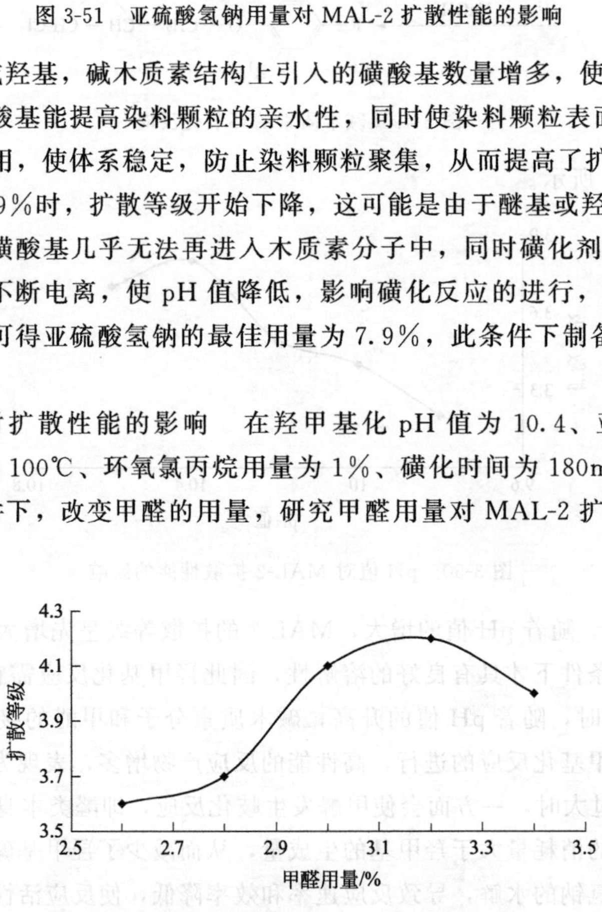

图 3-52 甲醛用量对 MAL-2 扩散性能的影响

由图 3-52 可知，随着甲醛用量的增加，扩散等级出现先增大后减小的现象，说明甲醛的用量对扩散等级有较大的影响。甲醛和碱木质素可以发生羟甲基化反应和缩聚反应，当甲醛含量较低时，与碱木质素的反应以羟甲基化反应为主，甲醛用量增加，有利于羟甲基化反应和下一步磺化反应的进行，但是当甲醛达到了一定浓度时，在 pH 值大于 7 的条件下，又可以发生 Cannizarro 反应，即歧化反应，抑制碱木质素的羟甲基化过程，同时使羟甲基化碱木质素缩聚。由于甲醛的交联作用使碱木质素发生缩合，使碱木质素分子量增大，降低后续磺化反应的磺化度，从而使 MAL-2 的扩散性能下降，扩散等级降低。此外，反应物的过量还会造成经济上的损失。因此，甲醛用量以 3.2%为宜，此时扩散等级为4.2。

④ 磺化温度对扩散性能的影响 在羟甲基化pH值为10.4、亚硫酸氢钠用量为7.9%、甲醛用量为3.2%、环氧氯丙烷用量为1%、磺化时间为180min、环氧化反应时间为120min的条件下，改变磺化温度，研究磺化温度对MAL-2扩散性能的影响，结果如图3-53所示。

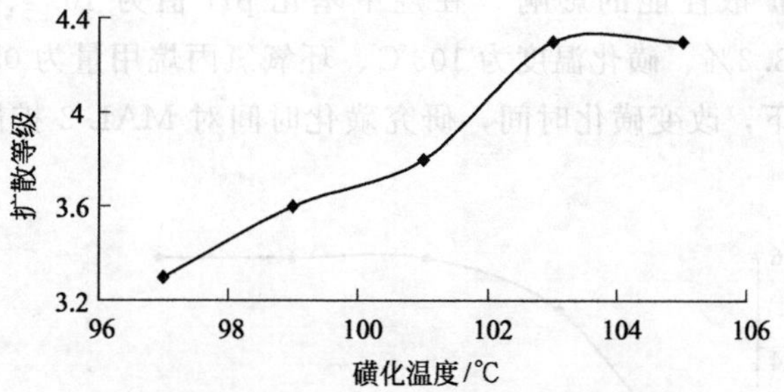

图3-53 磺化温度对MAL-2扩散性能的影响

由图3-53可得，扩散等级随着磺化温度的升高先增大，后逐渐趋于稳定。这是由于在磺化温度低于103℃时，随着磺化温度的升高，碱木质素的活化性能不断提高，温度越高越有利于反应的进行，从而使产物的扩散性能增加。由于本实验在常压下进行，当溶液温度达到饱和温度时开始沸腾，即使温度继续升高，反应体系的温度依然保持不变。由实验可知，反应体系所对应的饱和温度为103℃，即使油浴锅温度继续升高，体系温度也一直不变，但是温度越高消耗的能源也越多，磺化温度选择103℃最为经济合理，此条件下，MAL-2的扩散等级为4.3。

⑤ 环氧氯丙烷用量对扩散性能的影响 在羟甲基化pH值为10.4、亚硫酸氢钠用量为7.9%、甲醛用量为3.2%、磺化温度为103℃、磺化时间为180min、环氧化反应时间为120min的条件下，改变环氧氯丙烷用量，研究环氧氯丙烷用量对MAL-2扩散性能的影响，结果如图3-54所示。

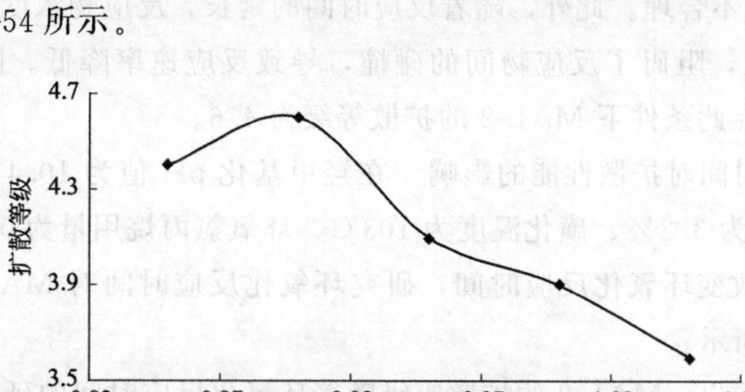

图3-54 环氧氯丙烷用量对MAL-2扩散性能的影响

由图3-54可知，随着环氧氯丙烷用量的增加，MAL-2的扩散等级呈先增大后减小的趋势，当环氧氯丙烷用量为0.9%时，染料分散剂的扩散等级最高为4.6。由环氧化反应的反应原理可知，环氧氯丙烷不与碱木质素结构中的酚羟基直接反应，在氢氧化钠存在时，先与碱木质素的酚羟基形成苯氧基负离子，再和环氧基发生反应。苯氧基负离子属于强亲核试剂，比较容易进攻环氧基上位阻小的 α-C。当环氧氯丙烷用量小于 0.9%时，所形成的苯氧基负离子未完全反应，染料分散剂的扩散性能会随着环氧氯丙烷用量的增加而增加；当环氧氯丙烷用量大于 0.9%时，分散剂的扩散性能明显下降，这可能是由于在反应过程中，苯氧基负离子反应完全，在环氧氯丙烷用量增大时，反应速率加快，共聚物分子量增大，导致染料分散剂的扩散性能下降。综上所述，环氧氯丙烷用量取 0.9%最佳。

⑥ 磺化时间对扩散性能的影响　在羟甲基化 pH 值为 10.4、亚硫酸氢钠用量为 7.9%、甲醛用量为 3.2%、磺化温度为 103℃、环氧氯丙烷用量为 0.9%、环氧化反应时间为 120min 的条件下，改变磺化时间，研究磺化时间对 MAL-2 扩散性能的影响，结果如图 3-55 所示。

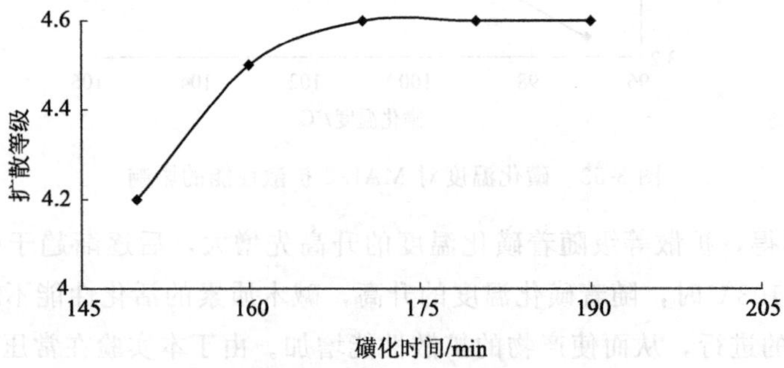

图 3-55　磺化时间对 MAL-2 扩散性能的影响

由图 3-55 可知，染料分散剂的扩散等级随磺化时间的延长先迅速增大，之后趋于稳定。当磺化时间为 170min 时，扩散等级达到最大值 4.6；当磺化时间大于 170min 时，随着磺化时间的延长，染料分散剂的扩散等级开始趋于稳定。从反应完成程度角度考虑，时间越长，反应物分子间碰撞的概率就越大，可以提高分散剂的扩散性能，但是碱木质素的磺化温度为 103℃，反应时间越长，就要消耗更多的能源以保证反应温度，同时扩散等级没有提高，在经济上不合理。此外，随着反应时间的延长，反应物浓度不断减小，同时生成物的浓度不断增大，阻碍了反应物间的碰撞，导致反应速率降低。因此，磺化时间为 170min 最为合理，在此条件下 MAL-2 的扩散等级为 4.6。

⑦ 环氧化反应时间对扩散性能的影响　在羟甲基化 pH 值为 10.4、亚硫酸氢钠用量为 7.9%、甲醛用量为 3.2%、磺化温度为 103℃、环氧氯丙烷用量为 0.9%、磺化时间为 170min 的条件下，改变环氧化反应时间，研究环氧化反应时间对 MAL-2 扩散性能的影响，结果如图 3-56 所示。

由图 3-56 可以看出，MAL-2 的扩散等级随着环氧化反应时间的延长先增大，后趋于稳定。当环氧化反应时间为 130min 时，MAL-2 的扩散等级达到最大；此后，随着环氧化反应时间的增加，染料分散剂的扩散等级基本不变。反应起始时，随着时间的增加，苯氧基负离子不断增多，与环氧基不断发生反应，反应产物不断增多，从而使扩散等级不断增大，但是当反应时间大于 130min 时，反应基本完成，反应物和产物已达到平衡状态，继续延长时间，对扩散等级影响不大，而消耗的能源更多。因此，环氧化反应时间选择 130min 较为合理，此时的扩散等级达 4.8。

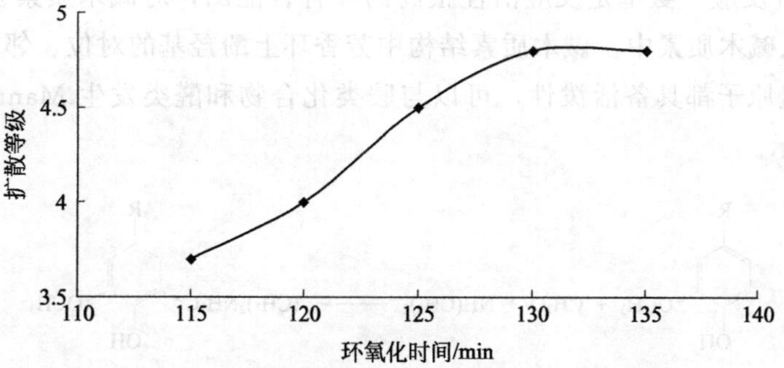

图 3-56　环氧化时间对 MAL-2 扩散性能的影响

4）产品的红外光谱分析　改性木质素染料分散剂 MAL-1 和改性木质素染料分散剂 MAL-2 经乙醇洗涤、烘至绝干后进行红外光谱分析，结果如图 3-57 所示。由图 3-57 可以看出，在 $3464cm^{-1}$ 附近为羟基伸缩振动峰，反应前后变化不大。$1144cm^{-1}$ 和 $1146cm^{-1}$ 附近为芳香环骨架振动峰。改性后，$908cm^{-1}$ 处出现较强的伸缩振动峰，为环氧基伸缩振动峰，说明环氧化反应与部分酚羟基发生反应，该反应封闭了部分羟基。$1049cm^{-1}$、$968cm^{-1}$ 和 $623cm^{-1}$ 附近是侧链上—SO_3—的特征吸收峰，吸收峰明显增强，说明磺酸基团已成功引入。

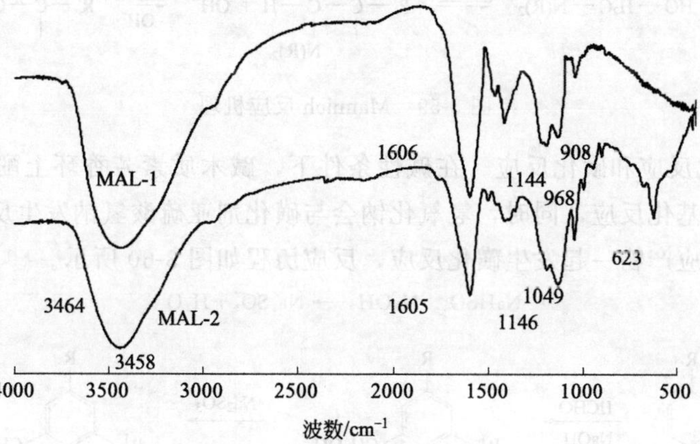

图 3-57　MAL-2 的红外光谱

（3）胺甲基化木质素染料分散剂 QLD

1）制备工艺　准确称取 246g 浓度为 45.0% 的碱木质素溶液于安装好搅拌桨、冷凝回流和分液漏斗的 500mL 的三口烧瓶中，置于油浴锅中预热，开始搅拌，加入一定量的氨基苯磺酸钠调节溶液 pH 值至一定值，将油浴锅温度调至特定温度，并加入适量的苯甲酸和苯酚，搅拌 15～20min 后继续升温，加入一定量的甲醛溶液，在 98℃条件下反应 1h 后，加入一定质量分数为 33.3% 的 $NaHSO_3$，在 100℃条件下反应 4h，最后添加一定量的 3-氯-2 羟丙基三甲基氯化铵反应 1.5h，降温出料，经喷雾干燥（进风温度 340℃，出风温度 110℃），即得 QLD。

2）制备原理

① Mannich反应　氨基是反应活性很高的一种官能团，对碱木质素发生 Mannich 反应，将氨基接入碱木质素中。碱木质素结构中芳香环上酚羟基的对位、邻位及侧链上羧基的 α 位置上的氢原子都具备活泼性，可以与胺类化合物和醛类发生 Mannich 反应，反应式如图 3-58 所示。

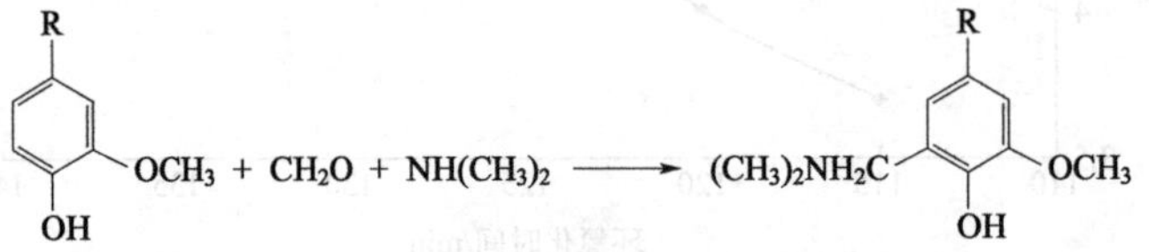

图 3-58　碱木质素的 Mannich 反应

碱木质素的 Mannich 反应中间过程比较复杂，与反应条件和反应物都有一定关系，通常认为，在碱性条件下（反应历程如图 3-59 所示），含活泼氢的碱木质素去质子，胺醛化合物与此亲核化合物发生反应，生成含胺的 Mannich 产物。

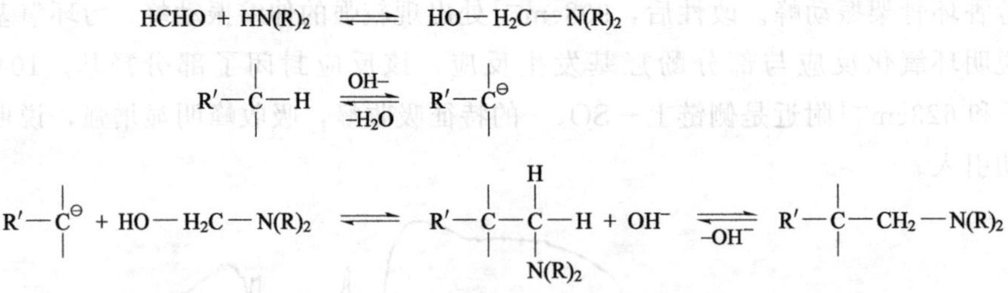

图 3-59　Mannich 反应机理

② 羟甲基化反应和磺化反应　在碱性条件下，碱木质素芳香环上酚羟基的邻位可以与甲醛发生羟甲基化反应，同时，氢氧化钠会与磺化剂亚硫酸氢钠发生反应，再与碱木质素的羟甲基化反应产物一起发生磺化反应，反应历程如图 3-60 所示。

$$NaHSO_3 + NaOH \longrightarrow Na_2SO_3 + H_2O$$

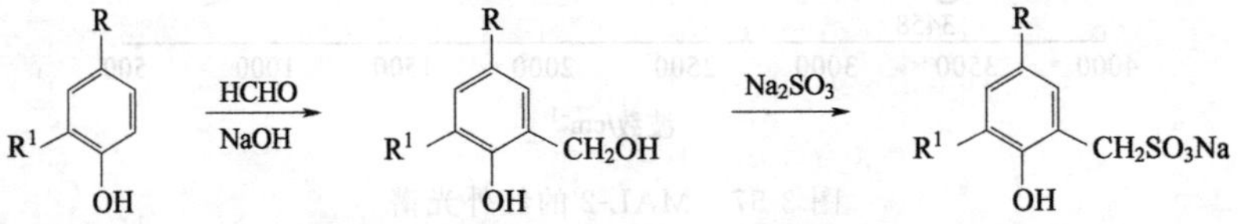

图 3-60　碱木质素磺甲基化反应

③ 季铵化反应　在碱性条件下，3-氯-2-羟丙基三甲基氯化铵先发生电解反应，碱木质素芳香环上酚羟基被季铵盐取代，生成碱木质素季铵盐，其反应过程如图 3-61 所示。

3.4.3.2　改性木质素染料分散剂的应用

（1）染料分散剂的性能参数及扩散性能评价

1）染料分散剂的性能参数　改性木质素染料分散剂的物理性质如表 3-22 所列，其中固含量可根据需要调节。木质素在不同 pH 值时溶解性能不同，所以实验采用染料分散剂水溶液酸化过程中出现沉淀时的 pH 值来评价其水溶性。

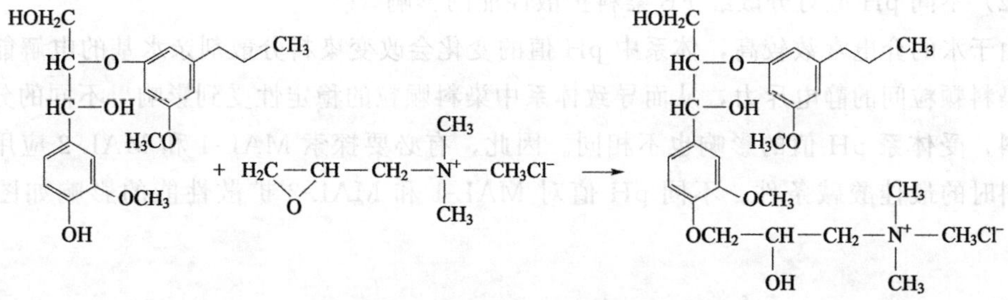

图 3-61　碱木质素的季铵化反应

表 3-22　改性木质素染料分散剂的物理性质

产品	颜色	固含量（实测值）/%	密度（20℃）/(g/cm³)	pH 值	出现沉淀时的 pH 值	总还原物含量/%
MAL-1	棕褐色	42.36	1.115	9.86	6.67	2.1
MAL-2	黑棕色	43.97	1.183	7.72	5.48	1.9

改性木质素染料分散剂溶液的水溶性主要取决于碱木质素结构中亲水基的含量。由于碱木质素结构中亲水基的含量少，同时含有的阳离子也较少，只能溶于碱性水溶液中。由表 3-22 可知，经过改性，MAL-2 出现沉淀时的 pH 值明显低于 MAL-1 出现沉淀时的 pH 值，这说明磺甲基化反应能有效地提高碱木质素的水溶性。

2）染料分散剂的扩散性能评价　在最佳条件下制备出改性木质素染料分散剂 MAL-1、MAL-2，将其应用于分散红 FB 染料，其滤纸渗圈与未加入染料分散剂的空白样的滤纸渗圈如图 3-62 所示。

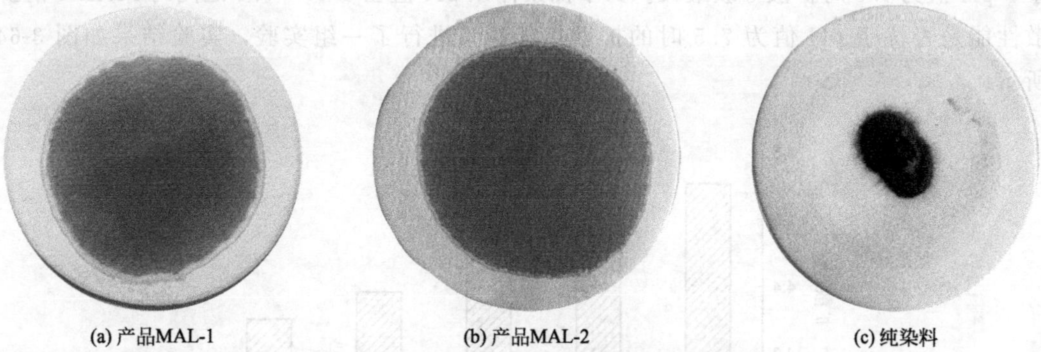

(a) 产品MAL-1　(b) 产品MAL-2　(c) 纯染料

图 3-62　MAL-1、MAL-2 与纯染料的滤纸渗圈图

从图 3-62 中可以看出，纯染料的扩散性能极差，且几乎不溶于水，染料呈聚集状态堆积在滤纸中间，从而使悬浮体系不能处于稳定的状态，在此状态下，染料难以用于诸如印染提花等。在分散染料中加入改性木质素染料分散剂，染料基本能均匀扩散，即悬浮体系处于稳定的状态，特别是产品 MAL-2，使染料扩散更加均匀。

对比 MAL-1 和 MAL-2 的滤纸渗圈图，说明羧基和磺酸基均能增强染料的分散性，因此在加入分散剂中后使染料的扩散等级提高。

（2）不同 pH 值对分散红 FB 染料扩散性能的影响

由于水的介电常数较高，体系中 pH 值的变化会改变染料分散剂亲水基的电解能力以及与染料颗粒间的静电斥力，从而导致体系中染料颗粒的稳定性受到影响。不同的分散剂和染料，受体系 pH 值的影响也不相同。因此，有必要探索 MAL-1 和 MAL-2 应用于分散染料时的最佳酸碱条件。不同 pH 值对 MAL-1 和 MAL-2 扩散性能的影响如图 3-63 所示。

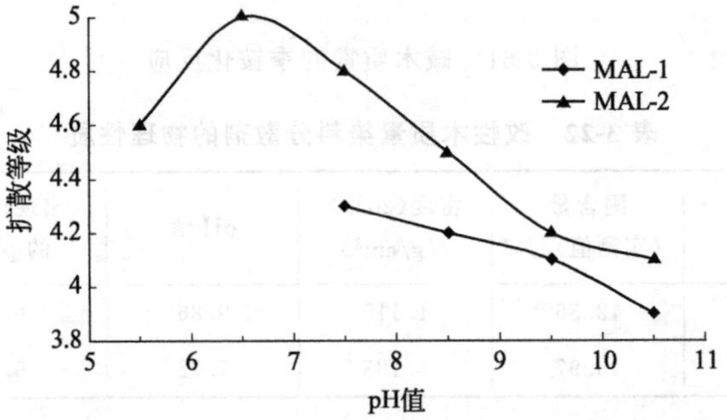

图 3-63 pH 值对 MAL-1 和 MAL-2 扩散性能的影响

由图 3-63 可知，随着 pH 值的增大，MAL-2 的扩散等级呈先增大后减小的趋势，pH 值为 6.5 时，扩散等级最佳，可达到 5.0。当 pH 值过高或过低时，体系的离子浓度增大，压缩了染料颗粒表面的双电层结构，从而使染料颗粒间的静电斥力减弱，导致染料颗粒更容易越过壁垒而聚集，使体系的稳定性变差，即使扩散性能降低。由于 MAL-1 出现沉淀时的 pH 值为 6.67，即当 pH 值低于 6.67 时 MAL-1 水溶液会产生沉淀，因此，在图3-63 中 MAL-1 的曲线从 pH 值为 7.5 开始，随着 pH 值的增大，MAL-1 的扩散等级逐渐减小，pH 值为 7.5 时扩散等级最大。为了探索体系 pH 值在 6.67～7.5 之间时 MAL-1 的扩散性能是否优于 pH 值为 7.5 时的扩散性能，又进行了一组实验，实验结果如图 3-64 所示。

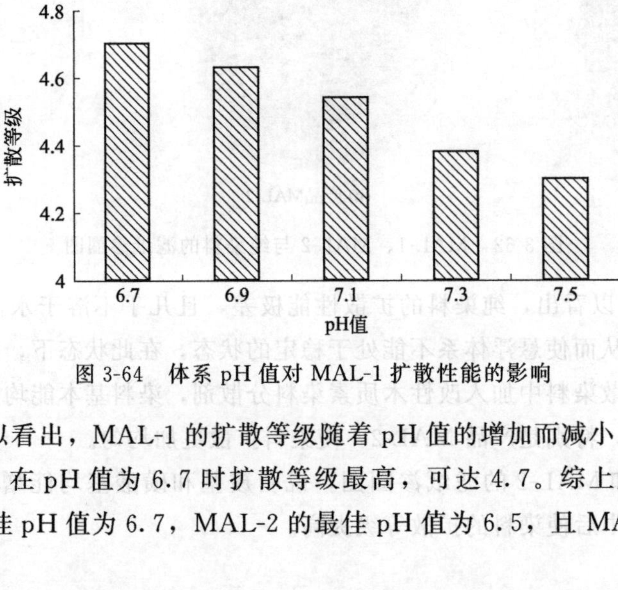

图 3-64 体系 pH 值对 MAL-1 扩散性能的影响

由图 3-64 可以看出，MAL-1 的扩散等级随着 pH 值的增加而减小。综合图 3-63 和图 3-64可知，MAL-1 在 pH 值为 6.7 时扩散等级最高，可达 4.7。综上所述，且由实验表明，MAL-1 的最佳 pH 值为 6.7，MAL-2 的最佳 pH 值为 6.5，且 MAL-2 的扩散等级大于 MAL-1 的扩散等级。

(3) 不同研磨时间对分散红 FB 染料扩散性能的影响

在不同研磨时间下对 MAL-1（pH＝6.7 时）和 MAL-2（pH＝6.5 时）进行扩散性能测试。研磨时间对扩散性能的影响如图 3-65 所示。

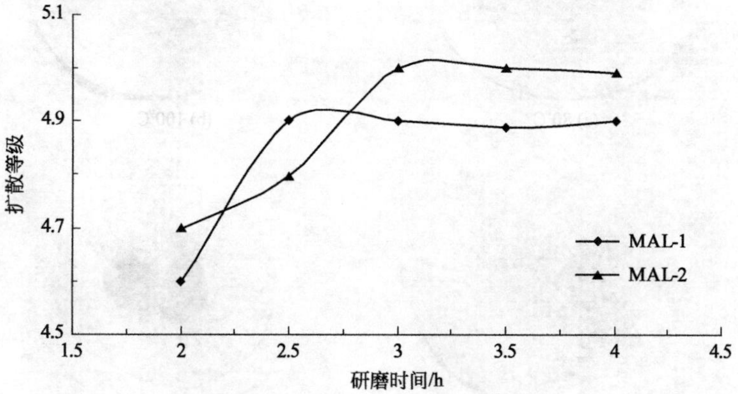

图 3-65　研磨时间对扩散性能的影响

由图 3-65 可以看出：随着研磨时间的延长，MAL-1 的扩散性能先增大，当时间超过 2.5h 后，MAL-1 的扩散等级几乎不变；MAL-2 的扩散等级随着研磨时间的延长，先增大，达到最大值后基本趋于稳定。这是由于原染料颗粒的粒径较大，通过研磨将染料颗粒的粒径降低至 3μm 以下，刚开始随着研磨时间的延长，染料颗粒粒径逐渐变小，降低到一定值时，很难再通过研磨变小，同时染料颗粒若被粉碎得很细小，则会立即发生团聚而使粒径增大，使染料颗粒的粒径保持在一定的尺寸。因此，从节约能耗的角度考虑，MAL-1 的研磨时间选择 2.5h 为宜，MAL-2 的研磨时间应选择 3h 为宜。

(4) 染料分散剂对分散红 FB 染料耐热稳定性的影响

在 pH 值分别为 6.7 和 6.5、研磨时间分别为 2.5h 和 3h 的条件下，对 MAL-1 和 MAL-2 进行耐热稳定性的测试，其在(80±2)℃、(100±2)℃、(130±2)℃、(150±2)℃时的扩散等级见表 3-23，其滤纸渗圈如图 3-66 和图 3-67 所示。

表 3-23　不同温度下的扩散等级（一）

产品	温度/℃			
	80±2	100±2	130±2	150±2
	扩散等级			
MAL-1	3.6	2.7	1.8	0.5
MAL-2	4.8	4.5	4.2	3.7

由表 3-23、图 3-66 和图 3-67 可知，随着温度的升高，染料分散剂的等级逐渐下降。MAL-1 在 100℃时滤纸渗圈图上有少量染料颗粒，染料分散剂部分分解失活，130℃和 150℃时染料颗粒严重聚集，分散剂已失去分散作用。耐热稳定性差的分散剂，易使染料生成焦油状的凝聚物并吸附在纤维上形成斑点，因此要求分散剂在 130℃时，耐热稳定性

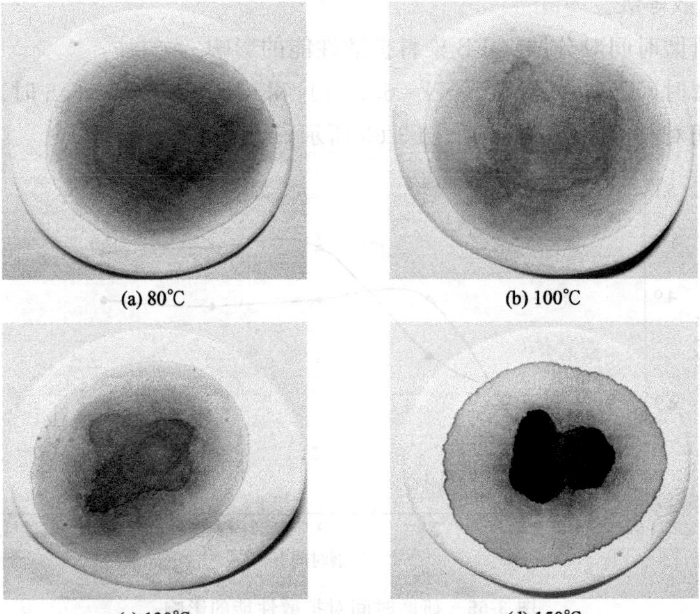

(a) 80℃ (b) 100℃ (c) 130℃ (d) 150℃

图 3-66 不同温度下 MAL-1 的滤纸渗圈图

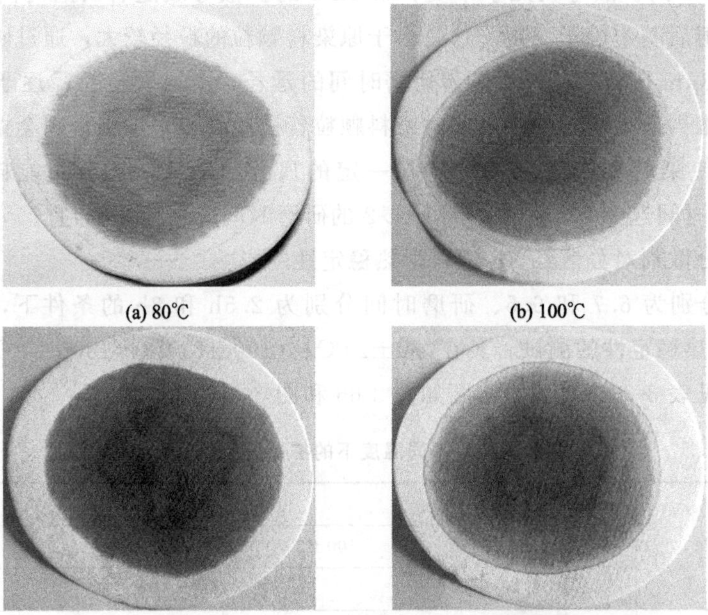

(a) 80℃ (b) 100℃ (c) 130℃ (d) 150℃

图 3-67 不同温度下 MAL-2 的滤纸渗圈图

要达到标准。而 MAL-2 的滤纸渗圈图上均无染料颗粒沉积，在 130℃时，滤纸中心出现少量红圈，但是红圈附近分散比较均匀，扩散等级仍可达到 4 级以上，达到国家标准。此外，MAL-1 的色泽偏暗偏红，这可能是由于 MAL-1 中邻苯二酚过多，使颜色失活，而 MAL-2 封闭了部分酚羟基。由此可得，MAL-2 的耐热稳定性比 MAL-1 好，说明 MAL-2

接枝上的磺酸基具有良好的耐热稳定性。

（5）染料分散剂在还原橄榄 T 染料上的应用

1）染料分散剂对还原橄榄 T 染料的常温扩散性效果　在最佳条件下制备出改性木质素染料分散剂 MAL-1 和 MAL-2，将其应用于还原橄榄 T 染料，其滤纸渗圈如图 3-68 所示。

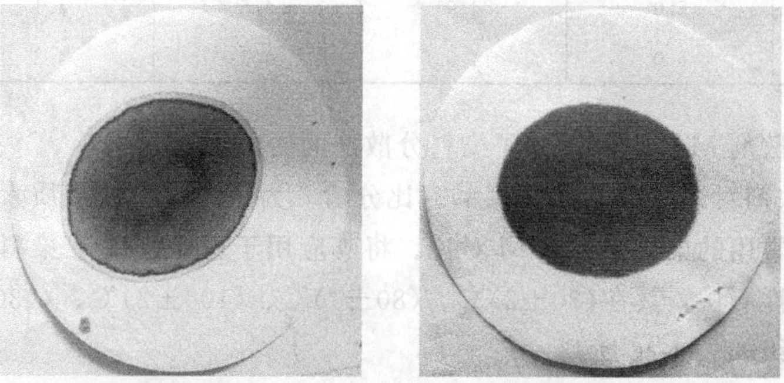

(a) 产品MAL-1　　(b) 产品MAL-2

图 3-68　MAL-1 与 MAL-2 应用于还原橄榄 T 染料的滤纸渗圈图

由图 3-68 可知，产品 MAL-1 与 MAL-2 均能使还原橄榄 T 染料均匀扩散，但是 MAL-1 的滤纸渗圈图中心有少量颜色较深的圈，而 MAL-2 的没有，说明产品 MAL-2 的扩散性能较好，同时其适应性比 MAL-1 好。

2）染料分散剂对还原橄榄 T 染料的耐热稳定性效果　在最佳条件下制备出改性木质素染料分散剂 MAL-1 和 MAL-2，将其应用于还原橄榄 T 染料，进行耐热稳定性的测试，其在(80±2)℃、(100±2)℃、(130±2)℃、(150±2)℃下的扩散等级如表 3-24 所列。

表 3-24　不同温度下的扩散等级（二）

产品	温度/℃			
	80±2	100±2	130±2	150±2
	扩散等级			
MAL-1	3.1	2.3	1.6	0.8
MAL-2	4.3	4.0	3.6	3.2

由表 3-24 可知，随着温度的升高，染料分散剂的等级逐渐下降。MAL-1 在温度高于 100℃时，扩散等级低于 3.0，说明滤纸渗圈图上已有染料沉积，形成“黑圈”，随着温度上升，扩散等级越来越差；而 MAL-2 的扩散等级均大于 3.0。由此可进一步说明，MAL-2 的耐热稳定性比 MAL-1 好，同时 MAL-2 的适应性比 MAL-1 好。

（6）与工厂常用的染料分散剂对比

1）不同分散剂对分散红 FB 染料的对比分析　为了考察改性木质素染料分散剂的扩散性能，与工厂中常用的染料分散剂 M 对比。将其应用于分散红 FB 染料，进行扩散性能测试与耐热稳定性测试，其在(30±2)℃、(80±2)℃、(100±2)℃、(130±2)℃、(150±2)℃下的扩散等级如表 3-25 所列。

由表 3-25 可知，分散剂 M 随着温度的上升，扩散等级逐渐下降，在 130℃仍有很好的分散性，其扩散等级大于 4.0，达到国家标准；MAL-2 与工厂中常用的染料分散剂 M

表 3-25 不同温度下的扩散等级（三）

产品	温度/℃				
	30±2	80±2	100±2	130±2	150±2
	扩散等级				
分散剂 M	5.0	4.9	4.5	4.1	3.9
MAL-2	5.0	4.8	4.5	4.2	3.7

相比，效果与分散剂 M 接近，达到了染料分散剂的使用要求。

2）不同分散剂对还原橄榄 T 染料的对比分析　为了考察改性木质素染料分散剂的适应性，与工厂中常用的染料分散剂 M 对比。将其应用于还原橄榄 T 染料，进行扩散性能测试与耐热稳定性测试，其在(30±2)℃、(80±2)℃、(100±2)℃、(130±2)℃、(150±2)℃下的扩散等级如表 3-26 所列。

表 3-26 不同温度下的扩散等级（四）

产品	温度/℃				
	30±2	80±2	100±2	130±2	150±2
	扩散等级				
分散剂 M	4.8	4.0	3.7	3.3	3.0
MAL-2	4.9	4.3	4.0	3.6	3.2

由表 3-26 可知，分散剂 M 随着温度的上升，扩散等级越来越差，在 150℃时其扩散等级勉强达到 3.0；MAL-2 与工厂中常用的染料分散剂 M 相比，效果比分散剂 M 稍好一点，说明 MAL-2 具有较强的适应性。

（7）结构表征

1）环境扫描电镜分析　纯染料的环境扫描如图 3-69 所示，加入分散剂 MAL-1 的环境扫描如图 3-70 所示，加入分散剂 MAL-2 的环境扫描如图 3-71 所示。

(a) ×3000

(b) ×5000

图 3-69 纯染料的环境扫描图

由图 3-69 可知，纯染料的染料颗粒粒径大小不一，染料颗粒团聚在一起，呈立体状。由图 3-70 可知，在常温时，大部分染料颗粒均匀分散着，随着温度上升到 100℃，染料颗粒开始团聚在一起，染料粒径开始增大，当温度升至 150℃时，已团聚的染料颗粒堆积形

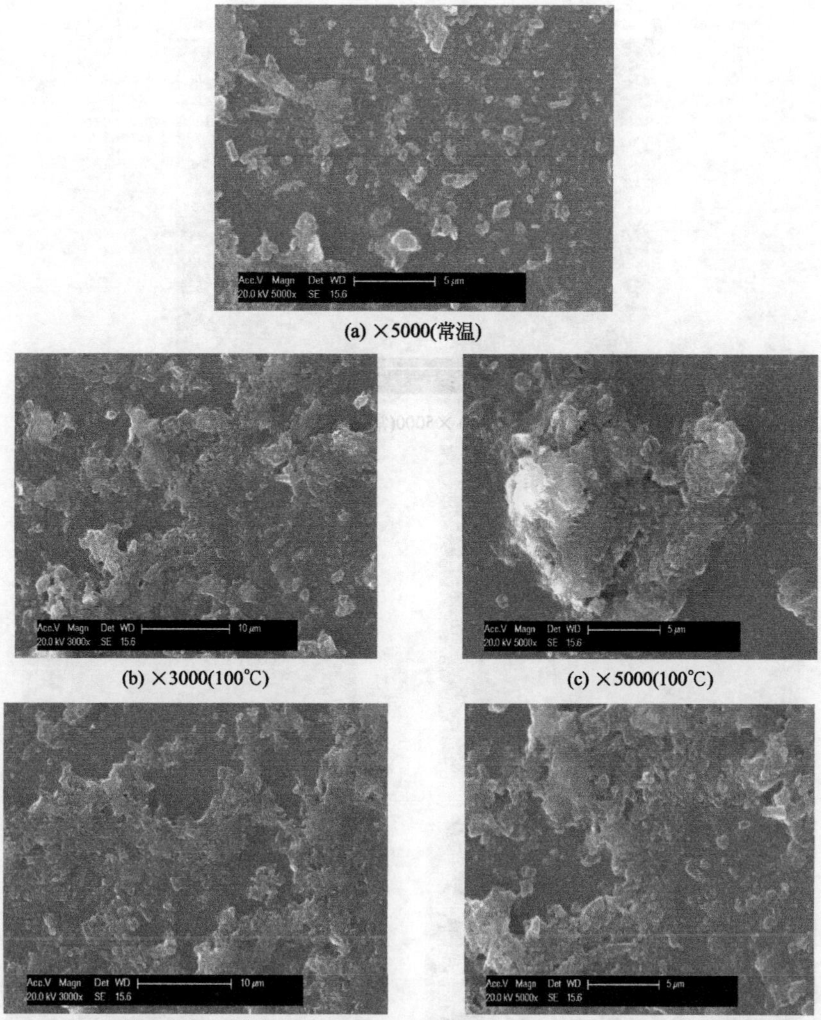

(a) ×5000(常温)

(b) ×3000(100℃)　(c) ×5000(100℃)

(d) ×3000(150℃)　(e) ×5000(150℃)

图 3-70　加入 MAL-1 的染料环境扫描图

成“大面积”的片层结构。由图 3-71 可知，在常温时，染料颗粒均匀分散着；当温度为 100℃时，染料颗粒团聚成不规则形状；温度继续升高，大大小小的颗粒以及凸起的染料颗粒堆积成块状。

对比图 3-69、图 3-70 以及图 3-71 的常温图可以看出，加入染料分散剂 MAL-1 和 MAL-2 后，染料颗粒明显变小且均匀分散开，说明染料分散剂在具有分散作用的同时还具有助磨作用；加入染料分散剂 MAL-2 比加入 MAL-1 的染料颗粒更小，分散更均匀，进一步说明了 MAL-2 的扩散性能优于 MAL-1。

对比图 3-70 以及图 3-71 的高温图可知，加入 MAL-1 的染料颗粒聚集得较快，粒径较大，从而在滤纸上沉积，使扩散等级降低，说明 MAL-1 更容易失去分散作用，进一步说明其耐热稳定性较差，这可能是由于 MAL-2 分子上的磺酸基团具有耐热稳定性，使其在高温时仍然保持较好的扩散性能。

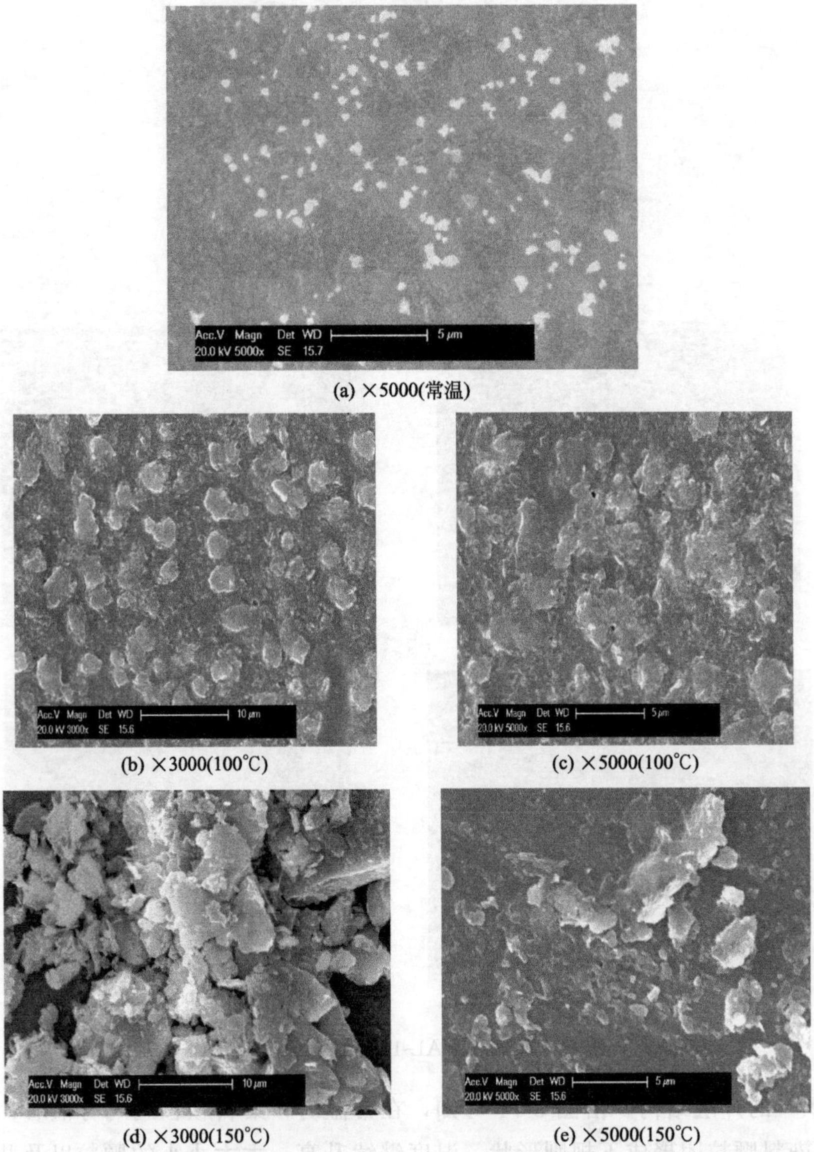

(a) ×5000(常温)

(b) ×3000(100℃)　(c) ×5000(100℃)

(d) ×3000(150℃)　(e) ×5000(150℃)

图 3-71　加入 MAL-2 的染料环境扫描图

综上所述，环境扫描图进一步验证了，与 MAL-1 相比，MAL-2 的分散性和耐热稳定性更好。

2）热重分析　图 3-72 是改性木质素染料分散剂 MAL-1 和 MAL-2 的 TG 曲线图。由图 3-72 可以明显看到，测试温度范围内失重大致分为 25～220℃、220～300℃以及 300～500℃三个阶段。本书重点探究第一阶段，在第一阶段，均出现少量的低分子化合物分解和水分的蒸发，导致残留物质量下降，但是曲线 MAL-1 下降得更快，MAL-2 的重量损失残留物较多，这可能是由于 MAL-2 经过磺化反应和环氧化反应提高了耐热稳定性，说明经过改性，MAL-2 的耐热稳定性优于 MAL-1。

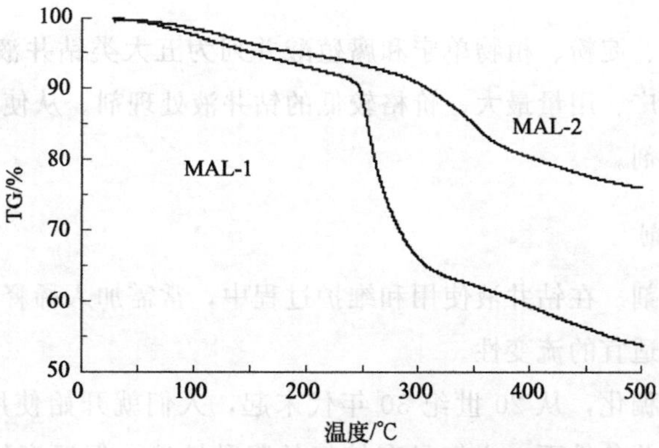

图 3-72 MAL-1 和 MAL-2 的 TG 分析曲线

3.5 木质素油田化学品

在油田勘探开发过程中，油田化学品的应用扮演举足轻重的角色。无论是从油田钻井、完井、注水、采油等工艺过程，还是从二次采油、三次采油等最大限度地开发利用地下油气资源的增产措施，以及从油气保护到采出液的处理等，都与油田化学品的使用息息相关。油田化学品包括驱油剂、调剖剂、堵水剂、防砂剂（包括防砂桥接剂、防砂胶结剂、偶合剂）、防蜡剂与清蜡剂、防垢剂与除垢剂、黏土稳定剂（包括黏土防膨剂、黏土微粒防运移剂）、金属缓蚀剂、水处理剂（包括除油剂、絮凝剂、除氧剂、杀菌剂）、注蒸汽用的化学剂、乳化原油破乳剂（包括油包水乳化原油破乳剂和水包油乳化原油破乳剂）、示踪剂（包括水示踪剂、油示踪剂、气体示踪剂、油水分配示踪剂）、酸化用添加剂、压裂液与压裂用添加剂等，其耗用量巨大[81]。

工业木质素来源丰富，价格低廉，可生物降解，对环境无污染，可作为生产油田化学品的原料。事实上，无论在国内还是在国外，木质素正是被大量用于生产油田化学品。目前国内外以木质素作为原材料的化学品主要包括：a. 钻井液、完井液和固井液及其水处理剂；b. 酸化液、压裂液及其水处理剂；c. 注入水和污水处理剂；d. 堵水剂和调剖剂；e. 三次采油化学剂；f. 油气集输化学剂；g. 钻、采、输过程中的缓蚀剂；h. 油层保护的化学剂。

3.5.1 钻井液处理剂

在钻井过程中，钻井液是保证钻井泥浆适应各种复杂地层条件、提高钻井质量的重要因素。钻井液处理剂主要包括稀释剂（或降黏剂）、降滤失剂（用于减少压裂液从裂缝中向地层漏失，在压裂后能被溶解，从而减少压裂液对地层的污染并使压裂时压力迅速提高）、起泡剂（产生泡沫的药剂，包括不冷凝气体氮气及耐高温的起泡剂，如磺酸型表面活性剂和磺烃基化的非离子型表面活性剂）等，它们由数种化学品调制而成。

木质素与纤维素、淀粉、植物单宁和腐殖酸并列为五大类钻井液用的天然有机原料，是目前国内外用途较广、用量最大、价格较低的钻井液处理剂。从使用上看，木质素主要用作降黏剂及降滤失剂。

3.5.1.1 降黏剂

降黏剂又称稀释剂。在钻井液使用和维护过程中，常需加入稀释剂，以降低体系的黏度和切力，使其具有适宜的流变性。

为了防止钻井液稠化，从20世纪30年代末起，人们就开始使用无机磷酸盐类降黏剂，在常温和低温钻井条件下，它们具有较好的降黏性能，但温度约达65℃时，它们就开始分解失效。40年代初，单宁开始被广泛地作为中、深井的钻井液用降黏剂使用。50年代起，科学工作者采用铁铬木质素磺酸盐处理石膏钻井液，以木质素磺酸钙和单宁处理石灰钻井液，但它们分别会出现高温稠化和高温固化的问题。60年代，科研人员成功地开发了降黏、抗盐、耐温等性能皆较为良好的铁铬木质素磺酸盐产品（FCLS），其耐温性能优于无机磷酸盐类降黏剂和单宁类降黏剂，但在高温下，钻井液也会出现稠化现象。此后，FCLS降黏剂被广泛地使用，但由于FCLS含有金属铬离子（Cr^{3+}）且用量大（据统计仅一个中型油田钻井每年就需要2000t左右），严重污染了环境和地下水。70年代，磺化褐煤和磺化单宁的成功研制，使钻井液的耐温能力得到了进一步提高，但由于其不抗盐的性质，只适合深井、淡水钻井而不适合海上钻井。80年代，美国开发了磺化苯乙烯-顺丁烯二酸酐共聚物SSMA降黏剂，其热稳定性非常好。90年代后，国内外科研人员开始转向聚合物降黏剂方面的研究[118]。

(1) 木质素系钻井液用降黏剂的研究现状

1）国外研究现状　自20世纪50年代以来，国外学者开始研究改性木质素钻井液用降黏剂。1960年，Gray等[119]先将制浆黑液酸化过滤处理后，滤液经过氧化，制备改性木质素钻井液用降黏剂，在淡水基浆中有较好的效果，将制备的产品与铁盐、铜盐、铬盐等按一定化学计量进行络合反应，合成金属盐改性木质素钻井液用降黏剂，其在淡水和钙质基浆中均有较好的降黏效果。1962年，Anderson等[120]用碱木质素制备钻井泥浆稀释剂，该稀释剂中主要成分为碱木质素、碱、柴油、瓜尔胶和表面活性剂。1970年，Dresser公司[121]以磺化木质素磺酸盐和硫酸亚铁为主要原料，在150℃下络合反应6～16h后，再用氢氧化钠溶液调节体系至合适的pH值，开发了一种钻井液降黏/滤失剂，其性能与铬改性木质素磺酸盐相当。1972年，Dougherty[122]将一定配比的硫酸亚铁、盐酸及重铬酸钾加到水中制备铁铬盐溶液，然后将此溶液与羟甲基木质素磺酸盐反应制备铁铬木质素磺酸盐（FCLS）。1976年，Vincent[123]以亚硫酸盐制浆黑液和丙烯酸为主要原料，在H_2O_2引发剂作用下，在62℃下恒温反应16h，合成木质素磺酸盐-丙烯酸接枝共聚物钻井液用降黏剂。1980年，Aaron等[124]把干燥的木质素磺酸钙放置在流化床上，并向其通入空气/氩气：氯气为9：1的气体，对木质素磺酸钙进行氯化，温度从室温升至

232℃，持续反应1h，得到氯化木质素磺酸钙钻井液用降黏剂，该产品在钙质泥浆中性能良好。Paul等[125]通过木质素磺酸或木质素磺酸盐与钛/锆金属离子络合，制备钛/锆改性木质素磺酸盐钻井液用降黏剂。1983年，Jack等[126]先把亚硫酸盐制浆黑液浓缩至固含量为42%，然后加入H_2O_2引发剂和丙烯酸/丙烯腈两者的混合物，以此来引发整个接枝共聚反应，加热至70～75℃，恒温反应3～4h，即得改性木质素稀释剂，该产品的分子量<80000，烯类单体含量为5%～30%，热稳定性好。1984年，William等[127]在强酸性条件下用二氧化锰氧化木质素磺酸盐，制备锰改性木质素磺酸盐钻井液用降黏剂，所制备的产品可与硫酸亚铁或硫酸高铁等进一步发生改性反应，制备铁锰木质素磺酸盐降黏剂。1990年，Stephen等[128]先把木质素加入反应器中，然后往反应器中持续且缓慢地加入一定配比的烯类单体和H_2O_2引发剂，制备改性木质素接枝共聚物分散剂，可作为钻井液用降黏剂。

2）国内研究现状　我国科研工作者对钻井液用降黏剂的研究从未间断过，且已经取得了较快的发展，很多科研成果已迈向产业化并得到了预期效果。由于木质素具有资源丰富且成本低的优势，目前改性木质素钻井液用降黏剂仍是使用比较多的油田化学品之一。我国科研工作者在改性木质素钻井液用降黏剂产品的开发方面做了大量的研究。1962年，黄进军等[129]先用NaOH溶液调节木质素磺酸钙的pH值至5～8，然后在50～80℃下向该体系加入一定量的$Na_2Cr_2O_7$溶液进行氧化，最后用一定量的H_2SO_4和$FeSO_4$除去溶液中的钙离子，即得铬改性木质素钻井液用降黏剂，该产品在淡水泥浆、盐水泥浆中有较明显的降黏效果，且耐温性能较好。1986年，卢今怡等[130]以碱法制浆黑液为原料，经黑液浓缩，在加热和搅拌条件下，加入亚硫酸调节pH值并增加其活性，再加入重铬酸钠及铁盐进行化学反应制得木质素铁铬螯合物，该稀释剂在石油钻井泥浆中具有良好的性能。

从20世纪90年代开始，我国研究工作者开始转向对环境无污染或污染小、抗高价离子及耐温能力强、能适用于海上钻井及深井钻井的降黏剂的研制。王峰[131]以磺化木质素和磺化硝基腐殖酸为原料，先与钛、铁等金属元素形成络合物或螯合物，再用氧化剂氧化，最后用NaOH调节pH值至9～10，即得改性木质素钻井液稀释剂，该产品能显著降低钻井液的黏度、屈服值，热稳定性好。张黎明等[132,133]以木质素磺酸钙、栲胶为主要原料，通过甲醛的交联及Fe^{2+}的络合，制备了LGV无铬木质素钻井液用降黏剂系列产品，并对原料配比、反应温度及反应时间、交联剂甲醛用量、Fe^{2+}用量等因素对产品性能的影响做了非常系统的研究。黄进军[134]先在木质素磺酸钙溶液中加入适量的硫酸亚铁和硫酸，滤除形成的硫酸钙沉淀，再向滤液中加入适量的栲胶和甲醛，成功地研制了无铬木质素钻井液用降黏剂，该产品在淡水泥浆中有良好的降黏效果，且抗钙性能优于FCLS。鲁令水等[135]向一定质量的木质素磺酸钙中加入硫酸溶液、$FeSO_4$，加热、搅拌均匀后抽滤，将滤液与栲胶、腐殖酸混合均匀后加入甲醛，在高温、高压的条件下反应若干小时，制备了无铬钻井液用降黏剂ZHX-1，该产品在室内测试和现场应用都表现出良好的性能。李建国等[136]将一定配比的硫酸、七水合硫酸亚铁加入水中，然后缓慢向溶液中滴加双氧水，制备硫酸高铁置换剂，然后把配制好的置换剂加到装有主要成分为木质素磺酸钙的酸法造纸废液的反应釜中，把沉淀的硫酸钙过滤后，再加入配制好的高锰酸钾溶液氧化，pH 值控制在 2～3，制备的铁锰木质素磺酸盐降黏剂，性能优于 FCLS。

自 21 世纪初，我国科研人员开始从事改性木质素接枝共聚物钻井液用降黏剂的研究。王中华[65]以丙烯酸（AA)、2-丙烯酰氨基-2-甲基丙磺酸（AMPS)、二甲基二烯丙基氯化铵（DMDAAC）单体与木质素磺酸钙为主要原料，在引发剂的作用下发生接枝共聚反应，制备了一种无毒、无污染的木质素磺酸盐接枝共聚物钻井液用降黏剂，该钻井液用降黏剂具有很强的降黏、耐温、抗盐能力，适用于各种水基钻井液体系，特别适用于高温深井。王松[137]以木质素磺酸钙为主要原料，通过甲醛缩合、接枝共聚、金属络合及磺化处理等一系列改性反应，合成了新型钻井液用降黏剂 PNK，该产品性能优于国内外同类产品，具有较强的降黏性、耐高温性、抗盐污染能力和抑制性。尉小明等[138]先对木质素磺酸盐进行预处理，然后再通过甲醛缩合、单体接枝共聚合、金属离子络合、磺甲基化等化学改性，合成钻井液用降黏降滤失剂 MGBM-1，经室内性能评价表明，该产品的降黏、耐高温、抗钙性能均优于 FCLS，且岩心滚动回收率也高于 FCLS。龙柱等[139]以碱法制浆废液、2-丙烯酰氨基-2-甲基丙磺酸（AMPS)、丙烯酸（AA)、二甲基二烯丙基氯化铵（DMDAAC）为主要原料，再加入少量的分子调节剂和引发剂，在一定的温度下，反应 2h，再保温 2h，即得钻井液用共聚物降黏剂，并对产品的降黏能力进行了评价。研究表明该产品具有良好的降黏、耐温、抗盐等性能。此外，他们还以硫酸盐阔叶木制浆黑液作为主要原料，先通过浓缩提高其中的木质素含量，再向浓缩液中加入丙烯酸、甲基丙烯酸甲酯、丙烯酰胺等有机高分子进行反应，然后将反应产物干燥后，再与 K^+、Fe^{2+}、Mn^{2+}、Cu^{2+} 等金属离子进行复配，通过室内性能评价表明：反应产物与 Fe^{2+} 复配制得的复合型钻井液用降黏剂性能最好，其降黏效果非常接近 FCLS 的效果[140]。赵雄虎[141]以工业生产的副产物木质素磺酸盐和有机硅为原料，通过在碱性条件下的缩合形成共聚物，即无铬降黏剂 SLS，该产品在淡水泥浆中的降黏、耐高温性能优于铁铬盐。

3）发展趋势　总体上说，以上所述的各类型改性木质素钻井液用降黏剂在室内性能评价或现场应用时，某些性能可能会超过现在市场上最为广泛应用的 FCLS，但整体性能不如传统的 FCLS，或尽管整体性能超过传统的降黏剂，但成本过高。而 FCLS 中含有铬，在生产和现场应用过程中会对环境造成污染，并对现场操作人员的身体造成伤害。目前，已经开发了一些无铬改性木质素钻井液用降黏剂，但仍存在性能不稳定、整体效果不理想、价格高等一系列问题。因此，开发降黏效果好、耐温抗盐性能强、价格低、应用范围广、操作方便、对环境无污染或污染小的改性木质素钻井液用降黏剂是今后钻井液科技工作者的重点研究方向。对无机降黏剂与改性木质素类钻井液用降黏剂进行有机结合，开发既具备无机降黏剂的良好降黏效果，又能发挥改性木质素降黏剂的良好耐温、抗盐性能，具有较好协同作用的钻井液用降黏剂也是今后一个重要研究方向。

(2) 复合型改性木质素基钻井液用降黏剂的制备

笔者和课题组成员[118]以马尾松硫酸盐法制浆黑液为主要原料，通过氧化、羟甲基化、磺甲基化等一系列化学改性，制备出改性木质素磺酸钠（MLSS）产品，然后通过复配分别制备出复合型改性木质素基钻井液用降黏剂 CMLS-1 和 CMLS-2。

1）制备工艺

① 改性木质素磺酸钠（MLSS）的制备　准确称取 100g 浓度为 45%的马尾松硫酸盐法制浆黑液于三口烧瓶中，然后加入一定量浓度为 20%的硫酸溶液，调节 pH 值至一固定值，搅拌 10～15min 后，加入一定量的双氧水，在 30～60℃温度下反应 40min 后，加入一定量的甲醛溶液，在 90℃条件下反应 40min 后，加入一定量浓度为 33.3%的亚硫酸氢钠，在一定温度下反应 4h，降温出料，经喷雾干燥（进风温度为 330℃，出风温度为 120℃）即得改性木质素磺酸钠 MLSS。

② 复合型改性木质素基钻井液用降黏剂 CMLS-1 的制备　准确称取一定量的 MLSS 粉剂于三口烧瓶中，加热到 60℃后向三口烧瓶中加入一定量的三聚磷酸钠（STPP），搅拌至溶解，经喷雾干燥（进风温度为 330℃，出风温度为 120℃）即得复合型改性木质素基钻井液用降黏剂 CMLS-1。

③ 复合型改性木质素基钻井液用降黏剂 CMLS-2 的制备

Ⅰ. 置换剂的制备。在三口烧瓶中依次加入一定化学计量配比的蒸馏水、盐酸、七水合硫酸亚铁，同时进行搅拌，待溶解后，用恒流泵从三口烧瓶底部缓慢加入一定量的双氧水（约 30min 加完），控制反应温度在 60℃以内，即得置换剂。

Ⅱ. 铁锰络合型木质素磺酸钠 FMLS 的制备。准确称取 100g MLSS 粉剂和 900g 蒸馏水于三口烧瓶中，滴加一定量的置换剂和少许磷酸三丁酯消泡剂，调节反应体系的 pH 值至一固定值，在 60℃温度下络合反应 30min 后，滴加一定量浓度为 10%的 MnO_2 悬浮液，在一定温度下恒温反应 30min，即得铁锰络合型木质素磺酸钠（FMLS）。

Ⅲ. 复合型改性木质素基钻井液用降黏剂 CMLS-2 的制备。准确称取一定量铁锰络合型木质素磺酸钠（FMLS）加入三口烧瓶中，升温至 60℃后，加入一定量的三聚磷酸钠（STPP），搅拌均匀，经喷雾干燥（喷雾干燥器的进风温度为 330℃，出风温度为 120℃）即得复合型改性木质素基钻井液用降黏剂 CMLS-2。

2）制备过程的影响因素

① 磺化度对 CMLS-1 的影响　在 STPP 的用量为 20%、喷雾干燥进风温度为 330℃、出风温度为 120℃、CMLS-1 添加量为 0.5%（降黏剂的添加量为泥浆含量的质量分数，下同）的条件下，考察 MLSS 磺化度对 CMLS-1 在淡水基浆中经 130℃老化前后降黏率的影响。实验中选取磺化度分别为 1.2、1.3、1.4、1.5、1.6、1.7 的 MLSS，并把它们的复合产品分别记作 1#、2#、3#、4#、5#、6#。实验结果如表 3-27、图 3-73 所示。

表 3-27　磺化度对降黏率的影响

钻井液组成	老化情况	AV/mPa·s	PV/mPa·s	YP/Pa	DI/%
淡水基浆	老化前	50	—3	53	—

续表

钻井液组成	老化情况	AV/mPa·s	PV/mPa·s	YP/Pa	DI/%
	130℃老化后	84.5	−19	103.5	—
淡水基浆+0.5%的1#产品	老化前	12	5	7	86.7
	130℃老化后	40	3	37	61.0
淡水基浆+0.5%的2#产品	老化前	11.5	5	6.5	88.1
	130℃老化后	34.25	3.5	30.75	67.7
淡水基浆+0.5%的3#产品	老化前	11.25	4.5	6.75	87.6
	130℃老化后	31.5	4	27.5	71.0
淡水基浆+0.5%的4#产品	老化前	10.5	5	5.5	89.5
	130℃老化后	26.5	3.5	23	75.9
淡水基浆+0.5%的5#产品	老化前	10.5	5.5	5	89.5
	130℃老化后	15.5	5	10.5	89.2
淡水基浆+0.5%的6#产品	老化前	10.25	5	5.25	89.5
	130℃老化后	14	5	9	90.8

注：AV为表观黏度；PV为塑性黏度；YP为动切力；DI为降黏率。下同。

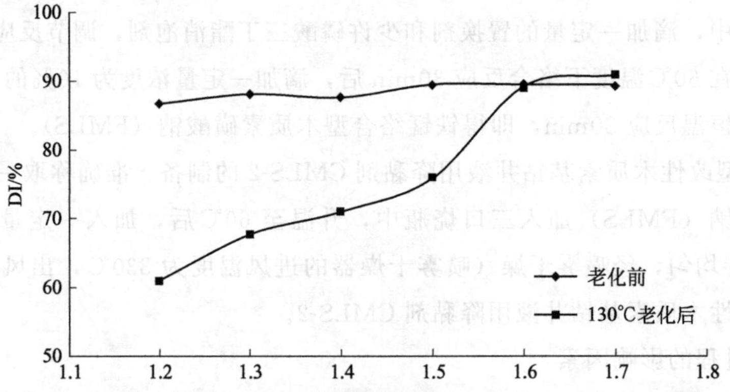

图 3-73 磺化度对降黏率的影响

由图 3-73 及表 3-27 可知，MLSS 的磺化度对淡水基浆的室温降黏率基本没有影响；而经过 130℃老化 16h 后，降黏剂的高温降黏率随 MLSS 磺化度的增加而增大，当 MLSS 的磺化度为 1.7mmol/g 时，降黏剂的高温降黏率可达 90.8%，泥浆表观黏度和动切力与老化后的基浆相比明显降低，说明由磺化度为 1.7mmol/g 的 MLSS 所合成的 CMLS-1 具有一定的耐温性能。主要原因是：当温度低于 85℃时，无机磷酸盐具有良好的降黏效果，故无机磷酸盐 STPP 对泥浆的室温降黏率发挥重要的作用，而 MLSS 的磺化度对室温降黏率的作用较小。因此，随 MLSS 磺化度的增大，泥浆的室温降黏率基本保持不变。当泥浆经 130℃老化后，无机磷酸盐 STPP 逐渐失去降黏效果，这时 MLSS 的磺化度对泥浆高温降黏率具有重要的作用。随着磺化度的提高，木质素分子上引入的亲水性强的水化基团磺酸基（$—SO_3^-$）和磺甲基（$—CH_2SO_3^-$）增多，保证了降黏剂吸附在黏土颗粒表面后能形成较厚的水化膜，尽量避免高温水化分散，使钻井液体系具有较强的热稳定性。此外，随着MLSS的磺化度增加，MLSS的分子量会逐渐减小，降黏剂的热稳定性提高，由于分子量越大越容易出现断链现象，从而导致降黏剂的热稳定性变差。综合以上分析，MLSS的磺化度为1.723mmol/g时所制备的CMLS-1的高温降黏率最佳，为90.8%。

② STPP用量对CMLS-1的影响　在MLSS的磺化度为1.723mmol/g、喷雾干燥出风温度为330℃的条件下，考察STPP用量对CMLS-1在淡水基浆中老化前后降黏率的影响。设计的用量分别为0、10%、20%、30%、40%、50%、60%、70%、80%、90%，并把它们的复合系列产品分别记作①号、②号、③号、④号、⑤号、⑥号、⑦号、⑧号、⑨号、⑩号。实验结果如表3-28、图3-74所示。

表3-28　STPP的用量对降黏率的影响

钻井液组成	老化情况	AV/mPa·s	PV/mPa·s	YP/Pa	DI/%
淡水基浆	老化前	50	−3	53	—
	130℃老化后	84.5	−19	103.5	—
淡水基浆+0.5%的①号产品	老化前	31	3.5	27.5	48.2
	130℃老化后	20.5	4	16.5	72.3
淡水基浆+0.5%的②号产品	老化前	11.5	3.5	8	86.7
	130℃老化后	12	5.5	6.5	92.1
淡水基浆+0.5%的③号产品	老化前	10.25	5	5.25	89.5
	130℃老化后	14	5	9	90.8
淡水基浆+0.5%的④号产品	老化前	9	5	4	91.4
	130℃老化后	16.5	2	14.5	84.6
淡水基浆+0.5%的⑤号产品	老化前	7.5	5	2.5	95.2
	130℃老化后	23	2.5	20.5	78.7
淡水基浆+0.5%的⑥号产品	老化前	7.25	4	3.25	95.2
	130℃老化后	36.5	1	35.5	64.4
淡水基浆+0.5%的⑦号产品	老化前	6	3.5	2.5	95.7
	130℃老化后	44.5	3	41.5	56.4
淡水基浆+0.5%的⑧号产品	老化前	5	5	0	97.1
	130℃老化后	48.5	−2	50.5	47.7
淡水基浆+0.5%的⑨号产品	老化前	5	5	0	95.7
	130℃老化后	58	−7	65	32.8
淡水基浆+0.5%的⑩号产品	老化前	5	5	0	96.7
	130℃老化后	67	−10	77	19.5

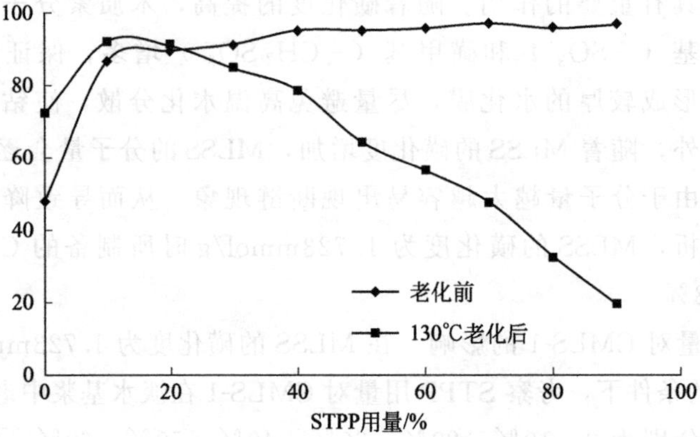

图 3-74 STPP 的用量对降黏率的影响

由表 3-28、图 3-74 可知，当 STPP 的用量为 10%时，淡水基浆的室温降黏率可达 86.7%，此后，随着 STPP 用量的不断增大，淡水基浆的室温降黏率缓慢增大并趋于稳定，说明 STPP 在室温条件下，在淡水基浆中具有较好的降温效果。其主要原因是：无机磷酸盐 STPP 在温度低于 85℃的淡水钻井液体系中，通过和黏土颗粒发生离子交换，可有效拆散黏土颗粒间及黏土颗粒与聚合物大分子间形成的网架结构，具有良好的降黏性能。而经过 130℃高温老化后，降黏剂的高温降黏率随 STPP 用量增加，呈现先增大后减小的趋势。当 STPP 的用量为 10%时，降黏剂的高温降黏率就达到最大，为 92.1%，且老化基浆的表观黏度由 84.5mPa·s 降至 12mPa·s，动切力由 103.5Pa 降至 6.5Pa，说明当 STTP 用量为 10%时，CMLS-1 就具有良好的高温降黏性能。此后，随着 STPP 用量的增加，CMLS-1 的高温降黏率急剧下降，当 STPP 的用量高达 90%时，降黏剂的高温降黏率降至 19.5%，说明随 STPP 用量的增大，降黏剂的热稳定性变差，耐温性能恶化。其主要原因是：STPP 在温度高于 85℃的钻井液体系中，会发生热分解而失效；而随 STPP 用量的增加，CMLS-1 中 MLSS 的比例下降，导致磺酸基（$—SO_3^-$）、磺甲基（$—CH_2SO_3^-$）等水化基团的比例下降，造成 CMLS-1 的整体耐温性能下降。

综合以上分析及表 3-28、图 3-74 可知，为保证 CMLS-1 具有较好的降黏效果、良好的耐温性能及较低的成本，STPP 的用量应为 10%，此时合成的 CMLS-1 的高温降黏率可达 92.1%。

③ pH 值对 CMLS-2 的影响　反应体系 pH 值对复合型改性木质素基钻井液用降黏剂 CMLS-2 的性能有极其重要的影响。在改性木质素磺酸钠粉剂质量为 100g、磺化度为 1.723mmol/g、络合温度为 60℃、络合时间为 30min、氧化时间为 30min 的实验条件下，改变体系的 pH 值，研究其对 CMLS-2 性能的影响，实验结果如图 3-75 所示。其他反应条件：七水合硫酸亚铁用量为 15%，二氧化锰用量为 8%，氧化温度为 80℃。

由图 3-75 可知，降黏剂的高温降黏率随 pH 值的增大先迅速增大，当 pH 值为 6 时降黏率达到最大值 88.0%；当 pH 值大于 6 时，随着 pH 值的增大，降黏剂的高温降黏率出现缓慢下降。由于 MLSS 分子上含有磺酸基、磺甲基、羧基、甲氧基、羟基等活性基团，因此 MLSS 可以与高价金属离子发生络合反应。由于磺酸基、磺甲基等官能团的存在，

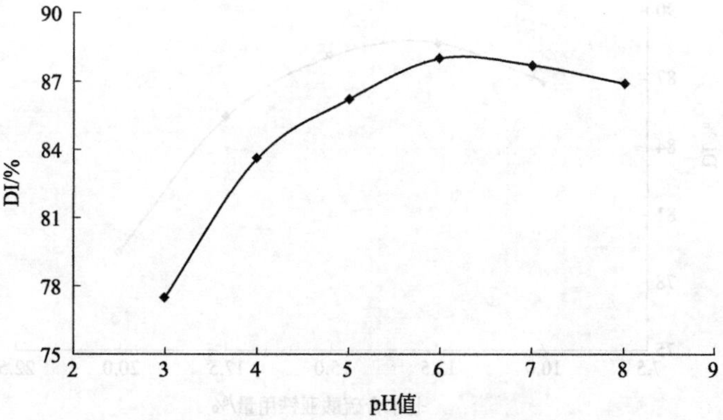

图 3-75　pH 值对降黏率的影响

MLSS 与高价 Fe^{3+}、Mn^{2+}作用主要以强酸络合为主。pH 值较小时，由于溶液中存在大量的 H^{+}，MLSS 的活性基团与 H^{+} 发生较强的作用，并被其占据，造成 Fe^{3+}、Mn^{2+} 无法被吸附络合而处于游离状态。而游离的 Fe^{3+}、Mn^{2+} 对高温钻井液体系具有特别强的絮凝能力，会造成钻井液体系严重失调，从而导致 CMLS-2 的高温降黏率下降。随 pH 值的增大，MLSS 分子上的 H^{+} 开始解离，使得 Fe^{3+}、Mn^{2+}可以占据这些活性基团并被吸附络合，形成稳定的络合物。在 MLSS 分子上引入 Fe^{3+}、Mn^{2+} 可以抑制黏土的高温水化，并可能有助于减弱降黏剂的高温降解，使降黏剂的耐温性能提高，因此高温降黏率变大。此外，金属高价离子的引入也可能会提高 CMLS-2 抗高温降解能力。

当 pH 值大于 6 时，降黏剂的高温降黏率出现下降，主要原因应该是：随体系 pH 值的升高，反应体系中 Fe^{3+}、Mn^{2+} 与溶液中 OH^{-} 的作用变强，并会形成稳定的沉淀物，导致 MLSS 与 Fe^{3+}、Mn^{2+} 的络合能力下降，热稳定性减弱，从而造成 CMLS-2 的高温降黏率下降。综合以上分析，可知体系 pH 值的最佳值应为 6，此时合成的 CMLS-2 的高温降黏率可达 88%。

④ 七水合硫酸亚铁用量对 CMLS-2 的影响　七水合硫酸亚铁作为反应体系的高价金属离子络合剂之一，在 CMLS-2 的制备过程中起着非常重要的作用。在 pH 值为 6、二氧化锰用量为 8%、氧化温度为 80℃ 的条件下，研究其对 CMLS-2 高温降黏率的影响。CMLS-2 的高温降黏率随七水合硫酸亚铁用量的变化情况如图 3-76 所示。

由图 3-76 可知，随着七水合硫酸亚铁用量的增加，CMLS-2 的高温降黏率呈现先增大后减小的趋势，并于用量为 12.5%时达到最大值。泥浆经高温老化后，黏土颗粒的分散度增大，切力、塑性黏度、屈服值都有所增加，这种高温分散属于水化分散。在 MLSS 络合高价 Fe^{3+}、Mn^{2+} 后，可引起泥浆颗粒中 ζ 电位的下降，水化膜变薄，且随着 Fe^{3+} 含量的增大，其抑制黏土颗粒的高温水化分散能力增强，从而提高降黏剂 CMLS-2 的耐温性能。此外，尽管金属高价离子的引入可能会降低 CMLS-2 的高温降解性，然而，当七水合硫酸亚铁的用量过大时，Fe^{3+}、Mn^{2+} 可能会同 MLSS 形成分子内络合物，使其分子链变得非常稠密，从而导致 MLSS 分子发生收缩，形成球状结构，进而把 MLSS 上的活性基团及所络合的 Fe^{3+}、Mn^{2+} 包在球状体内。而黏土颗粒与高分子的吸附力与高分子的形状有密切关系，当高分子呈球状时，带正电的高价金属离子与带负电的粒子间的正、

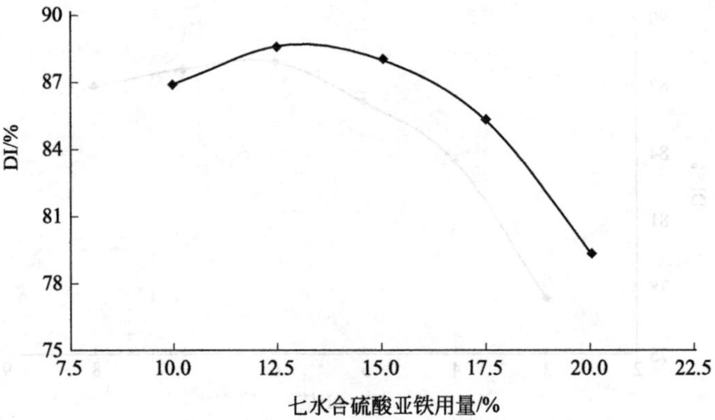

图 3-76 七水合硫酸亚铁用量对降黏率的影响

负电荷吸附作用减弱，导致CMLS-2在黏土颗粒上的吸附量减小，从而造成其对黏土颗粒的高温分散抑制能力下降，进而导致CMLS-2高温降黏率下降。综合以上分析，实验控制七水合硫酸亚铁的用量为12.5%，此时CMLS-2的高温降黏率达到88.6%。

⑤ 二氧化锰用量对CMLS-2的影响　CMLS-2制备中选用的氧化剂为二氧化锰，氧化后的高价锰离子还能与MLSS的活性基团发生络合作用，因此二氧化锰的用量也影响着CMLS-2的性能。在pH值为6、七水合硫酸亚铁用量为12.5%、氧化温度为80℃的条件下，研究二氧化锰用量对CMLS-2高温降黏率的影响。CMLS-2高温降黏率随二氧化锰用量的变化情况如图3-77所示。

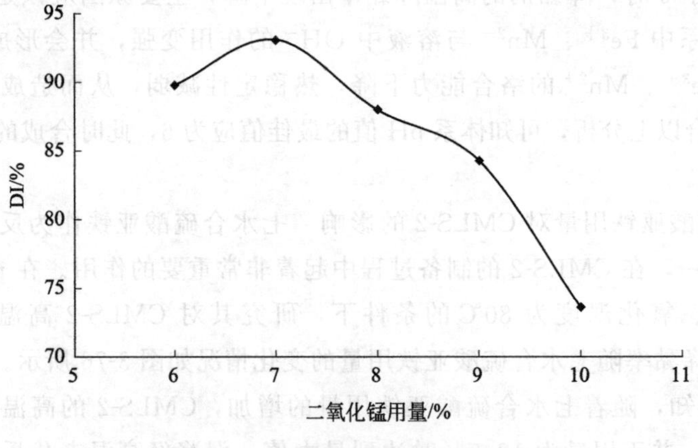

图 3-77 二氧化锰用量对降黏率的影响

由图3-77可以看出，CMLS-2的高温降黏率随二氧化锰用量的增加呈现先增大后逐渐变小，且高温降黏率下降由慢到快的趋势。这主要是因为二氧化锰在氧化过程中，在MLSS分子上成功地引入水化基团羧基（—COO⁻）。另外，二氧化锰氧化后产生的高价Mn^{2+}与MLSS分子发生络合反应，形成稳定的络合物，可引起泥浆颗粒中ζ电位的下降，水化膜变薄，且随着Mn^{2+}含量的增大，其抑制黏土颗粒的高温分散作用能力增强，从而提高降黏剂CMLS-2的耐温性能。

当二氧化锰用量大于7%时，随着二氧化锰用量的增加，氧化后的Mn^{2+}随之增加并导致以下问题：a. 当反应体系的 MLSS 的质量一定时，其活性基团对高价离子的吸附螯合作用会趋于饱和，导致部分 Mn^{2+} 以游离状态存在，而游离的高价金属离子会使高温钻井液体系的稳定性下降，从而影响 CMLS-2 的高温降黏率；b. 高价金属离子含量过高，会造成 MLSS 分子收缩团聚，从而影响了 CMLS-2 对黏土颗粒的吸附作用，导致其对黏土颗粒的高温分散抑制能力下降，进而造成高温降黏率下降；c. 二氧化锰的用量过高，氧化过于剧烈，可能会导致 MLSS 的分子结构遭到破坏。综合上述分析可知，二氧化锰的最佳用量为 7%时，合成的 CMLS-2 的高温降黏率可达 93.1%。

⑥ 氧化温度对 CMLS-2 的影响　在 pH 值为 6、七水合硫酸亚铁用量为 12.5%、二氧化锰用量为 7%的条件下，研究氧化温度对 CMLS-2 高温降黏率的影响。实验结果如图 3-78所示。

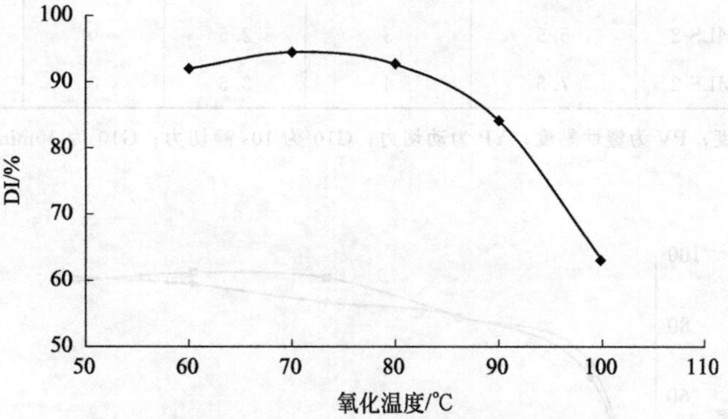

图 3-78　氧化温度对降黏率的影响

由图 3-78 可知，氧化温度也是影响 CMLS-2 合成的一个重要因素。CMLS-2 高温降黏率随氧化温度的升高先缓慢增加，当温度高于 80℃后，随着温度的升高，降黏剂的高温降黏率急剧下降。从化学反应进行程度看，体系的反应温度对反应速率有重要影响。体系的温度越高，分子间的碰撞概率越大，越有利于化学反应的进行。当温度过高时，在氧化剂的作用下，MLSS 的分子结构可能会遭到破坏，引起降黏剂中的“碎屑”增多，导致吸附表面积过大，从而将强烈地吸附钻井液中的黏土颗粒，造成钻井液体系中的固相颗粒被高度分散，使钻井液的黏度、动切力变大。为了维持较高的降黏率，实验选取的氧化温度应为 70℃，此条件下的降黏率可达 94.5%。

3）复合型改性木质素基钻井液用降黏剂的应用

① CMLS 在淡水基浆中的降黏效果　将 CMLS 降黏剂加入淡水基浆后，测定钻井液流变性能，研究降黏剂用量对淡水基浆的影响，结果见表 3-29 和图 3-79。

从表 3-29 和图 3-79 可看出，当降黏剂 CMLS-1 用量为 0.5%时即可使淡水基浆的表观黏度和动切力明显下降且降黏率可达到 86.7%。随着降黏剂用量的增加，降黏率还呈现缓慢增加的趋势，说明所制备的复合型改性木质素基钻井液用降黏剂 CMLS-1 在淡水泥浆中具有良好的降黏性能。当 CMLS-2 添加量小于 0.7%时，降黏率随着 CMLS-2 添加量的增加而增大；当 CMLS-2 添加量为 0.7%时，降黏率达到最大 95.2%；当 CMLS-2 用量超过 0.7 %时，降黏率出现下降趋势。其主要原因可能是：吸附在黏土颗粒周围的 CMLS-2

表 3-29 CMLS 在淡水基浆中的降黏性能

钻井液组成	AV/mPa·s	PV/mPa·s	YP/Pa	G10″/Pa	G10′/Pa	DI/%
淡水基浆	50	−3	53	60.5	62.5	—
淡水基浆+0.1%CMLS-1	21	4	17	15	16.5	65.7
淡水基浆+0.3%CMLS-1	15.25	3.5	11.75	7.75	8.5	82.9
淡水基浆+0.5%CMLS-1	11.5	3.5	8	4	5.5	86.7
淡水基浆+0.7%CMLS-1	8	4	4	0	0	91.9
淡水基浆+0.9%CMLS-1	5.25	3	2.25	0	0	94.3
淡水基浆+0.1%CMLS-2	18	3	15	13.5	14	69.5
淡水基浆+0.3%CMLS-2	14	5	9	6.5	7	82.9
淡水基浆+0.5%CMLS-2	7	4	3	1.5	2	93.8
淡水基浆+0.7%CMLS-2	5.5	3	2.5	0	0	95.2
淡水基浆+0.9%CMLS-2	7.5	4	3.5	0	0	92.4

注：AV 为表观黏度；PV 为塑性黏度；YP 为动切力；G10″为 10s 静切力；G10′为 10min 静切力；DI 为降黏率。下同。

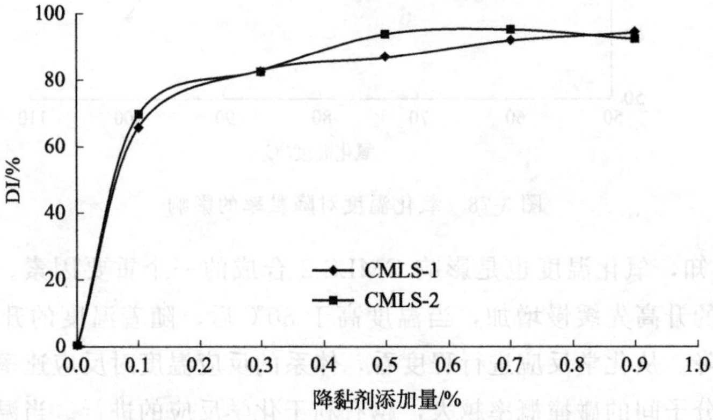

图 3-79 淡水基浆中 CMLS 添加量对降黏率的影响

分子上含有较多—COO⁻ 和—SO_3^- 水化性基团，这些水化性基团也吸附了水分子，从而在黏土颗粒周围形成一层水化膜，可以阻止黏土颗粒相互靠近或碰撞，从而起到分散作用。当 CMLS-2 添加量增大时，可能会造成黏土颗粒的水化膜层变厚，而钻井液体系中的游离水则减少，影响钻井液的流动度，从而导致降黏率下降。此外，由表 3-29 及图 3-79 可知，CMLS-1 在淡水基浆中的降黏性能与 CMLS-2 无明显差异。

② CMLS 在 4%盐水泥浆中的降黏性能　将降黏剂加入盐水钻井液后，测定钻井液的流变性能，研究降黏剂用量对盐水泥浆性能的影响，结果见表 3-30、图 3-80。

由表 3-30 和图 3-80 可知，CMLS 降黏剂在 4%盐水泥浆中的降黏率明显低于在淡水基浆中的降黏率。当 CMLS-1 添加量为 0.5%时降黏率达到最大，为 61.4%。CMLS-2 在 4%盐水泥浆中的降黏效果略好于 CMLS-1，当 CMLS-2 添加量为 0.5%时降黏率可达 65.9%。其主要是原因是：当基浆遭受盐侵时，黏土颗粒晶片上的负电荷被增加的 Na^+ 中和，导致黏土颗粒间的斥力减小，发生絮凝作用，会出现水、泥分离现象，导致钻井液

表 3-30 CMLS在4%盐水泥浆中的降黏性能

钻井液组成	AV/mPa·s	PV/mPa·s	YP/Pa	G10″/Pa	G10′/Pa	DI/%
4%盐水泥浆	28	6	22	15.75	16.5	—
4%盐水泥浆+0.1%CMLS-1	22	6.5	15.5	13.25	14	28.4
4%盐水泥浆+0.3%CMLS-1	18	6	12	10.75	11	43.2
4%盐水泥浆+0.5%CMLS-1	14	5.5	8.5	6.75	7.5	61.4
4%盐水泥浆+0.7%CMLS-1	14.5	6	8.5	7.5	8	59.1
4%盐水泥浆+0.9%CMLS-1	16.5	5	11.5	8.75	9.5	50.0
4%盐水泥浆+0.1%CMLS-2	20	5	15	12.25	13	31.8
4%盐水泥浆+0.3%CMLS-2	16.75	3.5	13.25	10.25	11	45.5
4%盐水泥浆+0.5%CMLS-2	11.5	4	7.5	5	3	65.9
4%盐水泥浆+0.7%CMLS-2	12	5	7	5.5	6	63.6
4%盐水泥浆+0.9%CMLS-2	13	5	8	7	8.5	59.1

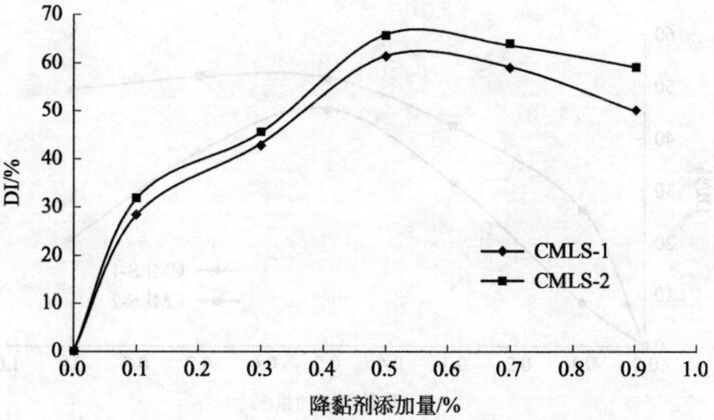

图 3-80 4%盐水泥浆中CMLS添加量对降黏率的影响

体系黏度的增大。此外，由表3-30及图3-80可知，CMLS-2在4%盐水泥浆中的降黏性能优于CMLS-1。

③ CMLS在钙质泥浆中的降黏性能　将降黏剂加入含钙泥浆后，测定钻井液的流变性能，研究降黏剂用量对含钙盐水泥浆性能的影响，结果见表3-31和图3-81。

由表3-31及图3-81可知，当CMLS-1添加量为0.5%时，钻井液的表观黏度由26.75mPa·s降至16mPa·s，动切力由20.75Pa降至12Pa，且降黏率达到最大45.8%；当CMLS-2添加量为0.5%时，钻井液的表观黏度由26.75mPa·s降至14mPa·s，动切力由20.75Pa降至10Pa，且降黏率达到最大51.8%。综上分析可知，CMLS在含钙泥浆中具有一定的降黏作用，且CMLS-2的降黏效果比CMLS-1好。但CMLS降黏剂在钙质泥浆中的降黏效果比在4%盐水泥浆中的降黏效果差。

④ CMLS在饱和盐水泥浆中的降黏性能　将降黏剂加入饱和盐水泥浆后，测定钻井液的流变性能，研究降黏剂用量对饱和盐水泥浆性能的影响，结果见表3-32和图3-82。由图3-82和表3-32可知，当CMLS-1的添加量为0.5%时，降黏率达到最大，为30.3%，

表 3-31 CMLS 在钙质泥浆中的降黏性能

钻井液组成	AV/mPa·s	PV/mPa·s	YP/Pa	G10″/Pa	G10′/Pa	DI/%
钙质泥浆	26.75	6	20.75	17.25	18	—
钙质泥浆＋0.1%CMLS-1	24.5	5.5	19	15.25	16	8.4
钙质泥浆＋0.3%CMLS-1	19	4	15	12.75	13.5	31.3
钙质泥浆＋0.5%CMLS-1	16	4	12	10	10.5	45.8
钙质泥浆＋0.7%CMLS-1	17.5	4.5	13	11.5	12.5	37.3
钙质泥浆＋0.9%CMLS-1	21	5	16	13.5	15	20.5
钙质泥浆＋0.1%CMLS-2	20	5	15	11	12	26.5
钙质泥浆＋0.3%CMLS-2	16.5	4.5	12	9	9.5	42.2
钙质泥浆＋0.5%CMLS-2	14	4	10	8	9	51.8
钙质泥浆＋0.7%CMLS-2	14.5	4.5	10	7	7.5	51.8
钙质泥浆＋0.9%CMLS-2	16	6	10	9	9.5	49.4

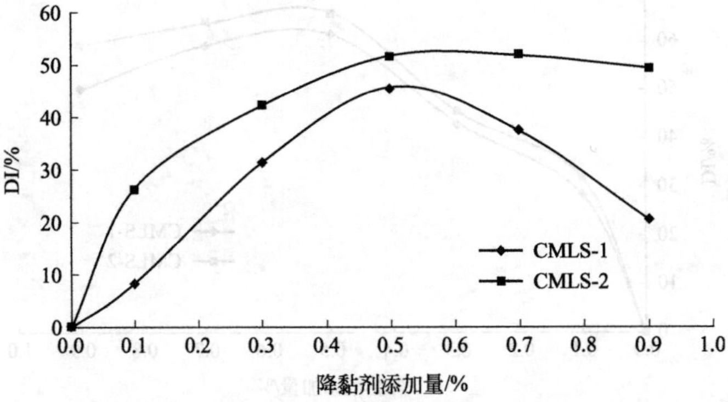

图 3-81 钙质泥浆中 CMLS 添加量对降黏率的影响

而 CMLS-2 的添加量为 0.5%时，降黏率达到最大，为 45.5%，说明 CMLS 降黏剂在饱和盐水泥浆中具有一定的降黏效果，且 CMLS-2 的降黏性能优于 CMLS-1。

表 3-32 CMLS 在饱和盐水泥浆中的降黏性能

钻井液组成	AV/mPa·s	PV/mPa·s	YP/Pa	G10″/Pa	G10′/Pa	DI/%
饱和盐水	24.5	7	17.5	12	13	—
饱和盐水＋0.1%CMLS-1	21	8	13	11	11.5	15.2
饱和盐水＋0.3%CMLS-1	18	6	12	9.75	10.5	24.2
饱和盐水＋0.5%CMLS-1	16	5	11	9	9.75	30.3
饱和盐水＋0.7%CMLS-1	17	5	12	10	10.5	24.2
饱和盐水＋0.9%CMLS-1	17.5	4	13.5	12	13	18.2
饱和盐水＋0.1%CMLS-2	19	5.5	13.5	9.5	10.5	21.2
饱和盐水＋0.3%CMLS-2	16.25	4.5	11.75	8.5	10	33.3
饱和盐水＋0.5%CMLS-2	13.75	4	9.75	7.5	8	45.5

续表

钻井液组成	AV/mPa·s	PV/mPa·s	YP/Pa	G10″/Pa	G10′/Pa	DI/%
饱和盐水+0.7%CMLS-2	14	4	10	6.5	7	45.5
饱和盐水+0.9%CMLS-2	14	3.5	10.5	6.75	8	43.9

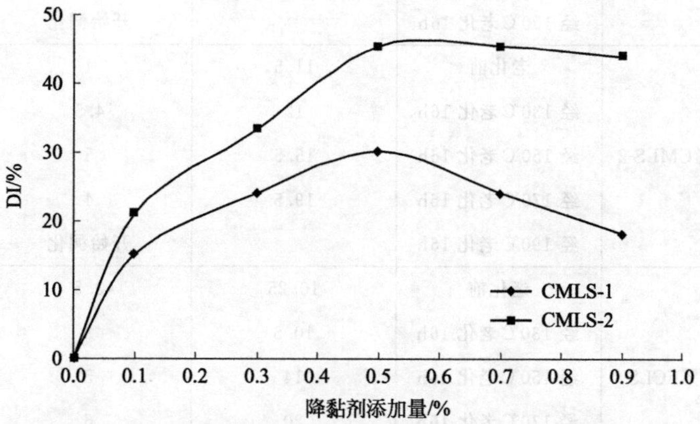

图 3-82　饱和盐水泥浆中 CMLS 添加量对降黏率的影响

⑤ CMLS 耐温性能试验　将降黏剂加入不同类型的钻井液中，经 130～190℃老化 16h 后，考察其在不同类型钻井液中的耐温性能，并以目前应用比较广泛且性能优越的铁铬木质素磺酸盐 FCLS 为参照系，其结果见表 3-33 及图 3-83。

表 3-33　CMLS 耐温性能评价

钻井液组成	老化情况	AV/mPa·s	PV/mPa·s	YP/Pa
淡水基浆+0.5%CMLS-1	老化前	11.5	3.5	8
	经 130℃老化 16h	12	5.5	6.5
	经 150℃老化 16h	23	9	14
	经 170℃老化 16h		开始稠化	
	经 190℃老化 16h		开始稠化	
淡水基浆+0.5%CMLS-2	老化前	7	4	3
	经 130℃老化 16h	5	2	3
	经 150℃老化 16h	9	4	5
	经 170℃老化 16h	21	9	12
	经 190℃老化 16h	38.5	14	24.5
淡水基浆+0.5%FCLS	老化前	11	5	6
	经 130℃老化 16h	8.5	4	4.5
	经 150℃老化 16h	16.5	6	10.5
	经 170℃老化 16h	22	5	17
	经 190℃老化 16h		开始稠化	

续表

钻井液组成	老化情况	AV/mPa·s	PV/mPa·s	YP/Pa
4%盐水泥浆+0.5%CMLS-1	老化前	14	5.5	8.5
	经130℃老化16h	16.5	7.5	9
	经150℃老化16h	28	13	15
	经170℃老化16h		开始稠化	
	经190℃老化16h		开始稠化	
4%盐水泥浆+0.5%CMLS-2	老化前	11.5	4	7.5
	经130℃老化16h	12	4.5	7.5
	经150℃老化16h	15.5	5	10.5
	经170℃老化16h	19.5	4	15.5
	经190℃老化16h		开始稠化	
4%盐水泥浆+0.5%FCLS	老化前	10.25	3.5	6.75
	经130℃老化16h	10.5	3	7.5
	经150℃老化16h	14	5	9
	经170℃老化16h	20	6	14
	经190℃老化16h		开始稠化	
钙质泥浆+0.5%CMLS-1	老化前	16	4	12
	经130℃老化16h	15.5	5	10.5
	经150℃老化16h	31.5	14	17.5
	经170℃老化16h		开始稠化	
	经190℃老化16h		开始稠化	
钙质泥浆+0.5%CMLS-2	老化前	14	4	10
	经130℃老化16h	11.5	4	7.5
	经150℃老化16h	15.5	7	8.5
	经170℃老化16h	18	5	13
	经190℃老化16h		开始稠化	
钙质泥浆+0.5%FCLS	老化前	12.5	3	9.5
	经130℃老化16h	13	4	9
	经150℃老化16h	15	5	10
	经170℃老化16h	19	4	15
	经190℃老化16h		开始稠化	
饱和盐水泥浆+0.5%CMLS-1	老化前	16	5	11
	经130℃老化16h	18.5	8	10.5
	经150℃老化16h	26.75	11.5	15.25
	经170℃老化16h		开始稠化	
	经190℃老化16h		开始稠化	

续表

钻井液组成	老化情况	AV/mPa·s	PV/mPa·s	YP/Pa
饱和盐水泥浆＋0.5％CMLS-2	老化前	13.75	4	9.75
	经130℃老化16h	13.5	5	8.5
	经150℃老化16h	16.5	6	10.5
	经170℃老化16h	19	3	16
	经190℃老化16h		开始稠化	
饱和盐水泥浆＋0.5％FCLS	老化前	11.5	4	7.5
	经130℃老化16h	14.5	5	9.5
	经150℃老化16h	16	6	10
	经170℃老化16h	19.75	4	15.75
	经190℃老化16h		开始稠化	

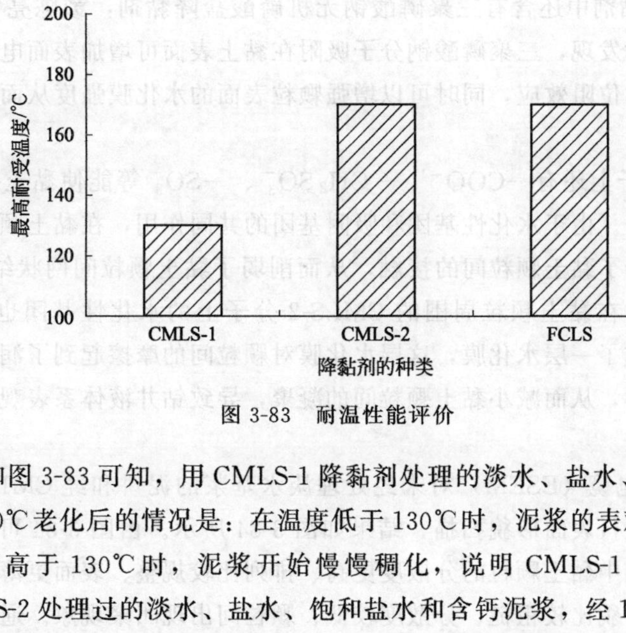

图3-83　耐温性能评价

由表3-33和图3-83可知，用CMLS-1降黏剂处理的淡水、盐水、饱和盐水和含钙泥浆，经130～190℃老化后的情况是：在温度低于130℃时，泥浆的表观黏度、动切力变化不大，而当温度高于130℃时，泥浆开始慢慢稠化，说明CMLS-1的最高耐受温度为130℃。经CNLS-2处理过的淡水、盐水、饱和盐水和含钙泥浆，经130～190℃老化后的情况是：在温度低于170℃时，钻井液体系的黏度、动切力没有发生明显变化，而当温度高于170℃时，泥浆黏度开始变大，说明CMLS-2的最高耐受温度为170℃，其耐温性能优于CMLS-1，与市售的FCLS相当。

其主要原因是：黏土颗粒在高温作用下，易产生高温分散现象，促使黏土颗粒端-表面结构（片架结构）的形成，导致钻井液体系的流变性能变差，切力、塑性黏度、屈服值都有所增加，这种高温分散属于水化分散。MLSS络合高价Fe^{3+}、Mn^{2+}，可引起泥浆颗粒中ζ电位的下降，水化膜变薄，其抑制黏土颗粒的高温分散作用能力增强，从而提高降黏剂CMLS-2的耐温性能。因此，CMLS-2的耐温性能优于CMLS-1。

4）CMLS-2降黏作用机理研究　降黏剂稠化主要是因为钻井液中固相含量偏高及黏土颗粒形成片架结构。钻井液用的黏土属片状晶体颗粒，由于晶格取代的作用，黏土颗粒表面带定量的负电荷，又因为断键，黏土颗粒端面局部带有正电荷，这样就使得黏土颗粒不同部位的带电情况和水化程度不同，从而为黏土颗粒之间的端-表面（片架结构）形成创造了条件。在油田钻井过程中，钻井液由于遭遇盐侵或钙侵，表面双电层受到挤压，颗粒表面水化层变薄，造成黏土颗粒间的端-端、端-面等的静电引力相对增大，从而有利于钻井液中端-表面结构的形成。此外，钻井液体系的温度升高，使钻井液中颗粒的分散度增加，从而造成了黏土颗粒浓度的增加。因此，消除黏土颗粒端-表面结构是降黏剂的重要作用之一。复合型改性木质素基钻井液用降黏剂 CMLS-2 的降黏作用机理主要包括以下几个方面。

① 复合型改性木质素基钻井液用降黏剂 CMLS-2 的分子结构中，具有—COO^-、—OH、—OCH_3等吸附基团，这些吸附基团可与黏土颗粒表面的 O^{2-} 形成氢键，使降黏剂吸附在黏土颗粒上。

② CMLS-2 上络合了 Fe^{3+}、Mn^{2+} 高价金属阳离子，高价金属阳离子可与带负电的黏土颗粒发生正、负电荷吸附，此种吸附较物理吸附和氢键吸附稳定。

③ CMLS-2 降黏剂中还含有三聚磷酸钠无机磷酸盐降黏剂，彭陈亮等研究无机分散剂对黏土颗粒作用时发现，三聚磷酸钠分子吸附在黏土表面可增加表面电位的绝对值，又使颗粒间出现强烈的位阻效应，同时可以增强颗粒表面的水化膜强度从而提高颗粒间水化排斥作用。

④ CMLS-2 分子上还有—COO^-、—$CH_2SO_3^-$、—SO_3^- 等能使黏土颗粒表面加强水化作用的水化性基团。由于水化性基团和吸附基团的共同作用，在黏土颗粒周围形成了一个水化性结构，减少了黏土颗粒间的接触，从而削弱了黏土颗粒间网状结构，起到降黏、降切作用。由于吸附在黏土颗粒周围的 CMLS-2 分子上的水化性基团也吸附了水分子，因而在黏土周围形成了一层水化膜，这层水化膜对颗粒间的摩擦起到了润滑作用，使黏土颗粒间的内摩擦减小，从而减小黏土颗粒间的凝聚，导致钻井液体系表观黏度的下降和流动性的增强。

⑤ 用环境扫描电镜（ESEM）对未经处理淡水基浆的泥饼和经 CMLS-2 降黏剂处理过淡水基浆的泥饼进行表面形貌扫描，结果如图 3-84 所示。由图 3-84 可知，经 CMLS-2 处理过的钻井液体系中黏土颗粒的分散度更高、排列比较规整、表面更薄而致密，而未经处理的基浆的表面形貌比较粗糙、分散度较低、颗粒间出现团聚现象。通过前文降黏剂的性能测试可知，经 CMLS-2 降黏剂处理过的钻井液体系的表观黏度、动切力都变小，这更进一步说明了 CMLS-2 降黏剂对黏土颗粒具有良好的分散性能，提高了黏土颗粒的水化程度，阻止黏土颗粒间形成网架结构而起到分散、降黏作用。

综上分析，并结合 CMLS-2 降黏剂合成条件及其性能研究可认为，复合型改性木质素基钻井液用降黏剂的作用机理是通过吸附在黏土颗粒边缘消除钻井液中端-表面结构的形成，同时吸附在黏土颗粒周围的 CMLS-2 分子上的水化基团也吸附了水分子，从而在黏土周围形成了一层水化膜，这层水化膜对颗粒间的摩擦起到了润滑作用，减小黏土颗粒间的内摩擦，从而减小黏土颗粒间的凝聚，导致钻井液体系表观黏度的下降和流动性的增强。此外，CMLS-2 分子上所络合高价金属离子可抑制黏土颗粒高温水化分散，提高吸附稳定性和耐热性。

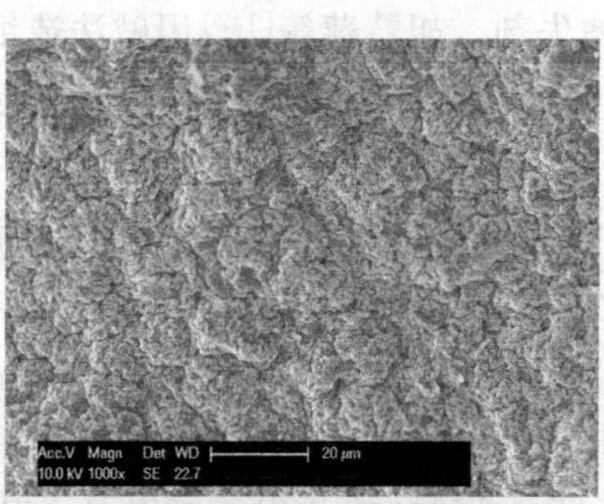

(a) 淡水基浆的泥饼扫描电镜图(×1000)

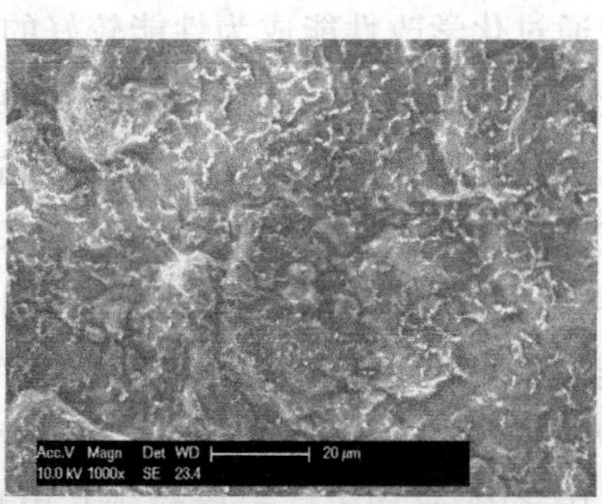

(b) 处理后淡水基浆的泥饼扫描电镜图(×1000)

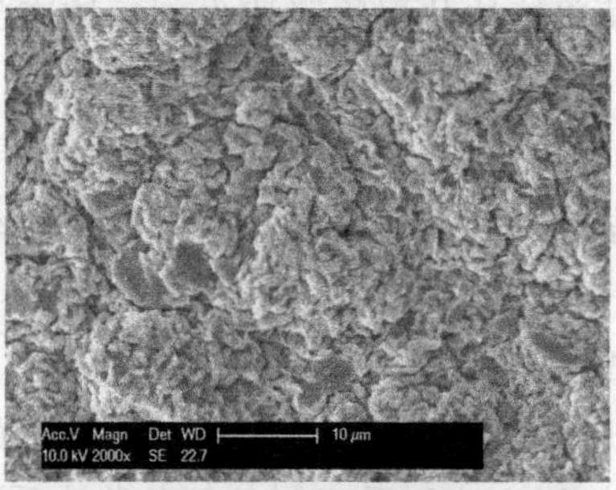

(c) 淡水基浆的泥饼扫描电镜图(×2000)

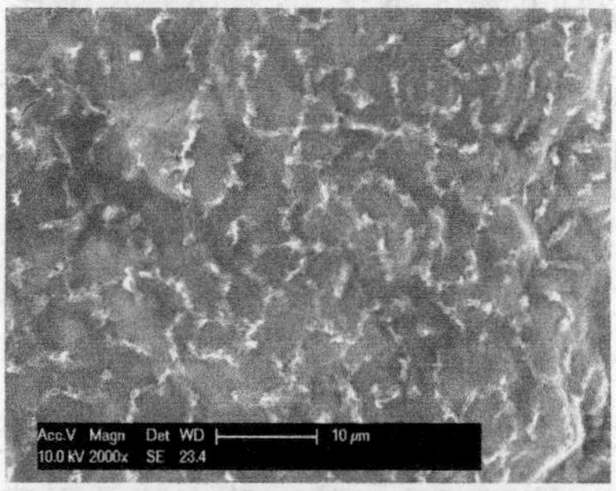

(d) 处理后淡水基浆的泥饼扫描电镜图(×2000)

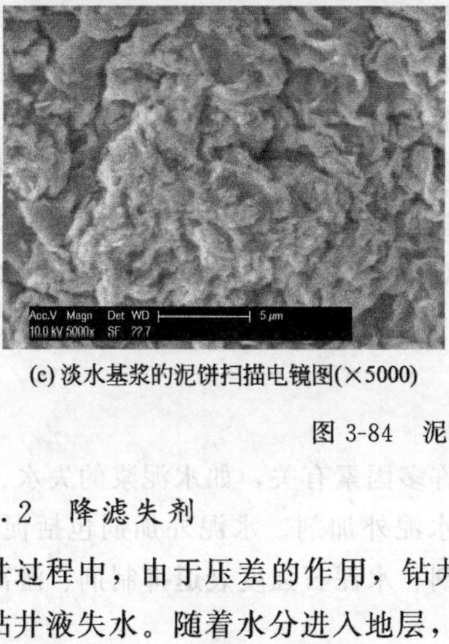

(c) 淡水基浆的泥饼扫描电镜图(×5000)

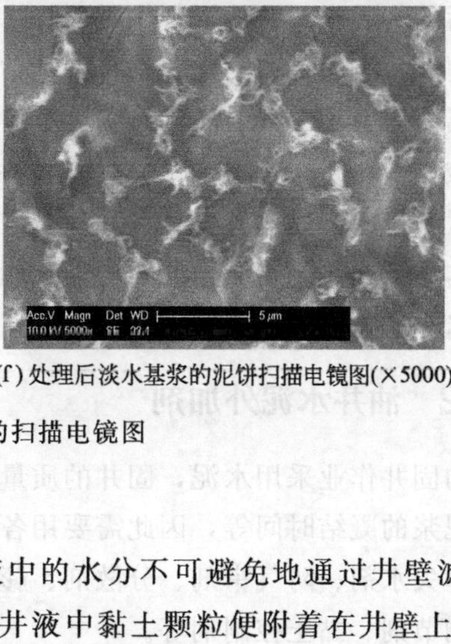

(f) 处理后淡水基浆的泥饼扫描电镜图(×5000)

图 3-84　泥饼的扫描电镜图

3.5.1.2　降滤失剂

在钻井过程中，由于压差的作用，钻井液中的水分不可避免地通过井壁滤失到地层中，造成钻井液失水。随着水分进入地层，钻井液中黏土颗粒便附着在井壁上形成滤饼，形成一个滤饼井壁。由于滤饼井壁比原来的井壁致密得多，所以它一方面阻止了钻井液的进一步失水；另一方面起到了保护井壁的作用。但是在滤饼井壁形成的过程中，滤失的水分过多，滤饼过厚，细黏土颗粒随水分进入地层等都会影响正常钻井，并对地层造成伤害。

降滤失剂是钻井液处理剂的重要剂种，加入降滤失剂的目的就是在井壁上形成低渗透率、柔韧、薄而致密的滤饼，尽可能降低钻井液的滤失量。降滤失剂的种类繁多，主要为天然材料或天然材料改性产物和合成聚合物类。天然材料或天然材料改性产物包括腐殖酸、纤维素、木质素、淀粉类及其衍生物；合成聚合物主要以各种乙烯基单体多元共聚物和磺甲基化的酚醛树脂等为主。在一定条件下，超细碳酸钙、硅灰等一些无机化合物也可用作降滤失剂。

木质素通过化学改性能成为性能较好的降滤失剂。胡慧萍等[142]用碱法造纸黑液为主要原料，经一步合成工艺，制备了钻井液泥浆降滤失剂，并对其应用性能进行了室内评价。结果发现，将黑液浓缩到固含量35%左右，与甲醛、苯酚和亚硫酸钠按一定比例混合，在一定温度下反应一定时间后，于50℃以下干燥、研磨，制得通用型钻井液泥浆降滤失剂，再与适量六亚甲基四胺复配，可制得性能较优的降滤失剂，具有抗钙、抗盐和耐高温的性能。尉小明等以木质素磺酸盐与AM和MA烯类单体接枝共聚制得钻井液降黏降滤失剂MGAC-2。该产品作为钻井液降黏剂，具有较强的抗盐、抗钙能力，可用于水基泥浆。王中华[65]采用木质素磺酸钙与丙烯酰胺（AM）和2-丙烯酰氨基-2-甲基丙磺酸（AMPS）接枝共聚合成了AM-AMPS-木质素磺酸接枝共聚物降滤失剂，该产品1%水溶液的表观黏度≥10.0mPa·s，在实验条件下，当AMPS用量（摩尔分数）为20%、木质素磺酸钙用量（质量分数）为50%～60%时，可以得到成本较低、降滤失效果较好的接枝共聚物，该接枝共聚物在淡水钻井液、饱和盐水钻井液和复合盐水钻井液中均具有较好的降滤失效果和较强的抗盐、抗温、抗钙和抗镁能力。

木质素改性方面的研究还有采用木质素磺酸盐与甲醛、伯/仲胺通过Mannich反应制备一系列木质素磺酸盐Mannich碱钻井液处理剂，如Schilling[143]使用木质素磺酸盐与氨乙基哌嗪、二缩三（乙二胺）等多胺及甲醛发生Mannich反应制备氨基化木质素磺酸盐，引入氨基后的木质素磺酸盐缓凝作用下降，与聚萘磺酸钠等复配使用时具有良好的降滤失效果。室内评价表明，该类化合物在水基钻井液中具有增黏和降滤失作用，并且其性能与Mannich碱结构单元中氨甲基上的取代基链长密切相关，呈现出一定的规律性变化，部分木质素磺酸盐Mannich碱具有一定的抗温性，是木质素改性处理剂制备的新途径。

木质素未来的研究，应着重对其分子进行修饰，通过改变基团、侧链结构等手段，进一步研究木质素改性产物结构和降滤失性能的对应关系，加深对其降滤失机理的认识，提高其应用水平。

3.5.2 油井水泥外加剂

油井的固井作业采用水泥，固井的质量与许多因素有关，如水泥浆的失水、水泥浆的流态及水泥浆的凝结时间等，因此需要用各种水泥外加剂。水泥外加剂包括促凝早强剂、缓凝剂、降失水剂、防气窜剂、分散剂、膨胀剂、水泥石强度衰退抑制剂、游离水控制和固体悬浮调节剂、黏土控制剂等。

木质素类油井水泥外加剂主要用作油井水泥缓凝剂和分散剂。事实上，现在最常用的油井水泥缓凝剂就是木质素磺酸盐。美国Halliburton公司的HR-4、HR-5、HR-7、HR-6L，Dowell公司的R-13、D18、D81、D801，EJ公司的bcmbreak、R-5、R-12L，Titan公司的TLR-3、TLR-1、TLR-L和Westen固井服务公司的WR-2、WR-1、WR-L均是木质素磺酸盐类的中、低温缓凝剂，多用于浅井。木质素磺酸盐辅以腐殖酸钠或酒石酸后也能作高温缓凝剂，如上述公司的HR-12、HR-13L、D28、R11、TLR-8、WR-6等也是常用的高温缓凝剂，特点是掺量少、效果好、经济、与各种水泥具有很好的相容性。HR-20、D-99、R-33、THR-600则是木质素和硼砂的混合物，用于超深井和极高温度下水泥缓凝。日本山阳纸浆公司的SANFLO-R用于2500～3000m井深，掺量为0.3%～

0.5%。国内常用的是牡丹江红旗化工厂和图们化工厂生产的 FCLS（木质素磺酸铁铬盐），在75℃油井水泥中使用能改善水泥的流动性，特别是在油井水泥质量较差或水性不好的情况下，用它能够达到良好的效果，一般添加量为0.1%～1%，能够满足3000～5000m 的固井施工要求[81]。谢应权等[144]研制了一种新型的木质素磺酸盐耐高温缓凝剂PQ，该耐高温缓凝剂有较高的热稳定性，对水泥有良好的缓凝作用，并且有一定的分散减阻作用，可用于80～200℃的高温区域，对温度的敏感性小，可延长泵送时间，保证固井施工安全。其合成方法是：称取一定量的木质素磺酸钠溶于水中，加入 NaOH 溶液，调节 pH 值为10.5左右，以此为基准，加入9%的甲醛和一定比例的亚硫酸氢钠，混合物在170℃、810.6kPa 的反应釜中反应3h，然后降温至70℃，加入氯乙酸，继续反应5h，将14%自主研制的化合物 P 加入反应物中，在85℃下继续反应30min，再用 NaOH 溶液调节 pH 值为9.5，随后喷雾干燥，即得粉状的耐高温缓凝剂 PQ。

顾军[145]研制了一种新型的固井水泥分散缓凝剂 TD-1A，由木质素磺酸盐与硼酸盐等多种原料复配而成，具有水泥流变性能好、稠化时间易调、现场使用方便等优点，是一种优质高效的油井水泥外加剂。

3.5.3 强化采油用化学剂

在原油生产中，为提高原油采收率，对油层中不可流动原油需采用强化采油（EOR）技术进行开采。在 EOR 技术中，化学剂的使用具有重要意义。油层中不流动原油主要包括附着在岩石上的原油、由于毛细管阻力被阻滞在低渗透孔隙中的原油以及在地层中流动性较差的稠油。前两种原油主要用化学驱办法进行开采，后一种主要采用热力采油辅以添加化学剂的办法开采。在化学驱方法中，木质素可作为表面活性剂及牺牲剂，在热力采油中木质素可用作稠油降黏剂。

3.5.3.1 牺牲剂

表面活性剂是用得最多的化学驱油剂，但由于岩石表面的吸附，易造成表面活性剂的大量损耗。因此，为减少表面活性剂的损耗，常在注入表面活性剂前用牺牲剂对地层进行预处理，或将牺牲剂同表面活性剂一起注入地层。木质素作牺牲剂使用得较广，效果也好。

Kalfoglou 等[146]对加入改性木质素磺酸盐前后的表面活性剂体系做了吸附和采收率试验，发现：未加入木质素磺酸盐的体系，每克 $CaCO_3$ 吸附表面活性剂21.6mg，采收率为64.5%；加入改性木质素磺酸盐后，每克 $CaCO_3$ 仅吸附表面活性剂1.0mg，采收率为84.1%。这是因为木质素磺酸盐含有强离子化的磺酸基，由于静电引力和氢键作用，岩石表面潜在的吸附活性点被覆盖，并带上负电荷，从而减少了阴离子表面活性剂在岩石上的吸附损失。

改性后的木质素磺酸盐可进一步减少石油磺酸盐的损失，常用的改性方法有磺甲基化、氧化、羟甲基化等，然后可以制成钠盐、钾盐、铵盐等。韦汉道等[147]对木质素磺酸盐及其改性产品作为牺牲剂做了深入的研究，发现其中烷基化产品性能最好，能使石油磺酸盐的吸附减少60%以上，并进行了油田驱替试验。伍伟青等[148]则以碱木质素为原料经磺甲基化后制得改性产品，试验研究发现，改性碱木质素中的磺酸根能和溶液中的多价离子络合，防止表面活性剂和聚合物的损失，并且由于牺牲剂上所带的功能团能吸附于岩石表面的活性吸附点，阻碍了岩石表面对驱油主剂的吸附，其效果对进口石油磺酸钠 ORS-41 驱油剂尤为显著，吸附减少 50%以上。

3.5.3.2 驱油剂

表面活性剂驱油是一种很有效的方法，也是目前使用最多的化学驱油法之一。表面活性剂驱油主要通过降低油-水界面张力、提高毛细管数来提高原油采收率。木质素磺酸盐本身不能产生超低油-水界面张力，因而不能单独用于驱油，目前木质素磺酸盐一般与石油磺酸盐复配使用。大量研究表明，木质素磺酸盐能提高原油采收率，不仅是因为减少了石油磺酸盐的吸附损失，而且木质素磺酸盐还能与石油磺酸盐产生协同效应，进一步降低油-水界面张力，从而更大幅度地提高原油采收率。

木质素磺酸盐与石油磺酸盐组成的复配体系，可使油-水界面张力降低 90%，在木质素磺酸盐中加入非离子聚合物，可产生协同效应而提高分散作用。张树彪等[149]研究了改性木质素磺酸盐与石油磺酸盐复配体系的界面张力行为，结果表明：a. 木质素经甲醛活化后用亚硫酸钠和壬基酚磺化，得到的改性木质素磺酸盐质量可控，亲油基团的引入使其亲油性增强，易于吸附在溶液表面，具有较高的表面和界面活性；b. 复配可以产生较好的协同效应，复配体系中木质素磺酸盐组分含量越高，表面活性剂浓度越高，达到最低界面张力所需的时间越短；c. 复配后，木质素磺酸盐可以起到盐的作用，使体系的最佳碱度移向低浓度区。

制浆废液经特殊工艺处理生成的新型表面活性剂木质素磺酸盐 PS 剂，物理化学性能稳定，能降低原油黏度和油-水界面张力，用作驱油剂可提高采收率。亚硫酸盐法木浆废液经脱糖、转化、缩合、喷雾干燥制得的改性碱木质素磺酸钠，在水驱后期综合含水率很高时能显著降低含水率，可与碱、表面活性剂复配用作驱油剂，能显著降低油-水界面张力[150]。徐广宇等[151]合成了磺甲基化碱木质素 HML，作为牺牲剂可以显著减少主表面活性剂石油磺酸钠 ORS-41 的吸附损失（减少量≥50%）；和石油磺酸钠、碱、聚合物复配可将油-水界面张力降至超低范围；若用 0.15% HML 代替 50% ORS-41，复合驱采收率可达到 20%左右，略高于 0.3% ORS-41 三元复合体系的采收率。杨益琴等[152]对兴安落叶松树皮栲胶废渣进行了磺化处理，获得了性能优良的木质素磺酸盐，可用作混凝土添加剂和油田驱油剂的复配剂，为树皮废渣的高效利用提供了可能。乔卫红等[153]合成的系列改性木质素磺酸盐，对胜利原油适应性非常好，在较宽的表面活性剂、碱和电解质质量分数范围内都可形成超低界面张力。谌凡更等[154]进行了相关的研究，制得的木质素胺与石油磺酸盐按质量比 10：6 复配后，在石英砂胶人造岩心上进行驱油试验，其原油采收率远远高于水驱采收率，复合表面活性剂采收率也高于单一表面活性剂。

以亚硫酸盐法木浆废液为原料，经精选处理、预热蒸发器组浓缩成含固形物 50%的木质素磺酸钙，再用高压泵送入喷雾干燥塔干燥，得到的干粉状木质素磺酸钙在水驱后期综合含水率很高时能显著降低含水率，与混合碱复配能显著降低油-水界面张力。以制浆废液石灰乳为原料，经沉降、过滤洗涤、打浆、酸溶、转化后，再经过滤、静置、蒸发、干燥制得的木质素磺酸钠，在水驱后期综合含水率很高时能显著降低含水率，与混合碱复配也能显著降低油-水界面张力，且扩散性和耐热稳定性好。亚硫酸盐法木浆废液经脱糖、转化、缩合、喷雾干燥制得的改性碱木质素磺酸钠，在水驱后期综合含水率很高时能显著降低含水率，可与碱、表面活性剂复配用作驱油剂，能显著降低油-水界面张力[155]。

3.5.3.3 稠油降黏剂

稠油是指在油层温度下黏度大于100mPa·s的脱气原油。稠油的黏度高，流动阻力大，不易开采，但稠油在世界油气资源中占有相当大的比例。据统计，世界上稠油、超稠油和天然沥青的储量约为1.0×10^{11}t，中国已在12个盆地发现70多个稠油油田，重油沥青资源量达3.0×10^{10}t，稠油年产量居世界第四位，达1.0×10^{7}t，稠油开采成为一个很突出的问题[81]。为将流入生产井底的稠油抽至地面，添加稠油降黏剂降低稠油黏度是常用的办法。

西安石油学院研究人员从1987年起便对稻草、麦草、芦苇、棉秆造纸黑液乳化稠油的基本原理和规律做了系统的研究。他们认为，草浆黑液中碱性物质如氢氧化钠、碳酸钠、硅酸盐等与稠油中的脂肪酸、环烷酸和芳香酸等酸性物质反应，生成表面活性剂，加之黑液中的碱木质素及其降解产物也是活性物质，由此可降低油-水的界面张力，稠油与黑液形成乳状液，降低了稠油的黏度，使稠油易于采出。他们进一步指出，黑液的黏度大于水，在驱油过程中可降低水-油的流度比；黑液的表面张力小于水，对地层岩石有良好的润湿性，有利于提高采收率。稠油酸值越高，黑液浓度越大，温度越高，剪切强度越大，水的矿化程度越高，则稠油乳化所需的时间越短，乳液粒度越小，乳状液黏度越低，乳化效果就越好。他们进行的岩心驱油模拟试验表明，草浆黑液在孔隙介质中的流动有利于促进稠油乳化，在50℃温度条件下，注入孔隙7倍体积量的黑液，可使采收率达到64%，比水驱油的采收率提高25个百分点。在克拉玛依油田的一口蒸汽吞吐采油井的现场试验中，三次采油时在蒸汽吞吐前先注入120t草浆黑液，再注入蒸汽，关井5天后采油，其油汽比由二次采油时的0.16上升到0.66，半年增产稠油800t，减去黑液的费用和施工费，仍可获得较高的经济效益[81]。我国现已有商品名为PS石油溶化剂的产品出售，它是由黑液浓缩至50%左右，然后加入酚、醛、硫酸，在100～120℃的条件下聚合成树脂，再加入脂肪酸、芳香酸、磷脂、植物蜡中的一种或几种，在80～100℃、常压和碱性条件下反应而成，反应时间为1～3h。它可溶化自身重量200倍以上的原油，当原油∶乳化剂为2∶1时，可使稠油黏度降低90%。使用1%～3%的PS石油溶化剂，可使采收率高达79.1%。在河南油田的四口井使用该溶化剂，每口井的油产量由原来的每天2t提高到每天7t，原油的含水率下降15个百分点。该溶化剂在40～70℃温度下可乳化80～140号沥青，有可能进一步在重油、超重油的沥青开采及集输方面得到推广应用。大港油田用10%～20%的木质素两性表面活性剂、9%的碱和6%的抗硬剂配制成碱性降堵液，使稠油迅速乳化，形成水包油乳状液，有效降低原油黏度，提高稠油在地层中的渗流速度，从而提高稠油油藏的开发效果[81]。

赵福麟等[156]用拟三元相图研究了造纸黑液、石油磺酸盐和部分水解聚丙烯酰胺组成的三元复合体系乳化稠油的可行性，结果表明，造纸黑液可用于稠油降黏，在50℃时掺水10%～30%，可使稠油的黏度由13000mPa·s降到180～300mPa·s。三元复合驱油的优越性在于聚合物、表面活性剂和碱有协同效应。

3.5.4 堵水剂和调剖剂

油井出水是油田开发过程中普遍遇到的问题，产水来源于注入水、沿高渗透层进入的边水和油层下面的底水。为了改善开发条件，减少油井的产水量，提高采收率，可用化学堵水技术封堵出水层。一般将注入注水井的堵剂称为调剖剂，将注入采油井的堵剂称为堵水剂。在我国，大多数油田都是注水开发的，我国是世界上注水覆盖程度最高的国家之一。据统计，现在我国油田的综合含水率已达80%，而且随着开采程度的提高，含水率还会不断上升[81]。许多合成和非合成的物质可用作堵水剂，可分为泡沫型、沉淀型、凝胶型和树脂型等，碱木质素及其改性衍生物，甚至造纸黑液，也能用作堵水剂。

1984年，Felber等[157]利用碱木质素在酸性条件下不溶于水的特性，制成了最早的碱木质素堵水剂。他们将2%～5%的硫酸盐木质素溶液（pH值约为12）注入地层，地层和原油中的酸性物质与木质素溶液中的碱反应，并逐渐被消耗掉，pH值随之降低，当pH值降至6.8～7.0时，木质素开始形成凝胶，pH值降得越低，木质素越容易胶凝。例如向地下注入酸性气体CO_2或H_2S，就可促进凝胶形成。这种堵水剂在砂岩和碳酸盐岩储层都可使用。这种碱木质素作堵水剂，具有成本低、耐热性能好（最高能耐230℃的高温）、注入碱水可使堵水剂解堵的优点，但由于这种堵水剂并未发生形成体型结构的交联反应，所以封堵强度不理想。

为了形成木质素体型结构，增加凝胶强度，王小泉等[158]用含2%～6.5%碱木质素的碱法制浆黑液，配以0.5%～3.0%的无机交联剂，调节pH值至8～12，在180～300℃温度范围内，成胶时间为5～70h，制备堵水剂。为了进一步提高堵水剂的凝胶强度，可向堵水剂中加入少量黏土，在渗透率为7.93μm的岩心中做模拟试验，突破压力可达4.5MPa，若在黑液中加入0.2%的部分水解聚丙烯酰胺，可改善凝胶的黏弹性。

碱木质素经过复配，可生产出性能较好的堵水剂[81]，如采用8%～15%的碱木质素、0.05%～1.5%的乙二胺、0.3%～1.5%的碱、0.2%～0.6%的羧甲基纤维素钠、0.01%～0.15%的表面活性剂和1.5%～5.0%的柴油配制成堵水剂，这种堵水剂在地层中黏度逐渐增大，从而封堵出水层段。也有专家学者采用3%～6%的木质素磺酸钙、1.0%～1.1%的重铬酸钠、0.7%～1.1%的聚丙烯酰胺配制成了复合堵水剂；用4%～5%的木质素磺酸钠和2.2%～2.9%的重铬酸钠配制成铬木质素磺酸钠调剖剂。这几种堵水剂均已在油田使用，效果很好。

树脂型堵剂的优点是强度高、耐高温。常用的树脂型堵剂有酚醛树脂、脲醛树脂、环氧树脂、糠醇树脂和三聚氰胺甲醛树脂等，它们成本高，不能解堵，只能在一些特殊场合使用。利用木质素结构单元中的酚羟基能与甲醛反应生成类似于酚醛树脂的产物，可以显著提高碱木质素堵剂的强度[81]。将碱木质素与甲醛以（2～10）∶1（质量比）的比例复配，加入六亚甲基四胺作交联剂，生成的堵剂的固含量为5%～30%，在pH>9和50～150℃的条件下，胶凝时间可达1000h。Wang等[159]直接利用麦草和芦苇造纸黑液（碱木质素含量为0.3%～1.2%）加入苯酚和甲醛在75～90℃的条件下进行化学改性，制得了使用温度范围极宽（80～300℃）的高强度堵剂，成胶时间可控制在2～140h之间。

谌凡更等[160]用橡碗栲胶残渣在碱性条件下磺化，得到木质素磺酸钠和磺化单宁（有部分纤维素和半纤维素）的混合物，以硼砂为交联剂，以尿素和甲醛（形成脲醛树脂）为增强剂，配入一些亚硫酸钠和硅酸钠，可以制得高强度堵剂，适用于40～50℃的地层温度。在常温下，该堵剂黏度不高于30mPa·s，具有较好的可注入性。堵剂固化后的抗压强度可达1.2MPa。该堵剂耐酸、耐碱、抗盐，可用碱解堵。最佳的配方为：磺化混合物16%，尿素8%，36%的甲醛15%，硼砂1.0%，亚硫酸钠1.0%，硅酸钠0.5%。pH值对固化时间和抗压强度的影响见表3-34。

表3-34 pH值对固化时间和抗压强度的影响

pH值	4	5	6	7	8
固化时间/h	2	4	7	11	16
抗压强度/MPa	1.0	1.0	0.9	0.8	0.7

麦草木质素磺酸钠与苯酚、甲醛、落叶松栲胶等配制成适用于60～90℃的堵剂，具有较高的强度和良好的稳定性。

在当前所有的高温调剖剂中，木质素高温堵剂是成本最低廉的化学堵剂之一。西安石油学院研究人员在这方面做了很多工作，他们在克拉玛依油田的10口注汽井的试验中，直接用草浆黑液（固形物含量为10%）代替木质素，封堵成功率为100%，堵汽率高达94%，6个月共用去1300t黑液，却增产稠油4000t，获经济效益230万元，投入产出比达1∶7。范振中等用6.5%的改性糠醛树脂与6.5%的木质素磺酸钙在150～300℃下交联，生成性能稳定的凝胶。这是一种很好的高温调剖剂，温度越高，成胶时间越短；加热时间越长，凝胶强度越高。凝胶在300℃下很稳定，对酸、盐均有一定的抵抗力，岩心实验表明，该凝胶的封堵率高达99%以上，单位突破压力大于100kPa/cm，说明凝胶液是一种性能良好的高温调剖剂[81]。

3.6 木质素陶瓷添加剂

3.6.1 陶瓷添加剂概述

所谓陶瓷添加剂就是在陶瓷工业中为满足工艺要求和性能需要所添加的化学添加剂[161]。随着国内外陶瓷工业的不断发展以及人们对陶瓷功能与质量要求的不断提高，陶瓷添加剂在陶瓷工业中的应用越来越广泛，原料处理、球磨制浆、喷雾造粒、坯体成型、施釉、煅烧等建筑陶瓷生产的各个工序都有陶瓷添加剂的使用。陶瓷添加剂就像陶瓷工业中的“味精”，其添加量虽少，但作用巨大，效果显著[162]。

陶瓷添加剂属于精细化学品范畴，是无机物质或有机物质及二者的复合物、衍生物，伴随着现代化学工业的飞速发展，每年都有大量新型的陶瓷添加剂问世。陶瓷添加剂在生产过程中的添加量不大，一般仅占到陶瓷原料的0.5%～2.0%[161]，但是其作用却非常重要，陶瓷添加剂的使用提升了陶瓷的生产效率与产品质量。陶瓷添加剂尤其是复合型多功能陶瓷添加剂的研发使用，已经成为陶瓷行业发展最迅速、竞争最激烈的地方。

3.6.1.1 陶瓷添加剂的分类与应用

陶瓷添加剂有多种分类方法，目前没有统一的规定，通常按添加剂的组成与性质、使用功能、应用范围等进行分类。按添加剂的化合物组成，可分为无机添加剂、有机添加剂、高分子添加剂、复合添加剂等。根据添加剂作用或功能，可分为减水剂、助磨剂、增塑剂、增强剂、消泡剂、防腐剂等。根据添加剂的应用领域，则可分为普通陶瓷添加剂（如日用陶瓷、工艺陶瓷、建筑卫生陶瓷、电瓷、化工陶瓷等）和特种陶瓷（如超导陶瓷、电子陶瓷、光学陶瓷、磁性陶瓷、敏感陶瓷、生物陶瓷等）用添加剂。在陶瓷工业中最常用的陶瓷添加剂有陶瓷分散剂、陶瓷增强剂、陶瓷助磨剂、陶瓷增塑剂以及兼具几种功能的复合型陶瓷添加剂[162]。

（1）陶瓷分散剂

陶瓷泥浆分散剂又称为减水剂、稀释剂、解凝剂、解胶剂，其主要功能是提高系统的ζ电位（电动电位），从而改善陶瓷浆料的流动性。在保证陶瓷浆料具有良好流动性的前提下，降低陶瓷泥浆的含水率，提高其固含量，达到提高生产效率、降低生产能耗的目的。陶瓷分散剂是陶瓷工业中应用最广泛、最重要的添加剂。陶瓷分散剂按化学成分的组成可分为无机分散剂、有机分散剂和高分子分散剂3种。

1）无机分散剂　无机分散剂属于无机电解质，一般是含有Na^+的无机盐，如三聚磷酸钠（STPP)、六偏磷酸钠、焦磷酸钠、Na_2SiO_3、Na_2CO_3等，在实际生产中通常将几种无机分散剂复合使用。此类无机分散剂分子量小、离子带电量高，在水中可以电离，释放出大量的Na^+，通过Na^+对黏土-水系统中的二价阳离子（Ca^{2+}、Mg^{2+}等）的置换，将其吸附的水膜释放成自由水，于是浆料中自由水的含量增加，实现了对陶瓷浆料的分散减水功能。另外，一价阳离子置换二价阳离子后，为了保持电荷平衡，一个二价的阳离子需要两个一价的阳离子来置换，由于一价阳离子的离子半径小、水化膜厚，所以双电层厚度明显增加，ζ电位也随之增大，离子间的排斥力也加大，泥浆黏度降低，流动性提高。无机分散剂目前主要使用于墙地砖、卫生瓷、普通日用瓷等料浆，直至今日依然是我国中低端陶瓷企业应用最广泛的分散剂，其用量少，价格低廉，但也存在泥浆不稳定、容易聚沉、坯体脱模后硬化快、易开裂的缺点。无机分散剂存在上述缺点，已经不能适应陶瓷工业的发展需求以及人们对高档陶瓷的需要，所以此类分散剂正在逐步被国内外陶瓷企业淘汰。

2）有机分散剂　有机分散剂主要有腐殖酸钠、柠檬酸钠、EDTA等，其中腐殖酸钠价格低廉，性能良好，应用最为广泛。与无机分散剂相比，有机分散剂的效果较好，但也存在着效果不够稳定的缺点。

3）高分子分散剂　高分子分散剂又叫超分散剂，主要是水溶性高分子，如聚丙烯酸（PAA）盐酯、聚甲基苯烯酸（PMAA）盐、木质素磺酸盐、羧甲基纤维素以及其他多元共聚物等。此类分散剂的分散性与水溶性良好，且使用后陶瓷浆料稳定性高，很少出现沉淀、颗粒聚集的现象。高分子分散剂还具有较大的解凝范围，适用性好，在干燥与煅烧过程中容易挥发，没有任何杂质或离子在坯体中残留，是目前陶瓷分散剂的研究热点。

(2) 陶瓷增强剂

陶瓷增强剂可以提高陶瓷生坯的强度，减少在生产过程中的破损。陶瓷增强剂一般为中等分子量的有机聚合物，其分子量在5000左右。陶瓷工业中最早使用的增强剂有淀粉、糊精、废糖蜜、阿拉伯树胶及硫酸盐法制浆黑液等，但随着陶瓷工业的不断发展及人们对陶瓷产品要求的不断提高，这些传统的陶瓷添加剂已经逐渐被市场所淘汰。目前，我国陶瓷工业中最常用的增强剂有聚乙烯醇、聚乙二醇、羧甲基纤维素、聚丙烯酰胺、海藻酸钠、甲基纤维素等。

陶瓷增强剂在陶瓷工业中扮演着极其重要的角色。如果陶瓷生坯强度不足，则坯体在成型、输送、干燥、施釉等工艺过程中容易产生缺边、破损、裂纹等缺陷，其破损率可达10%～20%，严重影响了陶瓷产品的质量并造成资源的浪费，降低了生产效率。特别是在大规模建筑墙地砖的生产中，因陶瓷生坯强度不足而导致的坯体破损率更是高达10%～30%。在陶瓷生产过程中应用陶瓷增强剂，一方面可以大大减少陶瓷的破损，提高成品率，避免不必要的经济损失；另一方面则可以降低陶瓷的厚度，开发超薄瓷质砖，有利于在建筑装饰中减轻载荷，减少陶瓷原料用量，降低生产中的能源消耗，从而大大减少对非金属矿的开采，既节约了资源和能源，又降低了生产成本。

陶瓷增强剂对陶瓷生坯强度的提高主要是通过有机高分子链增强和氢键增强作用实现的。在未加入增强剂时，陶瓷生坯颗粒主要依靠范德华力进行结合，加入增强剂后，陶瓷生坯颗粒之间的结合机制得到了明显改善。具有一定链长的高分子聚合物可在陶瓷颗粒之间起到架桥搭接的作用，形成了相互交联的不规则网状结构，紧紧包裹陶瓷颗粒，当在生坯上施加外力荷载时，增强剂分子长链承担了部分荷载，从而达到了增强坯体强度的作用。与此同时，由于高分子材料包裹了颗粒表面，使得颗粒之间借助于高分子而产生氢键作用，从而大大增强了陶瓷坯体的强度，增强剂分子链的表面电荷密度决定了氢键作用的强弱，电荷密度越大，氢键作用就越强，坯体的强度也就越高。

(3) 陶瓷助磨剂

在陶瓷生产过程中，球磨制浆工序的能耗约占陶瓷工业全部能耗的60%，尽管可以从设备和材料上着手提高球磨效率，例如选择大吨位的球磨机，选择合适的料球比，选用耐磨性好的球石和球衬等，但其效果并不明显。因此，需要从物料球磨的微观机理着手，加入陶瓷助磨剂来提高球磨效率。事实证明，加入陶瓷球磨剂可以大大缩短球磨时间，降低球磨剂的能耗，同时陶瓷助磨剂对陶瓷浆料亦有一定的解凝分散效果。

助磨剂是一种表面活性剂，它通过改善固体表面的性能，使增加比表面积所耗费的能量明显减少，从而达到助磨作用。助磨剂一般分为有机溶剂助磨剂、表面活性剂助磨剂、高分子助磨剂和无机助磨剂四种。有机溶剂助磨剂主要起湿润作用，其主要品种有甲醇、乙二醇、丙三醇等醇类物质，二乙醇胺和三乙醇胺等烷基醇胺类物质，还有油酸、亚油酸、亚麻酸钠盐、脂肪酸甘油单酯或双酯等脂肪酸类及酯类物质；高分子助磨剂主要是聚硅氧烷类化合物和丙烯酸高碳酯醇共聚物等；无机助磨剂主要是无机盐的水溶液，如Na_2SiO_3、三聚磷酸钠（STPP）、六偏磷酸钠等，但由于它们的助磨效果一般，现在使用较少。

3.6.1.2　陶瓷添加剂的国内外发展现状与发展趋势

尽管我国拥有数千年生产利用陶瓷的历史，但陶瓷添加剂作为近现代工业革命的产物，在我国的应用时间并不长。直到20世纪50年代我国才开始在生产中使用陶瓷添加剂。我国使用的第一代陶瓷添加剂主要是无机化合物和少量天然或半合成高分子化合物，例如用作分散剂的Na_2CO_3、Na_2SiO_3等含Na^+的无机盐，明胶和羧甲基纤维素等具有增强效果的天然或半合成高分子化合物。20世纪60～80年代起则开始使用第二代添加剂，主要是天然或半合成高分子化合物，以及一些无机化合物和有机化合物的复配产物；近年来，随着我国的改革开放和经济的腾飞，我国陶瓷工业对陶瓷添加剂的使用朝着多元化发展，天然水溶性高分子与合成高分子化合物的种类和品种不断扩大，有机化合物也在陶瓷生产中大量使用，第一代传统添加剂已经被逐步淘汰。

目前，我国陶瓷添加剂在研发水平、产品的种类和性能方面，与部分陶瓷工业发达国家如日本、德国、意大利等相比，依然存在着很大的差距，尤其在新型有机高分子添加剂和多功能复合添加剂方面，差距尤为明显。

国外陶瓷工业发达的国家，高度重视陶瓷添加剂的研发与应用，产生了德国司马化工（Zschimmer & Schwarz）、德国巴斯夫（BASF）、美国罗门哈斯（ROHM HASS）、意大利戴得罗斯（DEADALUS）等陶瓷添加剂领域的领军企业。德国的司马化工公司是一家专业生产陶瓷添加剂的化工企业，其生产的陶瓷添加剂产品种类最为齐全、性能优异，在世界各地都得到了广泛的应用，司马化工公司在我国陶瓷产业最为集中的佛山亦开设有分公司；德国巴斯夫公司是世界上最大的化学化工企业，其生产的陶瓷添加剂秉承了巴斯夫公司优良的产品性能，在各国陶瓷工业上应用也较为广泛；美国罗门哈斯公司在特种陶瓷添加剂领域独树一帜，如该公司的Duramax D系列分散剂可以用在电子陶瓷、压敏陶瓷的浆料分散上；意大利戴得罗斯公司也是一家知名的陶瓷添加剂公司，其产品侧重于建筑卫生陶瓷和其他工业用陶瓷。

近年来，我国陶瓷添加剂产业也得到了较快的发展，部分产品的性能达到或接近了国际先进水平，且具有价格优势，并且涌现出了欧陶科技、上海华昌等明星企业，其往往能因地制宜，针对全国各大陶瓷产区的原料特征，已形成系列化、差异化产品，畅销广东、福建、四川、江西、山东等陶瓷主产区，已被众多知名品牌企业大量使用，深受好评。

3.6.2　木质素系陶瓷添加剂的研究现状与存在的问题

木质素及其改性产物已经在混凝土减水剂、木材胶黏剂等领域有了十分成熟的研究和应用，但目前国内外对木质素用作陶瓷添加剂的研究依然较少，且绝大多数集中在木质素用作单一功能的添加剂，如改善陶瓷浆料流动性的分散剂、增强陶瓷生坯抗折强度的增强剂、对陶瓷球磨制浆过程有助磨效果的助磨剂等。Cerrutti等[163]以生物乙醇工厂的废甘蔗渣中提取的木质素为原料，通过羧甲基化反应制备羧甲基木质素，该产品对Al_2O_3陶瓷浆料具有良好的分散稳定作用。庞煜霞等[164]利用碱木质素替代部分苯酚，与对氨基苯磺酸钠和甲醛进行缩合反应，得到碱木质素改性氨基磺酸系分散剂 LMA，并通过优化得到了 LMA 的最佳制备工艺，实验结果表明，LMA 的最优添加量为 0.4%，在此添加量下，含水率为 32%的陶瓷浆料流出时间为 37.13s，厚化度为 1.25，其分散性能优于市场上常用的无机分散剂。王安安等[165]通过对制浆废液中木质素磺酸盐的改性，制备出一种新型陶瓷分散剂 WAL，在 0.35%的掺量下，陶瓷浆料的流出时间为 49.53s，比掺无机盐分散剂的对比样缩短了 7.08s，且掺 WAL 的陶瓷浆料放置 2h 后稳定指数为 2.5，小于掺无机盐分散剂对比样的 3.0，表明 WAL 与无机盐分散剂对比样相比具有更好的分散性与稳定性。余爱民等[166]采用调控分子量、磺化度等工艺，制备出了 3 种木质素基陶瓷增强剂（1#、2#、3#），所得产品为微棕黄色透明液体，在 0.5%的最佳添加量下，2# 添加剂使陶瓷生坯的抗折强度比不加添加剂时提高了 30.7%，且陶瓷浆料未见明显的稠化。张健等[167]通过将几种在陶瓷工业中常用的钠盐进行复配实验，发现木质素磺酸钠与十二烷基苯磺酸钠和三聚磷酸钠复配后对瓷石有良好的助磨效果，木质素磺酸钠单独使用对石英砂的助磨效果最好。

单一功能的添加剂使用范围较为狭窄，由于其功能的局限性，往往需要多种不同功能的添加剂配合使用，而有些陶瓷添加剂之间存在着功能相抵触的问题。例如为使陶瓷浆料具有良好的流动性，降低固含量，减少喷雾造粒过程中的能耗，往往在球磨过程中加入陶瓷分散剂，而陶瓷生坯的成型和输送要求生坯具有一定的强度，这就需要在陶瓷浆料中加入陶瓷增强剂，而增强剂往往会导致陶瓷浆料的稠化，进而影响分散剂的功能。复合型多功能陶瓷添加剂的使用可以有效解决这一问题，复合型多功能陶瓷添加剂是指集分散性、增强性、助磨性等功能于一体的陶瓷添加剂，其特点是应用面广、效果全面、添加量低，少量添加即可满足生产要求，且克服了部分单一功能添加剂在使用中相互冲突的缺点，是目前国内外陶瓷添加剂的研究热点。综上所述，通过对木质素进行改性制备复合型多功能陶瓷添加剂，是木质素系陶瓷添加剂研究应用的必由之路。

3.6.3　改性木质素陶瓷添加剂的制备及应用

笔者和课题组成员[162,168]以马尾松硫酸盐法制浆黑液中提取的碱木质素为原料，采用微波辐射技术制备磺化碱木质素（LST），并将 LST 与马来酸酐通过接枝共聚反应进行进一步的化学改性，制备出磺化碱木质素-马来酸酐接枝共聚物陶瓷添加剂（LST-MA）。该产品兼具分散减水、增强坯体强度、提高球磨效率的作用。

3.6.3.1　改性木质素陶瓷添加剂的制备

(1) 制备工艺

① 磺化碱木质素的制备工艺　取 100g 固含量为 20%的碱木质素溶液加入微波反应器中，在搅拌条件下加入 37%的甲醛，然后在 100℃、微波辐射功率 300W 的条件下进行羟甲基化反应，反应 1h；提高反应温度与微波辐射功率，待温度稳定后，向其中缓慢滴加 30%的 $NaHSO_3$ 溶液进行磺化反应，反应一定时间后关闭微波反应器，冷却至室温，然后进行喷雾干燥（进风温度为 320℃，出风温度为 120℃），得到咖啡色磺化碱木质素

(LST) 粉末。

② 磺化碱木质素-马来酸酐接枝共聚物陶瓷添加剂的制备工艺 取50g LST粉末，溶于50g去离子水中，配制成浓度为50%的LST水溶液，测得该水溶液的pH值为7.8；选取适宜的引发剂溶于15mL去离子水中，配制成引发剂的水溶液备用。将上述LST水溶液加入微波反应器中，通N_2保护，设定好微波辐射功率与反应温度，待反应温度达到设定值后，加入适量的马来酸酐，同时用恒流泵向微波反应体系中滴加事先配制好的引发剂水溶液进行反应（引发剂水溶液控制在5min左右滴加完毕），反应至设定的时间后，关闭微波反应器，将反应所得产物冷却至室温，用稀NaOH溶液调节pH值至7.5，最后进行喷雾干燥（进风温度320℃，出风温度120℃），即得到咖啡色磺化碱木质素-马来酸酐共聚物陶瓷添加剂（LST-MA）。

(2) 陶瓷添加剂制备过程的影响因素

1) 引发剂对陶瓷生坯抗折强度的影响 选择合适的引发剂直接关系到磺化碱木质素（LST）与马来酸酐（MA）的接枝效率，进而影响最终产品LST-MA对陶瓷浆料的分散效果以及对陶瓷生坯的增强效果。为了选取合适的引发剂，笔者和课题组成员以过硫酸钾、过硫酸铵、硝酸铈铵为备选引发剂，通过比较使用不同引发剂时LST-MA的增强效果，来确定下一步实验所用的引发剂。结果如图3-85所示。

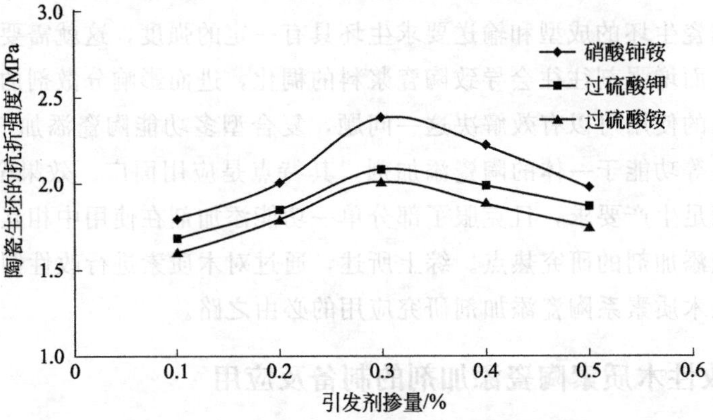

图3-85 引发剂对陶瓷生坯抗折强度的影响

由图3-85可以看出，使用硝酸铈铵作引发剂时，陶瓷生坯的抗折强度明显优于使用过硫酸钾和过硫酸铵作引发剂时陶瓷生坯的抗折强度，且陶瓷生坯的抗折强度随着引发剂用量的增加呈现出先增大后减小的趋势，当引发剂掺量达到0.3%时，陶瓷生坯的抗折强度达到最大值，此时使用硝酸铈铵为引发剂的陶瓷生坯的抗折强度为2.389MPa。这是因为马来酸酐单体为强电子受体，其自身具有较大的位阻效应，一般情况下不容易发生自聚，但易于和带有供电基团的物质发生接枝共聚反应。根据自由基反应机理，过硫酸钾和过硫酸铵等含有过硫酸根离子的引发剂在引发接枝共聚反应时首先受热分解释放出初级硫酸根自由基，之后引发木质素磺酸盐分子形成木质素磺酸盐单体自由基，但木质素磺酸盐分子中碳碳双键较少，硫酸根自由基仅能引发木质素磺酸盐中的酚羟基或者C—H形成自由基，引发效率较低；而硝酸铈铵为氧化性引发剂，能氧化引发体系中供电子的还原性基团形成含氧木质素磺酸盐初级自由基，更容易与马来酸酐单体发生接枝共聚反应，故在进行木质素磺酸盐与马来酸酐接枝共聚反应中，选用氧化型的引发剂硝酸铈铵具有更高的接枝效率。

2）MA 与 LST 的质量比对陶瓷生坯抗折强度的影响　在硝酸铈铵用量为 0.3%、微波辐射功率为 360W、反应时间为 15min、反应温度为 70℃的条件下，考察 MA 与 LST 的质量比对陶瓷生坯抗折强度的影响，其结果如图 3-86 所示。

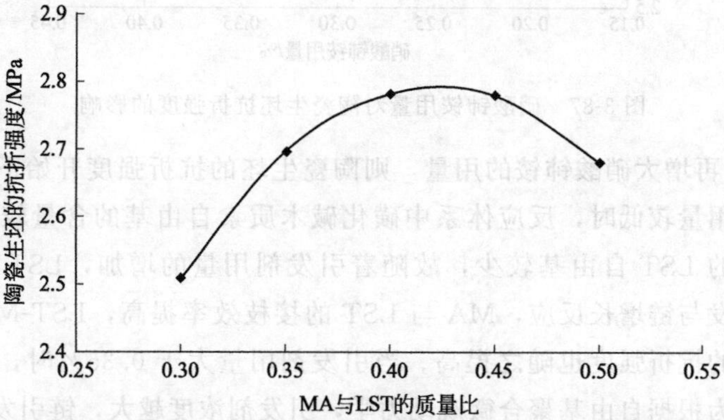

图 3-86　MA 与 LST 的质量比对陶瓷生坯抗折强度的影响

由图 3-86 可以看出，陶瓷生坯的抗折强度随着 MA 与 LST 的质量比的增加呈现出先增大后减小的趋势。当 MA 与 LST 的质量比达到 0.40 时，陶瓷生坯的抗折强度为 2.782MPa，当质量比达到 0.45 时陶瓷生坯的抗折强度为 2.779MPa，与质量比为 0.40 时陶瓷生坯的抗折强度基本保持一致；继续增大 MA 与 LST 的质量比，当质量比达到 0.50 时陶瓷生坯的抗折强度开始下降。这是因为当 MA 的用量较小时，LST 周围的 MA 浓度较低，较多游离的 LST 自由基还未与 MA 发生反应就失去活性，MA 与 LST 的接枝率降低，从而影响了 LST-MA 对陶瓷生坯的增强效果；随着 MA 与 LST 质量比的提高，MA 与 LST 的接枝效率也逐渐提高；当 MA 与 LST 的质量比达到 0.40 时，MA 与 LST 的接枝速率基本达到饱和，因此当 MA 与 LST 的质量比增大到 0.45 时，陶瓷生坯的抗折强度基本保持不变；继续增大 MA 与 LST 的质量比，则 MA 单体过量，反应体系中的 MA 浓度过大，自聚反应加剧，影响接枝共聚反应的正常进行，且 MA 在反应体系中水解生成的马来酸浓度增加，导致反应体系的 pH 值迅速下降，当 pH 值降低到一定程度时，会导致 LST 从反应体系中大量析出，从而严重影响了 MA 与 LST 的接枝共聚，进而最终影响 LST-MA 的增强效果。综上所述，MA 与 LST 的最佳质量比为 0.40，此时陶瓷生坯的抗折强度为 2.782MPa。

3）硝酸铈铵用量对陶瓷生坯抗折强度的影响　在 MA 与 LST 的质量比为 0.40、微波辐射功率为 360W、反应时间为 15min、反应温度为 70℃的条件下，考察硝酸铈铵用量对陶瓷生坯抗折强度的影响，其结果如图 3-87 所示。

由图 3-87 可以看出，陶瓷生坯的抗折强度随着硝酸铈铵用量的增加呈现出先增大后减小的趋势。当引发剂硝酸铈铵的用量小于 0.35%时，陶瓷生坯的抗折强度随着硝酸铈铵的用量增加而提高，当硝酸铈铵的用量达到 0.35%时，陶瓷生坯的抗折强度最高，为

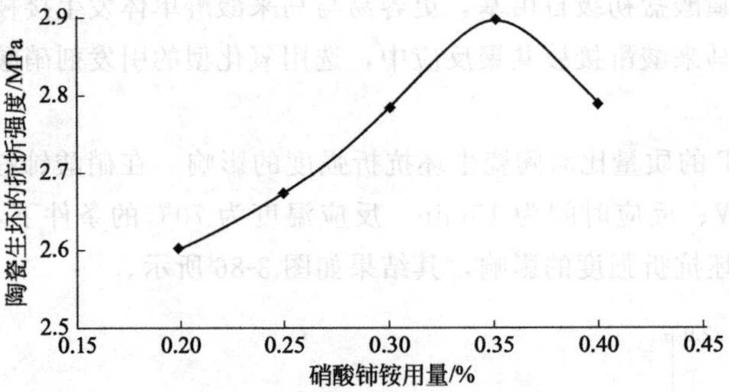

图 3-87　硝酸铈铵用量对陶瓷生坯抗折强度的影响

2.987MPa，之后再增大硝酸铈铵的用量，则陶瓷生坯的抗折强度开始下降。这是因为在引发剂硝酸铈铵用量较低时，反应体系中磺化碱木质素自由基的含量较低，能与 MA 发生接枝共聚反应的 LST 自由基较少，故随着引发剂用量的增加，LST 上的活性位点增多，有利于链引发与链增长反应，MA 与 LST 的接枝效率提高，LST-MA 共聚物的产量增加，陶瓷生坯的抗折强度也随之提高。当引发剂用量大于 0.35%时，陶瓷生坯抗折强度下降，这是因为根据自由基聚合微观动力学，引发剂浓度越大，链引发的速率和自由基浓度也越大，自由基之间相互碰撞导致链终止的速率也增大，同时，引发剂用量过大时，接枝共聚反应过于剧烈，使接枝链变短，共聚物 LST-MA 在陶瓷颗粒间的交联作用减弱，导致生坯抗折强度下降。综上所述，引发剂硝酸铈铵的最佳添加量为 0.35%，此时陶瓷生坯的抗折强度为 2.987MPa。

4）微波辐射功率对陶瓷生坯抗折强度的影响　在 MA 与 LST 的质量比为 0.40、硝酸铈铵用量为 0.35%、反应时间为 15min、反应温度为 70℃的条件下，在一定范围内改变微波辐射功率，考察微波辐射功率对陶瓷生坯抗折强度的影响，其结果如图 3-88 所示。

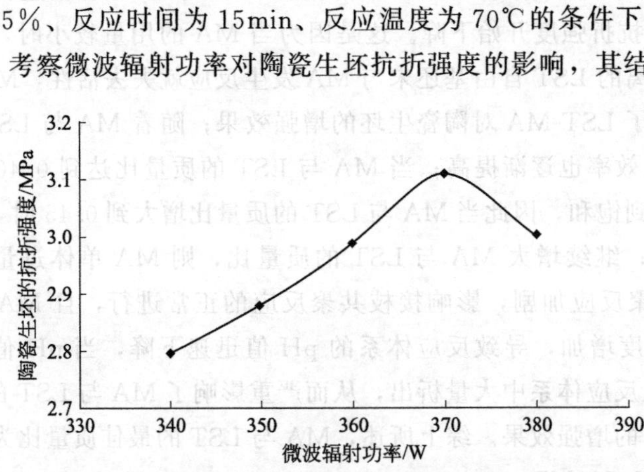

图 3-88　微波辐射功率对陶瓷生坯抗折强度的影响

由图 3-88 可以看出，陶瓷生坯的抗折强度随着微波辐射功率的增大而呈现出先增大后减小的趋势，当微波辐射功率小于 370W 时，陶瓷生坯的抗折强度随着辐射功率的增大而上升；当微波辐射功率大于 370W 时，陶瓷生坯的抗折强度随着辐射功率的继续增大而下降。这是因为在较低微波辐射功率下，反应单体以及分子间的活性较低，随着微波辐射功率的增大，反应单体活性增加，碰撞更加激烈，接枝共聚反应的效率迅速提高，在微波辐射功率达到370W时，反应体系效率最高，接枝共聚效果最好，继续增大微波辐射功率，则反应过于激烈，单体之间容易发生爆聚，进而影响接枝共聚反应的进行。因此，微波辐射的最佳功率为370W，此时陶瓷生坯的抗折强度为3.112MPa。

5）反应时间对陶瓷生坯抗折强度的影响　在MA与LST的质量比为0.40、硝酸铈铵用量为0.35%、微波辐射功率为370W、反应温度为70℃的条件下，在一定范围内改变反应时间，考察反应时间对陶瓷生坯抗折强度的影响，其结果如图3-89所示。

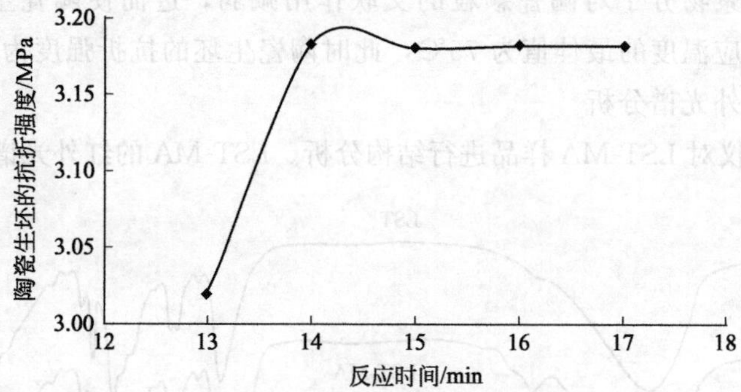

图3-89　反应时间对陶瓷生坯抗折强度的影响

由图3-89可见，陶瓷生坯的抗折强度随着反应时间的延长先增大后趋于平缓，当反应时间达到14min时，陶瓷生坯的抗折强度达到3.182MPa，之后继续延长反应时间，陶瓷生坯的抗折强度基本保持不变。这是因为随着反应时间的延长，接枝共聚反应逐渐趋于完全，LST-MA共聚物陶瓷添加剂的浓度也逐渐趋于饱和，而且保持一定的微波辐射功率和反应温度需要消耗能源，继续延长反应时间不仅没有意义，还会造成资源的浪费。综上所述，最佳反应时间为14min，此时陶瓷添加剂的抗折强度为3.182MPa。

6）反应温度对陶瓷生坯抗折强度的影响　在MA与LST的质量比为0.40、硝酸铈铵用量为0.35%、微波辐射功率为370W、反应时间为14min的条件下，在一定范围内改变反应温度，考察反应温度对陶瓷生坯抗折强度的影响，其结果如图3-90所示。

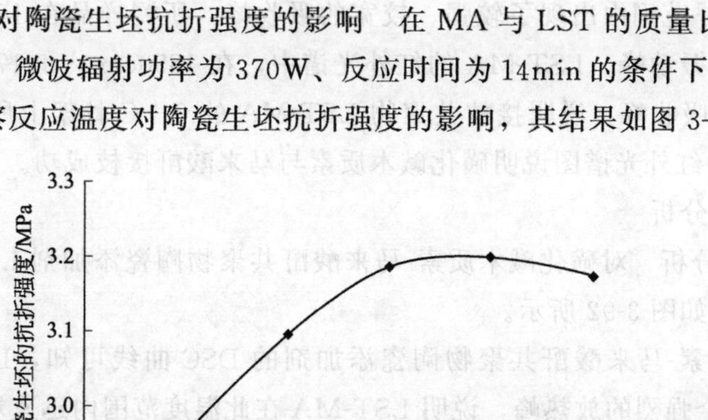

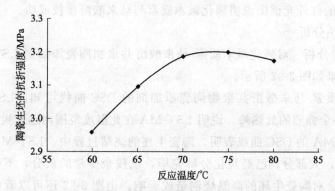

图3-90　反应温度对陶瓷生坯抗折强度的影响

由图3-90可见，随着反应温度的升高，陶瓷生坯的抗折强度呈现出先增大再减小的趋势，当反应温度低于75℃时，陶瓷生坯的抗折强度随着反应温度的升高而增大，当反应温度达到75℃时，陶瓷生坯的抗折强度最大，达到3.201MPa，之后再升高反应温度，则陶瓷生坯的抗折强度下降。这是因为随着温度的升高，引发剂硝酸铈铵受热分解生成活性自由基的速率提高，同时根据反应动力学的原理，由于温度的升高，反应体系活性增大，分子及单体间的碰撞更加剧烈，加速了反应的进行，故接枝共聚反应的速率与效率大大提高。在反应温度达到75℃时，最有利于反应进行，当反应温度大于75℃时，反应温度过高，体系中活性自由基过多，聚合反应与链终止反应都加快，使接枝共聚物分子链段的增长受影响，共聚物分子对陶瓷颗粒的交联作用减弱，进而使陶瓷生坯的抗折强度下降。综上所述，反应温度的最佳值为75℃，此时陶瓷生坯的抗折强度为3.201MPa。

(3) 产品的红外光谱分析

采用红外光谱仪对LST-MA样品进行结构分析。LST-MA的红外光谱如图3-91所示。

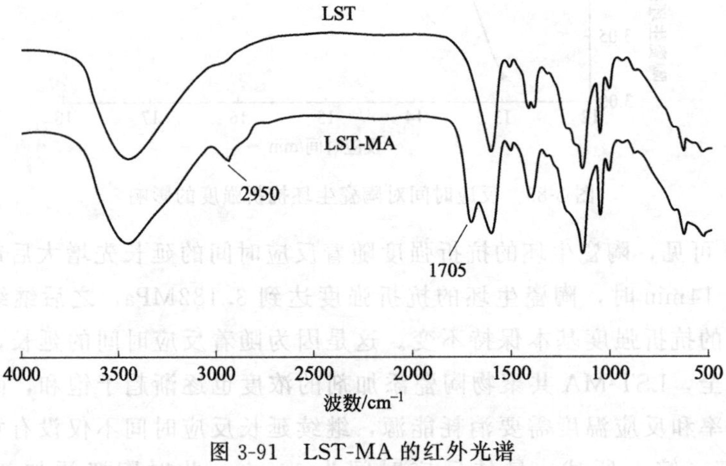

图3-91 LST-MA的红外光谱

由LST-MA的红外光谱可以看出，经过接枝共聚反应后，与LST的红外光谱相比，在3000～2800cm^{-1}范围内出现了较强、较宽的吸收峰，所测样品在1705cm^{-1}处出现了明显的羧酸基团的振动峰。LST-MA的红外光谱中，在1850cm^{-1}和1780cm^{-1}处未见五元环状酸酐强特征吸收峰，说明接枝共聚物LST-MA的C—C骨架上所连接的均为羧酸基团，LST-MA的红外光谱图说明磺化碱木质素与马来酸酐接枝成功。

(4) 产品的热分析

1) DSC曲线分析 对磺化碱木质素-马来酸酐共聚物陶瓷添加剂LST-MA进行DSC曲线分析，其结果如图3-92所示。

由磺化碱木质素-马来酸酐共聚物陶瓷添加剂的DSC曲线可知，LST-MA在300～350℃范围内有一个强烈的放热峰，说明LST-MA在此温度范围内迅速炭化、烧失并基本分解完全。LST-MA的DSC曲线表明，陶瓷生坯的烧结过程中，LST-MA在煅烧温度升至300～350℃时，大部分就已经炭化分解完毕，仅残余少量的灰分，不会在陶瓷生坯中留下气孔，也不会对陶瓷生坯的高温烧制造成影响。由图3-92还可以看出，LST-MA在130℃附近有一个较为明显的吸热峰，说明LST-MA在130℃附近发生了玻璃态转化，分子链柔韧性好，易包裹陶瓷颗粒，对陶瓷生坯的增强作用明显。

2) TG与DTG曲线分析 对LST-MA进行TG与DTG曲线分析，其结果如图3-93

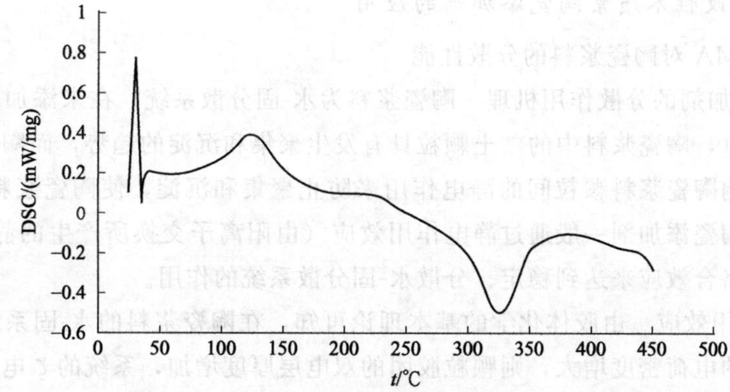

图 3-92　LST-MA 的 DSC 曲线

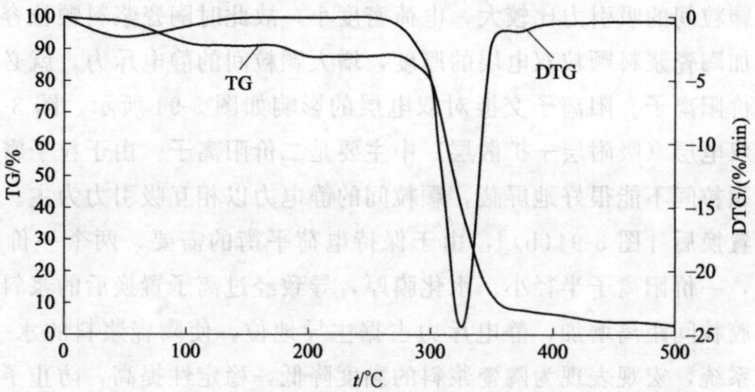

图 3-93　LST-MA 的 TG 和 DTG 曲线

所示。

由 LST-MA 的 TG 曲线与 DTG 曲线可以看出，LST-MA 的失重大体可分为三个阶段。

第一阶段：LST-MA 在 0～300℃的温度范围内仅有轻微失重，这是因为在 0～300℃温度范围内，LST-MA 的失重主要是样品水分的挥发，而样品本身依然较为稳定。由样品的 DTG 曲线也可以看出，在此范围内样品的失重率较为平缓。

第二阶段：由 TG 曲线和 DTG 曲线可以看出，在 300～350℃温度范围内，LST-MA 样品的失重非常迅速，呈现直线下降的趋势；在 325℃时样品失重最快，失重率为 24.3%/min，这表明样品在此温度范围内迅速被炭化、烧失；到 350℃，样品的重量仅剩 12%，基本已经被分解完全。

第三阶段：在 350～500℃范围内，残余样品仅有少量失重。由 DTG 曲线可见，其失重率较为平缓，至 500℃时，样品的重量仅剩 2.9%。

综上所述，LST-MA 样品的受热炭化、烧失、分解在 300～350℃范围内最为明显，在 325℃时样品的失重最快。LST-MA 的受热分解范围较窄，能在较小的温度范围内基本分解完全，不会对陶瓷坯料的最终烧结产生不利影响。这一结论与 LST-MA 样品的 DSC 曲线分析结果一致。

3.6.3.2 改性木质素陶瓷添加剂的应用

(1) LST-MA对陶瓷浆料的分散性能

1) 陶瓷添加剂的分散作用机理 陶瓷浆料为水-固分散系统，在未添加具有分散作用的陶瓷添加剂时，陶瓷浆料中的黏土颗粒具有发生聚集和沉淀的趋势，而陶瓷分散剂的作用就是通过影响陶瓷浆料颗粒间的静电作用来防止聚集和沉淀，使陶瓷浆料水-固分散系统保持稳定。陶瓷添加剂一般通过静电作用效应（由阳离子交换所产生的静电排斥）、空间位阻效应和络合效应来达到稳定、分散水-固分散系统的作用。

① 静电作用效应 由胶体化学的基本理论可知，在陶瓷浆料的水-固系统中，若陶瓷浆料颗粒表面的电荷密度增大，则颗粒胶团的双电层厚度增加，系统的ζ电位增大，粒子间的排斥力增大，从而使泥浆的黏度降低，流动性提高。而在未加分散剂的陶瓷浆料水-固系统中，陶瓷浆料颗粒双电层中主要是Ca^{2+}、Mg^{2+}等二价阳离子，双电层的厚度比较薄，陶瓷浆料颗粒间的吸引力比较大，电荷密度小，故此时陶瓷浆料颗粒容易发生聚集和沉淀。为了增加陶瓷浆料颗粒双电层的厚度，增大颗粒间的静电斥力，就必须使用一价阳离子来置换二价阳离子。阳离子交换对双电层的影响如图3-94所示。图3-94(a)表示陶瓷浆料颗粒的双电层（吸附层+扩散层）中主要是二价阳离子。由于粒子密度低，双电层厚度小，浆料颗粒间不能很好地屏蔽，颗粒间的静电力以相互吸引力为主。当二价阳离子被一价阳离子置换后[图3-94(b)]，由于保持电荷平衡的需要，两个一价阳离子置换一个二价阳离子，一价阳离子半径小、水化膜厚，导致经过离子置换后的浆料颗粒双电层厚度明显增加，胶粒间距离增加，静电斥力占据主导地位，使陶瓷浆料的水-固体系形成一个稳定的分散系统，宏观表现为陶瓷浆料的黏度降低，稳定性提高，防止了陶瓷浆料颗粒聚集和沉淀的发生。

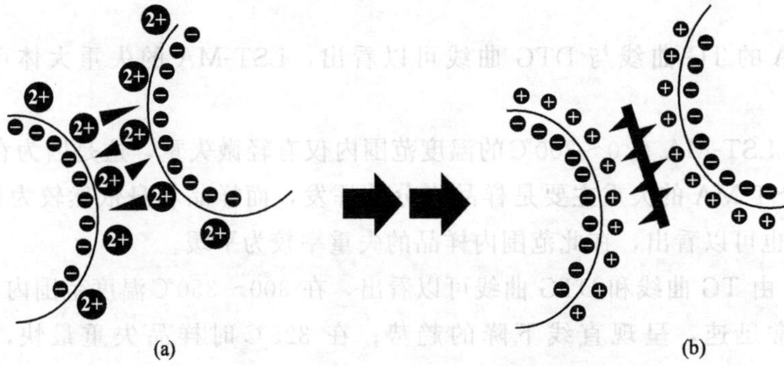

图3-94 阳离子交换对陶瓷浆料颗粒双电层的影响

② 空间位阻效应 在陶瓷浆料的水-固分散系统中，陶瓷浆料的颗粒因为重力的作用而发生沉淀，而具有分散作用的陶瓷添加剂中的正价阳离子或官能团能与陶瓷浆料颗粒表面的负电荷相互吸引，这使陶瓷浆料颗粒的双电层厚度增加、ζ电位增大，粒子间由于相互排斥而分散开，降低了粒子间的直接作用效果。这就是陶瓷分散剂的空间位阻效应的机理，如图3-95所示。

③ 络合效应 在陶瓷浆料的水-固系统中，通过加入一些无机络合物，可以与二价阳

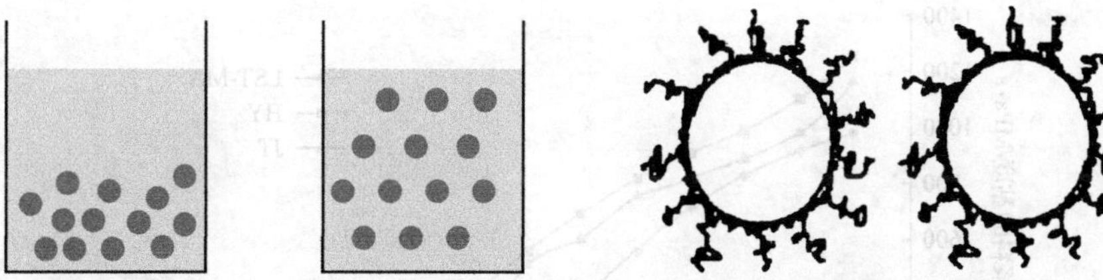

(a) 聚集作用　(b) 空间稳定性　(c) 陶瓷浆料颗粒的空间位阻效应

图 3-95　陶瓷浆料颗粒间的空间位阻效应原理

离子复合形成稳定的络合物，从而消除了二价阳离子对陶瓷浆料颗粒双电层以及ζ电位的不利影响，间接增大了陶瓷浆料颗粒双电层的厚度，提高了颗粒的ζ电位，使陶瓷浆料的稳定性、分散性提高。

2）LST-MA 和对比样掺量对陶瓷浆料流出时间与黏度的影响　陶瓷浆料的流动性及黏度是考察陶瓷浆料分散性能的最直观的指标。在同等掺量下，等体积的陶瓷浆料流出时间越短，浆料的黏度越低，陶瓷添加剂的分散减水性能越好。笔者和课题组成员研究了 LST-MA 和对比样在不同掺量下对陶瓷浆料流出时间与黏度的影响，其结果如图 3-96 和图 3-97 所示。其中 JT 陶瓷添加剂为福建某瓷业公司在实际生产中所用添加剂，由腐殖酸钠、羧甲基纤维素钠、三聚磷酸钠和水玻璃按一定比例复合而成；HY 陶瓷添加剂为福建某陶瓷公司生产内墙砖所用的添加剂，由广东三星陶瓷公司生产，具备分散、增强等功能。

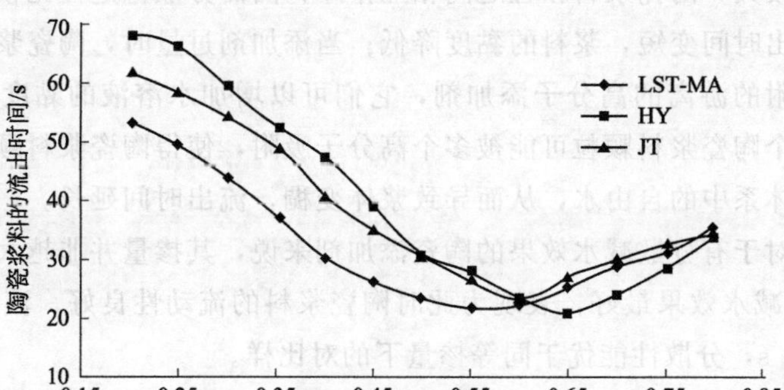

图 3-96　LST-MA 和对比样掺量对陶瓷浆料流出时间的影响

由图 3-96 和图 3-97 可以看出，LST-MA 的分散减水效果明显优于对比样。当 LST-MA 的掺量为 0.55%时，陶瓷浆料的流出时间为 21.9s，黏度为 130MPa·s，分散减水效果最好，且明显优于同等掺量下的对比样 HY（流出时间和黏度分别分 27.7s 和 390MPa·s）与 JT（流出时间与黏度分别为 26.6s 和 190MPa·s）。当对比样 HY 和 JT 的掺量分别达到 0.65%和 0.6%时，才能达到 LST-MA 在 0.55%的掺量时就能达到的分散效果。

由图 3-96 与图 3-97 还可以看出，随着 LST-MA 添加量的增加，陶瓷浆料的流出时间和黏度呈先减小后增大的趋势。在 LST-MA 掺量为 0.55%时，陶瓷浆料的流出时间最

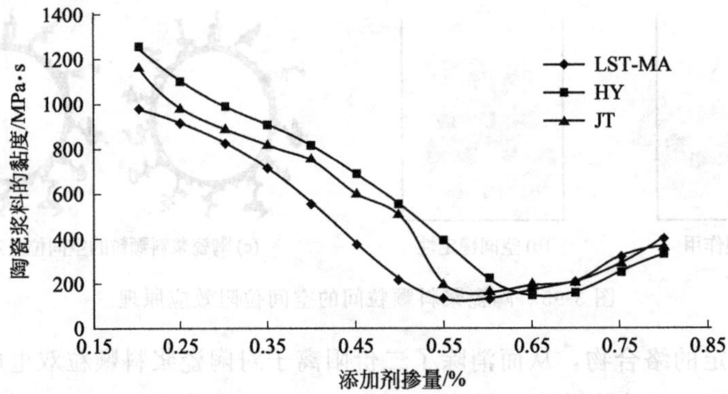

图 3-97　LST-MA 和对比样掺量对陶瓷浆料黏度的影响

短，为 20s，黏度最低，为 130MPa·s。此后，随着 LST-MA 掺量的继续增大，陶瓷浆料的流出时间和黏度又开始逐步增加。对比样 HY 与 JT 也有同样的现象：对比样 HY 的流出时间和黏度在掺量达到 0.65％时最低，之后开始逐步增加；对比样 JT 的流出时间和黏度则在掺量为 0.6％时最低，之后也开始逐步增加。

出现这种现象是因为在低掺量的条件下，添加剂分子由于用量少，在陶瓷颗粒表面可能发生平躺式吸附，因而形成的空间位阻斥力不足以克服陶瓷颗粒间的范德华引力，导致在低掺量下陶瓷浆料的颗粒分散效果不好，浆料的流出时间较长；随着掺量的增加，添加剂在颗粒表面达到了饱和吸附，吸附比较致密，环状和尾状形态吸附占主导，这种吸附形成的空间位阻比较大，陶瓷浆料颗粒之间相互排斥，因而分散稳定性比较好，宏观上体现为陶瓷浆料的流出时间变短，浆料的黏度降低；当添加剂过量时，陶瓷浆料中有许多未被陶瓷浆料颗粒吸附的游离的高分子添加剂，它们可以增加水溶液的黏度，使陶瓷浆料稠化；另外，每一个陶瓷浆料颗粒可能被多个高分子吸附，使得陶瓷浆料颗粒体积增加进而容易聚集，包裹体系中的自由水，从而导致浆体变稠，流出时间延长。

综上所述，对于有分散减水效果的陶瓷添加剂来说，其掺量并非越大越好。LST-MA 在 0.55％时分散减水效果最好，表现为此时陶瓷浆料的流动性良好，流出时间为 21.9s，黏度为 130MPa·s，分散性能优于同等掺量下的对比样。

3）LST-MA 和对比样掺量对陶瓷浆料相对密度的影响　陶瓷浆料的相对密度是评价陶瓷浆料性能的一个重要指标。在保证陶瓷浆料流动性的前提下，相对密度越大，则陶瓷浆料在后续喷雾造粒过程中所消耗的电能越少。LST-MA 和对比样掺量对陶瓷浆料相对密度的影响如图 3-98 所示。

由图 3-98 可见，同等掺量下，添加 LST-MA 的陶瓷浆料的相对密度明显大于添加对比样 HY 和 JT 的陶瓷浆料。陶瓷浆料的相对密度随着陶瓷添加剂掺量的增加先逐步上升再趋于平缓。例如，随着 LST-MA 掺量的增加，陶瓷浆料的相对密度也逐渐地增大；当 LST-MA 的掺量达到 0.55％时，陶瓷浆料的相对密度达到 1.716；之后继续增加 LST-MA 的用量，陶瓷浆料的相对密度仅有轻微的变化，趋于稳定。与 LST-MA 类似，对比样 HY 与 JT 在添加量达到 0.6％以后，所对应陶瓷浆料的相对密度也趋于稳定。

出现这种现象是因为陶瓷添加剂掺量较低时，其分散减水效果欠佳，陶瓷浆料中依然

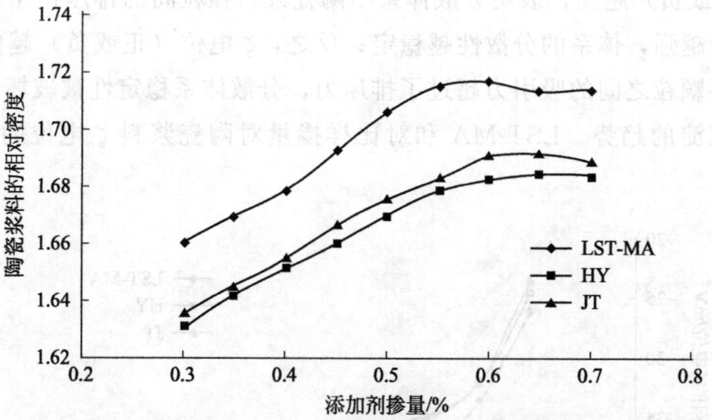

图 3-98　LST-MA 和对比样掺量对陶瓷浆料相对密度的影响

有还未被完全分散开来的块状黏土，故球磨制得的陶瓷浆料相对密度较小；随着陶瓷添加剂掺量的逐步增加，陶瓷浆料中未被分散开来的块状黏土越来越少，直至所有的黏土都被均匀地分散在陶瓷浆料中，此时陶瓷浆料的相对密度达到最大值；之后，若再增加陶瓷添加剂的掺量，则陶瓷浆料黏度上升，但由于黏土已被完全分散开来，所以陶瓷浆料的相对密度未见明显变化。

4）LST-MA 和对比样掺量对陶瓷浆料触变性的影响　触变性是考察陶瓷浆料时间稳定性的指标。若触变性过大，则陶瓷浆料稠化过快，不利于其输送及进一步的喷雾造粒。LST-MA 和对比样掺量对陶瓷浆料触变性的影响如图 3-99 所示。

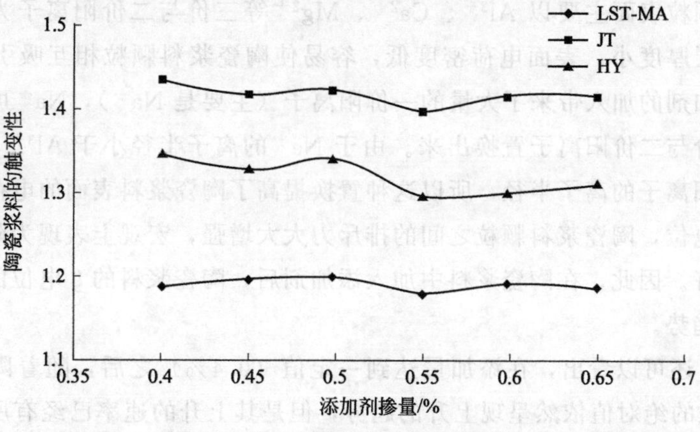

图 3-99　LST-MA 和对比样掺量对陶瓷浆料触变性的影响

由图 3-99 可以看出，LST-MA 的触变性明显小于对比样 JT 和 HY，且各添加剂的触变性随陶瓷添加剂掺量的增加基本保持稳定，在一定的范围内浮动。这说明使用LST-MA的陶瓷浆料的稳定性明显优于使用对比样的陶瓷浆料。这可能是因为 LST-MA 含有更多的亲水性基团，能使陶瓷浆料保持相对的稳定。由图 3-99 还可以看出，使用 LST-MA 及对比样对陶瓷浆料的稳定性排序为 LST-MA＞HY＞JT。

5）LST-MA 和对比样掺量对陶瓷浆料 ζ 电位的影响　ζ 电位又叫电动电势，是评价胶体分散系稳定性的重要指标。ζ 电位可以评价陶瓷浆料颗粒之间吸引力或者排斥力的大小。ζ电位（正或负）越高，表明分散体系中陶瓷浆料颗粒间的排斥作用越强，体系抵抗颗粒聚集的能力越强，体系的分散性越稳定；反之，ζ电位（正或负）越低，则表明分散体系中陶瓷浆料颗粒之间的吸引力超过了排斥力，分散体系稳定性被破坏，陶瓷浆料颗粒有发生聚集和沉淀的趋势。LST-MA 和对比样掺量对陶瓷浆料ζ电位的影响如图 3-100 所示。

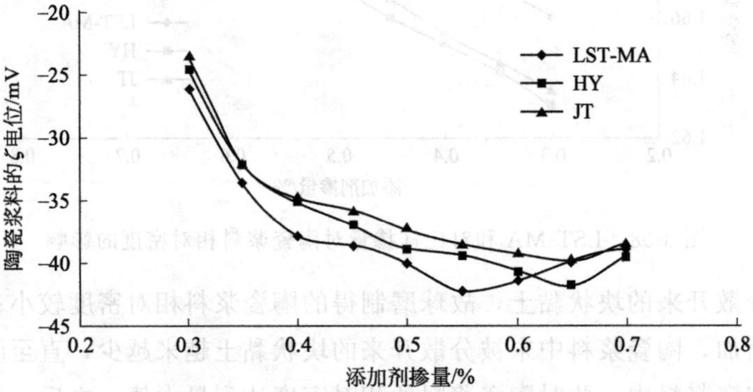

图 3-100 LST-MA 和对比样掺量对陶瓷浆料ζ电位的影响

由图 3-100 可以看出，陶瓷浆料的ζ电位的绝对值随着添加剂掺量的增加呈现出先增大再减小的趋势，且陶瓷添加剂在较低掺量（<0.4%）时，陶瓷浆料的ζ电位的绝对值随着陶瓷浆料的增加迅速上升。如添加 LST-MA 的陶瓷浆料在掺量为 0.3%时ζ电位为−25.9mV，当添加量为 0.4%时就迅速减至−37.8mV。这是因为在未添加陶瓷添加剂时，陶瓷浆料颗粒表面主要以 Al^{3+}、Ca^{2+}、Mg^{2+} 等三价与二价阳离子为主；三价与二价阳离子双电层厚度小，表面电荷密度低，容易使陶瓷浆料颗粒相互吸引发生聚集和沉降。而陶瓷添加剂的加入带来了大量的一价阳离子（主要是 Na^{+}），Na^{+} 可以将陶瓷浆料颗粒表面的三价与二价阳离子置换出来。由于 Na^{+} 的离子半径小于 Al^{3+}、Ca^{2+}、Mg^{2+} 等三价与二价阳离子的离子半径，所以这种置换提高了陶瓷浆料表面的电荷密度，降低了陶瓷浆料的ζ电位，陶瓷浆料颗粒之间的排斥力大大增强，宏观上表现为陶瓷浆料的分散性与流动性更好。因此，在陶瓷浆料中加入添加剂后，陶瓷浆料的ζ电位的绝对值一开始呈急剧上升的趋势。

由图 3-100 还可以看出，在添加量达到一定值（0.4%）之后，随着陶瓷添加剂掺量的提高，ζ电位的绝对值依然呈现上升的趋势，但是其上升的速率已经有所放缓；当陶瓷添加剂的掺量达到一定比例时，其所对应的陶瓷浆料的ζ电位的绝对值达到最大值，之后再增加陶瓷添加剂的掺量，陶瓷浆料ζ电位的绝对值都呈现出下降的趋势。当 LST-MA 的掺量达到 0.55%时，陶瓷浆料的ζ电位达到−42.2mV，之后继续增大陶瓷添加剂的掺量，陶瓷浆料的ζ电位的绝对值下降。添加 HY 的陶瓷浆料在添加量达到 0.65%时ζ电位的绝对值最大，添加 JT 的陶瓷浆料在添加量达到 0.6%时ζ电位的绝对值最大。这是因为随着陶瓷添加剂掺量的增加，一价阳离子逐渐将陶瓷浆料表面的三价与二价阳离子全部置换出来，陶瓷浆料颗粒表面的电荷密度达到了饱和，因此，此时陶瓷浆料的ζ电位绝对值最大，陶瓷浆料颗粒间的斥力最强，陶瓷浆料分散性与流动性最好。此后若继续增大陶瓷添加剂的用量，则过量的一价阳离子会进入陶瓷浆料颗粒的扩散层，使扩散层压缩，造成陶瓷浆料颗粒的 ζ 电位的绝对值降低，陶瓷浆料颗粒间的斥力减小，吸引力增大，颗粒间发生部分聚集和沉淀，导致陶瓷浆料的稠化，黏度增大，流速减小。

由图 3-100 还可以看出，当陶瓷添加剂的掺量低于 0.6%时，同等掺量下添加 LST-MA 添加剂的陶瓷浆料的 ζ 电位的绝对值明显大于添加 HY 与 JT 的陶瓷浆料。这说明在掺量低于 0.6%时，使用 LST-MA 的陶瓷浆料的颗粒间的排斥力明显大于使用 HY 与 JT 的陶瓷浆料，更不容易发生聚集和沉淀，陶瓷浆料的稳定性与分散性更好，而添加 HY 与 JT 的陶瓷浆料的 ζ 电位要在更高的掺量下才能达到 LST-MA 的水平。

综上所述，添加 LST-MA 的陶瓷浆料的 ζ 电位的绝对值在 0.55%的掺量时达到最大，为 42.2mV；添加 HY 与 JT 的陶瓷浆料的 ζ 电位的绝对值都在掺量 0.65%时达到最大，分别为 41.8mV 和 39.9mV。这说明 LST-MA 对陶瓷浆料的分散性能最好，陶瓷浆料的稳定性最佳。

(2) LST-MA 的助磨性能

1) 陶瓷添加剂的助磨作用机理　陶瓷助磨剂一般为某种表面活性剂或者多种表面活性剂的复合物。它能改善陶瓷颗粒表面的物化性能，使陶瓷浆料颗粒增加表面积所需的能量减少，并能促进陶瓷浆料颗粒表面与内部微裂纹的发展，促进陶瓷浆料颗粒的解体，使大颗粒分解为更加细小的颗粒，使陶瓷浆料颗粒更加均匀细致。同时，具有助磨效果的陶瓷添加剂一般也具有分散减水功能，能增加陶瓷浆料表面的电荷密度，提高陶瓷浆料的 ζ 电位，使被磨细的陶瓷浆料颗粒相互排斥，均匀分散在陶瓷浆料的水-固体系中，防止被磨细的颗粒重新聚集成大颗粒。陶瓷添加剂的助磨作用机理归纳起来有两点。

① 改善陶瓷浆料颗粒表面的物化性能　大部分有助磨作用的陶瓷添加剂都是表面活性剂。根据 Rehbinder 提出的“吸附降低硬度”理论，有助磨效果的陶瓷添加剂能吸附在陶瓷浆料颗粒的表面，降低陶瓷浆料颗粒增加表面积所需的能量和陶瓷浆料颗粒表面的自由能，引起陶瓷浆料颗粒表面发生晶格缺陷，促使陶瓷浆料颗粒发生解体与畸变，由大颗粒裂解为更细小的颗粒。同时，根据克兰帕尔（Klimpel）等提出的“矿浆流变学调节”理论，陶瓷添加剂中的一价阳离子能吸附在陶瓷浆料颗粒的表面，提高系统的 ζ 电位，使颗粒之间的排斥力增大，有效防止了已被磨细的颗粒之间的重新团聚。除了一价阳离子外，表面活性物质也能均匀分布在陶瓷浆料颗粒表面，既起到了润滑的作用，还能阻止颗粒之间的内聚力对陶瓷浆料颗粒发生内聚的促进作用，使被磨细的陶瓷浆料颗粒重新结合的概率降低，从而起到了助磨的作用。

② 促进陶瓷浆料颗粒微裂纹的发展，阻止微裂纹的愈合　陶瓷浆料颗粒和其他所有固体一样，内部都存在固有的微裂纹，这些微裂纹之间间隔几十到上百纳米。在球磨制浆过程中，陶瓷浆料颗粒的破碎分解实际上就是陶瓷浆料颗粒中的微裂纹增加与扩大的过程。在球磨制浆过程中，虽然陶瓷浆料颗粒在外力的作用下发生了剧烈的摩擦与碰撞，浆料颗粒的微裂纹有了增加和扩大，但是由于颗粒表面存在残余的价键力与范德华力，故而增加和扩大的微裂纹又发生了愈合，这导致了陶瓷浆料颗粒破碎解体的效率降低。而加入陶瓷添加剂后，有助磨作用的表面活性剂分子吸附在颗粒表面，一方面可以阻止已经增加和扩大的微裂纹愈合；另一方面可以深入陶瓷浆料颗粒微裂纹的内部，对裂纹起到挤压

“劈裂”的作用，从而加速了陶瓷浆料颗粒的粉碎，提高了球磨的效率。

2）LST-MA 和对比样掺量对陶瓷浆料筛余率的影响　陶瓷浆料的筛余率可以用来评价陶瓷添加剂的助磨性能。用同样细度的标准检验筛进行陶瓷浆料的筛分，筛余率越低则表明陶瓷浆料的颗粒越细，陶瓷添加剂的助磨性越好。LST-MA 和对比样掺量对陶瓷浆料筛余率的影响如图 3-101 所示。

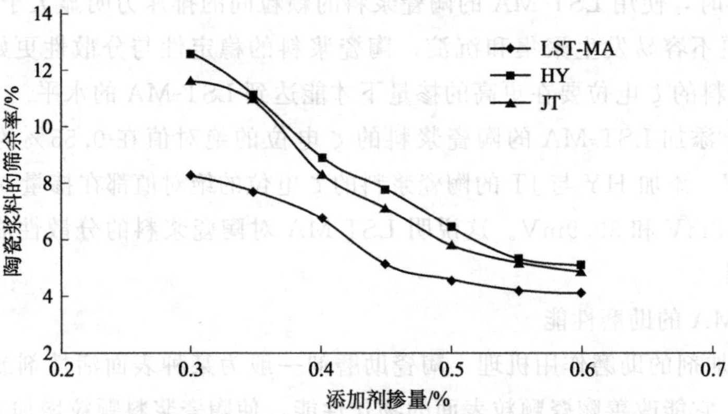

图 3-101　LST-MA 和对比样掺量对陶瓷浆料筛余率的影响

由图 3-101 可以看出，陶瓷浆料的筛余率随着陶瓷添加剂用量的增加呈现出由大变小的趋势；使用 LST-MA 的陶瓷浆料的筛余率明显小于使用 HY 与 JT 的陶瓷浆料的筛余率。这说明 LST-MA 的助磨效果优于对比样 HY 与 JT。这是因为添加剂分子可以改变陶瓷浆料颗粒表面的性能，使黏土颗粒增加比表面积所需的外界能量明显减少，在同样的球磨强度与球磨时间下，能加强对陶瓷颗粒的粉碎作用，起到助磨效果。与此同时，有助磨效果的陶瓷添加剂分子能吸附在陶瓷浆料颗粒的表面，促使颗粒表面发生错位和畸变，形成晶格缺陷，促进颗粒中新的微裂纹的形成与固有微裂纹的进一步发展，让陶瓷浆料颗粒解体变细，起到助磨效果。故随着陶瓷添加剂用量的增加，陶瓷浆料的筛余率呈下降的趋势。

从图 3-101 中还可以看出，陶瓷添加剂掺量达到一定程度后，陶瓷浆料的筛余率趋于平缓。例如当 LST-MA 的掺量达到 0.55%时，陶瓷浆料的筛余率为 4.2%，之后继续增加 LST-MA 的掺量至 0.6%，陶瓷浆料的筛余率变化不大，为 4.1%。这是因为此时陶瓷添加剂在颗粒表面的吸附已经逐渐达到了饱和，且陶瓷浆料已经出现了稠化的趋势，降低了助磨效果，此时再增加添加剂的用量意义不大。综上所述，LST-MA 的添加量为 0.55%时最佳，陶瓷浆料的筛余率为 4.2%，LST-MA 的助磨效果优于对比样。3 种陶瓷添加剂的助磨效果排序为：LST-MA＞JT＞HY。

3）LST-MA 和对比样助磨效果的环境扫描电镜（ESEM）分析　将使用不同陶瓷添加剂进行球磨所得的陶瓷浆料烘干后使用环境扫描电镜（ESEM）分析，通过观察球磨后陶瓷浆料颗粒的大小与分布来评价陶瓷添加剂的助磨性能。使用不同陶瓷添加剂时陶瓷浆料的 ESEM 图像如图 3-102 所示。

由图 3-102 可以看出，使用 LST-MA 的陶瓷浆料的颗粒明显小于使用 JT 和 HY 的陶

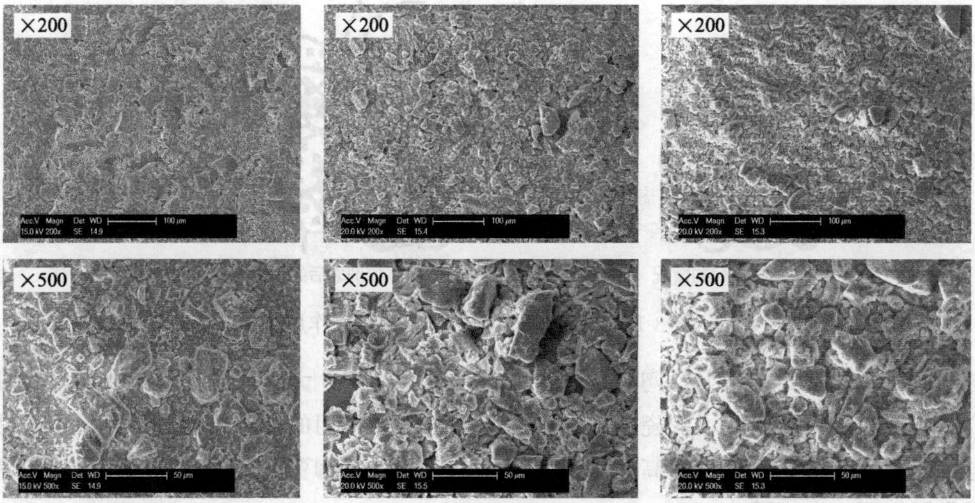

图 3-102 使用不同添加剂时陶瓷浆料的环境扫描电镜（ESEM）图像

瓷浆料。在×200 和×500 的分辨率下，图 3-102(b）和图 3-102(c）中都可以清楚地看见密集的陶瓷颗粒，而在图 3-102(a）中，看到的颗粒状物质很少。由×500 分辨率的图像可以看出，使用 LST-MA 的陶瓷浆料，中等粒径的颗粒间距明显大于使用 JT 和 HY 添加剂的间距，且中等粒径的颗粒周围被无数粒径更细小的陶瓷浆料颗粒所充斥。这表明 LST-MA 的助磨性能明显优于 HY 与 JT，在同等掺量、球磨强度和球磨时间下，能把陶瓷黏土球磨成更细小的颗粒状物质。

(3) LST-MA 对陶瓷生坯的增强性能

1）陶瓷添加剂的增强作用机理 有增强作用的陶瓷添加剂主要靠高分子链的交联作用、氢键增强作用以及静电力增强作用起到对陶瓷生坯的增强作用。陶瓷添加剂的增强作用机理归纳起来有以下 2 点。

① 有机高分子的分子链增强作用 有许多陶瓷增强剂含有机高分子类物质，此类添加剂可以改善陶瓷生坯中陶瓷颗粒的结合方式。在未添加此类添加剂时，陶瓷颗粒间主要单纯地依靠范德华力进行结合。这种结合很不稳定，在外力作用下陶瓷生坯很容易发生破碎或者断裂。加入有机高分子添加剂后，有机高分子所具有的长链结构能在陶瓷颗粒间起到架桥搭接的作用，将陶瓷颗粒紧紧包裹住，在各陶瓷颗粒间形成稳固的相互交联网状结构，就像钢筋混凝土结构中的钢筋一样。当陶瓷生坯受到外力作用时，陶瓷颗粒间的网状结构能承担很大一部分外力，从而使陶瓷生坯的强度相比未加增强剂之前大大提高。陶瓷添加剂的分子链增强作用如图 3-103 所示。

② 氢键增强作用 由于陶瓷生坯的颗粒之间依然存在少量的水分，且陶瓷生坯中陶瓷颗粒的排列较为紧密，因此颗粒之间存在着毛细管力。由毛细管力产生的颗粒扩散层之间的张紧力具有将陶瓷颗粒拉近的作用，在生坯的压制成型中陶瓷颗粒间的张紧力与压制时施加的压力成正比。在未加陶瓷增强剂时，陶瓷颗粒间的毛细管力对陶瓷生坯的增强作用十分有限；加入陶瓷增强剂后，陶瓷颗粒表面被添加剂分子所包裹，在颗粒间的毛细管

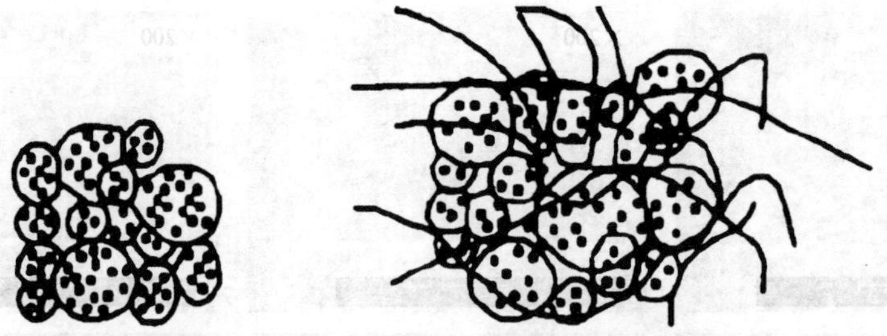

图 3-103　陶瓷添加剂的分子链增强作用

力与范德华力的共同作用下，陶瓷颗粒间产生了氢键作用，大大增强了陶瓷颗粒间的相互结合，从而在宏观上增强了陶瓷生坯的强度。氢键增强作用的大小与陶瓷添加剂分子表面的电荷密度有关，电荷密度越高，氢键增强作用就越强，陶瓷生坯的强度也就越高。氢键增强作用如图 3-104 所示。

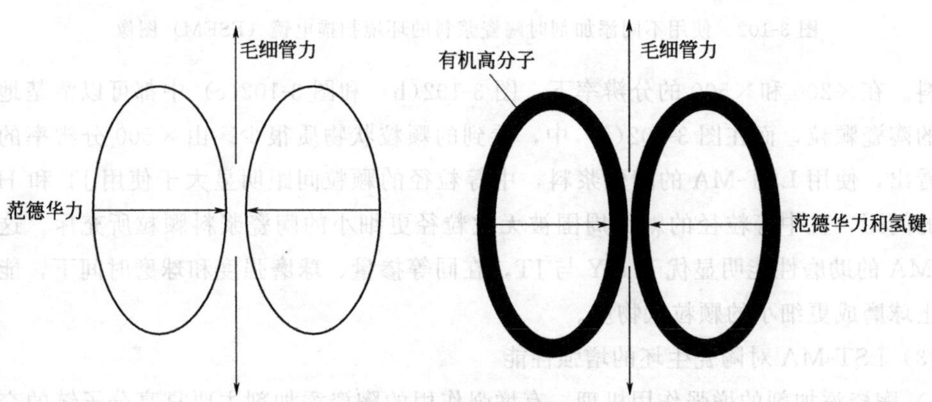

图 3-104　陶瓷添加剂氢键增强作用

2）LST-MA 和对比样掺量对陶瓷生坯抗折强度的影响　陶瓷的生坯抗折强度是考察陶瓷添加剂性能的核心指标。在实际工业生产中，陶瓷生坯在成型后往往因不具备足够的抗折强度，而在输送、搬运、施釉等后续工艺中出现裂纹、缺角等缺陷，有时破损率高达20%以上，这严重影响了陶瓷产品的质量与成品率，降低了生产效率，还严重浪费黏土以及水、电、天然气等宝贵资源。这一问题需要通过在陶瓷生产过程中加入陶瓷增强剂来解决。笔者和课题组成员研究了 LST-MA 掺量对陶瓷生坯抗折强度的影响，并与对比样 HY 和 JT 复合添加剂进行了性能比较，结果如图 3-105 所示。

由图 3-105 可知，LST-MA 对陶瓷生坯抗折强度的增强效果明显优于对比样 HY 和 JT。随着 LST-MA 掺量的增加，陶瓷的生坯抗折强度呈现出先逐步上升再趋于平缓的趋势。当 LST-MA 的掺量达到 0.55%时，陶瓷生坯的抗折强度达到了 3.222MPa，之后即使继续加大添加剂的掺量，生坯的抗折强度也趋于稳定。对比样 HY 与 JT 也有同样的趋势，HY 与 JT 对陶瓷生坯抗折强度的增强效果皆在掺量达到 0.65%后趋于平缓，此时陶瓷生坯的抗折强度分别为 2.417MPa 和 2.305MPa。

陶瓷生坯的抗折强度随着陶瓷添加剂掺量的逐步增加呈现先增大再趋于平缓的趋势。

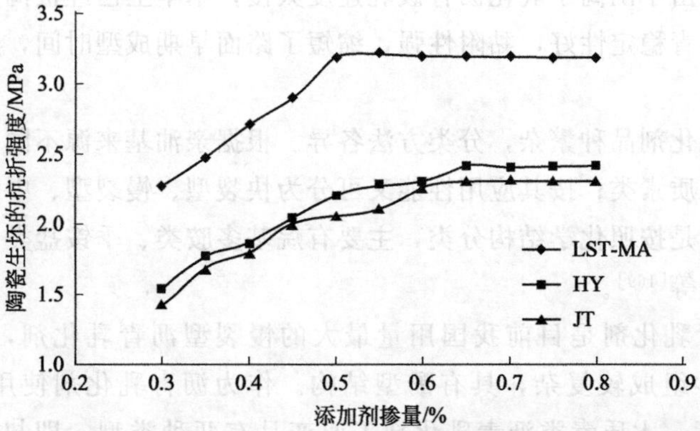

图 3-105 LST-MA 及对比样掺量对陶瓷生坯抗折强度的影响

这是因为具有增强效果的陶瓷添加剂一般为高分子聚合物，加入陶瓷浆料后，能吸附在陶瓷浆料的表面，在各陶瓷浆料颗粒之间形成相互交联的网状结构。压制成型后，当陶瓷生坯受到外力作用时，这种相互交联的网状结构就像钢筋混凝土结构中的钢筋一样承担了相当部分的外力，使陶瓷生坯的抗折强度提高。与此同时，吸附在陶瓷浆料颗粒表面的添加剂分子之间产生了氢键作用，也起到了增强陶瓷生坯抗折强度的作用。随着陶瓷添加剂掺量的增加，当掺量足够大时陶瓷颗粒表面完全被添加剂分子包裹，随着包裹层加厚，颗粒之间的距离将会加大，双电层变厚，层间距变大，降低了颗粒之间的毛细管力和吸附力，结果导致坯体抗折强度的提高幅度下降，宏观表现为陶瓷生坯的抗折强度趋于平缓。综上所述，陶瓷添加剂的增强效果并非掺量越大越好。当陶瓷生坯的抗折强度开始趋于平缓时，陶瓷添加剂的掺量为最佳添加量。LST-MA 的最佳掺量为 0.55%，此掺量下陶瓷生坯的抗折强度为 3.222MPa，比同等掺量下添加 HY 与 JT 的陶瓷生坯抗折强度（分别为 2.27MPa 和 2.105MPa）分别提高了 41.9%和 53.1%，比 0.65%最佳掺量下添加 HY 与 JT 的陶瓷生坯抗折强度（分别为 2.417MPa 和 2.305MPa）也分别提高了 33.3%和 39.8%，具有良好的增强效果。

3.7 木质素类沥青乳化剂

沥青是由多种化学成分复杂的长链分子组成的混合物，具有良好的粘接性、耐老化性和防水性，长期以来被广泛用作防水、筑路和密封材料等。目前，沥青的使用形式主要有热沥青、稀释沥青、乳化沥青。乳化沥青就是将沥青热熔，经过机械的作用，沥青以细小的微粒状态分散于含有乳化剂的水溶液中，形成的水包油型沥青乳状液。乳化沥青由于具有节省能源、提高功效、延长施工季节、减少环境污染、延长沥青路面使用寿命等优点，获得了迅速发展[169]。

研究乳化沥青最重要的是沥青乳化剂的研究。沥青乳化剂实质是表面活性剂，其类型、用量对乳液的质量、稳定性起着关键性的作用。同时，乳化剂的结构决定了所形成乳液性能的差异。乳化沥青发展始于 20 世纪初的美国，并经历了阴离子乳化沥青到阳离子乳化沥青的过程。由于阴离子乳化沥青破乳速度太慢，基本上已经被淘汰。利用阳离子乳化剂制备的乳化沥青稳定性好，黏附性强，缩短了路面早期成型时间，所以阳离子乳化沥青的应用较多。

阳离子沥青乳化剂品种繁杂，分类方法各异。根据亲油基来源不同，主要分为脂肪胺类、脂肪酸类及木质素类；按其应用性能又可分为快裂型、慢裂型、中裂型。目前比较细化的分类方法一般是按照化学结构分类，主要有烷基多胺类、季铵盐类、酰氨基胺类、咪唑啉类、木质素类等[169]。

木质素类沥青乳化剂是目前我国用量最大的慢裂型沥青乳化剂，主要用于稀浆封层。木质素的化学组成较复杂，具有酚型结构。作为沥青乳化剂使用的木质素，通常使用木材碱木质素。木质素类沥青乳化剂工业产品有两种类型，即叔胺型和季铵盐型。季铵盐型采用木质素与缩水甘油胺在催化剂的作用下发生反应，合成产品；叔胺型是由木质素与二甲胺在催化剂存在下，通过交联剂甲醛的作用，发生 Mannich 反应，制得产品。

弓锐等[170]以三甲胺盐酸盐、环氧氯丙烷和木质素为原料，制得胺化木质素阳离子沥青乳化剂。通过系列乳化性能测试表明，该乳化剂具有很好的乳化能力。最佳的乳化条件为：乳化剂用量为 2.5%～3%，乳化剂水溶液的 pH 值为 2～3，乳化剂溶液温度为 60℃，沥青温度为 120℃。

张万烽[171]利用木质素、甲醛与三乙烯四胺及四乙烯五胺之间能够发生 Mannich 反应的性质，合成木质素胺型沥青乳化剂，并详细研究了各因素对产物的影响，确定了该反应的最佳工艺条件。该乳化剂乳化性能良好，属慢裂型沥青乳化剂。同时，还利用环氧氯丙烷与三甲胺的反应，生成环氧丙基三甲基氯化铵中间体，然后利用该中间体与木质素反应，合成木质素季铵盐型沥青乳化剂，见图 3-106。该乳化剂乳化性能较好，抗剥离性优良，属慢裂型沥青乳化剂。

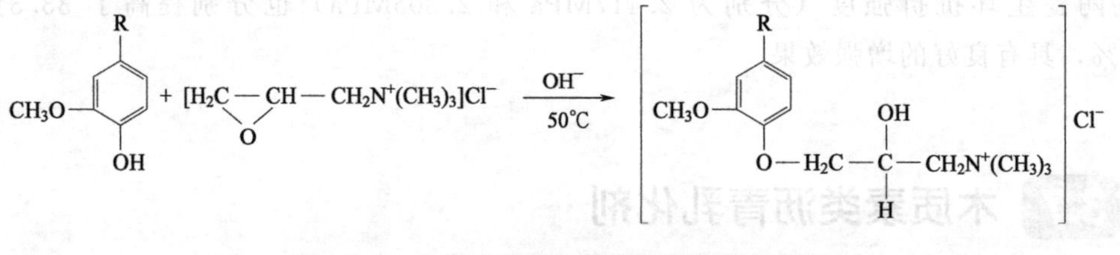

图 3-106 木质素季铵盐型沥青乳化剂的制备

刘祖广等[172]先用环氧氯丙烷和三乙胺反应制备环氧丙基三乙基氯化铵中间体，再与木质素反应制得木质素季铵盐。中间体制备条件是温度 45～50℃，时间 3h，n(三乙胺)：n(环氧氯丙烷)=(1～1.1)：1。木质素季铵盐制备条件为温度 50～55℃，时间 2h，n(木质素)：n(中间体)=(0.6～0.8)：1，pH>10.5。产物的表面活性测定表明，不同接枝率的木质素季铵盐降低水溶液表面张力的能力相差不大，最低表面张力约为 40mN/m。

梁荣森等[173]先用木质素与环氧氯丙烷反应制得大中间体，再与三甲胺季铵化，制得阳离子表面活性剂，反应式如下：

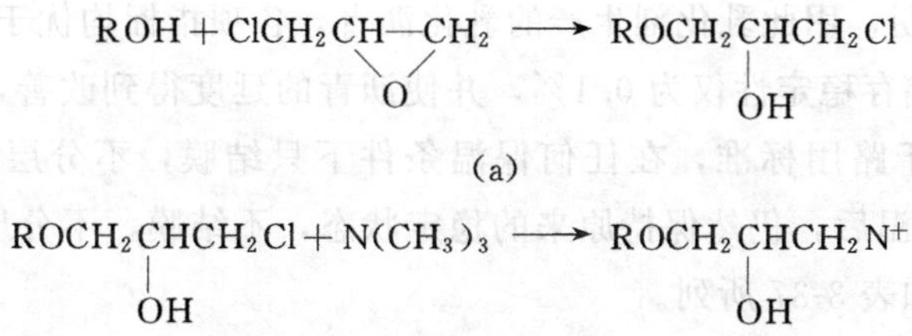

$$ROH + ClCH_2CH{-}CH_2 \longrightarrow ROCH_2CHCH_2Cl$$
$$\underset{\displaystyle O}{} \qquad \underset{\displaystyle OH}{}$$

(a)

$$ROCH_2CHCH_2Cl + N(CH_3)_3 \longrightarrow ROCH_2CHCH_2N^+(CH_3)_3Cl^-$$
$$\underset{\displaystyle OH}{} \qquad\qquad\qquad \underset{\displaystyle OH}{}$$

(b)

制备方法：将计算量的木质素和催化剂投到反应釜中，加入碱液溶解木质素，在搅拌中升温到 70℃，待木质素完全溶解后加入环氧氯丙烷，在 70~80℃ 温度区间反应 3h，制得中间体。通水冷却，降温至 40℃ 以下，加入三甲胺水溶液，在 30min 内升温至 90℃，反应 2h，即得棕褐色的黏稠状木质素阳离子乳化剂。配以乳化改良剂十八碳季铵盐和稳定剂无水氯化钙，经性能调节后，制得的乳化沥青各项性能指标如表 3-35 所列。

表 3-35　乳化沥青各项性能指标

检测项目	质量目标	检测结果
标准黏度/s	≥10	≥14
筛余量重/%	≤0.3	≤0.2
储存稳定性(24h)/%	≤1	≤0.8
黏附性	≥2/3	≥2/3
沥青微粒电荷	正	正
拌和稳定性试验	快裂/慢裂	中裂
蒸发残留物含量/%	≥50	≥50±2
蒸发残留物针入度(100g,25℃)/(1/10mm)	14~80	52
蒸发残留物伸长度(25℃)/mm	≥40	≥45
蒸发残留物溶解度(苯)/%	≥97.5	≥98

李岫云等[174]直接用氧气氧化黑液中的木质素，使木质素结构中的羧基和酚羟基含量增加，成为一种表面活性剂，加上助剂用作沥青乳化剂。这种乳化剂呈棕黑色，水不溶物含量<5%，乳化力>30%。乳化试验表明，对于茂名产沥青，乳化剂用量为 0.5%、乳化剂浓度为 1.25%、油水比为 6:4、乳化时的最佳水温为 60~80℃、沥青温度为 100~120℃、乳化时间为 30s 时，乳液均匀细腻，外观为茶褐色。其质量检测结果如表 3-36 所列。

表 3-36　乳化沥青质量检测结果

乳化结果			蒸发残留物		储存稳定性(5天)/%	储存软化点	
电荷反应	筛上残余物/%	分散度/%	针入度(100g,25℃)/(1/10mm)	延度(25℃)/mm		沥青/℃	乳液/℃
(—)	0.1	>87	沥青 14.5 乳液 143.5	沥青 14.3 乳液 18.5	0.1	44.7	45.5

表 3-36 的结果表明，用此乳化剂生产的乳化沥青，各项指标均优于国内常用乳化剂，如筛上残余物及 5 天储存稳定性仅为 0.1%，并使沥青的延度得到改善，适用于含蜡量高的劣质沥青。乳液优于路用标准，在任何保温条件下只结膜，不分层；在－5℃下放置 30min，取出恢复到室温后，仍然保持原来的稳定状态，不结膜，不分层。木质素乳化剂与其他乳化剂的比较如表 3-37 所列。

表 3-37 木质素乳化剂与其他产品的比较

产品名称	乳化力/%	乳液稳定性(5 天)/%	筛余率/%	乳化剂用量/%	针入度(100g,25℃)/(1/10mm)		延度(25℃)/mm	
					沥青	乳液	沥青	乳液
木质素乳化剂	47.5	0.1	0.1	0.5	145	143.5	14.3	18
LB-ml	16.3	0.6	0.2					
河南 OT	42.3		0.3	0.6				
佳美洗衣粉	28	未折算	0.3	1	14.5	16.2	14.3	12.75
HR-1	25	未折算						

刘祖广等[175]以苯酚改性硫酸盐木质素得到了酚化木质素，再将其与脱氢枞酸单乙二酰胺、甲醛进行 Mannich 反应以引入脱氢枞酸单乙二酰胺甲基亲油基团，然后将反应产物进一步与二乙烯三胺、甲醛反应引入了二乙烯三胺甲基亲水基团，合成了一种新型酚化木质素阳离子乳化剂。在 pH 值为 2 的稀盐酸溶液中，所合成的脱氢枞酸单乙二酰胺/二乙烯三胺/甲醛改性酚化木质素阳离子乳化剂的最大 ζ 电位为 38.0mV、质量浓度为10g/L 时，表面张力为 35.0mN/m，甲苯乳液油水分层时间为 70min，均优于用未经酚化改性的木质素合成的产物。

参考文献

[1] 谌凡更，李忠正．木素表面活性剂的开发与应用．纤维素科学与技术，1995，3 (4)：1-9.

[2] Moulay S, Zenimi A, Dib M. Rosin/Acid Oil-based liquid soap. Journal of Surfactants & Detergents，2005，8 (2)：169-174.

[3] 赵乐乐．脱氢枞酸基木质素阳离子乳化剂的合成及性能研究．南宁：广西民族大学，2013.

[4] 张晓阳，杜风光．纤维素生物质水解与应用．郑州：郑州大学出版社，2012.

[5] 刘欣，周永红．木质素表面活性剂的应用研究进展．生物质化学工程，2008，42 (6)：42-48.

[6] 戴佳玲，韩家龙．木质素表面活性剂．宁波化工，2012 (4)：14-18.

[7] 王晓红，马玉花，刘静，等．木质素的胺化改性．中国造纸，2010，29 (6)：42-45.

[8] Matsushita Y，Yasuda S. Reactivity of a condensed-type lignin model compound in the mannich reaction and preparation of cationic surfactant from sulfuric acid lignin. Journal of Wood Science，2003，49 (2)：166-171.

[9] 刘祖广，蔡夏揆，何宇，等．脱氢枞酸改性木质素胺乳化剂的合成及其表面活性．中国造纸学报，2011，26 (1)：50-54.

[10] 安兰芝．改性木质素胺阳离子表面活性剂合成及其溶液聚集行为研究．南宁：广西民族大学，2016.

[11] 杨益琴，李忠正．木质素阳离子表面活性剂的合成及性能研究．南京林业大学学报（自然科学版），2006，30

(6)：47-50.
[12] 王晓红，闫伟，张鹏飞，等．木质素季铵盐表面活性剂的合成．中国造纸，2012，31 (1)：10-13.
[13] 徐永建，付旭东．高级脂肪胺改性木质素季铵盐的合成及表征．精细石油化工，2010，27 (3)：79-82.
[14] 敖先权，周素华，曾祥钦．木质素表面活性剂在水煤浆制备中的应用．煤炭转化，2004，27 (3)：45-48.
[15] 李道山．用木质素磺酸盐预冲洗降低表面活性剂吸附的矿场试验．国外油田工程，2001，17 (9)：1-6.
[16] Morrow L R. Enhanced oil recovery using alkylated，sulfonated，oxidized Lignin surfactants. US 5094295，1992-03-10.
[17] 王文平，唐家元，朱国军，等．木质素磺酸盐改性聚羧酸减水剂的合成．新型建筑材料，2012，39 (1)：58-61.
[18] 刘青，楼宏铭，杨东杰，等．接枝磺化木质素高效减水剂的配伍性能研究．精细化工，2008，25 (10)：1016-1020.
[19] 刘青，楼宏铭，邱学青．接枝磺化竹浆黑液减水剂的制备及其结构与性能研究．中国造纸，2009，28 (12)：22-26.
[20] 邱学青，周明松，杨东杰，等．一种水溶性碱木质素羧酸盐及其制备方法．CN 102174202，2014-04-02.
[21] 李建法，宋湛谦，商士斌，等．木质素磺酸盐与丙烯酸类单体的接枝共聚研究．林产化学与工业，2004，24 (3)：1-6.
[22] 刘欣，周永红，刘红军，等．木质素醇醚羧酸盐阴离子表面活性剂的制备及性能研究．化学试剂，2009，31 (3)：215-217，220.
[23] 徐永建，付旭东．木质素两性表面活性剂的合成及表面物化性能．精细化工，2010，27 (8)：765-774.
[24] 刘欣，周永红，刘红军，等．木质素聚醚非离子表面活性剂的合成与性能研究．林产化学与工业，2009，29 (2)：44-48.
[25] 艾青，方桂珍，赵银凤，等．二乙醇胺基木质素非离子表面活性剂的制备及表征．林产化学与工业，2009，29 (6)：52-56.
[26] 张浩月，何静，张智衡，等．超细纤维与丙烯酰胺接枝共聚物的制备及表征．研发前沿，2009，17 (16)：23-27.
[27] 刘明华．水煤浆添加剂的制备及应用．北京：化学工业出版社，2007.
[28] 陈晓梅．硫酸盐浆马尾松碱木素制备水煤浆添加剂及其性能研究．福州：福州大学，2013.
[29] 陈荣荣，常宏宏，魏文珑，等．水煤浆用分散剂的研究进展．选煤技术，2007，10 (5)：78-82.
[30] 杨荫堂．聚醚型非离子表面活性剂的制造及性能．表面活性剂工业，1999 (2)：1-5.
[31] 谢欣馨，戴爱军，杜彦学，等．水煤浆分散剂的发展动向．煤炭加工与综合利用，2010 (2)：43-46.
[32] 张延霖，邱学青，王卫星．水煤浆添加剂的发展动向．现代化工，2004，24 (3)：16-19.
[33] 曾凡．水煤浆添加剂．选煤技术，1995，2 (1)：41-45.
[34] 张荣曾，何为军．高浓度水煤浆燃烧的制备技术．佛山陶瓷，2003 (4)：11-15.
[35] 苗云霞．水煤浆制备工艺技术研究．河北化工，2009，32 (7)：27-29.
[36] Funk J. Coal-water slurry and method for its preparation. US 4282006，1981-04-30.
[37] 孙成功，李保庆，尉迟唯，等．分散剂表面吸附特性和相关电化学性质对煤浆分散体系流变特性的影响．燃料化学学报，1996，24 (4)：323-328.
[38] 刘晓霞，屈睿，黄文红，等．水煤浆添加剂的研究进展．应用化工，2008 (1)：1-3.
[39] Tadros T F，Taylor P，Bognolo G. Influence of Addition of a Polyelectrolyte Nonioic Polymers and Their Mixtures on the Rheology of coal/water suspensions. Langmuir，1995，11 (12)：4678-4684.
[40] Marek P. Polymeric dispersants for coal - water slurries. Colloids and Surfaces A：Physicochem Eng Aspects，2005，266：82-90.
[41] 程京艳，张玲，刘艳华．一种水煤浆新型稳定剂的研究．煤炭加工与综合利用，1999，3：24-25.
[42] 周志军，桂斌，李宁，等．高分子交联的添加剂对煤粉成浆性的研究．研究与探讨，2006 (4)：18-21.
[43] 冉宁庆，戴郁符，朱光，等．亚甲基萘磺酸-苯乙烯磺酸-马来酸盐对水煤浆的分散作用研究．南京大学学报（自

然科学版)，1999，35 (5)：643-647.

[44] 戴财胜，杨红波．复合型水煤浆添加剂的合成与性能研究．煤化工，2008，36 (1)：41-43.

[45] 孙成功，吴家珊，李保庆．水煤浆分散体系中阴离子型分散剂的吸附特性和降粘效应．燃料化学学报，1995，23 (3)：248-253.

[46] 周明松，邱学青，王卫星．分散剂在煤水界面吸附的影响因素评述．现代化工，2004，24 (9)：22-25.

[47] 李永昕，李保庆，陈诵英，等．添加剂分子结构特征与灵武煤水煤浆浆体各性质间匹配规律研究．燃料化学学报，1997，25 (3)：247-252.

[48] 刘明华．水煤浆制备及应用．北京：化学工业出版社，2015.

[49] 刘明华．水煤浆添加剂的制备及应用．北京：化学工业出版社，2006.

[50] 马廷云，全国林，马冠．常温常压生产木质素磺酸盐的方法．CN 021008051，2003-08-06.

[51] Forss B. Lignin product for lowering the viscosity of cement and other finely-divided mineral material suspensions. US 4450106，1984-05-22.

[52] Haars A，Huttermann A. Method for precipitation of sulphonated lignin from sulfide wastes. US 4459228，1984-07-10.

[53] 李凤起，支献华，梁存珍，等．木质素磺酸盐化学改性及制浆性能研究．煤炭加工与综合利用，2000 (2)：26-28.

[54] 广州造纸厂，交通部四航局科研所．MY 混凝土减水剂研制报告．广东造纸，1983 (4)：13-19.

[55] 尉小明，刘庆旺，殷国强．木质素磺酸盐 (LSS) 氧化改性研究．钻采工艺，2000，23 (6)：63-65.

[56] 邓国华，黄焕琼，韦汉道．电极材料对木质素磺酸盐电氧化效果影响的研究．纤维素科学与技术，1995，3 (2)：26-32.

[57] 薛菁雯，李忠正，邰瓞生．木素磺酸盐缩合反应的研究．纤维素科学与技术，1997，5 (1)：41-47.

[58] 谌凡更，欧义芳，李忠正．木质素磺酸钙与环氧丙烷共聚的研究．纤维素科学与技术，1998，6 (3)：52-58.

[59] Lin S Y. Sulfonated lignin dispersants and dyestuffs. US 4308203，1981-12. 29.

[60] 卢卓敏，凡更，韦汉道．一种用木质素磺酸盐制备表面活性剂的方法．CN 00130812. 2，2001-07-25.

[61] 刘千钧，詹怀宇，刘明华．木质素磺酸镁接枝丙烯酰胺的影响因素．化学研究与应用，2003，15 (5)：737-739.

[62] Chen R L，Kokta B V，Daneault C，et al. Some water-soluble copolymers from lignin. Journal of Applied Polymer Science，1986，32 (5)：4815-4826.

[63] 李淑琴，朱书全，李凤起．木钠接枝丙烯酸添加剂在水煤浆制备中的应用．煤炭加工与综合利用，2001 (2)：24-25.

[64] 谢燕，曾祥钦．改性磺化木质素 LSA 阻垢分散性能及机理研究．贵州工业大学学报 (自然科学版)，2003，32 (1)：37-40.

[65] 王中华．AM/AMPS/木质素磺酸接枝共聚物降滤失剂的合成与性能．精细石油化工进展，2005，11 (6)：1-3.

[66] 尉小明，刘庆旺，杜学．木质素类新型钻井液处理剂 MXX 的室内研究．长江大学学报，1999，21 (1)：54-57.

[67] 陈晓梅，刘明华，刘以凡，等．马尾松碱木素制备新型水煤浆分散剂及其性能研究．福建师范大学学报 (自然科学版)，2013，29 (3)：63-67.

[68] 刘明华，叶莉．碱木素-磺化丙酮-甲醛缩聚物水煤浆添加剂．CN 101225336，2011-04-27.

[69] 刘明华，刘以凡．碱木素改性三聚氰胺系水煤浆添加剂及其制备工艺．CN 102021169，2013-07-10.

[70] 刘明华，刘以凡．碱木素-酚-对氨基苯磺酸钠-甲醛缩聚物及其制备方法．CN 102115520，2012-12-26.

[71] 邹立壮，朱书全．不同水煤浆添加剂与煤之间的相互作用规律Ⅱ复合煤颗粒间的相互作用对 CWM 表观黏度的影响．化工学报，2004，55 (5)：775-782.

[72] 谢宝东．木质素磺酸盐水煤浆添加剂的性能和作用机理研究．广州：华南理工大学，2004.

[73] 邹立壮，朱书全，支献华，等．不同水煤浆添加剂与煤之间的相互作用规律研究-分散剂用量对水煤浆流变特性

的影响（Ⅳ）. 中国矿业大学学报，2004，33（4）：370-374.
[74] 刘其城，徐协文，陈曙光. 混凝土外加剂. 北京：化学工业出版社，2009.
[75] 张育乾. 改性木质素系聚羧酸减水剂的制备及应用研究. 福州：福州大学，2012.
[76] Uchikawa H. Hydration of cement and structure formation and properties of cement paste in the presence of organic admixture. Concrete in the Service of Mankind. Dundee，Scotland，U K：E&FN Spon，1995.
[77] Chun B W，Dair B，Macuch P J，et al. The development of cementand concrete additive. Applied Biochemistry and Biotechnology，2006，131（131）：645-658
[78] 李诚. 木质素磺酸钙减水剂的改性研究. 济南：济南大学，2007.
[79] 田培，王玲. 我国混凝土外加剂现状及发展趋势. 中国混凝土外加剂，2008（4）：41-55.
[80] 王立久，张东华. 木钙减水剂现状及发展趋势. 上海：中国建筑学会2005绿色建材的研究与应用学术交流会，2006：265-269.
[81] 蒋挺大. 木质素. 2版. 北京：化学工业出版社，2009.
[82] 刘明华，黄建辉，洪树楠. 一种利用制浆黑液制备木质素磺酸钠减水剂的方法. CN 100355691，2007-12-19.
[83] 刘明华，田晨，吕源财. 高级催化氧化制备木质素磺酸钠分散剂的方法. CN 102153764，2013-06-05.
[84] 刘明华，张育乾. 利用磨木浆废液制备的木质素磺酸盐及其制备工艺. CN 102146164，2013-06-05.
[85] 刘明华，陈珍喜，陈晓梅. 采用两步氧化法制备木质素磺酸盐分散剂的方法. CN 102604120，2013-11-20.
[86] 刘明华，田晨，张育乾，等. 一种溶解浆木质素磺酸钠分散剂及其还原制备方法和应用. CN 102441339，2013-10-30.
[87] 刘明华，张育乾，刘志鹏. 木质素磺酸盐接枝共聚物分散剂及其制备工艺和应用. CN 102294199，2013-10-30
[88] 刘明华，叶莉. 磺化碱木素改性氨基磺酸系高效减水剂及其制备方法. CN 101224958，2011-01-26.
[89] 张东华. 木质素磺酸盐的改性及其性能研究. 大连：大连理工大学，2005.
[90] 刘志鹏. 改性木质素基染料分散剂的制备及应用研究. 福州：福州大学，2014.
[91] 许荣玉. 固体颗粒的分散. 山西化工，2008，28（1）：32-36.
[92] 王安安. 木质素系陶瓷分散剂的制备及其应用性能研究. 广州：华南理工大学，2010.
[93] 白孟仙，秦延林，杨东杰. 木质素系染料分散剂的研究和应用综述. 生物质化学工程，2012，46（6）：36-39.
[94] 张树彪，乔卫红，李宗石. 木质素分散剂的分散性能研究. 染料工业，1999，36（4）：39-41.
[95] Dilling P. Dyestuff composition：disperse or vat dye and lignin sulphonate：US 4551151. 1985.
[96] 王安丽. 聚羧酸型分散剂的合成及其对超细颜料的分散作用. 青岛：青岛大学，2004.
[97] 田月宏. 聚羧酸分散剂的合成与性能研究. 大连：大连理工大学，2007.
[98] 罗标华，王秀芳. 我国染料分散剂生产的现状与展望. 印染助剂，1990，7（4）：10-12.
[99] Dilling P，Samaranayake G S，Waldrop S L. Amine modifiedsulfonated lignin for disperse dye. US 5972047，1999-10-26.
[100] Sten I F，Mount P S. Modified lignin surfactants. US 3763139，1975-02-11.
[101] Lin S Y，Pleasant M. Process for reduction of lignin color. US 4184845，1980-01-22.
[102] Wang K C. Liquid dispersed dye of the azo or anthraquinone type. US 6066183，2000-05-23.
[103] 韦汉道，卢卓敏，黄焕琼. 木质素改性制备分散剂的方法. CN 1137182，2004-02-04.
[104] 郑艳民，朱德仁，徐龙杰. 一种木质素磺酸盐类染料分散剂的制备方法. CN 102174273，2013-07-10.
[105] 杨东杰，邱学青，欧阳新平，等. 改性氨基磺酸系高效减水剂的研究. 混凝土，2006（1）：78-81.
[106] 梁文学，邱学青. 氧化磺化碱木素用作混凝土减水剂. 中国造纸，2006，25（1）：73-74.
[107] 蔡翔. 木质素分散剂在纺织染料中的应用. 第十一届全国染料与染色学术研讨会暨信息发布会论文集，2010：338-343.
[108] 高政，孙雪楠，孙岩峰. 稻草液化物制备新型染料分散剂HSC-LP的研究. 印染助剂，2012，29（8）：14-21.
[109] 杨益琴，李中正. 改性木材硫酸盐木质素制备染料分散剂的研究. 林产化学与工业，2003，23（4）：31-36.

[110] 宋存雪．利用造纸黑液中木质素制备染料分散剂．长春：吉林大学，2013.

[111] 刘明华，芮方歆，刘以凡，等．一种改性木质素分散染料分散剂及其制备工艺．CN 102134404，2013-05-08.

[112] 刘明华，芮方歆，林兆慧，等．一种改性木质素还原染料分散剂及其制备工艺．CN 102078780，2014-08-06.

[113] 刘志鹏，刘明华．木质素基染料分散剂的制备及应用研究．纤维素科学与技术，2015，23（3）：49-54.

[114] 叶晓霞．胺甲基化木质素基染料分散剂的制备及应用研究．福州：福州大学，2016.

[115] Ye X X，Luo W，Lin L，et al. Quaternized Lignin-Based Dye Dispersant：Characterization and Performance Research. Journal of Dispersion Science and Technology，2017，38（6）：852-859.

[116] 刘明华，叶晓霞，曾基挺，等．一种胺甲基化木质素基分散剂及制备工艺和应用．CN 104785162，2016-10-05.

[117] 刘明华，叶晓霞，曾基挺，等．一种季铵化木质素基分散剂及制备工艺和应用．CN 104672469，2016-09-07.

[118] 陈珍喜．复合型改性木质素基钻井液用降粘剂的制备及性能研究．福州：福州大学，2013.

[119] Gray K E，Carl A. Process of the effectiveness of the components of spent sulfite liquor and products thereof. US 2935504，1960-05-03.

[120] Anderson D B，Park A. Low fluid loss composition. US 3022248，1962-02-20.

[121] Dresser Industries. Drilling fluid dispersing and/or fluid loss control agents. GB 1276411A，1970-10-01.

[122] Dougherty W K. Sulfomethylated lignin-ferrochrome complex and process for producing same. US 3634387，1972-01-11.

[123] Vincent F F. Drilling fluid composition. US 3985659，1976-10-12.

[124] Aaron E M，Kenneth A E. Drilling fluid comoosition. US 3544460，1980-11-01.

[125] Paul H J，Bethel Q G，Houston T. Drilling fluid additives. US 4220585，1980-09-02.

[126] Jack R K，Whatcom C W. Drilling fluid composition. US 4374738，1983-02-22.

[127] William J D，Schofield W. Oil well drilling clay conditioners and method of their preparation. US 4447339，1984-05-04.

[128] Stephen Y L，Lorl L B，Wansau W. Process for grafting lignin with vinylic monomers using separate streams of initiator and monomer. US 4891415，1990-1-2.

[129] 黄进军，尹代益，杨世光，等．一种水基钻井液用降粘剂的合成法．CN 1060671A，1962- 4-29.

[130] 卢今怡，陈德峻，陈永享，等．一种自碱法（硫酸盐法）制浆造纸厂的制浆黑液制取石油钻井泥浆稀释剂的生产工艺方法．CN 85105229，1986-11-19.

[131] 王峰．新型超级钻井液稀释剂．CN 1045989A，1990-4-16.

[132] 张黎明．LGV 型无铬木质素磺酸盐降粘剂在钻井泥浆中的应用研究．南充：西南石油学院，1990.

[133] Zhang Liming，Yin Daiyi. Preparation of new lignosulfonate-based thinner：introduction of ferrous ions. Physicochemical and Engineering Aspects，2002，210（1）：13-21.

[134] 黄进军．木质素磺酸-栲胶接枝共聚物钻井液用降粘剂．油田化学，1992，9（2）：161-164.

[135] 鲁令水，盖新村，高在海，等．钻井泥浆无铬稀释剂 ZHX-1 的研制与应用．油田化学，1997，14（2）：106-109.

[136] 李建国，李晓斌，王春香，等．钻井液用铁锰木质素磺酸盐稀释剂及其制备工艺．CN 101624517A，2010-07-29.

[137] 王松．抗高温降粘剂 PNK 的研制与评价．石油钻探技术，2003，31（2）：24-26.

[138] 尉小明，刘喜林．钻井液用降粘降滤失剂 MGBM1 的研制．钻井液与完井液，2002，19（1）：7-9.

[139] 龙柱，陈蕴智，崔春仙，等．改性碱法制浆废液共聚物降粘剂的研究．钻井液与完井液，2005，22（4）：24-26.

[140] 龙柱，陈蕴智，崔春仙，等．制浆黑液碱木素的改性及其在钻井液中降粘效果的室内研究．钻采工艺，2006，29（2）：108-109.

[141] 赵雄虎．无铬降粘剂 SLS 的合成及其性能评价．石油钻探技术，2004，32（1）：29-31.

[142] 胡慧萍，黄可龙，潘春跃，等．碱法造纸黑液制备钻井泥浆降滤失剂．现代化工，2000，20（8）：40-43.

[143] Schilling P. Aminated sulfonated or sulfonethy Lated lignins as cernent fluid loss control addivives. US 4990191，

1991-02-05.

[144] 谢应权，彭志刚，冯茜．超高温油井水泥缓凝剂PQ的室内研究．钻井液与完井液，2003，20（6）：36-37.

[145] 顾军．油井水泥分散缓凝剂TD-1A．油田化学，1995，12（2）：167-170.

[146] Kalfoglou G，Paulett G S. Method of using lignosulfonate-acrylic acid graft copolymers as sacrificial agents for surfactant flooding. US 5251698，1993-10-12.

[147] 韦汉道，黄焕琼，刘石，等．改性木质素磺酸盐减少驱油过程中石油磺酸盐损失的研究．油田化学，1991，8（4）：325-329.

[148] 伍伟青，徐广宇，周宇鹏．改性碱木质素产品作为牺牲剂在三次采油中的应用研究．湖南大学学报（自然科学版），2001，28（2）：21-26.

[149] 张树彪，乔卫红，王绍辉，等．改性木质素磺酸盐与石油磺酸盐的复配研究．大连理工大学学报，2000，40（3）：297-300.

[150] 龚蔚，蒲万芬，金发扬，等．木质素的化学改性方法及其在油田中的应用．日用化学工业，2008，38（2）：117-120，136.

[151] 徐广宇，周宇鹏．改性碱木质素产品在三次采油中的应用研究．精细与专用化学品，2001，24（17）：11-14.

[152] 杨益琴，李忠正．落叶松树皮栲胶废渣木质素磺酸钠的制备及其物化性能研究．林产化学与工业，2002，22（4）：23-26.

[153] 乔卫红，郭海涛，焦艳华，等．改性木质素磺酸盐的合成及其对胜利原油油水界面张力行为的研究．石油炼制与化工，2002，33（12）：35-38.

[154] 谌凡更，欧义芳，李忠正．木质素胺的合成及表面活性的研究．林产化学与工业，1998，18（3）：29-34.

[155] 李雪峰．以木质素为原料合成油田化学品的研究进展．油田化学，2006，23（2）：180-189.

[156] 赵福麟，孙士孝，崔桂陵，等．黑液体系驱油研究．石油学报，1995，16（1）：53-60.

[157] Felber B J，Christopher C A. Method for sweep improvement utilizing gel-forming lignins. US 4428429，1984-01-31.

[158] 王小泉，马宝岐，何竹梅．碱法造纸废液化学改性法制高温堵剂的研究．西安石油大学学报（自然科学版），1991，6（2）：62-66.

[159] Wang X Q，Ma B Q. Symposium on cellulose and lignocellulosics chemistry. Proceedings，1991，321.

[160] 谌凡更，丁培芳，马宝岐．木质素-栲胶高强度堵剂的制备．西安石油大学学报（自然科学版），1992，7（4）：84-88.

[161] 俞康泰．陶瓷添加剂应用技术．北京：化学工业出版社，2006.

[162] 吴宜锴．微波辐射引发制备磺化碱木素-马来酸酐共聚物陶瓷添加剂及应用研究．福州：福州大学，2014.

[163] Cerrutti B M，Souza C S，Castellan A et al. Carboxymethyl lignin as stabilizing agent in aqueous ceramic suspensions. Industrial Crops and Products，2012，36（1）：108-115.

[164] 庞煜霞，郭素芳，邓永红，等．一种陶瓷分散剂的合成工艺及应用性能．高分子材料科学与工程，2012，28（11）：1-4.

[165] 王安安，邱学青，庞煜霞，等．改性木质素磺酸盐分散剂对陶瓷料浆性能的影响．中国陶瓷，2010，46（9）：38-41.

[166] 余爱民，夏昌奎，张勇，等．新型陶瓷坯体增强剂的应用研究．中国陶瓷工业，2011，18（5）：12-14.

[167] 张健，吴基球．有助磨作用的陶瓷添加剂．陶瓷杂志，2001，(2)：18-22.

[168] 刘明华，吴宜锴，刘志鹏，等．一种微波辐射诱导生产的复合型陶瓷添加剂及其方法．CN 102875160，2013-10-30.

[169] 王月欣，张彤，张倩．阳离子沥青乳化剂的研究进展．化学世界，2011，(6)：376-379，380.

[170] 弓锐，弥海晨，郭彦强．胺化木质素类沥青乳化剂的制备及乳化性能研究．石油沥青，2013，27（3）：11-14.

[171] 张万烽．木质素胺型沥青乳化剂的合成研究．福州：福州大学，2006.

[172] 刘祖广，王迪珍．木质素阳离子乳化剂的制备及其表面活性．精细化工，2004，21 (8)：567-570.
[173] 梁荣森，莫广亮，林一伟．利用造纸黑液木质素制备沥青乳化剂的研究．环境工程，1995，13 (6)：35-37.
[174] 李岫云，齐凯一，肖健．用硫酸盐草浆黑液试制阴离子沥青乳化剂．环保科技，1992，(1)：29-33.
[175] 刘祖广，黄灿靖，李品珍，等．一种新型酚化木质素胺乳化剂的合成及其性能．中国造纸学报，2015，30 (1)：20-26.

第 4 章 木质素吸附剂

吸附分离功能材料在许多领域具有非常重要的用途，主要包括水处理、有机物分离提纯、湿法冶金、化工制备与产品纯化、生物药品的分离纯化、医学应用、环境保护、固相有机合成、分析技术等方面。20 世纪 80 年代后期以来，随着木质素化学研究的深入，越来越多的研究表明，各种工业木质素及其改性产物表现出良好的吸附性能，不仅可用于吸附金属阳离子（如 Cd^{2+}、Pb^{2+}、Cu^{2+}、Zn^{2+}、Cr^{3+} 等）[1-4]，也可用于吸附水中的阴离子、有机物（如酚类、醇类、烃类化合物、卤化物）和其他物质（如染料和杀虫剂）等[5]。木质素吸附剂是木质素高值化利用的一个新起点，具有广阔的前景。

4.1 木质素吸附剂的分类

4.1.1 木质素基离子交换树脂

木质素磺酸盐的磺酸基具有很强的离子交换能力，而且部分保留有木质素大分子的基本间架结构，通过交联反应可得到既有高分子结构，又有可电离的磺酸基的离子交换树脂。碱木质素含有较多的酚羟基，交联成球后再功能化，也可得到一系列离子交换树脂。

利用工业木质素制备离子交换树脂的研究始于 20 世纪 50 年代[6]。1950 年，Hachihama 等将固含量为 20% 的亚硫酸盐制浆废液与甲醛和硫酸在 95℃ 缩合 2～3h，制得交换能力为 0.3～0.35meq/g 的阳离子交换树脂；Kin 将发酵了的木质素磺酸浓缩后与硫酸或盐酸、甲醛在 140℃ 加热 24h，制得阳离子交换树脂，还用木质素磺酸与苯酚、甲醛缩合研制出效果较好的离子交换树脂，后来，Kin 又以浓缩了的钙基亚硫酸盐废液为原料，以盐酸或硫酸为催化剂，以甲醛或糠醛为交联剂制备了一系列离子交换树脂，离子交换容量为 1.7～2.1meq/g；1960 年，Zervev 将粒状的水解木质素在 300～700℃ 加热分解，热解产物经磺化后，得到阳离子交换树脂；1972 年，Salayamova 等用木质素磺酸的低分子量氢解产物与甲醛、糠醛缩合后再磺化也制得离子交换树脂；1972 年，Oclay 用亚硫酸盐废液或纯木质素磺酸作原料与甲醛、硫酸聚合制备离子交换树脂，合成温度越高，得到的树脂在碱性条件下的稳定性越强，而甲醛用量越多，所得树脂的交换容量越低，用纯木质素磺酸制得的树脂交换容量较高（为 2.34meq/g）。

从 20 世纪 50 年代到 70 年代的研究工作都只限于凝胶型离子交换树脂，产品为无定形颗粒，收率低，柱性能差，交换容量小。20 世纪 70 年代末开始有人研究木质素树脂的成球及其功能化，先后研制了大孔磺化木质素树脂、球形木质素磺酸型阳离子交换树脂和球状碱木质素阴离子交换树脂等[6]。如，用碱木质素为原料，环氧氯丙烷作交联剂，通过悬浮聚合制备的碱木质素凝胶球，可用于凝胶渗透分离，或进一步功能化制备磺化木质素、羟丙基木质素、羧甲基木质素等。覃江燕等[7]将球形碱木质素与环氧氯丙烷在高氯酸催化下反应生成 3-氯-2-羟基丙基碱木质素醚，随后用几种不同的胺进行胺化，便可得到一系列碱木质素阴离子交换剂。醚化反应的优选条件是：碱木质素、环氧氯丙烷、高氯酸的用量分别为 1g、2.0mL 和 0.3mL，碱木质素含水率为 12%～15%，反应在 90℃进行 4h。

以硫酸木质素作为酸水解木质素的代表，经酚化、羟甲基化和树脂化后，在二氧六环中与甲醛和二甲胺于 60℃进行 Mannich 反应，在酚羟基的邻位引入氨基制备出弱碱性阴离子交换树脂，离子交换容量为 2.4meq/g；或利用改性木质素结构中酚羟基与缩水甘油三甲基氯化铵（一种季铵盐）于 60℃反应，以醚键的形式引入季铵基，则得到强碱性阴离子交换树脂，离子交换容量为 20meq/g，而商业聚苯乙烯系强碱性阴离子交换树脂的离子交换容量为 2.5～3.0meq/g。酚化的目的是引入酚羟基增加硫酸木质素的反应活性，羟甲基化的目的则是为了交联反应更易进行，因为 Mannich 反应和交联反应都在酚羟基的邻位进行，因而羟甲基的数量在很大程度上影响到离子交换树脂的交换容量，最佳情况是每一个 C_9—C_6 单元中引入 0.5 个羟甲基用于交联反应，那么每一个 C_9—C_6 单元中就至少有一个邻位用于氨基的引入[8]。

Orlando[9,10]用各种成分不同的废弃农产物为原料用两种方法制备了含有叔氨基的弱碱性阴离子交换树脂，都能对 NO_3^- 产生吸附；研究结果表明原料中的木质素是产生离子交换的主要活性物质，而纤维素似乎只是充当交换树脂的支撑材料。若将硫酸盐木质素（KRL）及其羟甲基化产物（KRLH）替代 15%的苯酚进行酚醛聚合，然后用浓硫酸磺化（浓硫酸与聚合物的质量比为 6∶1），再经甲醛交联固化得到的树脂的离子交换容量（2.7meq/g）优于单纯的磺化酚醛树脂（2.4meq/g）。

虽然有关木质素离子交换性能的研究工作已有几十年的历史，并已取得很多非常有意义的结果，但以木质素为主体材料所得到的木质素基离子交换树脂的强度、交换容量、稳定性等性能与常规的离子交换剂相比仍偏低。

4.1.2 木质素基炭质吸附剂

木质素基炭质吸附剂是以木质素为原料制备的活性炭、炭化树脂和碳分子筛等。例如以木质素为原料制备的粉状活性炭吸附剂，比表面积可达 $2912m^2/g$，微孔体积可达 $1.48cm^3/g$，平均孔径为 1.45nm，对天然气表现出较高的吸附存储容量[11]。以草浆黑液中提取的木质素为原料，以 $ZnCl_2$、$CaCl_2$ 为活化剂制备活性炭，得率高达 50%以上，吸附性能与商品粉状活性炭接近，且灰分含量（0.113%）低于商品活性炭[12]。周建斌等[13]以水解木质素为原料，用化学法（$ZnCl_2$ 为活化剂）制备药用活性炭，在最佳工艺条件下，药用活性炭的得率为 50.28%；所得活性炭的硫酸奎宁吸附值≥120mg/g，亚甲基蓝吸附值为 180mg/g。朱建华等[14]以自制的球形木质素磺酸阳离子交换树脂制备了球形木质素炭化树脂，所得的炭化树脂具有良好的机械强度、丰富的孔结构、较好的物化性能，其比表面积为 382.3m²/g，对亚甲基蓝的吸附量为 132.6mg/g。Baklanova 等[15]将水解木质素通过挤压成形变成粒状之后，以小于 30℃/min 的速率升温至 700℃炭化 2h，得到的活性炭平均孔径为 0.56～0.58nm，孔容为 0.17～0.18cm³/g；若在 700℃炭化后继续用 700℃蒸汽活化，所得到的活性炭平均孔径为 0.6～0.66nm，孔容达 0.3～0.35cm³/g，可用于分离 He-CH_4 的氦气。孙勇等[16]以芦苇黑液为原料制备活性炭，制备的木质素微孔活性炭的比表面积可达 1219m²/g，且吸附苯酚的性能良好，能快速达到 136.2mg/g 的吸附量，同时 Langmuir 吸附方程较 Freundlich 吸附方程能更好地描述活性炭对苯酚的吸附。张冠中等[17]采用不同活化方法制备碱木质素基活性炭，发现氯化锌活化比水蒸气活化碱木质素可获得更高的比表面积和孔容，分别达到 1600m²/g 和 1.16cm³/g，且二次活化对碱木质素基活性炭具有扩孔作用，尤其是水蒸气与氯化锌活化同时进行时扩孔作用更明显，使其比表面积相对减少，而孔容略有增加；碱木质素基活性炭的孔径主要分布于超微孔 0.5～0.6nm、微孔 0.8～2nm 和中孔 3～10nm 三个区域。最近还有工作者探索用微波活化法制备木质素基活性炭，取得了较好的结果。

4.1.3 木质素基金属吸附剂

去除水中重金属离子的最常见的方法有离子交换和吸附。其中活性炭吸附是一种成功而有效的方法，但成本高，适用性不强，因此人们试图从植物和其他无机物中寻找经济、易得、有效的吸附剂。木质素是一种天然聚合物，结构中含有较多的含氧功能基团使其表面带负电荷，因而可作为阳离子吸附位点。至今，碱木质素、木质素磺酸盐、水解木质素、有机溶剂木质素和各种改性木质素等都已用于重金属的去除，木质素基重金属吸附剂是木质素基吸附材料中研究得最多的一类[5]。

Masri 等[18]研究发现硫酸盐木质素对 Hg 的吸附容量可达 150mg/g。通过磺化和氧碱化对木质素改性，产物可吸附土壤中的铝离子，进行土壤改良。事实上，硫酸盐木质素经过磺化改性或碱性条件下的氧化改性后，产生很多黏康酸和邻苯二酚型的结构，富含各种酸性基团包括磺酸基、羧酸基和酚羟基。改性后的木质素在酸性和中性条件下能够有效地吸附 Al^{3+}，通过电位滴定和 ^{27}Al NMR 核磁共振谱法证明 Al^{3+} 与改性木质素之间生成了稳定的络合物，同时释放出质子。改性木质素与不同金属离子生成络合物时释放质子的容易程度依照此顺序减弱：$Fe^{3+} > Al^{3+} > Cu^{2+} > Pb^{2+} > Mn^{2+} > Ca^{2+}$，表明仅有 Fe^{3+} 能够置换出络合物中的铝。

水解木质素对铅的吸附容量范围为 0.47～1.72mg/g，利用木质素对铅盐的吸附性可用来研制治疗铅中毒的药物。工业水解木质素对 Pb^{2+} 的吸附遵循 Langmuir 模式，而且粒径大的颗粒吸附效率更好。用碱性丙三醇脱木质素法制得的木质素经改性后对 Pb^{2+} 和 Cd^{2+} 表现出良好的吸附性能，最大吸附量分别为 8.2～9.0mg/g 和 6.5～7.5mg/g，吸附数据符合 Langmuir 理论模型，平衡吸附量随着温度的升高而增加，说明该吸附为吸热过程。而平衡吸附量随着溶液 pH 值升高而增加，则表明金属是以离子交换机理吸附到木质素上的。存在的问题是随着溶液 pH 值的升高，改性木质素的溶解性也增大，不利于对金属离子的吸附。

用甲基硫醚功能基与木质素的酚羟基反应，导入的疏水性硫醚基不仅降低了木质素的水溶性，而且增加了木质素对金属离子的选择性吸附能力，被吸附的金属离子可以较容易地解吸。得到的木质素吸附剂不吸附 Na^{+}，部分吸附 Ca^{2+}，强烈吸附水溶液中的 Hg^{2+}、Pb^{2+}、Cd^{2+}、Cu^{2+} 以及 Cr^{3+}、Fe^{3+} 等。研究表明，甲基硫醚化的木质素含有大量可与金属离子结合的位置，可以吸附各种不同的金属离子，但需要探寻一种更为环境友好的方式引入甲烷基硫醚官能团。

Srivastava 等[19]用酸法沉淀出黑液中的碱木质素，再经多种有机溶剂提纯，对提纯后的碱木质素进行表征，并用来研究了碱木质素对 Pb^{2+} 和 Zn^{2+} 的吸附。在 30℃时木质素对 Pb^{2+} 的吸附能力为 1587mg/g，对 Zn 的吸附能力为 73.21mg/g。在 40℃时分别增加为 1865mg/g 和 95.25mg/g。Lalvani 等[20]利用不含半纤维素的粉状碱木质素和聚合得到的球状碱木质素去除水溶液中的 Cr^{3+}、Cr^{6+}、Pb^{2+} 和 Zn^{2+} 等金属，结果表明木质素对 Cr^{3+}、Pb^{2+} 和 Zn^{2+} 有较好的去除作用，但对 Cr^{6+} 作用不明显。这是因为木质素结构中含有较多的含氧功能基团可作为阳离子交换位点，而 Cr^{6+} 通常以阴离子形式存在。由于物理吸附的机理以及木质素结构中少部分正电荷的存在，所以粉状木质素仍能吸附部分 Cr^{6+}，而球状木质素在聚合过程中可能失去了所有的正电荷位点，因而对 Cr^{6+} 的吸附力非常弱。被吸附的金属离子可用 10%的硫酸洗脱，再经碱沉淀回收。他们还利用不含半纤维素的纯木质素和市售的活性炭在同等情况下吸附电镀、制革、照相工业废水中 Cr^{6+} 和 Cr^{3+}，对二者的吸附热力学和动力学数据进行比较[21]。结果表明木质素对 Cr^{6+} 和 Cr^{3+} 的最大吸附率分别为 63%和 100%，而活性炭虽能去除几乎 100%的 Cr^{3+}，但对 Cr^{6+} 的去除率却很低。木质素对 Cr^{6+} 的去除在低 pH 值的环境中效果较好，这是因为低 pH 值使木质素表面带有相对较多的正电荷和相对较少的负电荷，从而导致阴离子吸附增加；而对 Cr^{3+} 的最大去除率出现在 pH 值为 6.0 的时候。尽管所用碱木质素对铬表现出良好的吸附性能，但由于所用木质素具有一定的水溶性，而且 pH 值升高，水溶性增强，因此只能在 $pH \leqslant 3$ 的环境中使用。

制酒厂的葡萄秆废渣用 FTIR 分析证明具有典型的木质素结构特征，用此废料吸附溶液中的 Cu^{2+} 和 Ni^{2+}，接触 60min 即达到吸附平衡，吸附数据符合 Langmuir 方程，对 Cu^{2+} 和 Ni^{2+} 的最大吸附量分别为 0.159mmol/g 和 0.181mmol/g，吸附机理以离子交换为主；FTIR 光谱分析表明木质素中的 C—O 键与金属的吸附有关。扫描电镜（SEM）、核磁共振（^{13}C NMR）等分析手段可进一步揭示木质素对金属的吸附机理。

有机溶剂木质素与天然木质素很相似，而且是一种更有吸引力的高聚物，因为它不含硫，聚糖含量低（4%～5%），是一种环境友好又便宜的工业副产物。Acemioglu 等[22]用有机溶剂木质素为吸附剂去除水中的 Cu^{2+}，在一定条件下（Cu^{2+} 浓度为 3×10^{-4} mol/L，温度为20℃），10min时木质素对Cu^{2+}的吸附量最大为40.74%，用3×10^{-4} mol/L的HCl处理10min可洗脱被吸附量的40%。吸附过程满足Freundlich等温线。Peternele等[23]用有机溶剂从蔗渣中抽提出蚁酸木质素，经改性得到羧甲基化的蚁酸木质素。研究表明：离子强度增大，这种有机溶剂木质素对Cd^{2+}和Pb^{2+}的最大吸附量降低；pH值增加，木质素对Pb^{2+}的吸附量增多。在pH值为6.0、温度为30℃和离子强度为0.1mol/L的条件下，这种羧甲基化的木质素选择性吸附Pb^{2+}。吸附平衡数据符合Langmuir模型。

4.1.4 其他类木质素吸附剂

用酸和酶水解软木混合物得到的水解木质素，能吸附水中的丙酮、丁醇和其他醇类，却很少吸附葡萄糖。通过被吸附物结构中烷基的疏水作用和氢氧基的亲水作用与木质素结合从而产生吸附。利用木质素样品的孔隙率和热力学参数计算出木质素样品对丁醇、乙醇、丙酮和葡萄糖的吸附容量常数[24]分别为1.3～2.7mL/g、0.5～0.73mL/g、0.62～1.0mL/g、0.35mL/g。

把酸水解制得的木质素用聚胺盐改性后，对芳香类有机化合物的吸附能力明显增强，对胆汁酸和胆固醇有很好的吸附特性；而用环氧胺改性的木质素，对重金属离子吸附能力提高很大；若用二乙基环丙胺进行胺化改性，则获得了具有阴离子交换能力的胺化木质素；研究表明将含氨基的碱性基团导入木质素结构中，使其从多元酸转变成多元碱，可提高木质素对有机化合物的吸附能力[25]。

以不溶于水的碱木质素和水解木质素为原料，用带相反电荷的水溶性表面活性剂季铵盐改性，可制备出一种性能较好的有毒物质的吸附剂。由于木质素与烷基铵阳离子之间强烈的电中和作用、络合作用以及疏水作用，木质素可作为保持烷基铵阳离子的一种基质，在含有少量电解质的水溶性溶液中，木质素与季铵盐之间形成稳定的化学键。ESR、X射线分析和水蒸气吸附研究表明改性后的木质素中孔隙增多、疏水性增强，对酚表现出高吸附性能，是标准商品活性炭的两倍，接近于著名的聚合物吸附剂Amberbite XAD-4[5]。

Košíková等[26,27]先后研究了木质素对胆汁酸和*N*-亚硝基二乙基胺（NDA）的吸附作用以及木质素潜在的药用价值。碱木质素、酸解木质素对NDA的吸附受木质素的高分子性质的影响，随着平均分子量的增加和交联密度的降低，木质素的吸附能力增强，在一定条件下，木质素对DA的最大吸附量为85μmol/g。研究表明，碱木质素和预水解木质素经化学改性后降低其交联密度，可增强木质素对NDA的吸附力。这种改性木质素是一种十分有效的吸附剂，可以抑制癌细胞的诱变反应，可望用作天然抗癌药剂。

木质素V是香草醛生产过程中形成的一种废物经提纯得到的木质素，将它溶于KOH溶液中，然后加入某种染料，再用盐酸调节pH值为0.5左右，木质素V沉淀出来的同时吸附染料，研究表明木质素V对阳离子染料和具有阴离子特征的活性染料的吸附都属于物理吸附，但对阳离子染料的吸附性能更好，最大吸附量达1.4g/g，相应的去除率为99.6%，吸附等温线符合Langmuir方程和Freundlich方程[28]。

木质素对很多杀虫剂表现出吸附作用。Riggle等[29]研究了碱木质素对两种杀虫剂的吸附作用，木质素吸附“草不绿”（一种杀虫剂）是通过氢键的形式进行的；而“杀虫除螨剂”（chloramben）的芳香氨基与木质素的羧基和酚基形成离子键，通过离子交换的机理，碱木质素可吸附更多的“杀虫除螨剂”，而且解吸速度也更快。Ludvík 等[30]研究了 2 种 1,2,4-三嗪类杀虫剂在木质素上的吸附，所用木质素样品源于一根腐烂的白杨木，它可强烈吸附所选定的两种杀虫剂，其中分别有 53%和 62%为不可逆吸附。

木质素对两种纤维素酶（CBH Ⅰ和 EG Ⅱ）都有很大的吸附能力，对木聚糖酶也表现出一定的吸附能力。纯化了的木聚糖酶在碱木质素上的吸附为物理吸附，即通过范德华力相结合。改性木质素吸附剂还能有效地去除废水中的卤化物[5]。

林音等[31]对高沸醇木质素和酶解木质素进行化学改性，以增加木质素的亲水性，制得新型高聚物 HBS 木质素酚和木质素氨基酚衍生物，研究了木质素衍生物对木瓜蛋白酶、胰蛋白酶和胃蛋白酶 3 种蛋白酶的吸附特性。结果表明：这几种木质素衍生物都能吸附 3 种蛋白酶；胃蛋白酶被酶解木质素氨基酚和 HBS 木质素酚吸附时能依然保持较高的活性，其活性回收率达到 70%以上；木瓜蛋白酶被酶解木质素氨基酚和 HBS 木质素酚吸附时活性回收率达到 50%以上；胰蛋白酶经各种吸附剂吸附后的活性回收率较低。因此木质素及其衍生物有望成为生物酶的浓缩吸附剂或固定化的优良载体。

综上所述，木质素是一种非常有前景的吸附材料，但由于木质素结构不均一，各种木质素的改性产物亦为复杂的混合物，这在一定程度上妨碍了木质素基吸附材料的研究进展和应用。木质素基吸附材料的研究包括木质素的改性和吸附剂的研制、吸附性能、吸附特点、结构表征和吸附机理的研究等多方面内容，涉及木质素化学、高分子材料化学、分析化学等多个学科领域，综合利用各个领域积累的经验来考虑木质素改性的方法和工艺，对木质素基吸附材料的合成工艺及理论研究方面进行创新，才能将木质素基吸附材料的研究和应用推向一个新的阶段[8]。

4.2 改性木质素吸附剂的制备

木质素结构中包含芳环、脂肪族侧链和许多活性官能团，本身具有一定的离子交换与吸附性能。工业木质素通过改性可以制备出各种功能不一的木质素基吸附材料。从 20 世纪 50 年代以来，许多研究者致力于木质素吸附性能的研究和木质素基吸附材料的研制，包括木质素基离子交换树脂、木质素基炭质吸附剂、木质素基重金属吸附剂等[8]。木质素基吸附材料的研究将为木质素高值化利用提供一条新的途径。

通过提纯分级和化学改性可进一步提高木质素产品的吸附性能。由于木质素分子中含有酚羟基、醇羟基、醛基、酮基、羧基、甲氧基等活性基团，可以发生接枝共聚、交联、氧化、还原、磺甲基化、烷氧化、烷基化、碱活化、羟甲基化、Mannich 反应等许多改性反应。这些反应分别改变了木质素的空间网络、酚羟基含量、羧基含量或者引入了其他功能基团等，因而通过适当的改性聚合可望获得具有多功能、高性能的木质素基吸附材料。

4.2.1 接枝共聚

雷中方等[32]在常规实验条件下进行木质素与丙烯酰胺的接枝改性，改性产物有明显的—$CONH_2$红外吸收谱带，其大分子量部分（分子量＞100000）显著增多，几乎没有分子量小于 5000 的木质素分子，由于—$CONH_2$接枝短链的介入使得木质素空间结构中的网孔变得更小，比表面积变大，加之有较强吸附作用的—$CONH_2$存在，改性后的吸附能力明显增强。他们认为木质素网孔结构对胶体或悬浮粒子具有较强的吸附作用。木质素网孔结构中对胶体或悬浮粒子有吸附作用的活性位点可能分布在孔内，亦可能分布在孔外。

木质素接枝共聚合成的单体包括丙烯酰胺、丙烯酸、丙烯腈、甲基丙烯酰胺和苯乙烯等。

4.2.1.1 木质素与丙烯酰胺接枝共聚

在常规实验条件下木质素与丙烯酰胺能发生接枝改性。由于—$CONH_2$接枝链的产生削弱了木质素原有的网状结构，接枝产物作混凝剂使用时并无优点，但作为吸附剂使用时，其吸附能力较改性前明显增强[8]。

笔者和课题组成员[33]曾以造纸黑液中的碱木质素为原料，采用两步法制备球形阳离子木质素吸附树脂。

(1) 球形木质素珠体的制备

以造纸黑液中的碱木质素为原料，利用反相悬浮法制备球形木质素珠体。在 500mL 的三口烧瓶中加入一定量的木质素溶液，再加入一定体积的煤油作为分散相，O/W 比为 3∶1，加入适量的吐温-80（含量为木质素质量的 3%）为分散剂，环氧氯丙烷（占木质素质量的 1.5%）为交联剂，在 200r/min 的搅拌速度下分散均匀，并在 30min 内由室温升温至 90℃，并恒温反应 1h 即得球形木质素珠体。

(2) 球形木质素吸附树脂的制备

球形木质素吸附树脂的制备采用接枝共聚法，取一定质量的上述球形木质素珠体于三口烧瓶中，加入少量蒸馏水，同时加入引发剂 H_2O_2/Fe^{2+}，搅拌反应一段时间后加入一定量的丙烯酰胺（浓度为 0.72mol/L)，反应 2h 取出，水洗干燥后即得到具有阳离子吸附性能的球形木质素吸附树脂，离子交换容量为 1.6405mmol/g。

在吸附剂制备过程中，丙烯酰胺的用量直接影响到接枝的效果，丙烯酰胺用量太少，则接枝量少从而交换容量小；丙烯酰胺用量太多则容易导致均聚反应，造成共聚物与均聚物分离困难。图 4-1 为丙烯酰胺浓度对离子交换容量的影响图。由图 4-1 可知，随着丙烯酰胺浓度的增大，离子交换容量先增大，在浓度为 1.44mol/L 时达到最大值，随后又趋于减小。但是在实验中发现，当丙烯酰胺浓度超过 0.72mol/L 时木质素吸附树脂分离困难，呈冻胶状，因此丙烯酰胺浓度以 0.72mol/L 为宜，此时交换容量可达 1.6405mmol/g。

4.2.1.2 木质素与丙烯酸接枝共聚

笔者和课题组成员[34]以碱木质素为原料，采用反相悬浮法交联制备出球形木质素珠体，并对珠体进行丙烯酸接枝改性，获得含羧酸基团的球形木质素吸附剂。

制备方法如下。

① 木质素珠体的研制，在 500mL 烧瓶中加入分散相后，分别加入 50.0g 过滤后的碱

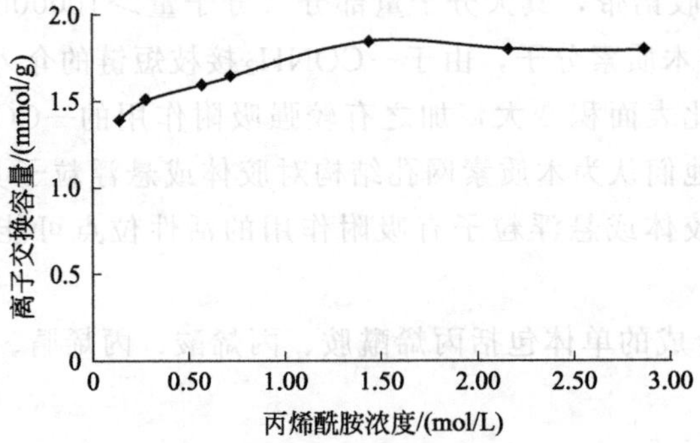

图 4-1 丙烯酰胺浓度对离子交换容量的影响

木质素（黑液）、分散剂、环氧氯丙烷，调节转速搅拌均匀后，升温至 60℃，保温 1h，升温至 90℃，保温 1h。冷却后回收上层油相，将下层含木质素珠体的溶液放在布氏漏斗中抽滤并用水洗干净，即得到红褐色的球形木质素珠体。

② 接枝反应，在装有搅拌器、回流冷凝管和温度计的四口烧瓶中加入 10.0g 球形木质素珠体（含水率 76.61%）和适量的蒸馏水，充入氮气以排去瓶内空气，搅拌升温至所需温度后加入引发剂，几分钟后加入计量的丙烯酸单体，反应一定的时间后水洗、过滤，再用丙酮充分浸提以除去丙烯酸均聚物，干燥即得球形木质素吸附剂。

在接枝反应中，影响吸附剂接枝率的因素包括引发剂的选择、用量，单体用量，反应温度，反应时间等。

（1）引发剂种类的选择

实验尝试了木质素接枝共聚常用的 $KMnO_4$、Ce^{4+}-HNO_3、$K_2S_2O_8$、H_2O_2、Fe^{2+}-H_2O_2 五种引发剂，结果见表 4-1。

表 4-1 引发剂的选择

引发剂种类	接枝率/%	接枝效率/%
$KMnO_4$	15.19	8.97
Ce^{4+}-HNO_3	34.33	20.48
$K_2S_2O_8$	19.85	11.72
H_2O_2	11.82	7.02
Fe^{2+}-H_2O_2	27.19	16.23

反应条件：单体浓度 1.5mol/L；反应温度 50℃；[$KMnO_4$]=2%；[Ce^{4+}]=6.0mol/L，[HNO_3]=2.0mol/L；[$K_2S_2O_8$]=10.0mmol/L；[H_2O_2]=40.0mmol/L；[Fe^{2+}]=4.0mol/L，[H_2O_2]=40.0mmol/L。

表 4-1 数据表明，引发剂种类对接枝效果影响很大，Ce^{4+}-HNO_3 和 Fe^{2+}-H_2O_2 引发效果最好，$KMnO_4$ 引发效果最差，由于 Ce^{4+} 较为贵重，因此选用较为便宜普通的 Fe^{2+}-H_2O_2 为引发剂。

引发机理如下：

$$Fe^{2+} + H_2O_2 \longrightarrow Fe^{3+} + \cdot OH + OH^-$$

$$Fe^{3+} + H_2O_2 \longrightarrow Fe^{2+} + H^+ + \cdot OOH$$

产生的·OH 和·OOH 自由基能夺取木质素羟基上的氢，引发木质素初级自由基。

$$LS—H + \cdot OH \longrightarrow LS\cdot + H_2O$$

$$LS—H + \cdot OOH \longrightarrow LS\cdot + H_2O_2$$

然后再引发丙烯酸单体形成木质素-丙烯酸自由基，继续与丙烯酸进行链增长聚合，形成接枝共聚物。

$$LS\cdot + CH_2 = CHCOOH \longrightarrow LS—CH_2CHCOOH \xrightarrow{\text{链增长}} \text{共聚物}$$

接枝反应可在苯环 C5 位上进行，也可在木质素珠体骨架的羟基上进行。共聚物为：

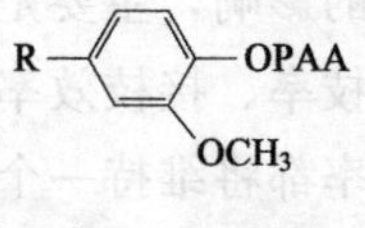

或

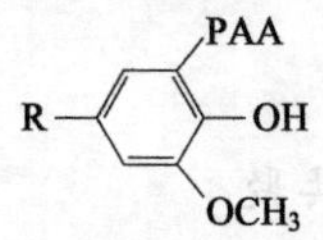

式中，AA 为丙烯酸单体；PAA 为丙烯酸均聚物。

Fe^{2+}-H_2O_2引发属于双分子反应，1 分子 H_2O_2 只形成 1 个自由基，如还原剂过量，则进一步反应使自由基消失：

$$\cdot OH + Fe^{2+} \longrightarrow OH^- + Fe^{3+}$$

因此还原剂的用量一般比氧化剂少，实验采用 $M(H_2O_2) : M(Fe^{2+}) = 10 : 1$(摩尔比)，以下实验讨论引发剂浓度均为 H_2O_2浓度。

(2) 单体浓度的影响

丙烯酸单体的浓度对木质素珠体的接枝效果影响最大，故选取了 0.75～2.0mol/L 6 个水平的丙烯酸浓度进行试验。结果表明：随着单体浓度的增加，木质素珠体的接枝率和接枝效率都不断升高。这是因为随着单体浓度的增加，每个自由基平均引发接枝的单体数目也增加，这样接枝率也就随之上升。但是当单体浓度超过 1.25mol/L 后，接枝率增加不明显，而接枝效率降低更快；单体浓度超过 1.75mol/L 后接枝率反而开始下降，这可能是因为当浓度增加到一定程度后，与接枝聚合反应竞争的均聚反应概率有所增加，从而对聚合反应有所抑制，影响接枝率。因此综合接枝率和接枝效率两个指标，单体的最佳浓度是 1.25mol/L，接枝率达 48.43%，接枝效率为 34.30%。

(3) 引发剂浓度的影响

引发剂的作用是产生初级自由基，从而引发木质素珠体和丙烯酸单体的接枝共聚。因此引发剂的浓度对接枝效果也是很重要的影响因素。选择 30～50mmol/L 5 个水平的浓度考察引发剂的浓度对接枝效果的影响情况。结果表明：随着引发剂浓度增加，产生的自由基增多，因此反应速率加快，接枝率和接枝效率都不断升高，但当引发剂浓度达到 40mmol/L 后接枝效率就开始下降。这是由于引发剂浓度太高时，自由基反应所引起的链终止反应及单体自由基密集所引起的均聚反应的概率也增加，这对活性链的增长不利。所以引发剂的最佳浓度为 40mmol/L。

(4) 反应温度的影响

Fe^{2+}-H_2O_2构成的氧化还原引发体系活化能低，能在较温和的温度下引发反应，可以减少高温条件下木质素接枝副反应的产生。实验选择 30～50℃ 5 个水平的温度条件考察温度对接枝效果的影响，结果表明，温度控制在 40℃时接枝效果最好。反应温度的影响有两方面的因素：一方面升高反应温度，引发剂的分解速率增大，链引发及链增长反应均加快，所以接枝率及接枝效率增大；另一方面，当反应温度升至一定程度后，体系中自由基增多，加速了均聚反应、链转移反应及链终止反应，故接枝率及接枝效率减小。

(5) 反应时间的影响

反应时间对木质素珠体接枝反应的影响，主要是在反应的开始阶段中，溶液中的单体浓度较大，反应速率较快，反应的接枝率、接枝效率升高快，但是到一定时间后单体引发剂的浓度逐渐变小，接枝率、接枝效率都将维持一个定值。反应时间过于长久，氧化终止的反应、链转移的反应、发生均聚的反应的概率都将增加，所以接枝率、接枝效率都将略微下降。最佳的反应时间为 2h。

4.2.1.3 木质素与丙烯腈接枝共聚

(1) 螯合球形木质素吸附剂 SLANO

笔者和课题组成员[35]以硫酸盐马尾松制浆黑液为原料，利用反相悬浮技术制备出球形木质素吸附剂，并以其为骨架，将其与丙烯腈进行接枝共聚，之后在近中性下羟胺化，制备出含有偕胺肟基官能团的螯合球形木质素吸附剂（SLANO）。

1) 球形木质素珠体的制备　在 500mL 三口烧瓶中加入一定比例分散相变压器油和氯苯后，分别加入 40.0g 滤后的制浆黑液，再加入 0.5g 分散剂和 5g 环氧氯丙烷，搅拌反应 60min（搅拌速度为 250r/min），升温至 90℃，反应 60min 后降至常温。回收上层分散相，将下层含球形木质素珠体的混合物分别水洗、丙酮洗，纯化晾干后即得红褐色的球形木质素珠体 MLB。

2) 木质素珠体与丙烯腈的接枝共聚反应

① 方法一　将一定量的球形木质素珠体 MLB 和引发剂加入 250mL 的平底烧杯中，室温下于磁力搅拌器上搅拌 10～15min，水洗滤干后重新加入烧杯中，依次加入一定量的二亚甲砜溶剂和丙烯腈单体，充分搅拌均匀后，盖上表面皿，置于微波转盘上，控制微波功率为 150W，间歇辐射反应 1min，静置 1min，继续搅拌 1min，重复该过程累计辐射至一定时间后得接枝共聚物粗品。将制备的接枝共聚物分别用甲醇、水洗涤，再用 *N*,*N*-二甲基甲酰胺（DMF）于 50℃萃取 24h，水洗滤干得到木质素硫酸盐和丙烯腈的接枝共聚物 SLAN。

② 方法二　在装有搅拌装置和内设恒温系统的三口烧瓶中，加入球形木质素珠体 MLB、蒸馏水和引发剂，常温通 N_2 驱氧 10～15min 后，加入计量的丙烯腈（对应复合引发体系，此时继续加计量的过氧化物），反应 30～210min 后，分别用甲醇、水洗涤，再用 *N*,*N*-二甲基甲酰胺于 50℃萃取 24h，除去均聚物，水洗干燥得球形木质素接枝共聚物 SLAN。

3) 螯合球形木质素吸附剂的制备　称取一定量的 SLAN，放入盛有一定体积盐酸羟胺的甲醇溶液（$V_{水}$：$V_{甲醇}$＝1：1）的三口烧瓶中，用少量的无水碳酸钠调节溶液的pH值，置于恒温水浴锅中，在80℃下搅拌反应60min，然后在相同温度下静置60min，取出、洗涤、晾干、称量，即得含偕胺肟基的球形木质素螯合吸附剂SLANO。

在偕胺肟化实验中主要的影响因素是盐酸羟胺的浓度。本实验在其他反应条件不变的情况下改变盐酸羟胺的用量，计算氰基转化率，以此来考察盐酸羟胺浓度对偕胺肟化效果的影响，实验结果如图4-2所示。

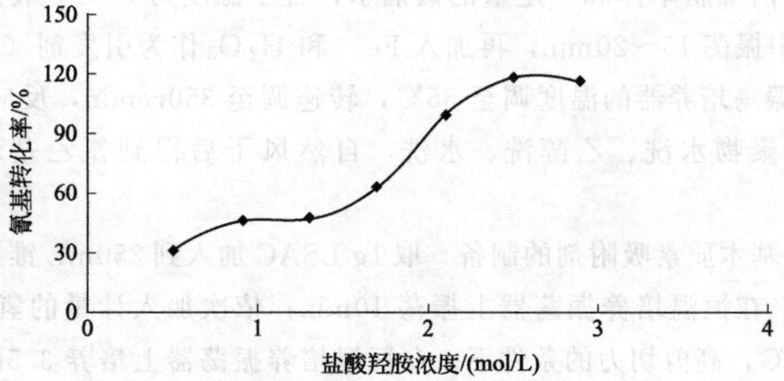

图4-2 盐酸羟胺浓度对偕胺肟化效果的影响

由图4-2可见，盐酸羟胺浓度为0.5～2.9mol/L时，氰基转化率随着盐酸羟胺浓度的增大而不断增大。当盐酸羟胺浓度为2.1mol/L时，氰基转化率即达到99.88%。实验中也发现当盐酸羟胺浓度超过2.1mol/L时，转化率超过100%，这可能是发生了其他反应的缘故。因此，选择盐酸羟胺的浓度为2.1mol/L，其相应转化率为99.88%，这样既能保证氰基转化完全，又不至于发生其他反应，影响吸附剂的吸附效果。

（2）磁性螯合木质素吸附剂MLANO

笔者和课题组成员[36]以硫酸盐马尾松制浆黑液为原料，采用反相悬浮技术和原位法制备出磁性木质素珠体，然后以丙烯腈为单体，通过接枝改性和偕胺肟化，制备出含偕胺肟基的磁性螯合木质素吸附剂（MLANO）。

1）磁性木质素珠体的制备　在100mL锥形瓶中加入一定量的$FeCl_2\cdot 4H_2O$、$FeCl_3\cdot 6H_2O$和20g去离子水，配制成Fe^{2+}与Fe^{3+}的摩尔比为4：1的铁盐溶液；后加入5g自制的球形木质素珠体MLB，搅拌60min后加入少量的2% NaOH溶液，搅拌30min后，水洗、乙醇洗，自然晾干得到具有磁性的磁性木质素珠体。

2）磁性木质素珠体接枝丙烯腈的共聚反应　在500mL三口烧瓶中加入0.5g磁性木质素珠体、适量的去离子水和一定剂量的丙烯腈单体，调节搅拌器的转速，在一定温度下，加入一定浓度的Fe^{2+}/H_2O_2引发剂，在反应一定时间后取出，收集，分别经过水洗、丙酮洗、乙醚洗、筛网过滤后干燥即得磁性木质素-丙烯腈接枝共聚物（MLAN）。

3）磁性木质素螯合吸附剂的制备　在250mL的三口烧瓶中放入5g的木质素-丙烯腈接枝共聚物MLAN，加入30g的甲醛与水的混合溶液［其中V(水)：V(甲醇)＝1：1］，再投加一定量的盐酸羟胺，在恒温水浴锅中搅拌15min后加入少量无水碳酸钠调节pH值至7，于80℃下搅拌反应1h，保温静置1h；然后取出，经水洗、丙酮洗、乙醚洗、筛网过滤后晾干，得到含偕胺肟基的木质素基吸附剂，即磁性木质素螯合吸附剂（MLANO）。

(3) 胺化氰乙基木质素吸附剂 LSAC-N

笔者和课题组成员[37]以硫酸盐马尾松制浆黑液为原料，利用反相悬浮聚合技术制备出球形木质素珠体，再以 Fe^{2+}/H_2O_2 为引发剂，在强转速、高剪切力的条件下成功接枝丙烯腈单体，制得氰乙基球形木质素吸附剂（LSAC），再以氰乙基球形木质素为基本骨架，利用 Mannich 反应成功制备出胺化氰乙基木质素吸附剂（LSAC-N）。

1）木质素珠体与丙烯腈的接枝共聚反应　在 250mL 锥形瓶中依次加入适量的球形木质素珠体 MLB、丙烯腈单体和一定量的蒸馏水，置于温度为 50℃，转速为 300r/min 的恒温振荡培养器中振荡 15～20min，再加入 Fe^{2+} 和 H_2O_2 作为引发剂（先加 Fe^{2+}，后加 H_2O_2），把恒温振荡培养器的温度调至 55℃，转速调至 350r/min，反应 90min。将反应后制备的接枝共聚物水洗、乙醇洗、水洗，自然风干后得到氰乙基球形木质素珠体（SLBA）。

2）胺化氰乙基木质素吸附剂的制备　取 1g LSAC 加入到 250mL 锥形瓶中，再加 10g 水和适量乙二胺，在恒温培养振荡器上振荡 10min；依次加入计量的氢氧化钠和甲醛溶液，在温度为 60℃，高剪切力的条件下，在恒温培养振荡器上培养 3.5h，经水洗、乙醇洗、水洗后于 60℃烘箱中烘干，即得胺化氰乙基木质素吸附剂（LSAC-N）。

在木质素的结构单元中，苯环酚羟基邻位上羰基的 α 位上的氢原子较为活泼，易在碱性条件下，与醛和胺发生 Mannich 反应。基于此，推出以氰乙基木质素为基本骨架进行胺化的反应机理可能如下：

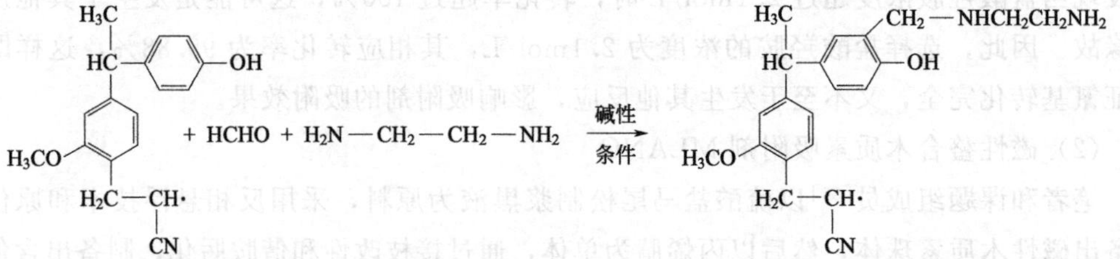

首先，氰乙基木质素基本骨架的苯环上保持原有木质素结构中酚羟基邻位上羰基的 α 位上的氢原子的活泼性；其次，在强转速、高剪切力条件下甲醛与乙二胺充分反应，生成中间体 *N*-羟甲基胺；最后，在碱性溶液中，中间体与氰乙基木质素结构中 α 位上较为活泼的氢原子发生反应，生成 Mannich 碱。

4.2.2 交联

4.2.2.1 环氧氯丙烷直接交联

笔者和课题组成员[38]以硫酸盐马尾松制浆黑液为原料，直接与环氧氯丙烷发生交联反应，制备球形木质素吸附剂。制备工艺：在 500mL 三口烧瓶中加入分散相液蜡 300# 后，分别加入 40.0g 滤后的制浆黑液和 1.0g 催化剂后升温至 60℃，反应 60min；再加入占黑液质量分数 1.2% 的分散剂和 8.0% 的环氧氯丙烷，搅拌反应 60min，升温至 90℃，反应 60min 后降至常温。回收上层分散相，将下层含球形木质素珠体的混合物放在布氏漏斗中抽滤，分别水洗、丙酮洗和乙醚洗，纯化晾干后即得红褐色的球形木质素吸附剂。所制得的球形木质素吸附剂含水率为 45%，粒径为 44～74μm，比表面积为 $245m^2/g$，湿视密度为0.71g/mL，湿真密度为1.22g/mL，全交换容量为1.17mmol/g，并具有很好的表面状况和抗氧化能力、抗生物降解能力、热稳定性以及抗酸碱能力。

在碱性环境中，木质素与环氧氯丙烷的接枝共聚反应属于SN_2反应，主反应与可能存在的副反应反应方程式如图4-3、图4-4所示[39]。

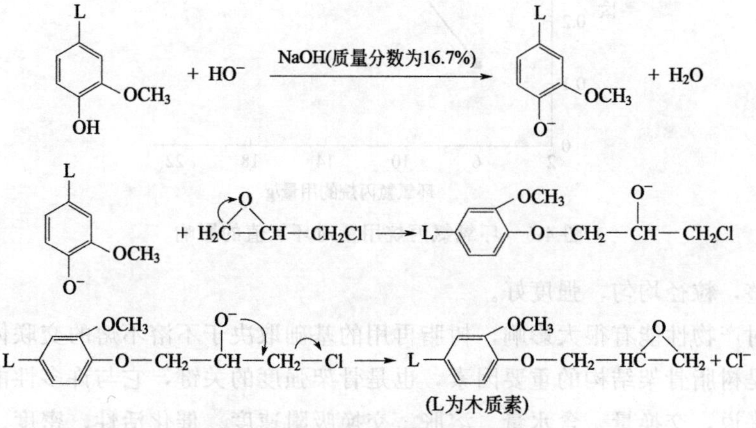

图4-3 木质素与环氧氯丙烷的主反应

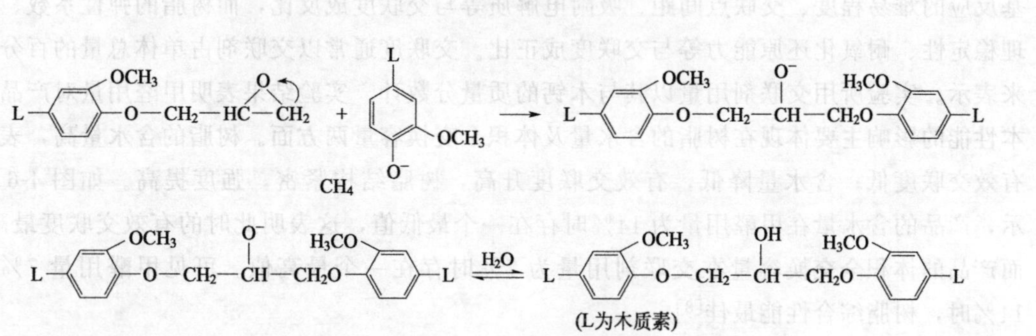

图4-4 木质素与环氧氯丙烷的副反应

胡春平等[39]研究了环氧氯丙烷用量对树脂中环氧值的影响，如图4-5所示，随着环氧氯丙烷加入量的增大，环氧值先增大后减小，这是由于开始随着环氧氯丙烷用量的增大有利于环氧氯丙烷与木质素的充分接触，使得环氧值增大，但超过一定的比例以后，增加了在碱性介质中环氧氯丙烷发生自聚副反应的概率，导致环氧值的降低。图4-5中反应条件：木质素的质量为1g，氢氧化钠的用量为10mL，反应温度为80℃，反应时间为3h。

4.2.2.2 以甲醛为交联剂

笔者和课题组成员[40,41]以木质素磺酸钙为原料，以甲醛作为交联剂，制备木质素基离子交换树脂。其制备工艺如下：在装有搅拌及回流装置的三口烧瓶中依次加入木质素磺酸钙、蒸馏水、酸催化剂、甲醛，搅拌均匀，再加入液体石蜡和少量表面活性剂作为有机相，其中木质素磺酸钙溶液浓度为50%，盐酸浓度为5mol/L，甲醛用量为木质素磺酸钙质量的7%，表面活性剂用量为木质素磺酸钙的2%，相比为3：1，控制搅拌速度为200r/min使水相均匀分散在有机相中，按一定升温程序加热，反应结束后分离出树脂产品，洗净过筛，筛选粒度为0.2～0.45mm的树脂备用。所得球形木质素基离子交换树

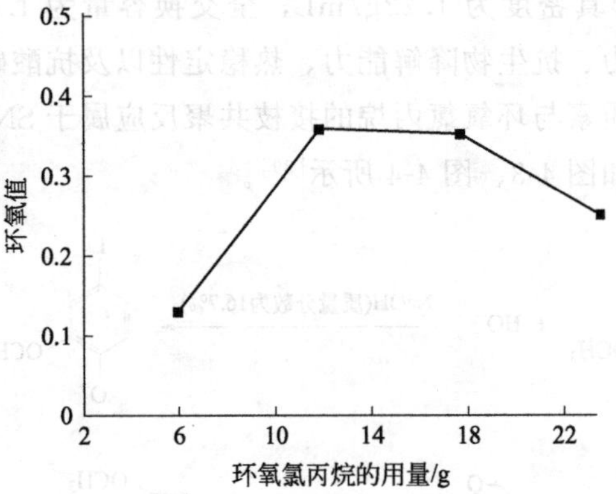

图 4-5 环氧氯丙烷用量对环氧值的影响

脂，球形规整，粒径均匀，强度好。

交联剂对产物性能有很大影响，树脂再用的基础取决于不溶不熔的交联体型热固性结构。交联度是树脂骨架结构的重要因素，也是骨架强度的关键，它与许多性能都有密切的关系。一般来说，交换量、含水量、溶胀、交换吸附速度、催化活性、密度、孔径、功能基反应的难易程度、交联点间距、吸附电解质等与交联度成反比，而树脂的弹性系数、物理稳定性、耐氧化还原能力等与交联度成正比。交联度通常以交联剂占单体总量的百分数来表示。实验所用交联剂用量以其与木钙的质量分数计。实验结果表明甲醛用量对产品基本性能的影响主要体现在树脂的含水量及体积全交换容量两方面。树脂的含水量高，表示有效交联度低；含水量降低，有效交联度升高，树脂结构紧密，强度提高。如图 4-6 所示，产品的含水量在甲醛用量为 14%时存在一个最低值，这表明此时的有效交联度最高，而产品的体积全交换容量在交联剂用量为 7%时存在一个最高值。可见甲醛用量 7%～14%时，树脂综合性能最佳[8]。

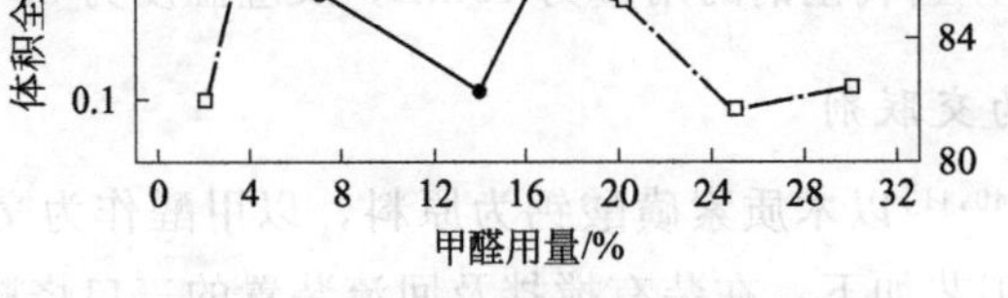

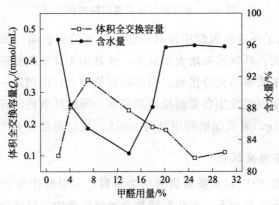

图 4-6 交联剂用量对产品性能的影响

4.2.3 Mannich 反应

曼尼希反应（Mannich reaction）是 21 世纪初逐步发展起来的一个重要有机反应，它是指胺类化合物（伯胺、仲胺或氨、氨基酸等）与醛类（甲醛、乙醛、糠醛等）和含有活泼氢原子的化合物进行缩合时，活泼氢原子被氨甲基取代的反应，所以又称为氨甲基化反应。

Mannich 反应是 3 种组分的不对称缩合过程，比较复杂，一般认为醛与胺在酸催化剂下首先缩合失水得到亚甲胺碳正离子，然后再与活泼氢组分进行亲电加成而得到 Mannich 碱，反应机理示意如下[42]：

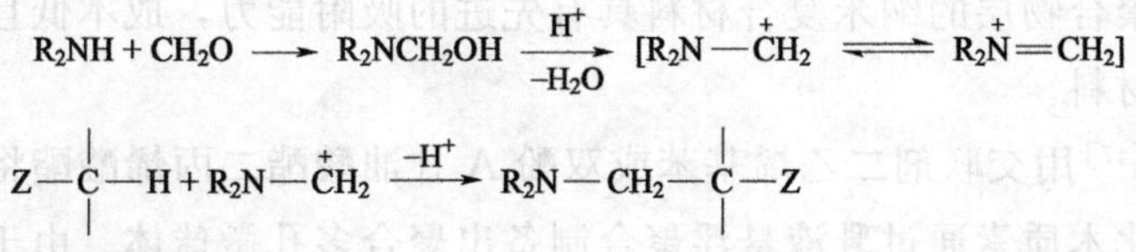

(其中Z为吸电子基)

Mannich 反应的操作方法通常是将活泼氢组分、胺和醛以等摩尔比混合。有时也将胺与醛先进行缩合，生成羟甲基胺（R_2NCH_2OH，分离或不分离），然后在酸催化下与活泼氢组分反应。对于一些中性胺（如酰胺等），则必须首先在碱催化下进行醛胺缩合，否则反应将失败。

在木质素的结构单元中，苯环上酚羟基的邻位和对位以及侧链上羰基的 α 位和不饱和双键上的 α 位上均含有较活泼的氢原子，可与醛和胺发生 Mannich 反应。通过木质素的 Mannich 反应可以在木质素分子结构中引入季铵基、*N*-羧甲基等含氨基团，使改性产品具有阴离子交换能力或螯合能力。Robert 等[43]和潘学军等[44]利用木质素与氨基酸的 Mannich 反应都得到了具有良好螯合性能的氨基酸型木质素螯合树脂。

范娟[45]以木质素磺酸钙与甲醛和甘氨酸的 Mannich 反应为基础，通过反相悬浮聚合一步合成同时具有磺酸基和 $N—CH_2COOH$ 的木质素树脂。具体制备过程为：称取一定量的木质素磺酸钙置于装有搅拌及回流装置的三口烧瓶中，加入不同酸度的反应介质，溶解完全后，加入计量的甲醛溶液和甘氨酸，搅拌均匀，再加入液体石蜡和少量表面活性剂作为有机相，控制搅拌速度为 20r/min，缓慢升温至预定温度，保温 1h，结束反应。在不同介质条件下木质素磺酸钙的 Mannich 反应结果见表 4-2。

表 4-2　不同介质下木质素磺酸钙的 Mannich 反应结果

反应介质	pH 值	温度/℃	$W_{CLS}:W_{甲醛}:W_{甘氨酸}$	结果
NH_4Ac-HAc 缓冲溶液	6	60～65	6∶1∶1	未反应
NH_4Ac-HAc 缓冲溶液	6	75～80	6∶1∶1	产物为不溶于酸的粉末
0.003mol/L NaOH 溶液	11.5	90～95	6∶1∶1	产物为黏稠的浓浆
0.02mol/L NaOH 溶液	12.3	90～95	3∶1∶1	产物为黏稠的浓浆
3.22mol/L HCl 溶液	强酸性	95～100	6∶1∶1	0.2～0.6mm 的珠体

从表 4-2 中可以看出，木质素磺酸钙在碱性条件下不与甲醛、甘氨酸发生 Mannich 反应；在弱酸性条件下，控制一定的温度，可以反应生成不溶于酸的沉淀物。木质素磺酸钙在强酸性和较高的温度条件下可反应得到交联的球体，经预处理转化为 H 型后基本性能为：H_2O＝80.74％；湿视密度＝0.6639g/mL；湿真密度＝1.079g/mL；全交换容量＝4.09mmol/g；体积全交换容量＝0.52mmol/mL。

4.2.4 其他制备方法

Li 等[46]通过木质素接枝碳纳米管（L-CNTs）制备环保纳米复合材料。该纳米复合材料不仅具有良好的水分散性和环境友好性，而且还呈现出优异的铅离子和油滴吸附能力。此外，通过并入低成本木质素，纳米复合材料的成本已被最小化。这些结果表明，所得到的具有天然聚合物层的纳米复合材料具有先进的吸附能力，成本低且环保，因此是理想的水清理候选材料。

Sobiesiak 等[47]用交联剂二乙烯基苯或双酚 A 甘油酸酯二丙烯酸酯将一定比例的苯乙烯和木质素或酯化木质素通过乳液悬浮聚合制备出聚合多孔微球体。由于特定官能团的存在和发达的多孔结构，所获得的多孔微球体作为特定的吸附剂具有潜在的应用。

Jin 等[48]通过 1,2,4-三唑-3-硫醇改性、UV 引发的硫烯键合的硫醇-加成反应合成木质素基吸附剂（LBA），考察了对 Cd(Ⅱ) 的吸附影响。研究表明：多硝基三唑单元作为结合位点，发现 LBA 的吸附能力为 Cd(Ⅱ) 吸附的原料木质素的 8.6 倍。此外，吸附选择性的研究表明，LBA 在水溶液中存在其他共存金属离子的情况下具有高吸附 Cd(Ⅱ) 的选择性。通过硫醇-加成反应成功地合成了 LBA，证明了一种新的合成方法，用于制备具有模块化单元的木质素基功能材料，有希望从废水中去除重金属离子。木质素大分子中丰富的羟基及其独特的三维结构使其成为介孔生物吸附剂的理想前提。

Xu 等[49] 在纤维素的再循环中，通过三氧化硫微热爆炸过程制备生物吸附剂 (MLBB)，BET 分析显示平均孔径分布为 5.50nm，平均孔值为 $0.35cm^3/g$，比表面积为 $186m^2/g$。通过傅里叶变换红外光谱（FTIR）、衰减全反射傅里叶变换红外光谱（ATR-FTIR）、X 射线光电子能谱（XPS）和元素分析研究了 MLBB 的物理化学性质。这些结果表明，在该生物吸附剂的表面上存在大量的磺酸官能团。使用 Pb(Ⅱ) 作为重金属离子模型，以证明重金属离子去除的技术可行性。

4.3 改性木质素吸附剂的应用

4.3.1 金属离子的吸附

造纸黑液提取的木质素经实验证明可以用作吸附剂吸附各种重金属离子。Guo 等[50]的实验证明，黑液提取的木质素对 Pb^{2+}、Cu^{2+} 等二价金属离子具有一定的吸附能力，吸附能力大小依次为：$Pb^{2+}>Cu^{2+}>Cd^{2+}>Zn^{2+}>Ni^{2+}$。Wu 等[51]研究了造纸黑液提取的木质素对 Cr^{3+} 的吸附能力，并探讨了 pH 值、吸附剂用量、反应时间、Cr^{3+} 浓度等因素的影响，研究表明：影响木质素对 Cr^{3+} 吸附的主要因素是 pH 值及吸附剂的用量，而其他因素对 Cr^{3+} 吸附影响不大；Cr^{3+} 最大吸附量为 17.97mg/g；木质素对 Cr^{3+} 的吸附属于离子交换机制，吸附过程中与木质素形成内层络合物。

木质素吸附二价金属离子的同时伴随木质素结构中金属离子和质子的置换，金属-质子的置换平衡常数随 pH 值的降低而降低，而金属-金属的置换平衡常数则揭示了不同金属离子与木质素的键合强度按下列顺序递减：$Pb^{2+} > Cu^{2+} > Zn^{2+} > Cd^{2+} > Ca^{2+} > Sr^{2+}$[52]。利用造纸业的副产物松木碱木质素可有效地去除工业废水中的有毒金属，但由于粉末状的碱木质素吸附金属后难以从水溶液中分离出来，因此必须对粉状木质素加以改性成型，以利于实际应用。近年来，关于木质素基金属吸附剂的研究不再限于吸附剂的研制以及基本的吸附性能和吸附规律的研究，越来越注重利用现代分析测试手段深入研究吸附剂的结构特征以及金属在吸附剂上形成的表面络合物的结构特征，试图揭示木质素基金属吸附剂内在的吸附机理。

Dong 等[53]从电化学的角度研究了碱木质素的吸附性能，测定了各种条件下碱木质素的 ζ 电位。木质素表面带负电荷，其等电点 EIP 约为 1.0。木质素表面的负电荷主要源于其表面羟基的电离。碱木质素对一价和二价金属离子的吸附通常较弱，但对三价铝表现出特性吸附，而且 Al^{3+} 使得木质素的 IEP 向较高的 pH 值偏移。盐效应对表面吸附也有影响。

Merdy 等[54]测定了从稻草中提取的木质素（LS）的光谱数据和理化数据，包括样品的 X 射线光电子能谱（XPS）、固态 ^{13}C 交叉极化幻角自旋 NMR、GC-MS 以及比表面积、表面酸度等，研究了 LS 对 Cu^{2+} 的吸附作用。LS 固体表面有羧基和酚基两种结合位点，对 Cu^{2+} 具有较大的亲和力，pH＝6 时，最大吸附量约为 4mg/g。用 EPR 光谱研究 Cu（Ⅱ）在木质素上形成的表面配合物的结构特征，并利用热力学参数与 EPR 参数之间的关系计算出表面络合物常数 $\lg\beta=12.6$，说明形成的络合物相对稳定。后来，他们又以两种木质素为对象，研究了麦秆木质素对 Fe^{3+} 和 Mn^{2+} 的吸附热力学以及铁、锰表面络合物的生成[55]。所用木质素为通过酸、碱连续处理得到的木质素（LS）和通过溶剂萃取得到的细胞壁残渣（CWR）。研究表明：pH 值增加，吸附百分比增加；在 pH＜3 的条件下，木质素可强烈吸附 Fe^{3+}，生成稳定的表面络合物；pH≥8 的条件下，Mn^{2+} 生成的表面络合物的稳定性差得多，而且与 Fe^{3+} 相比，Mn^{2+} 的吸附明显受到 Ca^{2+} 和碳酸盐的影响，如 Ca^{2+} 的存在使 Mn^{2+} 的吸附减少 25%～40%。利用 EPR 光谱研究了金属表面络合物的几何态以及木质素表面醌型物的量随金属浓度变化而发生的变化，由此说明吸附过程伴随氧化还原反应的发生。文中还讨论了金属离子与表面自由基之间电子转移的机理。

Flogeac 等[56]从宏观和微观角度研究了从麦秆中抽提出来的木质素对 Cr^{3+} 的吸附作用。先用 X 射线衍射和电子显微镜对木质素基吸附剂进行表征，然后在室温下，通过间歇吸附实验研究时间、pH 值和 Cr^{3+} 浓度对吸附过程的影响，结果表明吸附剂表面发生了吸附、共沉淀等多种作用。EPR（电子自旋共振）、EXAFS（延伸 X 射线吸收微细结构）和 XANES（X 射线吸收近缘结构）研究表明 Cr^{3+} 与木质素形成的 Cr^{3+} 表面络合物具有八面体的几何结构，Cr 在内层配合物的中间，与 6 个氧原子配位，O—Cr 键长为 0.19nm。

黑液直接提取的木质素虽然含有一定的吸附能力，但是使用时吸附剂用量大且不稳定，为了提高木质素吸附剂的吸附容量与性能，研究者们提出对木质素进行改性。这些改性主要是改变木质素的空间网络、酚羟基含量、羧基含量或者引入了其他基团等（如胺化改性、接枝共聚等），拓宽木质素吸附剂的使用范围。Qin 等[57]通过将聚乙烯亚胺接枝到具有二硫代氨基甲酸酯基团的木质素基质上，合成木质素基吸附剂（PLCD），对并Cu^{2+}、Zn^{2+}和Ni^{2+}进行吸附。实验研究了pH值、吸附剂用量、接触时间和金属离子浓度等因素对吸附的影响，得出Cu^{2+}最高的吸附能力为98mg/g，其次是Zn^{2+}，其最高的吸附能力为78mg/g，Ni^{2+}最高吸附能力为67mg/g。此外，该吸附剂还拥有良好的循环使用性能，经过5次吸附解吸后其吸附效率的损失微乎其微。Koch等[3]利用甲烷基硫醚化木质素去除水溶液中的汞和其他重金属离子，试验结果表明甲烷基硫醚化木质素可有效吸附Hg^{2+}、Cd^{2+}、Cu^{2+}、Cr^{3+}、Fe^{3+}等硝酸盐，对硝酸钠没有吸附作用，对钙盐具有一定的吸附效果。

一些学者通过改变木质素吸附剂的形态（如球形、细粒、凝胶状等），以提高对重金属离子的吸附能力。刘皓等[58]采用丙烯酸系单体（丙烯酰胺、马来酸酐）改性木质素，以膨润土为无机添加剂，过硫酸钾为引发剂，*N*,*N*-亚甲基双丙烯酰胺为交联剂，通过溶液接枝共聚法制备了两种木质素基重金属离子吸附凝胶，极大提高了木质素吸附剂的比表面积，提高了吸附容量。卑莹[59]以碱木质素为原料，分别与胺类物质（如三乙烯四胺、二乙醇胺和L-天冬酰胺）反应生成氨基类木质素，再采用反相悬浮法制备球形木质素基吸附剂，极大提高了吸附容量，并证明该吸附剂吸附为化学吸附。

为了制备更有效率和选择性的吸附剂，研究者把木质素与无机氧化物进行复合，使吸附剂更适合于在环境保护中的应用。Klapiszewski等[60-62]将木质素成功地与二氧化硅结合，以合成具有相当大吸附能力的多功能材料，并对水中Pb(Ⅱ)、Ni(Ⅱ)和Cd(Ⅱ)进行测试，表现出良好的吸附能力。为了进一步提高其吸附能力，利用TiO_2或者TiO_2-SiO_2溶胶负载木质素并研究吸附剂对铅离子吸附的可能性。实验发现，新型TiO_2/木质素和TiO_2-SiO_2/木质素吸附剂分别在20min和30min后达到平衡，吸附能力分别为35.70mg/g和59.93mg/g，且该过程是自发的，这为水中铅离子的去除提供了另一种方法。Klapiszewski等[63]还研究了TiO_2/木质素、TiO_2-SiO_2/木质素和MgO-SiO_2/木质素等多功能复合吸附材料对Cu(Ⅱ)和Cd(Ⅱ)的去除性能。实验表明，复合吸附材料对Cu(Ⅱ)、Cd(Ⅱ)的吸附在20～30min达到平衡，且在溶液pH值为5.0时达到最大的吸附容量。吸附符合准二级动力学方程和Langmuir等温式，且反应是多相、自发的吸热反应。

Ciesielczyk等[64]将MgO-SiO_2负载在木质素结构中合成木质素/无机氧化物吸附剂。通过多孔结构参数、粒度和形态的分析，元素组成和特征官能团证实了新型吸附剂的合成，并从模型和电解废液中去除Cu(Ⅱ)的研究中，分析了提供其再利用和回收吸附铜的可能性。由此可以看出，木质素与无机氧化物的复合有望成为新一代重金属吸附剂。

笔者和课题组成员[34]以丙烯酸为单体接枝共聚合成含羧酸基团的改性木质素类吸附剂，并用于Cu^{2+}、Ni^{2+}、Zn^{2+}、Pb^{2+}、Cd^{2+} 5种金属离子的吸附。未接枝改性的木质素珠体本身具有一定的吸附能力，能去除一定量的金属离子，经接枝官能化以后的木质素吸附剂的吸附能力有了很大的提高（图4-7），接枝后的吸附量比接枝前提高了5倍以上。

图4-7中吸附条件：吸附温度为25℃；吸附剂用量为2.0g/L；溶液pH值为6；吸附时间为2.5h。金属离子初始浓度为：Cu^{2+}、Ni^{2+}、Zn^{2+}、Cd^{2+}均为1.0mmol/L，Pb^{2+}为0.75mmol/L。

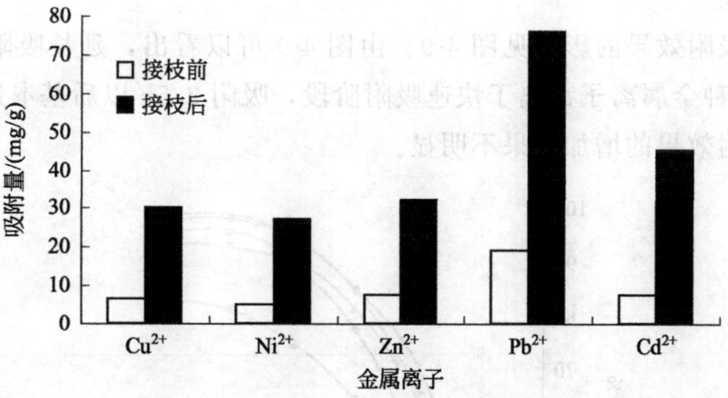

图 4-7 木质素珠体接枝前后的吸附量

笔者还同时研究了 pH 值、吸附时间、吸附质初始浓度等吸附条件的影响，并进行了吸附热力学和吸附动力学研究。

(1) 溶液的 pH 值

吸附质溶液的 pH 值不仅能影响吸附剂的表面电荷，而且也能影响吸附质的水解和电离程度，图 4-8 表明在较低的 pH 值条件下，木质素吸附剂对 5 种金属离子的吸附效率都较低，随着溶液 pH 值的提高，吸附剂的吸附率随之提高。

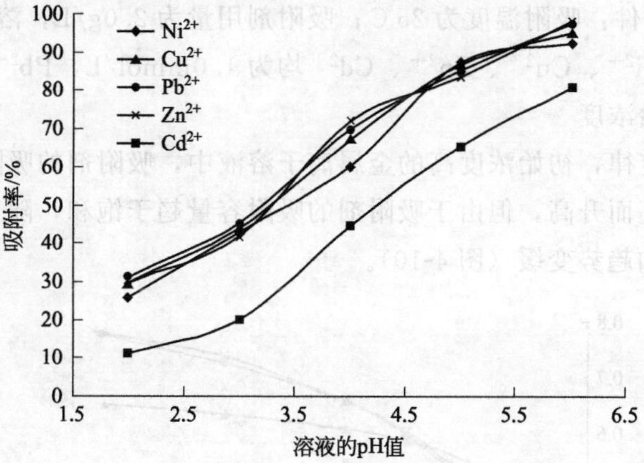

图 4-8 溶液 pH 值对吸附效果的影响曲线

图 4-8 中吸附条件：吸附温度为 25℃；吸附剂用量为 2.0g/L；吸附时间为 2.5h。金属离子初始浓度为：Ni^{2+}、Cu^{2+}、Zn^{2+}、Cd^{2+} 均为 1.0mmol/L，Pb^{2+} 为 0.75mmol/L。

木质素吸附剂在水溶液中存在下列的化学平衡：

$$\text{L-COOH} \underset{OH^-}{\overset{H^+}{\longrightarrow}} \text{L-COO}^-$$

(L 为木质素)

而金属离子在水溶液中会发生电解，而且 pH 值的增大有利于金属离子（M^{2+}）水解能力的增强，反应式如下：

$$M^{z+} + nH_2O \rightleftharpoons M[OH]_n^{z+} + nH^+$$

因此，在木质素吸附金属离子的过程中，溶液 pH 值增大可促进吸附剂的羧基（—COO^-）与 Cu^{2+} 等二价金属离子发生螯合作用，形成螯合物。

(2) 吸附时间

吸附时间对吸附效果的影响见图 4-9。由图 4-9 可以看出，延长吸附时间有利于吸附效果，在 2h 内 5 种金属离子都属于快速吸附阶段，吸附 2.5h 以后基本达到吸附平衡，继续延长时间对吸附效果的增加效果不明显。

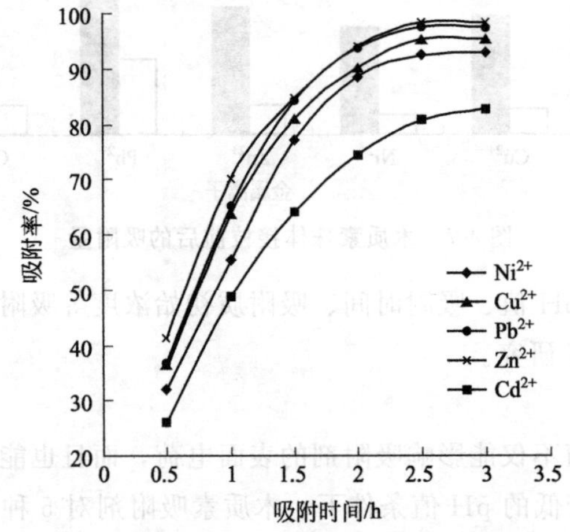

图 4-9 吸附时间对吸附效果的影响曲线

图 4-9 中吸附条件：吸附温度为 25℃；吸附剂用量为 2.0g/L；溶液 pH 值为 6。金属离子初始浓度为：Ni^{2+}、Cu^{2+}、Zn^{2+}、Cd^{2+} 均为 1.0mmol/L，Pb^{2+} 为 0.75mmol/L。

(3) 吸附质初始浓度

由于质量作用定律，初始浓度高的金属离子溶液中，吸附剂的吸附量也高，即吸附量随着离子浓度的升高而升高，但由于吸附剂的吸附容量趋于饱和，随着金属离子浓度的不断升高，吸附量增加趋势变缓（图 4-10）。

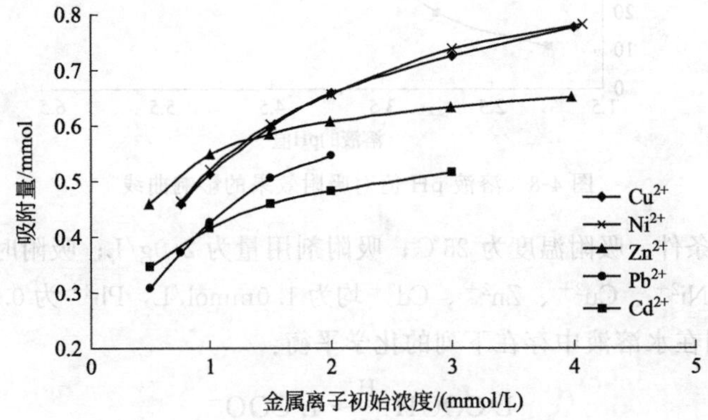

图 4-10 金属离子初始浓度对吸附效果的影响曲线

图 4-10 中吸附条件：吸附温度为 25℃；吸附剂用量为 2.0g/L；溶液 pH 值为 6；吸附时间为 2.5h。

通过等温吸附实验及吸附热力学及动力学研究可知，5 种金属离子在木质素吸附剂上的吸附都符合 Langmuir 吸附等温式和 Freundlich 吸附等温式；木质素吸附剂对金属离子的吸附以化学吸附为主；吸附过程由表面扩散和颗粒内扩散联合控制，但以颗粒内扩散为主。

此外，动态吸附也可以达到理想的吸附效果（图 4-11），动态吸附所需的时间很短，吸附 100mL 吸附质所需要的时间仅为 20min（泵流量为 5.0mL/min），而静态吸附的时间长得多（2.5h），但动态吸附的效果略优于静态吸附，这可能是静态吸附时间较长的原因。

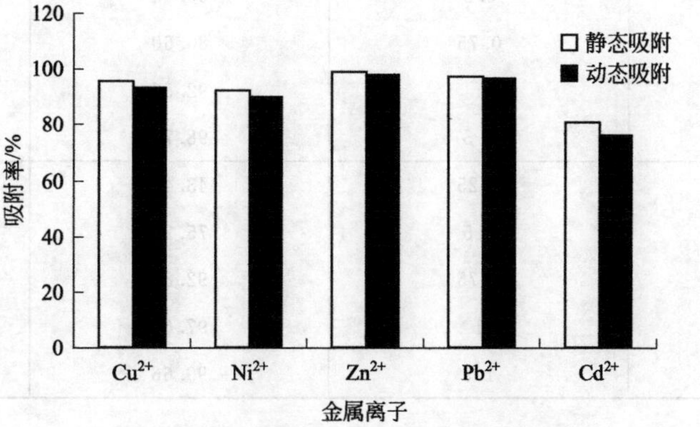

图 4-11　静态吸附与动态吸附的效果

图 4-11 中吸附条件：吸附温度为 25℃；溶液 pH 值为 6。金属离子初始浓度为：Cu^{2+}、Ni^{2+}、Zn^{2+}、Cd^{2+} 均为 1.0mmol/L，Pb^{2+} 为 0.75mmol/L。静态吸附时间为 2.5h，吸附剂用量为 2.0g/L。

吸附剂吸附后，进行解吸再生能力的研究，其静态解吸和动态解吸再生实验结果见表 4-3。

表 4-3　不同酸浓度的解吸效果

金属离子	HCl 浓度/(mol/L)	解吸率/%	
		静态解吸	动态解吸
Cu^{2+}	0.25	29.78	28.71
	0.5	65.72	64.99
	0.75	85.19	84.77
	1	93.87	93.61
	1.5	99.85	99.77
Ni^{2+}	0.25	36.63	36.11
	0.5	67.8	67.30
	0.75	88.78	88.46
	1	95.74	95.57
	1.5	99.25	99.20
Zn^{2+}	0.25	27.33	25.67
	0.5	60.80	60.40
	0.75	82.45	82.16
	1	89.77	89.54
	1.5	98.23	98.01

续表

金属离子	HCl 浓度/(mol/L)	解吸率/%	
		静态解吸	动态解吸
Pb^{2+}	0.25	31.30	29.88
	0.5	66.42	65.74
	0.75	86.60	86.10
	1	92.56	92.85
	1.5	98.73	98.54
Cd^{2+}	0.25	43.41	42.78
	0.5	75.23	74.53
	0.75	92.88	92.20
	1	97.61	97.40
	1.5	99.66	99.57

表 4-3 中吸附条件：吸附温度为 25℃；溶液 pH 值为 6；静态解吸时间为 2.0h；动态解吸时间为 30min（泵流量为 2.5mL/min）。

由表 4-3 可以看出，用 HCl 来解吸再生球形木质素吸附剂可取得很好的效果，而且解吸效率随着 HCl 浓度的增大而增大，当 HCl 浓度达到 1.5mol/L 时各金属离子均可取得很好的解吸再生效果。

对木质素吸附剂进行重复利用研究，结果见表 4-4。由表 4-4 中数据可知，木质素吸附剂在 5 次吸附和解吸再生的使用过程中，吸附率和解吸再生率逐渐趋于稳定，吸附率降低慢慢变小，说明木质素吸附剂具有良好的重复利用和解吸再生能力。

表 4-4 木质素吸附剂重复利用效果

重复次数	吸附率/%			解吸率/%		
	Cu^{2+}	Zn^{2+}	Pb^{2+}	Cu^{2+}	Zn^{2+}	Pb^{2+}
1	95.21	98.89	97.47	99.85	98.23	98.58
2	94.87	98.34	96.66	99.58	98.25	98.26
3	94.16	97.77	95.84	99.31	98.13	98.06
4	93.93	97.35	95.51	99.06	98.01	97.65
5	93.8	97.21	95.36	98.81	97.82	97.47

表 4-4 中吸附条件：吸附温度为 25℃；溶液 pH 值为 6；金属离子初始浓度 Cu^{2+}、Zn^{2+} 为 1.0mmol/L，Pb^{2+} 为 0.75mmol/L；静态吸附时间为 2.5h；吸附剂用量为 2.0g/L；动态吸附时间为 20min（泵流量为 5.0mL/min）；解吸液为 1.5mol/L 的 HCl，静态解吸时间为 2.0h，动态解吸时间为 30min（泵流量为 2.5mL/min）。

4.3.2 氨基酸类物质的吸附

笔者和课题组成员[35]研究了偕胺肟基螯合球形木质素吸附剂对 L-赖氨酸、L-精氨酸和 L-组氨酸的吸附性能，如表 4-5 所列。

表 4-5　静态吸附氨基酸的效果

吸附质	初始质量浓度/(mg/L)	平衡质量浓度/(mg/L)	吸附率/%	平衡吸附容量/(mg/g)
L-赖氨酸	400.0	263.0	34.3	84.4
L-精氨酸	400.0	236.6	40.9	103.1
L-组氨酸	400.0	255.9	36.0	90.0

表 4-5 中吸附条件：吸附温度为 20℃；吸附时间为 120min；吸附 L-赖氨酸、L-精氨酸和 L-组氨酸溶液时的 pH 值分别为 9.0、9.0 和 5.0。

碱性氨基酸在吸附之前，通常要用盐酸、氨水或者氢氧化钠调节 pH 值至一定值，因此，碱性氨基酸中存在一定量的氯化铵或氯化钠等无机盐。氯化铵或氯化钠的存在，对碱性氨基酸在球形木质素吸附剂上的吸附有一定的影响。实验测定了不同氯化钠、氯化铵浓度（0～1.0mol/L）对吸附剂吸附容量的影响，实验结果如表 4-6 所列。

表 4-6　不同浓度 NaCl 和 NH_4Cl 对平衡吸附容量的影响

盐	浓度/(mol/L)	平衡吸附容量/(mg/g)		
		L-赖氨酸	L-精氨酸	L-组氨酸
NaCl	0	84.39	103.03	89.94
	0.1	78.4	96.67	84.24
	0.2	57.65	77.59	73.72
	0.4	37.53	59.78	59.79
	0.6	18.76	41.976	38.06
	0.8	3.58	29.26	24.75
	1.0	1.47	25.44	14.72
NH_4Cl	0	84.39	103.03	89.94
	0.1	81.7	94.13	82.08
	0.2	79.73	68.69	54.84
	0.4	71.5	38.16	34.79
	0.6	55.1	25.44	24.75
	0.8	19.98	16.54	12.21
	1.0	9.8	11.45	4.7

表 4-6 中吸附条件：吸附温度为 20℃；ρ(吸附剂)＝4.0g/L；吸附时间为 120min；吸附 L-赖氨酸、L-精氨酸和 L-组氨酸时 pH 值分别为 9.0、9.0 和 5.0；初始质量浓度为 400mg/L。

从表 4-6 中可以明显地看出，随着氯化钠浓度的增大，各氨基酸的吸附容量迅速降低，其中氯化铵的影响比氯化钠更为明显。当氯化钠、氯化铵浓度达到 1.0mol/L 时，氨基酸的吸附容量就变得相当小。氯化铵或氯化钠对吸附容量的影响是由于铵离子或钠离子与碱性氨基酸阳离子的竞争吸附。铵离子或钠离子，它们也可以被吸附剂所吸附，而且，由于铵离子和钠离子的粒子尺寸比氨基酸阳离子的粒子尺寸小，更易被吸附。因此，这些小的无机盐离子的存在，会对氨基酸离子的吸附造成明显的影响。试验结果表明，要用球形木质素吸附剂吸附分离各种氨基酸，必须尽可能脱除母液中的氯化铵或氯化钠，以保证较高的吸附率。

用 2.0mol/L 的氨水作解析液对吸附剂进行解吸再生，结果见表 4-7。由表 4-7 中数据可知：球形木质素吸附剂经 5 次吸附和解吸再生后，吸附率和解吸再生率逐渐趋于恒定，而且吸附率降低（降低率＜3.0%），说明球形木质素吸附剂不仅可以再生使用，而且具有较强的重复应用能力。

表 4-7 球形木质素吸附剂重复使用效果

重复次数	吸附容量/(mg/g)			解吸率/%		
	L-赖氨酸	L-精氨酸	L-组氨酸	L-赖氨酸	L-精氨酸	L-组氨酸
1	84.4	103.1	90	98.4	98.9	97.6
2	83.9	101.7	89.4	98.2	99.0	97.3
3	82.3	100.7	89.1	98	98.8	97.1
4	81.9	100.5	88.8	98	98.7	96.6
5	81.3	100.1	88.3	98.2	98.5	96.5

表 4-7 中吸附条件：吸附温度为 20℃；吸附时间为 120min；吸附 L-赖氨酸、L-精氨酸和 L-组氨酸溶液时的 pH 值分别为 9.0、9.0 和 5.0；静态解吸时间 60min；各解吸液的浓度均为 2mol/L。

笔者和课题组成员[65]还通过静态吸附试验，研究了环氧氯丙烷交联制备的球形木质素吸附剂对 L-天冬氨酸的吸附动力学和热力学特性，探讨了 pH 值对吸附过程的影响。结果表明，当溶液 pH 值为 3.0 时吸附剂的平衡吸附容量为 518.0mg/g，球形木质素吸附剂对 L-天冬氨酸的吸附速率同时受液膜扩散和颗粒内扩散过程控制。吸附符合 Langmuir 和 Freundlich 等温吸附方程。且焓 $\Delta H=16.81$kJ/mol，表明该吸附反应是以吸热的化学吸附过程为主，活化能 $E_a=3.3406$kJ/mol，说明球形木质素吸附剂的吸附过程是以颗粒内扩散为主。

4.3.3 有机染料的吸附

木质素基吸附材料对有机染料也表现出优异的吸附能力，这是因为木质素的活性官能团能与有机染料结合，从而去除有机染料。范娟等[41]以甲醛交联反应制得的球状木质素基离子交换树脂处理染料废水，发现树脂对低浓度和高浓度的阳离子染料溶液均有很好的吸附作用，对阳离子染料的饱和吸附量可达 250mg/g 干树脂，而且前期吸附速度快，30min 后吸附速率趋缓，升高温度有利于前期吸附速率的增大，并且吸附剂对阳离子染料的脱色作用是离子交换与化学吸附共同作用的结果。

笔者和课题组成员[66]以马尾松浆厂提供的碱木质素为原料研制出一种含有季铵基团的球形木质素吸附剂 SLBA，并研究其对活性翠蓝 KN-G 的吸附特性。实验结果表明：活性翠蓝 KN-G 在吸附剂上的吸附效果取决于吸附质溶液的 pH 值和吸附质的初始浓度。初始浓度的增大有利于提高平衡吸附容量。在 3～8 的 pH 值范围内，去除率从 12.3%迅速升至 98.6%，当溶液的 pH 值为 10.0 时，去除率达 100%。吸附过程符合 Langmuir 吸附等温式。平衡常数的无量纲系数 RL 为 8.711×10^{-4}，远小于 0.1，说明活性翠蓝 KN-G 在 SLBA 上的吸附很容易进行。而且，SLBA 吸附剂的饱和吸附容量为 816.3mg/g，总的穿透容量为 761mg/g，吸附效果明显优于活性炭（表 4-8）。吸附在 SLBA 吸附剂上的活性翠蓝可用乙醇、双氰胺-甲醛缩聚物和盐酸混合物解析，解析率可达 98.7%。

表 4-8 动态吸附对比实验

吸附剂	SLBA	颗粒活性炭	粉状活性炭
穿透体积/mL	10.46	6.81	7.63
总体积/mL	14.5	12.6	13.7
穿透吸附容量/(mg/g)	761	136	153

徐继红等[67]研究了木质素基水凝胶吸附剂 LS-g-PAMPS/AA 对亚甲基蓝染料的吸附性能，结果显示，在亚甲基蓝初始浓度为 1000mg/L，吸附剂用量为 0.1g 时，吸附量和吸附率分别达 1914mg/g 和 95%，平衡吸附数据满足 Langmuir 吸附等温模型，吸附动力学曲线较好地符合准二级动力学反应模型。

为了进一步提高吸附剂的吸附容量与吸附剂的可再生性，Wang 等[68]研究超声波照射下，在木质素-g-p(AM-co-NIPAM)/MMT 掺入蒙脱石，合成丙烯酰胺和 *N*-异丙基丙烯酰胺木质素的新型混合水凝胶。混合水凝胶具有较薄的孔壁，混合蒙脱石后的热稳定性和机械强度更好。使用水凝胶从水溶液中除去亚甲基蓝，表现出良好的溶胀消除性能，且平衡吸附数据符合 Langmuir 和 Freundlich 模型，最佳吸附值为 9646.92mg/g。该水凝胶具有优异的再生能力，吸附、解吸 5 个循环之后其吸附能力略有下降。

Tang 等[69]通过将聚丙烯酸-γ-丙烯酰胺接枝到木质素磺酸盐分子上进行交联，制备木质素磺酸盐-g-聚(丙烯酸-丙烯酰胺）的介孔材料（LSMM），并从水溶液中除去孔雀石绿（MG）。吸附符合准二级吸附动力学方程和 Langmuir 吸附等温式，吸附过程为吸热反应。LSMM 可用作废水中难溶性阳离子有机染料的低成本吸附剂。

与传统的吸附剂相比，微球能够提供更大的表面积，具有更好的扩散、分散和传质行为。Li 等[70]通过在混合的四氢呋喃-Fe_3O_4 纳米颗粒水性介质中，倒入溶解在有机溶剂中的酯化木质素、马来酸酐（MA），制备木质素中空微球（LHM）。此外，还通过引入 Fe_3O_4 纳米颗粒制备磁性木质素球（MLS）。MLS 可以快速有效地从污水中吸附有机染料，且该吸附剂容易再生。

4.3.4 抗生素的吸附

由于成本较低、操作步骤方便快捷，同时避免有毒中间产物的生成又不会造成二次污染，吸附法成为去除水环境中抗生素最常用的方法，而木质素吸附剂则是一种有效的抗生素吸附剂。

Xie 等[71]通过使用造纸工业副产品木质素磺酸钠（SLS）作为生物质前体，通过埃洛石纳米管模板和原位 KOH 活化的组合，制备了一种新颖的可持续层状多孔碳（HPC）（命名为 LCTA）。经研究证明，LTCA 拥有 $2320m^2/g$ 的比表面积，$1.342cm^3/g$ 的孔体积，优异的环境适应性和良好的再生能力使得该新型吸附剂为抗生素废水处理带来希望。

马平[72]以价格低廉、来源丰富的造纸工业副产品木质素磺酸钠（SLS）作为碳源，通过不同方法制备了 3 种不同形貌的多孔碳材料作为吸附剂并研究其对水环境中四环素类抗生素（TC）的吸附分离行为。

① 以 SLS 作为碳源，通过预碳化与 KOH 活化等步骤制备得到含有大量微孔结构且对水环境中的 TC 具有超高吸附性能的多孔碳材料（LCA-850-4），该材料具有可调微观结构，高比表面积（$2805.8m^2/g$）和孔体积（$1.45cm^3/g$），在 298K 处显示出最大吸附量，为 1173mg/g。对水中四环素（TC）进行吸附实验和再生实验，结果表明 LCA-850-4 具有快速动力学和优异的可重复性，在实际的药用抗生素废水处理中具有巨大的潜力[73]。

② 以天然矿物埃洛石（HNTs）为硬模板剂，SLS 为碳源，通过硬模板法和 KOH 活化法，制备得到结构新颖的木质素基多级孔碳材料（LTCA），其比表面积为 $2320m^2/g$，孔体积为 $1.342cm^3/g$，在 298K 时，LTCA 对 TC 的平衡吸附量高达 1297.0mg/g，温度升高，平衡吸附量增加。

③ 以成本低，易去除的无机盐氯化钠（NaCl）作为硬模板，SLS 作为碳源，通过硬模板法与 KOH 活化法成功制备出含有大量微孔结构的碳纳米片（LTCA-NaCl），实验结果显示，由于硬模板 NaCl 的作用使得形成大量碳纳米片结构进而导致具有超高比表面积（$3504.8m^2/g$）和总孔体积（$1.997cm^3/g$）的 LTCA-NaCl 显示出了对 TC 的非凡吸附性能，具体表现在高平衡吸附量，快速的吸附动力学以及良好的再生性能。静态吸附结果显示，在 298K 时，LTCA-NaCl 对 TC 的平衡吸附量高达 1613.63mg/g，Langmuir 吸附等温模型和准二级动力学模型可以很好地描述吸附行为。

4.3.5 其他污染物的去除

Vakurova 等[74]研究发现改性木质素吸附剂能有效地去除高浓废水中的溴和氯等卤素。Dizhbite 等[75]的研究结果表明水解木质素氨基衍生物的阴离子交换容量为 2mg/g，木质素对苯酚及含氮芳香族化合物有很高的吸附能力，经季铵化改性后，对苯酚的吸附能力增加 2～3 倍，而且改性产品对重金属的吸附性能也有很大的提高。此外，季铵化木质素吸附剂对胆汁酸和胆固醇的吸附量分别达 140mg/g 和 80mg/g。作者认为木质素吸附方式主要有物理吸附、氢键、配位键、共价键、酸碱中和，而这些吸附机制发生的先决条件是木质素的溶解度相对小，以及其基本交联结构中存在大量各异的含氧基团。木质素表面官能团与水分子形成氢键，这种情况下吸附发生的条件是：有机物与木质素表面吸附中心间互相作用的吉布斯自由能足以破坏有机分子与吸附表面间的溶剂层。

方桂珍[76]以碱法制浆中得到的麦草碱木质素为原料，选用固载化的方法，把 β-环糊精通过醚键接枝到该木质素上，制备出了一种木质素基-β-环糊精醚（简称 L-β-CD）多功能吸附剂，研究该吸附剂对水溶液中有机物苯酚、苯胺的吸附性能。通过对比（表 4-9），可以看出，木质素经改性后，对有机物的吸附性能大幅度提高。其中，木质素基-β-环糊精醚对苯酚的吸附容量是木质素的 2.325 倍，对苯胺的吸附容量是木质素的 5.382 倍。环糊精在对有机物的吸附过程中起着重要的作用。

表 4-9　木质素与 L-β-CD 对苯酚、苯胺的吸附容量（Q）对比

样品	苯酚吸附容量 Q/(mg/g)	苯胺吸附容量 Q/(mg/g)
木质素	0.6	0.5
L-β-CD	2.325	5.382

从图 4-12、图 4-13 中可以看出，在不同的 pH 值条件下 L-β-CD 对苯酚、苯胺的吸附容量有较大的差异。在 pH＝7 时，L-β-CD 对苯酚、苯胺的吸附容量较高，这是因为在酸性环境下，L-β-CD 中的环糊精的糖配键发生水解断裂，生成葡萄糖基的碎片，使吸附剂吸附能力下降。pH 为中性左右时有利于苯酚中的酚羟基与环糊精上的羟基之间形成氢键，从而促进了包合作用。而如果在碱性条件下，由于木质素易溶于碱性溶液中，也会使吸附剂吸附能力下降。故 L-β-CD 适合处理中性污水中的苯酚、苯胺类有机物。从结果可以看出，L-β-CD 对于苯酚、苯胺的吸附有别于普通的物理吸附过程。

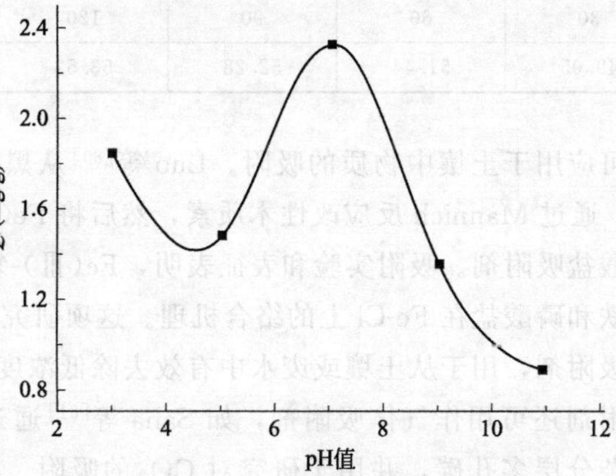

图 4-12　pH 值对 L-β-CD 苯酚吸附容量的影响

Hu 等[77]使用木质素分子修饰的硅胶作为吸附剂，当在环境温度和大气压下进行烃类膜萃取后，对各种三嗪类似物和黄曲霉毒素的水溶液浓缩，结果表明，这类膜材料使用时浓缩时间大大减少，这是因为吸附剂能够有效吸附三嗪类似物和黄曲霉毒素，促进浓缩，且不造成膜堵塞。

Won 等[78]利用氯化锂（LiCl）/二甲基亚砜（DMSO）溶剂系统成功溶解了丝胶和木质素，且该系统具有足够的黏度用于珠粒制备，成功制备了丝胶和木质素混合珠。与常规的丝胶吸附剂相比，由于木质素的加入，丝胶蛋白/木质素混合珠显示出较高的吸附能力。

笔者和课题组成员[79]用球形磺酸化木质素树脂对苦参碱进行了静态吸附行为的研究，由表 4-10 可以看出苦参碱吸附容量随着振荡时间的延长而变大，但是变化幅度不大，说明此吸附过程是一个快速吸附过程。通过等温吸附实验，可知树脂对苦参碱的吸附平衡数

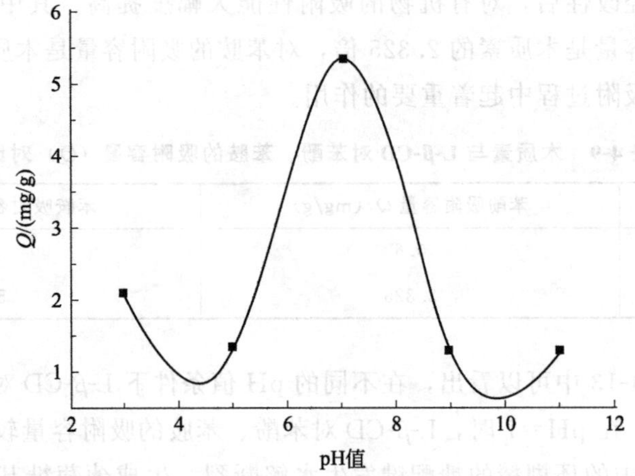

图 4-13 pH 值对 L-β-CD 苯胺吸附容量的影响

据基本符合 Freundlich 吸附等温模型；且吸附过程属于放热过程，吸附行为主要为物理吸附但有部分化学吸附，降低温度有利于吸附。

表 4-10 振荡时间对吸附容量的影响

吸附时间/min	30	60	90	120	150	180
吸附容量/(mg/g)	49.05	51.44	52.28	53.52	54.75	56.84

木质素吸附剂也可应用于土壤中物质的吸附。Luo 等[80]从黑液中回收木质素，以三亚乙基四胺（TETA）通过 Mannich 反应改性木质素，然后将 Fe(Ⅲ）螯合到胺化的木质素上，以设计高效磷酸盐吸附剂。吸附实验和表征表明，Fe(Ⅲ)-复合木质素（Fe-Cl）的磷酸盐吸附机理遵循铁和磷酸盐在 Fe-Cl 上的络合机理。这项研究意味着生物基质木质素可以用作一种潜在的吸附剂，用于从土壤或废水中有效去除低浓度磷酸盐。

此外，木质素吸附剂还可用作气体吸附剂，如 Saha 等[81]通过 KOH 和 NH_3 活化木质素前体，合成氮掺杂分层多孔碳，并用于研究对 CO_2 的吸附。实验结果表明，随着氮含量的增加，吸附剂的选择性增加，且在循环 10 次实验后吸附能力没有下降，这对大气污染的治理提供了新的手段。

笔者和课题组成员[82]采用马尾松造纸黑液提取的木质素为原料，通过炭化活化后得到木质素活性炭，将木质素活性炭溶于锌盐溶液，添加铁盐溶液、表面活性剂等，在一定条件下制得铁锌基木质素活性炭脱硫剂。该脱硫剂的比表面积为 $1243m^2/g$，对 SO_2 所能吸附的硫容为 432mg/g，可有效脱除废气中的 SO_2、SO_3、H_2S、有机硫等。

参 考 文 献

[1] Demirbas A. Adsorption of Cr(Ⅲ) and Cr(Ⅵ) ions from aqueous solutions on to modified lignin. Energy Sources, 2005, 27 (15): 1449-1455.

[2] Peternele W S, Winkler-Hechenleitner A A, Gomez P. Adsorption of Cd(Ⅱ) and Pb(Ⅱ) onto functionalized formic lignin from sugar cane bagasse. Bioresource Technology, 1999, 68 (1): 95-100.

[3] Koch H F, Roundhill D M. Removal of mercury(Ⅱ) nitrate and other heavy metal ions from aqueous solution by a

thiomethylated lignin material. Separation Science and Technology, 2001, 36 (1): 137-143.

[4] Carrillo-Morales G, Davila-Jimenez M M, Elizalde-Gonzalez M P, et al. Removal of metal ions from aqueous solution by adsorption on the natural adsorbent CACMM$_2$. Journal of Chromatography A, 2001, 938 (1-2): 237-242.

[5] 范娟，詹怀宇，刘明华．木质素基吸附材料的研究进展．中国造纸学报，2004，19 (2)：181-187.

[6] 李强，陈志强，李宏宇．木质素基离子交换树脂在放射性素分离上的应用．现代化工，2008，28 (10)：27-31.

[7] 覃江燕，朱建华，宋清，等．球形碱木素阴离子交换剂的研制和初步应用．离子交换与吸附，1993，9(3)：204-210.

[8] 刘明华，林春香．天然高分子改性吸附剂．北京：化学工业出版社，2011.

[9] Orlando U S, Okuda T, Baes A U, et al. Chemical properties of anion-exchangers prepared from waste natural materials. Reactive and Functional Polymers, 2003, 55 (3): 311-318.

[10] Orlando U S, Baes A U, Nishijima W, et al. Preparation of agricultural residue anion exchangers and its nitrate maximum adsorption capacity. Chemosphere, 2002, 48 (10): 1041-1046.

[11] 陈进富，娄世松，陆绍信．天然气吸附剂的开发及其储气性能的研究——Ⅳ. 吸附剂制备与体积法评定吸附剂的储气性能．燃料化学学报，1999，27 (5)：399-402.

[12] 徐志宏，漆辉，漆玉邦．造纸废水的等温吸附试验．四川农业大学学报，1999，17 (3)：309-312.

[13] 周建斌，张齐生，高尚愚．水解木质素制备药用活性炭的研究．南京林业大学学报（自然科学版），2003，27 (5)：40-42.

[14] 朱建华，司徒锋，覃江燕．球型木质素碳化树脂的制备及性能研究．离子交换与吸附，1999，15 (4)：344-348.

[15] Baklanova O N, Plaksin G V, Drozdov V A, et al. Preparation of microporous sorbents from cedar nutshells and hydrolytic lignin. Carbon, 2003, 41 (9): 1793-1800.

[16] 孙勇，张金平，杨刚，等．芦苇黑液木质素制备活性炭吸附漂白废水中的苯酚．中华纸业，2006，27 (4)：75-77.

[17] 张冠中，赵师辛，陈梦涵，等．碱木质素基活性炭的制备与孔结构特征．林业机械与木工设备，2017，45 (2)：35-39.

[18] Masri M S, Reuter F W, Friedman M. Binding of metal cations by natural substances. Journal of Applied Polymer Science, 1974, 18 (3): 675-681.

[19] Srivastava S K, Singh A K, Sharma A. Studies on the uptake of lead and zinc by lignin obtained from black liquor-a paper industry waste material. Environmental Technology, 1994, 15 (4): 353-361.

[20] Lalvani S B, Wiltowski T S, Murphy D, et al. Metal removal from process water by lignin. Environmental Technology, 1997, 18 (11): 1163-1168.

[21] Lalvani S B, Hubner A, Wiltowski T S. Chromium adsorption by lignin. Energy Sources, 2000, 22 (1): 45-56.

[22] Acemioğlu B, Samil A, Alma M H, et al. Copper(Ⅱ) removal from aqueous solution by organosolv lignin and its recovery. Journal of Applied Polymer Science, 2003, 89 (6): 1537-1541.

[23] Peternele W S, Winkler-Hechenleitner A A, Pineda E A G. Adsorption of Cd(Ⅱ) and Pb(Ⅱ) onto functionalized formic lignin from sugar cane bagasse. Bioresource Technology, 1999, 68 (1): 95-100.

[24] Yang Y, Ladisch M R, Ladisch C M. Alcohol adsorption on softwood lignin from aqueous solutions. Biotechnology and bioengineering, 1990, 35 (3): 268-278.

[25] Dizhbite T, Zakis G, Kizima A. Lignin-a useful bioresource for the production of sorption-active materials. Bioresource Technology, 1999, 67 (3): 221-228.

[26] Košíková B, Mlynar J, Joniak D, et al. Binding of carcinogens by lignin derivatives. Cellulose Chem & Technol, 1990, 24: 85.

[27] Košíková B, Slameňová D, Mikulášová M, et al. Reduction of carcinogenesis by bio-based lignin derivatives. Biomass & Bioenergy, 2002, 23 (2): 153-159.

[28] Lebek J, Wladyslaw W. Adsorption of some textile dyes on post vanillin lignin during its precipitation. Cellulose Chem & Technol, 1996, 30 (3): 213-221.

[29] Riggle B D, Penner D. Kraft lignin adsorption of alachlor and chloramben as a controlled-release function evaluation. Journal of Agricultural & Food Chemistry, 1994, 42 (11): 2631-2633.
[30] Ludvík J, Zuman P. Adsorption of 1,2,4-triazine pesticides metamitron and metribuzin on lignin. Microchemical Journal, 2000, 64 (1): 15-20.
[31] 林音，程贤甦．木质素衍生物与木瓜蛋白酶的相互作用研究．功能材料，2007，38（A07）：2786-2788.
[32] 雷中方，陆雍森．木质素与丙烯酰胺的接枝改性及产物水处理性能．化学世界，1998（11）：585-589.
[33] 刘明华，邹锦光，洪树楠，等．造纸黑液制备球形阳离子木质素吸附树脂．环境科学，2005，26（5）：120-123.
[34] 洪树楠．一种球形木质素金属吸附剂的研制及其应用研究．福州：福州大学，2004.
[35] 陈国奋．一种螯合球形木质素吸附剂的制备及应用研究．福州：福州大学，2009.
[36] 刘敏威．磁性螯合木质素吸附剂的制备及应用研究．福州：福州大学，2015.
[37] 苗天博．氰乙基球形木质素吸附剂的制备及应用研究．福州：福州大学，2016.
[38] 郑福尔．球形马尾松碱木素吸附剂对氨基酸的吸附行为研究．福州：福州大学，2007.
[39] 胡春平．木质素基β-环糊精醚的制备及吸附性能研究．哈尔滨：东北林业大学，2007.
[40] 范娟，詹怀宇，尹覃伟，等．球形木素基离子交换树脂的合成及基本性能．中国造纸，2005，24（5）：18-22.
[41] 范娟，詹怀宇，尹覃伟．球形木质素基离子交换树脂的合成及其对阳离子染料的吸附性能．造纸科学与技术，2004，23（5）：26-28.
[42] 路军，白银娟，米春喜，等．浅谈曼尼希反应及其在有机合成中的应用．大学化学，2002，15（1）：29-32，51.
[43] Robert B, Laszol P, Miehael M M, et al. The ion-exchanging lignin derivatives prepared by Mannieh reaction with amino acids. Holzforschung, 1988, 42 (6): 369-373.
[44] 潘学军，谢来苏，隆言泉．氨基酸型木素螯合树脂的制备．纤维素科学与技术，1995，3（3）：25-30.
[45] 范娟．多功能球形木质素基吸附材料的制备及其性能研究．广州：华南理工大学，2005.
[46] Li Z, Chen J, Ge Y. Removal of lead ion and oil droplet from aqueous solution by lignin-grafted carbon nanotubes. Chemical Engineering Journal, 2017, 308: 809-817.
[47] Sobiesiak M, Podkościelna B, Sevastyanova O. Thermal degradation behavior of lignin-modified porous styrene-divinylbenzene and styrene-bisphenol A glycerolate diacrylate copolymer microspheres. Journal of Analytical & Applied Pyrolysis, 2016, 123: 364-385.
[48] Jin C, Zhang X, Xin J, et al. Clickable synthesis of 1,2,4-triazole modified lignin-based adsorbent for the selective removal of Cd(Ⅱ). ACS Sustainable Chemistry & Engineering, 2017, 5 (5): 4086-4093.
[49] Xu F, Zhu T T, Rao Q Q, et al. Fabrication of mesoporous lignin-based biosorbent from rice straw and its application for heavy-metal-ion removal. Journal of Environmental Sciences, 2017, 53 (3): 132-140.
[50] Guo X, Zhang S, Shan X Q. Adsorption of metal ions on lignin. Journal of Hazardous Materials, 2008, 151 (1): 134-142.
[51] Wu Y, Zhang S, Guo X, et al. Adsorption of chromium(Ⅲ) on lignin. Bioresource Technology, 2008, 99 (16): 7709-7715.
[52] Crist D R, Crist R H, Martin J R. A new process for toxic metal uptake by a kraft lignin. Journal of Chemical Technology and Biotechnology, 2003, 78 (2/3): 199-202, 2003.
[53] Dong D J, Fricke A L, Moudgil B M, et al. Electrokinetic study of kraft lignin. Tappi Journal, 1996, 79 (7): 191-197.
[54] Merdy P, Guillon E, Aplicourt M. Copper sorption on a straw lignin: experiments and EPR characterization. Journal of Colloid and Interface Science, 2000, 245 (1): 24-31.
[55] Merdy P, Guillon E, Aplincourt M. Iron and manganese surface complex formation with extracted lignin. Part 1: Adsorption isotherm experiments and EPR spectroscopy analysis. New Journal of Chemistry, 2002, 26 (11): 1638-1645.
[56] Flogeac K, Guillon E, Marceau E, et al. Speciation of chromium on a straw lignin: adsorption isotherm, EPR,

and XAS studies. New Journal of Chemistry，2003，27（4）：714-720.

[57] Qin L，Ge Y，Deng B，et al. Poly（ethylene imine）anchored lignin composite for heavy metals capturing in water. Journal of the Taiwan Institute of Chemical Engineers，2016，71：84-90.

[58] 刘皓，姚庆鑫，谢建军．高性能木质素基重金属离子吸附凝胶的制备．化工新型材料，2014（9）：77-79.

[59] 卑莹．球形木质素吸附剂的制备及其对金属离子的吸附性能研究．哈尔滨：东北林业大学，2013.

[60] Klapiszewski Ł，Bartczak P，Szatkowski T，et al. Removal of lead(Ⅱ) ions by an adsorption process with the use of an advanced SiO_2/lignin biosorbent. Polish Journal of Chemical Technology，2017，19（1）：48-53.

[61] Klapiszewski Ł，Bartczak P，Wysokowski M，et al. Silica conjugated with kraft lignin and its use as a novel 'green' sorbent for hazardous metal ions removal. Chemical Engineering Journal，2015，260：684-693.

[62] Klapiszewski，Ł，Siwińska-Stefańska K，Kołodyńska D. Preparation and characterization of novel TiO_2/lignin and TiO_2-SiO_2/lignin hybrids and their use as functional biosorbents for Pb(Ⅱ). Chemical Engineering Journal，2017，314：169-181.

[63] Klapiszewski Łukasz，Siwińska-Stefańska K，Kołodyńska D. Development of lignin based multifunctional hybrid materials for Cu(Ⅱ) and Cd(Ⅱ) removal from the aqueous system. Chemical Engineering Journal，2017，330：518-530.

[64] Ciesielczyk F，Bartczak P，Klapiszewski Ł，et al. Treatment of model and galvanic waste solutions of copper(Ⅱ) ions using a lignin/inorganic oxide hybrid as an effective sorbent. Journal of Hazardous Materials，2017，328：150-159.

[65] 郑福尔，刘明华，黄金阳，等．一种球形木质素吸附剂对L-天门冬氨酸的吸附行为研究．离子交换与吸附，2007，23（5）：400-407.

[66] Liu M H，Hong S N，Huang J H，et al. Adsorption behavior of reactive turquoise blue KN-G in aqueous solutions on a novel spherical lignin-based adsorbent. Acta Scientiarum Natralium Universitatis Sunyatseni，2005，44（S2）：1-6.

[67] 徐继红，穆新科，洪思明，等．木质素基水凝胶对亚甲基蓝染料的吸附性能．环境工程学报，2015，9（10）：4877-4882.

[68] Wang Y，Xiong Y，Wang J，et al. Ultrasonic-assisted fabrication of montmorillonite-lignin hybrid hydrogel：Highly efficient swelling behaviors and super-sorbent for dye removal from wastewater. Colloids & Surfaces A Physicochemical & Engineering Aspects，2017，520：903-913.

[69] Tang Y，Zeng Y，Hu T，et al. Preparation of lignin sulfonate-based mesoporous materials for adsorbing malachite green from aqueous solution. Journal of Environmental Chemical Engineering，2016，4（3）：2900-2910.

[70] Li Y，Wu M，Wang B，et al. Synthesis of magnetic lignin-based hollow microspheres：a highly adsorptive and reusable adsorbent derived from renewable resources. ACS Sustainable Chemistry & Engineering，2016，4（10）：5523-5532.

[71] Xie A，Dai J，Chen X，et al. Ultrahigh adsorption of typical antibiotics onto novel hierarchical porous carbons derived from renewable lignin via halloysite nanotubes-template and in-situ activation. Chemical Engineering Journal，2016，304：609-620.

[72] 马平．木质素基多孔碳材料的制备及其吸附分离水中四环素的应用研究．镇江：江苏大学，2016.

[73] He J，Ma P，Xie A，et al. From black liquor to highly porous carbon adsorbents with tunable microstructure and excellent adsorption of tetracycline from water：Performance and mechanism study. Journal of the Taiwan Institute of Chemical Engineers，2016，63：295-302.

[74] Vakurova I K，Diarov M D. Removing halides from wastewater. Sovien Journal of Water Chemistry and Technology，1988，10：111-112.

[75] Dizhbite T，Zakis G，Kizima A. Lignin-a useful bioresource for the production of sorption-active materials. Bioresource Technology，1999，67（3）：221-228.

[76] 方桂珍. 木质素基β-环糊精醚的制备及吸附性能研究. 哈尔滨：东北林业大学，2007.

[77] Hu S W, Chen S. Large-Scale Membrane- and Lignin-Modified Adsorbent-Assisted Extraction and Preconcentration of Triazine Analogs and Aflatoxins. International Journal of Molecular Sciences, 2017, 18 (4): 801.

[78] Won K H, Munju S, Yun H, et al. Preparation of Silk Sericin/Lignin Blend Beads for the Removal of Hexavalent Chromium Ions. International Journal of Molecular Sciences, 2016, 17 (9): 1466.

[79] 刘俊超，邓赟，董小萍，等. 球形磺酸化木质素树脂对苦参碱静态吸附及其热力学的研究. 时珍国医国药，2009, 20 (9): 2235-2236.

[80] Luo X G, Liu C, Yuan J, et al. Interfacial Solid-Phase Chemical Modification with Mannich Reaction and Fe(Ⅲ) Chelation for Designing Lignin-Based Spherical Nanoparticle Adsorbents for Highly Efficient Removal of Low Concentration Phosphate from Water. ACS Sustainable Chemistry & Engineering, 2017, 5 (8): 6539-6547.

[81] Saha D, Bramer S E V, Orkoulas G, et al. CO_2 capture in lignin-derived and nitrogen-doped hierarchical porous carbons. Carbon, 2017, 121: 257-266.

[82] 罗鑫，刘明华，王晖强，等. 一种铁锌基复合木质素活性炭脱硫剂及其制备方法. CN 106925229, 2017-07-07.

第5章 木质素絮凝剂

在所有的水处理技术和方法中，絮凝沉降法是目前国内外普遍使用的一种既经济又简单的水处理方法之一，已被广泛用于上下水、循环用水和工业用水的处理过程，可以用来降低废水的浊度和色度，去除多种高分子有机物、一些重金属离子和放射性物质等。此外，絮凝沉降法还能改善污泥的脱水性能。而决定絮凝沉降效果的因素之一是投加高效能的絮凝剂[1]。木质素分子中含有酚羟基、醇羟基、甲氧基、醛基、羧基等活性基团，可以发生氧化、还原、磺甲基化、烷氧化等改性反应。通过改变木质素的空间构型、增大分子量、引进具有絮凝性能的官能团，改性后的木质素具有独特的絮凝性能，这在促进溶解有机物的吸附和胶体、悬浮颗粒的网捕方面起着重要作用[2]。

5.1 阴离子型改性木质素类絮凝剂

在制浆造纸过程中，植物原料中的木质素经过化学药品的作用，发生降解而溶于蒸煮液，从而变成具阴离子性质的大分子物质，如木质素磺酸盐具有磺酸基、羟基等活性基团，这些基团可以“捕集”废水中的一些阳离子基团和重金属离子，因此可直接利用木质素磺酸盐溶液处理一些电镀废水、季铵盐废水等[3]。碱木质素是碱法制浆造纸黑液中分离出来的产物，它具有阴离子型高分子混凝剂的性能，即良好的反应活性，在酸性状态下易脱稳凝聚等，特别适用于处理酸性废水，如味精废水、某些化工废水等。对酸性废水中带电的蛋白质、菌体、染料等胶体和悬浮物，碱木质素是一种有效的絮凝剂。

5.1.1 木质素磺酸盐

木质素磺酸盐的制备途径及木质素的磺化工艺详见3.2.2.3木质素磺酸盐制备。

陈俊平[4]用制得的絮凝剂产品处理广州绢麻厂的煮车间废水，回收其中的蛋白质，研究表明：pH 值越小，絮凝效果越好，蛋白质回收率越高，但 pH 值太小，处理成本加大，而且还会腐蚀设备。因此处理此类废液时，絮凝剂在 pH＝3.0 时的最佳投加量为 30mg/L。而且搅拌速度与时间对絮凝效果也有影响，搅拌速度不能太快，时间不宜过长，研究表明最佳的搅拌时间为 10min，搅拌速度为 24r/min。絮凝剂在处理该类废水时，COD_{Cr}去除率为 62.3%。此外，木质素本身是具有良好反应活性的阴离子型高分子聚合物，在混凝过程中可通过化学键加强对水中有机物的吸附。木质素胶体在酸性状态下易脱稳凝，并形成层状和卷筒状的絮体，对废液中胶粒产生卷扫和网捕作用。直接利用木质素可除去酿造废水中 90%以上的悬浮及胶体物质，特别适用于回收味精废母液中悬浮或胶体状的高浓度菌体蛋白（SCP）。其混凝机理是：静电吸引与电性中和作用，卷扫和网捕沉降作用。因此，木质素直接脱除阳离子染料、还原染料、直接染料和部分弱酸性染料的效果很好，但对分散染料、活性染料的效果不佳。

He 等[5]通过硝酸氧化和磺甲基化反应制备阴离子型絮凝剂磺甲基化软木木质素（OSKL），并用于处理模拟阳离子染料废水。结果表明，随着 OSKL 电荷密度的提高，絮凝效果变好。在室温条件下，当 pH 值为 9、染料浓度为 300mg/L、絮凝剂投加量为 300mg/L 时，OSKL 对染料的去除率为 99.1%，COD 的去除率为 90%；无机盐的存在会对絮凝效果产生不利影响。

5.1.2 木质素磺酸盐接枝共聚物

木质素磺酸盐接枝共聚物的制备方法详见 3.2.2.4 木质素磺酸盐改性中的“接枝共聚”。

张芝兰等[6]用草本木质素、聚合氯化铝（PAC）和聚丙烯酰胺（PAM）处理味精废水和染料废水，其中废水的水质指标结果见表 5-1。

表 5-1 废水水质指标

废水	pH 值	COD_{Cr}/(mg/L)	BOD_5/(mg/L)	SS/(mg/L)	无机盐(Cl^-)/(mg/L)
味精废水	3.0～3.5	$(3～6)\times10^4$	$(1.5～2.0)\times10^4$	5000	2×10^4
分散染料废水	0.5～3.0	700～1000	—	—	—

注：染料废水为深棕色。

木质素处理味精废水的效果见图 5-1，泥渣沉降曲线见图 5-2。味精废水的主要成分是呈胶体和悬浮状态的菌体蛋白、多肽以及氨基酸类物质。木质素既有阴离子型絮凝剂的作用又有吸附剂的作用，因此木质素处理味精废水的主要机理是静电吸引与电性中和作用，同时有憎水卷扫和网捕沉降，所以处理效果比较好。而聚合氯化铝和聚丙烯酰胺对高浓度酸性废水无处理效果，这就是木质素的优越性。

木质素、聚合氯化铝（PAC）和聚丙烯酰胺（PAM）处理高酸度分散染料废水的效果见表 5-2。废水中的分散染料带负电荷，而木质素也带负电荷，它们之间不会发生如味精废水与木质素之间的电荷作用，主要依靠颗粒间的氢键作用相互吸引，当氢键的吸引力大于各自负电荷之间的斥力时就会发生胶体凝聚，接着被网状片层沉析的木质素卷扫下来，因此絮凝沉降性能较好。

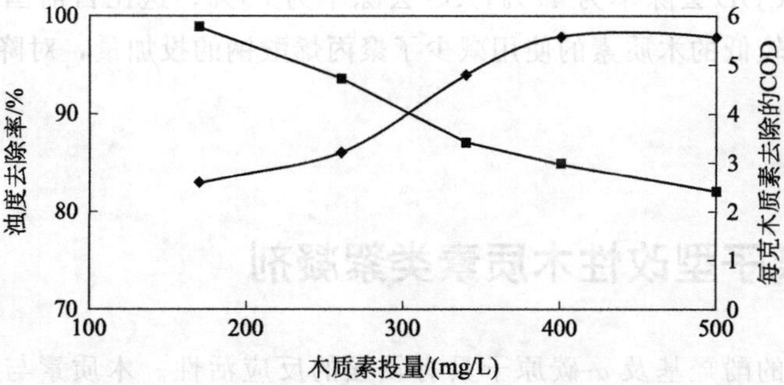

图 5-1 木质素处理味精废水的效果

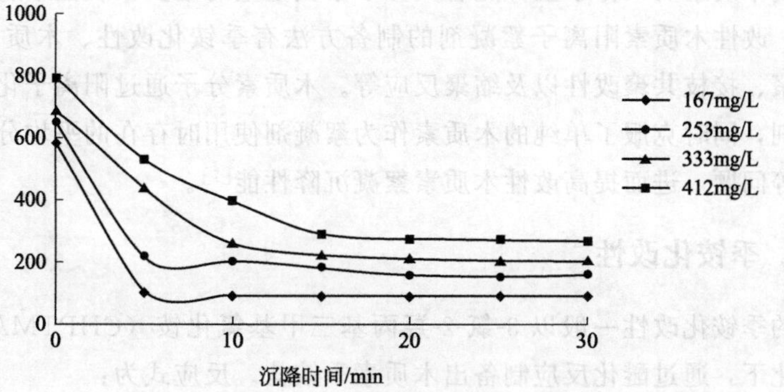

图 5-2 泥渣沉降曲线

表 5-2 木质素、PAC 和 PAM 处理高酸度分散染料废水的效果

絮凝剂	用量/(mg/L)	浊度/NTU	浊度去除率/%	色度/倍	色度去除率/%
无	0	260		3.546	
草类木质素	90	44	81.4	2.001	37.9
	170	27	87.5	1.775	40.6
	285	4.0	97.8	1.484	41.4
	375	3.5	98.0	1.318	41.5
PAC	130	80.4	69.1		
PAM	0.5	无絮体生成			
	2.0	无絮体生成			

注：投加 PAC 之前，首先将废水的 pH 值调至 7 左右。

这里必须指明的是，对于处理低浓度的废水，木质素磺酸盐丙烯酰胺接枝共聚物与聚铝复配使用可起到更好的协同絮凝脱色效果，但是木质素若加量太大则会起反作用，引起废水体系中 COD_{Cr} 升高。因此，利用木质素作为絮凝剂处理工业废水，务必要调节好木质素的最佳用量，以免引起二次污染。

黄民生等[7]使用聚丙烯酸钠作为主要絮凝剂、木质素作为助凝剂处理味精浓废水，发现使用聚丙烯酸钠＋木质素作为絮凝剂进行絮凝试验，可获得十分良好的絮凝效果。絮凝体粗大、沉降迅速（30s 内沉降物体积占 15％左右），上清液的色度和浊度都大大降低

（较清、微黄色），COD 去除率为 47%，SS 去除率为 89%，这比目前国内同类型的试验结果都要好。价格较低的木质素的使用减少了聚丙烯酸钠的投加量，对降低运行成本也十分有利。

5.2 阳离子型改性木质素类絮凝剂

木质素分子上的酚羟基及 α-碳原子具有较强的反应活性。木质素与脂肪胺及其衍生物能发生 Mannich 反应，这为木质素的改性开拓了新领域。通过化学改性，把仲胺、叔胺基团接枝到木质素的大分子上，随着大分子中氨基基团的增多，改性木质素絮凝剂表现出阳离子特性。改性木质素阳离子絮凝剂的制备方法有季铵化改性、木质素的 Mannich 反应、接枝共聚、接枝共聚改性以及缩聚反应等。木质素分子通过阳离子化制备出阳离子型高分子絮凝剂，同时克服了单纯的木质素作为絮凝剂使用时存在的平均分子量偏低以及活性吸附点少等问题，进而提高改性木质素絮凝沉降性能[1]。

5.2.1 季铵化改性

木质素的季铵化改性一般以 3-氯-2-羟丙基三甲基氯化铵（CHPTMAC）为季铵化试剂，在碱催化下，通过醚化反应制备出木质素季铵盐。反应式为：

CHPTMAC 的制备： 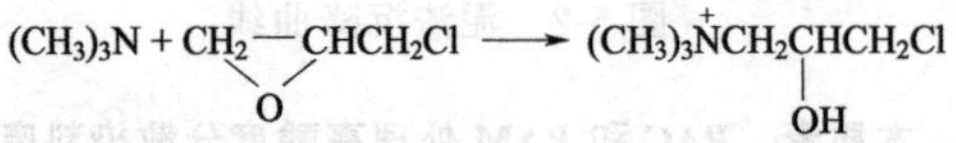

$$(CH_3)_3N + CH_2\!-\!CHCH_2Cl \longrightarrow (CH_3)_3\overset{+}{N}CH_2CHCH_2Cl$$

季铵化反应： 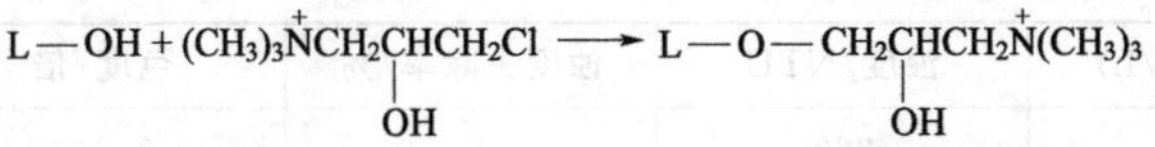

$$L\!-\!OH + (CH_3)_3\overset{+}{N}CH_2CHCH_2Cl \longrightarrow L\!-\!O\!-\!CH_2CHCH_2\overset{+}{N}(CH_3)_3$$
（L为木质素）

实例一[1]：利用硫酸盐法制浆得来的木质素、三甲胺和环氧氯丙烷等为原料合成了木质素阳离子絮凝剂。其具体步骤如下：

（1）木质素提取

先用体积比为 1:2 的 1,2-二氯乙烷和乙醇的混合溶剂溶解木质素，过滤得到上清液；再将上清液缓慢加入乙醚溶剂中，得到絮状物，离心分离絮状物；然后将离心后的固体真空干燥，得到干燥的纯木质素。

（2）季铵盐单体的合成

季铵盐单体用 33% 的三甲胺溶液和环氧氯丙烷在低温下合成，方法如下：a. 将低温恒温回流器预置温度−5℃，安装三口烧瓶反应装置；b. 达到−5℃后，按摩尔比 1:0.7 称取一定量的三甲胺溶液和环氧氯丙烷于三口烧瓶中开始搅拌；c. 反应 1h 后，取少量溶液滴加硝酸银试剂检验，如果有白色沉淀，说明有单体合成，若还有棕色浑浊，说明还有较多的三甲胺存在，可继续反应一段时间。

（3）木质素接枝季铵盐单体

把称好的木质素（木质素与单体的质量比为 1:2.5，木质素与水的质量比为 1:1）放入三口烧瓶中，置于 70℃恒温水浴中，装好回流冷凝管，加入 0.3%～0.9% 催化剂过硫酸铵使木质素分子活化（活化时间一般为3min），短时间搅拌后加入单体，继续搅拌反应3～4h，即制成木质素季铵盐絮凝剂。

此产物为棕黑色黏稠液体，pH值为10～11，固体含量为47%～50%，密度为1.19～1.25kg/L。

实例二[8]：利用从制浆黑液中提取的木质素，与3-氯-2-羟丙基三甲基氯化铵反应，合成出木质素季铵盐絮凝剂。其合成木质素季铵盐高分子絮凝剂的较佳工艺条件为：反应物质量比（木质素单体）为1∶2.5；催化剂为4mol/L的NaOH投加量为10mL；活化时间为1min；恒温水浴温度为70℃；反应时间为4h。

实例三[9]：将硫酸盐木质素及碱木质素中的羟基改性，生成木质素的阳离子醚衍生物（包括季铵醚衍生物），这种衍生物具有一定的水溶性，可以从废水中有效沉淀无机胶体，在工业化固液分离及水处理过程中得到广泛应用。

实例四[10]：针对木质素在碱性条件下其结构中含有酚羟基的特点，采用两种方法制备了阳离子改性木质素，具体反应方程式为：

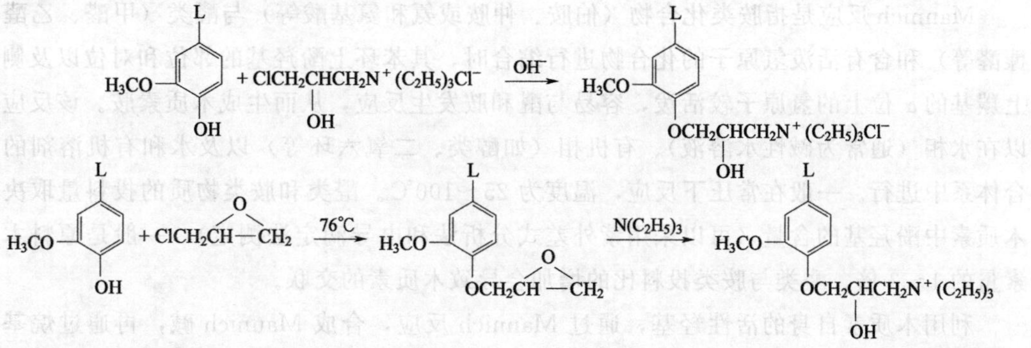

(L为木质素)

吴冰艳[11]将从造纸黑液中提取的木质素与自制的季铵盐单体反应，合成木质素季铵盐絮凝剂。此絮凝剂只用少量也能得到很好的絮凝效果。祝万鹏等[12]用溶解的木质素与甲醛或聚甲醛试剂和胺组分及强酸催化剂，于30～120℃温度下进行Mannich缩合反应，在木质素骨架上嵌接铵盐基团，然后加入烷基化试剂，于40～100℃温度下，进行烷基化反应，最后减压蒸馏分离溶剂与产品，制得季铵盐阳离子絮凝剂，其絮凝效果好且投药量少，成本低。

1）在印染废水中的应用[13]　用高浓度、高色度的酸染料对木质素阳离子的絮凝剂进行研究，研究表明：酸性黑ATT染料溶液脱色率随着木质素季铵盐投加量的增加而升高，但当絮凝剂的投加量超过3g/L时，溶液脱色率反而下降，这是由于过量的絮凝剂有时会使形成的絮凝体重新变成稳定的胶体。同时研究了溶液pH值对其絮凝脱色性能的影响，由实验得出，木质素季铵盐的最佳投加量为2～3g/L，且此絮凝剂适合在弱酸性条件下使用，这是由于在酸性条件下阳离子型絮凝剂分子构型趋于伸展，能充分发挥大分子的桥联作用。

2）在城市生活污水中的利用[14]　木质素季铵盐絮凝剂可用于处理生活污水（浊度为50NTU），通过絮凝沉降速度和对污水的除浊效果来确定合成该絮凝剂的较佳工艺条件。合成的木质素季铵盐絮凝剂处理污水沉降速度快，除浊效果最好（表5-3）。

表 5-3 絮凝处理效果

因素	沉降速度	剩余浊度/NTU	除浊率/%
催化剂浓度和用量(4mol/L)	快	2	96
活化时间(1min)	快	2	96
投料比(1∶2.5)	快	2	96

而且通过研究发现该木质素季铵盐絮凝剂分子中含有大量羟基、羰基等反应活性基团，从而使其在絮凝过程中，易形成化学键，这在促进溶解状有机物吸附和胶体及悬浮物的网捕方面起重要作用。另外还发现，由于在聚合过程中接枝了季铵阳离子，因而增加了絮凝剂分子的电荷密度，使其电中和作用增强，促进了它的吸附架桥功能，从而使其具有较好的絮凝作用。

5.2.2 Mannich 反应

Mannich 反应是指胺类化合物（伯胺、仲胺或氨和氨基酸等）与醛类（甲醛、乙醛和糠醛等）和含有活泼氢原子的化合物进行缩合时，其苯环上酚羟基的邻位和对位以及侧链上羰基的 α 位上的氢原子较活泼，容易与醛和胺发生反应，从而生成木质素胺。该反应可以在水相（通常为碱性水溶液）、有机相（如醇类、二氧六环等）以及水和有机溶剂的混合体系中进行。一般在常压下反应，温度为 25～100℃。醛类和胺类物质的投料量取决于木质素中酚羟基的含量（可以采用紫外差式分析法和电导滴定法测定），一般是原料木质素量的 1～3 倍。醛类与胺类投料比的增加会导致木质素的交联。

利用木质素自身的活性羟基，通过 Mannich 反应，合成 Mannich 碱，再通过烷基化进一步改性，生成含有正电荷的季铵盐，其反应原理可表示如下[1]：

原理 1：

$$\text{木质素}+HCHO+NR_2H \xrightarrow{H^+} \text{木质素}-CH_2-NR_2$$

$$\text{木质素}-CH_2-NR_2+\text{烷基化试剂} \longrightarrow \text{木质素季铵盐}$$

原理 2：

$$2R_2NH+CH_2O \longrightarrow R_2NCH_2NR_2$$

$$R_2NCH_2NR_2+\text{木质素} \xrightarrow{H^+} \text{木质素}-CH_2-NR_2$$

$$\text{木质素}-CH_2-NR_2+\text{烷基化试剂} \longrightarrow \text{木质素季铵盐}$$

实例一[12]：以木质素为原料，采用 Mannich 反应在木质素骨架上嵌接铵盐基团，然后烷基化制备季铵盐阳离子絮凝剂。具体合成工艺步骤如下：a. 用溶剂溶解木质素，木质素与溶剂质量比为 1∶(10～30)，可选用的溶剂有乙醇、二甲基亚砜、二甲基甲酰胺、吡啶、1,4-二氧六环；b. 在上述溶液中加入甲醛或聚甲醛试剂，木质素与醛组分的质量比为 1∶(1.4～5.6)，同时加入胺组分，醛组分∶胺组分摩尔比为 1∶(0.5～1)，胺组分可选择乙二胺、仲胺盐类、聚胺盐类或杂环胺盐类，以一定速度搅拌；c. 搅拌均匀后加入强酸催化剂，在 30～120℃ 温度下，反应 1～10h，催化剂的加入量为每克木质素 0～0.02mol 强酸；d. 上述 Mannich 缩合反应完成后，加入烷基化试剂，胺组分与烷基化试剂摩尔比为1∶(1～3)，可选用的烷基化试剂有碘甲烷、硫酸二甲酯、1,2-二氯乙烷、环氧氯丙烷，反应温度为40～100℃，反应时间为0.5～6h；e. 反应完成后采用减压蒸馏法分离出产品即可。

实例二[12]：a. 用溶剂溶解木质素，木质素与溶剂质量比为1∶(10～30)，可选用的溶剂有乙醇、二甲基亚砜、二甲基甲酰胺、吡啶、1,4-二氧六环；b. 将醛组分与胺组分先反应制备亚甲基二胺，其中醛组分与胺组分摩尔比为1∶(0.5～1)，醛组分为甲醛或聚甲醛，胺组分可选用乙二胺、仲胺盐类、聚胺盐类或杂环胺盐类；c. 将上步制得的亚甲基二胺与木质素反应，木质素与前述醛组分的质量比为1∶(1.4～5.6)，搅拌均匀后加入强酸催化剂，在30～120℃温度下，反应1～10h，催化剂的加入量为每克木质素0～0.02mol强酸；d. 上述Mannich缩合反应完成后，加入烷基化试剂，胺组分与烷基化试剂摩尔比为1∶(1～3)之间，可选用的烷基化试剂有碘甲烷、硫酸二甲酯、1,2-二氯乙烷、环氧氯丙烷，反应温度为40～100℃，反应时间为0.5～6h；e. 反应完成后采用减压蒸馏法分离出产品即可。

实例三[15]：笔者和课题组成员利用制浆造纸工业中的副产物——碱木质素为原料，与甲醛和脲发生Mannich反应，制备出含二硫代氨基甲酸盐基团的改性木质素除油絮凝剂MLOF。具体合成工艺步骤如下：先将25.0g碱木质素和100g水加入反应器中，搅拌均匀后，将反应体系的pH值调至10.5，加热升温至85℃后加入50g甲醛，反应15min后加入80g脲；继续反应2.5h后降温至20℃，缓慢加入150g 50%氢氧化钠溶液的同时滴加二硫化碳；反应3.0h后加入铝酸钠，升温至50℃；继续反应1.5h，降温出料，所制备的产品经过减压蒸馏浓缩，并用丙酮结晶得棕褐色粉末，即得含二硫代氨基甲酸盐基团的改性木质素除油絮凝剂MLOF。

笔者和课题组成员[15]以气井废水为处理对象，系统研究了各种影响絮凝作用的因素（如絮凝剂用量、废水pH值、废水温度以及搅拌速度和时间等）对改性木质素除油絮凝剂MLOF絮凝性能的影响。

(1) 废水pH值

在改性木质素除油絮凝剂MLOF处理含油废水过程中，废水pH值是主要的影响因素之一。因此，在絮凝剂的质量浓度为35mg/L、废水温度为20℃的条件下，进行废水pH值对MLOF絮凝剂处理效果的影响实验，结果见图5-3。

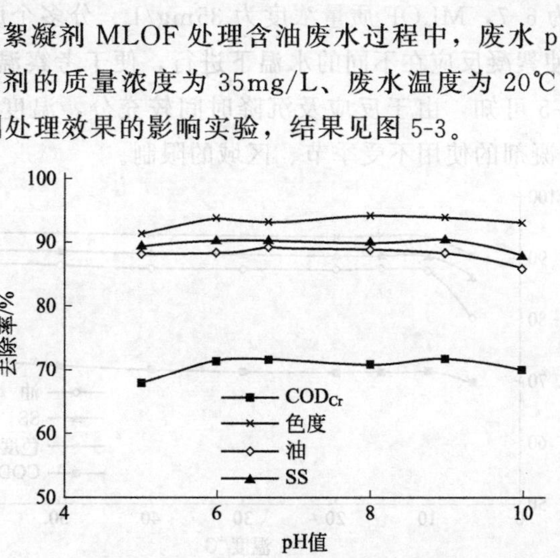

图5-3 废水pH值对絮凝效果的影响

从图 5-3 中可以看出，在其他条件相同的情况下，在废水 pH 值为 4～10 时，废水 pH 值对油、COD_{Cr}、SS 和色度的去除率影响较小，从弱酸性到弱碱性都有较好的絮凝处理效果。但废水 pH 值偏中性和弱碱性时，处理效果最好，油、COD_{Cr}、SS 和色度的去除率分别达到 88.2%、71.5%、90.5%和 93.7%，说明 MLOF 更适用于中性和弱碱性条件。在使用 MLOF 处理这类含油废水时，最佳 pH 值为 6～8。

（2）絮凝剂质量浓度

在废水 pH 值为 6.7、废水温度为 20℃的条件下，进行 MLOF 絮凝剂质量浓度对气井废水处理效果的影响实验，结果见图 5-4。从图 5-4 中可以看出，絮凝剂质量浓度在 10～35mg/L，油、COD_{Cr}、SS 和色度的去除率随 MLOF 用量的增加而增加，当絮凝剂质量浓度增加到 35mg/L，油、COD_{Cr}、SS 和色度的去除率分别达到 88.2%、71.5%、90.5%和 93.7%。但当絮凝剂的质量浓度超过 35mg/L 时，油、COD_{Cr}、SS 和色度的去除率反而呈下降趋势。因此综合絮凝效率和处理成本考虑，MLOF 絮凝剂的质量浓度宜控制在 35mg/L 左右。

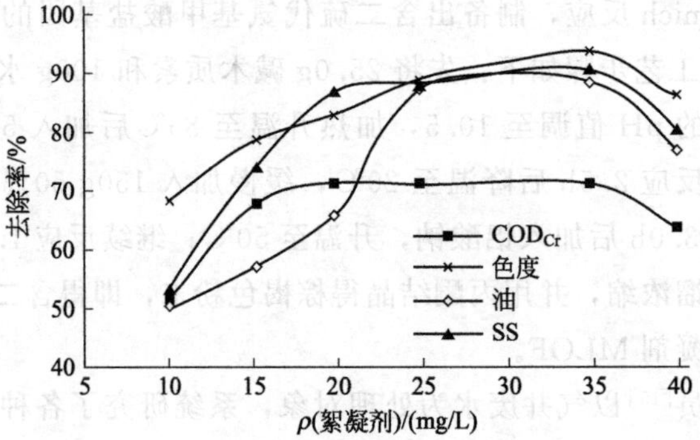

图 5-4 絮凝剂质量浓度对絮凝效果的影响

（3）废水温度

控制废水 pH 值为 6.7，MLOF 质量浓度为 35mg/L。分多个废水样品，在不同的温度条件下进行搅拌，使絮凝反应在不同的水温下进行，便于考察温度对絮凝效果的影响，结果见图 5-5。由图 5-5 可知，由于反应及沉降时间较充分，温度对絮凝效果影响甚微，同时也说明 MLOF 絮凝剂的使用不受季节、区域的限制。

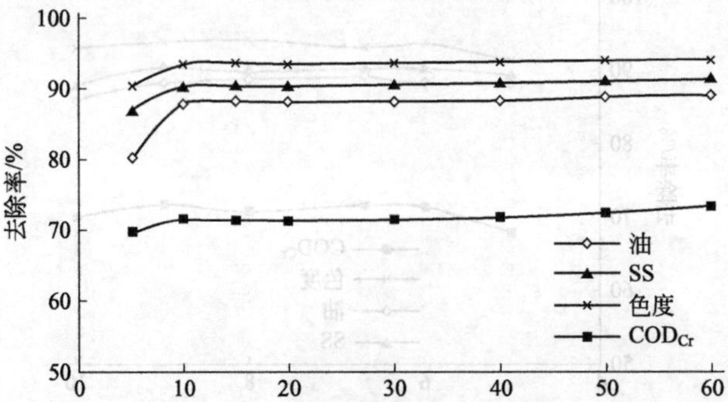

图 5-5 废水温度对絮凝效果的影响

(4) 搅拌速度和时间

搅拌速度和时间选择得当，可以加速絮凝，有利于絮凝发挥作用，提高絮凝效果。通过实验，发现搅拌时间应在6～10min为宜。如果搅拌速度过快、时间过长，则会将能够形成沉降的颗粒搅碎后变成不能沉降的颗粒，反而降低絮凝效果；若搅拌速度过慢、时间过短，则会使得絮凝剂的固体颗粒不能充分接触，从而不利于絮凝剂捕集胶体颗粒，而且絮凝剂的浓度分布不均匀，不利于发挥絮凝作用。

(5) 对比实验

为了进一步验证MLOF絮凝剂处理含油废水的效果，进行了不同絮凝剂处理气井废水的对比实验，即比较了MLOF絮凝剂、有机高分子絮凝剂聚丙烯酰胺（PAM，分子量为9.0×10^6）、聚合氯化铝（PAC）和聚合硫酸铁（PFS）对废水的处理效果，实验结果见表5-4。

表5-4 不同絮凝剂的处理效果

絮凝剂	去除率/%			
	油	COD_{Cr}	SS	色度
PAM	76.1	61.8	81.3	86.0
PAC	79.8	65.7	85.2	90.6
PFS	83.5	64.3	85.0	90.1
MLOF	88.2	71.5	90.5	93.7

注：MLOF质量浓度为35mg/L，废水pH值为6.7；PAM质量浓度为40mg/L，废水pH值为7.5；PAC质量浓度为80mg/L，废水pH值为7.2；PFS质量浓度为80mg/L，废水pH值为7.6。

从表5-4中可以看出：在各自最佳的絮凝条件下，MLOF与聚合氯化铝、聚合硫酸铁以及聚丙烯酰胺相比，具有用量少、絮体形成好、沉降快等优点，而且油、COD_{Cr}、SS和色度的去除率明显优于PAM、PAC和PFS。

5.2.3 接枝共聚

木质素接枝共聚物合成多为自由基聚合，以引发剂引发聚合、辐射聚合及酶催化聚合3种类型居多。对于木质素与烯类单体的游离基接枝共聚反应，研究最多的是木质素与丙烯酰胺的反应，究其原因是丙烯酰胺在这些单体中活性最大。所用的引发体系包括高价铈盐（硝酸铈铵、硫酸铈铵）、高锰酸钾、过氧化氢、光引发、电化学和辐射引发等。

木质素通过引发剂的引发作用，产生活化的自由基，然后再与阳离子型乙烯基类单体发生接枝共聚反应，生成接枝共聚物，反应通式为[1]：

$$L \xrightarrow{\text{引发剂}} L\cdot$$

$$L\cdot + nCH_2{=}CHX \xrightarrow{\text{引发剂}} L\!-\!\!\left[CH_2-\underset{\underset{X}{|}}{CH}\right]_n\!\!-$$

式中，X为阳离子基团；L为木质素。

实例一：木质素-二甲基二烯丙基氯化铵接枝共聚物的制备。

木质素-二甲基二烯丙基氯化铵接枝共聚物的制备反应式为：

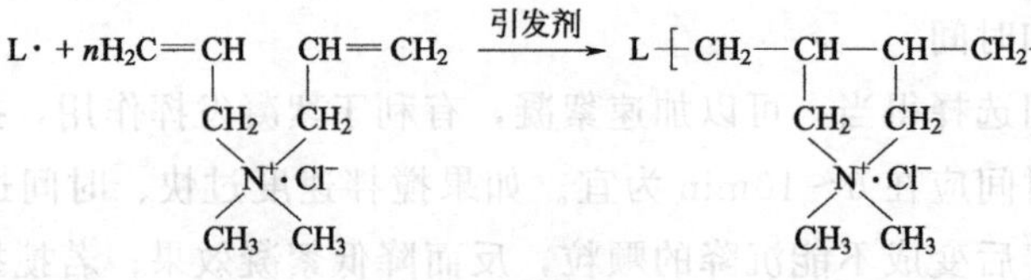

$$L \cdot + nH_2C = CH \quad CH = CH_2 \xrightarrow{\text{引发剂}} L \left[CH_2 - CH - CH - CH_2 \right]_n$$

(L为木质素)

制备方法：在带有搅拌器、氮气进出口的三口烧瓶中，加入马尾松硫酸盐浆木质素和蒸馏水［木质素与 DMDAAC 单体的质量配比为 $1:(3\sim6)$，木质素与 DMDAAC 的总质量分数为 30%］，通氮气搅拌并用水浴加热到 $40\,^{\circ}\mathrm{C}$，在 $30\mathrm{min}$ 内逐渐滴加已处理好的二甲基二烯丙基氯化铵单体，搅拌均匀后，加入引发剂（如 Fe^{2+}/H_2O_2、过硫酸钾/脲、过硫酸铵/亚硫酸氢钠等）和乙二胺四乙酸二钠，引发剂浓度为 $0.7\mathrm{mmol/L}$。在氮气保护下反应 $3\sim6\mathrm{h}$ 后，即得木质素-二甲基二烯丙基氯化铵接枝共聚物。

实例二：木质素-丙烯酰胺-二甲基二烯丙基氯化铵接枝共聚物的制备。

木质素与丙烯酰胺和二甲基二烯丙基氯化铵单体在引发剂的作用下，发生接枝共聚的反应式为：

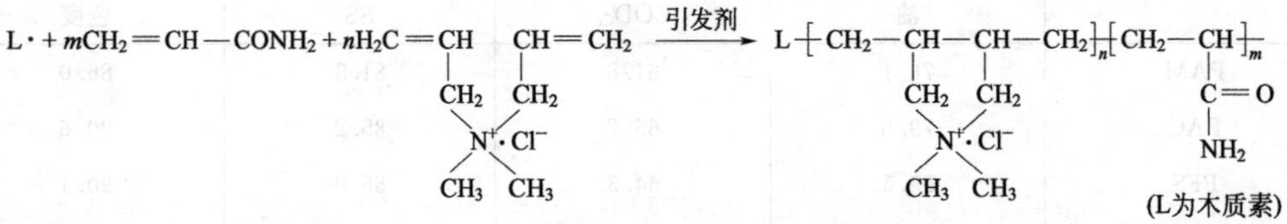

$$L \cdot + mCH_2 = CH - CONH_2 + nH_2C = CH \quad CH = CH_2 \xrightarrow{\text{引发剂}} L \left[CH_2 - CH - CH - CH_2 \right]_n \left[CH_2 - CH \right]_m$$

(L为木质素)

制备方法一：在 N_2 气氛保护下，将一定量的马尾松硫酸盐浆木质素和水加到干燥的三口烧瓶中，搅拌均匀后，控温至 $30\sim50\,^{\circ}\mathrm{C}$，依次加入引发剂和单体，在一定温度下进行接枝共聚，$5\sim6\mathrm{h}$ 后，停止搅拌和加热，得到木质素-丙烯酰胺-二甲基二烯丙基氯化铵接枝共聚物。其中反应条件为：m（木质素）$=2.0\mathrm{g}$，m（AM）$=5.0\mathrm{g}$，m（DMDAAC）$=0.6\mathrm{g}$，$K_2S_2O_4$ 的浓度为 $8.0\times10^{-3}\mathrm{mol/L}$，尿素的浓度为 $1.0\times10^{-2}\mathrm{mol/L}$，反应温度为 $40\,^{\circ}\mathrm{C}$，反应时间为 $5\mathrm{h}$。

制备方法二[16]：将 $2.0\mathrm{g}$ 造纸污泥投加到 pH 值为 12.0 的 NaOH 溶液中，离心，将上清液转移至三口烧瓶中，将 pH 调至弱碱性，并在 $60\sim70\,^{\circ}\mathrm{C}$ 下持续搅拌。在 N_2 氛围下，将 $0.05\mathrm{g}$ $K_2S_2O_8$ 和 $0.05\mathrm{g}$ 乙二胺四乙酸二钠加到体系中。引发 $20\mathrm{min}$ 后，将含有 $2.5\mathrm{g}$ AM 和 $8\mathrm{mL}$ DMDAAC（质量分数为 60.0%）的混合溶液逐滴加入到体系中，继续反应 $3\sim4\mathrm{h}$，产物经丙酮、乙醇索氏提取和洗涤，再置于 $50\,^{\circ}\mathrm{C}$ 真空干燥，即得产品木质素-丙烯酰胺-二甲基二烯丙基氯化铵接枝共聚物。

实例三：丙烯酰胺-二甲基二烯丙基氯化铵-二乙基二烯丙基氯化铵接枝共聚物的制备。

制备方法：往四口烧瓶中依次加入一定量的二甲基二烯丙基氯化铵、二乙基二烯丙基氯化铵、丙烯酰胺和乙二胺四乙酸二钠，注入适量的去离子水搅拌均匀，待溶解完全后，开始升温，当温度达到 $65\,^{\circ}\mathrm{C}$ 时，开始滴加过硫酸铵溶液，整个滴加过程严格控制温度，使其不超过 $70\,^{\circ}\mathrm{C}$。滴加时间为 $2\mathrm{h}$，滴加完毕后缓慢升温至 $85\,^{\circ}\mathrm{C}$，恒温反应 $4\mathrm{h}$。冷却放料至室温，即得具有一定黏度的阳离子型高分子絮凝剂 QY-1[17]。

实例四：木质素磺酸盐-丙烯酰胺接枝共聚物的制备。

制备方法一：把称好的木质素磺酸盐放入三口烧瓶中，加入蒸馏水，搅拌使其充分溶解，置于恒温水浴中，装好回流冷凝管，加入一定量催化剂使木质素分子活化，短时间搅拌后加入单体丙烯酰胺，继续搅拌反应3～4h，得到接枝共聚产物，产物经丙酮沉淀洗涤多次，真空干燥。

制备方法二：按一定比例往三口烧瓶中加入木质素磺酸钠和蒸馏水，搅拌10min，木质素活化后加入配比量的引发剂 $K_2S_2O_8/Na_2S_2O_3$ 和丙烯酰胺单体，搅拌控制一定的反应温度，反应3h后得深棕色溶液，即共聚物粗产品。根据接枝单体、共聚产物在不同有机溶剂中溶解性能的差异，将聚合物从反应体系中分离、纯化出来。依次用异丙酮、无水乙醇和甲醇处理反应混合物，经浸取、沉淀、抽滤、洗涤、蒸馏、干燥等步骤，得到木质素磺酸盐-丙烯酰胺共聚物纯化产品[18]。

李爱阳等[19]采用木质素磺酸盐与丙烯酰胺接枝共聚合成了一种木质素接枝共聚物，用这种改性木质素处理电镀废水，当其用量为90mg/L，pH值控制在4～7，絮凝时间为2h，在室温的条件下，可使电镀废水中的 Cu^{2+}、Zn^{2+}、Pb^{2+} 和 Ni^{2+} 去除率分别达到93%、90%、96%和90%以上。Area等利用亚硫酸制浆废液中的木质素磺酸盐，采用两种季铵型阳离子单体，两种接枝共聚方法，得到阳离子型木质素，并将其用于纸浆污泥和污水的处理，取得了良好的效果。

Guo等[20]研究了木质素-丙烯酰胺-二甲基二烯丙基氯化铵接枝共聚物、聚合氯化铝（PAC）和聚丙烯酰胺（PAM）及其复配物对活性染料废水的絮凝效果。研究表明，Ca^{2+} 和 Mg^{2+} 的存在有利于絮凝沉淀，而 SO_4^{2-} 对絮凝效果则产生不利影响。由于电中和作用和吸附架桥作用，接枝共聚物对pH值的要求较PAM严格。

Li等[16]将木质素-丙烯酰胺-二甲基二烯丙基氯化铵接枝共聚物作为聚合氯化铁（PFC）和聚合氯化铝（PAC）的助凝剂，研究其在混凝-超滤联合工艺去除腐殖酸过程中的作用。结果表明，接枝共聚物的加入有利于提高PFC和PAC对浊度和总有机碳的去除率。

Lou等[21]研究了壳聚糖-丙烯酰胺-木质素三元共聚物（CAML，三种物质的质量比为1∶1∶1）对3R活性橙和甲基橙染料废水的絮凝效果，其去除率分别为99.3%和67.0%。CAML具有良好的pH值适应性，在偏酸性的条件下絮凝效果更好。

笔者和课题组成员[17]将丙烯酰胺-二甲基二烯丙基氯化铵-二乙基二烯丙基氯化铵接枝共聚物QY-1用于印染废水的处理，以废水脱色率为考核指标，研究了QY-1的投加量、pH值、废水温度等对絮凝效果的影响。

(1) pH值对絮凝性能的影响

在不同的pH值下，絮凝剂的形态和染料分子的结构都会有所不同，从而导致絮凝效果产生差异。实验量取一定量的印染废水于烧杯中，印染废水pH值使用质量分数为10%的盐酸或质量分数为10%的氢氧化钠溶液进行调节。实验结果如图5-6所示。

由图5-6可知，在偏酸的环境中（pH=2～6），制备的QY-1絮凝剂具有更优良的表现。特别是在pH=4时，COD_{Cr}、色度和SS去除率达到最大，分别为74.5%、75.2%、80.3%。这是因为在偏酸的环境中，制备的絮凝剂QY-1表现出较强的正电性，使得能与带负电荷的染料分子发生电中和作用使染料分子脱稳而沉降下来；此外，环状的季铵盐结

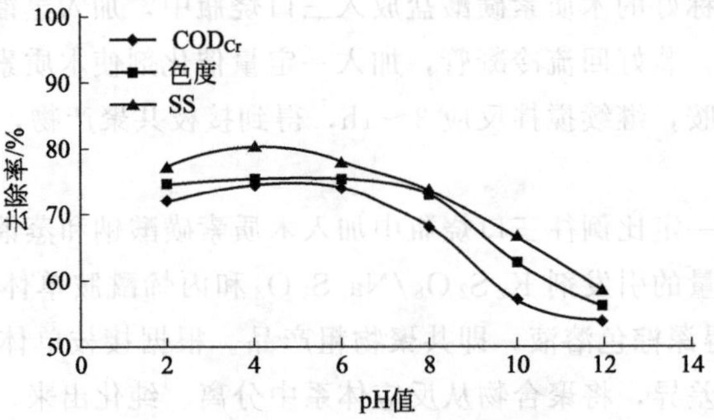

图 5-6 pH 值对絮凝性能的影响

构使得絮凝剂呈现网状的空间立体结构，具有更强的吸附架桥作用。

印染废水的 pH 值升高，絮凝剂所带的季铵阳离子被 OH^- 中和，絮凝剂分子所带正电荷减少，导致絮凝剂与染料分子之间的作用力减弱，导致絮凝效果下降。

(2) 投加量对絮凝性能的影响

在室温及印染废水的 pH=4 的条件下，分别加入不同量的絮凝剂进行絮凝沉降试验，然后取上清液分析絮凝剂用量与各污染因子去除率的关系，结果见图 5-7。

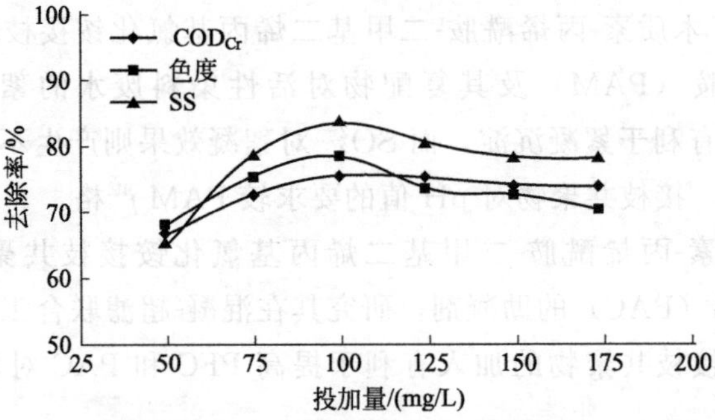

图 5-7 投加量对絮凝性能的影响

由图 5-7 可知，阳离子絮凝剂 QY-1 的用量太大或者太小，絮凝性能均不好。在 50～100mg/L 的浓度范围内，随着用量的增加，絮凝效果逐渐变好。当用量为 100mg/L 时，絮凝效果达到最佳。此时，COD_{Cr}、色度和 SS 去除率达到最大，分别为 75.2%、78.3%、83.2%。若继续加入絮凝剂，絮凝效果反而变差。

这是因为在絮凝剂较低的浓度范围内，随着絮凝剂的不断加入，体系中的正电荷数量逐渐增多，其与染料分子之间的电中和作用得到不断的加强，微粒间的表面斥力不断减弱，此时水样中的微粒开始絮凝；若继续加大用量，微粒间的表面斥力逐渐消失，水样中的微粒快速絮凝；再继续加大用量，絮凝效果反而变差。归结起来主要有以下两方面因素：一方面是由于投加量过多会导致水样中的染料微粒带正电荷而导致染料微粒之间的斥力增大使絮体再分散，达到另一种稳定状态，不易凝聚；另一方面离子表面的吸附活性点被包裹，使得架桥作用减弱，因而絮凝效果变差。此外，制备的絮凝剂本身是一种有机物，对 COD_{Cr} 有所贡献。

(3) 废水温度对絮凝性能的影响

在室温及印染废水的 pH＝4，絮凝剂投加量为 100mg/L 的条件下，分别取系列印染废水，加热搅拌，使絮凝反应在不同水温下进行。然后取上清液分析废水温度与各污染因子去除率的关系，结果见图 5-8。

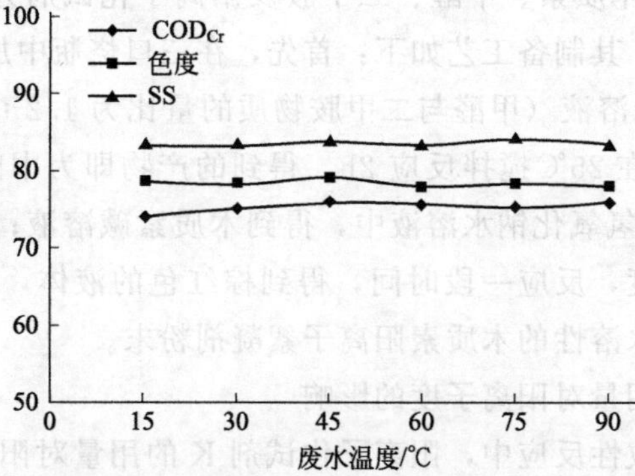

图 5-8　废水温度对絮凝性能的影响

由图 5-8 可知，随温度的变化，各种性能指标波动不大。

此外，搅拌速度和沉降时间也是影响絮凝效果的重要因素，在絮凝实验中，若选择得当将对絮凝沉降起到积极的促进作用。

5.2.4　木质素-丙烯酰胺接枝共聚物的改性

木质素-丙烯酰胺接枝共聚物的改性主要是利用聚丙烯酰胺分子上的活性酰氨基团，通过 Mannich 反应制备而成，反应式如下[1]：

接枝共聚：

$$L· + nCH_2 = CHCONH_2 \xrightarrow{引发剂} L\left[CH_2 - CH\right]_n \atop \begin{matrix} C=O \\ | \\ NH_2 \end{matrix}$$

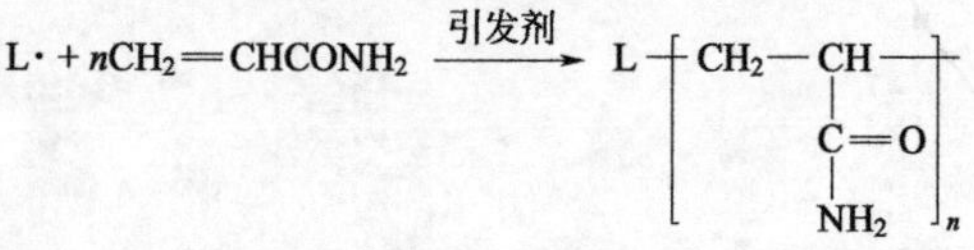

Mannich 反应：

$$L\left[CH_2 - CH\right]_n + HCHO + HN(CH_3)_2 \longrightarrow L\left[CH_2 - CH\right]_x\left[CH_2 - CH\right]_y$$

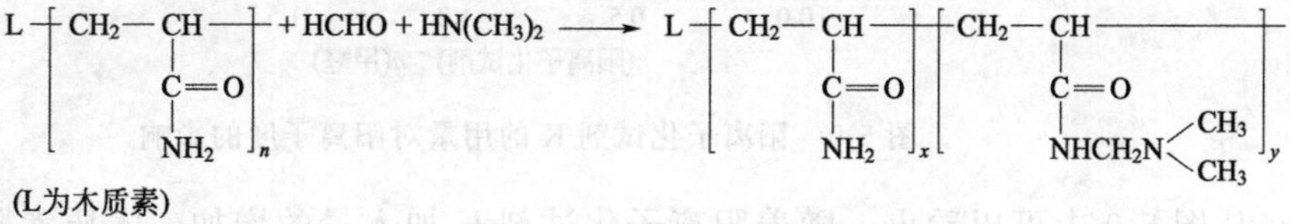

(L为木质素)

木质素-丙烯酰胺接枝共聚物的改性分为以下 2 个步骤。

① 木质素-丙烯酰胺接枝共聚物的制备　在 Ce^{4+}（硝酸铈铵）引发下，溶于 NaOH 的木质素（有少量 CaCl$_2$ 共存）在一定条件下与丙烯酰胺发生接枝改性，反应 2～5h 后，用丙酮沉淀，即得木质素-丙烯酰胺接枝共聚物[22]。

② 接枝共聚物的 Mannich 反应　将接枝共聚物溶液用 10％氢氧化钠溶液调节至一定的 pH 值（9～11），加入甲醛在 45～55℃下羟甲基化反应 1～2h，再加入二甲胺在 50～65℃胺甲基化反应 2～3h，得到木质素-丙烯酰胺接枝共聚物的 Mannich 反应产物。

5.2.5　缩聚反应

木质素亦可通过缩聚反应制备出阳离子型的改性木质素絮凝剂。刘德启[23]利用硫酸盐法制浆得来的木质素、甲醛、尿素和去离子水等为原料合成了尿醛木质素絮凝剂。具体制备过程为：将装有搅拌器、水冷凝管和温度计的三口烧瓶置于水浴中；把称好的木质素放入三口烧瓶中并在 pH=10.1～12.0 下搅拌溶解；再加入已标定好浓度的 HCHO 溶液及尿素，在一定的温度条件下反应 150min。

许小蓉等[24]以酶解木质素、甲醛、二甲胺及阳离子化试剂为原料，通过缩合反应制备木质素阳离子絮凝剂，其制备工艺如下：首先，在三口烧瓶中加入 12mL 37%甲醛水溶液、20mL 33%二甲胺水溶液（甲醛与二甲胺物质的量比为 1.2∶1）、一定量的阳离子化试剂 K、3g 氢氧化钠，在 25℃搅拌反应 2h，得到的产物即为中间体；然后，将 5g 酶解木质素溶解于 50mL 1%氢氧化钠水溶液中，得到木质素碱溶液；在中间体中加入木质素碱溶液，加热至设定温度，反应一段时间，得到棕红色的液体，在 60℃真空干燥箱中减压烘干至恒重，即得到水溶性的木质素阳离子絮凝剂粉末。

（1）阳离子化试剂用量对阳离子度的影响

在木质素阳离子化改性反应中，阳离子化试剂 K 的用量对阳离子度（1g 木质素阳离子絮凝剂中阳离子的物质的量，单位为 mmol/g）的影响较大。固定甲醛与二甲胺物质的量比为 1.2∶1，在室温下缩合反应 2h，改变阳离子化试剂 K 的用量，得到不同阳离子度的木质素阳离子絮凝剂，结果如图 5-9 所示。

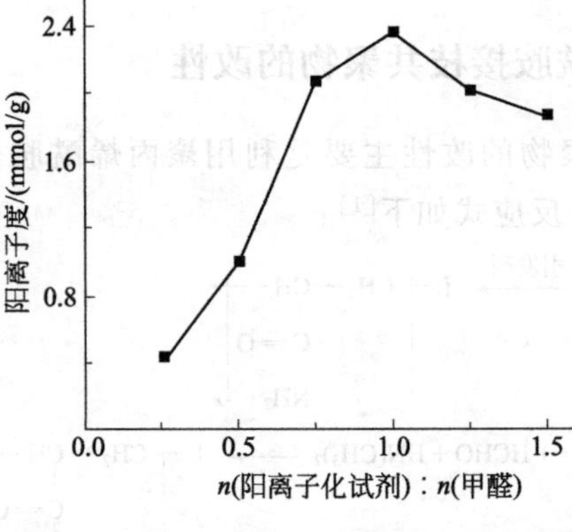

图 5-9 阳离子化试剂 K 的用量对阳离子度的影响

从图 5-9 中可以看出，随着阳离子化试剂 K 加入量的增加，木质素阳离子絮凝剂的阳离子度出现了先上升后下降的变化趋势。出现这种现象的原因可能是在反应初始阶段，随着阳离子化试剂加入量的增加，木质素上引入的阳离子数量也会随之增加；然而在反应中后期，当阳离子化试剂进一步增加时，形成的中间体的体积增大，使得中间体与木质素反应的位阻增大，中间体与木质素反应的概率减小，得到的木质素阳离子絮凝剂的阳离子度也随之减少。故阳离子化试剂与甲醛物质的量比为 1∶1 时，得到的阳离子度较大。

（2）缩合反应的温度和时间对阳离子度的影响

预实验结果表明，缩合反应中包含了季铵盐化反应，该反应需要在适当的温度下才能进行，但是反应温度越高，生成的季铵碱受热分解的副反应越明显。

$$(CH_3)_4N^+ + OH^- \xrightarrow{\triangle} (CH_3)_3N + CH_3OH$$

因此，缩合反应的温度和时间对木质素阳离子絮凝剂的阳离子度也有较大的影响。本实验固定甲醛、二甲胺、阳离子化试剂的物质的量比为1.2∶1∶1.2，在不同反应温度下反应不同的时间，得到的木质素阳离子絮凝剂的阳离子度如图5-10所示。

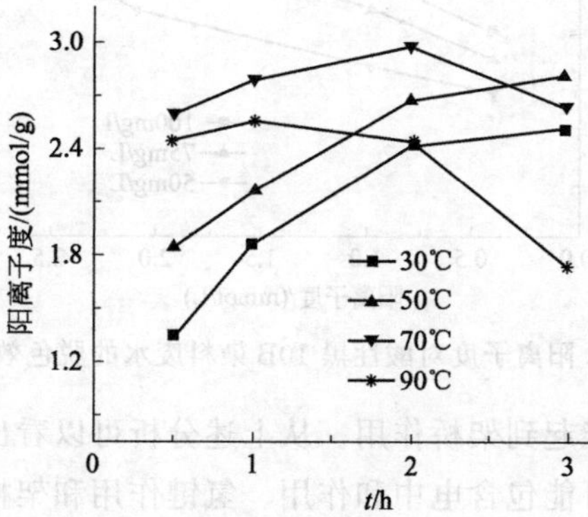

图5-10 中间体与木质素的缩合反应温度和时间对阳离子度的影响

从图5-10中可以看出，在较低的反应温度下（30℃和50℃），当延长中间体与木质素的反应时间时，得到的木质素阳离子絮凝剂的阳离子度出现了上升的趋势；当反应温度较高时（70℃和90℃），木质素阳离子絮凝剂的阳离子度随着反应时间的延长出现了先上升后下降的趋势。由此可见，升高缩合反应温度有利于木质素阳离子化改性的进行，但是随着反应温度的升高，季铵碱受热分解的副反应也越来越明显，并最终导致产物阳离子度的降低。由图5-10可知，缩合反应的温度为70℃、反应时间为2h时得到的木质素改性物的阳离子度最高。

许小蓉等[24]以自制木质素基阳离子絮凝剂处理染料废水，研究阳离子度对废水脱色效果的影响。阳离子在木质素阳离子絮凝剂中对阴离子染料废水进行脱色时起重要作用，絮凝剂上阳离子基团含量的高低影响着絮凝效果。该实验选用不同阳离子度的改性木质素阳离子絮凝剂对酸性黑10B染料废水进行脱色处理。其中酸性黑10B染料废水的初始质量浓度为250mg/L，絮凝剂的用量分别为100mg/L、75mg/L、50mg/L，染料废水的pH值为7。阳离子度对酸性黑10B染料废水的脱色效果如图5-11所示。

由图5-11可以看出，当酸性黑10B染料的初始质量浓度为250mg/L时，木质素阳离子絮凝剂对酸性黑10B染料废水的脱色率都是随着阳离子度的增加而增大。从酸性黑10B染料分子的结构中可以看出，酸性黑10B染料中含有大量的阴离子磺酸基，它可以与改性木质素上的阳离子基团发生电中和作用，说明了电中和是木质素阳离子絮凝剂对酸性黑10B染料废水絮凝的一种重要作用。此外，当絮凝剂用量为100mg/L、阳离子度为0.41mmol/g和0.98mmol/g时，阳离子总数比絮凝剂用量为50mg/L、阳离子度为0.98mmol/g和2.08mmol/g时少，但絮凝剂用量为100mg/L时染料废水的脱色率反而高，说明木质素阳离子絮凝剂对染料废水的絮凝脱色机理不只是电中和作用，木质素上还含有大量的酚羟基，而酚羟基还可能与染料分子上的—NH、—NH_2等形成氢键，从而提高染料废水的脱色率；其次，木质素也是高分子聚合物，这种高分子结构在木质素阳离子

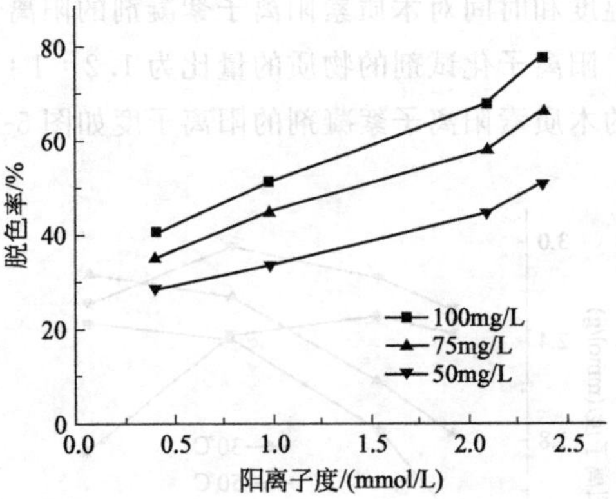

图 5-11　阳离子度对酸性黑 10B 染料废水的脱色效果

絮凝剂絮凝染料分子时也可能起到架桥作用。从上述分析可以看出，木质素阳离子絮凝剂对染料废水的絮凝脱色机理可能包含电中和作用、氢键作用和架桥作用。

以阳离子度为 2.37mmol/L 的木质素阳离子絮凝剂对酸性染料、活性染料、直接染料进行脱色处理。各种染料废水的初始质量浓度为 100mg/L，染料废水初始 pH 值为 6.5～7.0，结果见图 5-12。

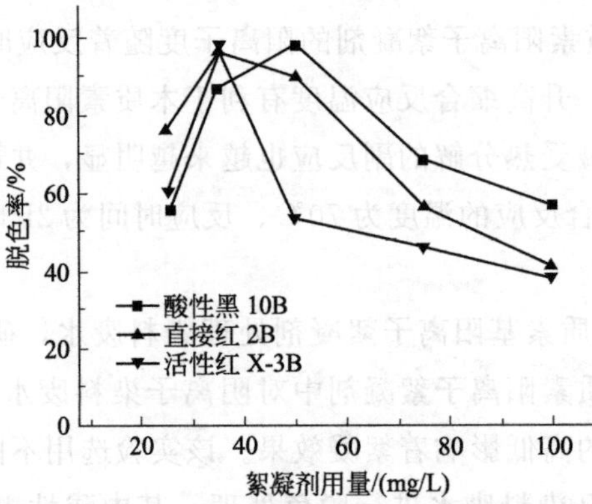

图 5-12　木质素阳离子絮凝剂对阴离子染料的脱色效果

从图 5-12 中可以看出：a. 改性木质素阳离子絮凝剂对酸性黑 10B、直接红 2B、活性红 X-3B 都具有较好的脱色效果。b. 对于这 3 种阴离子染料，当木质素阳离子絮凝剂的投加量超过最佳值后（35mg/L、35mg/L、50mg/L），对各种染料废水的脱色效果反而变差，这是典型的混凝-絮凝作用机理的表现。从这 3 种离子染料的结构可以看出，它们都带有磺酸基，而这种阴离子磺酸基可以与木质素阳离子絮凝剂上的阳离子发生电中和作用，并通过木质素阳离子絮凝剂高分子架桥作用，从而絮凝沉淀下来。当絮凝剂的量过多时，木质素阳离子与染料分子上的磺酸基团形成的絮凝体再次形成稳定的胶体，使得染料废水的脱色率下降。c. 对于不同的染料，最佳的木质素阳离子絮凝剂的投药量有所不同，这可能是由于不同的染料具有不同的化学结构，与木质素阳离子絮凝剂间的相互作用也有所差别。当染料废水的初始质量浓度为 100mg/L，初始 pH 值为 6.5～7.0，絮凝剂用量分别为 35mg/L、35mg/L、50mg/L 时，对活性红 X-3B、直接红 2B、酸性黑 10B 染料废水的脱色率均可达 95%以上。阴离子染料的分子结构复杂，水溶性好，因而其染料废水的处理相对较难。对于质量浓度为 100mg/L 的阴离子染料废水，传统的壳聚糖絮凝剂用量为 80～100mg/L 时才能达到 95%以上的脱色率。该实验制得的木质素阳离子絮凝剂与传统的壳聚糖絮凝剂相比，具有成本低、脱色效果好等特点。该木质素阳离子絮凝剂与传统的木质素及其衍生物絮凝剂相比，不仅克服了必须在酸性条件下（pH 值为 2～5）才能达到较好的絮凝效果的缺点，且在处理阴离子染料废水时所需的絮凝剂投药量比传统的木质素及其衍生物絮凝剂（投药量为 500～1000mg/L）明显降低。由此可见，该木质素阳离子絮凝剂在阴离子染料废水处理领域具有良好的开发和应用前景。

5.3 两性型改性木质素类絮凝剂

水溶性两性高分子是指在高分子链节上同时含有正、负两种电荷基团的水溶性高分子，与仅含有一种电荷的水溶性阴离子或阳离子聚合物相比，它的性能较为独特。例如，用作絮凝剂的两性高分子因具有适用于阴、阳离子共存的污染体系，pH 值适用范围宽及抗盐性好等应用特点而成为国内外的研究热点。特别是近十年，水溶性两性高分子在水处理行业的应用得到了较大的发展，主要用作絮凝剂（尤其是染料废水的脱色）、污泥脱水剂及金属离子螯合剂等。

两性型改性木质素类絮凝剂的制备方法主要有 3 种：a. 木质素磺酸盐的 Mannich 反应；b. 木质素磺酸盐的接枝共聚；c. 接枝共聚物的改性。

5.3.1 木质素磺酸盐的 Mannich 反应

木质素磺酸盐的 Mannich 反应主要是利用木质素磺酸盐上的部分活性基团（如羟基等），通过 Mannich 反应，制备出两性的改性木质素絮凝剂。制备方法为：将木质素磺酸盐（其中包括木质素磺酸钠、木质素磺酸钙、木质素磺酸镁等）溶于水中，将反应体系的 pH 值调至 10.5～12.0，加入占木质素磺酸盐质量 35%～70%的甲醛溶液，在 70～80℃下反应 2～5h，加入二甲胺，反应 2～3h 后，将温度降至 45℃左右，加入硫酸二甲酯，反应 1h 后出料，即得两性型改性木质素絮凝剂。

5.3.2 木质素磺酸盐的接枝共聚

木质素磺酸盐分子为大约由 50 个苯丙烷单元组成的近似于球状的三维网络结构体，中心部位为未磺化的原木质素三维网络分子结构，中心外围分布着被水解且含有磺酸基的侧链，最外层由磺酸基的反离子形成双电层。木质素磺酸盐的接枝共聚主要是利用引发剂引发木质素磺酸盐产生自由基，再与阳离子单体发生接枝共聚，制备出两性接枝共聚物。由于引发剂对木质素，尤其对木质素磺酸盐的引发效率不高，因此接枝效果不是非常理想。

实例一：将木质素磺酸盐溶于蒸馏水中，在 25～45℃下通氮气，搅拌条件下加入定量的二甲基二烯丙基氯化铵（DMDAAC）和丙烯酰胺混合水溶液，在 30min 内逐滴加定量的引发剂硫酸亚铁/过硫酸钾/脲溶液，3～5h 后停止搅拌，恒温密封静置 2～3h，即得木质素磺酸盐-丙烯酰胺-二甲基二烯丙基氯化铵接枝共聚物。

实例二[25]：以造纸废水中回收的木质素磺酸盐为基材，以丙烯酰胺（AM）为桥联分子，二甲基二烯丙基氯化铵（DMDAAC）为阳离子单体，一步合成理想的两性高分子絮凝剂——三元共聚物木质素磺酸盐两性絮凝剂（LDA）。制备方法：向装有搅拌装置的 250mL 三口烧瓶中加入 80mL 去离子水，加入 4g 木质素磺酸盐，通入氮气，升温至 50℃，保持 20min，待木质素磺酸盐充分活化后加入 0.1g 引发剂（0.067g 过硫酸铵，0.033g 尿素），然后加入 5g DMDAAC 和 10g AM，恒温反应 6h，得到接枝共聚产物，产品经丙酮和甲醇数次洗涤，真空干燥，得到粗产品 14.7g。将共聚物的粗产品用预先经过溶剂充分浸泡的滤纸包裹，置于索氏提取器中，以 *N*,*N*-二甲基甲酰胺为溶剂，回流 24h，除去其中均聚物和 AM、DMDAAC 共聚物，再以丙酮为溶剂继续回流萃取 12h，除去 *N*,*N*-二甲基甲酰胺，所得产品即为纯净的接枝共聚物 LDA。

(1) 固含量对接枝共聚反应的影响

根据自由基聚合反应的动力学研究，随着固含量的增加，共聚单体量也增加，聚合反应速率加快，聚合度也增大。保持其他条件不变的情况下，考察固含量对共聚物特性黏度、接枝效率和阳离子度的影响，结果见图 5-13。

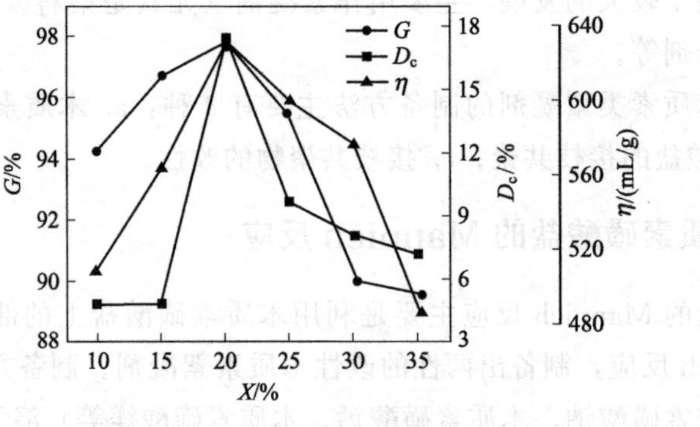

图 5-13　固含量对共聚物的影响

$\theta=50℃$；$t=6h$；$m(AM):m(DMDAAC)=1:1$；

m(单体)：m(木质素磺酸盐)$=4:1$；引发剂质量分数为 0.1%

由图 5-13 可知，随着固含量的增大，接枝效率与特性黏度出现了先增大后减小的变化趋势，这是因为：a. 单体用量增加，体系黏度增大，链自由基扩散重排受阻，活性末端可能被包埋，难以双基终止，链终止速率降低，自由基的寿命延长，共聚物的接枝效率与特性黏度增大；b. 当固含量过高（大于 20%）时，即使在较低的转化率下，体系黏度也已经增至很大，凝胶效应出现，同时聚合热不能及时散去，导致体系升温，链引发速率加快，自由基浓度增大，双基终止速率加快，大量均聚物生成，双重效应的共同作用最终使共聚物的接枝效率与特性黏度下降。由图 5-13 还可以看出，阳离子度随固含量的增加而增大，达到极大值后又随固含量的增加而减小，其原因是 DMDAAC 的空间位阻较大，当固含量增加到一定值时体系黏度增大，空间位阻效应明显，从而阻碍了聚合反应的进行。综合考虑共聚物接枝效应和阳离子度以及特性黏度，选择固含量为 20%较适宜。

（2）温度对接枝共聚反应的影响

由热力学理论可知，温度对聚合反应速率和平均聚合度都有影响，低温不利于反应的引发，温度过高会使反应出现暴聚现象，因此该实验考察了40～70℃温度范围内的共聚反应，结果见图5-14。

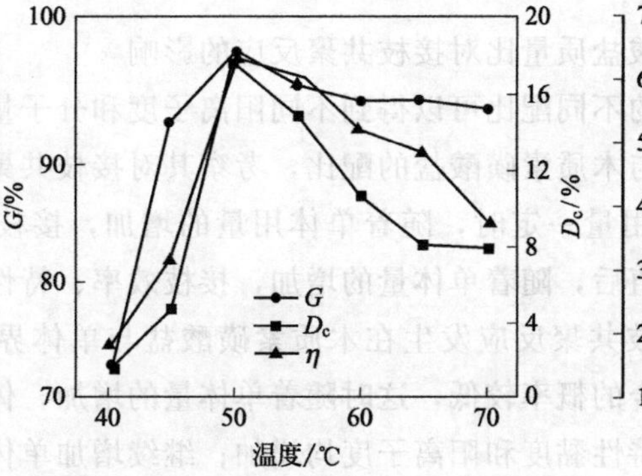

图5-14 温度对共聚物的影响

$X=20\%$；$t=6h$；$m(AM):m(DMDAAC)=1:1$；

m(单体)∶m(木质素磺酸盐)＝4∶1；引发剂质量分数为0.1%

从图5-14中可以看出，随着温度的升高，共聚物的接枝效率、特性黏度与阳离子度同步增加，在温度为50℃时均达到最大值；随着温度的继续升高，共聚物的接枝效率、特性黏度与阳离子度均出现下降趋势。这是因为随着反应温度的升高，引发剂分解速率加快，反应体系中产生的自由基数目增多，聚合反应速率加快，单体的转化率增大；当反应达到一定的温度后单体的转化率变化不大，当温度高于50℃时，虽然上述倾向依然存在，但链终止速率大大加快，且均聚物生成量增加，从而导致接枝效率、特性黏度与阳离子度均出现下降。因此，反应温度选择50℃较为合适。

（3）引发剂用量对接枝共聚反应的影响

引发剂的用量决定了反应速率及产品分子量。引发剂用量对接枝共聚反应的影响见图5-15。引发剂质量分数较低时，接枝效率、特性黏度和阳离子度均较低，这是因为体系中

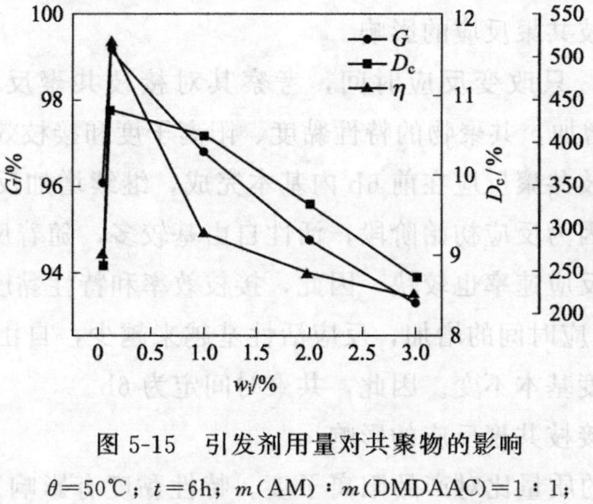

图5-15 引发剂用量对共聚物的影响

$\theta=50$℃；$t=6h$；$m(AM):m(DMDAAC)=1:1$；

m(单体)∶m(木质素磺酸盐)＝4∶1；$X=20\%$

自由基的浓度较低，随着引发剂质量分数的增加，体系中自由基数目增加，特性黏度、接枝效率和阳离子度都达到最大值；继续增大引发剂质量分数时，不仅单体自由基易发生相互终止的反应，大量生成的木质素磺酸盐自由基之间、木质素磺酸盐自由基与单体自由基之间的终止反应概率也会增加，从而使接枝效率、特性黏度和阳离子度均下降。因此，选择引发剂质量分数为 0.1%。

(4) 单体与木质素磺酸盐质量比对接枝共聚反应的影响

单体与木质素磺酸盐的不同配比可以得到不同阳离子度和分子量的产品。在其他条件不变的情况下，改变单体与木质素磺酸盐的配比，考察其对接枝共聚反应的影响，结果见图 5-16。当木质素磺酸盐用量一定时，随着单体用量的增加，接枝效率、特性黏度和阳离子度增大，但超过一定值后，随着单体量的增加，接枝效率、特性黏度和阳离子度降低或趋于平缓。这是由于接枝共聚反应发生在木质素磺酸盐与单体界面上，当单体用量少时，其与木质素磺酸盐结合的概率较低，这时随着单体量的增加，体系中单体自由基浓度也随之增大，接枝效率、特性黏度和阳离子度均增加；继续增加单体与木质素磺酸盐的比例，单体浓度过大，单体自由基间发生双基终止，使单体间发生均聚反应，从而导致接枝效率、特性黏度和阳离子度下降，故选择单体与木质素磺酸盐的质量比为 4∶1。

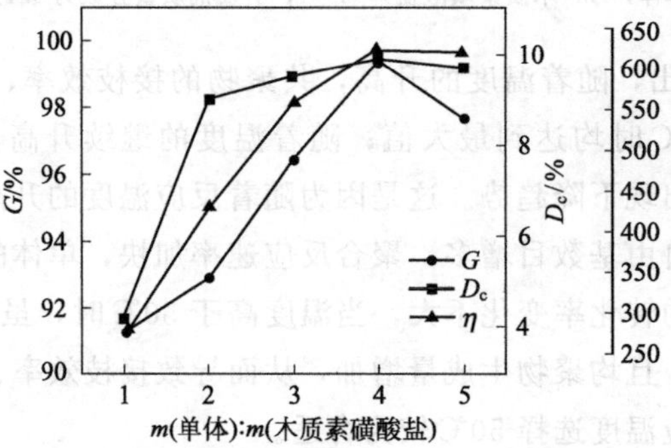

图 5-16 单体与木质素磺酸盐质量比对共聚物的影响

θ=50℃；t=6h；m(AM)∶m(DMDAAC)=1∶1；

引发剂质量分数为 0.1%；X=20%

(5) 共聚时间对接枝共聚反应的影响

保持其他条件不变，只改变反应时间，考察其对接枝共聚反应的影响，结果见图 5-17。随着反应时间的增加，共聚物的特性黏度、阳离子度和接枝效率呈现先增加后平稳的变化趋势，这说明接枝共聚反应在前 6h 内基本完成，继续增加反应时间特性黏度和接枝效率基本不变。这是因为反应初始阶段，活性自由基较多，随着反应时间的增加，自由基结合速率较快，共聚反应速率也较快，因此，接枝效率和特性黏度明显增加；但当反应时间超过 6h 后，随着反应时间的增加，反应活性基越来越少，自由基的结合速率变化不大，接枝效率和特性黏度基本不变。因此，共聚时间定为 6h。

(6) 单体质量比对接枝共聚反应的影响

AM 与 DMDAAC 的质量比对产品阳离子度、特性黏度有影响。保持其他条件不变，只改变 AM 与 DMDAAC 的质量比，考察其对接枝共聚反应的影响，结果如图 5-18 所示。

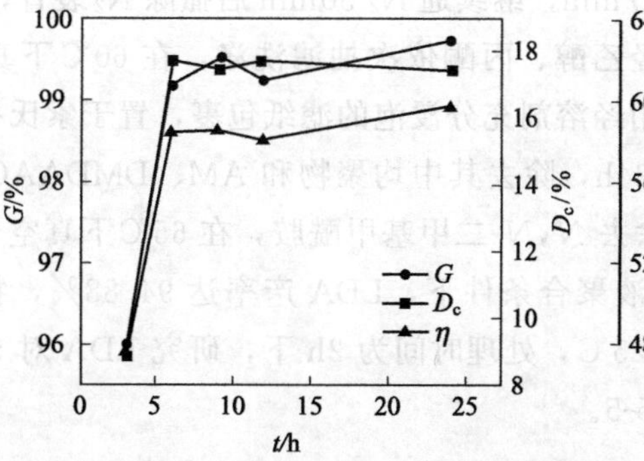

图 5-17　共聚时间对共聚物的影响

θ=50℃；引发剂质量分数为 0.1%；m(AM)∶m(DMDAAC)=1∶1；

m(单体)∶m(木质素磺酸盐)=4∶1；X=20%

由图 5-18 可以看出，接枝效率、阳离子度与特性黏度的变化趋势大致相同，都是随着AM 与 DMDAAC 质量比的增大呈现出先增大后减小的变化。这是因为 AM 与 DMDAAC 的质量比较小时，DMDAAC 用量过多不利于反应进行，它能在链引发阶段产生氯自由基，是接枝反应的抑制剂，使反应提前结束或终止，所以接枝效率、阳离子度以及特性黏度很小；随着 AM 与 DMDAAC 质量比的增大，DMDAAC 量减少，产生的氯自由基也减少，抑制作用减小，则产品的接枝效率、阳离子度和特性黏度增大；但当 AM 与 DMDAAC 的质量比超过 2 后，产品的接枝效率、阳离子度和特性黏度越来越小，这是因为 DMDAAC 是提供阳离子基体的单体，比例降低后阳离子度自然会下降，另外，虽然 DMDAAC 比例降低，但单体与木质素磺酸盐的质量比不变，所以产品的接枝效率与特性黏度变化逐渐平稳。因此，选择 AM 与 DMDAAC 的质量比为 2。

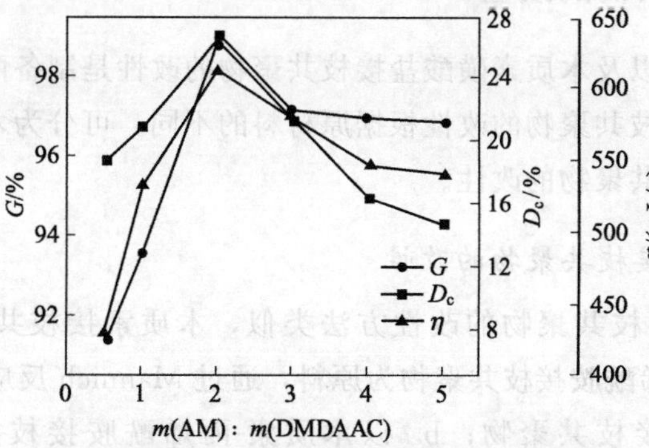

图 5-18　AM 和 DMDAAC 质量比对共聚物的影响

θ=50℃；t=6h；引发剂质量分数为 0.1%；m(单体)∶m(木质素磺酸盐)=4∶1；X=20%

实例三[26]：以丙烯酰胺（AM）、二甲基二烯丙基氯化铵（DMDAAC）、木质素磺酸盐为原料，应用反相乳液聚合法，制备三元共聚物木质素磺酸盐两性絮凝剂（LDA）。制备方法：在四口烧瓶中加入液体石蜡和复合乳化剂司盘-80 及吐温-80，通入 N_2，升温至30℃，在 600r/min 下搅拌 30min，滴入 AM 和 DMDAAC 溶液，搅拌均匀后滴入 10mL 引发剂（质量比为 2∶1 的过硫酸钾/亚硫酸氢钠）溶液，待充分预聚后滴入木质素磺酸盐溶液，将转速调整至1000r/min，继续通N_2 30min后撤除N_2装置，反应2h，得到共聚物乳液。用无水乙醇破乳，经乙醇、丙酮依次抽滤洗涤，在60℃下真空干燥至恒重，得到粉末状粗产品。将粗产品用经溶剂充分浸泡的滤纸包裹，置于索氏提取器中，以*N*,*N*-二甲基甲酰胺为溶剂，回流24h，除去其中均聚物和AM、DMDAAC共聚物。以丙酮为溶剂，继续回流萃取12h，除去*N*,*N*-二甲基甲酰胺，在65℃下真空干燥至恒重，得纯净共聚物LDA。在最佳反相乳液聚合条件下，LDA产率达94.88%，特性黏度为3.7512dL/g。在pH值为6，温度为25℃，处理时间为2h下，研究LDA对5种常见的生活工业废水的处理效果，结果见表5-5。

表5-5 LDA对5种废水的絮凝效果

污水类型	处理前COD/(mg/L)	处理后COD/(mg/L)	COD去除率/%
垃圾渗滤液	17382	2899	83.32
造纸黑液	9102	1303	85.68
印染废水(棉纺织物)	8036	681	91.53
印染废水(涤纶纺织物)	3763	417	88.89
印染废水(棉混纺织物)	4026	367	90.88

由表5-5可知，LDA絮凝剂对5种废水COD的去除率均可达到80%以上，效果良好，例如对棉纺织物印染废水，COD去除率达91.53%，这是因为LDA同时含有阴阳离子基团，且自身具有大面积的网状结构，可同时发挥电中和与网捕作用，因此LDA具有良好的通用性，可针对多种废水进行处理。LDA由于在木质素磺酸盐上引入了阳离子基团，增强了对悬浮物的吸附性，絮凝效果优于同类丙烯酰胺类絮凝剂和无机类絮凝剂。

5.3.3 接枝共聚物的改性

木质素接枝共聚物以及木质素磺酸盐接枝共聚物的改性是制备两性型改性木质素絮凝剂的主要方法之一。接枝共聚物的改性根据原材料的不同，可分为木质素接枝共聚物的改性和木质素磺酸盐接枝共聚物的改性。

5.3.3.1 木质素接枝共聚物的改性

和淀粉-丙烯酰胺接枝共聚物的改性方法类似，木质素接枝共聚物的改性方式有2种[1]：a. 以木质素-丙烯酰胺接枝共聚物为原料，通过Mannich反应和水解反应来制备两性型木质素-丙烯酰胺接枝共聚物；b. 以木质素-丙烯酰胺接枝共聚物为原料，通过Mannich反应和磺甲基化反应来制备两性型木质素-丙烯酰胺接枝共聚物。

(1) 改性方法一

1) 木质素-丙烯酰胺接枝共聚物的制备　将木质素和适量蒸馏水加入四口烧瓶中，搅拌均匀后，在N_2氛围内加入硫酸亚铁溶液，反应10min后加入丙烯酰胺单体，继续反应10~20min后，加入过硫酸钾溶液，通氮，搅拌反应2~3h，得木质素-丙烯酰胺接枝共聚物。

2) 两性型木质素-丙烯酰胺接枝共聚物的制备　在上述接枝共聚物中加入计算量的甲

醛和二甲胺，接枝共聚物、甲醛和二甲胺的摩尔比为1∶1∶1.5，反应温度为50℃，搅拌反应2～3h后，加入碳酸钠和氢氧化钠混合水溶液，在70～80℃下反应2～3h，即得两性型木质素-丙烯酰胺接枝共聚物。

（2）改性方法二

1）木质素-丙烯酰胺接枝共聚物的制备 将木质素和适量蒸馏水加入四口烧瓶中，搅拌均匀后，在N_2氛围内加入硫酸亚铁溶液，反应10min后，加入丙烯酰胺单体；继续反应10～20min后，加入过硫酸钾溶液通氮；搅拌反应2～3h，得木质素-丙烯酰胺接枝共聚物。

2）两性型木质素-丙烯酰胺接枝共聚物的制备 在上述接枝共聚物中加入计算量的甲醛和二甲胺，接枝共聚物、甲醛和二甲胺的摩尔比为1∶1∶1.5，反应温度为50℃，搅拌反应2h后，加入甲醛和亚硫酸氢钠的反应混合液，在70～85℃下反应3～4h即得两性型木质素-丙烯酰胺接枝共聚物。

5.3.3.2 木质素磺酸盐接枝共聚物的改性

木质素磺酸盐接枝共聚物的改性工艺为：首先以木质素磺酸盐和丙烯酰胺为原料制备出木质素磺酸盐-丙烯酰胺接枝共聚物，然后通过Mannich反应进行阳离子化，制备出两性型木质素磺酸盐-丙烯酰胺接枝共聚物[27-29]。

（1）木质素磺酸钙与丙烯酰胺的接枝共聚

在三口烧瓶中加入一定量的木质素磺酸钙和水，搅拌溶解，升温至50℃，通氮气5min，加入配比量的过硫酸钾及丙烯酰胺，保温反应。其中，过硫酸钾浓度为5×10^{-3} mol/L，丙烯酰胺用量为1.4mol/L，反应温度为50℃，反应时间为2.5h。

（2）接枝共聚物的Mannich反应

将接枝共聚物溶液用10% NaOH溶液调节至一定的pH值，加入甲醛，在相应温度下羟甲基化反应一定时间，再加入二甲胺，在一定温度下胺甲基化反应一定时间，得到反应产物。其中，醛胺摩尔比为1∶1，羟甲基化反应温度为50℃，羟甲基化反应时间为1h，胺甲基化反应温度为50℃，胺甲基化反应时间为2h，反应体系的pH值为10。

（3）两性型木质素磺酸盐改性絮凝剂LSDC处理污水

刘千钧[30]用自制的两性型木质素磺酸盐改性絮凝剂LSDC处理污水，并对污泥的絮凝脱水性能进行了研究。

1）对生物活性污泥的絮凝脱水作用

生物活性污泥取自广州猎德污水处理厂二沉池，污泥含水率为99.2%，pH值为6.5～7.0。图5-19和图5-20分别列出了添加LSDC对生物活性污泥的沉降速度、减压过滤滤液体积的影响。

污泥沉降速度是衡量絮体结构和泥水分离性能的一个指标。由图5-19可知，在沉降实验开始的前35min内污泥的沉降速度较快。空白污泥的平均沉降速度为1.86mL/min，投加阳离子聚丙烯酰胺（CPAM）的平均沉降速度为1.94mL/min，投加LSDC的平均沉降速度为2.33mL/min。显然，对提高污泥的沉降速度，LSDC比CPAM的性能更好。

污泥脱水实验是在同等操作条件下进行的，因此，在一定时间内过滤滤液的体积是比较污泥脱水效果的直观指标。滤液越多，则污泥泥饼的含水率越低，絮凝剂的脱水效果越

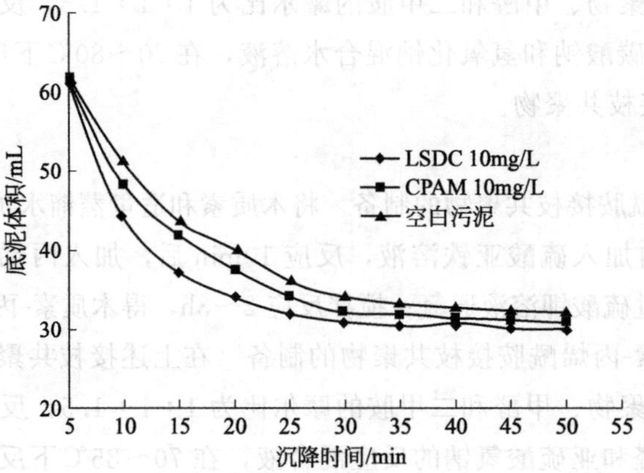

图 5-19 投药前后污泥的沉降曲线

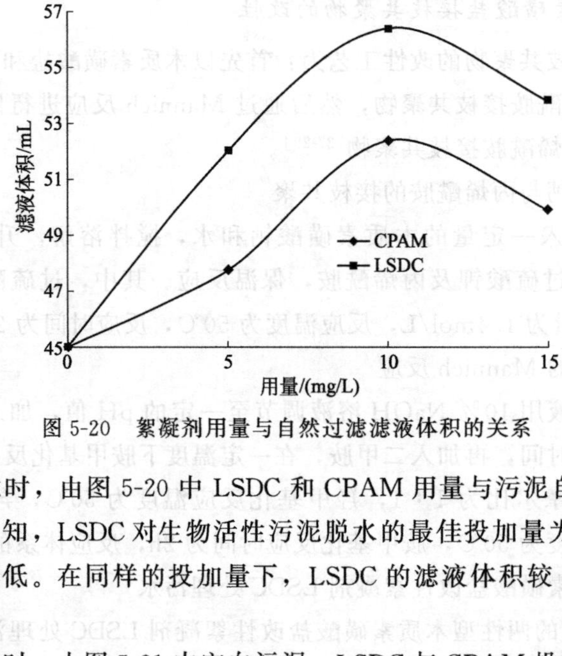

图 5-20 絮凝剂用量与自然过滤滤液体积的关系

好。当采用自然过滤时，由图 5-20 中 LSDC 和 CPAM 用量与污泥自然过滤 5min 所得滤液体积的关系曲线可知，LSDC 对生物活性污泥脱水的最佳投加量为 10mg/L，超过这个量，滤液体积将会降低。在同样的投加量下，LSDC 的滤液体积较 CPAM 大，即脱水性能好。

当采用减压过滤时，由图 5-21 中空白污泥、LSDC 与 CPAM 投加量均为 10mg/L 时，所得滤液体积与时间的关系曲线可知，加入 LSDC 后的滤液体积始终多于加入 CPAM 的体积。

在过滤压力、过滤面积、过滤介质和滤液黏度相同的条件下，污泥的过滤比阻 r 与减压过滤滤液体积 V 有下列关系：

$$\frac{r_2}{r_1}=\frac{V_1^2}{V_2^2}$$

式中 r_1，V_1——未投加 LSDC 的污泥过滤比阻和滤液体积；

r_2，V_2——投加 LSDC 的污泥过滤比阻和滤液体积。

由图 5-21 知，当过滤时间 t 为 1min 时滤液体积 V_1、V_2分别为 45mL 和 70mL，当过滤时间 t 为 2min 时滤液体积 V_1、V_2分别为 56mL 和 87.5mL。因此：

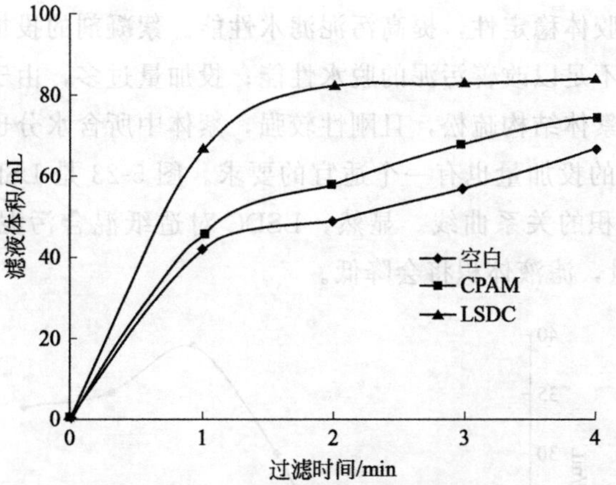

图 5-21　滤液体积随时间的变化

当 $t=1\text{min}$ 时，$\frac{r_2}{r_1}=\frac{V_1^2}{V_2^2}=0.413$；

当 $t=2\text{min}$ 时，$\frac{r_2}{r_1}=\frac{V_1^2}{V_2^2}=0.410$。

可见投加 LSDC 后，污泥过滤比阻可降低至原始污泥的 41%左右，过滤性能大大改善。

2）对造纸混合污泥的絮凝脱水作用

污泥取自广州造纸厂废水处理厂，污泥含水率为 96.8%，pH 值为 6.0～6.5。

① 对污泥沉降速度的影响　图 5-22 是空白污泥和 LSDC 投加量为 10mg/L 和 20mg/L 时的沉降曲线。由图 5-22 可见，在 60min 内，空白污泥的最大沉降高度是 5.0mL，平均沉降速度为 0.08mL/min；当 LSDC 的用量为 10mg/L 时，最大沉降高度是 6.4mL，平均沉降速度为 0.11mL/min；当 LSDC 的用量为 20mg/L 时，最大沉降高度是 8.0mL，平均沉降速度为 0.13mL/min。显然，LSDC 的加入可以明显提高污泥的沉降速度，当投加量为 20mg/L 时污泥的沉降速度是空白污泥沉降速度的 1.6 倍。

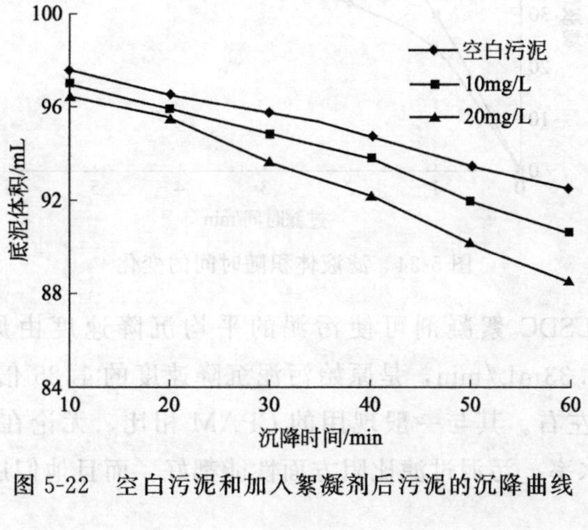

图 5-22　空白污泥和加入絮凝剂后污泥的沉降曲线

② 对污泥脱水性能的影响 当采用自然过滤时，絮凝剂对污泥的絮凝脱水在于改变污泥颗粒结构，破坏胶体稳定性，提高污泥滤水性能。絮凝剂的投加量直接影响着污泥的脱水性能，投加量少不足以改善污泥的脱水性能；投加量过多，由于有机絮凝剂的大分子结构，使污泥形成的絮体结构疏松，且刚性较强，絮体中所含水分也难以脱除。同时污泥本身的性质对絮凝剂的投加量也有一个适宜的要求。图 5-23 是 LSDC 用量与污泥自然过滤 10min 所得滤液体积的关系曲线。显然，LSDC 对造纸混合污泥脱水的最佳投加量为 20mg/L，超过这个量，滤液体积将会降低。

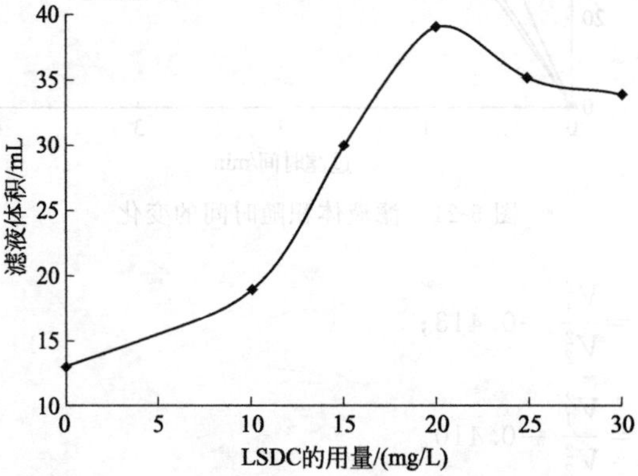

图 5-23 絮凝剂用量与自然过滤滤液体积的关系

当采用减压过滤时，污泥脱水实验是在同等操作条件下进行的。因此在一定时间内过滤滤液的体积是比较污泥脱水效果的直观指标。滤液越多，则污泥泥饼的含水率越低，絮凝剂的脱水效果越好。图 5-24 是 LSDC 投加量为 20mg/L 的污泥和空白污泥，在减压过滤时滤液体积随时间的变化。

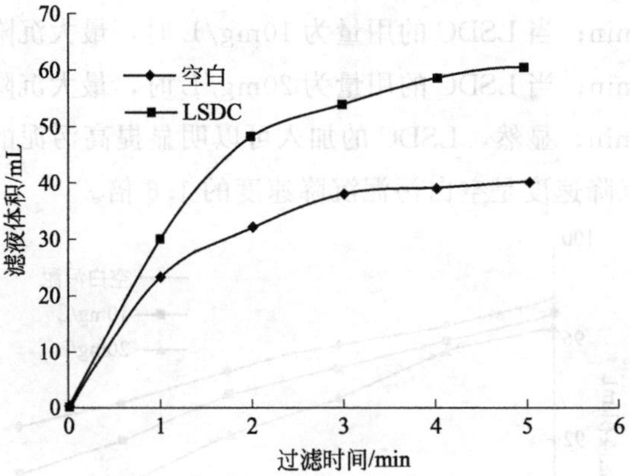

图 5-24 滤液体积随时间的变化

通过研究发现：LSDC 絮凝剂可使污泥的平均沉降速度由原始污泥沉降速度的 1.86mL/min 提高至 2.33mL/min，是原始污泥沉降速度的 1.25 倍。污染过滤比阻则降低至原始污泥的 41%左右。其与一般现用的 CPAM 相比，无论在提高污泥沉降速度方面，还是降低污泥含水率、污泥过滤比阻方面性能都好。而且他们还通过研究发现此种絮凝剂单独使用时效果欠佳，与其他絮凝剂复配后效果更佳，如与硫酸铝复配后变成复合型絮凝剂，其脱色性能明显增强，而且用量减少。此外其还可作为黏土絮凝剂等。

参 考 文 献

[1] 刘明华．有机高分子絮凝剂的制备及应用．北京：化学工业出版社，2006.

[2] 黎载波，王国庆，邹龙生．木质素絮凝剂的研究进展．精细与专用化学品，2002 (23)：17-19.

[3] 郭建欣，朱虹．改性木质素水处理剂的合成及应用．化学工业与工程技术，2011，32 (2)：31-34.

[4] 陈俊平．碱木素阴离子型高分子絮凝剂的研制．湖北工学报，1994 (2)：90-93.

[5] He W，Zhang Y，Fatehi P. Sulfomethylated kraft lignin as a flocculant for cationic dye. Colloids & Surfaces A Physicochemical & Engineering Aspects，2016，503：19-27.

[6] 张芝兰，陆雍森．木质素混凝剂的性质及其应用研究．水处理技术，1997，23 (1)：38-44.

[7] 黄民生，朱莉．味精废水的絮凝-吸附法预处理试验研究．水处理技术，1998，24 (5)：299-302.

[8] 吴冰艳，余刚．新型脱色絮凝剂木素季铵盐的研制及其絮凝性能与机理的研究．化工环保，1997，17 (5)：268-272.

[9] Pulkkinen E，Mäkelä A，Mikkonen H. Preparation and testing of cationic flocculant from kraft lignin. ACS Symposium，1989，397 (1)：284-293.

[10] 朱建华．木质素阳离子表面活性剂的合成及应用．精细化工，1992，9 (4)：1-3.

[11] 吴冰艳，余刚．新型脱色絮凝剂木素季铵盐的研制及其絮凝性能与机理的研究．化工环保，1997，17 (5)：268-272.

[12] 祝万鹏，巫朝红，余刚．木质素季铵盐阳离子絮凝剂合成工艺．CN 1045450，1999-10-06.

[13] 方桂珍，何伟华，宋湛谦．阳离子絮凝剂木质素季胺盐的合成与脱色性能研究．林产化学和工业，2003，23 (2)：37-41.

[14] 代军，侯曼玲，马莉莉．利用木质素制备木素季胺盐絮凝剂．精细化工中间体，2002，32 (6)：38-39.

[15] 杨林，刘明华．改性木质素除油絮凝剂处理含油废水的研究．石油化工高等学校学报，2007，20 (2)：9-11，22.

[16] Li R H，Gao B Y，Sun J Z，et al. Synthesis，characterization of a novel lignin-based polymer and its behavior as a coagulant aid in coagulation/ultrafiltration hybrid process. International Biodeterioration & Biodegradation，2016，113：334-341.

[17] 刘剑锋，郑福尔，郑文国，等．一种阳离子絮凝剂的合成及其在印染废水中的应用．化学工程与装备，2014 (1)：15-17.

[18] 王晓红，刘静，李春，等．木质素磺酸盐与丙烯酰胺接枝改性研究．安徽农业科学，2010，38 (16)：8680-8682.

[19] 李爱阳，唐有根．接枝共聚木质素絮凝处理电镀废水中的重金属离子．环境工程学报，2008，2 (5)：611-614.

[20] Guo K Y，Gao B Y，Li R H，et al. Flocculation performance of lignin-based flocculant during reactive blue dye removal：comparison with commercial flocculants. Environmental Science and Pollution Research，2018，25：2083-2095.

[21] Lou T，Cui G P，Xun J J，et al. Synthesis of a terpolymer based on chitosan and lignin as an effective flocculant for dye removal. Colloids & Surfaces A Physicochemical & Engineering Aspects，2017.

[22] 雷中方，陆雍森．木质素与丙烯酰胺的接枝改性及产物水处理性能．化学世界，1998 (11)：585-589.

[23] 刘德启．尿醛预聚体改性木质素絮凝剂对重革废水的脱色效果．中国皮革，2004，33 (5)：27-29.

[24] 许小蓉，程贤甦．木质素阳离子絮凝剂的合成及其絮凝性能研究．广州化学，2011，36 (1)：11-16.

[25] 孙岩峰，石永安，张玉苍，等．木质素磺酸盐两性高分子聚合物合成及应用．大连理工大学学报，2012，52 (4)：469-475.

[26] 袁竣一，张玉苍，尹鹏．响应曲面法优化木质素磺酸盐改性絮凝剂的制备工艺．应用化工，2017，46 (8)：1501-1504，1509.

[27] 詹怀宇，刘千钧，刘明华，等．两性木素絮凝剂的制备及其在污泥脱水的应用．中国造纸，2005，24 (2)：14-16.

[28] 刘千钧，詹怀宇，刘明华．木素的接枝改性．中国造纸学报，2004，19 (1)：156-158.
[29] 刘千钧，詹怀宇，刘明华．木质素磺酸镁接枝丙烯酰胺的影响因素．化学研究与应用，2003，15 (5)：737-739.
[30] 刘千钧．木质素磺酸盐的接枝共聚反应及两性木质素基絮凝剂 LSDC 的制备与性能研究．广州：华南理工大学，2005.

第 6 章

木质素合成树脂

木质素结构中既有酚羟基、醇羟基，又有醛基、羧基等，因此可与其他一些化合物在一定条件下合成树脂，从而在工业中得到应用。20 世纪初就有人利用木质素制备合成树脂并用作胶黏剂。20 世纪 40 年代发明了酚醛树脂和脲醛树脂之后，由于它们的性能好、经济合理，得到了迅速推广和应用，使得木质素制胶黏剂的研究停滞下来，直到 1973 年发生了世界性石油危机后，石油价格上涨，石油化工原料紧张，木质素的利用研究才被重新重视[1]。

6.1 木质素酚醛树脂

酚醛树脂（PF）是第一种人工合成的高分子化合物，是由酚类化合物与醛类化合物缩聚反应得到的产物。因为酚醛树脂有价格低廉、力学性能和耐热性能优良等特点，所以广泛应用于国防、工农业、建筑、交通等领域。目前，脲醛树脂胶黏剂、酚醛树脂胶黏剂和三聚氰胺甲醛树脂是用量最大的木材胶黏剂，并称为人造板工业三大胶黏剂。其中酚醛树脂胶黏剂具有粘接强度高、耐水及耐候性好等优点，因此至今酚醛树脂仍是制造室外用人造板主要的胶黏剂。然而，酚醛树脂胶黏剂也存在固化温度高、热压时间长、易透胶和甲醛释放等不足。此外，其生产原料来源于不可再生的石油产品。因此，随着石油价格的不断上涨和资源日益匮乏，寻找可再生原料生产性能优良的酚醛树脂胶黏剂，已成为目前亟待解决的问题。木质素取代部分化工原料生产酚醛树脂胶黏剂具有潜在的可行性。木质素分子结构中存在醛基和羟基，其中羟基又包括醇羟基和酚羟基。因此，在苯酚和甲醛合成酚醛树脂的反应中，木质素的取代能降低苯酚和甲醛的用量[2]。多年来，人们对酚醛树脂的化学结构、化学性质及应用进行了大量的研究。利用化学改性、物理共混等方法进行酚醛树脂高性能化、功能化、精细化、绿色化等方面的研究，其中木质素酚醛树脂（LPF）极具潜力，已成为当下研究的热点和焦点。

6.1.1 共缩聚法合成木质素酚醛树脂

木质素的结构单元上既有酚羟基又有醛基，因此在合成木质素酚醛树脂时，木质素既可用作酚与甲醛反应，也可用作醛与苯酚反应，既节约了甲醛又节约了苯酚。国内外在这方面做了不少工作，如木质素与苯酚先在碱性条件下反应，反应的中间体再与甲醛反应；或者木质素先与苯酚在酸性条件下反应，所得中间体再与甲醛在碱性条件下反应[1]。

实例一：刘纲勇等[3]将30g的苯酚、70g酸析提纯的麦草碱木质素、15.8g分析纯氢氧化钠和120g水依次加入装有搅拌器和冷凝管的四口圆底烧瓶，搅拌均匀后，加热至100℃，恒温反应1h；冷却至50℃，然后加入42g工业甲醛（37%），在50℃下恒温反应30min，再以0.5℃/min的速度升温至80℃，恒温反应1h；最后，滴加28g工业甲醛（37%），继续恒温反应1h，冷却至40℃以下出料。得到黑色黏稠状液体为LPF，放入5℃的冰箱中保存备用。将新制备的LPF在35℃的真空干燥箱中干燥24h，得到的未固化LPF粉末移入五氧化二磷干燥器中备用。取适量未固化的LPF，放在150℃的烘箱中，反应15min。取出、冷却、研磨，移入五氧化二磷干燥器中备用，得到固化LPF粉末。

实例二：李爱阳等[4]把苯酚和甲醛按摩尔比为1∶1.5的比例加入到带有回流冷凝器的圆底烧瓶中，另外加入一些NaOH作为催化剂，在90～100℃水浴回流1h，加入木质素，再在90～100℃下回流3h，制得木质素酚醛树脂胶黏剂，其各项理化性能均能达到国家标准的要求（表6-1）。制取的胶黏剂中游离甲醛含量为0.078%，未改性酚醛树脂胶中的游离甲醛含量为1.2%。

表6-1 改性树脂胶的性能指标

项目	固含量/%	黏度(25℃涂4杯)/s	pH值	可被溴化物含量/%	游离酚含量/%	水混合性	外观
酚醛树脂胶	45～50	85	10～12	>12	<2.5	20倍以上	棕红色
木质素改性的酚醛树脂胶	40～45	80	10～12	>12	<0.1	20倍以上	棕红色、微浑

实例三：施中新等[5]将苯酚、木质素溶液和催化剂投入反应釜，在搅拌中升温到50℃，并恒温0.5h，加入80%量的甲醛，继续保温反应0.5h，然后在1.5h内将混合液温度缓慢升至87℃；再经过0.5h升温到94℃，然后在20min内将反应温度降至82℃，加入剩余量的甲醛；再在0.5h内升温至92℃，恒温一定时间，达到所需的黏度，冷却到一定温度（40℃以下）出料即得产品胶黏剂。该工艺的最佳配方是：苯酚与甲醛的摩尔比1∶2.1，催化剂10g，木质素溶液120g，木质素溶液的黏度为19s。该胶黏剂与聚乙烯醇缩甲醛复合后可用作外墙涂料的基料，其配方为：木质素酚醛胶黏剂30～120份，6%聚乙烯醇缩甲醛80～270份，填料120份，颜料2～10份，助剂1～2份。涂料的技术性能如表6-2所列。

表 6-2 涂料的技术性能

分类	项目	测试结果	分类	项目	测试结果
涂刷性能	涂刷性	良好	涂膜性能	硬度/H	5
	表面干燥时间/h	约1		附着力(划格法)/%	100
	黏度/s	50		耐冲洗/h	20
	pH值	8.0～10.5		耐热性	>5h,合格
	固含量/%	50		耐水性(常温)	合格
	沉降率(常温存放)/%	<5(24h)		耐碱性[饱和 $Ca(OH)_2$]	合格
		<10(48h)		耐酸性(5% HCl)	合格

实例四：方继敏等[6]分别以造纸黑液和酸析后的木质素为原料制取了不同固含量的木质素酚醛树脂。以造纸黑液为原料的制备工艺：先在反应器中熔化苯酚，加入黑液和水，搅拌混匀后加入氢氧化钠，在45℃预反应30min，再加入甲醛，加入量为其总量的80%，在45～50℃保温30min，然后以1℃/1.5min的升温速率在60min内升到96℃，保温30min；之后用20min的时间将反应温度降到82℃，加入剩余的甲醛，在30min内再将反应温度升至96℃，保温一段时间，达到合适的黏度就可冷却出料。以酸析后的木质素为原料的制备工艺：将苯酚、木质素和催化剂投入反应器中，在搅拌中升温到50℃，并恒温0.5h，加入80%量的甲醛，继续在50℃反应0.5h，然后在1.5h内由50℃慢慢升温到87℃，再在30min内升到94℃，然后在20min内将反应温度降到82℃；此时再加入剩余量的甲醛，再在0.5h内升温到92℃，恒温一定时间，达到所需的黏度，冷却到40℃以下出料，即合成出不同固含量胶黏剂。方继敏等[6]还研究了黏度和固含量对剪切强度的影响，结果分别见图6-1和图6-2。

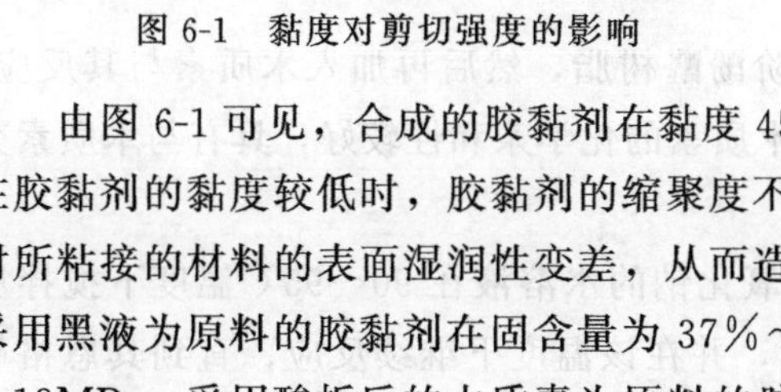

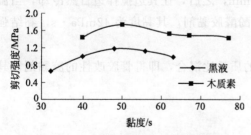

图 6-1 黏度对剪切强度的影响

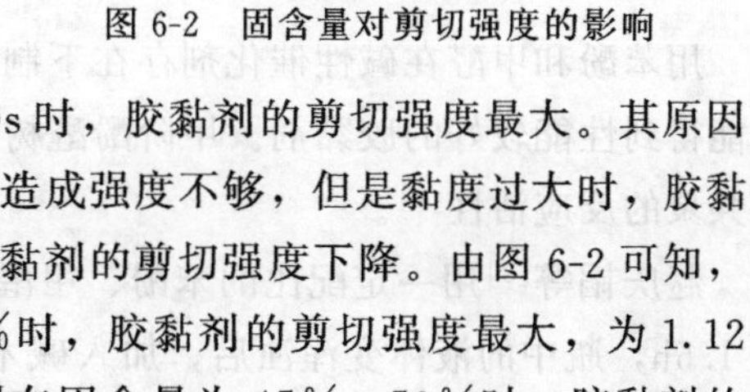

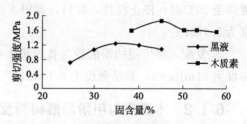

图 6-2 固含量对剪切强度的影响

由图6-1可见，合成的胶黏剂在黏度45～60s时，胶黏剂的剪切强度最大。其原因为在胶黏剂的黏度较低时，胶黏剂的缩聚度不够，造成强度不够，但是黏度过大时，胶黏剂对所粘接的材料的表面湿润性变差，从而造成胶黏剂的剪切强度下降。由图6-2可知，当采用黑液为原料的胶黏剂在固含量为37%～40%时，胶黏剂的剪切强度最大，为1.12～1.18MPa；采用酸析后的木质素为原料的胶黏剂在固含量为45%～50%时，胶黏剂的剪切强度最大，为1.52～1.74MPa，另外酸析后的木质素所制得的胶黏剂剪切强度大于采用黑液为原料的胶黏剂，其原因可能是酸析后的木质素的杂质如半纤维素、多糖等相对于黑液要少。

研究还发现[6]，用酸析木质素取代不同量的苯酚，当木质素取代量高达40%～50%时制备的胶黏剂仍然具有较高黏结强度（图 6-3）。

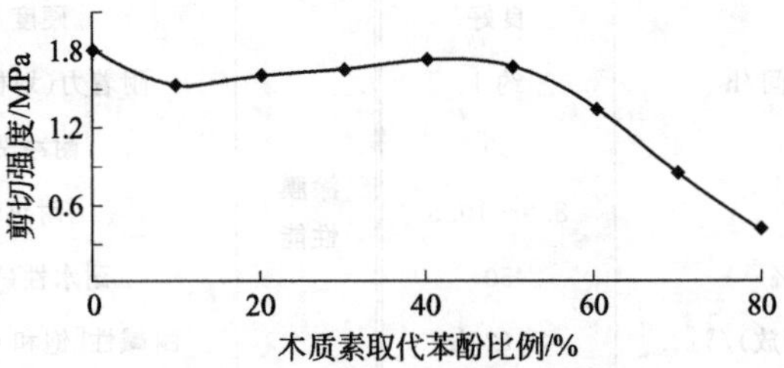

图 6-3 木质素用量对胶黏剂剪切强度的影响

实例五：杨连利等[7]以黑液为原料，利用反相微乳法制备木质素微球，并以其代替部分苯酚制备出低成本的木材用酚醛胶黏剂。制备工艺如下。

① 木质素微球的制备　在 500mL 的三口烧瓶中加入环已烷和三氯甲烷，再加入 2.5%的复配乳化剂，使其溶解于油相。把一定量的木质素溶液加入油相中，油相和水相的体积比为 3∶1，再加入 3%的环氧氯丙烷为交联剂并分散均匀，在 30min 内由室温升温至 90℃，并恒温反应 1h，即得木质素微球。离心分离除去上层油相，下层微球依次用乙酸乙酯、丙酮、乙醇洗涤，离心分离，干燥。

② 木质素制取黏合剂　在一定质量的木质素微球中加入少量蒸馏水、纤维素酶、双氧水，恒温 60℃下保持 30min，过滤、洗涤。滤渣放入三口烧瓶中，加入一定量的 NaOH 溶液，加热搅拌，使之完全溶解，过滤除去滤渣。将滤液和部分苯酚投入烧瓶中，加入适量的氨水，加热至 50℃，搅拌 5min，然后加入 70%甲醛，搅拌 10min；继续加热，使反应温度在 1h 之内上升至 95℃并保温 5min，待温度自然下降到 40～50℃时，加入剩余 30%甲醛，再加热至 95℃，恒速搅拌 5min，之后，让其边搅拌边自然冷却，当温度降至 25℃时，停止搅拌，取料，即得木质素酚醛胶黏剂，其黏度为 42mPa·s，黏结强度为 2.7MPa。

③ 复配　将所得的酚醛胶与骨胶按 1∶1 的质量比混合，即得骨胶改性的胶黏剂，其黏度为 61mPa·s，黏结强度为 9.9MPa。

6.1.2 木质素与甲阶酚醛树脂反应

用苯酚和甲醛在碱性催化剂存在下制备甲阶酚醛树脂，然后再加入木质素与其反应，也能得到性能较好的胶黏剂。甲阶酚醛树脂与木质素的化学亲和性较好，具有与木质素交联共聚的反应活性[1]。

赵庆韬等[8]用一定配比的苯酚、甲醛和氢氧化钠的水溶液在 90～95℃温度下搅拌反应 1.5h，瓶中的液体变浑浊后，加入碱木质素，并在该温度下继续反应，直到其恩格勒黏度为 0.1～0.5Pa·s，冷却至室温，即得碱木质素胶黏剂。用这种胶黏剂生产胶合板，各项性能均达到并超过Ⅱ类胶的水平（GB 738—75），其黏合强度达到 3.10MPa，含水率为 9.46%，成本比酚醛树脂胶降低 33%。由于这种胶中含有木质素，而木质素能吸收游离的甲醛，所以该产品无毒，加入固化剂后，可用于地板涂料、防腐漆等方面。

6.1.3　直接用木质素与酚醛树脂混合

木质素与甲阶酚醛树脂共缩聚制备的胶黏剂，其性能略低于木质素与苯酚、甲醛反应的产物，但木质素的用量却会多一些。木质素与酚醛树脂在研磨混合机中直接混合也能制备胶黏剂，但木质素在其中起的主要是填充剂的作用，尽管如此，这种胶黏剂仍具有较好的性能[1]：将 795g 木质素与 384g 酚醛树脂（牌号 Durez 19896）置于混合机中研磨 20h，然后在 40℃的烘箱中干燥 20h，再加入 15%的六亚甲基四胺交联剂，即成木质素酚醛树脂，其软化点为 114～118℃，胶化 9s（165℃）。其模塑粉的物理机械性能与酚醛树脂（牌号 Durez 19896）模塑粉比较见表 6-3。由表 6-3 可以看出，用木质素与酚醛树脂直接混合也能得到与酚醛树脂相近性能的模塑粉。

表 6-3　木质素模塑粉与酚醛树脂模塑粉的物理机械性能比较

性能	木质素模塑粉	Durez 19896 树脂	性能	木质素模塑粉	Durez 19896 树脂
密度/(g/cm^3)	1.39	1.36	热变形温度/℃	319	307
成型收缩率/%	0.68	0.70	500V 绝缘电阻/$10^{10}\Omega$	4.8	0.7
冲击强度/(J/m^2)	18.14	22.40	介电常数	5.8	7.2
弯曲强度/kPa	7.65	7.58	抗电常数/s	124	124
吸水率(24h)/%	0.65	0.52	短时介电强度/(kV/mm)	0.36	0.42

用超滤膜分离木质素磺酸盐，得到分子量在 5000 以上的部分，用它与酚醛树脂混合，可得到性能良好的胶黏剂，而且可代替 40%～70%的酚醛树脂。黄冬根等[9]用木质素与甲阶酚醛树脂混合成胶，并用此胶制成碎料板，其质量可达硬质纤维板二级品标准，但木质素取代酚醛树脂的量不超过 20%。木质素可与 Novolac 酚醛树脂（一种线型酚醛清漆）和 Resol 酚醛树脂（相当于酚醛树脂 A，一种可熔性酚醛树脂）混合，并且都有较好的效果[10]。所采用的木质素磺酸盐是木质素磺酸钠，其工艺一般是将木质素磺酸钙用硫酸转化成木质素磺酸，将生成的硫酸钙过滤除去，滤液中加入碳酸钠搅拌，即可生成木质素磺酸钠。

6.2　改性木质素酚醛树脂

木质素是以苯基丙烷为结构单元，通过碳碳键和醚键高度交联的三维网络结构的天然芳香族化合物，由于分子上具有醇羟基和酚羟基等活性官能团，与酚醛树脂结构相似，与苯酚相比，木质素分子结构复杂，空间位阻大，反应可及度较低且活性位点多已被取代，反应活性不高。针对木质素的分子结构特点和可活化位点反应特性，对木质素分子结构进行活化改性，提高木质素分子上羟甲基、酚羟基、醇羟基含量，从而提高木质素与酚醛树脂聚合度，是提高木质素改性酚醛树脂胶黏剂黏合强度的重要手段。由于酚羟基的电子诱导效应，酚型木质素分子结构的可活化位点更多，活性更高[11]。

酚型木质素分子结构上的可活化位点见图 6-4。由图 6-4 可知，酚羟基的邻位 C5 可受到亲电试剂的进攻发生亲电加成，生成活性更高的羟甲基。侧链上 α-碳、β-碳，以及甲氧基的 C—O 键和侧链 β-O-4 结构中的 C—O 键均可受到亲核试剂进攻发生亲核取代，生成更多的醇羟基或酚羟基，从而提高木质素分子活性。根据改性方式不同，木质素活化改性大体可分为化学改性、物理改性和生物改性三类[11]。

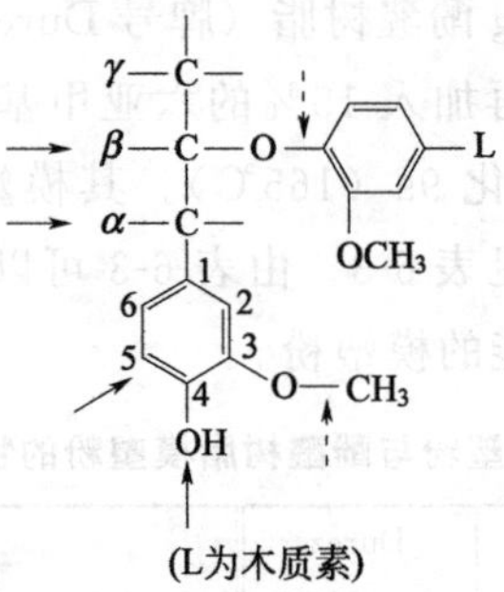

图 6-4　酚型木质素分子结构上的可活化位点

6.2.1　木质素的化学改性

木质素可通过羟甲基化反应、酚化反应、脱甲基化反应、水热反应和还原反应等化学方法对木质素苯环及侧链进行改性，增加羟甲基、酚羟基、醇羟基等活性基团数量，增大木质素与苯酚、甲醛发生共聚反应的活性。

6.2.1.1　羟甲基化反应

在碱性条件下，木质素酚羟基的邻位与甲醛可发生加成反应，形成羟甲基，可进一步与苯酚或木质素的活性基团发生聚合反应，生成木质素酚醛共聚树脂。该反应是在苯环上的活性位点 C5 上加成得到羟甲基，虽然活性位点数量没有增加，但生成的羟甲基既可与其他苯酚或木质素分子的 C5 共聚，也可与羟甲基酚或羟甲基化木质素共聚，因而反应活性提高。依据羟甲基反应位点不同，木质素与甲醛可能发生三种羟甲基化反应[12]，如图 6-5 所示。木质素原料的反应活性与其来源和制备方法有关[11,13]，如表 6-4 所列，研究人员研究了各种木质素原料羟甲基化改性制备酚醛树脂胶黏剂的性能。

表 6-4　不同种木质素羟甲基化改性酚醛树脂胶黏剂性能

原料	木质素对苯酚替代率	游离甲醛	应用人造板	机械强度
碱木质素	50	—	刨花板	湿静曲强度 9.8MPa
木质素磺酸盐	68	—	刨花板	湿内结合强度 0.21MPa
乙酸木质素	30	—	胶合板	湿黏合强度 0.7MPa
造纸黑液	40	1.5	刨花板	湿静曲强度 28.3MPa

Zhao 等[14]以针叶材碱木质素为原料，经过羟甲基化后与普通酚醛树脂进行共混，制备木质素酚醛树脂，并压制刨花板，当木质素对苯酚替代率为 50%时，湿内结合强度达

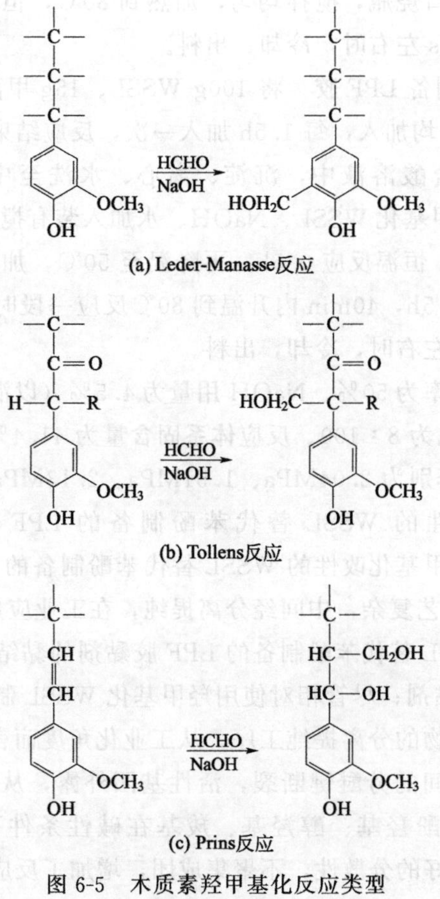

图 6-5 木质素羟甲基化反应类型

到 0.45MPa。在最优羟甲基化工艺条件（甲醛、木质素摩尔比为 1.1∶1，温度为 50℃，反应时间为 2h，pH 值为 12.0）下，木质素每个 C_9 结构单元的羟甲基（$—CH_2OH$）为 0.36mol $—CH_2OH/C_9$，即每个九元环结构单元被引入了 0.36 个羟甲基。Alonso 等[15]选择了软木木质素磺酸铵（LAS）进行羟甲基化改性，选择 LAS 的原因是相对硬木木质素磺酸盐，LAS 酚羟基含量较高、酚环上未取代位点更多。当甲醛和碱用量分别为 LAS 的 1.0 倍、4/5，温度为 45℃时的最佳工艺下合成羟甲基木质素磺酸铵，并用羟甲基木质素磺酸铵合成了改性木质素酚醛树脂[16]，确定了最佳反应条件：羟甲基木质素为 35%，碱和甲醛用量分别为羟甲基产物的 3/5 和 2.5 倍，所合成的树脂与工业酚醛树脂性能类似。

欧阳新平等[17]以麦草碱木质素（WSSL）为原料，研究了不同工艺条件下木质素替代部分苯酚制备木质素改性酚醛树脂胶黏剂 LPF，其制备工艺如下。

① 碱活化 WSSL、羟甲基化制备 LPF 胶　将一定比例的 WSSL、NaOH、水加入装有搅拌器和冷凝管的四口烧瓶，搅拌均匀，加热至 100℃，恒温反应 0.5h；然后降温至 50℃，加入苯酚反应 0.5h，再加入甲醛总量（包括苯酚质量 0.6 倍的甲醛和甲醛与木质素混合体系中的甲醛）的 70% 反应 0.5h；然后在 40min 内升温至 80℃，反应一段时间后，滴加剩余的甲醛，当黏度在 0.15Pa·s 左右时，冷却、出料。

② WSSL 直接替代苯酚制备 LPF 胶　将一定比例的 WSSL、NaOH、水、苯酚加入

装有搅拌器和冷凝管的四口烧瓶，搅拌均匀，加热到80℃，恒温反应0.5h，然后加入甲醛反应到黏度在0.15Pa·s左右时，冷却、出料。

③ 羟甲基化WSSL制备LPF胶　将100g WSSL、15g甲醛和12g NaOH于60℃下反应3h，NaOH分两次平均加入，每1.5h加入一次，反应结束后离心，离心后得到的液体倒入pH值为1.5的盐酸溶液中，沉淀、离心、水洗至中性，烘干得到羟甲基化WSSL。将一定比例的羟甲基化WSSL、NaOH、水加入装有搅拌器和冷凝管的四口烧瓶，搅拌均匀，加热到100℃，恒温反应0.5h，再降温至50℃，加入苯酚反应0.5h，然后加入甲醛总量的70%反应0.5h，40min内升温到80℃反应一段时间，然后滴加剩余的甲醛反应到黏度在0.15Pa·s左右时，冷却，出料。

在木质素对苯酚替代率为50%、NaOH用量为4.5%（以混合物总质量为基准计，下同）、甲醛与木质素质量比为8∶100、反应体系固含量为41.4%的条件下，3种不同工艺下制备的LPF黏结强度分别为2.04MPa、1.51MPa、2.13MPa。由此可见，在替代率为50%的前提下，未经改性的WSSL替代苯酚制备的LPF胶黏剂的黏结强度只有1.51MPa；而使用经过羟甲基化改性的WSSL替代苯酚制备的LPF胶黏剂的黏结强度可以达到2.13MPa，但其工艺复杂，中间经分离提纯，在工业应用上受到限制。相比而言，使用碱活化羟甲基化WSSL替代苯酚制备的LPF胶黏剂的黏结强度要远大于使用未改性的WSSL制备的LPF胶黏剂；尽管相对使用羟甲基化WSSL制备的胶黏剂的黏结强度略差，但不需要经过中间产物的分离提纯工序，从工业化角度而言易于实施。高温碱活化使WSSL分子中结构单元之间的芳醚键断裂，活性基团外露，从而提高了木质素的反应活性，同时，分子结构中的酚羟基、醇羟基、羧基在碱性条件下形成带负电的基团，使WSSL在水溶液中保持较好的分散性，不聚集成团，增加了反应物之间的接触面积，使反应活性提高[17]。

欧阳新平等还以采用碱活化羟甲基化改性WSSL替代苯酚制备LPF胶黏剂为例，研究了NaOH用量、甲醛/木质素质量比和反应体系固含量等对LPF胶性能的影响，并对比了LPF胶黏剂与传统PF胶黏剂的性能[17]。

(1) NaOH用量对LPF胶黏剂性能的影响

NaOH用量对LPF胶黏剂黏结强度、游离甲醛含量的影响见图6-6。由图6-6可知，随着NaOH用量的增加，LPF胶黏剂的黏结强度起初呈上升趋势，当NaOH用量为4.5%时，黏结强度达到最大值2.04MPa，但NaOH用量进一步增加时，LPF胶黏剂的黏结强度略有降低。随着NaOH用量增加，LPF胶黏剂的游离甲醛含量先快速下降，当NaOH用量为4.0%时，游离甲醛含量为0.18%，此后进一步增加氢氧化钠用量，游离甲醛含量变化不大。LPF胶黏剂的合成步骤包括WSSL、苯酚的羟甲基化及随后与甲醛的缩聚，这些反应都在碱催化作用下进行，催化剂用量的增加，有利于促进WSSL、苯酚的羟甲基化及随后的缩聚反应。当催化剂用量继续增加时，羟甲基化的WSSL及苯酚之间通过脱水缩合，实际上相当于降低了活性羟基含量，也降低了和后续甲醛之间的缩合反应程度，从而使得LPF胶黏剂的黏结强度有所降低。由于NaOH既促进了木质素的羟甲基化反应又抑制了后续的缩合反应，而羟甲基化反应消耗的甲醛与因缩合反应程度降低导致的未反应甲醛增加的量大致相同，使得残留甲醛的含量基本恒定。

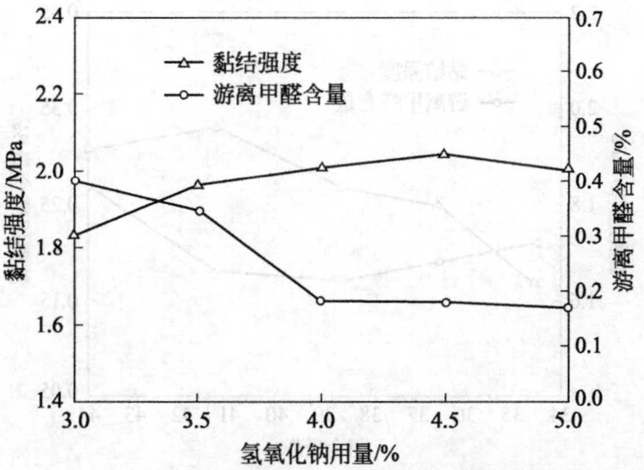

图 6-6　NaOH 用量对 LPF 胶黏剂性能的影响

(2) 甲醛/木质素质量比对 LPF 胶黏剂性能的影响

甲醛/木质素质量比对 LPF 胶黏剂黏结强度、游离甲醛含量的影响见图 6-7。由图 6-7 可知，随着甲醛/木质素质量比的增大，LPF 胶黏剂的黏结强度先升高后降低，当甲醛/木质素质量比为 0.12 时，黏结强度达到最高值，然后继续增加甲醛用量，黏结强度开始下降，游离甲醛含量则随甲醛/木质素质量比的增大而增大。在碱性条件下，高的甲醛用量有利于促进甲醛与木质素和苯酚之间的反应，但在甲醛用量相对于木质素很大的情况下，即单纯的甲醛含量高，没有足量的可以与之发生反应的木质素，多余的甲醛就会对胶黏剂起到稀释的作用，导致其黏结强度的降低和残留甲醛含量的增加。

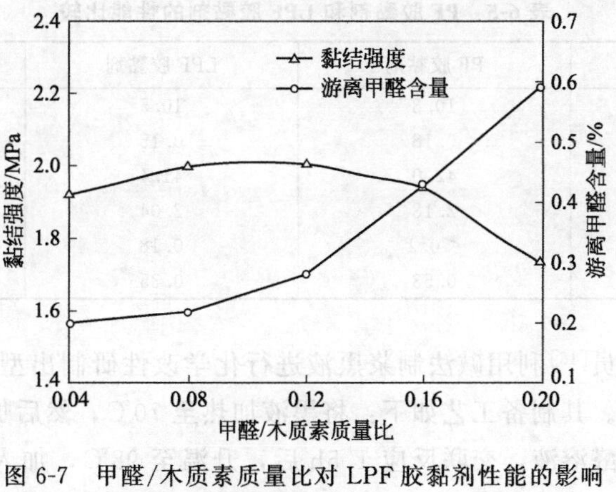

图 6-7　甲醛/木质素质量比对 LPF 胶黏剂性能的影响

(3) 反应体系固含量对 LPF 胶黏剂性能的影响

反应体系固含量对 LPF 胶黏剂黏结强度、游离甲醛含量的影响见图 6-8。由图 6-8 可知，随着固含量的增加，黏结强度先增加后降低，在反应体系固含量为 41.4%左右时达最大；游离甲醛的含量则先降低后升高，反应体系固含量超过 41.4%后，游离甲醛的含量增大较明显，这主要是因为当反应体系的固含量达到 41.4%时，反应体系的黏度很大，很容易凝胶，反应不充分，导致游离甲醛含量增大，所制备的胶黏剂的黏结强度降低。

(4) LPF 胶黏剂与传统 PF 胶黏剂的性能对比

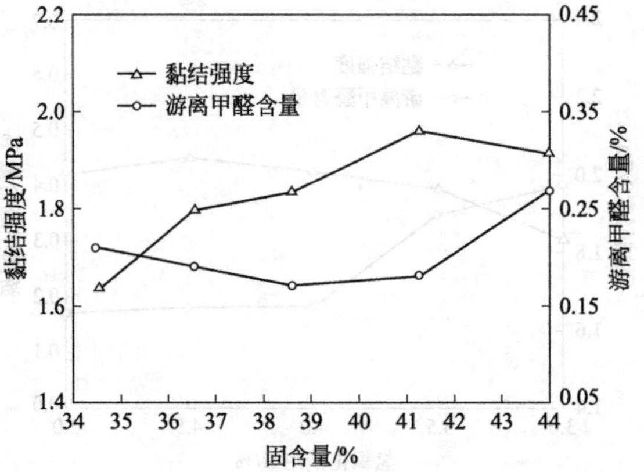

图 6-8 反应体系固含量对 LPF 胶黏剂性能的影响

研究还对比了 LPF 胶黏剂与传统 PF 胶黏剂的性能，结果见表 6-5。由表 6-5 可知，碱活化羟甲基化改性 WSSL 代替 50%的苯酚制备的 LPF 胶黏剂，其黏结强度比 PF 胶黏剂稍差，但仍远高于国家标准的要求。然而以廉价的造纸制浆废液中的木质素部分替代昂贵的、有毒的苯酚，从经济和环境效应而言都是极有意义的。LPF 胶黏剂的游离苯酚含量小于 PF 胶黏剂，这是由于反应体系中苯酚加入的量变少，大部分的苯酚都与甲醛和碱活化羟甲基化改性 WSSL 发生了反应；LPF 胶黏剂的游离甲醛含量为 0.18%，尽管略高于 PF 胶黏剂的游离甲醛含量，但仍小于国标 0.3%的要求，这是因为 WSSL 与甲醛的反应活性低于苯酚。

表 6-5 PF 胶黏剂和 LPF 胶黏剂的性能比较

性能参数	PF 胶黏剂	LPF 胶黏剂	GB/T 14732—2017
pH 值	10.3	10.5	≥7
黏度/Pa·s	0.18	0.15	≥0.06
固含量/%	42.0	41.4	≥35.0
黏结强度/MPa	2.18	2.04	≥0.7
游离甲醛含量/%	<0.1	0.18	≤0.3
游离苯酚含量/%	0.53	0.35	≤6

笔者和课题组成员[18]利用碱法制浆黑液进行化学改性研制出型煤胶黏剂，并对胶黏剂的性能进行了研究。其制备工艺如下：将黑液加热至 70℃，然后加入 7.5%（占黑液质量分数，下同）的甲醛溶液，交联反应 1.5h 后，升温至 98℃，加入 1.6%的苯酚，缩聚反应 1h，并加入适量的复配剂搅拌 0.5h 后，即得到黏结性能较为理想的胶黏剂。笔者同时研究了甲醛、苯酚的用量及复配剂的种类对胶黏剂性能的影响。

（1）甲醛的添加量对黏结性能的影响

甲醛添加到木质素中可以和木质素分子上或者分子间的酚羟基发生交联反应，通过交联作用提高木质素的黏结性能。在苯酚用量为 6g、不添加复配剂的条件下，研究甲醛添加量对胶黏剂性能的影响，结果见图 6-9。由图 6-9 可以看出，甲醛添加量小于 15mL 时，型煤的落下强度和热稳定性随着甲醛的添加量增加而增加，当添加量为 15mL 时煤球的落下强度和热稳定性分别比未改性时增加了 10%和 9%；当甲醛用量大于 20mL 时，黏结性能随着甲醛用量的增加而趋于稳定，而且甲醛用量加大亦提高了产品的生产成本。因此，甲醛添加量宜控制在 15mL 左右。

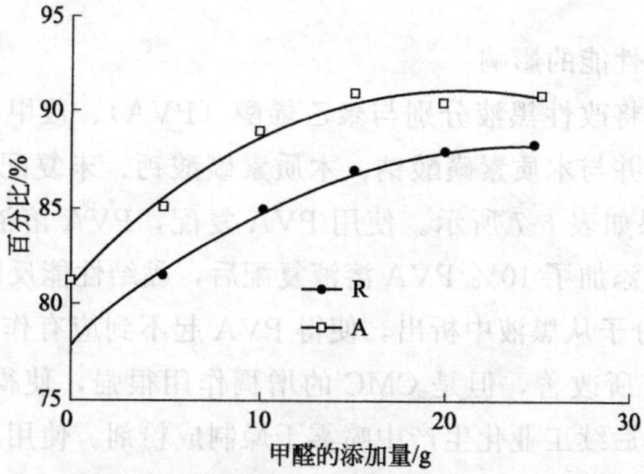

图 6-9　甲醛添加量对胶黏剂性能的影响

(2) 苯酚的添加量对黏结性能的影响

利用苯酚极易和木质素上的活泼羟基发生反应，掩蔽木质素分子上部分的亲水性强的羟基从而提高黑液作为胶黏剂的疏水性能，同时利用苯酚极易和多余的甲醛发生酚醛缩聚反应，可以除去多余的甲醛，并且酚醛缩聚物本身是性能优良的酚醛树脂胶黏剂，同时提高黑液的黏结性能。

在甲醛用量为 15g，不添加复配剂的条件下，研究苯酚添加量对胶黏剂落下强度、热稳定性和防水性的影响，结果分别见图 6-10 和表 6-6。

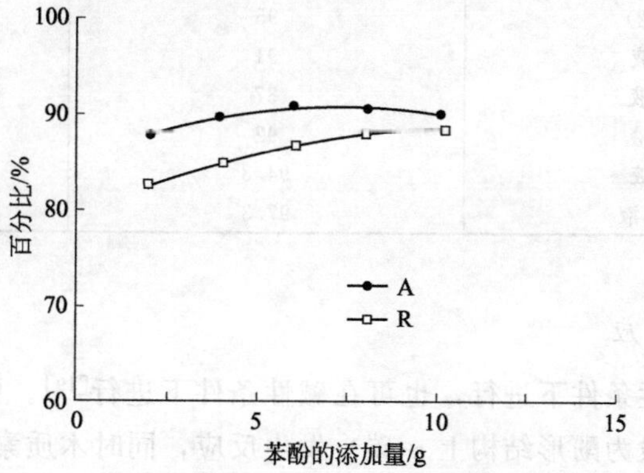

图 6-10　苯酚添加量对胶黏剂性能的影响

表 6-6　苯酚添加量对胶黏剂防水性能的影响

苯酚添加量/g	0	2	4	6
防水性/h	<0.5	0.5～1.0	1.5	1.5

由图 6-10 可以看出，苯酚对型煤的落下强度和热稳定性影响并不大，在苯酚用量小于 5g 时，随着其用量的加大，黏结性能只有微小的提高，这是由于在前面添加的起交联作用的甲醛量无法满足和苯酚发生缩聚反应所需的甲醛量的要求，因此苯酚添加量对型煤的落下强度和热稳定性影响不大。由表 6-6 可知，添加苯酚可以在一定程度上改善胶黏剂

的防水性能。当苯酚的添加量为4g时，可以保证型煤浸没在水中1.5h而不分散；当用量超过4g后，继续增加苯酚的用量对防水性能的影响不大。因此，苯酚的用量宜控制在4g左右。

(3) 复配剂对黏结性能的影响

笔者和课题组成员将改性黑液分别与聚乙烯醇（PVA)、羧甲基纤维素（CMC)、糖蜜和硅藻土进行复配，并与木质素磺酸钠、木质素磺酸钙、未复配的改性黑液进行比较，研究其黏结性能，结果如表6-7所示。使用PVA复配，PVA溶液本身黏结性能十分优越，但是在改性黑液中添加了10% PVA溶液复配后，黏结性能反而下降。这是由于黑液的碱性强度大，PVA分子从黑液中析出，使得PVA起不到应有作用。使用CMC虽然可以使黑液的黏结性能有所改善，但是CMC的增稠作用很强，使得改性黑液的黏稠度加大，这不利于改性黑液后续工业化生产中喷雾干燥制成粉剂。使用废糖蜜进行复配，可以较大幅度地提高落下强度和热稳定性，但由于废糖蜜是以蔗糖为主要成分，利用它进行复配制备的型煤防水性能降低，以掺混糖蜜复配的胶黏剂制备的型煤，在浸泡不到1h就散了。因此，为了同时提高改性木质素的黏结性能和防水性能，利用硅藻土进行复配，实验结果表明胶黏剂对型煤的落下强度和热稳定性均有提高，分别达到97.3%和94.2%，而且防水性也大大提高，型煤浸没水中超过5h不散。

表6-7 木质素黏结性能比较

黏结剂	落下强度/%	热稳定性/%
木质素磺酸钠	89	88
木质素磺酸钙(1)	93	90.5
木质素磺酸钙(2)	95	90
未复配改性黑液	91	87
PVA+改性黑液	87	83
CMC+改性黑液	92	88
糖蜜+改性黑液	94.8	91
硅藻土+改性黑液	97.3	94.2

6.2.1.2 酚化反应

酚化通常可在酸性条件下进行，也可在碱性条件下进行[19]。酚化过程中，苯酚与木质素侧链活化点（一般为酚形结构上α-碳）发生反应，同时木质素结构单元的醚键断裂，分子量降低。

(1) 酸性条件下酚化

在硫酸、盐酸、磷酸等催化剂作用下，木质素可直接与苯酚发生反应，纸张、树皮、生物质废渣等也可与苯酚发生酚液化反应。酚液化的原理是在酸性催化剂下，木质素可与苯酚直接反应，也可发生水解或降解反应，其降解产物进一步与苯酚发生反应形成衍生物并溶解在苯酚中，该反应随着时间的延长逐渐完全，所以液化率一般随时间的延长呈现先增加再趋于平缓的趋势[20]，此外增加反应温度或催化剂浓度也有利于液化率的增加。

Alonso[21]用草酸作为催化剂，在120℃下将木质素磺酸铵进行酚化改性，苯酚通过邻位或对位取代引入到木质素磺酸铵中，以制取酚醛树脂胶黏剂；Lee等[22]在硫酸或盐酸的体系中酚化碱木质素或木质素磺酸盐，再利用酚化产物制备酚醛树脂胶黏剂，该胶黏剂在135℃下比普通酚醛树脂胶黏剂具有更短的凝胶时间，说明木质素酚化后制得的LPF胶黏剂的活性更高。

木质素或木材的酚化过程中存在的主要问题是，木材与苯酚的反应为可逆反应，一方面木材可以与苯酚反应形成酚化产物并溶解在苯酚中，另一方面木材的降解产物会发生重聚，因此，为了使反应朝着酚化的方向移动，苯酚的用量一般比较高[19]。如Lin等[23]将木材酚化产物在180℃下减压蒸馏去除大量未反应的苯酚来制备胶黏剂。此外，木质素在酸性条件下的溶解性也不好，Vazquez[24]将乙酸木质素在硫酸中酚化，并指出硫酸作为催化剂时，苯酚用量至少为木质素的2倍才能保证木质素完全溶解，因此酸性条件下酚化苯酚用量较多。

(2) 碱性条件下酚化

碱性条件下酚化的反应机理如图6-11所示：一方面，碱性条件下苯酚发生电离，其邻对位带有负电荷可以发生亲核反应；另一方面，木质素酚型结构的苯环上存在游离羟基，它能通过诱导效应使对应侧链上的α-碳原子活化，因而α-碳原子带有部分正电荷可以发生亲电反应，从而与苯酚发生加成反应进而将苯酚引入木质素中[25]。与羟甲基化改性一样，酚化改性也是为了提高木质素与酚醛树脂的缩合程度，从图6-11中可以看出，苯酚通过酚化反应被引入到木质素中，酚环上邻对位活性点可以继续发生加成反应，因此反应活性得到提高。

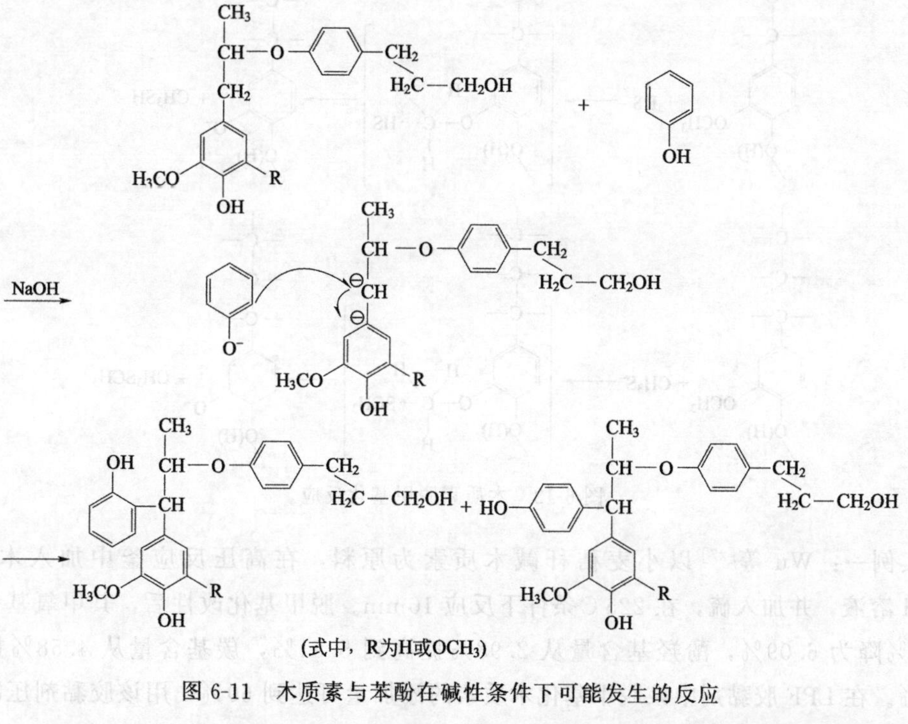

(式中，R为H或OCH₃)

图6-11 木质素与苯酚在碱性条件下可能发生的反应

图6-11中，R为—H或—OCH_3。相比于酸性体系中的酚化，碱性体系中酚化的优势是：反应条件温和，木质素的溶解性较好，制备LPF胶黏剂时木质素的添加量较多。另外，不同种类的木质素采取不同酚化改性工艺，制得的木质素酚醛树脂性能各异，如表

6-8 所列[11]。

表 6-8 不同种木质素酚化改性酚醛树脂胶黏剂性能

原料	木质素对苯酚替代率	液化催化剂	应用人造板	机械强度
碱木质素	28	硫酸	胶合板	湿黏合强度 1.1MPa
木质素磺酸盐	50	铁氰化钾	刨花板	湿静曲强度 20.6MPa
乙酸木质素	40	氢氧化钠	胶合板	湿黏合强度 0.8MPa
造纸黑液	40	碳酸钠	刨花板	湿静曲强度 20.6MPa
蔗渣木质素	50	—	胶合板	湿黏合强度 3.1MPa
有机溶剂木质素	25	—	刨花板	湿内结合强度 0.41MPa

6.2.1.3 脱甲氧化反应

木质素芳环活性位置的甲氧基占据了芳环的一个反应位点，甲氧基的存在也会由于空间位阻效应影响 C_5 活性点与甲醛的缩合反应。脱甲基化就是将甲氧基转化为酚羟基的反应，脱甲基化后木质素活性点的数量也得到增多。当木质素被亲核试剂如 SO_3^{2-}、S^{2-} 和 HS^- 等进攻时，会发生脱甲基化反应，反应大多需要在高温高压的条件下进行，产生二甲基硫醚等产物，反应过程如图 6-12 所示[26]。

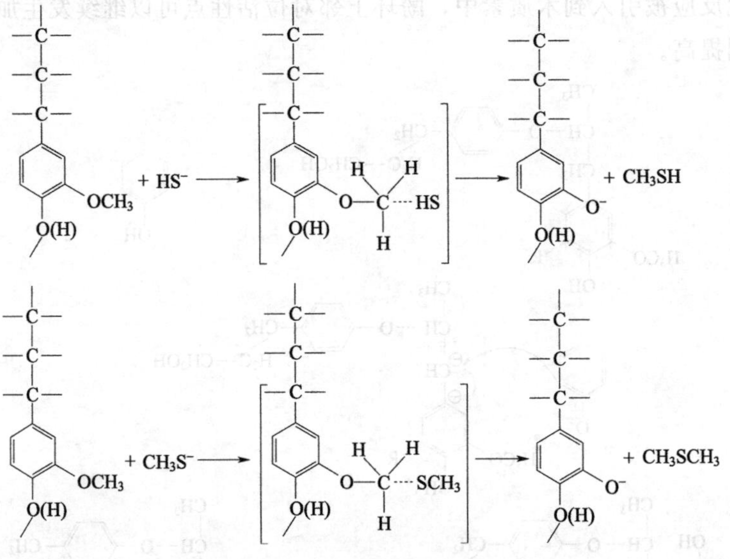

图 6-12 木质素脱甲基化反应

实例一：Wu 等[27]以小麦秸秆碱木质素为原料，在高压反应釜中加入木质素、NaOH 溶液，并加入硫，在 225℃条件下反应 10min。脱甲基化改性后，其甲氧基含量从 10.39%降为 6.09%，酚羟基含量从 2.98%提高到 5.51%，羰基含量从 4.58%提高到 7.10%。在 LPF 胶黏剂中该脱甲基化木质素的添加量可达到 60%，用该胶黏剂压制的胶合板也达到国家Ⅰ类胶合板的要求。

实例二：安鑫南[28]利用硫酸盐木质素经脱甲基化反应，在木质素结构中形成了邻苯二酚结构，从而增加与甲醛反应的活性。其制备工艺如下：将 1000g 含水 50%的硫酸盐木质素置于装有温度计、机械搅拌器、回流冷凝管的2000mL四口圆底烧瓶中，在225～235℃下搅拌反应30min，然后快速冷却至室温，加水稀释，用硫酸酸化，再用乙酸乙酯萃取，经离心后，分成水相和有机相，将有机相分离出，蒸去溶剂，再在室温真空下干燥24h，粉碎，即得棕褐色粉末脱甲基化木质素，其甲氧基的含量为5%，回收率为97%。脱甲基化过程中，木质素的平均分子量不断下降，分子量的多分散性增加。如果进一步延长反应时间或提高反应温度，特别是当甲氧基含量降到4%以下时，就会发生凝胶化反应，黏度增加，甚至使反应混合物变为固体。经测算，该脱甲基木质素的生产成本约为苯酚的一半，以该种脱甲基化木质素制备酚醛树脂或酚醛树脂预聚体胶黏剂的配方及黏度见表6-9。

表6-9 脱甲基化木质素胶黏剂的配方及黏度

配方及黏度	酚醛树脂	酚醛树脂预聚体	配方及黏度	酚醛树脂	酚醛树脂预聚体
脱甲基化木质素酚醛树脂/%	42.6	39.0	总固形物/%	48.8	44.7
固体氢氧化钠/%	0.93	0.85	水分/%	51.2	55.3
麦粉填充剂/%	1.8	3.2	黏度/MPa·s	590	335
胡桃壳粉填料/%	3.5	1.6			

6.2.1.4 还原反应

在碱性溶液中，利用H_2、$NaBH_4$等还原剂可将木质素苯环和侧链上的羰基等基团还原为酚羟基和醇羟基（图6-13），脱除部分甲氧基，增加活性位点，增大木质素的反应活性。

图6-13 木质素还原反应

Li等[29]以被褐腐真菌作用过的木材为原料，先经过1% NaOH溶液浸泡和洗涤，滤液浓缩后与$NaBH_4$发生还原反应生成邻苯二酚结构产物，当其中$NaBH_4$的用量为0.2%时，还原产物可与PEI混合制备无醛木材胶黏剂，胶黏剂的湿黏合强度较还原处理前有明显的提升。孙其宁[30]以1% NaOH溶液提取褐腐木质素，再用$NaBH_4$进行还原，发现木质素的酚羟基和总羟基含量得到提升，而采用雷尼镍代替$NaBH_4$还原褐腐木材，木材羟基含量也有一定的提高，结果如表6-10所列。

表6-10 还原前后木质素羟基的含量变化

还原剂	酚羟基含量/%		醇羟基含量/%	
	还原前	还原后	还原前	还原后
$NaBH_4$	2.36	3.83	6.36	17.26
雷尼镍	2.36	4.18	6.36	17.40

6.2.1.5 液化反应

木质素是一种苯丙烷单元以C—C键和醚键连接而成的三维网状高分子，它在高温高压下可以断裂结构单元间的醚键，降低分子量的同时得到以木质素结构单元为主体的酚类、有机酸、醇类等化合物，如图6-14所示[19]。常见的液化形式有水热液化和溶剂液化两种。

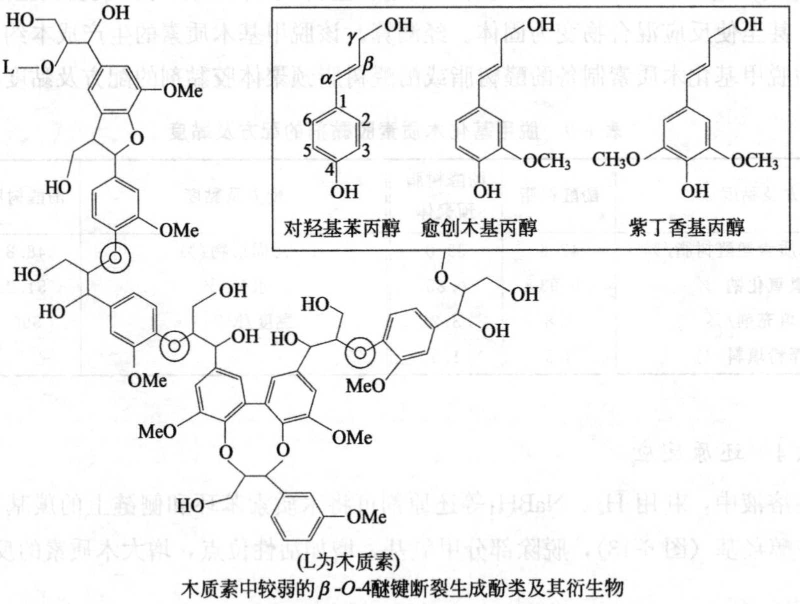

图6-14 木质素液化结构

(1) 水热液化

水热液化是以水为溶剂，将木质素或生物质等材料转化为生物质油或酚类产物的方法。水热液化中使用的水的温度在200℃以上，属于超/亚临界状态，在这样的状态下，水表现出与常温水不一样的性质。在超/亚临界下，木质素不仅可以通过溶解和水解形成低聚物，再进一步形成酚、醛、酮类等芳香有机物，也可以通过断裂结构单元间的醚键（主要为β-O-4）降解为低聚物，再进一步降解为酚、醛、酮、酸和醇类等有机物。水热液化的优势在于可以得到多种以木质素为主体结构的芳香类化合物，如苯酚、邻苯二酚、甲氧基苯酚等，其活性均高于木质素。在较佳的液化条件下，生物油中酚类化合物的含量可达80%，如果能将这部分芳香类有机物用于合成酚醛树脂胶黏剂，能解决木质素活性不足的问题[19]。

实例一：Tymchyshyn等[31]在温度250～350℃、压力2MPa的氢气氛围下，将木质素在高温高压的水中进行直接液化，得到以2-甲氧基苯酚、4-乙基-2-甲氧基苯酚、2,6-二甲氧基苯酚为主的酚型化合物，适用于制备绿色环保型酚醛树脂。在250℃下反应60min后，木质素中液化油的得率为53%，其中酚型化合物的含量达到80%。

实例二：Russell等[32]以树皮等木质素含量较高的生物质材料为原料，以Na_2CO_3为催化剂，在温度330℃、压力20.6MPa条件下，与高压热水反应18min，并用CO和H_2

作保护气体，得到液化产物。液化产物与甲醛在碱性条件下共聚制备木质素改性酚醛胶黏剂，制备得到的木质素酚醛胶黏剂可用于压制胶合板，黏合强度为0.6～1.6MPa。

（2）溶剂液化

近年来，有关溶剂液化木质素的研究也有见报道。生物质在溶剂液化后的酚类产物除了可用于合成酚醛树脂外，还可用于合成多种高分子，如聚氨酯、环氧树脂等。溶剂液化与水热液化的区别在于所用的溶剂体系不同，溶剂液化所用的溶剂主要是醇、酚或醇、酚与水的混合物，此外也用到一定的压力气体如 H_2、N_2、CO_2或 CO，或催化剂如碱、碳酸盐、贵金属镍和钌。虽然液化的溶剂体系不同，但木质素液化途径跟亚临界水中类似，都是通过醚键断裂来实现木质素液化。与水热液化相比，溶剂液化具有以下优势[19]：a. 有机溶剂的引入增加了木质素及其液化产物在体系中的溶解度；b. 有机溶剂的存在间接降低了液化温度和压力，其超临界点比水的超临界点低。

Shahid 等[33]通过研究发现，生物油制备的酚醛树脂与普通酚醛树脂的固化机理一致，因此生物油可以应用于酚醛树脂胶黏剂的制备中。Wang 等[34]用稻秆在苯酚水的混合溶剂中，以 NaOH 为催化剂液化得到低分子量的酚类化合物，研究表明，稻秆、苯酚、水的质量比为1∶1∶4时，在350℃下反应5min液态产物的量可达最高，将液态产物用于合成酚醛树脂胶黏剂，得到的树脂具有与商业酚醛树脂类似的结构；Wang 等[35]还以乙醇和水的混合液作为溶剂，二者质量比为1∶1时，在180℃、2.0MPa的热压条件下反应4h，从白松木中提取木质素，其活性较高，分子量较低，以其替代苯酚制取酚醛树脂胶黏剂，其强度超过国家标准。

以上各种方法改性后的木质素，其反应活性均得到提高，可用于酚醛树脂的合成。其中，羟甲基化木质素适用于木材胶黏剂，且工艺相对简单，但需要使用甲醛，对人体健康不利；酚化可降低木质素分子量，提高酚羟基的含量，但需要使用较多的苯酚；脱甲基化反应一般在高压反应釜中进行，且原料硫对高压设备有腐蚀性；还原反应也需要在高压设备中进行，且木质素在进行还原反应前还需预处理，增加了生产成本；液化可以断开醚键，但需要在较高温度下进行，对设备要求也比较高[19]。

6.2.2　木质素的物理改性

通过超滤分级法、微波活化法、超声波活化法、光催化活化法等物理方法，可实现对木质素原料进行分子量分级和降解改性，提高木质素及其酚类降解产物参与共聚反应的活性。

6.2.2.1　*超滤分级法*

粗木质素含有纤维素、半纤维素及无机盐等杂质，成分不稳定，影响到木质素胶黏剂的稳定性，而超滤能将这些杂质去掉，并按照分子量的大小将木质素进行分级，根据需要取出某一分子量范围的级分进行利用，因此，超滤是控制木质素性能均一化的有效方法。木质素的分子量对木质素酚醛树脂胶的性能影响较大，对木质素磺酸盐胶黏剂的研究表明，木质素磺酸盐的分子量越低，木质素酚醛树脂胶黏剂的性能越好。

刘纲勇等[36]应用超滤分级的方法，将麦草碱木质素分成3种不同分子量范围的级分，研究表明，随着分子量的降低，麦草碱木质素的甲氧基含量降低，酚羟基含量升高，其反应活性随之升高；同时，羧基含量降低，其溶液表面活性升高。进一步实验结果表明，随着麦草碱木质素分子量的降低，木质素酚醛树脂胶的黏结强度升高，游离甲醛含量和黏度降低，综合性能提高。

McVay 等[37]通过超滤方法从木质素溶液中过滤出分子范围为 2000～5000 的木质素片段，木质素对苯酚替代率最高可达 30%，以其制备的木质素酚醛树脂胶黏剂的性能与普通酚醛树脂相近，木破率达到 64%以上。

6.2.2.2 微波活化法

微波是波长短（1m～1mm）、频率高（300MHz～300GHz）、辐射快的电磁波。从量子效应来讲，微波可使化合物中某些化学键振动或转动，导致这些化学键减弱，从而降低反应的活化能。木质素分子结构中的 *β-O*-4 醚键结构化学键较弱，在微波处理后，活化能降低，易发生断裂生成更多的羟基结构，如图 6-15 所示。

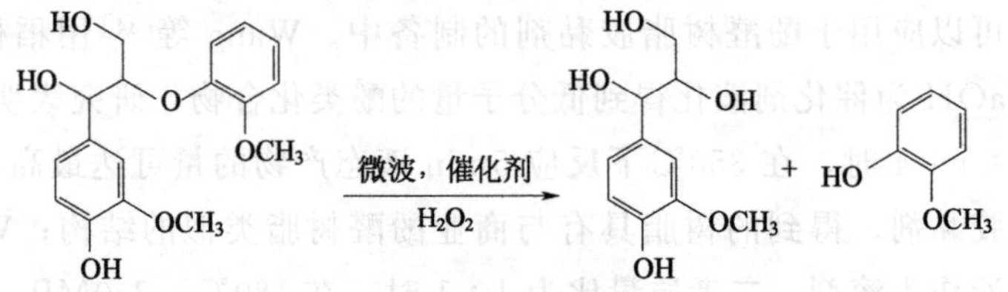

图 6-15 木质素微波处理降解过程

Ouyang 等[38]用双氧水对碱木质素进行氧化降解，并通过微波对木质素进行处理，主要使木质素结构单元之间的主要连接形式 *β-O*-4 结构断裂。该研究还发现，在增加微波处理后，木质素可以在更低的氧化温度和更少的氧化剂用量条件下进行降解，且木质素氧化降解产物的酚羟基浓度提高，甲氧基含量降低，木质素分子具有更低的聚合度，因此具有更大的活性。在微波处理工艺条件下，当氧化剂用量为 0.2mL/g、氧化剂温度为 75℃时，氧化反应 60min 后酚羟基浓度达到最高值 1.75mmol/g。

夏成龙[39]分别采用微波加热和常规加热两种方法对木质素进行羟甲基化反应，比较两种加热方式的反应效率，结果如图 6-16 所示。由图 6-16 可见，在微波加热条件下，木

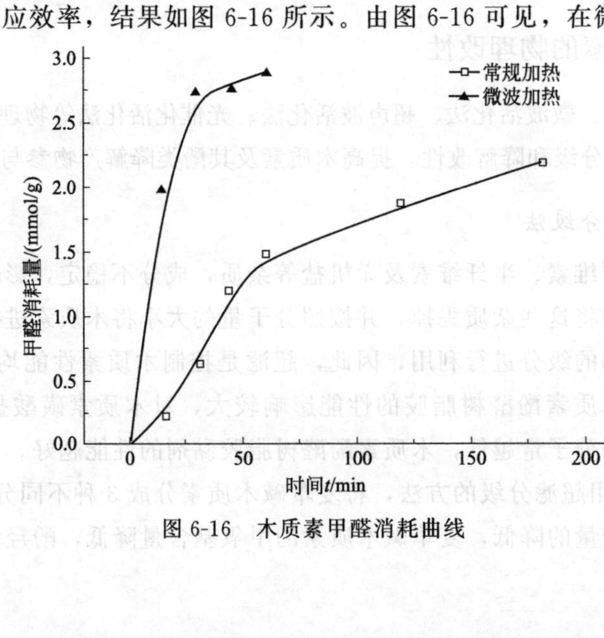

图 6-16 木质素甲醛消耗曲线

质素的羟甲基化反应非常迅速，到30～45min时，甲醛消耗量基本不变，而在常规加热条件下，木质素与甲醛的反应比较缓慢，到反应3h时，甲醛的消耗量也只比微波加热方式反应15min时多一些，说明采用微波辅助的方式能大大提高木质素羟甲基化的效率。

6.2.2.3 超声波活化法

超声波是频率高于20000Hz的声波，可加速化学反应或触发新的反应通道。利用超声波的热机制、机械力学机制和空化机制等作用，将超声技术应用于碱木质素的活化，可以提高木质素的反应活性。

任世学等[40]采用超声波作用于麦草碱木质素，发现超声波可以显著提高碱木质素醇羟基含量，酚羟基含量也有一定程度的提高。在作用时间20min，作用功率200W，液料比100∶1的活化条件下，总羟基含量均在6.47mmol/g以上，较未采用超声波处理的4.08mmol/g有较大提高，酚羟基含量从1.88mmol/g上升为2.54mmol/g，甲氧基含量下降了23%，提高了木质素的反应活性。

罗雄飞等[41]利用超声波活化酶解木质素，以高替代率替代苯酚合成酚醛树脂。其制备工艺如下：称取10g提纯的酶解木质素，溶解于1000mL 0.2mol/L NaOH水溶液中，量取50mL混合液置于超声波细胞破碎仪（频率为20～25kHz，最大功率为1000W，超声时间为0.5s，间歇时间为0.5s）中。超声过程中，溶液温度不高于40℃。超声后的溶液用0.2mol/L HCl溶液调节pH值为2左右，产生的沉淀通过减压抽滤装置分离，并置于40℃真空干燥箱中干燥24h，获得超声法活化的酶解木质素。不同超声波活化处理条件下酶解木质素的酚羟基含量及提高率见表6-11。

表6-11 不同超声波活化处理条件下酶解木质素的酚羟基含量及提高率

时间/min	400W		600W		800W	
	酚羟基含量/(mmol/g)	提高率/%	酚羟基含量/(mmol/g)	提高率/%	酚羟基含量/(mmol/g)	提高率/%
0	1.94	0	1.94	0	1.94	0
20	2.24	15.42	2.47	27.11	2.30	18.35
30	2.42	24.56	2.69	38.60	2.50	28.84
40	2.26	16.57	2.50	28.79	2.31	19.26

由表6-11可知，当超声波功率为600W、时间为30min时活化效果最好，酚羟基的含量达2.69mmol/g，提高率为38.60%，说明超声波活化对提高木质素酚羟基含量有明显的作用。由于超声波处理过程中会产生H·和·OH，使得酚羟基被氧化成醌类结构，还会产生一系列的副反应，因此继续加大超声波功率、延长超声时间后，酶解木质素酚羟基含量提高率反而降低。

酶解木质素取代50%和60%苯酚制备酚醛树脂的性能见表6-12。由于树脂合成中所用木质素为超声活化的酶解木质素，相对于其他木质素具有较高的反应活性，因此，以50%的酶解木质素替代苯酚所合成的酶解木质素-酚醛树脂的游离醛含量、黏合强度均能够满足国家标准GB/T 14732的要求，而以60%替代率所合成的树脂虽然游离醛含量略高，但黏合强度仍然能达到国家标准要求。其原因可能是酶解木质素以高比例替代苯酚合成酚醛树脂后，由于木质素对甲醛的反应活性弱于苯酚，导致最终产物中游离醛含量增加，黏合强度下降[41]。

表 6-12 酶解木质素-酚醛树脂的性能

取代率/%	树脂产率/%	固含量/%	游离醛/%	可被溴化物含量/%	黏合强度/MPa
0	431	42.76	0.1184	12.88	2.05
50	651	46.56	0.2976	9.87	1.49
60	894	45.15	0.3706	10.25	1.38
国标要求	—	≥35	≤0.3	—	≥0.7

6.2.2.4 光催化活化法

光催化活化是在光催化剂的作用下，利用紫外线或可见光将木质素降解成小分子化合物的方法，具有反应条件温和、速度快、效率高、工艺简单洁净、无二次污染等优点。Machado 等[42]以 TiO_2 和 H_2O_2 为催化剂，在紫外线照射下对木质素进行催化光降解，发现当 TiO_2 用量为木质素的 25%、处理时间为 30min 时，木质素酚羟基含量提高 8%，木质素重均分子量降低 20%，反应活性增大。Ksibi 等[43]利用 TiO_2 作为催化剂，对木质素黑液进行紫外线催化降解，发现木质素的紫外线催化降解产物主要为高度氧化的酚类产物，可用于替代苯酚制备酚醛树脂。

6.2.3 木质素的生物改性

自然界中大量存在的能够降解木质素的真菌主要是白腐菌和褐腐菌。利用生物法改性木质素主要是利用真菌对木质素特定官能团的特异性降解反应，降解木质素分子聚合度，脱除部分甲氧基，增加能够参与木质素酚醛树脂共聚反应的官能团数量，如图 6-17 所示[11]。

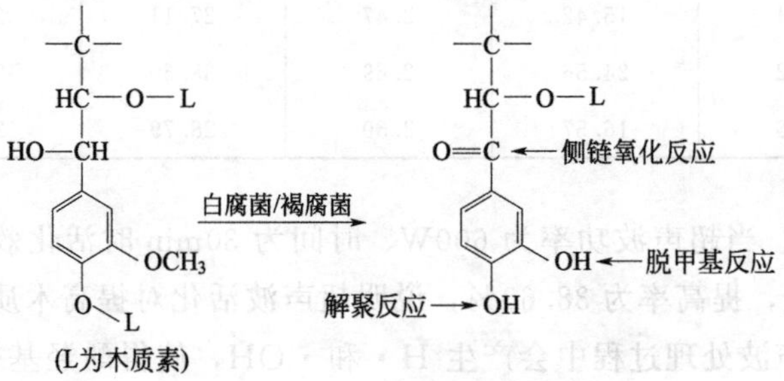

图 6-17 木质素生物活化过程

6.2.3.1 白腐菌降解法

白腐真菌细胞可分泌大量利用氧气的多酚氧化酶系，主要为漆酶，该酶在有氧条件下具有明显的脱甲氧基和脱木质素作用。王进[44]以竹材加工剩余物为原料，利用漆酶活化法制备竹刨花板，其最佳酶处理工艺参数为：酶用量 30U/g、反应体系 pH 值为 4、处理时间 2h、处理温度 60℃。当板材的设定密度为 0.70g/cm³，厚度为 10mm 时，最佳热压工艺参数为：热压压力 4.0MPa、热压温度 200℃、板坯芯层温度 140℃，热压时间 17.5min。在该条件下漆酶活化制造竹材刨花板内结合强度平均为 0.60MPa 以上，最高可达 0.71MPa。

高小娥[45]以草浆碱木质素为研究对象，先进行漆酶活化处理，然后以活化木质素为原料合成改性酚醛树脂，其制备工艺如下：称取 80g 木质素于 1000mL 烧杯中，加入 150mL pH 值为 4.9 的乙酸-乙酸钠缓冲溶液，根据要求再加入不同质量的漆酶（10U/g 和 25U/g）和 0.28mmol/L 的 ABTS（漆酶活化介体）40mL，同时不断通入氧气，在温度为 45℃的恒温水浴中反应一段时间，然后煮沸 5min 使漆酶失活，经离心、洗涤、冷冻、干燥后，得到漆酶活化碱木质素。将甲醛、苯酚、漆酶活化碱木质素、30% NaOH 水溶液加入到三口烧瓶中，在 90℃反应 120min，然后将反应体系降温到 80℃，并保温反应至要求的聚合黏度，然后降至室温卸料，即获得木质素改性酚醛树脂。笔者还研究了漆酶作用时间及用量对酚羟基含量的影响，结果如图 6-18 所示。

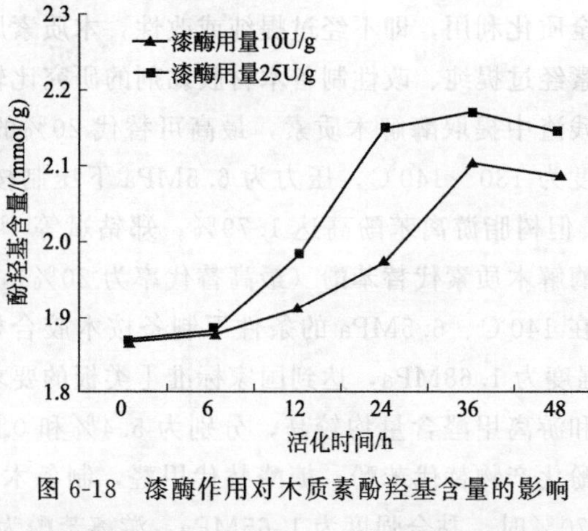

图 6-18　漆酶作用对木质素酚羟基含量的影响

由图 6-18 可知，随着漆酶作用时间的延长，木质素酚羟基含量先急剧增大而后缓慢减少，漆酶的用量会直接影响酚羟基含量达到最大值所需的活化时间。当漆酶用量为 25U/g，活化时间在 36h 以内，酚羟基含量开始缓慢增大而后急剧增大；活化时间为 36h 时，酚羟基含量达到最大值；继续延长活化时间至 48h，酚羟基含量呈减小趋势。这可能是因为漆酶活化时间越长，木质素的脱甲氧基化及醚键的断裂反应越彻底，生成的酚羟基数量越多；过长的活化时间会引起木质素分子的再聚合，消耗酚羟基，导致木质素中酚羟基含量减少。当漆酶用量为 10U/g 时，木质素酚羟基含量随活化时间的变化趋势与漆酶用量为 25U/g 时十分相似，不过在相同活化时间，漆酶用量越多，其酚羟基含量越大。

6.2.3.2　褐腐菌降解法

木材经过褐腐菌降解后残留主要成分是结构部分发生变化的木质素，木质素在褐腐过程中引进了极性基团，芳香环上的甲氧基发生脱甲基化反应，形成酚羟基；木质素与纤维素等多糖类的连接断裂；木质素分子受褐腐菌分泌的酶的氧化作用，使分子链断裂成碎片[46]。褐腐后的木质素结构虽部分发生变化但依然有酚羟基、醇羟基、醛基、羰基、双键等多种官能团和化学键，其最显著变化是羟基含量增加，这将使得木质素具有很强的分子内以及分子间的氢键作用，其中的酚羟基能通过诱导效应使其对位侧链上的 α-碳原子活化，因而 α 位上的反应性能特别强。Li 等[47]以褐腐菌处理后的木材为原料，苯酚为液化剂，磷酸为催化剂，在 160℃的温度条件下对木材进行液化反应，液化产物与甲醛反应制备液化木基热塑性酚醛树脂。与未经褐腐菌处理的木材相比，褐腐菌处理 15 周后的木材经过相同液化工艺后液化残渣率从 26.23%降为 2.30%，液化产物中木质素含量从 27.85%提高到53.88%。褐腐木液化产物替代 30%苯酚后制备的热塑性酚醛树脂，软化点达到 114.1℃，弯曲强度达到 82.75MPa，均比纯酚醛树脂高。

6.2.3.3 纤维素酶解法

在生物炼制过程中，经预处理后的秸秆原料纤维素结晶区被充分打开，在较温和的酶水解条件下，纤维素酶能有效地水解纤维素，从而得到纯度较高，醇羟基、酚羟基含量较高的纤维素酶解木质素。秸秆炼制木质素酚醛树脂木材胶黏剂的研究一般有两个思路[11]：一是秸秆炼制木质素经过纯化或改性得到高纯木质素和高活性木质素衍生物，用于制备木质素胶黏剂产品；二是全质化利用，即不经过提纯或改性，木质素原料直接用于制备胶黏剂。目前对于酶解木质素经过提纯、改性制备木材胶黏剂的研究比较多。Jin 等[48]从玉米秸秆制备纤维素乙醇的残渣中提取酶解木质素，最高可替代 20%的苯酚用于制备木质素酚醛树脂胶黏剂，在温度为 130～140℃，压力为 6.5MPa 下压制桉木胶合板，其水煮后黏合强度达到 1.8MPa，但树脂游离苯酚高达 1.79%。郑钻斌等[49]利用秸秆发酵制备能源酒精的残渣中提取的酶解木质素代替苯酚（最高替代率为 20%），采用一步法合成木质素改性酚醛树脂胶，并在 140℃、6.5MPa 的条件下制备桉木胶合板，当替代率为 20%、碱用量为 5%时，黏合强度为 1.68MPa，达到国家标准Ⅰ类板的要求，但该酶解木质素改性酚醛树脂的游离苯酚和游离甲醛含量均较高，分别为 5.4%和 0.49%。陈艳艳等[50]利用玉米秸秆酶解木质素酚化产物替代苯酚，糠醛替代甲醛，制备木质素酚醛树脂胶黏剂，当酶解木质素替代率为 70%时，黏合强度为 1.65MPa，游离苯酚为 0.93%。

木质素酚醛树脂与纯酚醛相比还存在一些缺点，由于木质素的分子结构较复杂，且苯环结构上可反应的活性位点较少，与苯酚相比具有更低的反应活性，所以木质素酚醛树脂胶黏剂在制备胶合板过程中需要更高的温度和更长的时间实现树脂的充分固化[11,51]。

6.3 木质素脲醛树脂

脲醛树脂（UF）是由尿素与甲醛共聚而成的热固性树脂，具有原料来源广泛、成本低廉、固化速度快、操作性能好、黏合强度高、制造简便和综合性能良好等优点，在木材、涂饰、纸张行业，尤其是胶合板、刨花板、纤维板等人造板用胶黏剂生产中有广泛的应用，已成为我国人造板生产的主要胶种，占人造板用胶量的 90%以上，但由于其游离甲醛含量较高、耐水性较差且固化后胶层脆性较大，因而其使用范围受到了极大的限制[52]。通过先进技术制备木质素脲醛树脂，不仅可以降低脲醛树脂的成本，而且还可以降低成品中的游离甲醛含量。

Raskin 等[53]发明了一种无毒、稳定的木质素脲醛树脂胶黏剂，利用木质素磺酸盐和不饱和羰基化合物以及饱和醛分两步反应制备木质素接枝共聚物，然后再与脲醛树脂混合，该胶黏剂中木质素接枝共聚物的比例高达 80%，由此得到的胶黏剂产品甚至能代替 100%纯的脲醛树脂，而且对人造板的物理或机械性能没有任何的负面影响。

刘源松等[54]以碳化竹片为原料，利用木质素作为脲醛树脂胶黏剂的甲醛捕捉改性剂，对脲醛树脂胶黏剂进行共混改性后压制双层竹层积材。其制备工艺如下：以 n(甲醛)：n(尿素)为 1.3：1 制备脲醛树脂胶黏剂，以木质素与脲醛树脂胶液的质量比为计算基准，将 0%、10%、20%、30%和 40%的木质素加入脲醛树脂胶黏剂中，搅拌均匀，即得木质素改性脲醛树脂，其产品基本性能见表 6-13。

表 6-13 脲醛树脂胶黏剂的基本性能

木质素添加量/%	固含量/%	pH 值	黏度/mPa·s
0	51.4	8.58	1050
10	54.9	8.17	2017
20	57.5	7.92	3067
30	60.7	7.65	17166
40	61.7	7.42	25833

张杰[55]以木质素为改性剂制备脲醛树脂胶黏剂，并研究了尿素与甲醛摩尔比对树脂中游离甲醛含量的影响。其制备工艺如下：在装有冷凝器、搅拌器、温度计的 250mL 三口烧瓶中加入计量的质量分数为 37%的甲醛溶液，在设定温度下，用 20%的 NaOH 溶液调节 pH 值至 8.5，加入第一批尿素和计量的木质素，搅拌溶解，恒温反应 50min 后，加入第二批尿素和第一批三聚氰胺，恒温反应 30min，再加入第三批尿素和第二批三聚氰胺，恒温反应 20min，用 10%的氯化铵溶液调节 pH 值约为 5.5，继续恒温反应，期间不断测试反应终点，当胶液滴入 40℃清水中有沉淀后，立即用 NaOH 溶液调节胶液 pH 值约为 8.0，降温出料，即得木质素脲醛树脂胶黏剂。

在相同的合成工艺条件下，不同尿素与甲醛摩尔比对胶黏剂性能的影响见表 6-14。由表 6-14 可以看出，甲醛与尿素的摩尔比是脲醛树脂胶黏剂各项性能的重要影响因素。随着甲醛用量的增加，胶黏剂的固含量呈下降趋势，这是由于随着甲醛溶液用量的增加，体系中的水分含量也不断增加，从而直接对胶黏剂的黏度造成影响；游离甲醛的含量随着甲醛用量的增加呈上升的趋势，这是由于参加反应的甲醛量增加，脲醛树脂中会生成更多易水解的亚甲基醚结构，所以会分解出更多的游离甲醛；胶黏剂的黏合强度随尿素与甲醛摩尔比的减小而增大，这是由于尿素与甲醛摩尔比的增大会使脲醛树脂分子链的支化度增大，导致起黏附作用的二羟甲基脲的数量减少，从而影响到树脂的交联度，最终导致黏合强度的降低。

该研究还分别考察了粗木质素和精木质素的添加量对胶黏剂性能的影响［n(尿素)：n(甲醛)为 1：1.8］，结果见表 6-15 和表 6-16。由表 6-15 可知，随着粗木质素添加量的增

表 6-14　不同尿素与甲醛摩尔比对胶黏剂性能的影响

n(尿素)∶n(甲醛)	黏度/mPa·s	固含量/%	游离甲醛含量/%	黏合强度/MPa	耐水黏合强度/MPa
1∶1.3	160	59.21	0.098	2.34	0.25
1∶1.4	150	58.63	0.103	2.36	0.31
1∶1.5	155	57.32	0.109	2.85	0.66
1∶1.6	135	55.87	0.221	4.36	1.12
1∶1.7	98	54.52	0.237	4.41	1.31
1∶1.8	100	51.76	0.262	5.04	1.71
1∶1.9	83	49.88	0.358	5.27	1.78
1∶2.0	145	47.35	0.416	6.17	1.93

加，脲醛树脂胶黏剂的黏度和固含量呈上升趋势，这是因为木质素的分子量远大于尿素的分子量。同时，树脂体系中引入以苯丙烷等刚性结构为主的木质素大分子，对树脂的流动性能也造成严重影响，使胶黏剂的黏度不断增加。游离甲醛的含量随木质素添加量的增加呈下降趋势，当木质素的添加量为30%时，游离甲醛的含量最低为0.126%。树脂的黏合强度随木质素添加量的增加先上升后下降，这是因为不纯的木质素中含有多糖等杂质，在树脂合成过程中不参与反应，影响胶黏剂的性能，当木质素的添加量为25%时，胶黏剂的黏合强度最大为5.71MPa。由表6-16可知，木质素提纯后制备的木质素脲醛树脂胶黏剂的黏度和固含量变化不大，随着精木质素含量的增加，树脂的黏度和固含量单调递增，游离甲醛的含量明显降低，说明木质素的提纯有助于增强木质素对游离甲醛的捕捉能力，有利于进一步降低树脂中的游离甲醛含量。当树脂中精木质素的含量为30%时，胶黏剂中的游离甲醛含量达到最低值0.094%，其黏合强度和耐水性也同时达到最佳值，分别为5.91MPa和2.51MPa，说明木质素的纯度提高有助于增强对脲醛树脂的改性效果。这是由于木质素的抽提能很好地将木质素中的多糖等不参与脲醛树脂胶黏剂反应的“杂质”去除，从而提高了木质素的反应活性。

表 6-15　粗木质素的添加量对胶黏剂性能的影响

粗木质素添加量/%	黏度/mPa·s	固含量/%	游离甲醛含量/%	黏合强度/MPa	耐水黏合强度/MPa
10	125	53.70	0.206	3.43	0.81
15	180	54.25	0.202	4.89	0.92
20	205	54.94	0.199	5.06	1.82
25	220	55.32	0.172	5.71	2.39
30	230	56.35	0.126	4.44	1.92
35	270	56.41	0.127	4.32	1.85
40	310	56.83	0.131	4.36	1.27

表 6-16　精木质素的添加量对胶黏剂性能的影响

精木质素添加量 /%	黏度 /mPa·s	固含量 /%	游离甲醛含量 /%	黏合强度 /MPa	耐水黏合强度 /MPa
10	125	52.93	0.174	2.93	0.37
15	172	54.25	0.159	3.84	0.74
20	237	54.82	0.133	4.99	2.31
25	242	56.85	0.127	5.61	2.37
30	285	56.85	0.094	5.91	2.51
35	285	57.01	0.116	5.82	2.48
40	306	58.27	0.121	4.01	1.95

仲豪等[52]以羟甲基木质素作为脲醛树脂的改性剂制备木质素改性脲醛树脂胶黏剂，分别研究了硝酸木质素和硫酸木质素的用量对胶黏剂各项性能的影响，结果分别见表6-17和表6-18。对比表6-17和表6-18可以发现，当硝酸木质素添加量为30%时，游离甲醛含量相对最低，为0.126%；硫酸木质素对游离甲醛的捕捉能力不如硝酸木质素明显，但仍符合 GB/T 14732—2006 标准（游离甲醛含量≤0.3%）；木质素加入的同时还有助于提高改性脲醛树脂胶黏剂的黏合强度和耐水性。

表 6-17　硝酸木质素的添加量对胶黏剂性能的影响

硝酸木质素添加量/%	黏度 /mPa·s	固含量 /%	游离甲醛含量 /%	黏合强度 /MPa	耐水黏合强度 /MPa
10	125	53.70	0.206	3.43	0.81
15	180	54.25	0.202	4.89	0.92
20	205	54.94	0.199	5.06	1.82
25	220	55.32	0.172	5.71	2.39
30	230	56.35	0.126	4.44	1.92
35	270	56.41	0.127	4.32	1.85
40	310	56.83	0.131	4.36	1.27

表 6-18　硫酸木质素的添加量对胶黏剂性能的影响

硫酸木质素添加量/%	黏度 /mPa·s	固含量 /%	游离甲醛含量 /%	黏合强度 /MPa	耐水黏合强度 /MPa
10	115	55.10	0.218	3.15	0.91
15	135	54.39	0.192	4.61	0.91
20	200	54.53	0.161	5.25	1.35
25	275	55.40	0.154	5.62	2.15
30	320	56.43	0.167	4.67	1.74
35	385	56.66	0.171	4.45	1.59
40	435	59.83	0.173	4.41	1.61

6.4 木质素聚氨酯树脂

聚氨酯（PU）也称为聚氨基甲酸酯，是分子链中含有氨酯基（—NHCOO—）的一种高分子聚合物，由含有羟基的聚醚、聚酯多元醇及其他含有活泼氢的物质与多异氰酸酯经逐步加成聚合而成[56]。木质素存在活泼的醇羟基、酚羟基，易与异氰酸酯基反应生成聚氨酯，因此木质素在聚氨酯领域应用相当广泛。对于木质素聚氨酯材料的研究，人们主要是把含有多羟基的木质素和异氰酸酯基团的反应结合起来，按原理可分为两类[57]：一类是以木质素作为填充剂或相容剂来改性聚氨酯材料，同时也降低了生产成本；另一类是将木质素化学改性制成多元醇作为聚氨酯材料的主要原料。木质素聚氨酯的制备路线如图6-19所示[57,58]。

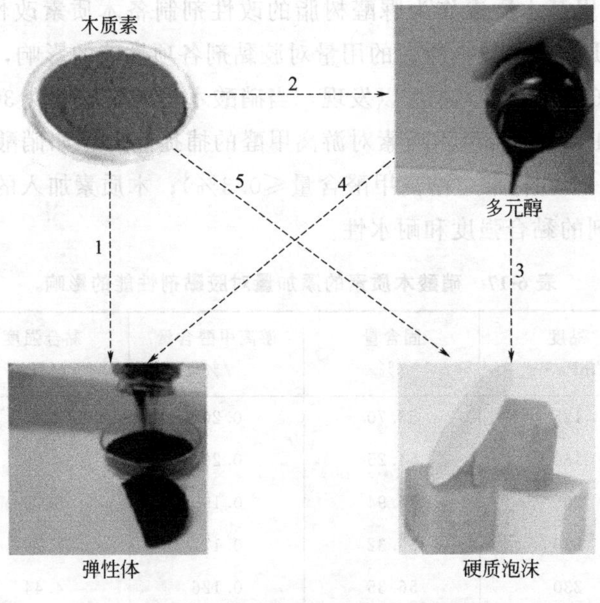

图 6-19 木质素聚氨酯制备路线

1—直接使用；2—制备液体多元醇；3—使用木质素基多元醇制备聚氨酯硬质泡沫；4—使用木质素基多元醇制备聚氨酯弹性体；5—木质素作为填料制备聚氨酯硬质泡沫

6.4.1 直接添加木质素合成聚氨酯

将木质素与聚氨酯共混，使部分木质素参与聚氨酯的固化反应，这样能够使聚氨酯树脂的力学性能得到改善，木质素的苯环刚性结构起到增强树脂强度的作用。

(1) 碱木质素合成聚氨酯

碱木质素是烧碱法制浆的副产品，其结构复杂，水溶性差，活性羟基的含量较少，但国内一些学者将碱木质素添加到聚氨酯体系中也达到了增强的目的[57]。于菲等[59]以造纸黑液中提取的碱木质素为原料，将其直接添加到聚氨酯合成体系中，替代10%～25%的聚醚多元醇与多亚甲基多苯基多异氰酸酯合成聚氨酯泡沫，发现当碱木质素替代15%多元醇时，聚氨酯泡沫的力学性能最佳，拉伸强度为0.925MPa，弯曲强度为0.360MPa，达到工业硬质聚醚型聚氨酯泡沫的国家标准。刘全校等[60]以麦草氧碱木质素合成聚氨酯，发现当异氰酸酯指数在118～224之间时，合成的木质素聚醚型聚氨酯的玻璃化温度、杨氏模量、拉伸强度和伸长率均随着异氰酸酯指数的增加而增加，达到一定值后趋于稳定，当木质素含量大于65%时聚氨酯脆性太高而不能进行拉伸试验。

(2) 木质素磺酸盐合成聚氨酯

Hatakeyama 等[61]将硬木木质素和木质素磺酸钠在65～75℃的温度下分别溶解在聚氧化乙烯二醇（分子量为200）中，再加入糖蜜作为聚氨酯泡沫塑料填充剂，以硅树脂为表面活性剂、少量水为发泡剂、二月桂酸二丁基锡为催化剂，与二苯基二异氰酸酯(MDI) 发生反应制得了增强型半硬质聚氨酯泡沫塑料。研究发现，随着木质素含量的增加，聚氨酯泡沫的密度明显增加，泡沫的抗压强度以及弹性模量随之呈线性增加。

刘美江等[62]以聚乙二醇400（PEG 400）与丙三醇的混合液对木质素磺酸钠（SLS）进行液化改性，获得残渣率极低的溶剂液化产物，无需分离，直接与聚醚多元醇及相关助剂复配，并与MDI反应，制备木质素改性的硬质聚氨酯泡沫材料（LPUF）。其制备工艺如下：向三口烧瓶中加入60.00g PEG 400、12.00g丙三醇、4.32g精制SLS和2.00g硫酸，在120℃下搅拌反应50min，反应过程中SLS逐渐溶解，溶液颜色逐渐变深，三口烧瓶内有白雾生成，尾气吸收装置中滴加酚酞的碱液褪色，反应结束，停止加热，得到SLS液化产物溶于PEG 400与丙三醇的深棕色液态混合物。将液化改性后的产物与聚醚多元醇按质量比1∶1进行复配，取复配后的多元醇组分90.00g，1,4-二叠氮双环［2.2.2］辛烷0.26g，二月桂酸二丁基锡0.52g，二甲基硅油2.20g，蒸馏水1.20g，搅拌至混合均匀。按照异氰酸酯指数为1.05加入MDI，并与多元醇混合，快速搅拌10～20s，待发泡体系变为凝胶状后快速倒入模具中，在室温下自由发泡，熟化24h，脱模，即得产品木质素改性的硬质聚氨酯泡沫材料LPUF。研究者还考察了发泡剂水的用量、SLS用量及液化改性产物与聚醚多元醇的复配比对LPUF材料性能的影响，结果分别见图6-20～图6-22。

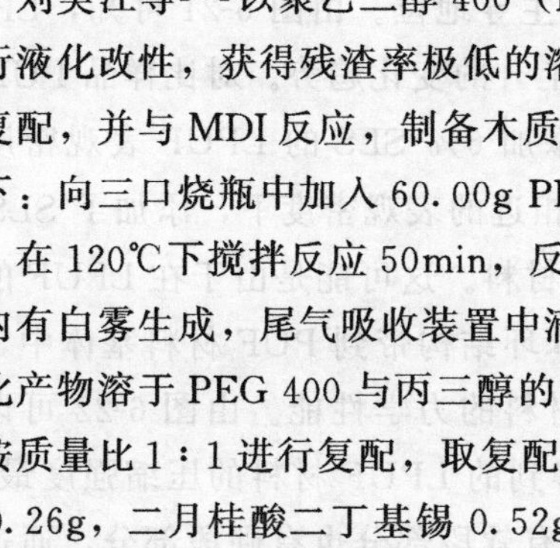

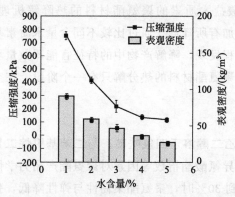

图 6-20　水的用量对 LPUF 性能的影响

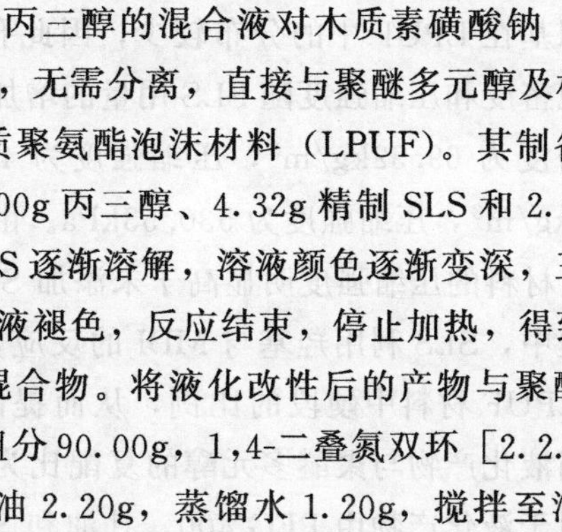

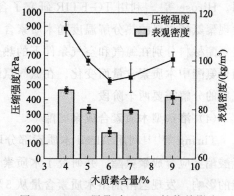

图 6-21　SLS 用量对 LPUF 性能的影响

由图6-20可以看出，随着水量的增加，LPUF的表观密度和压缩强度均下降；当水量从1%增加到3%时，泡沫材料的压缩强度下降较快，之后下降的趋势变得较为缓慢。这可能是水与MDI反应生成的部分聚氨基脲嵌段分布在LPUF材料中，由于脲基的强度远大于氨酯键，补偿了由于泡孔的孔径变大导致的材料压缩强度的下降；而在水量较少

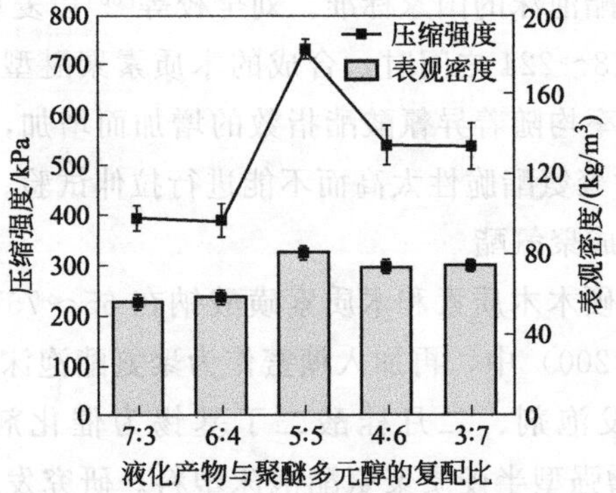

图 6-22 不同复配比对 LPUF 性能的影响

时，脲基在 LPUF 中的分布较少，因此孔径的影响占主导地位。由图 6-21 可知，LPUF 的表观密度和压缩强度随 SLS 用量的增加呈先下降后上升的变化趋势。对比样品 PUF 的表观密度为 69.32kg/m³，压缩强度为 481.06kPa，添加 6% SLS 的 LPUF 表观密度为 70.48kg/m³，压缩强度为 530.53kPa。由此可见，在相近的表观密度下，添加了 SLS 的 LPUF 材料的压缩强度明显高于未添加 SLS 的 LPUF 材料。这可能是由于在 LPUF 的合成过程中，SLS 利用羟基与 MDI 的反应，将 SLS 的苯环结构带到 PUF 材料基体中，提高了 LPUF 材料中硬段的比例，从而提高了 LPUF 材料的力学性能。由图 6-22 可以看出，当液化产物与聚醚多元醇的复配比为 5∶5 时，得到的 LPUF 材料的压缩强度最大，这是由于液化产物由 PEG 400、甘油和 SLS 构成，既有软段部分也有硬段部分，通过与聚醚多元醇复配，能够调节体系中软段与硬段的比例，从而实现对 LPUF 材料性能的有效控制。

(3) 硫酸盐木质素合成聚氨酯

硫酸盐木质素产生于碱介质中的牛皮纸制浆过程，基本特征是含有少量脂肪族硫醇基团。Hirose 等[63]利用 TG-FTIR 研究了含有硫酸盐木质素的聚氨酯材料的热降解机理，发现聚氨酯材料的热分解温度随木质素含量的增加有所降低。通过比较不同含量木质素基聚氨酯材料分别在氮气和空气条件下的热分解过程发现，降解产物中的特征官能团数量均随聚氨酯中木质素含量而变化。在氮气氛围中，聚氨酯材料的热分解只有一个阶段，在空气中的分解需要两个阶段。

(4) 溶剂型木质素合成聚氨酯

Thring 等[64]利用 Alcell 木质素部分取代聚乙二醇溶于四氢呋喃，与二苯基甲烷二异氰酸酯反应合成聚氨酯，并研究了木质素含量、异氰酸酯指数等因素对聚氨酯产品力学性能的影响，发现当溶剂型木质素含量从 5%增加到 30%时，聚氨酯柔韧性与弹性降低，弹性模量与强度逐渐升高，且当木质素用量达到 30%时仍可获得性能良好的聚氨酯产品。

吴耿云等[65]发现高沸醇木质素的酚羟基和醇羟基具有较高的反应活性，可直接用于合成聚氨酯，大大降低生产成本。当高沸醇木质素用量少于 10%时，聚氨酯具有良好的弹性，但拉伸强度低于 10MPa；当高沸醇木质素用量为 15%～25%时，聚氨酯的拉伸强度提高到 16MPa 或更高，其溶胀质量增加率降到 84%以下。木质素聚氨酯的拉伸强度随异氰酸酯指数的增大而迅速增强；当木质素用量大于30%时，无论异氰酸酯指数为多少都可以得到硬而脆的聚氨酯；高沸醇木质素的引入可提高聚氨酯的耐热性，在400℃以下其分解百分率只下降12.94%。

酶解木质素是另外一种溶剂型木质素。酶解木质素具有纯度高、化学活性强等特点，在微生物酶解过程中，木质素没有经过高温蒸煮，也没有经过化学药剂的破坏[57]。程贤甦等[66]用无机碱性水溶液和有机溶剂从玉米秸秆发酵制备乙醇的残渣中分离得到酶解木质素，通过研究发现，酶解木质素分子中含有丰富的苯环、酚羟基等官能团，具有较高的反应活性，可直接用于聚氨酯改性。随着酶解木质素含量增加，聚氨酯的拉伸强度增加，伸长率降低。在酶解木质素含量低于20%时聚氨酯具有较好的弹性。

(5) 其他类木质素合成聚氨酯

Cibanu等[67]先按1∶5∶6的摩尔比用聚乙二酸乙二醇酯、乙二醇和二苯基甲烷-4,4-二异氰酸酯合成了聚氨酯弹性体，然后利用溶液流延法将其与亚麻木质素共混。结果发现，木质素加速了聚氨酯的低温分解，木质素含量和聚氨酯软段的特性是影响其分解的主要因素，在较低木质素含量时，共混物的拉伸强度和伸长率与未加木质素相比有大幅度的提高。

王治民[68]利用羟基含量较高、分散系数较低、分子量较小的过氧酸木质素来制备木质素聚氨酯薄膜。研究发现，对于添加替代PEG 1000的量为30%的过氧酸木质素的聚氨酯薄膜，随着异氰酸酯指数的增加，过氧酸木质素聚氨酯薄膜热稳定性下降，但热导率降低，隔热性能提高，当异氰酸酯指数为1.55时，过氧酸木质素聚氨酯薄膜的拉伸性能达到最佳，断裂伸长率和拉伸强度分别为664%和16.86MPa，且玻璃态转变温度达到最大。继续增加异氰酸酯指数，玻璃态转变温度基本保持不变；在固定异氰酸酯指数的条件下，木质素含量为30%时，木质素聚氨酯薄膜具有较好的力学性能和热稳定性，并且木质素的添加降低了聚氨酯薄膜的热导率，即隔热性能提高，为其在隔热材料方面的应用增加了可能性。

6.4.2 改性木质素合成聚氨酯

大多数木质素材料都与羟基的反应有关，木质素聚氨酯材料制备的关键在于木质素与异氰酸酯之间的化学反应程度，而提高木质素在聚氨酯中反应活性的方法主要集中在如何增加参与交联反应的醇羟基数量上，可通过羟烷基化和己内衍生化反应实现[57]。

6.4.2.1 羟基化改性

由于酚羟基容易形成分子内氢键，且反应活性较低，通常利用羟烷基化反应将酚羟基转化为醇羟基，以提高反应活性和效率。羟烷基化衍生木质素克服了木质素中存在少量羰基而易与异氰酸酯生成凝胶状均相高聚物的缺点。

Cateto等[69]对乙醇制浆法获得的木质素进行羟丙基化改性，并对其作为制备聚氨酯材料的木质素基聚醚多元醇的最优条件进行优化。结果发现，当木质素基聚醚多元醇的羟基值在300～800mg(KOH)/g，黏度低于300Pa·s时，羟丙基化达到最优化，在此条件下用其他3种来源不同的工业木质素进行羟丙基化改性，发现得到的木质素基聚醚多元醇的羟基值和黏度都符合制备聚氨酯材料的商业聚醚多元醇指标，这说明造纸工业的废弃物可以成功转化为多功能的多元醇，并可以代替聚醚多元醇作为合成聚氨酯的原料成分。

Liu 等[70]利用 3-氯-1,2-环氧丙烷改性碱木质素与精制碱木质素，并分别代替 15%的聚醚多元醇合成聚氨酯硬质泡沫，通过对比研究发现，改性木质素制备的聚氨酯硬质泡沫在力学强度、隔热性能、热稳定性等方面优于精制碱木质素制得的聚氨酯硬质泡沫。添加木质素的聚氨酯硬质泡沫的拉伸强度大于工业标准的 0.3MPa，热导率下降，抗碱能力明显下降，但木质素的添加对泡沫的自然老化现象没有明显影响。

卫民等[71]以稀酸水解木质素、碱木质素为原料，经过羟甲基化、酚羟基化和羧基化改性后与多元醇缩聚，制取木质素多元醇树脂，再将木质素多元醇树脂、聚醚、硅油、催化剂按一定配比调配，最后与异氰酸酯混合发泡，制取木质素聚氨酯硬质泡沫材料。不同种类木质素与不同分子量的二元醇进行缩聚反应，得到系列端羟基木质素聚酯，其理化性能见表 6-19。未经改性木质素制得的树脂黏度较大，羟基值测定重复性较差，树脂中可见明显固体颗粒，表明木质素可能主要起充填作用。而改性木质素树脂表观非常均匀，表现出良好的混溶性。稀酸水解木质素树脂体系中仍可见少量不溶颗粒，可能是在水解过程中产生的焦化物。

表 6-19 木质素及其树脂理化性能

种类	黏度(25℃)/cPa·s	羟基值/(mg/g)
商品树脂	3200	447.6
碱木质素		275.8
碱木质素树脂	3500	353.8
未改性碱木质素树脂	3000～5000	270～430
稀酸水解木质素树脂	3800	397.3
未改性稀酸水解木质素树脂	>5000	

木质素与多元醇反应完全，体系非常均匀，在调配发泡成型后，表观密度可达到商品树脂低密度泡沫要求，然而，在木质素树脂与商品树脂的调配发泡中，随着木质素树脂的增加，泡沫表观密度也随之增大，树脂黏度也随之增大，给调配发泡带来困难，而且随着木质素加入量的增加，泡沫颜色明显加深。另外，由于体系中含有较多的二元小分子结构，在相同异氰酸酯质量配比下，制得的泡沫易收缩变形。因此，该研究选择碱木质素树脂最大以 1∶1 质量比与商品树脂调配，稀酸水解木质素以 3∶7 质量比调配，调配后的力学性能见表 6-20。制成的泡沫塑料表观密度为 0.03～0.05g/cm^3，抗压强度大于 0.15MPa，热导率为 0.023W/(m·K)，吸水率为 3%，性能可达到工业及日常生活对保温的要求。

表 6-20 木质素树脂及其含量对泡沫力学性能的影响

种类	质量比/(g/g)	表观密度/(g/cm^3)	压缩强度/MPa	拉伸强度/MPa
商品树脂		0.032	0.23	0.21
碱木质素树脂	3∶7	0.032	0.23	0.22
	4∶6	0.038	0.22	0.25
	5∶5	0.035	0.27	0.19
	6∶4	0.040	0.21	0.23
稀酸水解木质素树脂	3∶7	0.045	0.27	0.18

6.4.2.2　硝化改性

木质素可与 HNO_3、NO_2等反应，生成硝化木质素。在木质素的硝化反应中，除了亲电的取代反应外，还发生甲氧基的脱落和氧化开裂反应。木质素与 NO_2的硝化反应如图 6-23 所示[57]。

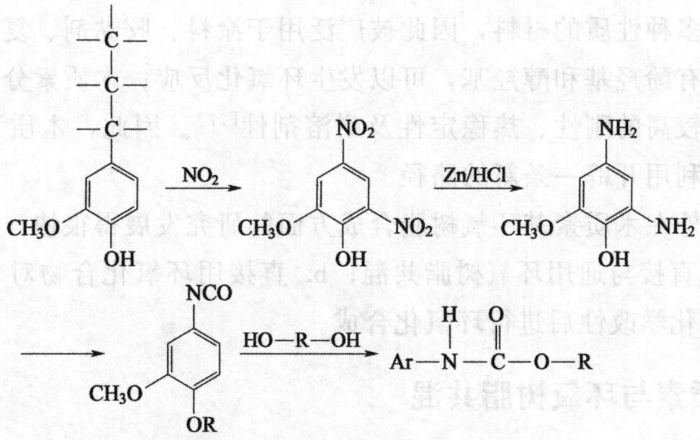

图 6-23　木质素硝化反应途径

Zhang 等[72]研究了从蓖麻油中提取木质素制备硝基木质素聚氨酯薄膜，发现当木质素含量为 2.8%时，聚氨酯薄膜的拉伸强度和断裂伸长率要比没有添加硝基木质素的聚氨酯薄膜提高了 2 倍。热分析表明，聚氨酯预聚体与硝基木质素发生交联，增加了聚氨酯薄膜的热稳定性。Huang 等[73]、Cui 等[74]利用极少量的木质素硝酸酯与聚氨酯复合形成接枝-互穿聚合物网络结构，使材料的拉伸强度和伸长率都显著提高。在添加 2.8%（质量分数）的硝化木质素、MDI、交联剂三羟甲基丙烷以及异氰酸酯指数为 1.2 时，有利于在材料内部形成接枝网络结构，拉伸强度和断裂伸长率最大可以分别提高 3 倍和 1.5 倍。另外，Ciobanu 等[75]研究发现，在硝化木质素质量分数为 9.3%的聚氨酯体系中也出现强度和伸长率的同步提高，强度、韧性和伸长率分别增加到 370%、470%和 160%，并且在含 4.2%木质素时材料的热力学性质最佳。

6.4.2.3　氧化改性

邵晶[76]用二氧化锰/石墨烯（MnO_2@G）为催化剂，过氧化氢和二氧六环分别作为氧化剂和溶剂，在温和的条件下对木质素进行催化氧化改性，然后采用 PEG 400/丙三醇的混合多羟基醇溶剂液化经氧化改性的木质素，合成木质素基多元醇，最后与异氰酸酯按一定比例混合（异氰酸酯指数为 1.05～1.10），制备液化木质素聚氨酯发泡材料。木质素在多羟基醇液化溶剂中的最优液化条件为：反应温度 120℃，反应时间 60min，催化剂用量 0.50%，液固比 4∶1。此时液化产物羟基值为 379mgKOH/g，黏度为 5088mPa·s，符合聚氨酯发泡材料的应用要求，且木质素添加量达到 25%。改性木质素多元醇应用到聚氨酯泡沫材料中，聚氨酯发泡材料的密度、压缩强度和隔热性能都有所改善。添加液化产物后聚氨酯发泡材料的密度增大，压缩强度先增大后减小，热导率先减小后增大。添加 30%木质素多元醇强度和热导率都达到最佳值，与未添加木质素多元醇的发泡材料相比，压缩强度增加了 38.1%，热导率降低 18.1%。

6.5 木质素环氧树脂

环氧树脂是指含有两个或两个以上环氧基，并在适当化学试剂存在下能形成三维网络固化物的化合物的总称。环氧树脂是重要的热固性树脂，由于存在活泼的环氧基团，易于与固化剂形成具有多种性质的材料，因此被广泛用于涂料、胶黏剂、复合材料等领域。木质素分子结构中含有酚羟基和醇羟基，可以发生环氧化反应；木质素分子结构中含有芳香环，可以赋予树脂较高的刚性、热稳定性及耐溶剂性[77]。因此，木质素用来合成环氧树脂，将为木质素的利用开辟一条新的路径。

近年来，国内外在木质素基环氧树脂合成方面的研究发展得很快，其合成的方法主要有 3 种：a. 木质素直接与通用环氧树脂共混；b. 直接用环氧化合物对木质素进行环氧化改性；c. 木质素经化学改性后进行环氧化合成。

6.5.1 木质素与环氧树脂共混

为了提高环氧树脂的力学性能和热力学性能，一些研究者采用物理或化学共混的方法将木质素加入到环氧树脂的体系中，这样有效降低了木质素的应用成本，也促进了木质素在环氧树脂中的应用。Feldman 等[78, 79]将硫酸盐木质素与环氧树脂共混，研究了木质素对共混物力学性能和交联结构的影响，结果发现，当木质素添加量为 20%时，共混物的黏结剪切强度有最大值，共混物的玻璃化温度有且只有一个，说明共混物在此条件下具有较好的相容性；木质素和胺类固化剂仅在温度较高（高于其玻璃化温度）时发生反应，且其反应能力比环氧基的反应能力低，说明木质素是通过与固化剂中未反应的氨基反应和环氧树脂连接在一起的。

刘彤等[80]将玉米秸秆木质素与双酚 A 环氧树脂混合，于 100℃下预处理 1h，以改善环氧树脂的性能。研究发现，以固化体系的总质量为基准，在木质素质量分数为 0%～7%的范围内，与未添加木质素的环氧树脂相比，随着木质素质量分数的增加，改性环氧树脂在 22℃下的黏度从 1220mPa・s 增大到 13220mPa・s；改性环氧树脂固化物的弯曲强度随木质素质量分数的增加先升高后降低，在木质素质量分数为 3%时达到最大值 83.2MPa，但其冲击强度下降，由 20.7MPa 降低为 13.6MPa；改性环氧树脂固化物的玻璃化温度随木质素质量分数的增加而升高，当木质素质量分数为 5%时，其玻璃化温度升高了 4.8℃；改性环氧树脂固化物的热稳定性有所改善，当木质素质量分数为 7%时，热失重 50%的温度提高了 13℃，同时木质素的加入能够改善环氧树脂的阻燃性能。

6.5.2 木质素直接环氧化改性

木质素的分子结构中含有较多的酚羟基和醇羟基，具有一定的反应活性，因此可以代替酚类直接用于环氧树脂的合成。

Sasaki 等[81]以竹木质素为原料合成了一种环氧树脂，其制备工艺如下：在氮气保护下，将四丁基溴化铵、木质素和环氧氯丙烷在 80℃下反应 4h，然后加入 NaOH 水溶液和二甲基砜，在 10℃下搅拌 10h 之后，加入乙酸中和，再经过分离和干燥等步骤合成木质素环氧树脂，合成的环氧树脂环氧当量值为 332.8g/mol。用 2-氰乙基-2-乙基-4-甲基咪唑和木质素作为固化剂，在 110℃下固化 0.5h、150℃下固化 3h、180℃下固化 2h，所得环氧树脂材料经 TG 分析，在 800℃时，剩余物达 38.5%，而用 2-氰乙基-2-乙基-4-甲基咪唑固化的双酚 A 环氧树脂 EP-828，其剩余物仅为 10.5%，表现出较好的热稳定性。

赵阵[82]采用离子液体［BMIm］Cl 协同盐酸的方法对木质素进行化学降解，制得降解木质素（DLG），以提高木质素中羟基含量，然后在碱性条件下将降解木质素与环氧氯丙烷（ECH）发生环氧化反应制得木质素基环氧树脂（LGEP）。结果表明，在盐酸用量为 3mL、离子液体用量为 3mL、降解温度为 100℃、降解时间为 4h 的最佳降解条件下，得到的降解木质素中酚羟基的含量最高为 6.72%；环氧化合成的最佳条件为：m(ECH)∶m(DLG)=3.5∶1，m(NaOH)∶m(DLG)=1∶1，反应时间为 5h，反应温度为 90℃，在此条件下合成的 LGEP 的环氧值最高为 0.380，其固含量为 55.3%，软化点为 30.5℃，黏度为 743mPa・s，吸水率为 0.42。

参考文献

[1] 蒋挺大．木质素．2版．北京：化学工业出版社，2009.

[2] 陈缓缓，蒙壮壮，韩杰，等．改性木质素酚醛树脂胶粘剂的研究进展．广州化工，2016，44 (16)：13-17.

[3] 刘纲勇，葛虹，郑公铭．木质素酚醛树脂的固化动力学及机理研究．广州化工，2011，39 (11)：66-68，95.

[4] 李爱阳，唐有根．木质素改性酚醛树脂胶的研究．中华纸业，2006，27 (3)：76-77.

[5] 施中新，王小红．木质素改性粘合剂的研制．粘合剂，1991 (3)：40-41.

[6] 方继敏，潘婵．草浆造纸黑液用于人造板胶粘剂的研究．粘接，2005，26 (1)：12-15.

[7] 杨连利，梁国政，李仲谨．反相微乳法回收黑液中木素并制备粘合剂的研究．包装工程，2006，27 (6)：110-112.

[8] 赵庆韬，纪维常，崔昌亿，等．碱木素粘合剂的研制．粘接，1989，10 (3)：15-17.

[9] 黄冬根，黄志桂．木质素粘合剂的研制状况及发展趋势．粘接，1992，13 (4)：13-18.

[10] Pizzi A. Wood adhesive, chemistry and technology. New York：Marcel Dekker Press，1983.

[11] 张伟．生物炼制木质素基酚醛树脂的制备与应用．北京：中国林业科学研究院，2013.

[12] Vázquez G，Freire S，Bona C R，et al. Structures and reactivities with formaldehyde of some acetosolv pine lignins. Journal of Wood Chemistry and Tehcnology，1999，19 (4)：357-378.

[13] Alonso M V，Oliet M，Rodr′guez F，et al. Modification of ammonium lignosulfonate by phenolation for use in phenolic resins. Bioresource Technology，2005，96：1013-1018.

[14] Zhao L W，Griggs F B，Chen C H，et al. Utilization of softwood kraft lignin as adhesive for the manufacture of reconstituted wood. Journal of Wood Chemistry and Tehcnology，1994，14 (1)：127-145.

[15] Alonso M V，Rodriguez J J，Oliet M，et al. Characterization and structural modification of ammonic lignosulfonate by methylolation. Journal of Applied Polymer Science，2001，82 (11)：2661-2668.

[16] Alonso M V，Oliet M，Rodriguez F，et al. Use of a methylolated softwood ammonium lignosulfonate as partial substitute of phenol in resol resins manufacture. Journal of Applied Polymer Science，2004，94 (2)：643-650.

[17] 欧阳新平，战磊，陈凯，等．木质素改性酚醛树脂胶粘剂的制备．华南理工大学学报（自然科学版），2011，39 (11)：22-26，39.

[18] 郑雪琴，黄建辉，刘明华，等．改性黑液制备型煤粘结剂及其性能研究．造纸科学与技术，2005，24 (1)：45-47.

[19] 朱骏．木质素酚醛树脂胶粘剂的制备及其性能研究．成都：西南交通大学，2015.

[20] Ahmadzadeh A，Zakaria S，Rashid R. Liquefaction of oil palm empty fruit bunch (EFB) into phenol and characterization of phenolated Efb resin. Industrial Crops and Products，2009，30 (1)：54-58.

[21] Alonso M V，Oliet M，Rodriguez F，et al. Modification of ammonium lignosulfonate by phenolation for use in

phenolic resins. Bioresource Technology, 2005, 96 (9): 1013-1018.
[22] Lee W J, Chang K C, Tseng I M. Properties of phenol-formaldehyde resins prepared from phenol-liquefied lignin. Journal of Applied Polymer Science, 2012, 124 (6): 4782-4788.
[23] Lin L, Yoshioka M, Yao Y, et al. Liquefaction of wood in the presence of phenol using phosphoric acid as a catalyst and the flow properties of the liquefied wood. Journal of Applied Polymer Science, 1994, 52 (11): 1629-1636.
[24] Vazquez G, Gonzalez J, Freire S, et al. Effect of chemical modification of lignin on the gluebond performance of lignin phenolic resins. Bioresource Technology, 1997, 60 (30): 191-198.
[25] 陈艳艳. 酶解木质素酚化制备木质素-酚醛树脂及其性能研究. 广州: 华南理工大学, 2011.
[26] 詹怀宇. 纤维素化学与物理. 北京: 科学出版社, 2005.
[27] Wu S B, Zhan H Y. Characteristics of demethylated wheat straw soda lignin and its utilization in ligrin-based phenolic formaldehyde resins. Cellulose Chemistry and Technology, 2001, 35: 253-262.
[28] 安鑫南. 脱甲基硫酸盐木质素代替酚在木材粘合剂中的应用. 林产化学与工业, 1995, 15 (3): 36-42.
[29] Li K, Geng X. Formaldehyde-free wood adhesives from decayed wood. Macromolecular Rapid Communications, 2005, 26 (7): 529-532.
[30] 孙其宁. 利用褐腐木材制备无醛胶粘剂的研究. 北京: 中国林业科学研究院, 2009.
[31] Tymchyshyn M, Xu C. Liquefacton of biomass in hot-compressed water for the production of phenolic compounds. Bioresource Technology, 2010, 101 (7): 2483-2490.
[32] Russell J A, Riemath W F. Method for making adhesive from biomass. US 4508886, 1985-04-02.
[33] Shahid S A, Ali M, Zafar Z I. Cure kinetics, bonding performance, thermal degradation, and biocidal studies of phenolformaldehyde resins modified with crude bio-oil prepared from ziziphus mauritiana endocarps. BioResources, 2015, 10 (1): 105-122.
[34] Wang M, Xu C, Leitch M. Liquefaction of comstalk in hot-compressed phenol-water medium to phenolic feedstock for the synthesis of phenol-formaldehyde resin. Bioresource Technology, 2009, 100 (7): 2305-2307.
[35] Wang M, Leitch M, Xu C. Synthesis of phenol-formaldehyde resol resins using organosolv pine lignins. European Polymer Journal, 2009, 45 (12): 3380-3388.
[36] 刘纲勇, 邱学青, 杨东杰. 不同分子量麦草碱木素性能及其对 LPF 胶性能的影响. 化工学报, 2008, 59 (6): 1590-1594.
[37] McVay T M, Baxter G F, Dupre F C. Reactive phenolic resin modified. US 5866642, 1999-02-02.
[38] Ouyang X P, Lin Z X, Deng Y H, et al. Oxidative degradation of soda lignin assisted by microwave irradiation. Chinese Journal of Chemical Engineering, 2010, 18 (4): 695-702.
[39] 夏成龙. 微波辅助木质素改性及其酚醛树脂固化动力学研究. 北京: 中国林业科学研究院, 2016.
[40] 任世学, 方桂珍. 超声波处理对麦草碱木质素结构特性的影响. 林产化学与工业, 2005, 25 (S1): 82-86.
[41] 罗雄飞, 李新生, 王哲东, 等. 超声活化酶解木质素用于酚醛树脂的制备. 森林工程, 2017, 33 (3): 39-43.
[42] Machado A E H, Furuyama A M, Falone S Z, et al. Photocatalytic degradation of lignin and lignin models using titanium dioxide: the role of the hydroxl radical. Chemosphere, 2000, 40 (1): 115-124.
[43] Ksibi M, Amor S B, Cherif S, et al. Photodegradation of lignin from black liquor using A UV/TiO_2 system. Journal of Photochemistry and Photobiology A: Chemistry, 2003, 154 (2-3): 211-218.
[44] 王进. 漆酶活化法竹材刨花板制造工艺及胶合机理研究. 杭州: 浙江林学院, 2009.
[45] 高小娥. 漆酶活化碱木质素合成酚醛树脂的研究. 木材加工机械, 2017, 28 (1): 18-22.
[46] 孙其宁, 秦特夫, 李改云. 木质素活化及在木材胶粘剂中的应用进展. 高分子通报, 2008 (9): 55-60.
[47] Li G Y, Hse C Y, Qin T F. Preparation and characterization of novolak phenol formaldehyde resin from liquefied brown-rotted wood. Journal of Applied Polymer Science, 2012, 125 (4): 3142-3147.
[48] Jin Y Q, Cheng X S, Zheng Z B. Preparation and characterization of phenol-formaldehyde adhesives modified with

enzymatic hydrolysis lignin. Bioresource Technology，2010，101 (6)：2046-2048.

[49] 郑钻斌，程贤甦，符坚，等．酶解木质素改性酚醛树脂胶黏剂的研究．林产工业，2009，36 (4)：24-27.

[50] 陈艳艳，常杰，范娟．秸秆酶解木质素制备木材胶黏剂工艺．化工进展，2011，30 (S1)：306-310.

[51] Pizzi A. Recent developments in eco-efficient bio-based adhesives for wood bonding：opportunities and issues. Journal of Adhesion Science and Technology，2006，20 (8)：829-846.

[52] 仲豪，张静，龚方红，等．木质素在脲醛树脂胶粘剂中的应用．中国胶粘剂，2010，19 (11)：32-35.

[53] Raskin M，Ioffe L O，Pukis A Z，et al. Composition board binding material. US 6291558，2001-09-18.

[54] 刘源松，关明杰，张志威，等．木质素改性脲醛树脂对竹层积材甲醛释放量及胶合性能的影响．林业工程学报，2017，2 (3)：28-32.

[55] 张杰．木质素的提纯以及在脲醛树脂胶粘剂中的应用．木材加工，2011 (4)：56-58.

[56] 孔宪志．木质素改性聚氨酯胶黏剂的制备及其性能研究．哈尔滨：东北林业大学，2015.

[57] 李燕，韩雁明，秦特夫，等．木质素在聚氨酯合成中的研究进展．化工进展，2011，30 (9)：1990-1997.

[58] Borges da Silva E A，Zabkova M，Araujo J D，et al. An integrated process to produce vanillin and lignin-based polyurethanes from kraft lignin. Chemical Engineering Research and Design，2009，87 (9)：1276-1292.

[59] 于菲，刘志明，方桂珍，等．碱木质素基硬质聚氨酯泡沫的合成及其力学性能表征．东北林业大学学报，2008，36 (12)：64-65.

[60] 刘全校，杨淑蕙，李建华，等．麦草氧碱木素合成聚氨酯及其性能研究．塑料科技，2002 (5)：45-47.

[61] Hatakeyama H，Hatakeyama T. Environmentally compatible hybrid-type polyurethane foams containing saccharide and lignin components. Macromolecular Symposia，2005，224 (1)：219-226.

[62] 刘美江，黄金煜，苏耀卓，等．木质素磺酸钠改性硬质聚氨酯泡沫材料的制备与性能研究．化工新型材料，2017，45 (6)：86-91.

[63] Hirose S，Kobashigawa K，Izuta Y，et al. Thermal degradation of polyurethanes containing lignin studied by TG-FTIR. Polymer International，1998，47 (3)：247-256.

[64] Thring R W，Vanderlaan M N，Griffin S L. Polyurethanes from Alcell lignin. Biomass and Bioenergy，1997，13 (3)：125-132.

[65] 吴耿云，程贤甦，杨相玺．高沸醇木质素聚氨酯的合成及其性能．精细化工，2006，23 (2)：165-169.

[66] 程贤甦，刘晓玲，靳艳巧．新型聚氨酯助剂-酶解木质素的研制．聚氨酯工业，2007，22 (6)：18-21.

[67] Cibanu C，Ungureanu M，Ignat L，et al. Properties of lignin-polyurethane films prepared by casting method. Industrial Crops and Products，2004，20 (2)：231-241.

[68] 王治民．木质素聚氨酯薄膜的制备及其改性研究．北京：中国林业科学研究院，2014.

[69] Cateto C A，Barreiro M F，Rodrigues A E，et al. Optimization study of lignin oxypropylation in the view of the preparation of polyurethane rigid foam. Industrial and Engineering Chemistry Research，2009，48(5)：2583-2589.

[70] Liu Z M，Yu F，Fang G Z，et al. Performance characterization of rigid polyurethane foam with refined alkali lignin and modified alkali lignin. Journal of Forestry Research，2009，20 (2)：161-164.

[71] 卫民，严立楠，蒋剑春．改性木质素泡沫树脂的合成研究．生物质化学工程，2006，40 (4)：1-3.

[72] Zhang L，Huang J. Effects of nitrolignin on mechanical properties of polyurethane - nitrolignin films. Journal of Applied Polymer Science，2001，80 (8)：1213-1219.

[73] Huang J，Zhang L. Effects of [NCO] / [OH] molar ratio on structure andproperties of graft-interpenetrating polymer networks from polyurethane and nitrolignin. Polymer，2002，43 (8)：2287-2294.

[74] Cui G J，Fan H L，Xia W B，et al. Stimultaneous enhancement in strength and elongation of waterborne polyurethane and role of star-like network with lignin core. Journal of Applied Polymer Science，2008，109 (1)：56-63.

[75] Ciobanu C，Ungureanu M，Ignat L，et al. Properties of lignin-polyurethnane films prepared by casting method. Industrial Crops and Products，2004，20 (2)：231-241.

[76] 邵晶．木质素基聚醚多元醇的合成及应用．长春：长春工业大学，2016.

[77] 张娟．改性木质素合成环氧树脂的研究．南京：南京林业大学，2013.

[78] Feldman D, Banu D, Natansohn A, et al. Structure-properties relations of thermally cured epoxy-lignin polyblends. Journal of Applied Polymer Science, 1991, 42 (6): 1537-1550.

[79] Feldman D, Banu D, Luchian C, et al. Epoxy-lignin polyblends: correlation between polymer interaction and curing temperature. Journal of Applied Polymer Science, 1991, 42 (5): 1307-1318.

[80] 刘彤，赵婷玉，崔佳韦，等．玉米秸秆木质素改性环氧树脂的制备及性能．精细化工，2016，33（10）：1171-1175.

[81] Sasaki C, Wanaka M, Takagi H, et al. Evaluation of epoxy resins synthesized from steam-exploded bamboo lignin. Industrial Crops and Products, 2013, 43 (1): 757-761.

[82] 赵阵．木质素的降解及环氧树脂合成．淮南：安徽理工大学，2017.

第7章 其他木质素改性材料

Chapter 07

木质素由于性能优越、结构复杂，改性后的产品除了在前述领域中有很好的应用与前景外，还可以运用于其他工业中，如木质素通过改性可用作橡胶补强剂，也可用作农业领域的肥料和土壤改良剂、农药缓蚀剂等，还可作为药物应用于医药领域。

7.1 橡胶补强剂

7.1.1 橡胶补强剂概述

橡胶产品在制造过程中，通常要加入大量的补强/填充剂（填料）才具有实用性能，同时赋予橡胶许多优异的性能。例如，大幅提高橡胶的物理机械性能，使胶料具有阻燃、导电、磁性、色彩等特殊性能，具备良好的加工性等。凡是能明显提高橡胶的物理机械性能，如拉伸强度、撕裂强度、定伸应力、耐磨性等的物质，都可以称为补强剂[1]。

木质素用于橡胶补强的研究，最初是欧美国家为增加战时合成橡胶补强剂（炭黑属传统橡胶补强剂）的供应，从而减少对外国天然橡胶的依赖而展开的，当时是将木质素和橡胶胶乳共沉，做成木质素母胶再进行后续加工利用，从20世纪40年代起，国外的研究转为将木质素先经化学改性，再像炭黑一样与橡胶直接共混。用木质素代替部分炭黑生产橡胶制品，一是为木质素寻找一条可以被大量使用的出路，二是用廉价的木质素代替较贵的炭黑，从而降低橡胶制品的生产成本。正因为如此，半个多世纪来从未间断过木质素在橡胶中使用的研究。我国在20世纪50年代还较少生产天然橡胶的时候，化工部橡胶工业研究设计院、华南工学院（现为华南理工大学）、化工部橡胶十一厂、天津橡胶研究所、北京橡胶厂等就开展了木质素与天然胶乳共沉的研究；20世纪60年代中期到70年代初，国家科委、化工部和林业部又立专项，组织林业部林产化学研究所和北京橡胶总厂开展木质素直接在生胶中使用的研究；1972年，北京橡胶总厂建成了国内第一个以造纸黑液生产改性活化木质素的专业工厂，使木质素在橡胶制品（如自行车外胎、胶鞋大底等）中的应用研究工业性试验达到了当时的国际领先水平[1,2]。

7.1.2 橡胶补强剂的制备工艺

近几十年来的研究表明，要实现木质素在橡胶材料中的大规模应用，迫切需要解决木质素在橡胶基质中分散性不够好、与橡胶相的相容性较差等问题。通过采用不同的混炼工艺或预处理条件，改善木质素在胶料中的分散性，或者利用木质素预处理过程的活化或改性，以增加其表面活性及与橡胶基质的相容性，是解决目前木质素在橡胶中应用局限问题的主要途径。采用不同的预处理或改性工艺，木质素对橡胶所起的补强效果也有差异，目前研究较多的主要工艺包括共沉工艺、化学活化工艺、动态热处理工艺、湿混工艺、干混工艺等[1]。

7.1.2.1 共沉工艺

在橡胶工业发达的国家，早已将炭黑与丁苯橡胶、天然胶乳共沉，生产炭黑共沉母胶，后来这一技术又应用于木质素与胶乳共沉中，生产木质素共沉母胶。制备木质素与胶乳的共沉胶，通常是将木质素溶解于碱液，加入橡胶胶乳中，在加热、搅拌的条件下，将上述混合液注入稀酸中，沉淀出共沉胶，湿态的木质素不易聚结成大的颗粒，在胶乳中的分散性好，在电解质的作用下能与橡胶均匀共沉，倾去上清液，将沉淀干燥，即得木质素母胶[2]。

通过共沉工艺，木质素可对多种橡胶产生良好的补强效果。早在1947年就有国外研究人员将木质素与丁苯胶乳、丁腈胶乳、氯丁橡胶胶乳、天然橡胶胶乳等分别共沉淀，发现共沉胶的力学性能可达到甚至超过炉黑补强的橡胶，我国自20世纪50年代起开展了木质素与天然乳胶共沉的研究，并将这种木质素母胶试用于胶鞋、自行车外胎等橡胶制品，取得了不错的效果[1]。

蒋挺大[2]对比了木质素共沉母胶与炭黑的补强性能，结果见表7-1。由表7-1可知，木质素共沉母胶的拉伸强度、伸长率、弹性和抗疲劳（弯曲）性能都与炭黑的性能相差不多，但磨耗和耐热性能较差。

表7-1 木质素共沉母胶与炭黑的补强性能比较

物理机械性能	木质素共沉母胶	四川炉法炭黑	槽法炭黑
硬度(邵尔A型)/度	45～57	55	62～66
伸长率/%	660～750	650	579～700
拉伸强度/MPa	26.46～30.48	23.62	26.46～30.38
500%定伸应力/MPa	7.35～17.44	15.19	16.66～19.6
磨耗/(cm^3/1.61km)	0.73～1.1	0.65～1	0.4～0.6
弹性/%	60～61	53	45～52
撕裂强度/(N/cm)	45～65	45	80～110
弯曲/万次	>10	7.5	—
耐热系数(100℃)	0.25	约0.5	0.5
热老化系数(100℃·48h)	0.5～0.6	—	0.1～0.3

木质素与天然胶乳、丁腈胶乳、丁苯胶乳和氯丁胶乳共沉，其硫化胶的拉伸强度与填充炭黑时相当。另外，木质素胶乳共沉胶的性能还受较多因素的影响，如木质素碱溶液的浓度、胶乳的浓度、沉淀用酸的浓度、混合温度、共沉温度、木质素颗粒大小、配合剂加入的顺序及共沉时的搅拌速度等。

7.1.2.2 化学活化工艺

木质素通过化学活化后可用作橡胶补强剂，如采用烧碱、硫化钠等活化剂进行碱活化，或利用甲醛进行羟甲基化改性，都取得了良好的效果。

(1) 碱活化酸木质素

木材酸水解木质素的活性较低，而且还残留一部分的纤维素，不利于木质素与橡胶的结合，降低了木质素的补强作用。酸木质素经过碱活化，可以提高其反应活性。碱活化时，在一定的温度和压力下，木质素溶于碱中，纤维素则不溶于碱，经过滤，除去纤维素，用酸酸化滤液，木质素则被重新沉淀出来，用水洗至中性，干燥，即得碱活化木质素[2]。

总溶解率、碱活化木质素得率和硫化胶的拉伸强度3项指标可以较合理地评价木质素的活化程度。木质素的碱活化受活化剂、活化条件、残留物等因素的影响。

1) 活化剂的选择　活化剂的选择通常遵循价廉易得、有较强的溶解木质素的能力的原则。采用烧碱、硫化钠、生石灰作为活化剂，考察碱用量、温度、活化时间和料液比等因素对活化的影响[2]。

① 烧碱　用烧碱作活化剂，相当于在碱法制浆过程中木质素的碱活化。碱用量、活化温度、活化时间和料液比是主要的影响因素，其对活化的影响见表7-2。由表7-2可知，影响碱活化木质素的得率和硫化胶的拉伸强度的主要因素是烧碱的用量，其次是活化温度，时间的影响随着碱量的增加而减小，料液比的影响不甚明显。

表7-2　碱用量、活化温度、活化时间和料液比对烧碱活化木质素的影响

序号	纤维木质素/kg	烧碱/kg	水玻璃/kg	活化温度/℃	木质素：水	时间/h	总溶解率/%	碱活化木质素得率/%	硫化胶拉伸强度/MPa
1	100	25	10	173	1∶6	6	71.87	39.0	29.2
2	100	20	10	173	1∶6	6	58.8	25.0	29.3
3	100	16	10	173	1∶6	6	47.5	16.0	25.68
4	100	25	10	173	1∶4	6	69.2	39.3	37.44
5	100	25	10	173	1∶5	6	71.0	38.3	29.89
6	100	25	10	173	1∶8	6	65.0	37.5	28.42
7	100	25	10	164	1∶6	6	67.5	33.5	29.6
8	100	25	10	175	1∶6	6	71.5	48.3	29.2
9	100	25	10	150	1∶6	6	55.0	67.5	28.22
10	100	25	10	173	1∶6	4	64.0	38.9	29.2
11	100	25	10	164	1∶6	4	55.6	30.6	29.6
12	100	25	10	173	1∶4	4	64.0	39.8	27.64

② 硫化钠　硫化钠也是一种常用的碱化剂，它能较好地溶解木质素，且对纤维素的损害较小。表 7-3 是采用烧碱和部分硫化钠进行碱活化与全部烧碱对照的试验效果。由表 7-3 可以看出，当用 26％的硫化钠代替等量的烧碱后，总溶解率降低了 16.7 个百分点，碱活化木质素得率降低了 10.6 个百分点，但硫化胶的拉伸强度没有变化。因此，在烧碱中掺用部分硫化钠是可行的，且硫化钠比烧碱价格低，可降低木质素碱活化的成本。

表 7-3　硫化钠碱活化的试验结果

序号	纤维木质素/kg	总碱量/kg	总碱中硫化钠/kg	木质素：水	时间/h	温度/℃	总溶解率/％	碱活化木质素得率/％	硫化胶拉伸强度/MPa
Ⅰ	100	25	26	1：6	4	170	50.5	25.4	—
	100	25	26	1：6	6	170	55.0	28.4	29.3
Ⅱ	100	25	—	1：6	6	170	71.7	39.0	29.2

③ 氧化钙　在一些小造纸厂，采用石灰法生产草浆。生石灰是来源最广、价格最低的碱化剂。用含纤维木质素 25％的生石灰作活化剂，另外加入 40％的无水硫酸钠，在料液比为 1：(7～8)、温度为 175℃的条件下碱活化 4h，所得的钙活化木质素直接过滤、洗涤、干燥，然后用 CO_2 中和至 pH 值为 7，再过滤、洗涤、干燥，两者结果相近，颗粒较粗，分散性不好，得率低，前者的硫化胶拉伸强度为 24.5MPa，后者的为 23.72MPa。

2）残留纤维木质素的分离和洗涤　经过碱活化后，碱活化木质素溶于碱液中，碱液中的不溶物有纤维素、未反应的纤维木质素，还有少量的泥沙等杂物，整个物料为黑色糊状黏稠悬浮液体。在沉淀碱活化木质素之前，必须先将物料中的不溶物分离除去。比较可行的过滤设备是振动筛，振动频率为 1450 次/min，振幅约 5mm，倾斜度约 3°，筛网为 134 目的尼龙网。操作时先将碱活化液放入稀释槽内，用水稀释，然后用泵连续注入筛中振动过滤，反复用水洗涤，从而实现分离。

由于物料的原始浓度、残碱量及蒸煮深度不同，分离效率也不同。若分离前不加水稀释而直接分离，则分离能力仅为 $0.43m^3/(h \cdot m^2)$，木质素产品中含有将近 1/2 的杂质。若在分离前先加 1 倍水稀释，则其分离能力可提高到 $0.7 \sim 0.9m^3/(h \cdot m^2)$。

3）碱活化木质素的沉淀　滤去杂质后的滤液仍是碱性溶液，必须酸化才能使碱活化木质素沉淀出来。为了使碱活化木质素沉淀得更为完全，同时在此时加入改性剂，应将滤液加热到 90℃，不断搅拌，直至酸化到 pH 值为 3～4。酸化时会产生较多的不凝性气体，从而出现大量泡沫。

沉淀剂的选择至关重要，直接影响碱活化木质素的质量、产量和成本。硫酸、工业硫酸铝 [$Al_2(SO_4)_3 \cdot 18H_2O$] 和明矾 [$Al_2(SO_4)_3 \cdot K_2SO_4 \cdot 24H_2O$] 都可以用作沉淀剂。硫酸的作用显而易见，能有效地中和滤液中的碱，生成硫酸钠和水；硫酸铝和明矾与碱反应，除生成硫酸钠和水外，十分重要的一点是形成了胶体氢氧化铝，它具有很好的絮凝作用，能促进碱活化木质素的絮凝和沉淀。同时，在干燥后，氢氧化铝或失水后的氧化铝成为碱活化木质素产品的一部分，这种氧化铝的颗粒极细，很有可能会提高碱活化木质素对橡胶的补强作用。3 种沉淀剂的试验情况见表 7-4。

表 7-4　碱活化木质素的沉淀

沉淀剂	用量(pH 值为 5～6)/(kg/100kg)	碱活化木质素		硫化胶拉伸强度/MPa
		质量浓度/(g/100mL)	得率(以硫酸沉淀为 100)	
硫酸	未计量	2.092	100	24.5～27.44
硫酸铝	40～46	2.880	138	27.44～29.4
明矾	56～60	2.610	124	27.44～30.38
硫酸	未计量	2.377	100	24.5～27.44
硫酸铝	40～46	2.675	113	27.44～29.4
明矾	56～60	2.615	110	27.44～30.38

由表 7-4 可知，使用明矾和硫酸铝作沉淀剂，产品的补强作用很好，硫酸的效果较差；用量以明矾最多，硫酸铝次之，硫酸最少；产品得率以硫酸铝最高，明矾次之，硫酸最低。明矾和硫酸铝虽然有较好的沉淀效果，但用量太大，成本较高，因此综合考虑，可以先用硫酸铝或明矾中和，然后用硫酸酸化，这样既可以得到质量较好的产品，又能降低成本。

经沉淀后的碱活化木质素，其成分相当复杂：既有高分子物质，也有低分子物质；既有有机物，也有无机物。沉淀点的选择将会直接关系到产品的质量和产量，同时也会对下一道工序的过滤和洗涤产生直接影响。同一物料加改性剂后用硫酸铝分别中和到 pH 值为 7、5～6、3～4，对质量及过滤性能的影响见表 7-5。由表 7-5 可知，虽然 pH 值为 3～4 时过滤快，产品的补强性能也与 pH 值为 5～6 时接近，但硫酸铝的用量要多 8.7kg，经济上不合算。

表 7-5　沉淀的不同 pH 值终点的选择

pH 值	滤液中木质素含量/(g/100mL)	沉淀剂用量/(g/L)	过滤状况	硫化胶拉伸强度/MPa
7	2.6775	15.0	慢	
5～6	2.6775	20.6	较快	29.79
3～4	2.6775	29.3	快	28.91

笔者在实验中还发现，先加硫酸铝搅拌，可将体系的 pH 值降到 5～6，然后再用少量硫酸酸化到 pH 值为 3～4，这样，高分子量和中等分子量的木质素都能很好地絮凝和聚集，碱活化木质素得率高，沉淀剂用量又少，过滤速度还快，是最佳的沉淀工艺（表 7-6）。

表 7-6　两段沉淀的效果

pH 值	滤液中木质素含量/(g/100mL)	沉淀剂用量/(g/L)	过滤状况
7	2.26	硫酸铝 12.4	慢
5～6	2.26	硫酸铝 18.8	较快
3～4	2.26	硫酸 3.35	快

(2) 甲醛活化木质素

利用甲醛对木质素进行羟甲基化改性，得到的羟甲基化木质素对橡胶具有良好的补强作用。甲醛改性可显著降低木质素分子聚集体的尺寸，明显增大木质素粒子与橡胶基质间的反应活性，增强两相间的相容性，进而提高木质素的补强效果，但木质素分子中的反应活性位点有限，当甲醛的用量超过一定限度后，多余的部分就会以游离的状态存在于反应液中[3]。

1963 年，凌鼎钟等[4]报道了甲醛活化木质素用量对硫化胶物理机械性能的影响，见表 7-7。由表 7-7 可知，随着甲醛活化木质素用量的增加，硫化胶 100%定伸应力显著增大，这是由于木质素中羟甲基在高温下缩合，构成了疏松的网状结构，同时，木质素中的酚羟基与橡胶分子反应，这两种因素形成了双重而又互相联结的紧密网络，起到了提高定伸应力及保持较高拉伸强度的作用。

表 7-7 甲醛活化木质素用量对硫化胶物理机械性能的影响

性能	甲醛活化木质素用量(质量份)/份			
	50	100	150	200
硬度(邵尔 A 型)/度	70	85	93	96
拉伸强度/MPa	21.9	23.7	19.8	17.5
伸长率/%	550	430	240	200
100%定伸应力/MPa	2.7	3.3	7.3	13.0
永久变形/%	16	12	12	26
磨耗/(cm^3/1.61km)	—	0.05	—	—
密度/(g/cm^3)	1.10	1.14	1.18	1.19

潘少波等[5]将这种甲醛活化木质素及非活化木质素分别加入丁苯橡胶和天然橡胶做了对比。首先，将木质素溶于 pH 值为 13 的氢氧化钠溶液中，按 0.15mol/100g 木质素比例缓慢加入甲醛，于 60℃下保温 30min，放置过夜，得到活化木质素。然后将活化木质素与天然胶乳混合，缓慢加入稀硫酸至 pH 值为 6，倾去液体，洗涤、干燥，得到共沉胶。把共沉胶与天然橡胶、丁苯橡胶一起混炼，其中木质素含量为 40 份（质量份）。活化木质素填充橡胶的性能见表 7-8。

表 7-8 活化木质素填充橡胶的性能

胶种	木质素	抗张强度/MPa	伸长率/%	永久变形/%
天然橡胶	活化	22.0	519	22.0
天然橡胶	非活化	12.0	455	10.0
丁苯橡胶	活化	17.1	580	19.2
丁苯橡胶	非活化	9.8	417	5.0

由表 7-8 可知，活化木质素比非活化木质素更能提高橡胶的抗张强度，伸长率也有所提高，但永久变形增加较多，这是不可取的。活化木质素填充天然橡胶的抗张强度、伸长

率都比普通及高耐磨炭黑填充的天然橡胶好；活化木质素填充丁苯橡胶的抗张强度与普通炭黑填充的丁苯橡胶接近，稍低于高耐磨炭黑填充的丁苯橡胶，伸长率及永久变形均大于炭黑填充的样品。

尹小明等[6]探讨了羟甲基化木质素对溴化丁基橡胶（BIIR）性能的影响，结果发现，羟甲基化木质素可同时作为BIIR的硫化剂和补强剂；随着羟甲基化木质素用量的增大，BIIR中的羟甲基活性点增多，即与BIIR发生化学交联反应的活性点增多，硫化胶的表观交联密度增大；由于交联活性点增多，甲醛活化木质素与BIIR的物理交联作用增强；羟甲基化木质素用量为50份（质量份）时，BIIR硫化胶的综合物理性能最佳（表7-9）。

表7-9 羟甲基化木质素用量对硫化胶物理性能的影响

性能	羟甲基化木质素用量(质量份)/份				
	10	30	50	75	100
硬度(邵尔A型)/度	30	36	46	54	64
100%定伸应力/MPa	0.1	0.4	0.6	1.2	2.4
300%定伸应力/MPa	0.3	1.5	5.2	—	—
拉伸强度/MPa	1.8	9.2	13.9	13.4	11.9
断裂伸长率/%	800	580	420	280	190
拉断永久变形/%	16	8	6	4	2
撕裂强度/(kN/m)	5.7	12.4	15.6	13.6	12.7

羟甲基化改性可使含水木质素的活性显著提高，使其具备混炼时均匀分散于橡胶中的条件。

（3）六亚甲基四胺活化木质素

六亚甲基四胺[$(CH_2)_6N_4$]是热塑性酚醛树脂的常用固化剂，能通过与酚羟基邻位、对位的反应将线性的热塑性酚醛树脂连接成体型大分子，基于这个原理，吕晓静等[7]在丁腈橡胶/木质素共混体系中加入六亚甲基四胺，研究了其与木质素间的化学反应对混炼胶高温流变性以及硫化胶性能产生的影响。结果表明，在木质素愈创木基和对羟基苯甲酸的酚羟基邻位引入亚甲氨基（$—CH_2NH_2$），这种亚甲氨基的活性要比由甲醛引入的羟甲基（$—CH_2OH$）的活性大，更易使木质素之间及木质素与丁腈橡胶之间发生交联作用，从而产生更好的补强作用。经过丁腈橡胶/木质素硫化胶的损耗因子-温度谱（DMA）分析，该两相体系只有一个玻璃化温度（T_g），该温度处于丁腈橡胶与木质素的玻璃化温度之间，表明两相具有较好的相容性。六亚甲基四胺用量对硫化胶力学性能的影响见表7-10。

由表7-10可知，随着六亚甲基四胺用量的增加，硫化胶的定伸应力、拉伸强度和撕裂强度均先增大而后减小，在10份（质量份）时同时达到极大值；拉断永久变形和断裂伸长率则随着其用量的增加而逐渐减小，硬度则逐渐增加。

表 7-10 六亚甲基四胺用量对硫化胶力学性能的影响

性能	六亚甲基四胺用量(质量份)/份				
	0	5	10	15	20
硬度(邵尔A型)/度	70	74	76	78	80
100%定伸应力/MPa	1.2	2.5	3.8	3.7	3.2
300%定伸应力/MPa	1.8	6.1	8.4	8.6	7.8
拉伸强度/MPa	7.4	15.8	18.2	18.1	17.4
断裂伸长率/%	730	700	620	580	540
拉断永久变形/%	24	14	13	13	12
撕裂强度/(kN/m)	19.7	31.1	38.7	36.6	35.1

7.1.2.3 动态热处理工艺

动态热处理工艺，是在加入硫黄、硫化促进剂之前，先将橡胶/木质素的母胶在100℃以上的开炼机上热炼，使木质素更好地分散于橡胶中[1]。木质素在高温剪切力，即开炼机两辊筒之间的强烈剪切和挤压的作用下，部分生成自由基，并与橡胶自由基结合，同时木质素聚集体在高温下解体，提高了木质素在橡胶中的分散性。此两种因素均可提高木质素对橡胶的补强效果。

李航等[8]研究了木质素填充丁苯橡胶经热处理后的结构及性能，结果发现，当木质素用量为100份（质量份）时，与未处理木质素填充硫化胶相比，热处理后的硫化胶的拉断永久变形由60%下降到20%，邵尔A型硬度由90度下降到78度，300%定伸应力由11.2MPa升至15.4MPa，拉伸强度则由17.6MPa升到19.6MPa，撕裂强度由67kN/m降至47kN/m。

杨军等[9]采用动态热处理工艺，研究了羟甲基化木质素对溴化丁基橡胶的补强作用，认为羟甲基化木质素胶料动态热处理的作用主要有3个方面：a. 可以将胶料中过量的水分蒸发掉；b. 可提高羟甲基化木质素的分散性，即羟甲基化木质素的湿熔点（羟甲基化木质素粒子呈絮凝状态即其表面刚刚开始呈“熔融”状态的温度）约为100℃，在该温度下热炼，羟甲基化木质素粒子间黏结与解黏结达到平衡；c. 有利于羟甲基化木质素接枝到橡胶分子链上。胶料混炼过程中100℃的动态热处理对溴化丁基橡胶硫化胶力学性能的影响见表7-11。由表7-11可以看出，胶料混炼中动态热处理可以使硫化胶的300%定伸应力、拉伸强度和撕裂强度显著提高，拉断永久变形显著减小，邵尔A型硬度显著降低，即使硫化胶力学性能得到明显改善。

表 7-11 动态热处理对BIIR硫化胶力学性能的影响

项目	300%定伸应力/MPa	拉伸强度/MPa	断裂伸长率/%	撕裂强度/(kN/m)	拉断永久变形/%	硬度(邵尔A型)/度
未动态热处理	5.8	10.4	740	25	23	64
动态热处理	7.6	15.4	630	28	6	43

注：100g木质素用0.15mol甲醛羟甲基化；胶料中羟甲基化木质素的用量为65.5份（质量份）。

7.1.2.4 湿混工艺

湿混工艺，是使黑液中沉淀析出来的木质素保留一定比例的水分，利用木质素粒子与水分子之间产生的氢键作用来削弱木质素粒子自身的氢键作用，减少混炼过程中木质素的团聚，从而达到良好的分散效果[3]。

1978 年，Kumaran 等[10]从竹浆黑液中提取木质素磺酸钠用于天然橡胶，发现木质素、水的质量比为 2∶1 的混合物较易分散于橡胶中。木质素的加入改善了硫化胶的抗撕裂性、抗磨损性、耐曲挠龟裂性、裂纹扩展阻力等，但对拉伸强度、回弹性、生热性、压缩形变等性能会产生不利的影响，不过这些性能在经过老化后都得到明显的改善。其原因可能是，干粉状的木质素粒子之间由于分子内的作用力而聚结成较为粗糙的团聚体，即使受到机械力的作用也无法轻易破坏这些团聚结构；而水的加入，使得木质素与水分子之间形成了新的氢键，致使木质素粒子间的相互作用力削弱，大部分的水则可以在混炼过程及共混后放置过夜后脱除。

Liao 等[11]将黑液加入钠蒙脱石粉的溶液中，剧烈搅拌分散 24h 后用 H_2SO_4 调节混合液的 pH 值至 3，过滤、洗涤至 pH 值为 7，置于 60℃的温度条件下干燥一夜后得到蒙脱土/黑液共沉物（CLM，水∶蒙脱土∶木质素质量比为 4∶3∶3），最后，通过 100℃开炼机的混炼，得到蒙脱土-木质素-丁腈橡胶的复合材料 NBR/CLM。硫化胶的 SEM、TEM 图像表明，共沉物颗粒在复合材料中的分散良好；力学性能方面，拉伸强度、断裂伸长率、300%定伸应力都有显著的提高（表 7-12）。由表 7-12 可知，当 CLM 的用量为 NBR 的 40%时，拉伸强度达 20.0MPa，比未补强 NBR 的拉伸强度提高约 7 倍，断裂伸长率为 668%，提高近 1 倍。热分析测试的结果表明，这种新型木质素-蒙脱土共沉物的加入，使复合材料的热性质、热氧老化性质都得到了改善。

表 7-12 NBR 和 NBR/CLM 复合材料的力学性能

硫化胶	拉伸强度/MPa	断裂伸长率/%	300%定伸应力/MPa	硬度(邵尔 A 型)/度
NBR	2.7	372	2.1	51
NBR/CLM-10	8.1	574	2.6	55
NBR/CLM-20	11.8	619	3.2	58
NBR/CLM-30	18.1	647	4.3	62
NBR/CLM-40	20.0	668	6.2	66

湿混工艺在一定程度上会提高木质素橡胶补强剂的性能，但也会给橡胶混炼带来很多的不便，且需要放置较长时间以去除残留的水分。该工艺也不适合所有的橡胶，如用于天然橡胶时有可能会破坏其结晶性能，导致硫化胶强度下降。

7.1.2.5 干混工艺

干混是指将木质素干粉在炼胶环节直接加入炼胶设备中与橡胶混炼的工艺。

采用传统的研磨或粉碎法，可使木质素的平均粒径从 2～5μm 降至 1～3μm，比表面积从 2～3m^2/g 提高到 3～5m^2/g，用其补强的丁苯橡胶，拉伸强度从 4.13MPa 上升到

5.51MPa，效果还不够理想。这是由于采用传统的机械方法只能破坏木质素的聚集体，所得到的粗糙粒子与沉淀阶段形成的初生粒子大致相当，要进一步减小粒径则极为困难，因此限制了其补强效果的提高[12]。通过特殊的射流装置，可制备出具有细小颗粒的木质素粉末，然后用于干混工艺。

1965 年，Frank 等[12]采用酸化和絮凝（脱水）工艺制备小颗粒木质素，将其用于丁苯橡胶的补强研究。其利用一种配有喷射器的射流装置创造出剧烈湍动的环境（$Re=75000$），使黑液与酸在混合区得到充分混匀，然后经絮凝、过滤、干燥、粉碎，得到细粒子的木质素。该木质素的比表面积高于 $20m^2/g$，采用 50 份（质量份）该木质素补强的 SBR 硫化胶，其拉伸强度、撕裂强度分别达到 14.88MPa、37.87kN/m，取得了很好的补强效果。

钟汉权等[13]在此基础上采用自制射流装置制备细粒子木质素，研究其对 NBR 的补强作用。结果表明，黑液酸化的 pH 值、脱水温度以及黑液与酸混合而析出木质素时的湍流程度是影响颗粒细度的三大要素。在 pH 值为 3.5、脱水温度为 93℃、Re 为 41700 时，木质素的粒径为 100～300nm，比表面积可达 $43.5m^2/g$。填充 36 份（质量份）该种木质素的硫化胶，其拉伸强度、撕裂强度、断裂伸长率分别为 20.0MPa、42.0kN/m、730%，优于半补强炭黑，且胶料流动性能良好，压出尺寸稳定。

张静等[14]研究了造纸黑液提取木质素过程中的反应温度、时间、搅拌速度、酸化剂种类及用量对木质素补强效果的影响。其提取过程的最佳条件：温度为 60～70℃，溶液 pH 值为 1～3。在此条件下获得的细粒子木质素粒径为 150～300nm。细粒子木质素明显增大了木质素和橡胶相的接触面积，提高了界面结合力，有力地限制了橡胶分子链段的运动，大幅提高了硫化胶的强度，而当木质素的粒径减小到与硫化胶交联点间链段的长度接近时，可避免分子链高度扩张时破坏木质素与橡胶基质间的黏合、吸附等作用，使木质素的补强效果明显提高。

上述研究中木质素的处理工艺都较为烦琐，若能对固体的工业木质素先进行简单的预处理，如球磨、过筛等，再用于干混则简便得多。莫贤科等[1]的研究表明，简单预处理得到的木质素直接用于共混，所能起到的补强效果相对于炭黑补强的硫化胶来说，强度方面有较大差距，其原因主要是木质素粉末的分子间作用力强，颗粒易团聚，使得木质素与橡胶基质间的相容性不理想，再加上其微米级的颗粒相对于炭黑纳米级的粒子仍然大得多，使其补强效果受到了较大的限制。粉末木质素中存在较强的氢键作用，会直接降低木质素颗粒在橡胶中分散的程度。如果能采用有效的方法将其中的羟基加以屏蔽，使木质素分子间的作用力基本上只存在范德华力，将有利于进一步提高其分散效果[3]。为减少干态木质素粉末中的氢键作用，杨军等[9]采用丙酮改性羟甲基化木质素，封闭木质素分子中的酚羟基，结果显示，改性后分子中的羰基含量增大，分子间的氢键作用显著降低，因而提高了干态改性木质素的粉末化程度。每 100g 木质素用 10mL 丙酮改性，可使其比表面积提高 10 倍以上。当木质素聚集体的颗粒较大，超过一定值时，就会使其与橡胶基质无法充分混合均匀，严重影响木质素的补强性能。木质素作为橡胶补强剂时，通常要求其粒径小于 4μm，且颗粒表面要粗糙[15]，从而具有更大的比表面积，以进一步提高木质素与橡胶的相容性。

因此，较为理想的途径是采用较优的物理预处理方法，如气流粉碎法制备得到颗粒更细的木质素粉末，然后在此基础上探索合适的表面（相容）改性剂或可反应性助剂，对细颗粒木质素做进一步的（改性）预处理，以增加木质素粒子与橡胶基质的相容性，同时提高其分散均匀性[1]。

7.2 肥料

化肥的施用为世界粮食生产做出了巨大贡献，然而，由于氮素易通过挥发、淋溶、反硝化损失，而磷肥容易被土壤中的 Al^{3+} 、Fe^{3+} 、Ca^{2+} 及 Mg^{2+} 固定，形成稳定的沉淀或与铁、铝氧化物形成闭蓄态磷而逐步丧失有效性，因此，普通化肥施用的利用率很低[16]。选用不仅可以增加肥效、提高肥料利用率，而且能够改善土壤质量与综合肥力、在土壤中不残留、价廉易得的肥料增效材料，已成为环境保护与农业科技人员关注的热点。木质素来源广泛，在土壤中可缓慢降解，无毒害、不残留，能提高土壤的综合肥力，有利于节肥增产，降低生产成本，因此，以木质素来生产复合肥料或长效缓释肥料，是一个行之有效的办法[2,17]。

目前这方面研究较多的是利用制浆废液生产肥料。制浆废液，特别是亚铵法制浆废液，肥效成分含量高，可直接作为液体肥料施用。用制浆废液施肥，作物能够很快吸收其中的铵态氮，而有机态的氮则在土壤中逐渐被分解释放出来后才能被作物吸收利用，因此制浆废液显示出快速而持久的肥效特点[18]。我国曾将其直接用作液体肥料大面积使用，但由于使用不当，同时废液中的盐分较高，效果不好，后来就停用了[2]。通过一定的工艺路线提取，回收制浆废液中的木质素，然后利用木质素结构单元苯环和侧链上的各种活性基团（如甲氧基、酚羟基、醇羟基、羰基、烷基或芳基等功能性基团）表现出的缓释、螯合等性质，对木质素进行改良、改性，制备各种功能性肥料，如生产缓释氮肥、木质素磷肥、木质素复合肥、螯合微肥等[18]。

7.2.1 缓释氮肥

氮素是植物生长所需的“三要素”之一，在自然界中主要以无机形态和有机形态两种形态存在，植物可直接吸收利用的是无机形态氮素。木质素的碳氮比（C/N）高达 250，是土壤腐殖质的良好前体物质，在土壤中被微生物降解的速度非常缓慢。另外，木质素能够抑制脲酶活性，减少 NO_3^--N 释放，减少氨挥发，增大 NH_4^+-N 利用率[19]。因此，有学者指出可利用木质素的这种特性对木质素进行化学加氨，生成氮修饰木质素。这类含氮木质素中的氮素只有被土壤微生物降解释放，转化为无机氮素后才能被植物吸收利用，因此可作为一类潜在的农业氮肥或腐殖质，不但可消除制浆废液的污染，还具有长效性和缓释性，可延缓肥料的溶解速度，提高肥料的利用率，一次施肥就可满足整季作物生长的需求。国外有关这方面的研究较早，据报道氨水与木质素在一定条件下反应可生成含氮量达 8%～24%的木质素氮肥。国内在这方面的研究起步较晚，但自 20 世纪末开始发展迅速[18]。

7.2.1.1 木质素磺酸盐氮肥

木质素磺酸盐可用于制备缓释氮肥，这种氮肥具有缓溶解、慢释放、不挥发、难淋溶、高利用率等优良性能。杨益琴等[20]利用麦草亚硫酸盐-甲醛-蒽醌法（SFP）制浆废液经喷雾干燥得到的木质素磺酸钠干粉为原料，通过与尿素发生反应制备缓释氮肥，发现在温度为70℃、pH值为4、反应时间为4h、尿素与木质素质量比为1.6：1的最佳改性条件下，制得的木质素磺酸盐产品总氮含量为6.13%，铵态氮含量为0.48%，改性后与木质素结合的氮，90%以上为有机结合氮，具有缓释性能。在此基础上，为了提高与木质素结合的有机氮的含量，杨益琴等[21]还在尿素改性过程中引入氧化过程，使用尿素和过氧化氢氧化改性的麦草SFP木质素磺酸盐制备木质素缓释氮肥。该研究分2种方式进行：a. 木质素经过氧化氢氧化改性后再与尿素进行改性；b. 木质素的过氧化氢氧化改性和尿素改性同时进行。结果发现，过氧化氢氧化和尿素改性同时进行所得产品与先过氧化氢氧化后尿素改性和纯粹的尿素改性相比，具有较高的有机结合氮含量，氮含量约提高50%。在反应温度为75℃、过氧化氢用量为15%、反应初始pH值为4、反应时间为3h、催化剂$FeSO_4 \cdot 7H_2O$用量为0.05%时，与木质素结合的总氮含量可达8.6%，其中铵态氮含量为1.13%，有机结合氮的含量占总氮量的87%，它们将随着木质素的降解而缓慢释放。

7.2.1.2 碱木质素氮肥

工业碱木质素可以通过改性制备缓释氮肥。羟甲基化可以显著提高碱木质素羟基含量，增加木质素反应活性。徐强[19]以工业碱木质素为原料，通过羟甲基化改性，构建了2种羟甲基化木质素缓释模型以制备缓释氮肥：a. 通过自身缩合构建缓释模型制备缓释氮肥；b. 以羟甲基化木质素、海藻酸钙凝胶和钠基-蒙脱土共同组建缓释模型制备缓释氮肥。研究发现，两种肥料都具有较好的缓释性能。海藻酸钙凝胶作为尿素主要载体，其浓度直接决定了游离尿素“包裹”量。以2%海藻酸钙作为基质，相比于3%、4%的海藻酸钙作为基质，对尿素有更好的缓释效果。羟甲基化木质素在海藻酸钙凝胶基质中主要起到疏松结构作用，提高“包裹”游离尿素的缓释活性，改善肥料缓释性能。羟甲基化木质素占海藻酸钙凝胶的150%时，具有的缓释性能最好，其累计释放率达到19.13%，潜在释放率达到5.83%。具有片层结构的钠基-蒙脱土可以较好地调节羟甲基化木质素和海藻酸钙凝胶基质二者的关系。钠基-蒙脱土构成更多的微孔隙，能更有效地“包裹”尿素。当钠基-蒙脱土含量为羟甲基化木质素含量的1/3时，构建的三维网络结构对游离尿素的“包裹”效果最好，其肥料的缓释性能也最好。

7.2.1.3 氨氧化木质素氮肥

木质素化学改性类缓释肥料常见于氨氧化木质素，在氧压1MPa、温度140℃下，碱木质素进行氧化氨解反应，其改性后碱木质素含氮量能达到10.7%，接枝在木质素中的氮元素通过土壤微生物缓慢降解的方式在土壤中缓慢释放，成为一种新型的缓释氮肥[22]。Flaig等[23]在一个中试车间用木质素磺酸钙在顺流式反应器中于100～130℃、2～15MPa的条件下用氨水和O_2反应，最终得到含氮量高达18%～22%的氨氧化木质素产品。

Lapierre等[24]将45g硫酸盐木质素与50mL的32%氨水混合，再加入550mL水稀释置于高压釜中，通入O_2至1.5MPa，并升温至150℃，反应50min，即得氨氧化木质素，产品的化学成分见表7-13。

表7-13　硫酸盐木质素氨氧化反应的结果

样品	C/%	H/%	N/%	S/%	灰分/%
Kraft-L	60.78	5.75	0	2.11	5.5
OAL-0	55.79	5.14	7.00	1.93	—
OAL-50	50.34	4.80	12.12	1.86	—

注：OAL-0是温度升到150℃时取的样品；OAL-50是150℃下反应50min后取的样品。

由表7-13可以看出，经氨化反应后，硫酸盐木质素的含氮量从0增加到12.12%。反应中通入O_2，是为了在氨化的同时进行氧化反应，这样得到的由木质素固定氮的产物，其中有1/3的氮与木质素母体成铵离子结合，2/3成共价键结合，共价键结合的氮以易水解的酰胺、难水解的胺和不能水解的氮杂环的形式存在，因此易水解的产物作为氮肥，在土壤中将逐步释放出氮，难水解和不能水解的氮将依靠微生物的作用分解释放氮。不言而喻，将这种氨氧化木质素与磷肥、钾肥复配，会得到更好的复合长效肥。

钟哲科等[25]采用高压和常压两种方法进行木质素的氧化氨解反应，其工艺如下：a.高压法，采用0.5L高压反应釜，加入浓度为15%的氨水和蒸馏水，搅拌、升温，保持氧压为0.8MPa，升温至130℃后保持反应30min，浓缩、干燥，得到产品；b.采用自行设计的装置，反应容器中安装自吸式搅拌装置，氨水浓度为12%，反应容器内氧压与大气压保持一致，反应温度为90℃，反应时间为2h。氧化氨解反应前后木质素的全量分析见表7-14。由表7-14可以看出，氧化氨解过程对木质素主要元素和活性基团的影响较大，采用高压工艺，全碳含量最低，是原木质素碳含量的87%，而常压下生产的氮改性木质素只比原木质素碳含量减少了5%；虽然在高压和常压两种不同的工艺下所得到的氮改性木质素产品的全氮含量相差达5.5%，但甲氧基含量非常接近，因此不同的氧化氨解工艺对氮改性木质素的氮含量和甲氧基含量之间关系影响较大，在甲氧基含量相同的情况下，高压工艺产品的全氮含量较高，与此相对，常压下产生的氮改性木质素的羧基含量要明显高于高压工艺的产品。该研究还发现，木质素在高压下铵态氮比例减少，难水解和不水解的有机态氮的比例增加（表7-15），并使反应产物中的有机态氮的组成变得复杂，产生有毒性物质的可能性也增大。

表7-14　氧化氨解反应前后木质素的全量分析

样品	TC/%	TN/%	TO%	TH/%	甲氧基/%	羧基/%
原工业木质素	54.2	0.33	32.5	5.3	11.3	8.4
常压氮改性木质素	51.6	8.13	37.1	5.2	8.1	18.6
高压氮改性木质素	47.1	13.61	35.7	5.2	7.8	14.3

表7-15　不同反应工艺氨氧化木质素的不同形态氮含量的比较

反应条件	铵态氮/%	酰胺态氮/%	紧密结合有机氮/%
常压(0.1MPa)	50.1	9.1	40.8
高压(0.8MPa)	43.6	10.1	46.3

朱兆华等[26]通过玉米和水稻盆栽实验对氨氧化木质素作为缓释氮肥的肥效进行了研究，结果发现，与等氮量的碳铵和尿素相比，氨氧化木质素对盆栽玉米有良好的增产效果，能够提高玉米对氮肥的利用率，但对盆栽水稻增产效果则不及碳铵和尿素。出现这种现象的原因正是氨氧化木质素的缓释性和抗淋溶性。

7.2.2 木质素磷肥

磷素化肥施用后在土壤中常以离子形态存在，易被土壤胶体中的 Fe、Al、Ca 等元素束缚，形成难溶性无机磷酸盐，不利于作物吸收，造成磷素的大量流失，磷的当季利用率一般仅为 10%～25%[17]。以木质素与磷肥为原料制成的复合肥，由于木质素特殊的网状结构和含有大量的羟基、羧基、羰基等活性基团，可以与 Fe、Al、Ca 等的离子形成络合物，减少这些离子与活性磷酸根接触的机会，降低磷素被土壤胶体固持的概率，同时木质素能被土壤微生物降解转化为腐殖质，有利于改善土壤结构，提高土壤肥力，促进肥料的有效利用，而且木质素在降解的过程中生成酸性有机物，有利于碱性土壤中难溶性钙磷酸盐向易溶性低态型钙磷酸盐转化，并与阳离子钙发生物理化学反应，使易溶性钙磷酸盐含量增加，有利于作物吸收利用，还可利用木质素强大的吸水性能来改善磷肥的物理性能，便于施用[18]。

7.2.2.1 增效磷肥

穆环珍等[27]以造纸废液中回收的木质素为主要原料对高溶磷肥改性，将木质素、辅助材料和磷酸二铵按一定比例复配，送入反应器中，在适当的温度及适宜的转速条件下反应一定时间，制得木质素增效磷肥。经 14 周土壤培养观测实验表明，木质素增效磷肥的有效磷含量较普通磷酸二铵提高了 10%～20%（图 7-1），木质素的引入有效抑制了高溶磷肥被土壤成分固定。

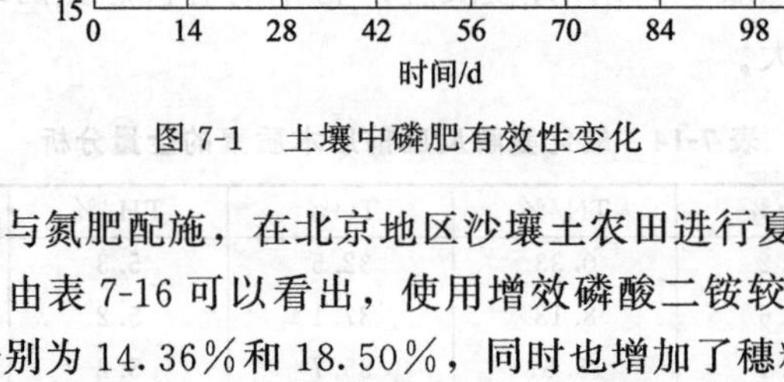

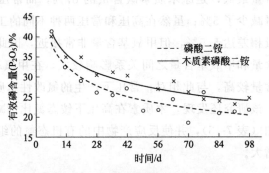

图 7-1 土壤中磷肥有效性变化

利用增效磷酸二铵与氮肥配施，在北京地区沙壤土农田进行夏玉米、冬小麦种植肥效试验，结果见表 7-16。由表 7-16 可以看出，使用增效磷酸二铵较使用普通磷酸二铵，夏玉米和冬小麦的增产分别为 14.36%和 18.50%，同时也增加了穗粒数和实产量。

张清东[28]等通过吸附试验研究了木质素对不同土壤-磷吸附作用的影响，结果发现，木质素能够显著降低土壤对磷的吸附固持能力，处理液中木质素的浓度越高，其作用就越强。当木质素浓度从 0 增加到 4.0mg/mL 时，土壤对磷的最大吸附量显著降低，黄壤由 2104.0μg/g 降到 1002.8μg/g，红壤由 1170.3μg/g 降到 754.9μg/g，紫色土由 418.5μg/g 降到 171.5μg/g。木质素能够提高磷肥在土壤中的有效性。

表 7-16 增效磷酸二铵对夏玉米、冬小麦产量及产量因素的影响

作物	处理方法	株数①/(株/hm^2)	穗粒数/粒	千粒重/g	实产量/(kg/hm^2)	较普通二铵增产	
						kg/hm^2	%
夏玉米	增效二铵	66800	451.3	226.0	75.85	9.53	14.36
	普通二铵	68400	398.4	246.0	66.33	—	
冬小麦	增效二铵	508	28.7	45.8	61.4	9.57	18.50
	普通二铵	489	24.2	44.0	51.8		—

① 试验地单位面积基本苗相同。

7.2.2.2 活化磷肥

木质素具有特殊的反应活性，表现出较强的离子交换性能，对磷矿粉的活化效果明显。利用木质素对磷矿粉的的活化作用，可制得活化磷肥。通过盆栽实验，对油麦菜、玉米使用结果表明，麦草烧碱法制浆黑液和酸析木质素对磷矿粉有明显的活化效果，这种产物的活化作用优于常用的沸石[17]。造纸黑液中含有从植物纤维原料中溶出的木质素降解产物，这种产物具有一定的表面活性。在普通过磷酸钙生产过程中，利用造纸黑液活化磷矿粉，能有效降低矿浆黏度与表面张力，提高磷矿浆的流动性。

7.2.2.3 氧化木质素磷肥

马子川等[29]通过对黑液木质素进行结构修饰引入功能性基团来制备氧化木质素和氨氧化木质素，并研究其对几种磷酸钙水溶性的影响。制备工艺如下：将不同浓度稀硝酸与黑液木质素按不同比例混合，于 (50±0.1)℃下在恒温水浴振荡器中反应 2h，冷却、过滤、干燥，得到红棕色固体，即为氧化木质素；将氧化木质素与 6mol/L 的氨水按固液比 1∶5 混合，在室温下静置 4h 后，过滤、干燥，即得氨氧化木质素。将氧化木质素和氨氧化木质素按不同比例与 $Ca(H_2PO_4)_2 \cdot H_2O$ 混合，反应结果如表 7-17 所列。

表 7-17 氧化木质素和氨氧化木质素对 $Ca(H_2PO_4)_2 \cdot H_2O$ 溶解性的影响

溶解性	$m[Ca(H_2PO_4)_2 \cdot H_2O]$: m(氧化木质素)				$m[Ca(H_2PO_4)_2 \cdot H_2O]$: m(氨氧化木质素)			
	1∶0.1	1∶0.5	1∶1	1∶2	1∶0.1	1∶0.5	1∶1	1∶2
$(P_2O_5)_{水}$/%	55.20	55.58	55.86	56.14	53.66	52.44	51.26	47.28
$(CaO)_{水}$/%	21.28	21.00	20.87	20.71	20.76	18.94	16.52	12.32
$(P_2O_5)_{枸}$/%	1.15	0.46	0.47	0.21	2.68	3.89	5.08	9.05
$(CaO)_{枸}$/%	0.85	0.94	1.22	1.33	1.45	3.27	6.69	10.18
pH 值	4.04	3.92	3.58	3.43	4.10	4.16	4.35	4.42

由表 7-17 可以看出，随着氧化木质素用量的增加，水溶性 P_2O_5 量增加，CaO 量减少；枸溶性 P_2O_5量减少，CaO 量增加；悬浊液 pH 值略下降。氧化木质素中含有 46%腐殖酸，是主要的活性成分。根据实验结果，氧化木质素与 $Ca(H_2PO_4)_2$ 的反应机理可能为：

$$Ca(H_2PO_4)_2 + 2HA\text{—}COOH \longrightarrow (HA\text{—}COO)_2Ca + 2H_3PO_4 \quad (7\text{-}1)$$

反应式(7-1) 生成的 H_3PO_4 抑制 $Ca(H_2PO_4)_2$ 离解反应：

$$Ca(H_2PO_4)_2 \rightleftharpoons CaHPO_4 + H_3PO_4 \qquad (7\text{-}2)$$

由于 $CaHPO_4$ 是不溶性物质，因此添加氧化木质素可促进磷素以水溶性形式存在，同时 H_3PO_4 的生成使 pH 值下降，也有利于磷素向水溶性有效磷转化。

由表 7-17 还可以看出，随着氨氧化木质素用量的增加，水溶性 P_2O_5 和 CaO 的量均减少，而枸溶性 P_2O_5 和 CaO 的量均增加，悬浊液 pH 值略上升。假设与 $Ca(H_2PO_4)_2$ 作用时，氨氧化木质素的主要作用成分是腐殖酸铵 HA—$COONH_4$，反应机理可能为：

$$Ca(H_2PO_4)_2 + 2HA{-}COONH_4 \longrightarrow (HA{-}COO)_2Ca + 2NH_4H_2PO_4 \qquad (7\text{-}3)$$

$$Ca(H_2PO_4)_2 \longrightarrow CaHPO_4 + H_3PO_4 \qquad (7\text{-}4)$$

$$H_3PO_4 + HA{-}COONH_4 \longrightarrow NH_4H_2PO_4 + HA{-}COOH \qquad (7\text{-}5)$$

由此可见，由于反应式(7-5)的存在，会促进 $Ca(H_2PO_4)_2$ 离解反应式(7-4) 的进行，导致生成难溶性 $CaHPO_4$，使水溶性 P_2O_5 减少，促进有效磷的固定化，因此氨氧化木质素不宜与磷肥混施。

7.2.3 木质素复合肥

有机无机复合肥是肥料工业发展的主要趋势。以木质素作为复合肥原料不仅可以提高肥效，还可以改良土壤质量，提高土壤的综合肥力，减少肥料流失导致的生态环境破坏和危害，有利于提高肥料的利用率，实现节肥增产效益。将普通化学肥料磷肥、氮肥和钾肥等经粉碎筛分处理，与木质素按一定比例复配均匀化，然后送入造粒机中完成造粒，制得不同配比养分和含量的木质素复合肥料。这种木质素复合肥的盆栽肥效实验表明，施用木质素复合肥与同样施用等养分水平的普通肥料相比，冬小麦和大田春玉米的增产量均可达到 20%以上[17]。

刘秋娟等[30]将碱法造纸黑液用磷酸析出碱木质素，与含 N、P、K 的肥料混合配制成复合肥，并与我国农民普遍施用的美国二铵和撒可富进行比较，结果见表 7-18。

表 7-18 几种肥料的养分含量、价格及小麦施肥试验对比

肥料种类	主要成分含量/%						价格/(元/kg)	产量/(kg/亩)		单位产量的肥料成本/(元/kg)	
	N	P	K	S	Ca	Mg		等量施肥	等价施肥	等量施肥	等价施肥
木质素复合肥	7.3	15.2	0.5	7.1	1.6	3.0	1.50	333.4	362.4	0.13	0.16
撒可富	15.0	15.0	15.0	18.0	—	—	2.20	332.2	341.1	0.19	0.18
美国二铵	18.0	46.0	—	—	—	—	2.40	333.4	—	0.22	—

注：“等量”指每亩（1 亩 $=666.67m^2$）30kg；“等价”指每亩 60 元。

由表 7-18 可以看出，采用等量方法施肥，3 种肥料的产量无明显差异，但就单位产量的肥料成本而言，施用木质素复合肥比撒可富降低 0.06 元/kg；采用等价方法施肥，施用木质素复合肥比撒可富产量增加 21.3kg/亩，且单位产量的肥料成本降低了 0.02 元/kg。另外，作者还研究了木质素复合肥对花生、大豆、玉米的施肥效果，发现其产量都比撒可富和美国二铵要好。对大棚西葫芦的施肥试验表明，木质素复合肥分别比撒可富和美国二铵增产

1654kg/亩和 768.3kg/亩，增产效果显著，且单位产量施肥成本比撒可富和美国二铵分别下降 0.04 元/kg 和 0.02 元/kg。同时，木质素复合肥还可促进种子发芽，发芽快，出苗齐，且具有防治根线虫病的作用。

碱法造纸黑液中的主要成分是木质素和残碱，利用残碱与酒糟在加热条件下反应，使酒糟中不溶性的腐殖酸转化为水溶性的腐殖酸，加入 KCl，然后与经硫酸酸化的钙镁磷肥混合中和增磷，再与碳铵混合氨化，造粒成型，即形成腐殖酸-木质素复合颗粒肥[31]。黑液浓度越高，碱解物中的水溶性腐殖酸及总腐殖酸含量越高，因此一般需将黑液浓缩到碱度达 2.3%。延长加热反应的时间也有利于水溶性腐殖酸和总腐殖酸的产生，而黑液与酒糟的投料比对碱解效果没有明显的影响。其最佳工艺条件为：黑液与酒糟的质量比为 7∶1，黑液碱度为 2.3%，恒沸时间为 30min。这种腐殖酸-木质素复合肥适用于甘蔗和柑橘，其 1.5kg 的肥效相当于 0.5kg 德国进口肥，价格却更为便宜。

植物生长依赖于多种元素，除 N、P、K 外，还需要较多数量的中等量元素，如 Ca、Mg、S 及其他一些微量元素，在 N、P、K 肥料中加入适量的 Ca、Mg、Fe、Cu、Zn、Co 的木质素磺酸盐，可制备含多种元素的液体复合肥，这类肥料适用于园艺和果树的施肥[17]。

7.2.4　螯合微肥

当土壤中 N、P、K 和 Ca、Mg、S 的含量较丰富时，有时短缺一种或几种微量营养元素，就可能成为农业继续增产的限制因素。微量元素肥料是指含有作物营养元素 B、Cu、Fe、Mn、Zn 和 Mo 中的一种或几种的化合物，并可标明含量的一类化肥，这类营养元素与其他营养元素一样，对作物生长过程同样重要，但需要量很小。螯合微量元素肥料是发展最快的微肥，过去常用 EDTA 螯合微肥，但成本过高，我国并没有推广开来，现在较多使用的是氨基酸螯合微肥。近年来，木质素磺酸盐微肥逐渐受到重视，其不但成本低，还具有缓释作用[2]。木质素是由苯丙烷结构单元通过醚键和碳碳键联结而成的芳香族高分子聚合物，其结构单元上含有羟基、羧基和羰基等活性基团，具有较强的螯合性能和胶体性能，能与 Fe、Cu、Zn 等螯合成为微量元素肥料[18]。

在木质素磺酸盐溶液中加入 $FeSO_4$ 或 $ZnSO_4$、$CuSO_4$、$MnSO_4$，搅拌溶解，过滤除去不溶物，即得相应的木质素磺酸盐螯合微量元素液体肥料。木质素磺酸锌和木质素磺酸铁是最为普遍、施用较为广泛的品种。此外，木质素磺酸铜和木质素磺酸锰也是有用的微量元素肥料，但使用不太广泛。

马涛等[32]先将碱木质素磺化制备水溶性木质素磺酸钠，然后与 Zn^{2+} 反应制得木质素螯合锌肥，代替价格较高的 Zn-EDTA。盆栽试验结果表明，木质素螯合锌肥处理样的生物量高于无机锌肥处理样，施加 2mg/kg 的木质素螯合锌肥，玉米生物量相当于施加 20mg/kg 无机锌的生物量，显示出较好的经济效益。研究还发现，磺化木质素螯合肥料表现出较高的肥效作用，且对作物还具有特定的功效，如：通过磺化木质素制得含 5%锌或铜的螯合肥料，当施用 5kg 锌/hm^2 或 10kg 铜/hm^2 时，能够有效地提高谷物的产量，同时可增加禾草中 N、P、K 含量；当对作物施加磺化木质素螯合铁肥时，不仅能够促进叶绿素的合成，而且能调节植物体内的氧化还原过程，促进作物的生长[33]。

王德汉等[34]通过土培、沙培盆栽试验，研究了木质素螯合微肥对生菜硝酸盐污染与土壤肥力的影响。结果表明，在相同施肥水平下，与无机微肥或 EDTA 微肥相比，木质素螯合微肥均能降低生菜硝酸盐含量，其中沙培比土培下降的程度更大；木质素螯合微肥在酸性土壤中施用后，土壤残留铵态氮含量比对照土壤均高出很多，说明木质素螯合微肥也可以减少肥料氮素流失；与对照处理相比，施用木质素螯合微肥的土壤酸化程度低，土壤盐分下降，有效磷、有效钾及有机质均有一定程度提高，土壤肥力增强，有利于无公害蔬菜生产。

7.2.5 包膜肥料

早在 1996 年木质素就用于缓释肥料的包膜材料，将不同种类的树脂、松香、亚麻籽油作为填料和木质素混合制备包膜材料，包裹尿素以制备缓控释肥[19]。García 等[35]的研究结果表明，以二聚松香、天然松香和木质素作为包膜材料制备的缓释肥料的缓释性能最好。此外，亚麻籽油作为塑封剂可以极大地提高肥料的包被效果，该缓释氮肥在 16d 后氮的释放量仅为 24%左右，而其他类型缓释氮肥的氮释放量高达 80%。王德汉等[36]利用工业木质素作为包膜材料对颗粒尿素进行包膜处理，制成一系列缓释尿素，并开展了玉米和菜心盆栽肥效试验，结果表明，在等养分与等质量施肥情况下，木质素包膜尿素处理的玉米和菜心生物量均高于普通尿素处理，而且施用木质素包膜尿素处理的两茬累积氮肥利用率也高于普通尿素处理，最高的氮肥利用率比普通尿素提高了 12.49%。Zhao 等[37]对包膜水溶性化肥进行了研究，结果表明通过聚合物薄膜包被水溶性化肥可以减缓养分释放，减少营养损失，同时加上 2%的丙烯酸酯交联剂能有效地降低膜的溶胀能力。Mulder 等[38]选择云杉木质素磺酸盐、改性云杉木质素磺酸盐、针叶牛皮纸木质素和不含硫的亚麻碱木质素 4 种商业木质素为研究对象作为包膜材料，研制木质素缓释包膜氮肥，研究表明亚麻碱木质素有较好的成膜性能，通常在亚麻碱木质素中加入添加剂如烯基琥珀酸酐可以有效减少尿素的释放，在 pH 值为 12 时亚麻碱木质素黏度最高，其作为包膜材料具有强大的潜力。张小勇等[39]研究工业木质素包膜缓释肥料的养分释放规律，发现包膜尿素养分释放曲线呈“S”形，28d 养分释放率达到 73.77%，养分微分溶出率为 1.83%，理论释放时间为 50.25d。生物聚合物或改性的生物聚合物是可降解的缓释材料，这类材料的可降解性取决于材料的厚度，如 Majeed 等[40]将可生物降解的材料（淀粉、木质素、尿素）充分混合反应，制备包膜，探究不同厚度的包膜在土壤中的降解情况，发现在土壤中包膜的降解性能随着包膜厚度的增加而降低，包膜的半衰期却随着厚度的增加而增加。

姜伟童等[41]以工业碱木质素和聚乙烯醇为原料，以甲醛为交联剂，添加硫酸钾和硫酸镁制备交联碱木质素-聚乙烯醇基钾镁缓释膜肥。结果表明，与纯聚乙烯醇交联薄膜相比，碱木质素的加入不利于钾的缓释，而适量的碱木质素有利于镁的缓释，碱木质素加入量可达 20%；随着甲醛加入量的增大，钾累积释放率减小；适量甲醛有利于镁的缓释，但随着甲醛加入量的增大，缓释膜肥对镁的缓释性能降低；缓释膜肥对钾的缓释主要是分子结构的物理阻挡作用，而镁缓释除了物理阻挡作用外还有木质素的螯合作用。

7.3 土壤改良剂

土壤改良剂作为修复侵蚀退化土壤、防治水土流失的重要试剂，不仅能有效改善土壤理化性状和养分状况，还能对土壤微生物产生积极影响，从而提高退化土地的生产力。土壤改良剂的研究始于 19 世纪末，研究较多的土壤改良剂包括沸石、粉煤灰、污泥、绿肥和聚丙烯酰胺等单一改良剂和部分复合改良剂。土壤改良剂防治土壤侵蚀的作用机理，主要包括以下两类：一类是通过促进土壤膨胀，降低土壤密度，提高总孔隙度，防止地表板结，增加土壤入渗而降低土壤侵蚀量；另一类主要通过多价阳离子对土壤颗粒的吸附促进土壤团粒结构形成，增强土壤的抗蚀性和抗冲性，从而降低坡面土壤侵蚀速率。

目前市场上所见的土壤修复改良剂都有诸多缺陷：一是使用原料中含有人工合成高分子化合物，其在土壤中不易分解而长期残留，具有安全隐患；二是功能单一，对不同种类土壤如酸性和碱性土壤、重金属污染、营养元素匮乏等无有效作用，导致改良修复效率低下，甚至起到反作用；三是改良周期长，且成本较高，无法大规模应用。

木质素具有羟基、羧基、羰基等多种活性基团，有较强的反应活性，体现出螯合性和胶体性质，是土壤腐殖质的前体物质，在土壤中降解过程非常缓慢，可以改善土壤理化性质，提高土壤通透性，防止板结。

7.3.1 酸性土壤改良剂

Xiao 等[42]从稻草制浆废液中酸沉木质素，将其与经过预处理后的土壤相互混合，分别对土壤中的有机碳、总氮、pH 值和电导率进行测定。结果表明，木质素可以降低土壤的酸度，增加了土壤中有机碳的含量和电导率，是一种具有发展潜力的土壤改良剂。

穆环珍等[43]采用室内塑制质反应器培养方法，研究了制浆废液处理的木质素污泥对酸性土壤的改良效果。结果表明，木质素污泥能有效改良土壤酸性，使土壤达到植物生长发育适宜的 pH 条件。同时，利用污泥改土能有效抑制酸壤中毒害元素的活性，有利于提高土壤中有效磷的含量，对促进植物吸收营养元素具有积极作用。木质素污泥改土的适宜用量为耕层土壤量的 0.25%～0.50%，细度≤0.9mm。

孙钊[44]发明了一种可应用于农耕土壤酸性改良及重金属污染治理的木质素磺酸盐-聚乙烯醇共混包膜土壤改良剂，该土壤改良剂包括石灰性改良剂和包覆在石灰性改良剂外侧的木质素磺酸盐-聚乙烯醇包膜。包膜由 2～10 份（质量份，下同）木质素磺酸盐、9～11 份聚乙烯醇、2～10 份尿素、1～10 份甲醛和 48～52 份水通过化学反应制备而成。其中，木质素磺酸盐含有活性基团，可吸附土壤中的重金属，并能在土壤中被微生物缓慢降解，转化为腐殖质，起到改良土壤和促进肥效的作用；甲醛作为交联剂使木质素磺酸盐与聚乙烯醇进行交联反应制成共混膜溶液；尿素作为增塑剂，不仅可使包膜柔韧性增强，容易加工，还能与土壤中的酸作用生成盐，为土壤补充氮肥，帮助作物分殖，提高农产品的产量和质量。木质素磺酸盐-聚乙烯醇包膜与石灰性物质具有兼容和增效的作用，包膜对石灰类物质有控制释放作用，可延长石灰类物质的作用时期，提高其在农业生产上的有效性。

由酸雨引发的土壤中铝的活化和营养成分的淋失，严重影响着世界众多地区森林和农作物的正常生长、发育。王东香[45]以工业硫酸盐木质素为原料，通过氧碱和自由基磺化处理制备土壤改良剂。氧碱处理改性木质素的化学分析结果表明，改性木质素的羧基含量明显增加，在氧碱处理的过程中，由于芳环的开裂，形成了已二烯二酸结构，因此改性木质素具有较高的反应活性，易与 Al^{3+} 络合，在 pH 值为 5.8 时，改性木质素络合 Al^{3+} 的最大量为 0.358mol/mol。硝基苯氧化和 ^{1}H-NMR 分析结果辅证了改性木质素中仍保留工业硫酸盐木质素中高分子的组分，使得制备的样品在酸性环境中不仅易与 Al^{3+} 络合，而且还具有较强的吸附和缓冲性能。

7.3.2 盐碱性土壤改良剂

近年来，因化肥的大量使用造成的土质退化、土壤板结问题十分突出，而木质素在土壤中可缓慢降解变为腐殖酸，从而使土壤产生团粒结构，能在保持水分和板结等方面有所改善。例如用木质素、氢氧化钠、六亚甲基四胺以（100～120）：（10～12）：（20～30）的比例配制的土壤改良剂可用于包括森林冻土、砂质土壤、坚实土壤等各种类型的土壤。2%的氨化木质素和1%的氨化硫代木质素可用作高盐分的土壤改良剂，能使盐分被水冲洗走，此法适用于我国众多盐碱地的改良[46]。

用硫酸法处理木质素得到的氨化硫酸盐木质素分子结构中含有羟基、磺酸基等可与沙土颗粒结合的基团，也可用来改良紧密、含盐过高的板结土壤，使土壤重塑团粒结构从而保持水分，防止肥料固着和提高 P、N、Fe 等肥效。

刘帆等[47]以果泥、木质素磺酸钙、四水八聚硼酸钠、木醋液、马粪、菜籽饼、炭化麦壳、草木灰、污染猪粪便尿、造纸黑液、硼酸溶液、明矾浆等为原料，生产适用于冬季土壤冻结的土壤改良剂。该土壤改良剂通过马粪、菜籽饼等热性原料的加入，能在土壤中降解时有较大的发热量，草木灰和发酵腐熟物的添加又能加深土色，提高吸热能力，从而达到提高土温的作用，防止冬季土壤冻结造成土壤利用成本的增加以及对作物产量的不良影响，并提早春季的土壤解冻，增加经济效益。

李保华等[48]利用造纸厂的黑液废水、废纸泥，经过与糠醛废液、胱氨酸厂的废母液、味精厂的酸性废液、镀锌厂的酸洗废液、钛白粉厂的含硫酸亚铁的废液进行中和反应，再经过过磷酸钙和腐殖酸的吸附，同时混合并活化碱中的中微量营养元素和有益元素，调节最佳 pH 值至 5～8，即得土壤改良剂。该土壤改良剂能疏松土壤块，又能根治盐碱地，使作物的根系发达，叶茂旺盛，秸秆粗壮，籽粒饱满，提高作物抗病能力，且抗旱、抗盐碱，大大提高了作物的产量。

彭孝茹[49]发明了一种高效盐碱土壤改良剂，其制备工艺如下：将硅藻土和蛋白石在 650～780℃温度下煅烧 2～4h，磨细，过 100～200 目筛，备用；取煅烧后的硅藻土、蛋白石以及壳聚糖、碳酸钠、米糠半纤维素、柠檬酸铵、苯甲酸钠、琥珀酸钠、二氧化锰、腐殖酸钾和木质素磺酸钠，在 75～95℃下混合、搅拌 20～50min，再加入乙酸龙脑酯、积雪草苷、聚丙烯酰胺、纳米氧化铝、生石灰、赖氨酸，在 40～55℃下混合、搅拌 30～60min，即得高效盐碱土壤改良剂。该土壤改良剂对盐碱土壤的改良效果全面，不仅可显著降低其表层的盐含量，还显著提高了土壤中的有机质含量以及速效氮含量，改善了盐碱土壤的质地和结构，提高了土壤的肥力，更适合农业种植。

另外，氨氧化木质素可改良坚实的土壤、含盐或被腐蚀的土壤，增加土壤的含碳量。用2%的氨氧化木质素和1%氨化硫代木质素作为盐分高的土壤的改良剂，可用水洗走土壤中的盐分，这对我国许多盐碱地的改良是非常有益的。如果将这些木质素作为复合肥的填充剂或黏合剂、农药的赋形剂，则会取得更好的效果[2]。

7.4 植物生长调节剂

我国是世界上植物生长调节剂应用最广泛的国家之一。植物生长调节剂在调节农作物的生长发育、增强作物抗逆性、提高作物产量、改善产品品质、提高种植效益等方面发挥了巨大作用。有关木质素用来制备植物生长调节剂的文献报道和研究目前还较少。植物生长调节剂主要有邻醌类和类吲哚环类。

7.4.1 邻醌类植物生长激素

邻醌类植物生长激素是木质素与硝酸反应后，以石灰乳中和，然后再用氨水中和得到的，稀释后可直接使用[46]。这种生长激素能促进植物幼苗根系生长，提高移栽成活率，提高叶面面积和增绿，促使水稻提早成熟，且对水稻、小麦、棉花、茶叶、白及等作物有一定的增产效果。其有效成分是具有下列分子结构的同系混合物[50]：

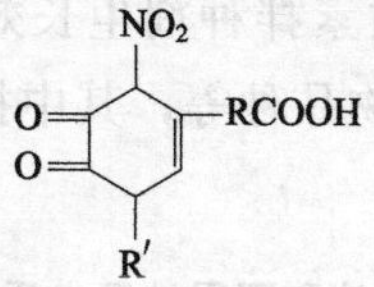

式中，R为$—CH_2—$，$—CH_2CH_2—$；R′为$—OCH_3$，—OH，—COOH。

这类生长激素是一种黄色粉末，溶解后的浓溶液为深红色，稀溶液为橙红色，极稀溶液为黄色。其制备工艺如下：在带搅拌器和回流冷凝器的搪瓷反应釜中加入相当于绝干100kg的木质素和1000kg的水，在搅拌中慢慢加入120kg硝酸，升温至70℃反应1h，然后再慢慢加入120kg硝酸，将反应温度升至100～104℃，再反应6h。反应结束后，放料过滤，滤液先用石灰乳中和，再用氨水补充中和到pH值为7.0，即得邻醌类植物生长激素。研究表明，这里使用的木质素最好是由植物原料生产糠醛、再生产乙酰丙酸剩下的残渣木质素，因为这种木质素已在高温和压力下降解，其分子结构中丙烷基结构的一些位置上发生了凝缩反应，使原来苯环上的某些碳氢键变成了碳碳键，成为“稀酸凝缩木质素”。

反应好的液体激素，需稀释100～300倍后使用，可用于浸种、浸幼苗根部，或幼苗移栽后浇根等，在作物生长期，可浇、可喷，或掺入追肥中施用，或混在农药中施用。水稻和棉花的施用量为每亩15～20L原液，在整个生长期分3～4次施用。其他作物可施4～5L，可间隔10d或两个星期施用一次。施用这种生长激素后，农作物可增产7%～25%。

杨融生等[51]也用硝酸降解木质素，并提取出高效植物生长调节剂酚醌类物质，其制备工艺如下：将100g造纸厂木质素渣（含木质素＞38%）在搅拌下置于2000mL三口烧瓶中，加入640mL 9%的HNO_3溶液，加热并控制反应温度为70℃左右，溶液逐渐变黄，木质素渣慢慢溶解；继续让反应体系温度升至90℃，并保持30min，加热升温回流4h，停止加热和搅拌，降温至40℃左右时，再加入50mL氨水中和至pH值为7～8，溶液由黄色变为棕红色；过滤，用盐酸酸化滤液至pH值为2左右，有大量褐色沉淀生成，过滤，烘干，得酚醌粗产品，再用乙醇重结晶，即得精制酚醌类植物生长激素。

7.4.2 类吲哚环类植物生长激素

类吲哚环类植物生长激素是木质素与大量6%的氨水在一定条件下反应先得到羧酸的铵盐、低级脂肪酸的酰胺和吲哚环、吡咯环等杂环化合物，后缩合使得吲哚环上含氮量增加，得到具有与吲哚环植物生长激素类似的结构，从而实现调节植物生育、促进生根、调节果实和改善果实品质的功效[46]。其制备工艺如下[33]：用木质素及20倍木质素质量的6%的氨水在180～250℃的温度和2.94～3.92MPa压力下反应3～5h，压入空气量为5～10L/min，反应开始阶段产生羧酸的铵盐、低级脂肪酸的酰胺并产生了吲哚环和吡咯环等氮杂环化合物，然后发生缩合反应，使吲哚环上的氮含量达20%以上，从而得到含氮量达30%左右的、具有大量吲哚的类植物生长激素。

木质素直接拌种也会对作物起到生长调节的作用。范秀英等[52]研究了木质素拌种对作物生长的影响，发现木质素拌种剂用量少、成本低、使用方便，具有明显的生长效应，如对小麦芽长的提高率为635%，分蘖数的提高率为39%，千粒重的提高率为14.6%，公顷产量提高率为10.5%。影响木质素拌种剂生长效应的因素有提取方法、制浆原料产地、施用量、pH值、土壤肥力及作物品种等，其中提取方法和制浆原料产地对种子萌发的影响见表7-19。

表7-19 不同提取方法和不同地区木质素对种子萌发的影响

指标	对照	硫酸法木质素			二氧化硫法木质素	
		山东	山西	北京	山东	河北
芽长/mm	3.95	11.85	29.05	18.25	9.9	13.45
主根长/mm	14.1	25.2	63.28	48.65	23.7	37.35
须根数/(个/株)	2.95	3.3	3.8	3.4	2.9	3.25

7.5 合成鞣剂

木质素是由苯丙烷单体以C—C键和C—O—C键连接而成的交联网状的天然酚类高分子化合物。木质素鞣质上的酚羟基可以与胶原肽链上的—CO—NH—，侧链上的—COOH、—NH_2、—OH相互作用，在胶原肽链间形成氢键结合，同时使胶原纤维的结构稳定性增加，因此可以用作复鞣剂[53]。早在19世纪80年代，人们就从亚硫酸钙制浆厂废液中提取木素磺酸盐，将其用作皮革鞣剂[54]。

将亚硫酸盐法制浆废液脱钙或脱铁离子后，用硫酸酸化，再经过浓缩和干燥，得到粉状的木质素磺酸，可以用来作鞣剂。这种鞣剂具有高分散力和高稳定性，透入裸皮的速度比天然鞣剂快，其鞣透度为35%～40%，体积产率为200%～320%，收缩温度为59～60℃，但其成革较硬，易产生翘曲，成型不够好[2]。因此木质素磺酸一般不单独使用，常与其他天然鞣剂或铬盐鞣剂并用，而更多的则是作合成鞣剂或树脂鞣剂的分散剂。木质素磺酸也用于生产合成鞣剂，以达到降低合成鞣剂生产成本的目的。

木质素鞣剂的制备方法大体可分为两类[2]：一类是用酚与甲醛在酸催化下缩合，用木质素磺酸将所得的树脂分散，再和甲醛缩合、浓缩，即得到一种易溶于热水的合成鞣剂；另一类是将砜与木质素磺酸混合，再与甲醛缩合，制成砜型合成鞣剂。

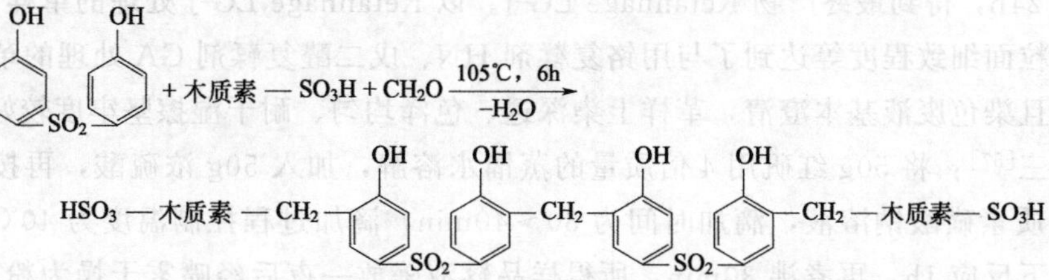

其中，第一类合成方法又分为3种：a. 酚、甲醛、木质素磺酸同时缩合；b. 酚、甲醛、木质素磺酸同时缩合，再分散到木质素磺酸中；c. 酚和甲醛先缩合，再分散到木质素磺酸中。实验表明，第1种和第3种方法合成的产物溶于水后不稳定，而第2种方法合成的产物有很好的水溶性，在水中稳定。

实例一[55]：先将亚硫酸盐法制浆废液加热至80℃，加入碳酸钠溶液搅拌，待沉淀完全后过滤，滤液于80℃下蒸发浓缩至25°Bé，加硫酸调pH值至3.0，继续浓缩至30°Bé，即得到木质素磺酸。然后将此木质素磺酸和焦油酚按1∶2的比例混合，并加少量浓硫酸，装于带有搅拌器、回流冷凝管、温度计和滴液漏斗的四口烧瓶中，水浴加热到60℃，按甲醛∶焦油酚为1∶2的比例滴加甲醛，恒温搅拌6h，然后停止反应，降温至室温，向此缩合产物中加入一定量的木质素磺酸并搅匀，即获得水溶性和稳定性良好的焦油酚-木质素磺酸合成鞣剂。该鞣剂为黄绿色稠状液体，溶于水，10%的水溶液pH值为3.5，含鞣质37.0%、非鞣质11.8%、水溶物48.8%、总固体49.0%，纯度为73%。以该合成鞣剂对猪底革进行预鞣、再植鞣，与直接植鞣的成革理化性能对比见表7-20。由表7-20可以看出，采用合成鞣剂预鞣、再植鞣的猪底革，其鞣制系数和收缩温度分别比植鞣猪底革提高2%和4℃，鞣剂的吸收情况也比植鞣时好，抗张强度略有下降，但伸长率则大大增加。

表7-20　成革理化性能对比

指标	植鞣猪底革	预鞣再植鞣猪底革	指标	植鞣猪底革	预鞣再植鞣猪底革
水分/%	15.60	14.94	收缩温度/℃	80.0	84.0
油脂/%	3.91	3.01	抗张强度(横)/(kg/mm^2)	2.19	1.88
水溶物/%	3.20	7.22	抗张强度(纵)/(kg/mm^2)	1.87	1.34
灰分/%	1.32	1.88	伸长率(横)/(%)	7.11	27.00
鞣制系数/%	57.0	59.0	伸长率(纵)/(%)	10.86	35.00

实例二[56]：取 60 份（质量份，下同）木质素磺酸与 40 份对羟基苯磺酸、100 份 37%的甲醛混合，搅拌，滴加 15%的 NaOH 水溶液至沉淀完全溶解。升温至 75～80℃，反应 2～3h，然后降至室温，缓慢加入 2mol/L 的盐酸至 pH 值为 2，离心分离后得到木质素-甲醛-对羟基苯磺酸缩合物（LFPS）。用浓度为 15%的 NaOH 溶液搅拌溶解 LFPS 沉淀，升温至 55～60℃，缓慢滴加间苯二酚（用量为 LFPS 的 20%），制得木质素-甲醛-对羟基苯磺酸-间苯二酚缩合物（LFR）。取 5.00g LFR，加入 1.20mL 甲醇，搅拌均匀，再加入 0.90mL 戊二醛水溶液，升温至 40～45℃，反应 10～12h，得到 LFR-戊二醛的缩合物（LFRG）。LFRG 缩合物用盐酸缓慢调节 pH 值至 3，另外将重铬酸钠溶于水，加入蔗糖搅拌，使 Cr^{6+} 还原为 Cr^{3+}，通过计算，加入相当于含 2.0g Cr_2O_3 的还原液，搅拌均匀，放置 24h，得到最终产物 Retannage LG-J。以 Retannage LG-J 处理的革样，丰满性、柔软性、粒面细致程度等达到了与用铬复鞣剂 HN、戊二醛复鞣剂 GA 处理的革样相同的水平，而且染色废液基本澄清，革样上染深透、色泽均匀、耐干湿擦坚牢度较好。

实例三[57]：将 50g 红矾用 4 倍质量的蒸馏水溶解，加入 50g 浓硫酸，再按确定的配比滴加木质素磺酸钠溶液，滴加时间为 30～40min，滴加过程控制温度为 40℃，然后在设定温度下反应 1h，再煮沸 30min，所得样品鞣液陈放一夜后经喷雾干燥为粉末状固体，即得产品铬鞣剂 Cr-LGS。产品呈亮绿色，水溶性好，由于 Cr^{6+} 在酸性条件下的强氧化性能使木质素磺酸钠分子发生降解并产生羧基等活性基团，从而增强了木质素磺酸钠还原铬鞣剂 Cr-LGS 的自蒙囿作用，使其耐碱稳定性优于一般的糖还原商品铬鞣剂。

另外，陈慧等[58]研究了木质素磺酸钾与荆树皮复配时的鞣制效果，发现木质素磺酸钾能部分代替荆树皮鞣制，成革效果近似荆树皮鞣制，且抗张强度和撕裂强度还略有提高。Suparno 等[59]利用血精素作催化剂、双氧水作氧化剂降解木质素磺酸盐，用氧化产物鞣制皮粉，可以使皮粉的收缩温度达 80℃，降解产物经虫漆酶氧化，然后用于染色，可以使皮粉产生深暗的颜色。

7.6 饲料添加剂

木质素中含碳约 60%，含有少量粗蛋白、粗脂肪和丰富的微量元素（如 Ca、Zn、Fe、Mn）等动物代谢必需的营养物质，是可食用的纤维。在动物实验中的已有报道发现，在蛋鸡饲养中添加 1%木质素即可使产蛋量提高 20.9%。此外，牛饲料中加入硫酸盐木质素后可使牛青春生长期的增重率得到提高。木质素也可作为其他饲料添加剂，如氯化胆碱的稳定剂和载体，可以有效减小氯化胆碱的吸水速率、防止吸湿返潮状况，同时可以保持饲料中所含的维生素，减少储藏中维生素的损失。高纯度的碱木质素是工业上可得到性能最接近天然木质素的木质素，因此碱木质素的相关产品可用于治疗包括反刍动物和单胃动物的肠胃失调，同时碱木质素也是抗生素的天然替代品[60]。

美国 Cargill 公司以木质素磺酸盐代替蛋鸡饲料中的 5%玉米粉，试验（表 7-21）表明，饲料报酬相当，死亡率也相同，说明此法可行。据介绍，美国饲料标准允许在饲料中使用 4%的木质素，不但在鸡饲料中使用，也在其他饲料中使用[2]。在颗粒配合饲料中使用木质素，还能起到黏合作用，提高颗粒度，减少颗粒饲料中的粉料，降低粉料的返回率，从而降低饲料生产成本，提高饲料利用率，此外还可减少铸模的磨损，延长使用寿命。

表 7-21　木质素磺酸盐代替 5%玉米粉的饲养效果

给食	产蛋率/%	饲料/(kg/12 个蛋)	死亡率/%
对照组	65.70	2.23	1.32
木质素磺酸盐	68.32	2.22	1.32

我国生产草浆木质素较多，解放军第 9734 工厂用盐酸酸析木质素作饲料添加剂做了较为全面的试验，取得了较好的效果，其产品经国家饲料检测中心检测，成分如表 7-22 所列。

表 7-22　盐酸酸析木质素饲料添加剂成分分析

分析项目	测定数据	分析项目	测定数据
粗蛋白/%	7.45	Zn/(mg/kg)	207.3
粗脂肪/%	3.1	P/(mg/kg)	259.5
粗纤维/%	0.3	Na/(mg/kg)	1.85
灰分/%	12	Cu/(mg/kg)	52.7
Ca/(mg/kg)	3885.8	S/(mg/kg)	0.86
Fe/(mg/kg)	1071	Mg/(mg/kg)	202.5
Mn/(mg/kg)	11.7	K/(mg/kg)	2378

木质素在饲料中能否使用，关键在于它有没有毒副作用[2]。木材酸水解木质素中所含的副产物较少，根据许多科学工作者的研究，一般不必担心其中存在毒性物质，而由造纸黑液制得的木质素，由于在煮浆过程中发生许多复杂的化学反应，过去有些报道证明其中一些降解物质有毒，如树脂酸和不饱和脂肪酸、中性的双萜类化合物、酚类的氯化物如氯代愈创木酚等，甚至含有致癌物，因此在使用木质素作为饲料添加剂时必须慎重。

参 考 文 献

[1]　莫贤科．酶解木质素对丁腈橡胶的补强性能研究．广州：华南理工大学，2013.

[2]　蒋挺大．木质素．2 版．北京：化学工业出版社，2009.

[3]　杨军，王迪珍，罗东山．木质素增强橡胶的技术进展．合成橡胶工业，2001，24 (1)：51-55.

[4]　凌鼎钟，顾廷和，林兆祥．橡胶配合剂．上海：上海科技出版社，1963.

[5]　潘少波，石彪，李进波，等．碱木质素填充橡胶．湖北工学院学报，1994，9 (1)：59-62.

[6]　尹小明，吕晓静，刘祖广，等．羟甲基化木质素对 BIIR 胶料性能的影响．橡胶工业，2003，50 (10)：596-599.

[7]　吕晓静，王迪珍，杨军，等．六次甲基四胺对 NBR/木质素性能的影响．特种橡胶制品，2001，22 (5)：10-13.

[8]　李航，王迪珍，罗东山．热处理木质素高填充 SBR 的结构与性能．合成橡胶工业，1995，18 (4)：241-243.

[9]　杨军，王迪珍，罗东山．羟甲基化木质素对 BIIR 的补强作用．橡胶工业，2000，47 (10)：579-583.

[10]　Kumaran M G，Sadhan K De. Utilization of lignin in rubber compounding. Journal of Applied Polymer Science，1978，22 (8)：1885-1893.

[11] Liao Z D, Wang X, Xu Y H, et al. Cure characteristics and properties of NBR composites filled with co-precipitates of black liquor and montmorillonite. Polymers for Advanced Technologies, 2012, 23 (7): 1051-1056.
[12] Frank J B, Dimitri M S, Schmut R. Precipitated lignin and products containing same and the production thereof. US 3223697, 1965-12-14.
[13] 钟汉权，王迪珍，杨军，等．细粒子木质素的制备及其对NBR补强作用．橡胶工业，2001，48 (1)：20-24.
[14] 张静．超细木质素粉末的制备及其在橡胶中的应用．特种橡胶制品，2002，23 (6)：29-31.
[15] 蒋挺大，黄文海，张春萍．造纸黑液中木质素的提取和用作橡胶补强剂的研究．环境科学，1997，18 (4)：81-84.
[16] 廖俊和．木质素理化性质及其作为肥料载体的研究进展．纤维素科学与技术，2004，12 (1)：55-60.
[17] 穆环珍，杨问波，陈倩，等．造纸黑液木质素在肥料中的应用．环境保护，2006 (6)：51-54.
[18] 朱启红，伍钧．制浆废液木质素肥料研究进展．腐植酸，2004 (2)：18-23.
[19] 徐强．工业碱木质素基缓释氮肥的制备及缓释性能研究．咸阳：中国科学院教育部水土保持与生态环境研究中心，2017.
[20] 杨益琴，李宝玉，曹云峰，等．麦草木质素磺酸钠制备缓释氮肥的研究．中华纸业，2008 (13)：55-58.
[21] 杨益琴，李宝玉，曹云峰，等．尿素和过氧化氢氧化改性木质素磺酸盐制备缓释氮肥．中华纸业，2008 (19)：58-61.
[22] 向成华，蒋俊明．工业木质素制备长效缓释氮肥．南京林业大学学报（自然科学版），1999，23 (3)：10.
[23] Flaig W, Hinget G, Wesselhoeft P. Verfahren Zur Herstellung von stickstoffreichen Ligninprodukten. Deutsches, DE 1745632, 1959.
[24] Lapierre C, Monties B, Meier D, et al. Structural investigation of kraft lignins transformed via oxo-ammoniation to potential nitrogenous fertilizer. Holzforschung, 1994, 48: 63-68.
[25] 钟哲科，邹景泉，江波，等．氧化氨解工艺对工业木素氮形态分布的影响．造纸科学与技术，2006，25 (2)：31-33.
[26] 朱兆华，王德汉，廖宗文．改性造纸黑液木质素-氨氧化木质素（AOL）作为缓释氮肥的肥效研究．农业环境科学学报，2001，20 (2)：98-100.
[27] 穆环珍，曾文，黄衍初，等．增效磷肥的研制与增产效应研究．农业环境保护，2002，21 (1)：26-28.
[28] 张清东．木质素对土壤-磷吸附作用的影响．农业环境科学学报，2006，25 (1)：152-155.
[29] 马子川，崔振水．木素稀硼酸氧化及其与磷酸钙作用的研究．现代化工，2001，21 (2)：33-35.
[30] 刘秋娟，张学恭．利用稻草碱木素生产肥料的研究．中国造纸，2002 (4)：29-32.
[31] 范祖恩，郭瑞．利用造纸黑液制固体腐植酸复肥．化工环保，1990，10 (4)：230-233.
[32] 马涛，詹怀宇，王德汉，等．木质素锌肥的研制及生物试验．广东造纸，1999 (3)：9-13.
[33] 马涛，詹怀宇，王德汉，等．造纸黑液木素在农业领域的应用研究近况．广东造纸，1997 (5-6)：125-127.
[34] 王德汉，彭俊杰，廖宗文．木质素螯合微肥对生菜栽培中硝酸盐污染的控制作用．上海环境科学，2003，22 (2)：106-111.
[35] García M C, Diez J A, Vallejo A, et al. Use of kraft pine lignin in controlled-release fertilizer formulations. Industrial & engineering chemistry research, 1996, 35 (1): 245-249.
[36] 王德汉，彭俊杰，廖宗文．木质素包膜尿素（LCU）的研制及其肥效试验．农业环境科学学报，2003，22 (2)：185-188.
[37] Zhao C, Shen Y, Du C. Evaluation of waterborne coating for controlled-release fertilizer using Wurster fluidized bed. Industrial & Engineering Chemistry Research, 2010, 49 (20): 9644-9647.
[38] Mulder W J, Gosselink R J A, Vingerhoeds M H. Lignin based controlled release coatings. Industrial Crops & Products, 2011, 34 (1): 915-920.
[39] 张小勇，崔智多，莫海涛．工业木质素包膜缓释尿素释放规律的研究．中国农学通报，2014，15 (6)：983-986.
[40] Majeed Z, Ramli N K, Mansor N, et al. Starch Biodegradation in a Lignin Modified Slow Release Fertilizer: Effect

of Thickness. Applied Mechanics & Materials，2014，625：830-833.

[41] 姜伟童，于淼，房雷．交联碱木质素：聚乙烯醇基钾镁缓释膜肥对钾、镁的缓释性．北京林业大学学报，2014，36（6）：165-170.

[42] Xiao C，Bolton R，Pan W L. Lignin from rice straw Kraft pulping：Effects on soil aggregation and chemical properties. Bioresouce Technology，2007，98（7）：1482-1488.

[43] 穆环珍，何艳明，杨问波，等．制浆废液处理污泥改良酸性土壤的试验研究（Ⅰ）——污泥改土对土壤性质的影响．农业环境科学学报，2004，23（3）：508-511.

[44] 孙钊．木质素磺酸盐-聚乙烯醇共混包膜土壤改良剂及其制备方法．CN 106867546，2017-06-20.

[45] 王东香．工业硫酸盐木素用作土壤改良剂的研究．哈尔滨：东北林业大学，2001.

[46] 廖艳芳，余慧群，周海，等．木质素于农业领域的综合利用．广州化工，2011，39（6）：14-16，41.

[47] 刘帆，何光强，牛涛．一种适用于冬季土壤冻结的土壤改良剂．CN 105969376，2016-09-28.

[48] 李保华，米襄华．一种利用造纸黑液废水、废纸泥生产土壤改良剂的方法．CN 101781567，2010-07-21.

[49] 彭孝茹．高效盐碱土壤改良剂及其制备方法．CN 105907403，2016-08-31.

[50] 马宝岐．农副产物加工指南．北京：化学工业出版社，1988.

[51] 杨融生，余秀芬，张汉辉，等．木质素硝酸降解及其产物的生理活性．福州大学学报（自然科学版），1999，27（1）：83-85.

[52] 范秀英，马瑞霞，曾文，等．木质素拌种对作物生长影响的初步研究．环境科学，1995，16（4）：42-48.

[53] 但卫华．制革化学及工艺学．北京：中国轻工业出版社，2006.

[54] 宋双．以木质素合成皮革鞣剂的研究．大连：大连工业大学，2011.

[55] 冯先华，张廷有，李建华，等．焦油酚-木素磺酸合成鞣剂的研制．湖北大学学报（自然科学版），1992，14（4）：330-333.

[56] 王晨，李民，邵志勇．改性木质素复鞣剂的研究．山东轻工业学院学报，2003，17（4）：60-62，78.

[57] 彭洲，廖学品，石碧．木质素磺酸钠作还原剂制备铬鞣剂．皮革科学与工程，2011，21（1）：9-13，33.

[58] 陈慧，李书卿，单志华．改性木素磺酸金属盐鞣剂应用性能研究．西部皮革，2007，29（10）：10-13.

[59] Suparno O，Covigton A D，Evans C S. Kraft lignin degradation products for tanning and dyeing of leather. Journal of Chemical Technology and Biotechnology，2010，80（1）：44-49.

[60] 廖艳芳，余慧群，周海，等．木质素丁农业林业上的综合利用．第五届广西青年学术年会论文，2010：273-278.